环境地学

（第三版）

赵烨　主编

中国教育出版传媒集团
高等教育出版社·北京

内容提要

本次修订在继承《环境地学》(第二版)基本框架的基础上,依据学科发展形势,适应开放-移动-共享式教学新趋势和高素质专门创新性人才培养需要,进行了必要的修改、完善和补充;将生态文明和人与自然生命共同体内涵与相关专业教学内容相融合;增添了多项数字化资源,建成了与教材配套的环境地学数字课程。

全书共 12 章,分别是环境地学总论、环境地球系统、大气圈——保障生命共同体、水圈——滋养生命共同体、岩石圈——支撑生命共同体、土壤圈——养育生命共同体、生物圈——演化生命共同体、智慧圈——协调生命共同体、环境地球系统中的自然资源与自然灾害、环境地球系统中的物质循环、人类优化聚落环境的协调理念与实践、环境地学调查技术与方法。每章均配有教学要点、电子教案、教学视频、拓展与探索、环境个案、教学彩图和思考题等数字模块。

本书是高等学校环境科学与工程类、地理科学类和生态学专业的基础课程教材,也可作为高校相关专业开展通识教育和科普教育的教材,还可供从事相关专业研究的人员参考。

图书在版编目(CIP)数据

环境地学 / 赵烨主编 . --3 版.--北京:高等教育出版社,2024. 3

ISBN 978-7-04-061403-9

Ⅰ.①环… Ⅱ.①赵… Ⅲ.①环境地学-高等学校-教材 Ⅳ.①X14

中国国家版本馆 CIP 数据核字(2023)第 225790 号

Huanjing Dixue

策划编辑 陈正雄　责任编辑 宋明玥 陈正雄　封面设计 王 鹏　版式设计 马 云
责任绘图 黄云燕　责任校对 刘娟娟　责任印制 耿 轩

出版发行 高等教育出版社
社　　址 北京市西城区德外大街 4 号
邮政编码 100120
印　　刷 山东临沂新华印刷物流集团有限责任公司
开　　本 787mm×1092mm 1/16
印　　张 24
字　　数 580 千字
购书热线 010-58581118
咨询电话 400-810-0598
网　　址 http://www.hep.edu.cn
　　　　 http://www.hep.com.cn
网上订购 http://www.hepmall.com.cn
　　　　 http://www.hepmall.com
　　　　 http://www.hepmall.cn
版　　次 2007 年 9 月第 1 版
　　　　 2024 年 3 月第 3 版
印　　次 2024 年 3 月第 1 次印刷
定　　价 47.50 元

本书如有缺页、倒页、脱页等质量问题,请到所购图书销售部门联系调换

物 料 号 61403-00
审 图 号 GS(2022)1998 号

环境地学

（第三版）

赵烨　主编

1 计算机访问http://abook.hep.com.cn/1234725，或手机扫描二维码、下载并安装Abook应用。
2 注册并登录，进入“我的课程”。
3 输入封底数字课程账号（20位密码，刮开涂层可见），或通过Abook应用扫描封底数字课程账号二维码，完成课程绑定。
4 单击“进入课程”按钮，开始本数字课程的学习。

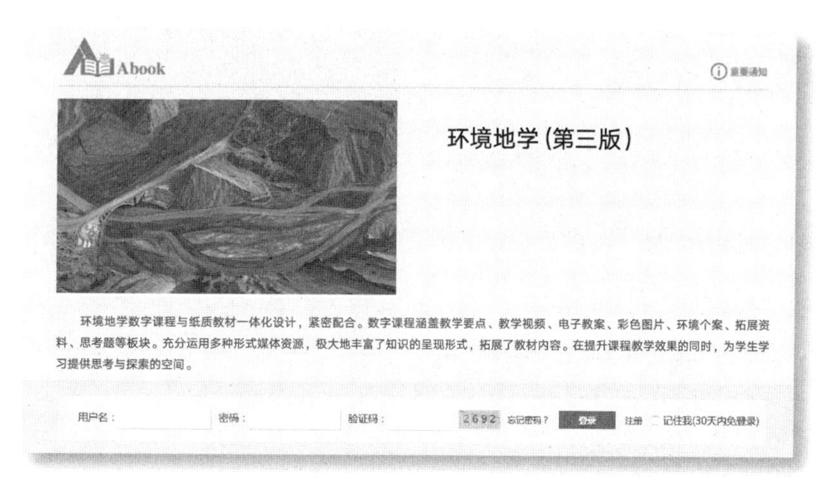

课程绑定后一年为数字课程使用有效期。受硬件限制，部分内容无法在手机端显示，请按提示通过计算机访问学习。

如有使用问题，请发邮件至abook@hep.com.cn。

环境地学说课

教学视频

参考教案

http://abook.hep.com.cn/1234725

第三版前言

《环境地学》(第二版)作为国家级一流本科课程(线上)、国家级精品课程、国家级精品视频公开课和北京市课程思政示范项目的主讲教材,已被广泛应用于本科教学、科普宣传等实践中,其相关教学改革与教材建设思路多次在"大学环境类课程报告论坛"进行交流,并得到众多同行专家的热情指导和学习者在线提供的好建议。在建设生态文明的新时代,坚持人与自然生命共同体理念和强化课程思政建设,已成为提升教学质量的重要途径。"环境地学"课程教学与教材建设运用新的教育理论和教学方法,向大学生及社会公众阐释环境地球系统的组成、特征、时空变化规律及其与人类的相互作用,服务于营造"尊重自然、顺应自然、保护自然,探索人与自然和谐共生之路,促进经济发展与生态保护协调统一"的社会氛围。

本次修订内容包括:根据当今大学本科教学的实际,纸质教材在保留第二版特色的同时,着重对内容进行精练与简化,将生态文明、人与自然生命共同体理念、中华传统文化中地学经典与相关教学内容相融合,增添了人类世、碳达峰与碳中和、土壤健康等新内容,以适应大学本科专业基础课程和通识课程教学的需要;为了完善环境地学课程的系统性和逻辑性,运用互联网+教育、在线课程、数字课程等现代教学平台,充实完善了可供共享的数字化教学资源,包括教学要点、电子教案、教学视频、拓展与探索、教学彩图、环境个案和思考题,合计教学资料总量超过35G,以便教师、学生和自学者在自主性、移动性教学,终身性学习与自学时使用。

本教材由北京市教学名师、北京师范大学"四有"好老师金质奖章获得者赵烨教授通稿完成,教育部高等学校环境科学与工程类专业教学指导委员会及相关专家,中国科学院大学张镱锂、北京大学徐福留和彭建、新疆大学丁建丽、河南大学秦明周和陈志凡、南宁师范大学严志强和宋书巧、太原师范学院安祥生等专家给予了指导。北京师范大学沈珍瑶、裴元生、范海蓉、杜春光、姚云军等老师给予协助;高等教育出版社陈正雄和宋明玥编辑进行精心细致的编辑加工工作。在此一并感谢。

由于编者水平有限,教材中的不当之处,希望使用本教材的老师、学生和其他读者给予批评指正。联络信箱:zhaoye@ bnu. edu. cn。

赵烨

2023 年 10 月

第二版前言

《环境地学》(第一版)作为北京市精品课程、国家级精品课程和国家精品视频公开课的主讲教材,已被广泛应用于教学实践;其相关教学改革与教材建设工作已多次在“大学环境类课程报告论坛”进行了交流,并得到众多专家和同仁的热情指导。在此基础上,为进一步提高教学质量,培养综合素质高、创新意识强和科研技能强的专门人才,编者运用建构主义教育理论、抛锚式教学法和互动研讨教学法,对环境地学的教学内容进行了充实与优化,形成了纸质教材与数字化-网络化课程资源为一体的集成教材——《环境地学》(第二版),以便于学习者能够结合教材在现实的环境地学场景中感受、体验、探索和领悟相关知识与理论、方法。

纸质教材在保持第一版特色的同时,一是增添了人类优化聚落环境的风水理念与实例分析、城市环境地学部分议题研讨、重金属污染土壤植物修复技术等内容,以充实并优化原有的基本理论、专题研讨、理论应用和技能培训等教学模块;二是将中华传统文化中“天人合一”理念,古人适应、改造和利用环境的措施等整合到环境地学之中,形成了体现中国文化特色的环境地学体系。

数字化-网络化课程资源包括教学要点、电子教案、教学视频、专业彩图、学习资料、思考题、环境个案等7个数字化资源集,其信息总量约5G,且可供客户端随时浏览。数字化-网络化课程资源的主要作用,一是补充、丰富和拓展纸质教材的内容;二是从增强教学直观性和综合性入手提高教学质量;三是为学生自主学习、进一步地思考与探索提供优质廉价的数字化平台。

本集成教材由北京市教学名师赵烨教授统稿完成,教育部高等学校环境科学与工程类专业教学指导委员会委员、北京师范大学环境学院院长杨志峰教授给予了指导;北京师范大学相关领导专家及教务处杜春光、魏章纪、张建辉、裘媛老师,环境学院副院长裴元生教授,以及王水锋、周凌云、金洁和邱梦怡博士,韩莎莎、柳婧、高丽和毛格硕士参与资料整理与视频制作;兰州大学南忠仁教授、河南大学陈志凡副教授、首都经济贸易大学李强副教授、山西大学朱宇恩副教授、浙江财经大学李武艳副教授参与部分编撰工作;高等教育出版社陈文、陈正雄等编辑做了细致的编辑工作。在此一并表示感谢!

限于编者水平,教材中的缺点和疏漏在所难免,恳请读者给予批评指正。联络信箱:zhaoye@bnu.edu.cn。

编者

2015年4月

第一版序

人类是地球环境长期发展演化的产物，地球环境是人类生存繁衍的物质基础，人类社会发展与地球环境的关系是对立统一的，环境问题也是人类与生俱来的永恒主题。“究天人之际，通古今之变”和“天地与我并生，万物与我为一”是中华文明的重要特征，也是当今可持续发展理念的源泉。环境地学正是研究人-地系统的组成结构与发展演化、调节与控制、改造与利用规律的学科，是环境科学的基础性分支学科。

北京师范大学环境学院赵烨教授在学习与继承老师们环境地学思想的基础上，结合长期教学、科学研究的实践与经验，编著了《环境地学》教材。此教材将人-地巨系统分解为生态系统、资源系统、社会经济系统三部分，详细介绍了大气圈、水圈、岩石圈、土壤圈、生物圈、智慧圈的物质组成、结构、时空分异规律；从自然资源、自然灾害与物质循环等方面分析了人类活动与地球环境系统的相互作用。教材在内容设计上很好地倡导了对自然规律、生命规律的认识和规范的地球道德观，并从空间的整体性、时间的持续性、阶层的协调性方面系统地介绍了地球环境系统中物质能量的迁移转化规律，展示了作者宽厚的学术功底以及教材的创新之处。教材还配备有开放式《环境地学电子教案》，其内容新颖，包含直观性环境地学图表320余幅；教材的课程体系完整，结构合理，符合认知规律，且教学方法先进，其中以增列思考题和个案分析的方式深化并拓宽了环境地学的教学内容，这些都是培养学生创新意识和科研能力的重要手段。

《环境地学》具有内容丰富、基本知识和理论结构完整、可读性和实用性强的特色，是一部能够体现当今国际环境地学发展趋势、符合国家现代化建设需求、面向高等教育改革方向、能有效提高教学质量的好教材。

中国工程院院士 刘鸿亮

2007年6月

第一版前言

人类居住的地球自内而外呈现圈层状构造,与我们关系最密切的是地球表层的岩石圈、水圈和大气圈,在它们相互作用、相互制约、相互渗透、相互转化的过程中又产生了生物圈及土壤圈,这五个圈层共同组成了人类赖以生存的自然环境。随着人类的诞生和不断发展又产生了智慧圈,即通过人类活动把自然环境改造成既包括自然因素也包括社会因素的生存环境。环境地学正是以人-地系统为对象,研究其发展、组成和结构,调节和控制,改造和利用的科学,也是环境科学中的基础性分支学科。

在20世纪后50年中,随着全球人口数量的翻番和全球经济总量的6倍增长,人类从地球环境中索取的资源量变得异常巨大,人类向地球环境排泄的废弃物量也越来越多,使得环境问题对人类社会的威胁和危害日益显著。近30年来,中国改革开放使社会经济和人民生活得到了全面的发展,获得了举世瞩目的辉煌成就,然而巨大的人口总量、粗放的发展模式、快速的工业化和城市化进程,使环境退化和能源短缺成为社会经济发展的"软肋",淡水和耕地紧缺成为中华民族的"心腹之患"。对于发展过程中出现的上述资源与环境问题,需要从认识地球环境系统的基本规律、改变人类对环境的态度、优化社会经济的发展模式三个途径去解决,为此我国确立了科学发展观、建设资源节约型和环境友好型社会的策略,这是保障中国社会经济持续发展的新思路。在上述社会背景下再加上高等教育改革的稳步推进,自1998年以来,国内高等院校环境类专业如雨后春笋般涌现,环境科学已成为新世纪社会关注的热点之一。基于上述认识,本书是编者在学习和继承刘培桐教授、李天杰教授、王华东教授、许嘉琳教授的环境地学思想,总结近20年来本科生和研究生的"土壤地理学""自然地理学""环境学"和"环境地学"等课程的教学实践,并汇总主持完成的多项国家级、校级教学改革研究成果的基础上编写而成的。

我国各类高等学校设立环境类专业的背景和基础不同,再加上环境科学与地球科学又均属于研究领域广泛的综合性科学,使"环境地学"成为环境类专业本科教学的薄弱环节。目前该门课程还缺少相应的教材。在北京师范大学环境学院众多教授和高等教育出版社等多方支持和指导下,编者从环境科学教学角度集成地球科学的相关内容,提出了编写方案,后又经过同行专家的多次改进,最终编写完成书稿。首先衷心感谢中国工程院院士刘鸿亮教授在百忙之中审阅教材文稿,并提笔写序给编者以极大鼓励。在编写方案制订和书稿编写的过程中,北京师范大学环境学院院长杨志峰教授,副院长刘静玲教授、崔保山教授和沈珍瑶教授从环境科学与工程的本科生-硕士生-博士生通体培养角度给予了全面的指导;北京大学环境学院吴为中副教授,首都师范大学资源环境学院李晓秀教授,西北大学环境工程系马俊杰教授,国家环境保护总局华南环境科学研究所张玉环研究员,湖南师范大学国土学院郑云有副教授,美国得克萨斯州立大学夏永霞教授,北京师范大学环境学院呼丽娟老师、张平老师、战金艳博士、刘希涛博士、袁顺全博士、孙雷博士、赵丽硕士,浙江财经学院李武燕博士,河南大学环境与规划学院陈志凡老师也给予了热情的指导和帮助。

编者在环境地学研究与教学过程中得到中国科学院生态环境研究中心主任曲久辉研究员、朱永官研究员、张利田副研究员，中国环境科学研究院郑丙辉研究员，国土资源部规划司司长胡存智教授，国家土地整理中心副主任郧文聚教授，中国环境监测总站王文杰博士，中国农业大学张凤荣教授、孔祥斌教授，中国地质大学吴克宁教授，国家环境保护总局华南环境保护督察中心副主任岳建华博士的热情指导；中国环境监测总站罗海江博士、王昌佐博士，安徽省环境科学研究院殷福才院长，厦门市人大城市建设环境资源委员会关颜珠博士、北京市环境保护总站李金香硕士提供了相关资料；“环境地学”作为北京师范大学的精品课程，国家973计划项目(2007CB407302)和高等学校博士学科点专项科研基金项目(20050027022)也提供了广泛的科研实践，学校教务处和环境学院都给予了大力支持；这次编写任务能得以顺利完成，也得到了高等教育出版社领导及陈文、徐丽萍、陈海柳和谭燕编辑的大力支持。在此一并表示衷心的感谢。

由于编者水平有限，教材中的错误疏漏在所难免，希望使用本教材的老师、同学和其他读者给予批评指正。联络信箱：zhaoye@bnu.edu.cn。

赵烨

2007年5月

目　录

第 1 章 环境地学总论

1.1 环境地学及其发展

1.1.1 环境地学的概念

环境地学属于环境科学的分支学科，它是以人-地系统为研究对象，研究人-地系统的组成、结构、发展变化规律，并运用地球科学一系列分支学科的理论和方法来调节、控制、改造和利用人-地系统的科学，也称为环境地球科学。人-地系统是人类和地球表层环境组成的复杂动态系统。随着科学技术的飞速发展，人类活动的范围向下已进入地壳深处，向上已进入地球的外层空间。作为地球科学、环境科学交叉的新流派，环境地学致力于人类在地球上的可持续生存与发展，它不仅涉及发生在地球表面的自然现象，还涉及它们与人类活动的关系。环境地学与人文科学、社会科学、环境科学、农业科学和工程技术学有关，它同地球科学中的地理学、地貌学、地质学、土壤学、气候学、气象学、水文学等在研究对象方面具有一定的共性，但是环境地学并不研究人-地系统的全面性质，而只研究自然环境作用于人类所造成的影响，以及人类作用于环境而引起的环境变化，包括两者之间的相互反馈。在 20 世纪早期，全球许多地方发生了各种空前的环境灾难，使人们不得不思考灾难背后的警示意义。随着环境科学的诞生与发展，人们已认识到种种环境问题的发生都具有因果性和全球性，亟待世界各国坚持人与自然生命共同体理念，构建良性循环的生产-生活模式，并采取全球合作的方式，秉持“全球性思考，本土化行动”(Think Globally，Act Locally)的准则，进而解决一系列环境问题，创建“四海和谐为一家”的“地球村”。

1.1.2 环境地学的孕育与发展

环境地学虽然诞生于 20 世纪中期，但它的研究及孕育历史则是久远的。由于人类始终生活在环境地球系统之中，人类还是环境地球系统长期演化的产物，故人类生存及其发展与自然界息息相关。在尚未步入文明社会之前，中国上古先民就已经认识到人与自然界是一种依附或顺应的关系，如中国古代社会遵循“国君春田不围泽，大夫不掩群，士不取麛卵”“春三月，山林不登斧，以成草木之长”“万物土中生，有土斯有人”等“天人合一”的理念。而在中世纪时期，西方社会一直贯穿着两种对立的自然观：一是阿卡狄亚主义(Arcadianism)或“田园主义”，主张人类与自然亲密相处的简朴乡村生活境界；二是帝国主义(Imperialism)，主张地球上的人类尽量扩大其控制自然的权力。例如,法国思想家孟德斯鸠(Montesquieu C,1689—1755)就分析了气候、土壤等与人的气质、体格、民族、政治制度的相互关系,提出了“地理环境决定论”;德国地理学家李特尔(Ritter C,1779—1859)首创“地学”一词,强调人地相关的综合性与统一性;拉采尔(Ratzel F,1844—1904)受达尔文思想的影响,探讨了人类通过自然选择以适应环境,认为人是地理环境的产物。

在“天人合一”理念的指导下,长达7 000多年的中国农业生产持续地供养了众多的中华儿女,不仅对自然环境产生了深刻的影响,更创造出了伟大的中华传统文明。西方社会长期存在着亚里士多德的环境决定论与后来的人类意志决定论之争辩,但工业革命之后,随着社会生产力的大发展,人类意志决定论也开始风行一时,直至19世纪早期,霍乱与烟雾事件在英国多次暴发,并导致数千人死亡;20世纪30年代在美国大平原发生的尘暴,被认为是美洲大陆上最为严重的环境灾难。第二次世界大战之后,随着经济技术的快速发展,人类对环境的影响也越来越大,在一些工业发达国家出现了严重的“环境公害”、环境污染和资源危机。1960年苏联颁布了世界上首部《自然生态保育法案》,1962年美国海洋生物学家蕾切尔·卡逊(Rachel Carson)发表了《寂静的春天》(*Silent Spring*),这些引起了人们对环境问题的关注。1968年一个研讨全球问题的智囊组织——罗马俱乐部(Club of Rome)成立,其宗旨是研究未来的科学技术革命对人类发展的影响,并发表了有关环境问题十分畅销的出版物——《增长的极限》,推动了人地关系研究的发展。于是在20世纪60年代,环境科学和环境地学相继出现,并获得了飞速的发展。随后环境科学也被中国政府和学术界重视,在联合国教育、科学及文化组织(UNESCO)的资助和著名环境科学家刘培桐教授的领导下,北京师范大学举办了中国环境科学研究与教育培训班。自此,环境科学、环境地学研究与教育工作得到了迅速发展,时至新世纪国内外许多著名高等学校均设置了环境地学(environmental geoscience)或人类地学(human geoscience)等课程。

1.2　环境地学的研究对象及其特征

1.2.1　环境地学的研究对象

环境地学的研究对象是人-地系统,其中的“人”是指人类或人类社会,“地”则是指自然界或人类生存环境,即人类赖以生存和发展的物质条件的整体,包括自然环境和社会环境。由于地球表层是人类生存发展的唯一聚集场所,人们的生产、生活与健康和地球表层息息相关,故人-地系统实质上就是地球表层系统(earth surface system)或环境地球系统(environmental earth system)。地球表层是一个特殊的物质体系,1875年爱德华·修斯就将它称为生物圈(biosphere),1883年德国地理学家李希霍芬提出了地球表面的概念,1910年苏联地理学家勃罗乌诺夫将其称为地球表层,其名称虽然不同,但研究的对象都是指地球表层这一独特的物质体系。它们所划定的空间范围也大致相同:生物圈指地球上生命存在的部分,地球表层的范围比生物圈要宽,一般认为它的上界以对流层顶为限,下界以岩石圈的上部为底,这就是地理学及环境地理学研究的空间范围,但它未能将当今人类活动和影响的空间范围包括进去,如现代人类活动对大气平流层中臭氧的损耗造成的臭氧洞,就已超出了大气对流层顶。1986 年中国科学技术协会主席钱学森指出地球表层是指和人最直接有关系的那部分地球环境,具体地讲,上自同温层(从对流层顶到 35~40 km 气温几乎不随高度变化的大气层段)的底部,下至岩石圈的上部(陆地往下 5~6 km,海洋往下约 4 km);地球表层与人类社会生存发展具有密切的关系,钱学森提出的地球表层也就是地球科学及环境地学研究的空间范围。

地球生命共同体是指人类作为环境地球系统长期演化的产物,人类社会的生存与发展则依赖于环境地球系统中的自然资源和适宜空间,人类与自然是一种共生关系的总和。坚持人与自然和谐共生、坚持绿色发展、坚持系统治理、坚持以人为本、坚持多边主义、坚持共同但有区别的责任原则等,这是地球生命共同体理论的内涵。该理论倡导人类社会及其发展活动必须尊重自然、顺应自然、保护自然,这不仅是人类必须遵循的客观规律,还是以对人民群众、对子孙后代高度负责的态度和责任,构建以生态文明为特色、人与自然和谐共生的系统工程。地球生命共同体理论不仅汲取中国传统生态智慧,还借鉴人类文明有益成果,这是对马克思主义关于人与自然关系思想的继承和发展,对当今世界积极应对气候变化挑战、加强生态文明建设、谋求人与自然和谐共生之道等均具有重要意义。工业革命以来,我们与自然界的关系非常紧张,人类无节制地向自然索取,导致区域生态系统退化和环境质量恶化,这也是因为我们没有尽自己的职责好好保护自然生态系统及其资源,并导致自然环境遭受严重的破坏。

1.2.2 环境地球系统的组成及其特征

环境地球系统或地球表层由气体(含等离子体)、液体、固体和生物体构成,并具有以下特征:① 气体、液体、固体和生物体以同心圆层状分布,但又互相接触渗透;② 环境地球系统受太阳辐射能与地球内能作用;③ 环境地球系统属于有机物与无机物相互转化的场所;④ 环境地球系统是人类生活、生产和社会活动的场所;⑤ 从能量流角度来看,环境地球系统属于开放系统,但从物质流角度来看,环境地球系统则属于相对封闭的系统。从现代科学综合研究视角来看,环境地球系统的组成如图 1-1 所示。

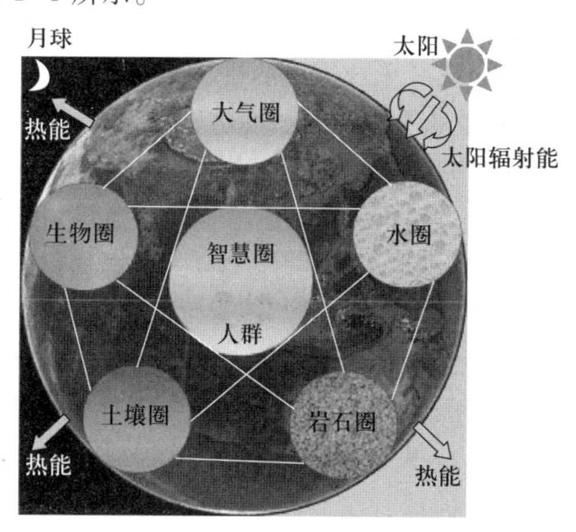

图 1-1 环境地球系统组成示意图

从科学研究与学习角度可将环境地球系统组成分解为自然环境和社会环境,其中自然环境包括水体、大气、土壤、岩石、生物、太阳辐射、放射性辐射、气压场、重力场和地磁场等,社会环境包括政治与经济、生产与消费、文化与宗教等,这就构成了环境地学的主要研究内容。环境地球系统要素不是杂乱无章地堆积在一起,特定地段的各环境要素通过一定的结构、物质过程及相互联系构成一个整体,在这个系统中环境要素之间的相互作用通常遵循以下规律:① 整体大于部分之和原理。环境整体的性状不同于其组成要素性状之和,环境整体的功能也大于其组成要素功能之和,各个环境要素之间的物质迁移转换过程,使得环境整体的效应发生了质的变化。② 木桶定律。环境要素的平均状况不能决定其整体环境的质量,环境要素之中那个与最优状态差距最大的要素是决定整体环境质量的限制性因素。③ 相互依赖性和不可替代性。各个环境要素之间有复杂的物质迁移转化和能量传递变换过程,每个要素的功能和作用均有差异,这就构成了它们之间的相互依赖性和不可替代性。

作为问题导向性学科,环境科学研究必须从环境问题发生的环境地学背景和自然过程入手,才能从源头和机理上协调人类与环境地球系统的关系;从生态科学角度来看,非生物环境不仅是环境地学研究的主要内容,还是生态科学研究的重要方面;从资源环境管理角度来看,人类与环境地球系统不仅是环境地学的研究对象,还是区域资源开发利用、环境调查与管理的出发点和归宿。由此可见,环境地学作为学科基础核心课程,在环境、生态、资源环境管理、土地资源管理等学科各专业本科教学的深化、学生综合思维拓展与创新技能提升等方面可发挥重要的作用。

1.2.3　环境地学的分支学科及研究内容

由于人类认识的局限性及环境地球系统的复杂性和多变性,人们对环境、人类活动与环境相互作用的认识是一个不断发展和完善的过程。人们常常是解决了旧问题,又出现了新问题,而且人类对环境问题的认识往往是滞后的。人类社会是在同环境的斗争中诞生和发展起来的。因此,作为研究人类活动与自然环境之间相互作用的学科,环境地学的研究内容也会不断发展和更新。其主要内容可归纳为:① 研究环境地球系统物质组成、结构特性与能量传递转化过程及其时空分异规律,为环境科学与工程学习和研究奠定必要的地学基础;② 在调查分析区域环境特征的基础上,研究主要污染物在区域环境中的迁移转化特征、环境对污染物的自净过程,为保障人群健康和实施相关生态修复提供科学依据;③ 运用环境地球系统的整体性观点和多样性研究方法,系统研究人类参与下的环境地球系统中物质循环特征及其环境效益,包括土地利用/覆盖变化、土地/资源/能源与气候、水文、土壤、生态系统的相互关系,以促进城市与农村的协调发展;④ 研究防治环境退化、区域环境污染修复与生态修复、废物处置与再利用、实现土地退化中性的技术方法与措施,构建区域环境信息系统及环境质量演变的综合模型,以保障人类社会与自然环境的和谐发展。

纵观当今国内外环境地学研究及其发展,可以发现环境地学已形成了较为明确的分支学科体系,如环境气象学、环境水文学、环境土壤学、环境海洋学、环境生态学、环境地质学等。随着全球工业化和城市化的持续推进及经济社会的持续高速发展,全球气候变化加剧,许多地区面临水土资源短缺、环境污染加剧、生态系统退化、自然灾害频发等资源环境问题的巨大压力,这已成为经济社会可持续发展、人类健康发展的重要限制因素,引起了国际社会和科技界的高度关注。亟待树立尊重自然、顺应自然、保护自然的生态文明理念,运用环境地学的多学科理论、多样性研究法开展整体性研究。如针对绿色中国建设的需要,就必须立足环境地学的空间整体性、时间持续性和阶层公平性原则,从全方位、全地域、全过程(即空间格局优化、物质过程的良性循环)入手,以构建山水林田湖草与人类和谐的生命共同体。

环境气象学:也称为污染气象学,属于环境科学与大气科学之间交叉的环境地学分支学科。主要研究与大气中污染物迁移转化过程有关的气象参数,以及污染物在地球大气层中的时空分布规律,也研究大气中污染物变化所引起的气象现象。

环境水文学:属于环境科学与水科学之间交叉的环境地学分支学科,是从水文学角度研究人类活动与水体环境之间相互关系的学科。其主要研究内容包括:水体环境中化学物质的来源、组成、浓度、存在状态、转化机理及其归宿过程;水体环境中污染物的扩散、迁移、沉降过程的规律性;水体环境污染及其对有经济价值水生动植物的生态影响,以及对人类健康的影响等。

环境土壤学:主要研究人类活动引起的土壤质量(或土壤健康)变化,以及这些变化对人体健康、社会经济、生态系统结构和功能的影响,探索调节、控制和改善土壤质量的途径和方法。其具体内容包括:① 研究物质在土壤环境中的物理过程,并着重研究土壤水分、空气、热状况及其运动规律,以及这些规律和相互关系对土壤中的物质特别是污染物迁移转化的影响。② 研究土壤物质的化学组成、性质与化学过程,以及它们对土壤中污染物的迁移、转化和分布的影响,以揭示土壤中污染物的来源和归宿。③ 研究土壤-生物系统中化学元素的交换、转化、分散与富集的规律,特别是土壤-植物子系统中化学元素的生态效应,以及对人群健康的影响。④ 在揭示土壤背景值、土壤环境污染现状及土壤质量特征的基础上,进行土壤环境质量评价。总之,环境土壤学的核心是认识和掌握土壤-植物系统中的污染与净化过程,以便采取必要的对策和措施,促使土壤质量不断改善。

环境海洋学:属于环境科学与海洋科学之间交叉的环境地学分支学科,主要研究污染物在海洋水体中的分布、迁移、转化规律。其具体内容包括:通过对污染物进入海洋水体的通道与途径的调查,揭示污染物进入海洋水体的通量及其时空分布;污染物在近海水域的迁移转化规律,如污染物通过化学、光化学、生物化学过程的转化,污染物被海洋生物吸收后的迁移规律;海洋污染的特征及其生物效应,以及防治海洋水体污染的主要途径和方法。

环境生态学:属于环境科学与生态科学之间交叉的环境地学分支学科,其研究对象是被污染的生态系统,故也称为污染生态学。其主要研究内容有:污染物对生态系统的影响机理或污染环境的生物效应,以及污染物在生态系统中的迁移、积累、转化与归宿;研究生物对污染物的作用与生物净化机理,进而探讨生物控制污染和改善环境质量的可能性等。

环境地质学:属于环境地学的分支学科,是研究人类活动与地质环境相互关系的学科。其主要研究内容有:由地质因素引起的各类环境问题,如火山喷发、地震、山崩、泥石流等自然灾害引起的生态环境问题,以及因地球表面化学元素分布不均所引起的地方病等;由于人类活动所引起的环境地质问题,包括化学污染引起的地下水质恶化、过度开采地下水资源所引起的地面沉降、大型工程和资源开发引起的次生地震、滑坡、泥石流灾害等。

1.3　环境地学的研究方法

方法论是“关于认识世界和改造世界的根本方法”“用世界观去指导认识和改造世界，就是方法论”。正确的科学方法论是构建知识体系的必不可少的要素，它不仅能把零散的科学知识构建成宏伟的知识“大厦”，还能扩展和深化人们的认知能力与认知水平。不同学科有不同的科学方法，科学方法论也是一个开放、发展的科学体系，它是通过具体的科学方法深入科学研究全过程的。时代在进步，科学在发展，科学方法论也有与时俱进的特征，通用的科学方法包括：① 经验方法，为建立间接性的理论知识，对原始材料进行观察、实验、调查、积累和确定等，并直接同科学实践、对象、工具和仪器等手段活动的各种形态相联系进而获取感性材料的一类科学方法的总称。② 理论方法，是科学理论及其组成部分、科学规律及其各种表述、科学思想等认识活动的方法总称。③ 思维方法，是在表象、概念的基础上，进行判断、推理、想象、创造及创作等认识活动，在这一过程中所采用的方法。④ 数学方法，为科学研究提供清晰精确的形式化语言，推理工具和抽象能力，数量分析和计算方法。⑤ 事物属性方法，是研究事物所具有的性质、特点、系统及对其整体进行描述的一类方法。在环境地球系统及人与自然生命共同体理论的指导下，环境地学的研究方法可归纳为：依据预定研究目标，收集并研读相关区域的大比例尺地形图、遥感影像、专业图件和文献资料，以了解区域环境的宏观特征，并拟定系列化调查路线和观测采样点布设方案；运用综合比较法进行实地调查、观察、测量、访谈、采样、摄像、记录和测绘，获取可参比的系统性环境样品并化验分析、数据汇编、存储管理、构建相关研究大数据、进行分析建模，以增进了解并做出预测，研发新规律-新知识-新技能，如图 1-2 所示。

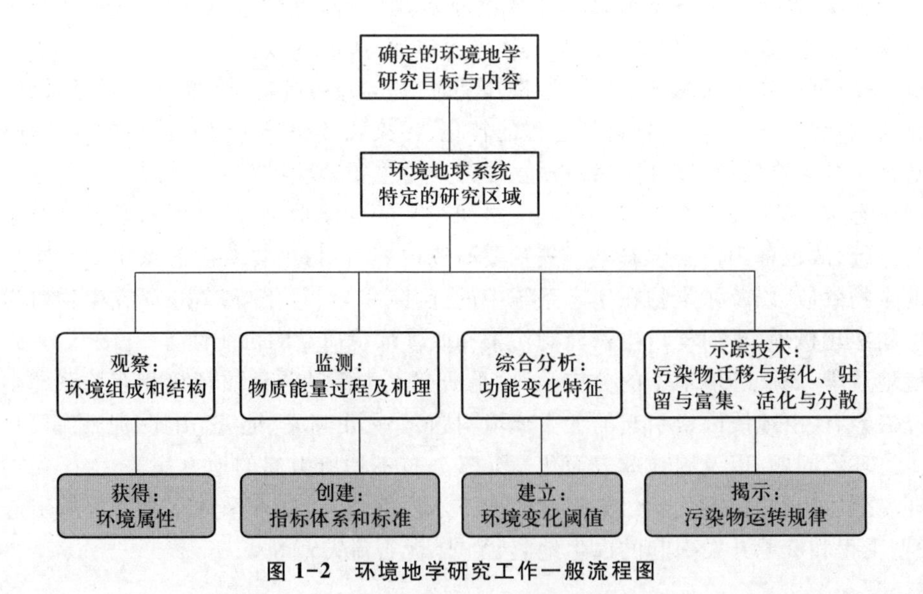

图 1-2　环境地学研究工作一般流程图

1.3.1 野外调查与定位观测研究法

人类生存环境是由大气圈、水圈、生物圈、智慧圈、土壤圈和岩石圈组成的环境地球系统，环境地学正是坚持整体性观点（holistic view），运用多样性研究法（diverse research methods），从“物质组成-结构-过程-功能”的系统角度研究环境地球系统中物质循环、能量转化、信息传递过程及其相互联系的学科。即一是从观察区域环境的组成和结构获得其“属性”；二是从监测区域环境中的物质能量过程及机理，创建相关的“指标体系和标准”；三是通过综合分析揭示区域环境的功能变化特征，建立相应的环境变化“阈值”，以达到从整体上把握区域环境与人类活动相互作用的规律；四是利用现代示踪技术监测化学元素、污染物在环境地球系统中的迁移与转化、驻留与富集、活化与分散的动态过程及其规律性，为协调人类活动与环境地球的关系提供科学依据。因此，环境地学研究必须立足于坚实的野外调查与定位观测基础，以获取区域环境系统的组成、结构和功能信息及必要的样品，再结合室内化验分析与实验模拟资料，运用综合比较研究法和相关分析研究法，才能从宏观和微观相结合的角度把握环境系统过程与功能的时空分异规律。

1.3.2 实验分析与实验模拟研究法

环境地球系统是一个可以从物质组成和形态结构方面剖析的自然综合体，因此，可以借助现代分析测试手段，在实验室对野外采集的各环境样品进行物理、化学、生物、微形态等方面的化验分析，定量地获取有关环境物质组成、形态结构、化学性状、微生物区系及数量等方面的信息，以揭示人类活动与环境地球之间的物质迁移转化、能量传递转化过程及其时空分布规律，为协调人类活动与环境地球的平衡，修复被污染或被破坏的环境提供必要的基本数据和理论方法。

1.3.3 数理统计与 E-GIS 在环境地学中的应用

区域人类活动与地球环境相互作用过程研究，涉及多层面、多要素、多指标、多变量的时空综合信息，需要基于大数据并应用多元数理统计的方法来研究人-地系统。运用当今标准化的环境监测指标来刻画人类活动与环境地球系统之间的物质迁移转化和能量传递转化过程，并建立相应的区域环境信息系统及其数据库，运用 SPSS、Stata 等统计分析软件，特别是 E-GIS（environmental geographic information system），亦简称环境信息系统，建立不同环境属性参数之间的相互关系，以揭示人类活动与环境地球系统之间相互作用的机理。由于环境信息具有高度的非线性和动态性，包含了许多难以量化的物理、化学和生物学现象与过程，再加上人类生存环境系统又是一个复杂多变的开放系统，所以，在研究人类活动与环境地球系统演化过程规律时，需要以非线性科学理论为指导，从微观（原子、离子、电子）和宏观角度去进行综合观测分析。

1.3.4　遥感技术在环境调查中的应用

借助现代遥感技术监测区域人类活动与环境相互作用的过程，这是现代环境监测的发展趋势。通过多时相、多光谱、多种遥感信息源图像的综合研究，将图像处理技术、地学与环境分析技术、计算机自动制图方法应用于区域环境特征调查、人类活动与自然环境相互作用过程的监测及预警，已经成为环境地学研究的重要方向，促使环境地学野外调查、实验室分析方法的标准化，为建立区域数字环境系统奠定必要的基础。

1.3.5　环境地学的图示化研学方法

基于上述方法获取了相关环境地球系统的第一手数据以后，如何高效地处理和应用这些数据则是环境地学研究的重要任务，近些年随着互联网+程序流程图和现代制图技术的发展，环境地学的图示化或可视化研究方法得以快速发展，这里简要地介绍常用的 7 种图示化研究方法。

用例图(use case diagram)：由参与者(actor)、用例(use case)、系统边界、箭头及它们之间的关系所构成的图，其中参与者是指系统以外的且在使用系统或与系统交互中的人员或事物；用例是对包括变量在内的一组动作序列的描述，系统执行这些动作并产生传递给特定参与者的价值或可观察结果；系统边界表示建模系统的边界；箭头用来表示参与者和系统通过相互发送信号或消息进行交互的关联关系；关系是指用例之间的关系、参与者之间的关系，以及参与者与用例之间的关系。用例图可将所研究的复杂环境地球系统转换为故事或场景，以具体的方式描述用例是非常容易的。

输入-过程-产出图(IPO diagram)**或层次结构图**(hierarchy diagram)：指以活动过程(process)节点或任务状态为主线，把输入(input)、输出(output)都看作活动节点的一个附属条件，有了这些附属条件，业务流程才得以在各个不同节点之间流转。某化工城市大气污染的 IPO 图如图 1-3 所示。

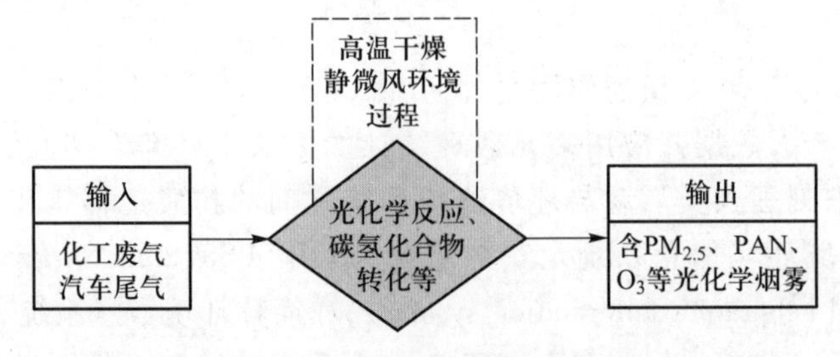

图 1-3　某化工城市大气污染的 IPO 图

流程图(flowchart)：指描述进行某一项活动所遵循顺序的一种图示方法。流程图使用特定直观性图形符号以描述整个活动或研究工作中各种操作过程的物质流和信息流，用连线和箭头描绘了一系列步骤的顺序，让人很容易知悉整个过程。我们平常的研究工作开展、毕业论文写作均需要相应的流程图或技术路线图。某环境信息管理平台的流程图如图 1-4 所示。

实体关系图(entity-relationship diagram):指一种用于数据库设计的结构图。它包括三个基本元素:实体是人们寻求信息的“事物”;属性是人们收集的关于实体的数据;关系提供了从多个实体提取信息所需的结构。制作实体关系图的步骤:① 定义实体,即确定在系统描述、过程规则研讨和文本中使用的名称。② 定义关系,即确定在系统描述或过程规则研讨中使用动词之间的关系。③ 添加关系之属性,即查询决定这些实体或可能新加实体的等级属性或建议的标识符。④ 向关系中添加基数或实体元素的数量,实体之间的关系有三种,包括一对一、一对多、多对多,在环境地球系统中常会出现多对多的复杂关系网络。

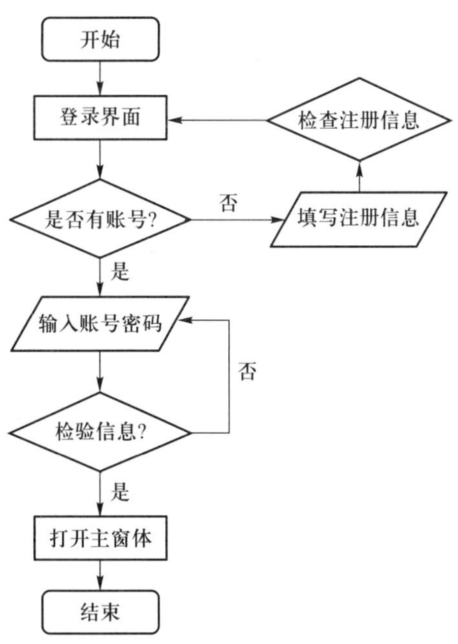

图 1-4 某环境信息管理平台的流程图

信息图谱(information mapping):指处理一组复杂信息的原则和过程,即它将复杂信息分解为元素,然后以优化方式为读者呈现,使读者能够快速、轻松地扫描和检索其需要的信息。美国哥伦比亚大学心理学家罗伯特·霍恩在 1965 年基于学习理论和认知心理学,建立了一种组织和交流信息的标准方法即信息图谱。区块范式(block paradigm)是用信息结构化或分布式数据库识别、传播和记载信息的智能化对等网络,也称为价值互联网。霍恩曾建立了信息结构化的原则:① 基于神奇数字 7±2 原理有效地组织信息,使其易于访问、理解和记忆,即将内容分成易于记忆和理解的小单元——意元集组。② 坚持相关性,即分组信息必须具有相互关联性,组内不包含无关信息。③ 区块标记,即给每一区块都贴上有意义的标签或标题。④ 一致性原则,对相同的主题使用相同的标签、标题、格式和/或结构。⑤ 综合图形化,即使用插图、数字和表格,以补充和阐明相关文本。⑥ 易于理解的细节,即在需要的时候,使用细节、插图和/或说明来提供抽象的演示和具体的例子。⑦ 区块和标签的层次结构化,通过将内容区块分成多个块并标记它们来组织一个可访问的结构。

概念图(concept map):指将一种知识及知识之间的关系运用网络化表征的图式,也是知识及其认知过程的可视化表征,即一种用节点代表概念,连线及其有关文字标注表示概念之间关系的图示法。概念图的基本特征:用层级结构方式表示概念之间的关系,即含义更具概括性的概念在上端,并按明细概括性由高到低依次排列在下方;用交叉连接表示概念之间的关系,即某些领域知识的相互联系,且在新知识的创建中交叉连接表明了知识创造的跳跃性;理性与情感交融,即在概念图表现上应展现创建者在编绘概念图过程中的情感状态,使概念图既有理性的、清晰性的特点,也映射了创建者的情感品质。

思维导图(mind map):是一种将思维过程形象化的方法,即用图形表达发散性思维过程,又称为心智导图。构建思维导图的基本原理:图像原理,即运用生动有趣的图像来展现相关知识点,以便有效地刺激大脑并激发其想象力;发散原理,即思维导图的中心图会引出多级知识点及其分支,以知识点为中心向四周发散出去,能够有效地锻炼发散思维,这些知识或信息在大脑里更加组织化、结构化和系统化，进一步提高创造力和灵感；收敛原理，即有发散就有收敛，收敛思维就是在分散思维过程中时刻提醒自己的出发点和重点信息是什么，做到运用思维导图进行思考时能够收放自如；主动原理，依据学习金字塔理论，听讲、阅读、视听和看示范都属于被动学习，其学习内容难以长期被记忆，而师生互动、小组研讨、实际演练和立即应用教给别人则属于主动性学习，可使学习者重新梳理整个知识，形成自己特有且易牢固掌握的知识体系。

1.4　思考题与个案分析

1. 试剖析环境地球系统的组成及其特征。
2. 通过查阅相关资料，说明环境地学与环境科学、地球科学、地理科学的主要差异。
3. 通过查阅相关资料，说明近百年来人-地关系的发展。
4. 结合你的学习和观察，举例说明进行区域环境地学研究的主要方法。
5. 21 世纪前期，中国仍处在工业化和城镇化快速发展的阶段，资源消耗强度仍有所增加，面对社会高质量发展、环境压力加大的挑战，需加快“建设资源节约型、环境友好型社会”。请你结合所学内容，谈谈环境地学在这方面的重要作用。

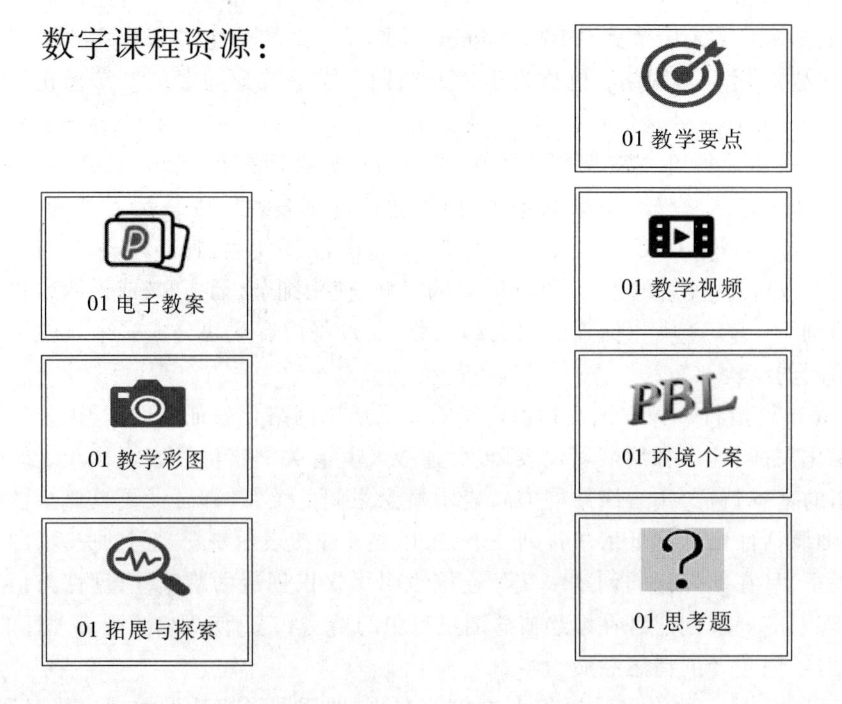

第2章
环境地球系统

2.1 环境地球系统的外围空间——太阳系

2.1.1 宇宙中的太阳系

宇宙是万物之总称,也是时间与空间的统一。1927 年比利时学者勒梅特提出宇宙大爆炸理论(the big bang theory),即宇宙起源于一个不仅温度非常高,而且密度无限大的奇点,距今约 150 亿年前,这个致密炽热的奇点爆炸后形成了不断膨胀的宇宙。宇宙中所有的天体均由这个奇点爆炸而成,太阳就是宇宙中一颗中等质量的壮年恒星。如图 2-1 所示。

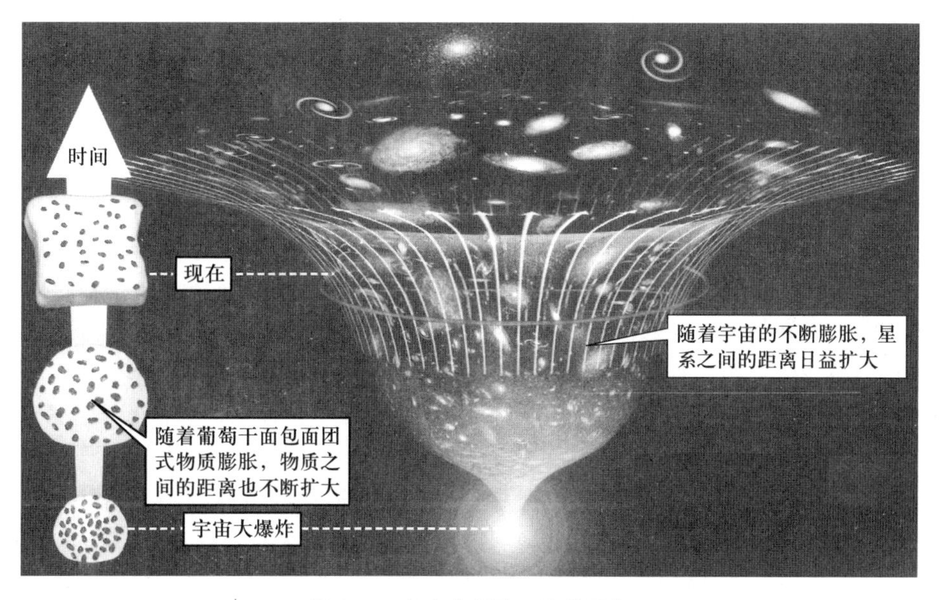

图 2-1 宇宙大爆炸理论的图解

(资料来源:Fletcher C,2011)

太阳系的中心天体是太阳,它占太阳系总质量的 99.86%,其他天体都在太阳的引力作用下绕其公转。太阳系中只有太阳是靠热核反应发光发热的恒星,其他天体依靠反射太阳光而发亮。据 2006 年在布拉格召开的国际天文学联合会(IAU)会议通过的新定义,“行星”指的是围绕太阳运转、自身引力足以克服其刚体力而使天体呈圆球状,并且能够清除其轨道附近其他物体的天体。按照新的定义,太阳系中共有八大行星,按距太阳由近及远排列依次为水星、金星、地球、火星、木星、土星、天王星和海王星,原来的行星冥王星被降级为矮行星,如图 2-2 所示。

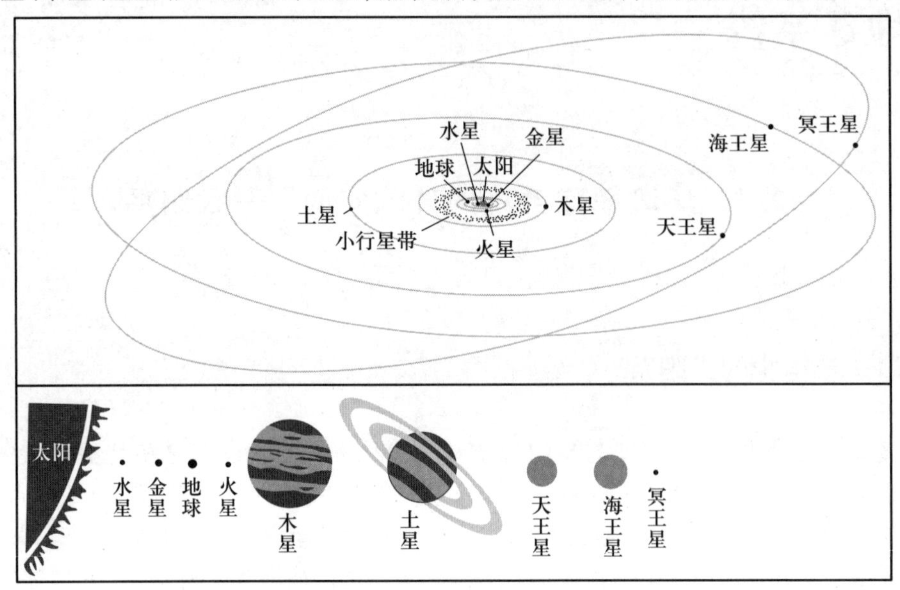

图 2-2　太阳系组成结构示意图

2.1.2　太阳的物质组成和结构

1. 太阳概况

根据天文观测得知,太阳的平均半径为 6.96×10^5 km,是地球赤道半径的 109 倍;太阳体积约为地球体积的 130 万倍。根据开普勒定律可得出太阳的质量约为 2×10^{30} kg,约为地球质量的 33 万倍。太阳是气体星球,所以它的密度较小,其平均密度为 1.409 g/cm^3,仅为地球平均密度的 1/4;太阳表面不断地向外辐射能量,科学家通过观测太阳常数,即在日地平均距离处,地球大气层顶垂直太阳光束方向的单位面积、单位时间所接受到的太阳辐射能,其值约为 1 373 W/m^2,据此推算太阳表面平均温度为 5 770 K。

太阳从其核心到边缘可分为热核聚变反应区、辐射区、对流区和太阳大气层 4 个同心圈层。热核聚变反应区仅占太阳总体积的 1/64,但是太阳能量的 99%都来源于热核聚变反应区,在这极高温/压的条件下,氢原子热核聚变形成氦原子,从而释放巨大的能量。太阳热核聚变反应区产生的能量先通过辐射区,以辐射方式向外传播,再经过对流区,以热对流的方式传播,最后通过太阳大气层发射出去,这就构成了驱动环境地球系统中物质迁移转化的主要能源之一。目前从太阳光谱中测得的化学元素达 85 种,其中主要的成分是氢(约占 78.4%)和氦(约占 19.8%)。这些元素在太阳表面温度条件下,绝大多数都以原子状态或等离子体状态存在。

2. 太阳大气层

太阳大气层从内到外可分为光球、色球和日冕 3 层。

光球是太阳大气层的底层,也是人们肉眼所见的太阳表面层,其厚度约为500 km。太阳的平均有效温度即 5 770 K,就是光球表面的温度。光球以辐射方式传播能量,人们所看到的太阳可见光几乎全部是由光球发出的。在地球天气晴好的情况下,借助天文望远镜观测太阳光球,就可以观测到光球表面的黑子、光斑、米粒组织的现象。其中太阳黑子是指光球上经常可以看到的许多黑色斑点,是光球表面剧烈旋涡状气流形成的局部强磁场区域,是光球活动的重要标志。太阳黑子在光球表面的大小、多少、位置和形态等时刻都在变化,根据长期观测发现太阳黑子从最多(或最少)的年份到下一次最多(或最少)的年份,大约相隔 11 年,即太阳黑子具有约 11 年的活动周期,这也是整个太阳的活动周期。科学研究亦发现,地球上的旱涝灾害、地震、磁暴等都与太阳黑子活动相关。太阳光斑是指光球上比周围更明亮的区域,常伴随黑子出现,寿命比黑子长,在日面边缘就可看到,是光球突起部分。米粒组织是光球表面极不稳定、颗粒状结构的多角形斑点,是光球下层气体对流造成的现象。

色球是指从光球顶面到 2 000 km 高度的色球层,色球几乎是完全透明的,其温度比光球高得多,但发出的可见光则不及光球的 1%,故人们的肉眼看不见色球。只有在日全食期间当整个太阳的光球被月球遮挡、色球层未被遮挡时,色球才能呈现出狭窄的圆弧形红光。利用色球望远镜可以看到太阳色球层有许多“针状物”,这是高速喷射出的火舌、气流。色球层还时常发生耀斑、谱斑和日珥等剧烈的活动。

日冕是太阳最外围的大气层,其厚度从色球层顶向外延伸至数倍太阳半径处。在日全食时,黑暗的太阳外围是银白色羽状的光芒,像帽子一样扣在太阳上,故称为日冕。日冕层的物质极为稀薄,亮度极小,平时必须借助日冕仪才能观测到日冕。近年来的科学观测发现,太阳日冕的形状随太阳活动的强弱而变化,在日冕的某些部位会有暗区存在,称之为冕洞。冕洞是强大太阳风(其风速大于 600 km/s)的风源。太阳风是从日冕抛向行星际空间的高速高能带电粒子流。

太阳活动对现代人类社会生存和发展具有重要的影响,如太阳 X 射线耀斑直接引起地球电离层扰动,从而影响地球短波通信;太阳风、耀斑、谱斑等现象也会危及宇航员和宇宙飞行器上的传感器及控制设备的安全。所以,进行以太阳活动为主要内容的空间天气预报也尤为重要。

2.1.3 行星及其运动

1. 行星及其分类

行星本身一般不发光,只能以其表面反射太阳光而发亮。在太阳系中距离太阳由近到远的行星依次是:水星、金星、地球、火星、木星、土星、天王星和海王星。

按八大行星性质的异同可以将它们划归为三类:类地行星,包括水星、金星、地球、火星,其特征是体积和质量都较小,平均密度最大,卫星少;巨行星,包括木星、土星,其特征是体积和质量最大,平均密度最小,卫星多,有行星环,自身能发出红外辐射;远日行星,包括天王星、海王星,其特征是体积、质量、平均密度和卫星数目都介于前两者之间,天王星和海王星也存在行星环。八大行星和冥王星的性状及其运动特征如表 2-1 所示。

表 2-1　太阳系八大行星和矮行星——冥王星的有关物理参数、卫星数目表

行星	轨道半长径/天文单位①	公转周期/a	轨道偏心率	轨道倾角/(°)	自转周期/h	赤道与轨道交角/(°)	赤道半径（地球=1）	质量（地球=1）	密度/($g \cdot cm^{-3}$)	表面重力加速度/($m \cdot s^{-2}$)	卫星数目/颗
水星	0.387 1	0.240 8	0.206	7	58.464	0.1	0.382	0.055 3	5.43	3.7	0
金星	0.723 3	0.615 2	0.007	3.39	243.02 d	177.4	0.949	0.815	5.2	8.87	0
地球	1	1	0.017	0	23.934 5	23.45	1	1	5.52	9.78	1
火星	1.523 7	1.880 7	0.093	1.85	24.623	25.19	0.532	0.107 4	3.91	3.69	2
木星	5.202 6	11.857	0.048	1.3	9.925	3.12	11.209	317.71	1.33	23.12	61
土星	9.554 9	29.423	0.056	2.49	10.656	26.73	9.449	95.162	0.69	8.96	31
天王星	19.218	83.747	0.046	0.77	17.24	97.86	4.007	14.535	1.318	8.69	22
海王星	30.110	163.72	0.009	1.77	16.11	29.56	3.883	17.141	1.637	11	12
冥王星	39.545	248.02	0.249	17.14	6.387	119.6	0.18	0.002	（2）	0.66	1

资料来源：改编自胡中为，2003。

① 1 个天文单位是指太阳与地球的平均距离，均为 1.5×10^8 km。

2. 行星运动

八大行星都在接近同一平面的近圆形椭圆轨道上，朝同一方向绕太阳公转，即行星的轨道运动具有共面性、近圆性和同向性，只有水星稍有偏离。太阳的自转方向也与行星的公转方向相同。

行星围绕太阳的运动都遵循开普勒三大定律：① 行星沿椭圆轨道运动，太阳位于椭圆的一个焦点上；② 在行星绕太阳运动的过程中，它的向径（行星与太阳的连线）在单位时间所扫过的面积相等；③ 行星轨道半长径 a 的立方与行星公转周期 T 的平方成正比，即式(2-1)：

$$\frac{a^3}{T^2}=\frac{GM}{4\pi^2}\ (\text{常数}) \tag{2-1}$$

式中：G 为万有引力常数；M 为太阳质量。

开普勒第三定律也可以精确地表达为式(2-2)：

$$\frac{a_1^3(M+m_1)}{T_1^2}=\frac{a_2^3(M+m_2)}{T_2^2} \tag{2-2}$$

式中：m_1 和 m_2 分别为两个行星的质量。

在地球上观测行星的运动时，一般将行星分为地内行星和地外行星。由于地球和地内行星都绕太阳做同向公转，且地内行星公转的角速度比地球大，即地内行星公转速度快，故从地球上看，行星绕太阳逆时针转动，行星相对太阳的位置在不断变化，图 2-3 表示出地内行星视运动的四个特殊位置：下合、上合、东大距和西大距。当行星与太阳的黄经（地球的公转轨道称黄道，用黄纬度量）相等时，称为行星合日，简称合；从地球上看，行星在太阳前面为下合，行星在太阳后面为上合。在合时，地内行星与太阳同升同降，人们看不见行星。上合以后，行星黄昏时出现在西方天空，称为昏星；下合以后，行星则向西偏离太阳，于凌晨时出现在东方天空，称为晨星。当行星与太阳之间的角距离最大时，称为大距，行星位于太阳之西的大距称为西大距，位于太阳之东的称为东大距。由于大距时行星与太阳之间的角距离最大，从地球上看其受太阳光照影响较小，所以是观察地内行星的最佳时机。水星距离太阳最近，其大距时的角距为 18°~28°，人们能够看见水星的机会不多；而金星大距时的角距则为 45°~48°，故人们常能在早晨或者黄昏看见金星。

地外行星视运动有 4 个特殊位置：合、冲、东方照和西方照，如图 2-4 所示。由于地外行星

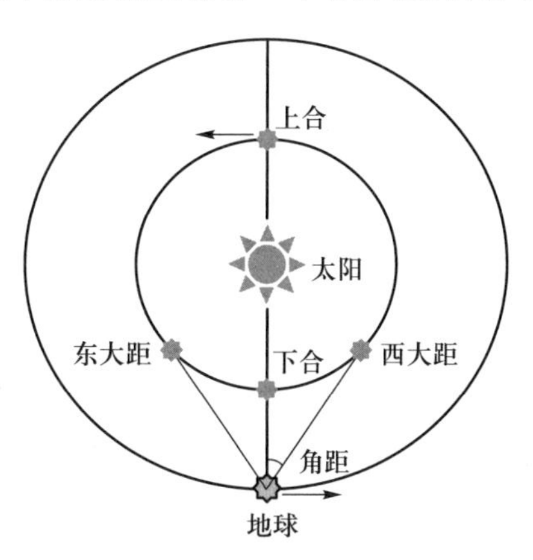

图 2-3　地内行星视运动示意图

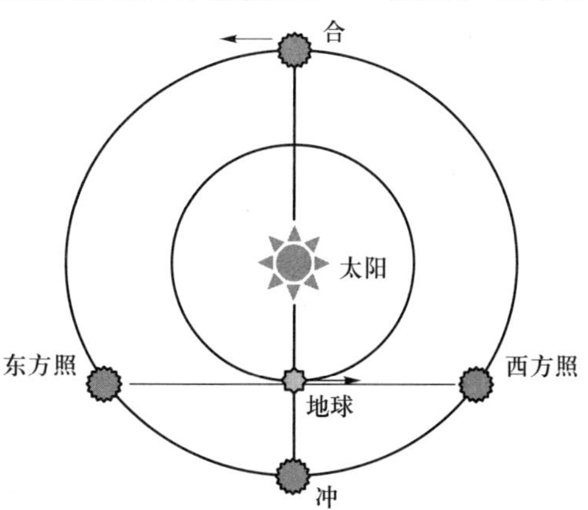

图 2-4　地外行星视运动示意图

轨道在地球轨道外面,所以只有上合称为合;冲则是地外行星与地球最近的时刻所处的位置,由于行星轨道均为椭圆形,故每次地外行星处于冲时,行星与地球的距离也是不同的。地外行星与地球最近的冲被称为大冲,此时是观测地外行星的最好时机。

3. 行星的轨道要素

行星围绕太阳公转的运动状态可以用以下5个轨道参数来描述,如图2-5和表2-1所示。① 轨道半长径 a 和半短径 b:它们决定了行星轨道的大小和形状。② 轨道偏心率 e[$e=\sqrt{a^2-b^2}/a$]:它决定了行星轨道的形状。③ 轨道倾角 i:行星轨道平面与黄道平面的夹角。④ 升交点黄经 Ω:行星轨道平面与黄道平面的交线叫交点线,交点线与黄道相交于相对的两点,行星在天球上从黄道以南到黄道以北所经过的那个交点叫升交点,另一个交点叫降交点。升交点黄经是指从春分点到升交点之间的夹角 Ω。轨道倾角 i 和升交点黄经 Ω 决定了行星轨道平面的空间位置。⑤ 近日点角距 ω:在行星轨道平面上,沿天体运动方向从升交点到近日点之间的夹角称为近日点角距 ω。它决定了行星轨道长轴在轨道平面中的方向。有关行星运动对环境地球系统的影响,仍然是一个值得探讨的科学问题。

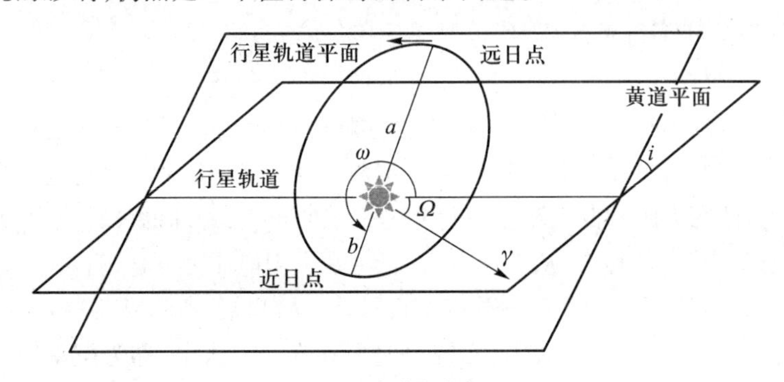

注:γ为春分点方向。

图2-5　行星公转轨道要素示意图

2.1.4　矮行星、小行星和彗星

1. 矮行星

根据2006年国际天文学联合会的新定义,同样具有足够质量、呈圆球形,但不能清除其轨道附近其他物体的天体被称为“矮行星”。冥王星被降级为矮行星。另外两个一同被公布的矮行星为谷神星和2003UB313号天体(厄里斯)。在未来不久的时间里,更多的矮行星将会被公布出来。

2. 小行星

小行星是指主要分布于火星和木星轨道之间,围绕太阳旋转的为数众多的小天体。大多数小行星的体积都很小,是形状不规则的石块。目前已登记在册和编号的小行星已超过8 000颗。

小行星对环境地球系统有一定的影响,如2013年2月15日,一颗陨石坠落在俄罗斯车里雅宾斯克境内,陨石在穿过大气层时发生爆炸,产生大量碎片,陨石雨对坠落区的许多建筑物和上千人造成了伤害。

3. 彗星

彗星是绕太阳运行的一种微小天体，是由冰冻着的各种杂质、尘埃组成的云雾状斑点。彗星的质量很小，大彗星的质量约为 10^{20} kg，即不及地球质量的$1/10^4$；小彗星的质量不到 10^{12} kg，不及月球质量的 $1/(100\times10^8)$。在太阳系中不同的位置，从地球观测彗星的形状也不同，如当彗星远离太阳时，其形态呈现为一个云雾状的斑点；当彗星接近太阳时，它由彗核、彗发、彗尾构成。其中彗核由较为密集的固体物质组成，质量可占彗星总质量的95%；彗发由彗核物质挥发、升华而成，呈云雾状；在太阳风的"吹拂"下，彗星可生成体积巨大、密度极低的彗尾。

多数彗星沿着一个偏心率很大的椭圆轨道围绕太阳运转，少数彗星的轨道则是近圆形，这种椭圆和圆形轨道的彗星才是太阳系的固定成员，即周期彗星。有些彗星沿抛物线或双曲线轨道运行，当它们绕过太阳之后，就一去不返，脱离太阳系游荡在宇宙空间，属于非周期彗星。

周期彗星绕太阳运行的轨道与行星不同，它们的轨道常常是十分扁平的椭圆，即轨道半长径和半短径差异巨大。如著名的多纳蒂彗星，在近日点时距离太阳仅约为 $8\ 000\times10^4$ km，而在远日点时距离则为 165×10^8 km。因此，只有彗星运行至近日点附近时人们才能看到它。在天文学上将那些绕太阳公转一周时间小于 200 年的彗星称为短周期彗星，如恩克彗星的回归周期为 3 年零 106 天，哈雷彗星的回归周期是 76 年；回归周期超过 200 年的称为长周期彗星，如 1996 年 4 月出现的百武彗星，其回归周期长达 18 500 年。

当彗星运行至近日点时，很有可能将部分挥发性的物质抛向地球和其他行星，也会对地球和其他行星的大气层产生影响。因此，科学研究应该重视彗星和小行星对环境地球系统的影响，如当地球到达黄道交点的延长线位置被这些彗星的彗尾扫掠时，彗尾中的高能粒子和各种物质离子将直接影响地球空间电磁环境和大气组成，进而引发各种各样的自然灾害。但对彗星和小行星有可能撞击地球也不必惊慌，毕竟这是一种发生概率极小的天文事件。

2.2 地球-月球系统及其运动

2.2.1 月球概况

地球是太阳系八大行星之一，按离太阳由近及远的次序为第三颗。地球有一颗天然卫星——月球，两者组成一个天体系统——地-月系统。

1. 月球的物质组成和形态

月球俗称月亮，也称太阴。月球的年龄大约也是 46 亿年，它与地球形影相随，关系密切。月球最外层的月壳平均厚度为60~65 km。月壳下面到 1 000 km 深度是月幔，它占了月球的大部分体积。月幔下面是月核，月核的温度约为 1 000 ℃，很可能是熔融状态的。月球直径约为 3 476 km，是地球的 3/11；月球体积只有地球的 1/49，月球质量约为 7.35×10^{19} t，相当于地球质量的 1/81，月球的平均密度为 3.341 g/cm^3，约为地球平均密度的 60.5%。月球表面的重力加速度为 1.622 m/s^2，相当于地球表面重力加速度的 1/6。

月球由与地球相同的化学元素组成，但元素间的比例不同；与地球相比月球含有更多的 Ca、Al、Ti，以及具有高熔点的稀有元素 Hf、Zr 等；熔点较低的元素如 Na、K 的含量则较少。故科学家们认为构成月球的物质曾经历过更高温度的受热作用。月球表面的岩石全是岩浆岩，月球上没有沉积岩。根据岩石颜色的深浅可以将月球表面分为浅色区（即高地）和暗色区（即月海）。对嫦娥 5 号样品的分析表明：月球表面岩石中所含有的主要矿物有钙长石、石英辉石、正长石、橄榄石等。月球表面没有大气和水分，故在太阳的照射下，月球表面温度可高达 140 ℃；但在月球表面的日出之前，其表面温度则为 -173 ℃，月球表面具有强烈的物理风化过程，登月考察亦证实，月球表面有一层厚度约为 10 cm 的细砂粒层。因此，月球没有适宜生物生存的条件。

2. 月球运动与月相变化

月球围绕地球公转的轨道是一个椭圆，地球位于椭圆的一个焦点上，月球绕地球公转方向与地球绕太阳公转的方向相同，即由西向东转。月球轨道的偏心率（e）为 0.054 9，近地点平均距离为 363 300 km，远地点平均距离为 405 500 km，月球围绕地球公转的轨道面称为白道平面，它与黄道平面之间有 5°09′的夹角，该角度称为黄白交角。

月球围绕地球公转的周期笼统地说是 1 月，但因选取的参考点不同，天文学上月的长度有四种，即恒星月、近点月、交点月和朔望月，它们分别以恒星、近地点、黄白交点和太阳为参考点。其中恒星月是月球围绕地球公转的真正周期，即月球在白道上连续两次通过同一恒星所需时间，其长度为 27.321 7 d，也就是27 d 7.72 h（27 d 7 h 43 min 12 s）。由此可以推算，月球围绕地球公转的平均角速度是每日 13°10′，相当于每小时 33′，这个角速度大约与月球本身的视直径相当；月球公转的线速度平均为 3 672 km/h，即 1.02 km/s。根据开普勒定律，月球公转的角速度和线速度也会因月地距离的变化而不同，在月球处于近地点时，月球公转的角速度较快；在远地点时，其角速度较慢。

在月球运动的过程中，当太阳、月球处于地球的同一侧，即日月合朔（农历的每月初一）时，太阳照射月球的光线方向与地球上观测月球的方向相反，面向地球的月球面属于黑暗的半月球，这时的月相称为新月；当太阳和月球分别处于地球两侧，即日月相望（农历的每月十五）时，太阳照射月球的光线方向与地球上观测月球的方向相同，面向地球的月球面属于反射太阳光照的明亮的半月球，这时的月相称为满月。月相由新月向满月转变的过程中，当月球绕行其轨道的1/4 行程时，照射月球的太阳光线方向与地球上观测月球的方向垂直，人们看见的月球明暗各半，其月相称为上弦月（农历的每月初八）；当月球绕行其轨道的 3/4 行程时，照射月球的太阳光线方向与地球上观测月球的方向垂直，人们看见的月球明暗各半，其月相称为下弦月（农历的每月二十三）。上弦月和下弦月的区别是：前者是月球位于太阳之东，明亮的月半球向西；后者是月球位于太阳之西，明亮的月半球向东。

3. 月食与日食

月食和日食是特殊的天象，也是短暂而无明显危害的自然现象，它们的发生都与月球、地球、太阳三者的相对运动密切相关。当地球处于月球和太阳之间，且日、月、地三者恰好或几乎在一条直线上时，地球的本影就会投射到月球上，使太阳光线照射不到部分月球表面或整个月球表面，这就形成了月食。显然，月食只有可能发生在望日（农历的每月十五）；由于白道平面和黄道平面并不重合,只有在望日且月球位于白道与黄道的交点附近才有可能发生月食,所以并非每个望日都会发生月食。由于月球自西向东运动,月全食总是从月轮的东边缘开始,经历初亏、食既、食甚、生光、复圆等过程,其历时一般为 1~2 h。

当月球处于地球和太阳之间,即朔日,且日、月、地三者恰好或几乎在一条直线上时,月球的阴影就会投射到地球上,地球表面部分地区的人们就会看到太阳被月轮遮掩,这就形成了日食。与月食不同的是,日食有 3 种类型:日全食、日偏食、日环食。发生日全食时,整个太阳都被月球遮掩;日偏食则是太阳的一部分被月球遮掩;日环食则是月球遮掩了太阳圆面的中心部分,周围还有一圈明亮的太阳光环。

2.2.2 地球自转

1. 地球自转周期

地球自转就是地球绕其本身轴线做的旋转运动。其自转运动的方向在北半球来看呈现逆时针方向,也就是自西向东。太阳从东方升起也正是地球由西向东自转的结果。地球自转是周期性运动,其自转一周所需的时间就是自转周期,称为一日,这是度量地球自转运动和我们日常生活所用时间的基本单位。由于选取参照点的不同,所计量的地球自转一周需要的时间——日,也是不同的。如以恒星、太阳、月球为参照点,观测的地球自转周期也就分别为恒星日、太阳日和太阴日。恒星日是以某个遥远恒星或者春分点为参照点,地球上任意一点连续两次经过该恒星或者春分点的时间间隔,其长度是 23.93 h(23 h 56 min 4 s)。恒星距离地球十分遥远,可以认为恒星在天球上的位置是固定不变的。地球上任意一点连续两次经过该恒星时,地球正好绕地轴自转了 360°,因此,恒星日才是地球自转的真正周期。太阳日就是太阳连续两次在同一地中天出现所需的时间间隔,其长度是 24 h,如图 2-6 所示。太阴日是以月球作为参照点,月球连续两次在同一地中天出现所需的时间间隔,其长度是 24.83 h(24 h 50 min)。科学观察表明:地球自转速度具有不规则变化,表现为有时快、有时慢,且没有周期性规律,但其变化极微小。

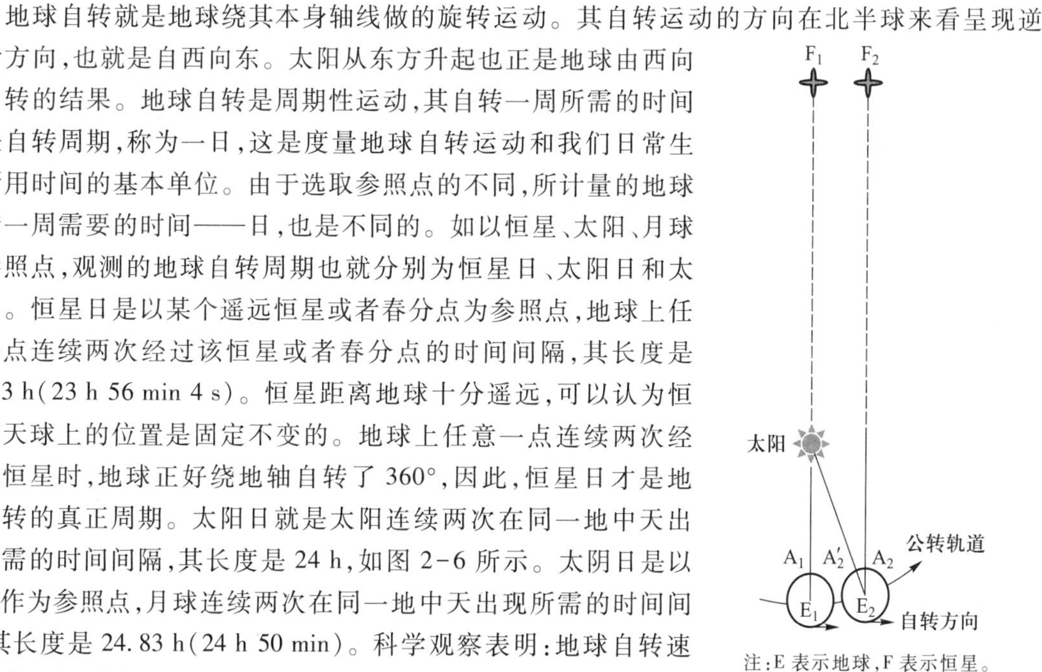

注:E 表示地球,F 表示恒星。

图 2-6 恒星日与太阳日的比较图

2. 地球自转的环境意义

地球自转使地球表面对称地出现两个线速度和角速度都为零的点,它们被分别称为南极点和北极点,两者的连线就是地轴。经过南北两个极点并与地表相交的大圆,称为经线圈;所有的经线圈都被南北极点等分为两个相对的半圆,称为经线。经过英国伦敦格林尼治天文台原址的经线被定义为 0°经线,也称为本初子午线;与本初子午线相对的另一条经线为 180°经线,本初子午线和 180°经线共同将地球划分为东、西两个半球。通过地心并垂直于地轴的平面与地表相交的大圆,称为赤道,赤道将地球分为南、北两个半球。平行于赤道的其他小圆,称为纬圈。基于上述认识,人们利用赤道和南北两个极点,就可以建立全球统一的地理坐标网络，从而能够精确地确定地球表面任何一点的地理位置。

由于地球自转使得不同经度上的各点在同一时刻观测太阳的方位差异巨大，就形成了不同的地方时间，即一个地方正好是正午，而与它相距经度 180°的地方恰好是午夜。地球表面经度相差 15°，其地方时间相差 1 h。于是，人们将全球经度等分为 24 个时区，并以 0°经线为中央经线分别向东、向西各 7°30′的范围规定为零时区，然后再分别向东或向西划分出东或西一时区、东或西二时区、东或西三时区……至东或西十二时区，其中东十二时区和西十二时区都是以 180°经线为中央经线的时区。按照国际协议，180°经线为国际日期变更线（局部地区有所调整），如果从东半球向东跨越此线进入西半球，应把日期推后一日；如果从西半球向西跨越此线进入东半球，应把日期提前一日。

地球自转使得地球表面不同区域都能周期性地接受太阳辐射，从而极大地缓和了地球表面环境变化的时空梯度，为生物生存创造了适宜的气压、温度、湿度等气候条件。同时，地球自转对沿海地区的潮汐涨落具有重要的阻尼与缓和作用。另外，地球自转引起的地转偏向力（科里奥利力）对环境地球系统中的物质运动过程具有重要的影响，在北半球做水平运动的物体，将会离开其原来的方向逐渐向右偏转；在南半球则会向左偏转。例如，地转偏向力可以使大气环流和海洋洋流的方向发生偏转，使河流两岸遭受强度不同的侵蚀，使地表水流或气流出现涡旋运动，促使了水体和气流的混合等。地球表面不同地区的地转偏向力 F 的大小可以用式（2-3）计算得出：

$$F = 2mv\omega\sin\varphi \tag{2-3}$$

式中：m 为运动物体的质量；v 为物体运动的速度；ω 为地球自转角速度；φ 为运动物体所在地区的纬度。

2.2.3　地球公转

1. 地球公转的特征

地球在椭圆轨道上围绕太阳的运动称为公转。从地球北极高空来看，地球公转的方向也是自西向东的，即呈现逆时针方向。地球公转也是一种周期性运动，地球围绕太阳公转一周所需的时间为一年。由于选取参照点的不同，年的时间长短也有所不同。天文学上有恒星年、回归年，它们分别以恒星、春分点作为度量地球公转周期的参照点。恒星年是指地球连续两次通过太阳和另一个恒星的连线与地球公转轨道的交点所需的时间，一个恒星年的时间是 365 d 6.15 h（365 d 6 h 9 min 9.5 s）；回归年则是指地球连续两次通过春分点的时间，一个回归年的时间是 365 d 5.81 h（365 d 5 h 48 min 46 s），如图 2-7 所示。

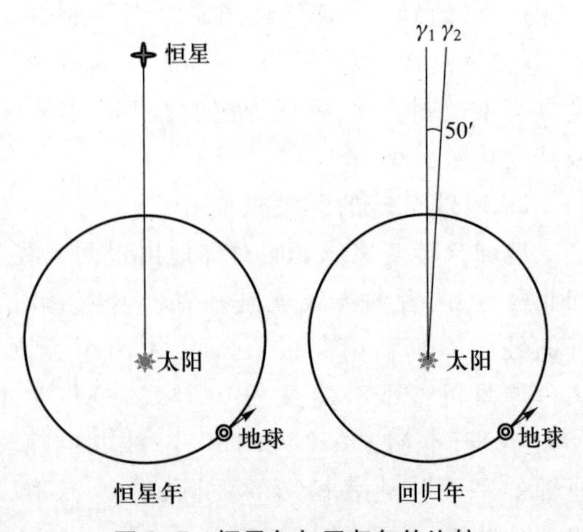

图 2-7　恒星年与回归年的比较

地球公转轨道是一个近似圆形的椭圆，其偏心率约为 0.017，太阳位于椭圆的一个焦点上，每年大约在1月3日地球距离太阳最近,此时地球在轨道上的位置称为近日点,这时的日地距离只有 1.4703×10^{8} km;大约在7月4日地球距离太阳最远,此时地球在轨道上的位置称为远日点,这时的日地距离则为 1.5087×10^{8} km。日地平均距离是 1.4960×10^{8} km,在天文学上称日地平均距离为一个天文单位。地球公转的轨道面称为黄道平面,它是一个通过地心与地轴成66°34′夹角的平面。由于地轴与赤道平面垂直,故黄道平面与赤道平面之间的夹角为23°26′,这个夹角称为黄赤交角。赤道平面与天球相交的大圆是天赤道,那么,天赤道与黄道就有两个交点,分别称为春分点和秋分点;黄道上距离天赤道最远的两个点,分别称为夏至点和冬至点,如图2-8所示。其中春分点在黄道上的位置以每年自东向西(北半球来看是顺时针方向)移动59.29″。由于地球公转方向是自西向东的,故以春分点作为参考点度量地球公转的周期,即回归年内地球公转的角度仅为360°-59.29″=359°59′0.71″,这样使回归年的时间略短于恒星年。可见,恒星年才是地球公转的真正周期,而回归年是地球上四季变化的周期,与许多环境过程及人们的生产、生活关系密切。

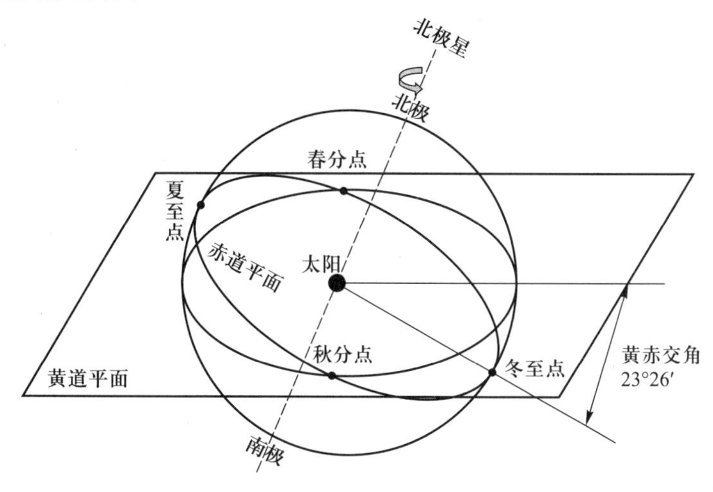

图 2-8 地球公转轨道示意图

2. 地球公转的环境意义

地球围绕太阳的公转运动决定了太阳辐射能在地球表面的纬度分布规律、地表的四季变化。由于地球公转轨道与赤道之间黄赤交角的存在,一年之内太阳直射地球表面的区域在赤道两侧来回移动,直射的最北界是北纬23°26′,称为北回归线;最南界是南纬23°26′,称为南回归线;当太阳直射点移至北半球时,南纬66°34′以南地区接受不到太阳辐射,故南纬66°34′纬线称为南极圈;当太阳直射点移至南半球时,北纬66°34′以北地区接受不到太阳辐射,故北纬66°34′纬线称为北极圈。每年大约从3月21日经6月22日至9月21日,历时186天左右,地球从春分点经夏至点向秋分点公转,太阳直射点从赤道移至北回归线再移回赤道,同时北极圈以北地区和南极圈以南地区分别进入极昼和极夜;每年大约从9月21日经12月23日至3月21日,历时179天左右,地球从秋分点经冬至点向春分点公转,太阳直射点从赤道移至南回归线再移回赤道,同时南极圈以南地区和北极圈以北地区分别进入极昼和极夜。

这样利用上述的二分点和二至点就可以将一年划分为天文四季,即春分点至夏至点为春季;夏至点至秋分点为夏季;秋分点至冬至点为秋季;冬至点至春分点为冬季。这种划分的天文四季虽然半球是统一的，但它并不能反映各地的实际气候状况。因此，在气候学和环境地球研究中所采用的四季，是按所在地区候均气温划分四季的，即候均气温大于或等于 22℃ 的时期为夏季，小于或等于 10℃ 的时期为冬季，由 10℃ 增长到 22℃ 的时期为春季，由 22℃ 降低至 10℃ 的时期为秋季。气候四季具有明显的地域差异，即使是在同一地区四季的长度也不一定相等。同样利用上述的南北回归线、南北极圈就可以将地球表面划分为五个天文地带，即以赤道为中心，南北回归线之间的地区为热带；北极圈以北地区为北寒带；南极圈以南地区为南寒带；介于北回归线与北极圈之间的地区为北温带；而介于南回归线与南极圈之间的地区为南温带。应该指出由于环境地球系统的复杂多变性，即地表海洋与陆地、山地与平原分布状况的差异，气候学和环境地球系统研究中所采用的地带概念与天文五带具有显著的差异。

地球公转也影响正午太阳高度角的变化。太阳光线与地平面之间的夹角称为太阳高度角，它决定着地面单位面积单位时间内所接受的太阳辐射总量。地球表面任何一个地区某天正午的太阳高度角 H 可以用式(2-4)计算：

$$H = 90° - \varphi + \delta \tag{2-4}$$

式中：φ 为当地的地理纬度，无论南半球和北半球都取正值；δ 为当天太阳直射点的地理纬度，如果当天太阳直射点在北半球，则北半球地区取正值，而南半球地区取负值，反之亦然。

由于地球的公转与自转同时进行，在任何一个时刻，都可以按照地球表面接受太阳辐射的状况将地球划分为夜半球和昼半球，从夜半球至昼半球的分界线称为晨线，从昼半球到夜半球的分界线称为昏线，二者构成的大圆称为晨昏线。由于地球自转，地表晨昏线也在不断地移动。由于黄赤交角的存在，晨昏线并不总是以地轴为对称的，这就决定了地表不同纬度地区昼夜长度的差异。在春分日和秋分日，太阳都直射赤道，这时晨昏线以地轴为对称，全球各地的昼夜长度都相等；从春分日经夏至日再到秋分日，太阳直射点始终在北半球变化徘徊，这时北极圈以北地区出现极昼，北半球地区白昼均长于黑夜；从秋分日经冬至日再到春分日，太阳直射点始终在南半球变化徘徊，这时南极圈以南地区出现极昼，南半球地区白昼均长于黑夜。

2.3　环境地球系统及其演化

2.3.1　环境地球系统概况

1. 地球的大小与形态

在太阳系八大行星之中，地球已被证明占有非常特殊的地位：地球是目前发现的唯一有生物圈的星球；唯一有适宜温度场、压力场、电磁辐射场、充裕氧气和液态水的星球；唯一经由板块构造过程使地表结构不断更新，使生命体所必需的养分反复循环的星球。地球质量为 5.976×10^{24} kg，平均密度为 5.52 g/cm^3。地球的真正形状并不是几何学上的回转椭球体，它的形状是不规则的，纬线和经线都不是严格的正圆；地球的南北两个半球并不对称，它的几何中心也不在赤道平面上。由此可见，地球是一个不规则的扁球体。对地球这样不规则的球体，无法直接用简单的几何体或数学方法来表示，于是，人们借助理想的地球模型——参考扁球体来说明地球的形状。依据参考扁球体，地球的真实形状就可以用大地水准面的各部分与参考扁球体的偏离来表示，如图 2-9 所示。

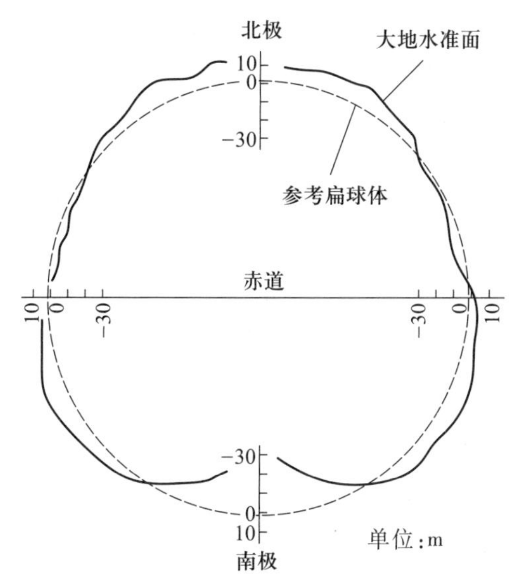

图 2-9 大地水准面和参考扁球体比较图

在大地水准面的纵剖面图中，大地水准面与它最近的参考扁球体相比，最大的偏离也不过几十米。概括来说，在北半球高纬度地区和南半球低纬度地区，大地水准面高出参考扁球体；而在北半球低纬度地区和南半球高纬度地区，大地水准面稍微低于参考扁球体。特别明显的对比是南北半球的极半径差异：北极的大地水准面高出参考扁球体约 10 m，而南极的大地水准面低于参考扁球体约 30 m。两者有 40 m 之差。比较起来，北半球略显凸起，南半球较为扁平。地球表面海洋面积为 3.524×10^8 km^2，约占地球表面积的 71%，海水平均深度为 3 729 m，最深点在海平面以下 11 033 m，海洋水面的隆高最大为+76 m，海洋水面的低洼最低为-104 m。地球表面陆地面积为 1.484×10^8 km^2，约占地球表面积的 29%，在南半球陆地面积约占 17%，在北半球陆地面积约占 39%，全球陆地平均高度为+875 m，陆地上的最高点——珠穆朗玛峰为+8 848.86 m，陆地上的最低点——死海水面为-392 m。

将假想的、静止的平均海平面（称为大地水准面）通过大陆和岛屿而围成的整个地球的形体，作为大地球体。大地水准面的特征就是处处和铅垂线相垂直。由于铅垂线的方向取决于地球内部质量的吸引力，而地球内部的质量分布是不均匀的，这引起铅垂线方向的变化，导致和铅垂线垂直的大地水准面成为一个复杂的曲面。由复杂的大地水准面包围而成的地球整体仍然是一个很接近于绕地球自转轴（短轴）旋转的椭球体即参考扁球体，如图 2-10 所示。从而可以用旋转椭球体代表地球形体，称地球椭球体，它是测量与制图的基础。地球椭球体的大小和形体通常用两个半径即半长径 a、半短径 b 或者一个半径和偏心率 α 来表示，其相互关系为：$\alpha=(a-b)/a$。

对于地球椭球体的大小和形体，由于各国采用不同的资料，其椭球体的元素值也是不同的。世界各国常用的地球椭球体模型的数据，如表 2-2 所示。中国在 1952 年以前采用海福特椭球

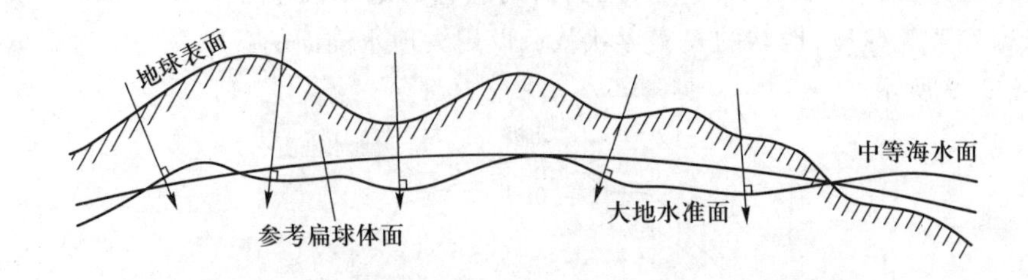

图 2-10　地球表面、大地水准面与参考扁球体面的比较示意图

体,在 1953—1980 年采用克拉索夫斯基椭球体。随着人造地球卫星的发射,人类有了更精确地测算地球形体的条件。1975 年在第 16 届国际大地测量及地球物理联合会上,通过了国际大地测量协会第一号决议中公布的地球椭球体,称为 GRS(1975)。中国自 1980 年开始采用 GRS 新的参考椭球体。由于地球椭球体的半长径与半短径的差值很小,所以当制作小比例尺地图时往往把它当作球体对待,这个球体的半径为 6 371 km。中国先后在 1954 年和 1980 年完成了地球椭球体定位工作,并分别建立 54 坐标系和 80 坐标系。由于这两次采用的地球椭球体参数、定位和定向有差异,这必然引起地形图的图轮廓线、千米线以及地图内地形地物相关位置的改变。因此,在运用 GIS 制图的过程中,如果同时使用两种不同的坐标系,就会涉及 54 坐标系与 80 坐标系的转换问题,其具体方法参见各 GIS 软件的使用说明。

表 2-2　世界各国采用的地球椭球体模型

地球椭球体名称	年份	半长径 a/m	半短径 b/m	偏心率 α
埃维尔斯特(Everest)	1830	6 377 276	6 356 075	1 : 300. 80
白塞尔(Bessel)	1841	6 377 397	6 356 079	1 : 299. 15
克拉克(Clarke)	1866	6 378 206	6 356 584	1 : 295. 00
克拉克(Clarke)	1880	6 378 249	6 356 515	1 : 293. 50
海福特(Hayford)	1910	6 378 388	6 356 912	1 : 297. 00
克拉索夫斯基	1940	6 378 245	6 356 863	1 : 298. 30
IUGG	1967	6 378 160	6 356 775	1 : 298. 25
GRS	1975	6 378 140	6 356 755	1 : 298. 257

2. 地球的圈层结构

地球本身是一个非均质的球体,地球在长期运动和物质分异过程中,按照物质密度的大小,分离成若干由不同状态和不同物质组成的同心(地心)球层,如表2-3 和图 2-11 所示。

表 2-3 地球圈层结构表

圈层结构		厚度及区间
大气层	逸散层	地球表面约 800 km 以上的高层大气
	热层	介于距地球表面一般为 80~800 km
	中间层	介于距地球表面一般为 52~80 km
	平流层	介于距地球表面一般为 10~52 km(其中臭氧层介于 12~52 km)
	对流层	地球表面至 10 km 的近地层大气
海洋水层		全铺地球表面平均水层厚度约 2.8 km
地壳		平均厚度为 17 km,质量为 2.6×10^{22} kg,平均密度为 2.8 g/cm^3
地幔		平均厚度为 2 900 km,质量为 4.0×10^{24} kg,平均密度为 4.48 g/cm^3
地核		平均厚度为 3 470 km,质量为 1.95×10^{24} kg,平均密度为 10.7 g/cm^3

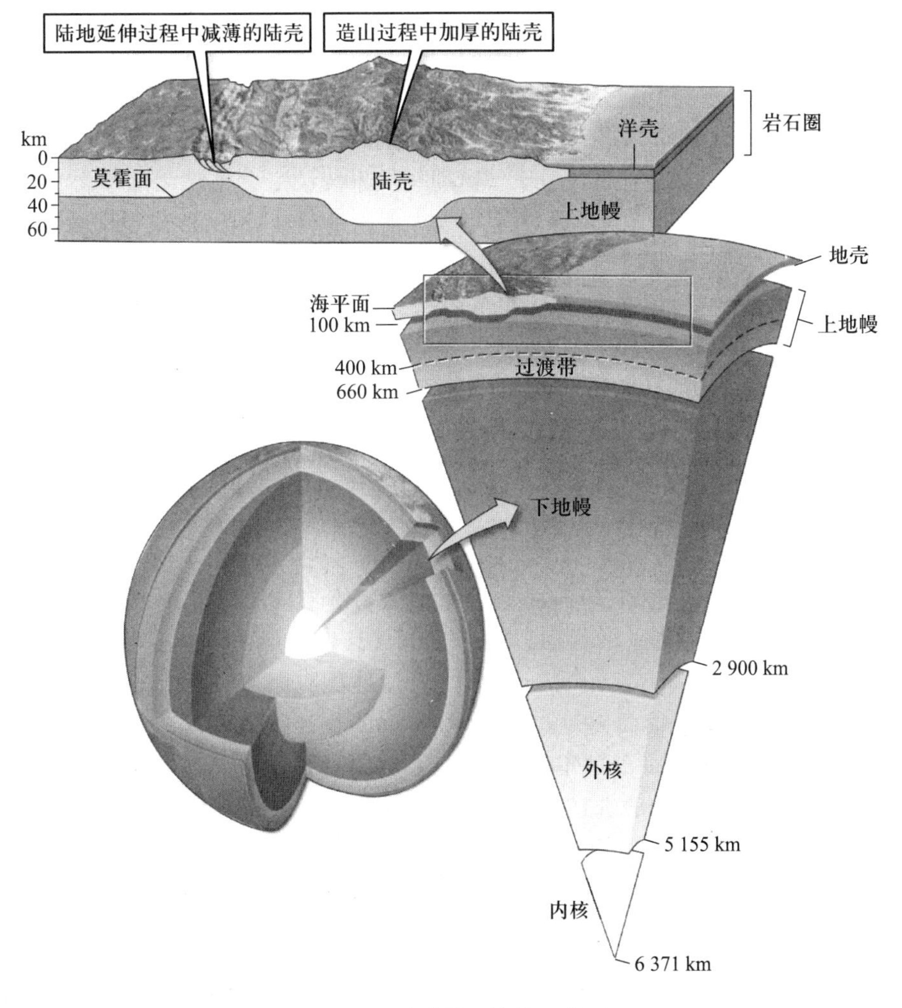

图 2-11 地球圈层结构示意图

(资料来源:Fletcher C,2011)

2.3.2　环境地球系统的组成结构

在地球46亿年的演化过程中，各圈层在地球上出现的时间有先有后，每一个圈层本身都有各自的特点和运动、演化规律，构成一个复杂的子系统。19世纪建立起来的近代地球科学体系，其各分支学科是以地球的某一部分为研究对象的，如研究大气圈的气象学、研究岩石圈的地质学、研究海洋的海洋学等。在对地球的各个组成部分进行了长达100多年的研究之后，科学家们于近几十年形成了一个日益明确的认识，即自然过程不仅仅局限在地球的各个圈层内部，也发生在各个圈层之间。如天气或气候现象不仅与大气的状态有关，还与海洋、冰雪、火山活动等其他圈层中的过程相联系。地球的各个组成圈层是相互联系的，每一个圈层在接受其他圈层影响的同时，也对其他圈层产生作用，各个圈层之间以一定的方式相互作用组成更为复杂的子系统。环境地球系统就是这些相互作用着的复杂子系统的集合，而不是单个组成部分的堆积。

环境地球系统简便的划分是将其分为地圈和生物圈。地圈是各种地球物理状态的整体综合，包括岩石圈（岩石）、水圈（液态水和冰），以及从地球表面到对流层再到平流层与更高的电离层所组成的大气圈。地圈可以进一步划分为以大气圈和水圈为主体的物理气候系统和以岩石圈为主体的固体地球系统两个基本部分。物理气候系统决定着地球表层水分和能量的交换和分布，形成全球的气候；固体地球系统决定着地壳的生消及其运动，形成地球的海陆分布格局与各种地貌形态。生物圈和土壤圈或称为全球生态系统，包括地球上全部生物和生命支持系统，它的空间范围从地表向上和向下一直延伸到有任何形式的生命自然存在的地方。全球生态系统包括地球上多种多样的生物群落与生态系统。物理气候系统、固体地球系统、全球生态系统分别调控着地表水循环、固体地球物质循环和生物地球化学循环3个循环子系统，并通过这3个彼此关联的循环子系统将它们有机地联系在一起，成为一个整体。

2.3.3　地核和地幔系统

根据对地震波传播的研究，地球内部分为4个主要圈层，即地壳、地幔、地外核和地内核。各个圈层之间存在着一个物理上的界面，即不连续面，其中在地面以下20~30 km处的不连续面称为莫霍洛维奇界面（Mohorovicic discontinuity），简称莫霍面，是地壳与地幔的分界面；在地面以下2 900 km深处的不连续面称为古登堡界面（Gutenberg discontinuity），这是地幔与地外核的分界面；在地面以下5 100 km处的不连续面称为利曼界面（Rehmann discontinuity），这是地外核与地内核的分界面。在地质学研究中常常将地壳和上地幔顶部刚性岩石层统称为岩石圈，其厚度一般为70~150 km。

1. 地幔的物质组成

地幔的质量占地球总质量的67.0%，因此，了解地幔的物质组成对于研究地球及其环境的成分具有重要的意义。根据林伍德（Ringwood）等的研究成果，地幔的化学元素有Mg、Si、Fe、Ca、Al、Ti、Na、K、Mn、Cr、Co、Ni等，其中Mg含量为22.9%~23.1%、Si含量为20.8%~21.1%、Fe含量为6.08%~6.58%、Ca含量为2.2%~2.5%、Al含量为2.1%~2.28%、Ti含量为0.12%~

0.13%。地幔内部的物质组成也有重要差异，如上地幔中最主要的矿物是橄榄石，其次是辉石和石榴子石；在地幔中层的过渡带则为高压相超石英、钛铁矿相和钙钛矿相；在下地幔中钙钛矿和铁方镁石则较多。

2. 地核的物质组成

地核质量占地球总质量的32.0%。通过对地震波和自由振荡资料的研究分析，发现地外核是液态的，而地内核可能是固态的。地核的地震波速度和密度都很大，一般认为地核主要是由Fe、Ni组成的。近些年来利用Fe、Ni等金属及硅化物的冲击波高压实验，支持了这种看法。当然，学术界至今对地幔和地核的物质组成问题的看法都仍属于推论。

2.3.4 地球表层系统

地球表层系统是由大气圈、水圈、生物圈、土壤圈、岩石圈和人类智慧圈所组成的复杂开放系统，也就是环境地球系统，是环境科学、环境地学和地理科学重要的研究内容。从环境科学和环境地学角度，根据各个圈层与人类活动的关系方面来看，可将上述环境地球系统要素归结为3个子系统，即环境地球系统由生态子系统、自然资源子系统和经济社会子系统构成，如图2-12所示。

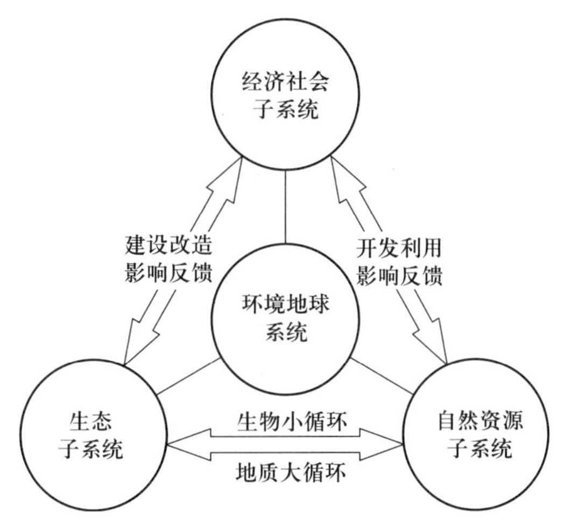

图2-12 环境地球系统示意图

2.3.5 地球演化

根据对地球最古老的岩石及其放射性同位素的测定，地球大约诞生于46亿年前。地球形成的早期是一个炙热的球体，球体表面的大气中几乎没有氧气，即早期的地球是一个没有生命的世界。经过几亿年的演化，地球表面逐渐冷凝，形成地壳。大气中的水汽凝结成雨降落至地表，在低洼处形成海洋。在太阳辐射和其他条件下，地球经过长期的进化过程，终于在原始的海洋之中缓慢演化出了原始生物。在那些原始海洋中，藻类进行光合作用释放出氧气，在太阳辐射作用下逐步形成了臭氧层。臭氧层则吸收了致命的紫外辐射，并为海洋生物登上陆地，向更高级生命形式进化创造了条件。到了距今约 7 亿年前，在海洋里的低等植物和低等动物当中，有些海生植物被风浪冲积到近海陆地岩石表面，在那里生存了下来，并形成了最原始的陆地植物——顶囊蕨；同时某些鱼类也逐渐演变成了两栖动物，并发展成为能够用肺呼吸的动物。到了距今约 3.5 亿年以前，生物开始大规模地向陆地移居，地球表面遍布了有绿叶的新型植物，进行光合作用和呼吸作用。接着爬行类动物登场了，恐龙是这个时代横行海陆空的繁荣“霸主”。到了距今约 7 000 万年前，地球表面环境又发生了巨大变化，导致部分植物和动物灭绝。随后哺乳动物则得到了大发展，其中作为人类远祖的灵长类，就是在 6 000 万年前出现的。这些早期的灵长类又发展演化为猿、猿人等人类的祖先。人类（猿人）的起源可追溯到距今 300 万年前；40 万年前，在北京周口店附近就生活着一群北京猿人。

2.4　环境地球系统中的物质和能量

2.4.1　物质形态、结构与质量

物质是指那些具有质量并占据一定空间的客观存在。在环境地球系统中物质常以固态、液态和气态存在；其存在形式可归结为单质和化合物两大类，其中单质是由同种元素组成的纯净物；化合物则是由不同种元素组成的纯净物，它具有固定的组成和性质。环境地球系统中的所有物质都是由化学元素形成的，其中有 92 个自然元素、20 个人工元素。在环境科学与环境地学研究的基础上，霍克斯特拉（Hoekstra W G）于 1972 年提出，生命有机体对于任何一种化学元素的适应范围都是比较狭窄的，例如，家畜生长发育所必需的化学元素（如 Fe、Zn、Mn、Cu、Se）的需要量与最小中毒量之间的比值为 1∶50 左右。表2-4所示为引起植物病害的土壤中微量元素的临界浓度。生命对必需元素的摄取过量或不足，都会破坏生命体内的生理平衡，从而发生生理异常引起疾病。

表 2-4　引起植物病害的土壤中微量元素的临界浓度

化学元素	临界下限值/10^{-6}	临界上限值/10^{-6}	正常调节范围/10^{-6}
B	3.0~6.0	30.0	3.0~30.0
Cu	6.0~15.0	60.0	15.0~60.0
Co	2.0~7.0	30.0	7.0~30.0
I	2.0~5.0	40.0	2.5~40.0
Mn	400.0	3 000.0	400.0~3 000.0
Mo	1.5	4.0	1.5~4.0
Sr	—	6.0~10.0	0.0~10.0
Zn	30.0	70.0	30.0~70.0

在环境地球系统中,绝大多数化学元素以化合物的形式存在。化合物可以大致划分为有机化合物和无机化合物两大类,其中已知的有机化合物有数百万种,它们包括:烃类(如甲烷)、氯代烃类[如化学农药 DDT、有毒的苯并(a)芘(BaP)]、氯氟烃类(CFCs)、简单糖类(如葡萄糖)、复杂糖类、蛋白质类、核酸类(如 RNA、DNA)、基因和染色体类,其中前 5 类属于简单有机化合物,后 4 类属于高分子有机化合物,它们在环境地球及其生态系统中具有密切的相互关系。

物质质量是衡量作为资源物质有用性的标尺,其主要依据物质的有效性和含量。高质量的物质通常是指那些存在于地球表层的、具有良好的结构、纯度高、有巨大使用潜能的物质。而低质量的物质是指分散于地层、海洋或大气之中的、结构混杂、纯度低、无显著使用潜能的物质。例如,对于铝资源的质量,使用过的铝制易拉罐具有较高的质量,而含铝矿石的质量就较低,其原因是循环再利用铝制易拉罐比从铝矿石中炼铝再制易拉罐,要消耗较少的能源、水和资金。

2.4.2　能量类型与质量

能量是度量物质运动的一种物理量,一般解释为物质做功的能力。能量的基本类型有:势能、动能、热能、电能、磁能、光能、化学能和原子能等,能量的不同形式可以相互转换。环境地球中大约 99%的能量均来自太阳辐射能,如果没有太阳辐射能不断地注入环境地球之中,那么地球表层的平均温度将下降至-240℃,地表的生命也将不复存在。也正是有源源不断的太阳辐射能注入环境地球之中,促使了环境地球中的碳、氮、氧、硫、磷等养分和水分的不断循环,这不仅为生物生长发育提供了源源不断的养分,还为其生存创造了适宜的环境条件。

高质量能源是指那些具有良好结构和较高纯度、能做出大量有用功的能量。如化学能,像石油、煤炭、天然气等;核能,像以 ^{235}U 为燃料的原子能电站;水力,像水电站、潮汐发电站等;其他能源,像聚合的太阳能、风能等,都属于质量较高的能源或能源生产装置。低质量能源是指那些结构混杂、纯度较低、产生有用功较少的能量,如富含灰分和杂质硫的劣质煤炭或者没有经过分选的用于发电的城市垃圾都属于低质量能源。

2.4.3　物质与能量的转化

1. 物理、化学和生物转化

在环境地球系统中物质的物理转化是指物质的形态、物理性质和空间位置的变化;化学转化则是指构成物质的单质或化合物、化学性质及结构的变化。这些都是环境地球系统中最为普遍的物质转化过程。从物质与能量的角度来看,环境地球之中的任何物理转化、化学转化都必然伴随有能量的吸收或释放过程。因此,在环境地球研究过程中,应该从调节物质转化过程、调控能量流动过程两个途径入手,协调人类活动与环境地球之间的相互关系。

2. 物质转化定律

就物质迁移转化来看,环境地球系统从本质上是一个相对封闭的系统;相反,从能量流及其转换来看,环境地球系统又是一个开放系统。环境地球历数十亿年的自然演化过程,已经形成了生物圈与地圈之间连续不断的物质循环过程。

人们通常谈论消耗或使用物质资源,但从本质上来看,人们并没有消耗物质,只是短时期地使用了某些地球资源。在环境地球中人们挖掘物质资源,将资源传送到另一个地域并将其制成产品,产品再经过传送和使用,最后被抛弃、燃烧、掩埋或再使用、再循环,这些物质资源及其转化物始终存在于环境地球之中。在上述过程中人们只是将单质或化合物从一种物理状态或化学形态转变为另一种,但在上述任何物理或化学变化过程中,并没有毁灭或创造新的化学元素。实际上,人们所谓已经抛弃的所有物质都以一种形态或者另一种形态始终存在于人们的生存环境之中。这也表明,在人们生存环境系统中没有所谓的“污染物”,而污染物实质上是在生存环境系统中时空坐标错位的物质资源。

2.4.4　物质与能量转化的一般规律

在环境地球系统中物质、能量的迁移转化过程一般遵守以下基本规律:能量守恒定律,即能量永不消失,只能转化;在所有的能量转化过程中,总会有能量的损失;物质、能量、空间、时间和多样性都属于资源的范畴;提高某种资源的有效性,可以刺激资源的利用过程;具有最高再生产速率的基因型,其后代将占有更多的频度;在可预见的环境中,稳定状态的多样性将更为丰富;营养水平或类型随多样性趋于饱和的速率取决于其生境分异的特征;生物多样性与生物的生产力成正比;在稳定环境中生物的生产力将会增加;成熟的系统通常剥削非成熟的系统;任何属性适应过程的完善性都取决于其在给定获救者中的相对重要性;自然稳定的环境允许成熟生态系统的生物多样性积聚,这可以增进种群的稳定性;种群变化模式规律性程度取决于其先前历史的影响。

2.5　环境地球系统与人类社会的相互关系

2.5.1　人类是环境地球系统演化的产物

人类学研究成果表明,人类作为一个物种首先出现在距今约300万年或400万年前的第四纪初期。中国著名地理学家周廷儒院士在1982年系统地总结了人类的起源与发展过程:猿人阶段,距今约400万年到20万年前的早更新世晚期至中更新世;古人阶段,距今约20万到5万年前的更新世;新人阶段,距今5万到1万年前。在上述阶段中,人类的祖先们完全融于自然环境系统之中,特别是在漫长的猿人阶段和古人阶段,从对环境的影响角度来看,古人类与自然界中的其他动物尚无巨大区别。早期人类数量少、所使用的工具也简陋,所以他们很少能够变革自然,多以自身适应自然环境,仅对其栖息地外围的动物、植物群落产生轻微的影响,广阔的环境地球还是人类完全没有达到或者偶然到过的纯自然景观。在人类发展的早期,人类与环境地球之间的依存关系十分密切,古人类的聚落位置、生产生活方式、食物的种类和来源、所使用的工具等,都直接来自区域环境。

2.5.2 人类对环境地球系统的影响

在人类社会生存和发展的过程中，人类无时无刻不从环境地球系统之中采集和利用各种资源，也无时无刻不在影响着环境地球。这种影响可以归纳为人类有意识的和无意识的两种方式。前者是指人类为了自身生存和发展，所从事的利用和改造区域环境的活动，如植物的采集与动物的驯化、狩猎与捕鱼、砍伐森林、植树造林、农田开垦等，以及文明社会的资源开发、城乡聚落的发展、兴修道路和水利设施等。后者主要是指人类在利用自然资源进行生产生活的过程中所引起的环境恶化现象。人类活动以4种主要方式改变环境，即改变区域环境系统的物质组成、改变区域环境系统的结构、改变区域环境系统中的物质能量过程、人为释放能量。上述影响有的属于局地的影响，有的则会导致大区域性甚至全球性的环境变化。

人类活动对环境地球系统影响的方式和强度随着人口的增长、人类社会的发展而不断变化。在人类社会发展的早期阶段，原始人类仅对其栖息地周围进行践踏，使该地段土质变得紧实，从而使路旁杂草可以获得更多的阳光，使草质变得坚韧以耐受践踏，亦获得自由播种，移入由远方带来的新果实和种子。另外特别需要指出的是，古人类利用火来清除荒乱的灌丛和杂草，以便他们采集果实或开垦农田，用火熏死行动迟缓的动物、伤害数目众多的大型动物以保卫自身的安全。火的广泛使用使人类对环境地球的影响显著加强。在现代工业社会之中，人类活动已经造成了大范围、高强度的环境影响甚至全球性的环境影响。例如，人类大规模地开发和使用化石能源，已经显著地增加了全球大气中CO_2、CH_4、CFCs的含量，并已引发了显著的温室效应和全球变暖。

总之，人类积极地改造和优化区域自然环境，给环境地球带来了巨大的生机和活力，同时由于环境地球系统的复杂多变性和人类认识的局限性，人类社会在自身生存和发展的过程中，也给环境地球系统造成了巨大的负面影响，这些不利影响可归纳为生态破坏、环境污染、资源短缺和生物多样性降低等。近300年来，全球人口的急速增长、社会经济的持续高速发展、人类生活水平的不断改善，使得环境地球中的许多资源问题制约了某些国家或地区的经济社会发展，个别区域环境质量正在危害着人群健康。

2.5.3 环境地球系统对人类社会的影响

环境地球系统对人类社会生存和发展的影响，可以归纳为自然资源、自然灾害、环境质量3个方面。

自然资源是指那些广泛存在于自然界的、能被人类利用的自然要素，它是人类社会生产生活的原料和燃料的来源，也是社会生产力布局的必要条件和场所。由此可见，自然资源是联系人类社会活动与环境地球系统物质能量交换过程的纽带。作为人类社会赖以生存和发展的物质基础，自然资源一般具有以下特性：一是生产性和时空性，自然资源不能脱离人类社会生产应用和社会需求，不能超越一定的时空范围；二是动态性，自然资源的概念和范畴不是一成不变的，随着社会的发展和科学技术的进步，自然资源的种类、品位、储量和应用范围也在不断扩大；

三是自然和社会的双重属性,自然资源是环境地球系统的组成部分,故它不可能成为人类社会发展的持续决定因素。但是,在一定的生产力水平下,区域自然资源的数量、质量、空间分布及其开发利用程度,对人类社会经济发展和人群生活水平的改善具有重要的影响。人类通过生产活动,把区域自然资源转化为社会物质财富,并使自然资源具有社会属性,故在不同的社会发展阶段,人类对自然资源开发利用的方式、效益存在着较大的差别,但随着社会生产力水平的提高,人类对自然资源的利用程度也越来越深化。

自然灾害是指发生在地球表层并给人类社会带来重大损失与危害的各种自然变异过程和事件。一般将自然灾害划分为突发性灾害和非突发性灾害,前者包括地震、火山喷发、泥石流、海啸、台风、洪水等,后者则包括地面沉降、土地沙漠化、干旱、海岸线变化等在较长时间中才能逐渐显现的灾害。任何自然灾害都具有自然属性和社会属性。前者是指它产生于自然环境系统中,物质运动过程具有破坏性的自然力,这种力往往是人类不可抗拒的,并通过非正常方式释放而给人类造成危害。后者是指自然灾害对人类社会系统的影响或危害程度,一般称为成灾程度,常用价值或货币指标表示。随着城市化和社会生产力水平不断提高,人类改造自然环境的深度和广度也在不断增强,这不仅使越来越多的自然灾害的发生都与人类社会因素密切相关,而且还会不断地产生许多人工诱发的新灾害。区域可持续发展受到多方面条件的制约,其中自然灾害是最直接的因素之一,它对资源环境的破坏,不仅对当代人类生活、生产和社会经济构成了直接危害,还从经济、社会、资源、环境等方面削弱了人类可持续发展的能力,从而对后代构成潜在威胁。

环境质量是指区域环境地球系统对人群生产和生活的适宜程度,故环境质量对人类社会的生存和发展具有全方位、持续性的影响,具体表现在以下几个方面:第一,环境质量是人类生存必备的先决条件,人类总是在一定的环境中从事生产和生活活动,因此,环境质量时时刻刻地对人类活动施加影响,甚至产生制约作用。第二,人类可以通过科技手段改善区域环境的质量。在人地关系中,人是具有主观能动性的因素,人类可以并且必须对不利环境条件加以改造,以满足生存和发展的需要。第三,随着经济社会、科学技术的不断发展,人类对环境的利用程度在不断加深,利用范围在不断扩展。但是,需要指出的是,决定区域环境质量的要素是多种多样的,人类社会生存和发展的需求也是多方面的,这就要求在改造环境时,必须坚持重视空间上的整体性优化、时间上的持续性效益、层次上的公平性和协调性。

2.6　思考题与个案分析

1. 结合相关资料,分析太阳系的组成及其基本特征、太阳活动对环境地球系统的影响。

2. 查阅相关地球科学和地质学教科书,简述地球各圈层组成、特征及其演化。

3. 结合天文馆的日食和月食的实际观察,分析地球与月球的运动特征及其环境意义。

4. 结合其他相关课程学习和自己的观察,从化学元素和不同能量类型等方面分析在人类社会发展不同阶段(狩猎社会、农牧社会、工业社会和信息社会),人类活动与环境地球系统之间的相互关系。

数字课程资源：

02 电子教案

02 教学彩图

02 拓展与探索

02 教学要点

02 教学视频

02 环境个案

02 思考题

第3章
大气圈——保障生命共同体

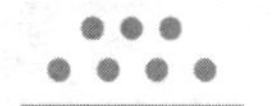

3.1 大气圈的物质组成与层结

3.1.1 大气圈的组成

大气圈是指连续包围地球外围的空气层，虽然大气层很薄，但它用各种方式保护着地球上的生命共同体；它通过维持地表具有适宜的温度场和压力场，吸收太阳紫外线辐射和维持水分相态转化与迁移，保障了地球表层生命共同体的生存与繁衍。大气圈的总质量约为 5.3×10^{15} t，其中 98.2%的空气集中在 30 km 以下的近地层。大气是由多种气体及悬浮其中的液态和固态杂质所组成的混合物，其中包含 N_2、O_2、Ar、CO_2 等各种气体，以及水汽、水滴、冰晶、尘埃和花粉等。在地球形成与演化的 46 亿年历史中，地球大气层及其主要组成也在不断地改变，如图 3-1 所示。特别是在前寒武纪一种能够进行光合作用的蓝细菌出现，使得地球大气圈中出现氧气，并且含量快速增加。进入古生代(距今 5.7 亿年)以来，随着生物圈的发展与演化，地球大气圈中氧气含量也有显著的变化，如图 3-2 所示。

大气中除固态、液态水及水汽之外的全部混合气体称为干洁空气，其中 N_2 占 78.09%，O_2 占 20.94%，Ar 占 0.93%，它们三者共计占 99.9%以上，其他气体仅约占 0.03%(体积分数)，如表3-1所示。

表 3-1 地球近海平面干洁空气的组成

大气成分	体积分数/10^{-6}	大气成分	体积分数/10^{-6}
氮气(N_2)	780 900	氢气(H_2)	0.5
氧气(O_2)	209 400	氧化亚氮(N_2O)	0.25
氩气(Ar)	9 300	一氧化碳(CO)	0.1
二氧化碳(CO_2)	318	氙气(Xe)	0.08
氖气(Ne)	18	氨气(NH_3)	0.01
氦气(He)	5.2	臭氧(O_3)	0.002
甲烷(CH_4)	1.5	二氧化氮(NO_2)	0.001
氪气(Kr)	1.0	二氧化硫(SO_2)	0.000 2

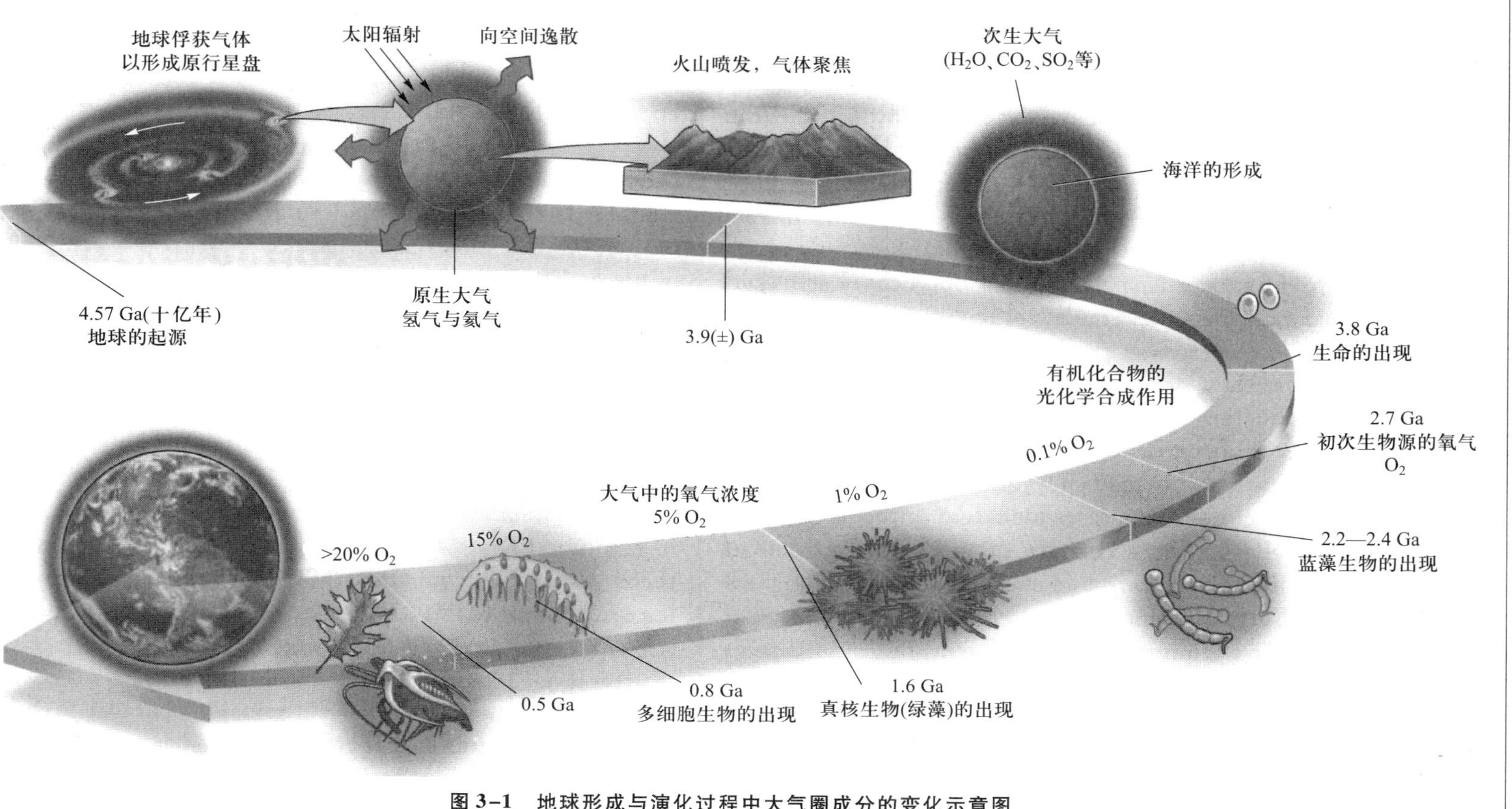

图 3-1 地球形成与演化过程中大气圈成分的变化示意图
（资料来源：Stephen,2012）

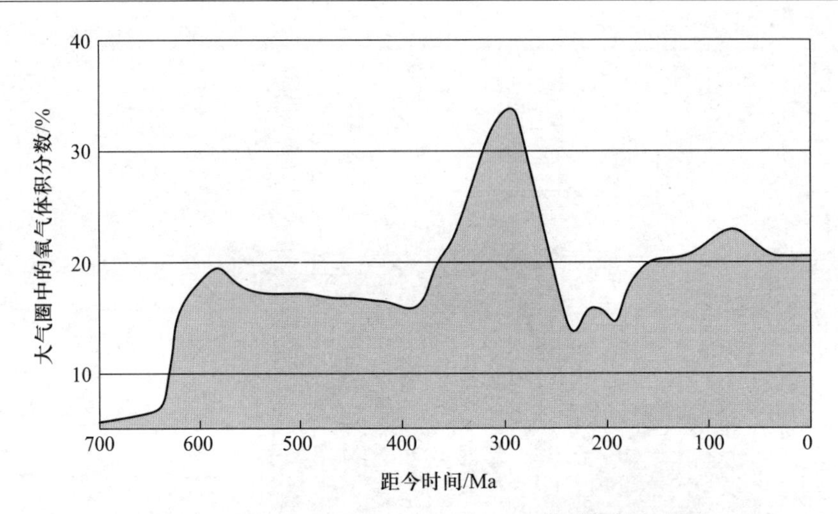

图 3-2　700 Ma 以来地球大气圈中氧气含量变化示意图

地球的干洁空气组成是较为稳定的，其主要原因是：干洁空气组成中的 N_2 和 Ar 的化学性质不活泼；地表有生物固氮作用与反硝化过程可以使大气中的 N_2 保持相对稳定；地表的氧化、生物的呼吸作用与绿色植物的光合作用可使大气中的 O_2 保持相对稳定。大气中的水汽是地球表层水分循环的重要环节，因此，其含量也随空间和时间的不同而变化（0.02%～0.46%）。大气中的 CO_2 含量虽然很低，但它也是随季节和气象条件的改变而变化的，特别是在人类活动影响下，CO_2 含量的增加已引起人们的极大关注。例如，法国学者 Lorius C（1985）的研究成果表明，近 200 年以来人类活动（工业化）对大气中温室气体浓度的增加起着重要的作用，其中 CO_2 浓度增加了 20%，N_2O 浓度增加了 8%，CH_4 浓度的增加超过了 200%。因此，人类活动造成的温室效应及大气污染已成为环境科学、环境地学重要的研究内容。

3.1.2　大气圈的层结

大气圈与星际空间之间很难用一个“分界面”截然分开，但通常用两种方法来加以确定：其一着眼于大气物理现象出现的高度，即大气中极光现象最高出现在 1 200 km 的高空，故将 1 200 km定为大气的物理上界；其二着眼于大气密度，星际空间中气体质点密度为 1 个/cm^3、电子浓度为 10^2～10^3 个/cm^3，其出现的高度一般在距地表 2 000～3 000 km 的高度。据大气温度、成分、电荷和大气垂直运动状况的垂直差异性，可将大气分为 5 层，如图3-3所示。

1. 对流层

对流层是地球大气圈中最低的一层，许多天气现象如云、雾、雨、雪都出现在对流层，也是对人类生产、生活影响最大的一个层次。对流层具有 3 个主要特征：① 由于对流层主要是从地面得到热量，故气温随高度增加而降低。在全球平均状况下，对流层中气温垂直递减率 $\gamma=-dT/dZ=-0.65$ ℃/(100 m)。② 对流层中存在强烈的垂直对流运动，其强度随纬度、季节及天气特征的变化而不同。一般是低纬度较强，高纬度较弱；夏季较强，冬季较弱。对流层厚度从赤道向两极逐渐减小，在赤道地区对流层平均厚度为 17～18 km；在中纬度地区为 10～12 km，在高纬度

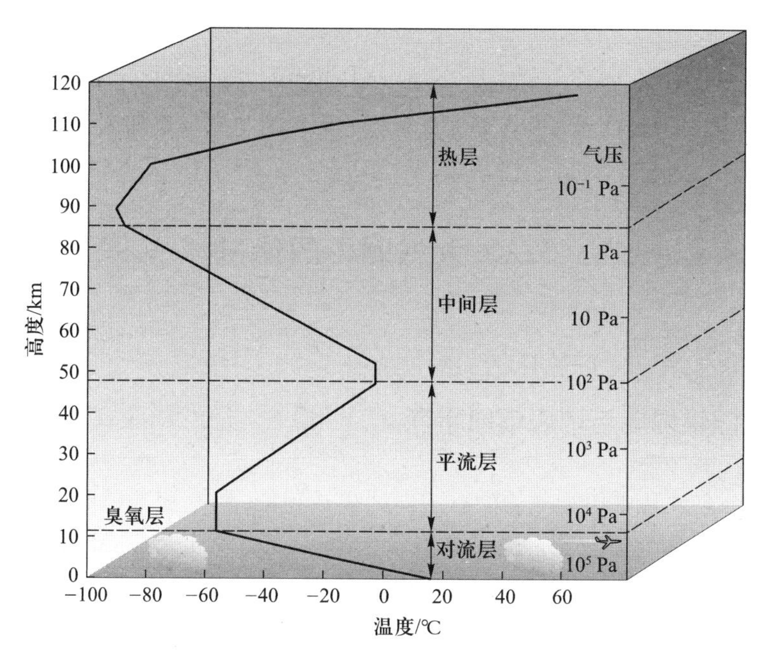

图 3-3 大气圈的垂直分层结构示意图

(资料来源:美国国家航空航天局,2015)

地区为8~9 km。③ 由于对流层的热量主要来自地面,对流层与地面相互作用强烈,所以地面物质及性状的差异也使对流层中温度、湿度、气压、风速等具有空间不均匀性。

2. 平流层

自对流层顶到 55 km 左右为平流层,在平流层内部随高度的增高,气温最初保持不变或微有上升,一般到 30 km 以上,气温随高度的升高而升高。平流层中水汽含量极少,没有云、雨、雾、雪等天气现象,现代飞机通常在平流层内飞行。在 25~30 km 的平流层中 O_3 浓度最高,即臭氧层。但科学观测表明,自 1985 年以来南极上空大气臭氧层在不断地变薄,在每年 10 月南极上空 15~25 km 处臭氧含量急剧减少,相对于周边地区为显著的低值区,称为臭氧空洞。近 20 年来臭氧空洞不仅持续存在,且有加深和扩大的趋势;人们还相继发现在北极、欧洲的上空臭氧含量也在减少。

3. 中间层

自平流层顶到 85 km 左右为中间层,该层的特点是气温随高度上升而迅速下降,并有强烈的垂直对流,其中水汽含量更少,更没有云层出现。其原因是该层没有臭氧吸收太阳的短波辐射,而 N_2、O_2 等气体能直接吸收的更短波长的辐射已被上层大气吸收。在中间层 60~90 km 高度有一个白天才出现的电离层,即 D 层。

4. 热层

热层即热成层或暖层,它位于中间层以上,没有明显的顶部高度。该层中气温随高度上升迅速增高,这是由于波长小于 0.175 μm 的太阳紫外辐射都被热层的大气物质(原子或电离态)所吸收。热层升温程度与太阳活动有关,当太阳活动加强时,升温更快,这时 500 km 处气温可达 2 000 K;当太阳活动较弱时,其气温只有 500 K。

5. 逸散层

热层之上因大气十分稀薄,离地面遥远,地心引力微弱,再加上处于高温电离态粒子的高速运动,这些大气粒子经常逸散至星际空间,逸散层是大气圈与星际空间之间的过渡区域。

3.2　大气圈中的能量

3.2.1　太阳辐射能与地表辐射平衡

自然界中的一切物体都以电磁波的方式向四周放射能量,这种传播能量的方式称为辐射,通过辐射传播的能量称为辐射能。辐射是能量传播方式之一,也是太阳能传输到地球的唯一途径。

1. 大气圈对太阳辐射的吸收

太阳辐射通过星际空间到达地球,实际上大气层顶单位面积的表面所接受到的太阳辐射能并不均等于太阳常数,而是随时间和空间不同而变化,其变化受日地距离、太阳高度角和日照时间 3 个因素所制约。当太阳辐射穿过大气层时,大气中某些成分具有选择吸收一定波长辐射的特性。如水汽的最强吸收带在红外波段(0.93~2.85 μm),因太阳辐射多集中在可见光波段(0.40~0.76 μm),故水汽对太阳总辐射能吸收得并不多,只可使其减弱 4%~15%;O_2只能微弱地吸收波长小于 0.20 μm 的太阳辐射,故对太阳辐射影响很小;O_3对太阳辐射中 0.20~0.30 μm的紫外波段有较强的吸收能力,使得该波段的太阳辐射不能到达地表;CO_2对太阳辐射的吸收总体上是微弱的,仅对红外波段 4.30 μm 有较强的吸收作用,故对整个太阳辐射的影响不大;大气中的悬浮颗粒物也能吸收部分太阳辐射,但其量甚微。可见,大气层对太阳辐射的吸收具有选择性,因而使穿过大气层到达地面的太阳辐射光谱变得极不规则。总的来说,大气层对太阳辐射的吸收较小,故就对流层而言,太阳辐射不是主要的直接热源。

2. 到达地面的太阳辐射

到达地面的太阳辐射包括:一是太阳以平行光线的形式直接投射到地面上的辐射即太阳直接辐射;二是太阳辐射经过大气层的散射后自天空投射到地面的辐射即散射辐射。地球是个球体,正午太阳光线的高度角因纬度而不同,北半球不同纬度地区接受的太阳辐射能如表 3-2 所示。

表 3-2　北半球不同纬度地区接受的太阳辐射能　　单位:J

纬度	10°	30°	50°	70°	90°
全年	1 325.3	1 181.1	918.9	636.5	557.7
夏半年	702.7	729.9	673.1	580.3	557.7
冬半年	622.6	451.2	245.8	56.2	0

地面和大气既吸收太阳辐射，又依据本身温度向外发射辐射。由于地面和大气温度比太阳低得多，因而地面和大气辐射的电磁波长比太阳辐射波长长得多，其能量集中在 3~120 μm 的红外波段。故习惯上称太阳辐射为短波辐射，地面和大气辐射为长波辐射。据估计，有 75%~95%的地面长波辐射被大气吸收，用于大气增温，只有少部分穿透大气散失到宇宙空间。由此可见，地面是大气的主要热源，气温变化受到地面性质的影响。地面长波辐射几乎全部被近地面 40~50 m 厚的大气层所吸收，低层空气吸收的热量又以辐射、对流等方式传递至较高一层。这是对流层气温随高度增加而降低的重要原因。地面辐射的方向是向上的，而大气辐射方向既有向上的，也有向下的。向下的部分称大气逆辐射，它可补充地面因长波辐射而损失的热量，对维持地表热量平衡具有重要意义。

地面有效辐射因地面温度、气温、空气湿度和云量变化而不同。当地面温度高时，地面辐射增强，如果其他条件不变，则有效辐射增大；气温高时，逆辐射增强，如果其他条件不变，则有效辐射减少；水汽及其凝结物发射长波辐射的能力较强，可增强大气逆辐射，降低有效辐射。空中云量较大时，不仅能增强大气逆辐射，而且能吸收地面长波辐射，以致大大减弱有效辐射。

太阳短波辐射被大气和地面吸收，大气和地面又依据本身温度向外发射长波辐射，这样就形成了整个地-气系统与宇宙空间不断地以辐射形式进行能量交换。在环境地球系统内部，地面与大气也不断以辐射和热量输送的形式交换能量。在某一时段内物体能量收支的差值，称为辐射平衡或辐射差额。当物体收入的辐射多于支出时，辐射平衡为正，物体热量盈余，温度升高；反之，辐射平衡为负，物体热量亏损，温度将降低；若物体收入的辐射与支出相等，则辐射平衡为零，温度无变化。

3. 热量带

太阳辐射的分布规律尽管受到其他因素的干扰，但从全球范围来看，热量分布总趋势仍然与纬线大致平行，由低纬向高纬呈带状排列，形成地球上的热量带。热量带的划分有着不同的标准。从天文因素来看地球表面的热量分布，即南纬 10°至北纬 10°是赤道带，全年太阳辐射强，热量丰富，年变化很小；南北纬10°—25°为两个热带，热量丰富，但有季节变化；南北纬 25°—35°为两个亚热带，这是由低纬向高纬过渡区，季节变化明显；南北纬 35°—55°是两个中纬度的温带，太阳高度角、昼夜长短都有明显的季节变化；南北纬 55°至极圈是两个亚极地带，昼夜长短虽有很大的变化，但因这里太阳高度角全年很低，太阳辐射已大为减少，热量明显不足；极圈以内是南北半球的极地带，有极昼和极夜现象，是全球热量最少地带，地表全年为冰雪覆盖。但是上述带状热量不能完全反映地表热量分布的实际状况。因为地表特征、大气环流、洋流等因素对太阳辐射起着重新分配的作用，在地表热量带与纬度带并不完全一致，实际上热量带的划分多以年均气温、最热月温度和积温等为指标，其划分方案为：① 热带，年均气温高于 20℃，大约在南纬 30°至北纬 30°。② 两个温带，在北半球，温带的南界为年均气温 20℃的等温线，北界为最热月均气温 10℃的等温线，这条北界刚好符合森林分布的北限。在南半球，情况也是这样，但方向则相反。③ 两个寒带，南北半球均介于最热月均气温为 10℃和 0℃的等温线之间。④ 两个多年冰冻区，其最热月均气温在 0℃以下。在北半球多分布在格陵兰岛中部地区；在南半球则包括 60°S 以南地区。

3.2.2 气温场

气温是大气热力状况的数量度量,气温的变化特点通常使用平均温度和极端值——绝对最高温度、绝对最低温度来表示,地理位置、地形、海拔、气团、季节、时间,以及地面性质都是影响地表气温场及其变化的因素。

1. 气温的时间变化

气温的时间变化主要包括日变化和年变化,其原因主要是地球自转与公转。气温的日变化:通常1天之内有一个最高值和一个最低值。最高值不出现在正午太阳高度角最大时,而是在午后二时前后,这是因为空气主要吸收地面辐射而增温,热量由地面传给大气还要经历一个过程。气温最低值不在午夜,而在日出前后,这是因为地面储存的热量因太阳辐射减弱而减少,气温随之逐步下降,到第二天日出之前,地温达最低值,随后气温也达到最低值。日出之后太阳辐射加强,地面储存热量又开始增加,气温也相应逐渐回升。一天之内气温的最高值与最低值之差,称为气温日较差,日较差的大小与地理纬度、季节、地表性质、天气状况有关。气温的年变化:太阳辐射强度的季节变化使气温发生相应的变化。一般说来,北半球一年中气温最高值在大陆上出现于7月,在海洋上出现于8月;气温最低值在大陆上和海洋上分别出现于1月和2月。一年中月均气温的最高值与最低值之差,称为气温年较差。气温年较差大小与地理纬度、地表性质、地形等因素有关。

2. 气温的水平分布

地表气温水平分布状况与地理纬度、海陆分布、地形、大气环流、洋流等因素有密切关系。全球气温水平分布具有如下特点:第一,全球等温线的总趋势大致与纬线平行。北半球的夏季,随着太阳直射点北移,整个等温线系统也北移;冬季则相反,整个等温线系统南移。北半球海陆分布复杂,等温线不像南半球海面上那样简单、平直,而是走向曲折,甚至变为封闭曲线,形成温暖或寒冷中心。第二,北半球1月等温线密集,即南北温差大;7月等温线稀疏,即南北温差小;在南半球因海洋的调节作用,1月与7月的等温线分布对比不像北半球那样鲜明。第三,夏季海面气温低于陆面,冬季海面气温高于陆面。故在北半球冬季大陆上等温线向南弯曲,海洋上等温线向北弯曲;夏季情况则相反,大陆上等温线向北弯曲,海洋上等温线向南弯曲。等温线这种弯曲在欧亚大陆和北太平洋上表现得最清楚。第四,强大的墨西哥湾洋流使大西洋上等温线呈NE—SW向,1月0℃等温线在大西洋伸展到70°N附近。其他洋流系统对等温线走向也有类似的影响,但影响范围较小。第五,7月最热的地方不在赤道,而在20°N—30°N的撒哈拉沙漠和阿拉伯沙漠,这两处沙漠成为全球炎热中心;1月西伯利亚则形成寒冷中心。

3.2.3 气压场

1. 气压场的基本形式

单位面积地表所承受大气柱的质量是气压产生的原因。随着海拔的上升,大气柱的质量减少,气压也随海拔升高而降低。在忽略重力加速度随海拔变化和水汽影响,并假定气温不随海拔发生变化的情况下,大气层中气压与海拔之间的关系式,即等温大气压高方程如式(3-1)

所示：

$$Z_2-Z_1=18\ 409.17\left(1+\frac{t}{273}\right)\log\frac{P_1}{P_2} \tag{3-1}$$

式中：Z_1为第1点海拔，m；Z_2为第2点海拔，m；P_1为Z_1点的气压，MPa；P_2为Z_2点的气压，MPa；t为气体温度，℃。

在气压相同的条件下，气柱温度越高，单位气压高度差越大，气压垂直梯度越小；在相同气温下，气压越高，单位气压高度差越小，气压垂直梯度越大。故在地面的高气压区，气压随海拔上升而很快降低，其高空常为低压区。由于热力和动力的原因，在同一水平面上气压的分布是不均匀的，常用等压线表示气压的水平分布状况。等压线是指某一水平面上气压相等的各点的连线，一般情况下气压场基本形式有如下几种：① 低气压（简称低压），由闭合等压线构成的低气压区，水平气压梯度自外围指向中心，气流向中心辐合。② 高气压（简称高压），由闭合等压线构成的高压区，水平气压梯度自中心指向外围，气流自中心向外辐散。③ 低压槽和高压脊，低气压延伸出来的狭长区域，叫低压槽，简称槽。高气压延伸出来的狭长区域，叫高压脊，简称脊。槽线过境，通常会引起天气的迅速变化；高压脊里的天气则通常是晴好的。④ 鞍形气压区，两个高气压和两个低气压交错相对的区域是鞍形气压区。

2. 气压的水平分布

世界1月和7月的平均气压分布具有以下特征：① 在1月平均气压图上，赤道南侧是断续的低压带；30°S附近为几个高压中心所盘踞，组成一个高压带，向南气压逐渐降低；在40°S—60°S海洋面上，等压线较平直，与纬线大致平行，至南极圈附近形成一个相对低压带；再往南，气压又升高。赤道低压带—副热带高压带—副极地低压带—南极高压带，这种变化反映了世界海面气压随纬度变化的一般图式。② 在北半球，海洋和大陆的巨大差异使气压的带状分布遭到破坏，出现多个高压中心和低压中心，它们出现的位置也在不断变化。它们经常活动促使高低纬度间、海陆间的空气质量、热量、水汽和动能进行交换与转化，从而对广大地区的天气、气候和大气环境产生影响。北半球大气活动中心有：太平洋高压或称夏威夷高压、大西洋高压或称亚速尔高压；冰岛低压、阿留申低压；亚洲高压或称蒙古高压、西伯利亚高压、北美高压；亚洲低压或称印度低压、北美低压。前4个大气活动中心常年存在，只是范围和强度有变化，故称半永久性活动中心；后5个只在某些季节存在，亚洲低压、北美低压只出现在夏季，亚洲高压、北美高压只见于冬季，称为季节性活动中心。由于海陆对气压有不同的影响，半永久性活动中心多出现在海洋上，季节性活动中心多出现于大陆上。海洋上气压年变化小，大陆上气压年变化大；冬季大陆上出现冷高压，夏季大陆上出现热低压；冬季海洋上低压增强，高压减弱；夏季海洋上高压增强，低压减弱。③ 在冬季，亚洲高压控制范围最广，势力最强；在夏季，亚洲低压是最强大的低压。所以，亚洲大陆是气流季节变化最显著的区域。尤其是亚洲大陆的东部正处于冬季大陆高压、夏季大陆低压的东部，为冷、暖空气南来北往的要道。

3.3　大气运动

3.3.1　大气运动的驱动力

气压梯度力:因气压在空间分布不均,便产生了一个从高压指向低压的力,这是气压梯度力。它是驱动大气流动的主导因素,也是决定风向、风速的重要因素。气压梯度力是一个矢量,其大小 G_N 等于两个等压面之间的气压差 Δp 与其间垂直距离 ΔZ 之比,其方向垂直于等压面由高压指向低压,即式(3-2):

$$G_N = -\frac{\Delta p}{\Delta Z} \tag{3-2}$$

科里奥利力:地球自转的角速度分为垂直和水平两个方向的分量,水平方向分量对地球上任何做水平运动的物体产生一个与其运动方向相垂直的作用力,这就是科里奥利力或地转偏向力 F。在北半球,科里奥利力使气流偏向运动方向的右方;在南半球,科里奥利力则使气流偏向左方;其大小可按式(3-3)计算:

$$F = 2mv\omega\sin\varphi \tag{3-3}$$

式中:m 为运动物体的质量;v 为物体的水平运动速度;ω 为地球自转角速度,取 0.000 073 rad/s;φ 为地理纬度。

惯性离心力:当空气做曲线运动时,还要受到惯性离心力 C 的作用。惯性离心力的方向与空气运动方向相垂直,并自曲线路径的曲率中心指向外缘,其大小与空气运动线速度 v 的平方成正比,与曲率半径 r 成反比,即 $C=v^2/r$。在实际大气中,运动的空气所受到的惯性离心力通常很小。但是,当空气运动速度很大、运动路径的曲率半径特别小时,惯性离心力会很大,可超过地转偏向力。

摩擦力:处于运动状态的气层与地面、其他气层之间都会有相互摩擦作用,对气流运动产生阻力。气层之间产生的阻力,称为内摩擦力;地面对气流运动产生的阻力,称为外摩擦力。摩擦力总是和运动的方向相反,其作用是限制了风速的加大。

上述 4 种驱动力对气流运动的意义各不相同,如在高空自由大气中,摩擦力可以忽略不计,其驱动力是气压梯度力和地转偏向力,当这两种力平衡时,就形成了地转风。高空风近似于地转风,其方向与等压线平行,背风而立,在北半球是高压在右,低压在左;在南半球是高压在左,低压在右。在近地面气层中,必须考虑摩擦力对空气运动的作用。摩擦力降低了风速,削弱了地转偏向力作用,使风向与等压线出现一定交角。平坦地面,例如水面、大草原等,风向与等压线交角一般为 20°~25°,风速减小到相当于地转风的 60%~70%;粗糙地面风向与等压线的交角可大于 45°,风速减小到小于地转风的 30%。

3.3.2 大气水平运动和垂直运动

1. 大气水平运动——风

空气在水平方向的流动称为风，气压水平分布不均是风的起因。风力对区域大气污染具有重要的混合扩散、冲淡-传输作用。根据风速大小常将风力划分为12级，如表3-3所示。

表3-3 风力等级表

等级	海浪高/m		近海岸渔船征象	陆地地物征象	相当风速/(m·s^{-1})		
	一般	最高			范围	均值	风速/(km·h^{-1})
0	—	—	静	静，烟直上	0.0~0.2	0.1	<1
1	0.1	0.1	寻常渔船略觉摇动	烟能表示风向	0.3~1.5	0.9	1~5
2	0.2	0.3	渔船张帆时，每小时可随风移行2~3 km	人面感觉有风，树叶有微响	1.6~3.3	2.5	6~11
3	0.6	1.0	渔船渐觉簸动，每小时可随风移行5~6 km	树叶及细小枝条摇动不息，旌旗展开	3.4~5.4	4.4	12~19
4	1.0	1.5	渔船满帆时，可使船身倾于一方	能吹起地面灰尘、纸张，小树条摇动	5.5~7.9	6.7	20~28
5	2.0	2.5	渔船缩帆（收帆一部分）	有叶的小树摇摆，内陆的水面有小波	8.0~10.7	9.4	29~38
6	3.0	4.0	渔船加倍缩帆，捕鱼须注意风险	大树枝摇动，电线呼呼有声，张伞困难	10.8~13.8	12.3	39~49
7	4.0	5.5	渔船停泊港中，近海渔船下锚	全树摇动，大树枝弯下，迎风步行不便	13.9~17.1	15.5	50~61
8	5.5	7.5	近港渔船不出海	可折坏树枝，迎风步行阻力甚大	17.2~20.7	19.0	62~74
9	7.0	10.0	汽船航行困难	烟窗及平房屋顶受到损坏	20.8~24.4	22.6	75~88
10	9.0	12.5	汽船航行很危险	陆上少见，出现时可将树木拔起，或将建筑物破坏	24.5~28.4	26.5	89~102
11	11.5	16.0	汽船遇之极危险	陆上很少，有则必有重大的损毁	28.5~32.6	30.6	103~117
12	14.0	—	海浪滔天	陆上绝少，摧毁力极大	32.7~36.9	34.8	118~133

2. 大气垂直运动

大气运动经常满足静力学方程,基本上是准水平的。因而大气的垂直运动速度很小,一般只有水平运动速度的 1%,甚至更小。对流运动是大气垂直运动的主要形式,它是由于地表气温分布不均造成的,即区域空气温度高于周围空气时,温暖空气在向上浮力的作用下做上升运动,升至上层向外流散;而低层四周空气便在气压梯度力作用下,做辐合运动以补充上升气流,这样就形成了大气的对流运动。大气垂直运动的另一种形式就是系统性垂直运动,即水平运动的气流沿山坡、锋面所做的大范围缓慢上升或下降运动。大气垂直运动与大气中云雨凝结、天气现象的形成、气溶胶的形成、污染物的扩散有着密切的关系。

3.3.3　大气环流

大气环流是指大范围的大气运动状态,其水平范围可达大陆尺度,甚至半球尺度,垂直尺度可在 10 km 以上,其持续的时间可在 2 日以上。

1. 行星风系

由于地球两极与赤道之间存在巨大的热力差异,在赤道地区近地层就形成了气压梯度力,这样在此气压梯度力和地球自转偏向力即科里奥利力的共同作用下,气流大规模运动就形成了 4 个不同的气压带,即赤道低压带(L)、副热带高压带(H)、副极地低压带(L)和极地高压带(H),同时还形成了 3 个风带,即信风带(北半球为东北信风带、南半球为东南信风带),盛行西风带和极地东风带,如图 3-4所示。

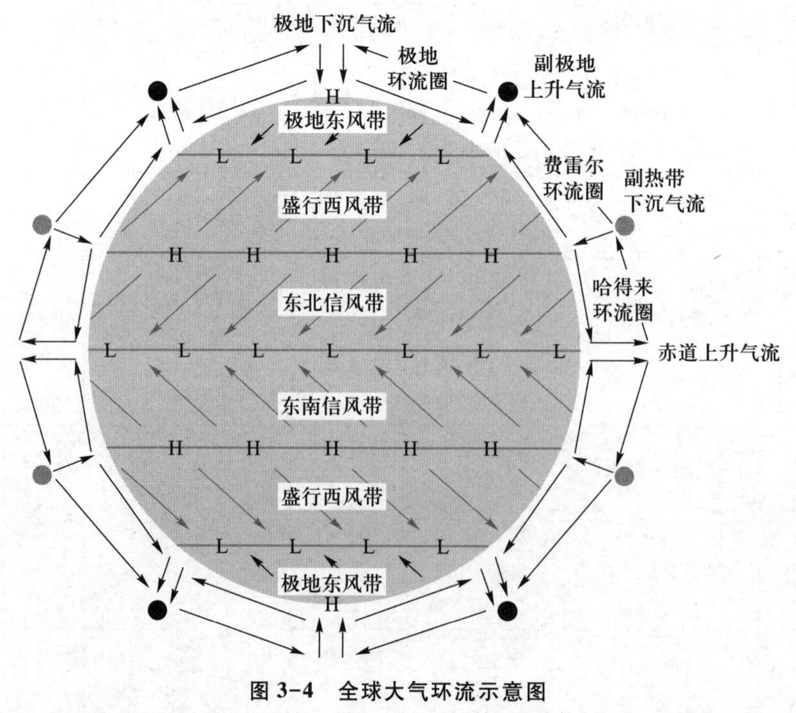

图 3-4　全球大气环流示意图

2. 季风

季风是指大范围的具有显著季节性变化的盛行风。行星风系以地表结构均一为条件，但实际上地表并不均匀，有海洋和大陆的分异。夏季大陆强烈受热，近地面层形成热低压，而在海洋上副热带高压大大扩展，从而使气流由海洋流向大陆。冬季，大陆迅速冷却，近地面层形成冷高压，而海洋副热带高压逐渐退缩，低压扩展，气流由大陆向海洋运动。这样引起盛行风向随季节变化做有规律的转换，形成季风。欧亚大陆是全球最大的大陆，太平洋是最大的水域。在北半球的冬季，亚洲高压特别强大；在夏季，北太平洋高压势力大大加强。其气压场的季节变化特别明显，所以亚洲东部的季风环流最为典型。东亚季风对中国、朝鲜、韩国、日本等国家的天气、气候及大气环境质量具有很大影响，在冬季西北风盛行的时期，这些地区气候为低温、干燥、少雨、多沙尘天气；而在夏季东南风盛行的时期，其气候为高温、湿润、多降水、大气质量较好。

3. 局地环流

由于局部环境影响，如地形起伏、地表受热不均等引起的小范围气流，称局地环流，局地环流虽然不能改变大范围气流的总趋势，但对小范围的气候和区域大气质量却有很大的影响。

水陆风：由于水陆热力差异引起的，但影响范围局限于沿海、沿大湖区域，其风向转换以一天为周期。白天，陆地增温快，陆面气温高于水面，因而形成热力环流，下层风由海面吹向陆地，叫海风，上层则有反向气流。夜间，陆地降温快，地面冷却，海面气温高于陆面，海岸和附近海面间形成与白天相反的热力环流，气流由陆地吹向水面，为陆风。

山谷风：在山地区域或山麓地区，日出以后山坡受热，其上空气快速增温，而山谷中同一高度上的空气，因距地面较远，增温缓慢，故产生了由山谷指向山坡的气压梯度力，风由山谷吹向山坡，这就是谷风；夜间，山坡因地面长波辐射快速冷却，气温也快速降低，而谷中同一高度的空气冷却缓慢，因而形成与白天相反的热力环流，下层风由山坡吹向山谷，这就是山风。

焚风：气流运动受山地阻挡被迫抬升，在抬升过程中空气冷却，水汽凝结；当气流越山之后顺坡下沉，此时空气中水汽含量已经减少了，气流按干绝热递减率[1 ℃/(100 m)]增温，以致背风坡气温比迎风坡同一高度的气温要高，从而形成相对干而热的风，这就是焚风。焚风效应对山地自然环境局部差异有重要的意义，对植被类型分化与生态特征、土壤形成过程与土壤类型都有一定的影响。

龙卷：空气中产生垂直于地面并伴有极大风速的涡旋，称为龙卷。龙卷与强烈的雷暴活动有关，它是从雷雨云中伸向地面呈倒漏斗状的激烈旋转的空气涡旋。龙卷的水平面积很小，其直径在海上为25~100 m，在陆上为100~1 000 m，有时达到2 000 m。龙卷接近地面时能拔树掀屋，破坏力极大，对局部地区来说，也是一种灾害性天气。

3.3.4 蒸发与凝结

1. 蒸发及其影响因素

在大气运动的过程中常常伴随水分的蒸发、凝结和降水等过程。液态水吸热转化为水汽的过程叫蒸发。影响蒸发的主要因素有：① 蒸发面的温度。蒸发面的温度越高，蒸发过程越迅速。因为温度高时，蒸发面上的饱和水汽压大，饱和差也比较大。② 空气湿度和风。空气湿度越大，饱和差越小，蒸发过程越缓慢；空气湿度越小，饱和差越大，蒸发过程越迅速。无风时蒸发面上的水汽靠分子扩散向外传递，水汽压减小很缓慢，容易达到饱和，故蒸发过程微弱。有风时蒸发面上的水汽随气流散布，水汽压比较小，故蒸发过程迅速。③ 蒸发面的性质：在同样温度条件下，冰面饱和水汽压比水面饱和水汽压小，如果实有水汽压相同，冰面上的饱和差比水面小，那么冰面的蒸发比水面慢。由于海水浓度比淡水大（海水含有盐分），在温度相同的情况下，海水比淡水蒸发慢；清水比浊水蒸发慢，因为浊水吸热多，温度升高快。影响蒸发速度诸因素中，温度是经常起决定作用的因素，温度越高，蒸发越快；反之越慢。其次是风速，风速越大，蒸发越快；反之越慢。

蒸发消耗的水量称为蒸发量，以蒸发失去的水层厚度（mm）表示。蒸发量大小与所在地区的年降水量也有关系，一般来说，降水量多的地方，蒸发量也大；反之，蒸发量小。在同一地区，蒸发量因海拔而不同，例如庐山牯岭年蒸发量为1 008.6 mm，山下九江为 1 612.9 mm。这主要是由于两地气温不同。在干旱地区，蒸发能力很强，但蒸发量很小，例如我国柴达木盆地的冷湖，年蒸发能力可达1 500 mm 以上，而其年降水量只有 14.1 mm，所以实际蒸发量很小。

2. 凝结及其条件

水由气态放热转化为液态水的过程，称为凝结。显然，凝结是与蒸发相反的一种物理过程。水汽达到过饱和状态的途径有二：一是增加空气中的水汽含量；二是使空气温度降到露点温度或以下。前者如冷空气移到暖水面上，气温在短时间内尚未提高，而水面蒸发使空气水汽含量增加达到饱和状态，因而产生烟雾状凝结物。后者是水汽凝结的主要途径，如辐射、平流、混合、绝热上升等过程都会使气温降低到露点以下，使空气达到过饱和状态。

3. 常见的凝结物

露与霜：太阳进入地表水平面之下以后，地面因释放长波辐射而快速冷却，近地面层空气也随之冷却，气温降低。当气温降低到露点以下时，水汽即凝结于地面或地面物体上。这时的温度如在 0°C 以上，水汽凝结为液态水珠，这就是露；如温度在 0°C 以下，水汽凝结为固态-冰晶，这就是霜。由此可见，二者成因相同，凝结状态取决于当时的温度。霜通常见于冬季，露见于其他季节，尤以夏季明显。在农事季节，霜期的长短有重要意义。入冬后第一次出现的霜日叫初霜日，最末一次出现的霜日叫终霜日。自初霜日起至终霜日止的持续期称为霜期，在霜期多数植物停止生长。

雾凇和雨凇：雾凇是一种白色固体凝结物，由过冷的雾滴附着于地面物体上迅速冻结而成。它经常出现在有雾和风小的严寒天气里。雨凇是平滑而透明的冰层。它多半在温度为-6～0℃时，由于冷却使雨滴或毛毛雨在接触物体表面被冻结形成，也可能是经长期严寒后，雨滴降落在极冷物体表面冻结而成。雾凇和雨凇通常都形成于树枝、电线上，并总是在物体的迎风面上增长，且在受风面大的物体上凝聚最多。雾凇和雨凇常造成林木破坏、电线折断，可对农林业生产、交通运输等产生有害影响。

雾：雾是飘浮在近地面层极细小的水滴、冰晶或气溶胶。当空气中水滴显著增多时，大气呈现浑浊状态。雾形成的主要原因有：① 因地面辐射冷却形成辐射雾。其形成条件是空气相对湿度大，天空晴朗少云，风小，水汽自地面向上层分布较均匀，气层较稳定。② 由雨滴蒸发作用形成锋雾和蒸汽雾。当暖锋过境时，由高温区降至低温区的雨滴，便在高温区底部产生锋雾。冬季的冷气流与暖水面相接触，容易形成蒸汽雾，如深秋或初冬的早晨，河面、湖面上常见到一片轻烟，称河、湖烟雾。山地区域或河谷早晨，因山坡上的冷空气下沉到河谷，冷空气与河流暖水面相接触形成河谷烟雾，秋冬季节最为常见。③ 因暖空气流经冷地面形成平流雾。在沿海地区，由于暖湿的空气流到较冷的海岸上，形成平流雾，浓度一般较大。在海洋寒流、暖流的交汇处也容易产生平流雾。同时，在上述 3 种条件下，人类活动造成的大气污染更能促进城市或区域浓雾的形成，从而使雾成为城市大气污染的重要特征，故雾对城市交通、航空和高速公路运输、人群健康均有较大的危害。

霾：大量极细微的尘粒、烟粒或盐粒的集合体均匀地浮游在空中，使水平能见度小于 10 km的空气普遍混浊现象，也称为灰霾。雾和霾作为受人为活动影响显著的自然现象，自然因素如静风或微风、逆温层的出现、大气相对湿度增高、自然大气中颗粒物背景浓度偏高，是造成雾霾天气的主要因素，当然人类活动对区域雾霾天气形成也有一定程度的影响。一般来讲，雾和霾的区别主要在于微颗粒中的水分含量：水分含量超过 90%则为雾；水分含量低于 80%则为霾；水分含量为 80%~90%者属于雾和霾的混合物。灰霾即近地大气层中含有的大量直径小于等于 10 μm（含直径小于等于 2.5 μm 的 $PM_{2.5}$）的气溶胶微粒，即 PM_{10}，其成分复杂多变，有尘土、烟尘、无机盐颗粒、有机物微粒和多种有害气体，会对人群身体健康、心理健康、交通生产和城市景观产生多方面的危害。在灰霾天气条件下，人们特别是老年人、儿童、呼吸系统与心血管病患者应该减少户外活动。

云：云是高空水汽凝结现象，空气对流、锋面抬升、地形抬升等作用使空气上升到凝结高度时，就会形成云。如此时气温在 0℃以上，水汽凝结为水滴；如在 0℃以下，水汽凝华为冰晶。

3.3.5 大气降水

在重力作用下液态水或固态水从云中降落到地面的过程称为降水。降水虽然来自云中，但天空有云不一定都有降水。这是因为构成云的云滴体积很小（通常将半径小于 100 μm 的水滴或微冰晶称为云滴，半径大于 100 μm 的水滴称为雨滴），其所受的重力小于或等于气流上升对它的顶托力和水与空气之间的黏滞阻力，因此，只有上百万个云滴相互结合形成雨滴时，降水才能形成。

1. 降水类型

根据气流上升及导致降水方式的不同，可以将降水划分为 3 个基本类型：① 对流雨，近地面气层强烈受热，造成不稳定的对流运动，水汽迅速达到饱和而产生对流雨。这类降水多以暴雨形式出现，并伴随雷电现象，所以又称热雷雨。其形成的条件是：空气湿度很高，热力对流运动强烈。从全球范围来说，赤道带全年以对流雨为主。中国西南季风控制的地区，也以热雷雨为主，通常只见于夏季。② 地形雨，暖湿气流在前进中，遇到山地阻碍被迫抬升，达到凝结高度时，便产生凝结降水。地形雨多发生在山地迎风坡，世界年降水量最多的地方基本上都和地形雨有关。③ 锋面（气旋）雨，两种物理性质不同的气块相接触，暖湿气流循交界面滑升，绝热冷却，达到凝结高度时便产生云雨。由于空气块的水平范围很广，上升速度缓慢，故锋面雨一般有雨区广、持续时间长的特点，在温带地区锋面雨占有重要地位。

2. 降水的时间变化

降水性质包括降水量、降水时间和降水强度等方面。降水量是指降落在地面的雨和融化后的雪、雹等,未经蒸发、渗透流失而积聚在水平面上的水层厚度(mm)。降水时间是指降水从开始到结束持续的时间,用时、分表示。气象台站、水文观测站常用雨量筒和雨量计来测定降水量。降水强度是指单位时间内的降水量(mm/d),气象学上为了说明在一定时段内大气降水数量特征,并用以预报未来降水数量变化趋势,将降水强度划分为以下等级,如表 3-4 所示。

表 3-4　气象学上的降水强度等级

降水强度	降水量/($mm \cdot d^{-1}$)	降水强度	降水量/($mm \cdot d^{-1}$)
小雨	<10	小雪	<2.49
中雨	10~24.9	中雪	2.5~4.9
大雨	25~49.9	大雪	5.0~9.9
暴雨	50~99.9	暴雪	10.0~19.9
大暴雨	100~199.9	大暴雪	20.0~29.9
特大暴雨	≥200	特大暴雪	≥30.0

3. 降水量的分布

降水量的空间分布受地理纬度、海陆位置、大气环流、天气系统和地形等多种因素制约。从降水量的纬度分布来看,全球可划分为 4 个降水带:① 赤道多雨带,包括赤道及其两侧地区,这是全球降水量最多地带,年降水量一般为2 000~3 000 mm,在非洲喀麦隆山地西坡(4°N)年降水量最高达 10 470 mm。② 亚热带 15°~30°为少雨带,这里终年受副热带高压下沉气流控制,是全球降水量稀少带,尤以大陆西岸和内部更少,年降水量一般不足 500 mm,不少地方只有 100~300 mm,是全球荒漠相对集中分布地带。但受季风环流、地形等因素的影响,在亚热带的局部降水也很丰富,如喜马拉雅山南坡的乞拉朋齐(25°N)绝对最大年降水量竟达26 461 mm;中国东南沿海区因受季风及台风影响,其年降水量在1 500 mm 左右。③ 中纬度多雨带,中纬度地区多受频繁的锋面、气旋活动的影响,其降水量一般在 500~1 000 mm。在大陆东岸还受到来自海洋的东南季风影响,会形成较多的降水。④ 高纬度少雨带,本带因纬度高,全年气温很低,蒸发微弱,故降水量偏少,年降水量一般不超过 300 mm。

水分在自然环境中具有重要意义。某地的年降水量,表示该地的水分收入状况;年蒸发量,说明该地的水分支出状况。某地是湿润还是干旱,要看该地年最大可能蒸发量 E 与年降水量 P 的比值。这一对比关系通常用年干燥度 K 表示,如式(3-4)所示:

$$K=E/P \tag{3-4}$$

中国气候区划中采用年干燥度作为气候带内划分气候大区的指标。$K<1.0$ 为湿润气候大区;$1.0\leqslant K<1.6$ 为半湿润气候大区;$1.6\leqslant K<3.5$ 为半干旱气候大区;$3.5\leqslant K<16.0$ 为干旱气候大区;$K>16.0$ 则为极端干旱气候大区。

3.4 天气与气候

天气和气候是两个不同的概念。天气指某一地区、某一时刻、某一条件下的大气物理状况；气候是指某地区平均大气状况，是该地区多年常见和特有天气状况的综合，包含该地区经常出现的正常天气情况和特殊年份出现的极端天气情况。

3.4.1 天气系统

天气系统是指引起天气变化和分布的高压、低压、高压脊、低压槽等具有典型特征的大气运动系统。

1. 气团

气团是在水平方向上性质比较均匀的大块空气，即气层的温度和湿度等主要物理属性变化较小。气团的规模大，范围可达数百直到3 000 km，垂直厚度可达对流层的中上部。不同的气团有不同的大气物理属性，在同一个气团所占据的空间范围内，天气状况基本类似。依据气团源地特点，可将其划分为：① 冰洋气团 A，形成于北极区域和南极的高压系统，它的特点是气温低，水汽含量极少，大气温度层结常有逆温层，故气层稳定。② 中纬气团或称极地气团 P，主要形成于中高纬地区（45°—70°），其特点是气温低而干燥，大气活动强烈。③ 热带气团 T，多分布于热带和副热带地区，其特点是气温高，湿度低，气温直减率较大，气层不稳定。④ 赤道气团 E，形成于赤道地带，其特点是气温高、湿度大、气层不稳定。不同属性气团的交替及气团的变性，是导致区域天气、大气环境质量变化的重要原因。

2. 锋面

锋面是指两个性质不同的气团之间的狭窄过渡带，其宽度从十余千米至400 km，其长度在数百千米至数千千米，锋面两侧大气的气象要素存在明显差异。根据锋的移动情况，可将其划分为暖锋、准静止锋、冷锋3种基本类型。暖锋是指暖气团主动向冷气团方向移动的锋；准静止锋是指很少移动或移动速度非常缓慢的锋；冷锋则是指冷气团主动向暖气团方向移动的锋。

暖锋的基本特点是：暖气团滑行在冷气团之上；由于暖气团密度小，滑行速度缓慢，所以暖锋坡度较小，一般小于1/100；覆盖的范围广。在我国，暖锋活动范围不广，一般限于东北及江南地区；春季活动较多，冬季较少。准静止锋是很少移动或移动速度缓慢的锋。它的两侧冷、暖气团往往形成势均力敌的形势，暖气团前进时，为冷气团所阻，被迫沿锋面上滑。其上滑的情况与暖锋类似，故出现的云系亦与暖锋云系大体相同。但准静止锋的坡度比暖锋更小，一般为1/250，沿锋面上滑的暖空气延伸到离地面更远的地方。因此，准静止锋的云区，降水区比暖锋更广，降水强度比暖锋小，降水历时比暖锋更长。我国准静止锋主要有华南准静止锋、江淮准静止锋、昆明准静止锋、天山准静止锋等。冷锋是冷气团主动向暖气团移动的锋。冷气团向暖气团前进，暖气团则被迫抬升。由于冷气团在前进时受地面摩擦影响，锋面移动时,近地面层总是落后于上层,所以锋面坡度比暖锋大。当冷气团移动速度较大时,锋面可向暖气团方向突出,形成一个冷空气楔。冷锋活动遍及我国绝大部分地区,甚至伸展到海南地区。冬半年活动频繁,北方地区尤为常见。

3. 气旋和反气旋

气旋是占有三维空间、中心气压比四周低的水平空气涡旋,其中心气压一般为 970~1 010 hPa,最低值可低至887 hPa。北半球气旋:空气按逆时针方向自外围向中心运动,强大的气旋地面风速可达 30 m/s 以上,气旋直径自几百千米至2 000 km 以上。它常带来大风、降水等天气。温带气旋主要发生在东亚(东亚气旋)、北美及地中海等地区。东亚气旋主要发生于我国东北地区,一般为 45°N—55°N(也称东北低压),偏南部的江淮地区(称江淮气旋),以及日本南部海域 3 个地区。锋面气旋移动方向与速度主要受对流层中层引导气流控制。由于副热带上空为西风环流,在气旋性环流状态下,东亚气旋路径一般向东北方向移动。其移动速度平均一般为35~40 km/h,快的可达 100 km/h,慢的约15 km/h。热带气旋:热带气旋形成于热带海洋上,具有暖心结构、强烈对流上升的气旋性涡旋,是热带地区最重要的天气系统。热带气旋的强度有很大差异,国际上规定热带气旋名称和等级标准为:台风(typhoon),地面中心附近最大风速大于 32. 7 m/s(即风力在 12 级以上);热带风暴(tropical storm),地面中心附近最大风速为 17. 2~32. 6 m/s(即风力为 8~11 级);热带低压,地面中心附近最大风速为 10. 8~17. 1 m/s(即风力为 6~7 级)。

温带反气旋是指活动在中高纬度地区的反气旋,一般分为两类:一类是相对稳定的寒冷性反气旋;另一类是与锋面气旋相伴的反气旋,即移动性反气旋。它们均是高气压系统紧密联系、相伴而出现的大型空气旋涡。地面反气旋中心气压一般为 1 020~1 030 hPa,最高可达 1 083. 8 hPa。规模小的反气旋直径为数百千米,最大的反气旋可与最大的大陆相比。如冬季亚洲反气旋,可占整个亚洲大陆的3/4。冷性反气旋和寒潮:其发生于极寒冷的中高纬度地区如格陵兰、加拿大、北极、西伯利亚和蒙古等地,以冬季最为多见。其势力强大、影响范围广泛,往往给活动地区造成大风、降温和降水过程,是中高纬度地区冬季最突出的天气过程。冬季,当西伯利亚和蒙古地区冷性反气旋南下时,中国大部分地区就会受到冷空气的侵袭,并出现降温过程。移动性反气旋:是形成于高空锋区下方与锋面气旋相伴出现的水平范围较小、强度不大的反气旋,它随着锋面气旋一起自西向东移动。当出现气旋时它位于两个气旋之间。移动性反气旋:其东部即前部具有冷锋天气特征,西部即后部具有暖锋天气特征,中心区域附近天气晴朗、风力不大。

4. 副热带高压

副热带高压为处于低纬度环流和中纬度环流的汇合带,是由对流层中上层气流辐合、聚积形成的高压。副热带高压内的天气特征:由于盛行下沉气流,天气以晴朗、少云、微风、炎热为主;高压的北、西北部边缘因与西风带天气系统(锋面、气旋、低压槽)相交汇,气流上升运动强烈,水汽比较丰富,故形成多阴雨天气;高压南侧是东风气流,晴朗少云、低层潮湿而闷热;高压东部受北来冷气流的影响,形成较厚的逆温层,少云、干燥而多雾,长期受副热带高压及其东部控制的地区,久旱无雨,出现干旱天气,甚至形成荒漠景观。西太平洋副热带高压对中国东部地区天气过程具有重要的影响。其季节性活动具有明显的规律性:冬季副高脊线位于 15°N 附近;随着季节转暖,其脊线缓慢地向北移动,一般在 6 月中旬,脊线出现第一次北跳,穿过 20°N,在

20°N—25°N 徘徊;7 月中旬出现第二次北跳,穿过 25°N,在 25°N—30°N;在 7 月底至 8 月初,脊线跨过30°N达到最北位置;9 月以后随着副高势力的减弱,脊线开始快速南下,9 月上旬脊线跳回 25°N 附近,10 月上旬再次跳回 20°N 以南地区,从此结束了以一年为周期的季节性南北移动。但实际上西太平洋副热带高压的活动经常出现异常,这样往往造成一些地区干旱而同时另一些地区多雨并发生洪涝灾害。

3.4.2　气候系统

气候系统是决定气候的形成、分布和变化的自然系统。完整的气候系统由 5 个圈层所组成,即大气圈、水圈、冰雪圈、陆地表面和生物圈。气候系统的属性可概括为:① 热力学属性,包括空气、水、冰和陆地表面的温度;② 动力学属性,包括风、洋流及与之相互联系的垂直运动和冰体运动;③ 水分属性,包括空气湿度、云量、云中含水量、降水量、土壤湿度、河湖水位、冰雪面积等;④ 静力属性,包括大气和海水的密度和压强、大气组成成分、大洋盐度及气候系统的几何边界和物理常数等。

1. 气候带

气候要素随纬度呈有规律的分布,地球上的气候也相应形成纬向分布的气候带。苏联学者Б. П. 阿里索夫依据气团的地理类型及其活动范围,从气候发生上划出如下气候带:① 赤道气候带,全年受赤道气团控制,终年高温,年均气温为 26℃左右,年较差为 2~5℃,日较差为5~10℃,全年相对湿度在 80%左右,云量大,年降水量为 1 500~3 000 mm,季节分配均匀。本带气候分布在赤道及其两侧,以南美亚马孙河流域、非洲刚果河流域为典型;我国的南沙群岛也属于赤道气候带。② 赤道季风气候带,夏半年盛行赤道气团,气候特征与赤道带相似;冬半年盛行热带气团,天气晴朗干燥,降水显著减少。气温的年较差、日较差均较赤道带大。年降水量一般在 1 000~1 500 mm,但分配不均,一年中有明显的干、湿两季之分。属于本带气候的有中南半岛、印度半岛等。③ 热带气候带,全年盛行热带大陆气团,终年高温,年较差、日较差都比上述气候带大,空气干燥,年降水量一般低于 1 000 mm。属于本带气候的有南美中部,南非与北非,澳大利亚中、西部,阿拉伯半岛等地区。④ 副热带气候带,本带大陆面积广,海陆分布和大气环流的季节变化导致本气候带的内部差异。大陆东岸,冬季盛行极地气团,寒冷干燥;夏季热带海洋气团盛行,高温多雨,属于季风气候。中国东部大部分地区,朝鲜半岛及日本南部等地区属于这类气候。大陆西岸,夏季受北大西洋亚速尔高压控制,盛行热带大陆气团,气温高,降水稀少;冬季高压南移,受地中海锋影响,锋面气旋活动频繁,降水显著增多,以地中海沿岸地区最为明显,故称地中海型气候。大陆内部,则属于典型的大陆性气候,是世界上最干燥的地区。⑤ 温带气候带,全年以中纬气团占优势,夏季受热带气团影响。在北半球的大陆东岸,冬季受中纬大陆气团控制,同时还受到冰洋气团的影响,故冬季严寒干燥;夏季,受热带海洋气团影响,气温较高,降水较多,属于季风气候。中国东北大部、朝鲜半岛及日本北部、俄罗斯的远东地区都属这类气候。大陆西岸全年盛行西风,中纬海洋气团活跃,沿岸又受到北大西洋暖流影响,故冬季比较温暖,夏季凉爽,年均气温为 7~10 ℃,年较差只有 6~14 ℃,年降水量在 700 mm 左右,季节分配较均匀,属于海洋性气候。欧洲大西洋沿岸大部地区,南美南部和北美太平洋沿岸等地区属于这类气候。大陆内部,全年以中纬气团占优势,冬季受冰洋气团影响,故冬季严寒,年均气温不超过 0 ℃；最热月均气温为 20～22 ℃，最冷月均气温为－20～－25 ℃，年降水量为 400～600 mm，相对集中在夏季。俄罗斯大部分地区、中欧、挪威东部、瑞典、蒙古、中国新疆北部及内蒙古大部、北美中部，均属于这类气候。⑥ 副极地气候带，夏季受极地气团影响，冬季受冰洋气团控制，由于纬度高，夏季日照时间虽然很长，但因太阳高度很低，气温仍然不高，最热月均气温为 0～10 ℃；冬季日照时间极短，甚至有极夜现象，故冬季漫长而严寒，最冷月均气温一般在－30 ℃，年降水量一般为 250～300 mm。亚洲及北美北部、北冰洋沿岸属于副极地气候带。⑦ 北（南）极气候带，为全球纬度最高的气候带。全年受冰洋气团控制，极昼、极夜现象明显。年均气温低于－20 ℃，最低气温可低至－80 ℃以下。南极大陆和格陵兰岛为冰雪所覆盖，即使在夏季，气温仍在 0 ℃以下，只有边缘地区可达 0 ℃以上。全年降水只有 200～300 mm。这是全球最冷的一个气候带。全球气候带分布状况如图 3-5 所示。

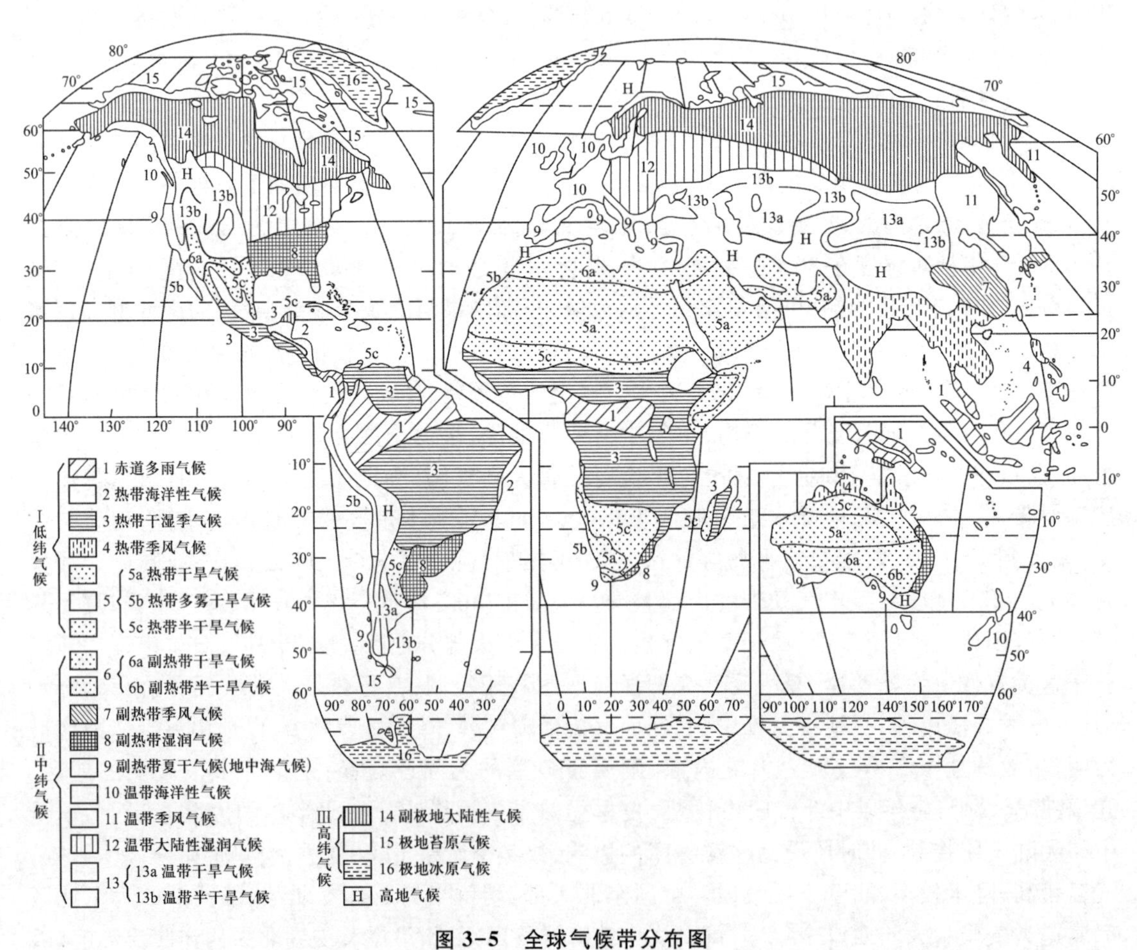

图 3-5　全球气候带分布图

（资料来源：周淑贞等，1997）

2. 气候类型

气候分类方法有多种，在地理学和环境科学界常用柯本气候分类方法，它以气温和降水量这两个气候要素为基础，并参考自然植被的分布而确定气候类型。柯本首先将全球气候划分为A、B、C、D、E 5个气候带，其中A、C、D、E带为湿润气候，B带为干旱气候，各带之中又划分出若干气候型，如表3-5所示。

表3-5　柯本的气候分类[r表示年均降水量(cm)、t表示年均气温(℃)]

气候带	特征	气候型	特征
A热带	全年炎热，最冷月均气温≥18 ℃	Af热带雨林气候	全年多雨，最干月均降水量≥6 cm
		Aw热带疏林气候	一年中有干季和湿季，最干月均降水量<6 cm，<$(10-r/25)$ cm
		Am热带季风气候	受季风影响，一年中有一个特别多雨的雨季，最干月均降水量<6 cm，>$(10-r/25)$ cm
B干带	全年降水稀少，根据一年中降水的季节分配，分冬雨区、夏雨区和年雨区来确定干带的界限	Bs草原气候	冬雨区[①]$r<2t$；年雨区$r<2(t+7)$ 夏雨区[②]$r<2(t+14)$
		Bw沙漠气候	冬雨区$r<t$；年雨区$r<(t+7)$ 夏雨区$r<(t+14)$
C温暖带	最热月均气温>10℃，最冷月均气温为0~18℃	Cs夏干温暖气候（地中海气候）	气候温暖，夏半年最干月均降水量<4 cm，小于冬季最多月降水量的1/3
		Cw冬干温暖气候	气候温暖，冬半年最干月均降水量<夏季最多月降水量的1/10
		Cf常湿温暖气候	气候温暖，全年降水分配均匀
D冷温带	最热月均气温>10℃，最冷月均气温<0℃	Df常湿冷温气候	冬季漫长，低温，全年降水分配均匀
		Dw冬干冷温气候	冬季漫长，低温，夏季最多月降水量至少为冬季最干月降水量的10倍
E极地带	全年寒冷，最热月均气温小于10℃	ET苔原气候	最热月均气温为0~10℃，可生长苔藓、地衣等植物
		EF冰原气候	最热月均气温在0℃以下，终年冰雪不化

① 夏雨区：一年中夏季（6个月，北半球4—9月）降水量占全年降水总量的70%以上。

② 冬雨区：一年中冬季（6个月，北半球10月—次年3月）降水量占全年降水总量的70%以上。

3.5　人类活动对大气圈的影响

人类生活于大气圈底部,大气圈的物质组成及其性状对人类生产、生活与健康具有重要的影响。人类活动时刻不断地对大气圈施加各种各样的影响,这些影响可以归结为:温室气体排放、大气污染、臭氧层耗损、城市小气候与热岛效应。

3.5.1　温室气体及温室效应

1. 温室气体

大气层中那些对太阳短波辐射透明且能够吸收地面和低层大气长波辐射的气体被称为温室气体,主要有 CO_2、CH_4、N_2O、CFCs 等,如表 3-6 所示。

表 3-6　主要温室气体分析表

温室气体	1750 年前浓度/10^{-6}	现代浓度/10^{-6}	对全球变暖的贡献率/%	主要来源
二氧化碳(CO_2)	280	373.1	60	化石燃料燃烧;森林砍伐
甲烷(CH_4)	0.688	1.730	20	湿地、稻田中的细菌;反刍动物活动;化石燃料燃烧
氯氟烃类(CFCs)	0	0.000 88	14	制冷剂、泡沫剂、溶剂、气溶胶释放物
氧化亚氮(N_2O)	0.270	0.317	6	化石燃料燃烧;化肥释放物及森林砍伐

资料来源:据 Enger E D,2004。

CO_2 是大气层中原有的物质成分,也是植物光合作用所不可缺少的营养物质,在自然环境系统中 CO_2 具有其天然的源和汇,故大气层中 CO_2 基本处于稳定的平衡状态,一般不将 CO_2 看作大气污染物。但是,工业革命以来,人类持续不断地大规模进行化石燃料燃烧,向大气层中排放的 CO_2 总量明显增多,与此同时人类活动引起的土地利用变化(城市化、森林砍伐、绿地减少),也显著地减弱了大气中 CO_2 的汇机制过程,其综合作用使大气层中 CO_2 浓度持续增加。近年来已有许多科学研究证实大气中 CO_2 浓度增加是人类活动所致。① 法国学者 Lorius C(1985)对南极冰芯中冰包气的成分进行了研究,其结果表明:距今 1.8 万年前大气中 CO_2 浓度只有 $180\times10^{-6}\sim200\times10^{-6}$,而现在大气中 CO_2 浓度已高于 350×10^{-6},其中近 200 年来大气中 CO_2 的浓度就增加了 20%。② 北半球和南半球大气中的 CO_2 浓度差在 1960 年时仅为 1×10^{-6},

到 1985 年已增加到 3×10^{-6}，这显然是南北半球化石燃料燃烧所排放的 CO_2 总量不同所致。③ 对大气中碳同位素（^{12}C、^{13}C 和 ^{14}C）的研究也表明，人类活动所增加的 CO_2 使大气中的 $^{13}C/^{12}C$ 比值和 $^{14}C/^{12}C$ 比值均降低了。

CH_4 是大气层中原有的微量物质成分，在自然环境系统中天然沼泽湿地会排放出一定量的 CH_4，同时某些反刍类动物、昆虫生理代谢过程也可释放少量的 CH_4，但自然界的氧化过程会消耗一定量的 CH_4，故在自然条件下大气中微量的 CH_4 可保持相对平衡状态，在大气中的浓度大致稳定在 0.8×10^{-6}。法国学者 Lorius C 的研究成果表明：近 200 年以来，人类活动使大气中 CH_4 浓度的增加超过了 200%，即到 1990 年全球大气中 CH_4 的浓度已经增加到 1.72×10^{-6}。人类增加大气中 CH_4 浓度的活动主要有水稻的大面积种植、煤气和天然气开采、化石燃料燃烧、城市垃圾和动物代谢物的堆放活动。另外有关温室效应引起高纬度地区增温，是否也会促使亚极地沼泽增加大气中 CH_4 的浓度还是科学界有待解决的问题。

N_2O 是大气层中原有的微量物质成分，在自然条件下它处于稳定的平衡状态。科学观测表明，工业革命以来，全球大气中 N_2O 由 285×10^{-9} 增加到 310×10^{-9}，人类增加大气中 N_2O 浓度的活动主要包括化肥的大量使用、石油及天然气的燃烧过程、农作物秸秆的燃烧等。

CFCs 即氯氟烃类，是一种人工合成物，在自然环境系统中没有 CFCs 存在。有研究表明：在 20 世纪初期，大气中 CFCs 浓度几乎为零，现在已增加到 0.2×10^{-12} 左右；虽然大气中 CFCs 的浓度比 CO_2 浓度低若干个数量级，但CFCs的增温效应比同量的 CO_2 高出 4 个数量级，且 CFCs 在对流层中十分稳定，可长期存在。化学工业和制冷工业所排放的制冷剂、喷雾剂、发泡剂是释放CFCs的重要源物质。

2. 温室效应及其影响评价

根据目前可靠的气候观测资料，1885 年到 1985 年的 100 年中，全球气温已经增加了 0.6～0.9℃，而且 1985 年以后全球气温仍然在持续增加，多数学者认为这是温室气体浓度增加引起的温室效应所致。温室效应对环境地球系统具有一定的影响，根据已有的气候预测模式计算，在大气中 CO_2 浓度加倍后，就全球范围而言，全球平均气温将增加 1.5℃左右，其中在北半球高纬度地区和青藏高原地区增温幅度会更大；全球平均降水量将增加 7%～11%，但是不同地带降水量的变化状况不同，即高纬度地区因气候变暖而降水量增加，中纬度地区则因全球变暖后副热带高压北移而变得更加干旱；副热带地区降水量会有所增加；低纬度带和赤道带也因全球变暖后对流过程加强，其降水量也会增加。

3.5.2　大气污染

大气是自然环境的四大组成要素之一，也是一切生命体维持其生存所必需的物质之一。一个成人最基本的生存条件是每日需要消耗 1.5 kg 食物、2.5 kg 水和 15 kg 空气。因此，大气及其质量优劣，对人类和其他生物的健康有着直接的影响。大气污染是指大气中一些物质的含量超过其正常本底值且持续的时间足以对人体、其他生物及材料产生不利的影响和危害，这时的大气状况就称为大气污染或空气污染。这里所说的物质包括天然的物质和人为排放的物质。

1. 大气污染源

大气污染源是指向大气环境排放有害物质或对大气环境产生有害影响的场所、装置和设备。按大气污染物的来源，可分为天然污染源和人为污染源。

在自然环境中某些自然过程可向大气环境排放有害物质，从而危害人和其他生物的正常生活。大气污染的天然污染源主要有：① 火山喷发，可向大气环境排放 SO_2、H_2S、CO_2、CO、HF 及火山灰等颗粒物。② 森林火灾，可向大气环境排放 CO、CO_2、SO_2、NO_2、HC 等，据研究成果，全球热带地区森林火灾向大气环境排放的 CO_2 量已超过了全世界工业排放量的总和。③ 自然风尘，沙尘暴、浮尘、地表起尘等，多发生于干旱半干旱地区。1991 年 3 月北非的尘暴使阿尔卑斯山脉和亚北极地区出现黄雪。④ 沼泽地区，向大气环境排放 CH_4、CO 和 H_2S 等，目前关于高纬度地区的沼泽与大气之间的碳循环过程研究是全球环境变化研究的热点和难点。⑤ 海洋飞沫，海洋在大风的作用下可向近地层大气排放一些颗粒物，其化学成分主要有 NaCl、硫酸盐和亚硫酸盐。

在某些情况下天然污染源比人为污染源更为重要，因为它们已超出了人类所能控制的范围，且许多天然污染源的发生和强化常与人为扰动作用有关。当今人类所面临的大气污染主要是城市环境、工厂环境的大气污染，这些均与人为活动有关。归结起来，人为大气污染源可分为 4 类：① 工业企业排放源——点源，其特点是污染物的种类多样、排放量大、排放集中。据统计，全世界工业每年排入大气的有毒有害气体和粉尘达 9.25×10^{11} kg，全世界人均 180 kg/(人・a)(20 世纪 90 年代)。② 家庭炉灶与取暖设备排放源——面源，其特点是污染物的种类较少，排放量较小，但排放点多而广泛，且季节性变化大，例如，北京师范大学校园 1985—1987 年的实测结果表明，采暖期与非采暖期大气中颗粒物(非可吸入颗粒物)浓度之比为 2.33∶1.0。③ 交通运输污染源——线源，其特点是属于移动性污染源，污染物种类较少但影响较大，小型分散、数量大、排放总量大。例如，希腊的首都雅典曾是大气污染最为严重的城市之一，希腊全国 60%的工业集中于此，而且这里还有 120 万辆机动车，据报道每年有 100 多人死于大气污染。④ 农业污染源——面源，在农业生产如施肥、施用农药的过程中可直接把这些物质的颗粒排放到大气环境中；另外土壤表层和作物表面的农药也可以通过蒸发或扩散过程进入大气环境中。

2. 大气污染物的种类

按大气污染物发生成因可归为两大类，即一次污染物(primary air pollutants)和二次污染物(secondary air pollutants)。一次污染物是指直接从污染源进入大气的各种气体、蒸气和各种颗粒物(固体物质或液体物质)。最主要的一次污染物有 SO_2、CO、N_xO_y、C_xH_y 和颗粒物。它们又可分为反应物质(在大气中不稳定的物质)和非反应物质(在大气中稳定的物质)。二次污染物是指一次污染物在大气中相互作用或与大气中正常组分发生反应，或者在太阳辐射作用下进行光化学反应而产生与一次污染物的理化性质、化学组成完全不同的新大气污染物。在城市大气中常见的二次污染物颗粒小(粒径 = 0.01 ~ 1.0 μm)，其毒性比一次污染物还强，主要包括硫酸与硫酸盐、硝酸与硝酸盐气溶胶、O_3、过氧乙酰硝酸酯($CH_3COOONO_2$)即 PAN 等。按污染物的组成和性状可分为颗粒物、硫氧化物、氮氧化物和含碳化合物。

教学视频
大气污染类型

(1) 颗粒物：指大气中除气体之外的所有物质(包括各种固体或液体气溶胶)。大气圈中颗粒物种类及其特性如图 3-6 所示。其中固体物质有飞尘、烟尘和烟雾，液体物质有云雾和雾滴。它们的直径从 0.1 μm 到 200 μm 不等。根据大气中颗粒物的粒径大小可分为两类：第一类是降尘，指粒径大于 10 μm

的粉尘,它们可以在重力的作用下向地表降落;第二类是飘尘,指粒径小于 10 μm 的煤烟、烟气和烟雾在内的颗粒物质,它包括粒径为 0.25～10 μm 的在空气中等速沉降的雾尘,以及粒径小于 0.25 μm 的随空气分子做布朗运动的云雾尘。总悬浮颗粒物(TSP)即分散在大气中各种粒子的总称。对于可吸入粒子(inhalable particles,IP),国际标准化组织(ISO)建议:IP 是 $\phi \leq$ 10 μm的粒子;美国国家环境保护局(USEPA)对于 IP 的建议是 $\phi \leq 15$ μm 的粒子。这两个指标是大气质量评价所用的重要污染指标,可以用经过国家认证的大气颗粒物采样器进行定点、连续的采样与分析。大气中的颗粒物主要危害人体的呼吸系统,颗粒物的直径越小,进入呼吸道的部位越深。$\phi > 10$ μm 的颗粒物,几乎都可被鼻腔和咽喉所捕集,不能进入肺泡;对人体危害最大的是 $\phi \leq 10$ μm 的飘尘,PM_5(即 $\phi \leq 5$ μm 的颗粒物)可进入呼吸道的深部,$PM_{2.5}$可 100% 深入细支气管和肺泡,沉淀在肺泡及其深部的颗粒物,如被溶解就会直接侵入血液,有可能造成血液中毒;未被溶解的颗粒物也有可能被细胞吸收,造成细胞壁破坏并形成肺结核,故颗粒物的研究历来受到环境科学界的重视。

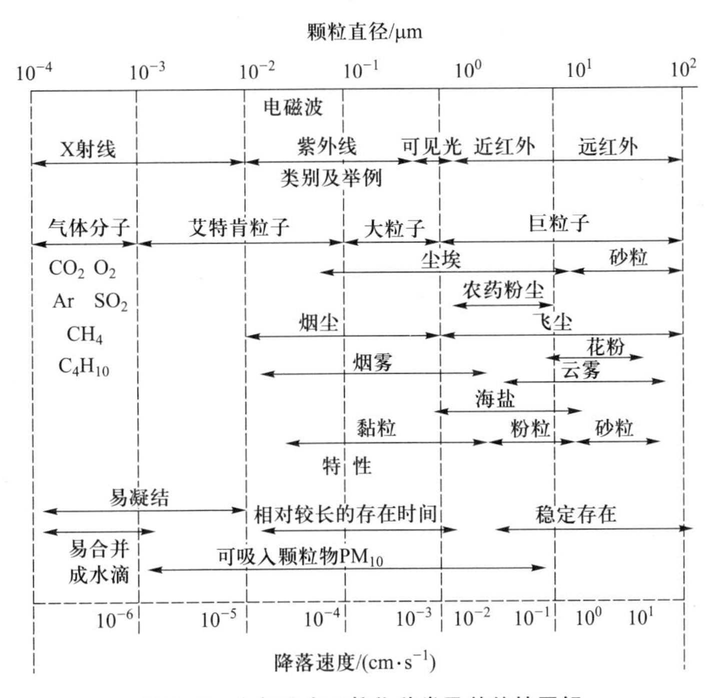

图 3-6 大气圈中颗粒物种类及其特性图解

由于受自然环境条件、人为源排放、来源、大气环境特征等因素的影响,$PM_{2.5}$的化学成分复杂多变,一般包括尘土、烟尘、水溶性无机盐、有机物及含碳组分;再加上 $PM_{2.5}$的粒径微小、组分复杂、可为毒性物质提供迁移的载体,故 $PM_{2.5}$已成为影响大气环境质量,并危及人体健康的主要大气污染物。目前世界卫生组织(WHO)和许多国家均制定了 $PM_{2.5}$的标准,其中新西兰、澳大利亚的标准最为严格,即大气中 $PM_{2.5}$的 24 h 平均含量限值为 25 μg/m^{3}或年平均含量限值为 8 μg/m^3。中国国家标准《环境空气质量标准》(GB 3095—2012)修改版中,一类区和二类区 $PM_{2.5}$年均浓度限值分别为 15 μg/m^3 和 35 μg/m^3。

(2) 硫氧化物:指 SO_2 和 SO_3。由污染源排出的是 SO_2,人类排出 SO_2 总量约为 1.5×10^{11}

kg/a,其中2/3来自煤炭燃烧、1/5来自石油燃烧、2/15来自冶炼工业。通常煤炭的含硫量为0.5%~6%,石油含硫量为0.5%~3%,煤炭中的硫铁矿在燃烧过程中会发生下列化学反应:

$$4FeS_2+11O_2 \longrightarrow 2Fe_2O_3+8SO_2$$

石油中硫醇在燃烧过程中会发生下列化学反应:

$$CH_3CH_2CH_2CH_2SH+O_2 \longrightarrow H_2S+2H_2O+2C+C_2H_4$$

$$2H_2S+3O_2 \longrightarrow 2H_2O+2SO_2$$

火山喷发是SO_2的主要天然污染源,其喷发物中也有少量H_2S,但H_2S进入大气后能很快被氧化成SO_2。SO_2是无色且有刺激性气味的气体,其本身的毒性并不太大。大气中的SO_2会刺激人们的呼吸道,减弱呼吸功能,并导致呼吸道抵抗力下降,诱发呼吸道的各种炎症,危害人体健康。在大气环境中SO_2不稳定,可以发生一系列化学及光化学反应生成SO_3、亚硫酸及亚硫酸盐、硫酸及硫酸盐,SO_2及其生成的硫酸雾会腐蚀金属表面,对纸制品、纺织品、皮革制品等造成损伤。SO_2还可能形成酸雨,从而给生态系统及农业、森林、水产资源等带来严重危害。

(3) 氮氧化物:包括N_2O、NO、NO_2、N_2O_3、N_2O_4、N_2O_5等,其中造成大气污染的主要是NO和NO_2,它们是燃料燃烧过程和超高温的空气氧化过程(在温度>2 100 ℃条件下空气中N_2和O_2相互作用)的产物。就全球来看,空气中的氮氧化物主要来源于天然源,但城市大气中的氮氧化物大多来自燃料燃烧,即人为源,如汽车、工业燃油锅炉等。氮氧化物的危害有:深入人体肺部,诱发呼吸道疾病;硝酸是引发酸雨的原因之一;它与其他污染物在一定条件下能产生光化学烟雾污染。

(4) 含碳化合物:包括CO、CO_2和烃类。CO和CO_2都有人为或天然源与汇,具体的细节参见本教材中地球表层碳循环过程的内容。烃类(HC)通常是C_1~C_{10}可挥发性(或气态)的烃类物质,主要有甲烷(CH_4)、石油烃即非甲烷烃(NMHC)、卤代烃类(DDT)、多氯联苯(PCBs)、甲基类、氯氟烃类(CFCs)等,它们是形成光化学烟雾的主要参与者。

3. 大气污染物的汇

大气自净过程是能够使区域大气环境中污染物的浓度降低,毒性减轻或消失的自然过程,简称为大气自净。这是因为进入大气中的污染物会以各种方式进行物理的、物理化学的和生物化学的运动和变化,其中有些过程使区域大气环境中污染物浓度降低、毒性降低或消失。大气自净过程可分为以下几种情况。

(1) 干沉降过程:指颗粒物在重力作用下的沉降或与其他物体碰撞后而沉降。这种沉降存在着两种机制。一种是干沉降机制:粒径小于0.1 μm的颗粒物,即艾特肯粒子,它们依靠布朗运动在大气中扩散,并相互碰撞而凝聚成较大的颗粒,再通过大气湍流扩散到地面或碰撞而去除。在自然条件下全球陆地大气干沉降颗粒物量的分布情况如图3-7所示。总之,干沉降过程可以使大气中颗粒物的浓度降低,危害减轻或消失。另一种是通过重力对颗粒物的作用,使其降落在地面或地物表面。沉降速度与颗粒物粒径、密度、空气运动黏度等有关。粒子沉降速度可应用斯托克斯公式求出:

$$v=\frac{gd^2(\rho_1-\rho_2)}{180\mu} \tag{3-5}$$

式中:v为颗粒物沉降速度,cm/s;g为重力加速度,cm/s^2;d为颗粒物粒径,cm;ρ_1和ρ_2分别为颗粒物和大气密度,g/cm^3;μ为空气黏度,Pa·s。故粒径越大,扩散系数和沉降速度也越大。

(2) 湿沉降过程:指通过水汽凝结、降雨、降雪等方式使颗粒物从大气中去除的过程。它是去

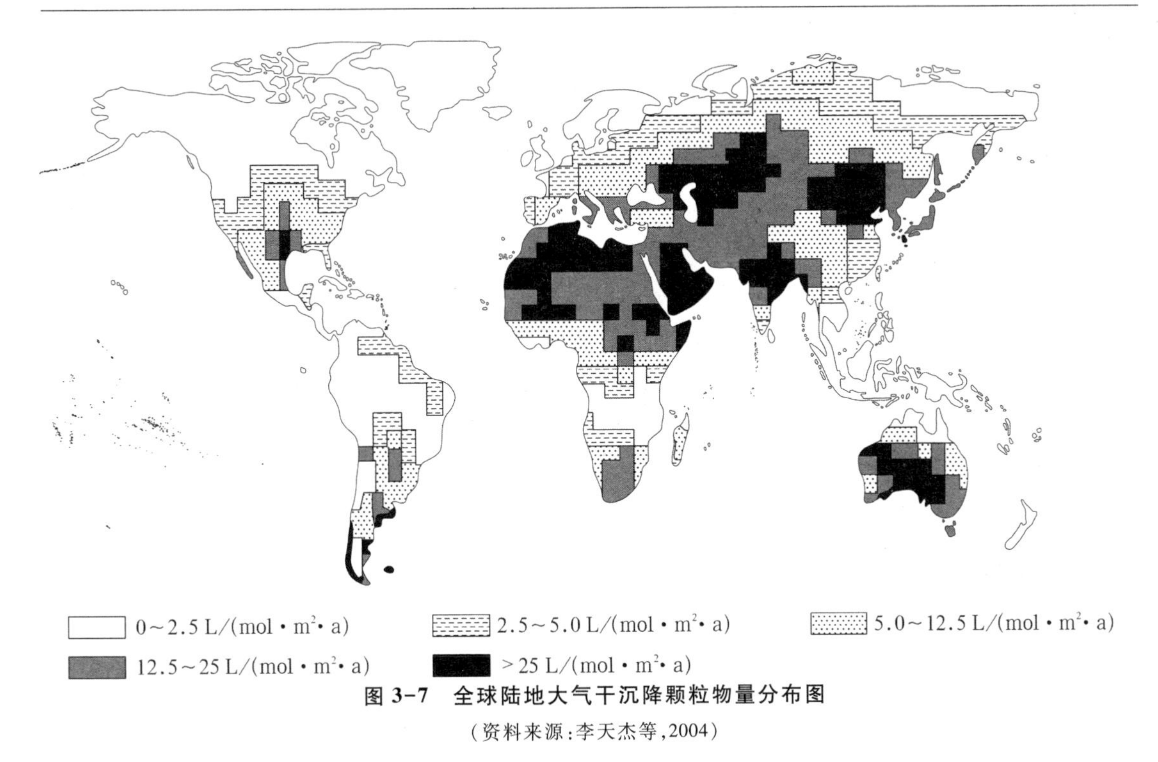

图 3-7　全球陆地大气干沉降颗粒物量分布图

（资料来源：李天杰等，2004）

除大气颗粒物和痕量气态污染物的有效方式。湿沉降的机制是：污染物颗粒作为水汽的凝结核而发生的凝结过程，以及在降水过程中水滴对颗粒物的捕获作用。凝结过程对吸湿性强、可溶性强、带极性分子的粒径小于 2 μm 的颗粒物去除效果较好。捕获作用则对粒径较大的飘尘具有较高的去除效益。总之，湿沉降可进一步地使大气中的颗粒物和易溶于水的气体浓度降低，危害减小。

（3）物理化学与生物化学过程：可使大气中某些有害的物质转变成无害的物质，或者使某些物质的毒性降低甚至消失。

（4）向外的扩散过程：包括水平方向上的扩散过程和垂直方向上向平流层的扩散过程。大气污染物从污染源（人为源或天然源）进入大气，在大气中迁移、扩散沉降和滞留的同时，会发生种种物理化学反应和生物化学反应，其结果会使部分污染物发生转化或从大气中去除。对某一地区而言，如果排入量大于排出量，污染物就会在大气中积聚造成某些污染物的浓度升高，这一过程会直接或间接地对人体、其他生物或材料等造成各种危害。

3.5.3 臭氧层耗损

自然大气中 O_3 多分布在平流层中，其浓度峰值在距地面 25 km 左右，O_3 分子的混合比是指单位体积大气中所含 O_3 气体的体积，以 mL/m^3 表示；O_3 分子数密度是指单位体积内 O_3 的分子数，以分子数/cm^3 表示。平流层中 O_3 分子的生成主要是 O_2 光解反应的结果：

$$O_2 + h\nu \longrightarrow O + O \quad (\leqslant 243\ \text{nm})$$

$$O + O_2 + M \longrightarrow O_3 + M$$

$$\text{总反应} \quad 3O_2 + h\nu + 2M \longrightarrow 2O_3 + 2M$$

在自然条件下 O_3 的消耗过程有两种：一种是光解过程，主要是吸收波长为 210~290 nm 的紫外线的光解：

$$O_3+h\nu \longrightarrow O_2+O$$

故 O_3 的光解生成与光解消耗过程均吸收了来自太阳的大部分紫外线，从而使地表生物免遭太阳紫外线的伤害。

另一种消耗过程为：

$$O_3+O \longrightarrow 2O_2$$

上述 O_3 的生成和消耗过程同时存在，在正常情况下它们处于动态平衡状态，因而臭氧层中的 O_3 浓度保持恒定。然而由于现代工业的发展，人们的活动范围已进入了平流层，如超音速飞机的出现，它向平流层中排放大量水汽、氮氧化物、烃类等污染物。另外现代制冷工业、化学工业可释放制冷剂、喷雾剂和发泡剂，这些人工有机化合物均含有大量的 CFCs 类物质，这些 CFCs 类物质进入平流层，在太阳辐射的作用下，能够加速 O_3 耗损过程，即它们对 O_3 的光解过程起催化作用。目前许多科学家深入地研究了平流层中 O_3 耗损反应的过程机理。

McElroy 等提出氯和溴的协同作用机理：

$$Cl+O_3 \longrightarrow ClO+O_2$$

$$Br+O_3 \longrightarrow BrO+O_2$$

$$ClO+BrO \longrightarrow Br+Cl+O_2$$

$$\text{总反应}\quad 2O_3 \longrightarrow 3O_2$$

Solomon 等提出 HO・和 HOO・自由基的氯链反应机理：

$$HO\cdot+O_3 \longrightarrow HOO\cdot+O_2$$

$$Cl+O_3 \longrightarrow ClO+O_2$$

$$ClO+HOO\cdot \longrightarrow HOCl+O_2$$

$$HOCl+h\nu \longrightarrow HO\cdot+Cl$$

$$\text{总反应}\quad 2O_3+h\nu \longrightarrow 3O_2$$

Molina 等提出 ClO 二聚体链反应机理：

$$Cl+O_3 \longrightarrow ClO+O_2$$

$$ClO+ClO+M \longrightarrow (ClO)_2+M$$

$$(ClO)_2+h\nu \longrightarrow ClOO+Cl$$

$$ClOO+M \longrightarrow Cl+O_2+M$$

$$\text{总反应}\quad 2O_3+h\nu \longrightarrow 3O_2$$

此外美国学者 Tung 等认为南极大陆上空存在特殊的大气环境（极昼、冷高压控制的下沉气流、特殊的地磁场），造成了每年 9—11 月份南极大陆上空平流层中 O_3 的快速耗损。不过许多学者认为人为排放的大量 CFCs 是造成臭氧层破坏的主要原因。

3.5.4　影响大气污染的环境因素

一个区域的大气污染程度取决于本区域污染源特征和环境因素。污染源特征决定着区域污染物数量和组成、排放方式和几何形状、相对位置和密集程度；环境因素决定了大气对污染物稀释扩散速率和迁移途径。这里主要讨论环境因素对大气污染物迁移的影响。

1. 大气温度层结

大气温度层结即大气垂直方向上的温度梯度。假设某一气块与其周围大气无热量交换，且气块内部也未发生水的相态变化，这样的垂直升降运动过程称为气块的干绝热过程。气块在大气中发生干绝热垂直上升时，外界压力的减小使气块的体积膨胀，这就使得气块抵抗外界压力而做功，这个功只能依靠消耗气块本身的内能来完成，因而气块温度就降低，如图 3-8 所示。相反，当气块在大气层中做垂直干绝热下降运动时，由于外界压力的增大，就要压缩气块而对气块做功，转变为气块的内能，因而气块的温度就会升高。

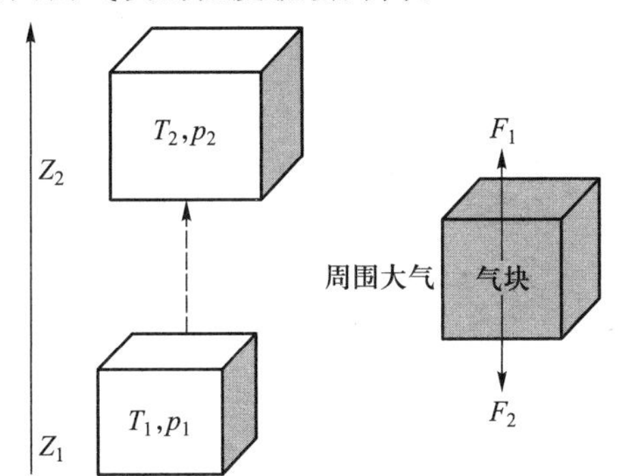

图 3-8　气块干绝热垂直上升膨胀及其受力示意图

描述气块在大气层中的干绝热垂直升降运动过程中的温度 T、压力 p 之间关系的方程为：

$$\frac{T_2}{T_1}=\left(\frac{p_2}{p_1}\right)\left(\frac{AR_\mathrm{d}}{C_{pd}}\right) \tag{3-6}$$

式中：T_1 和 T_2 分别为气块干绝热垂直升降起始和终结时刻的温度；p_1 和 p_2 分别为气块干绝热垂直升降起始和终结时刻的压力；A 为热功当量；R_d 为干绝热过程的状态常数；C_{pd}为干空气的定压比热容。

$$\frac{AR_\mathrm{d}}{C_{pd}}=0.286$$

于是，气块在大气层中的干绝热运动方程为：

$$T_2=T_1\left(\frac{p_2}{p_1}\right)^{0.286} \tag{3-7}$$

此方程称为泊松方程。$\frac{AR_\mathrm{d}}{C_{pd}}=0.286$ 称为泊松常数。利用泊松方程就可以求出气块干绝热垂直升降到某一高度的温度值。干空气在上升过程中的温度降低值与其上升高度的比，称为干绝热垂直递减率，用 r_d 表示，其值通常可由下式求得：

$$\begin{aligned} r_\mathrm{d} &=\frac{Ag}{C_{pd}}=\frac{2.39\times10^{-8}\times980.665}{0.239\ 9}\ ℃/\mathrm{cm} \\ &=0.977\times10^{-4}℃/\mathrm{cm} \end{aligned} \tag{3-8}$$

可见在区域的 g 和 c_{pd}不变的情况下，r_d 为一常数。故利用 r_d 可求出气块干绝热垂直升降运动前后的温度变化，即：

$$T_2=T_1-r_d(Z_2-Z_1)$$

如图 3-8 显示某气团在大气中受到的浮力为 F_1，其本身的重力为 F_2，则有下列方程式：

$F_1=V\rho g$（V 为本气团的体积，ρ 为周围大气的密度，g 为重力加速度）

$F_2=V\rho_i g$（V 为本气团的体积，ρ_i 为本气团的密度，g 为重力加速度）

$$F=F_1-F_2$$

即：

$$a=\frac{F}{V\rho_i}=\frac{(\rho-\rho_i)g}{\rho_i}$$

根据理想气体状态方程，

$$\rho=\frac{P}{RT}$$

并根据准静力条件，

$$P_i=P \text{ 或 } \rho_i T_i=\rho T$$

则：

$$a=\frac{(T_i-T)g}{T} \tag{3-9}$$

式中：T_i 为本气团的气体温度；T 为本气团周围空气的温度；a 为本气团运动的加速度。从式(3-9)可知当 $T_i>T$ 时本气团将上升，反之则下沉。

大气稳定性判断通常用到以下两个概念：气温垂直递减率(r)，在垂直方向上每升高 100 m 气温变化值，对对流层而言 $r=-0.65$℃/(100 m)；干绝热垂直递减率(r_d)，对干空气而言 $r_d=-1$℃/(100 m)，大气层的稳定度如图 3-9 所示。

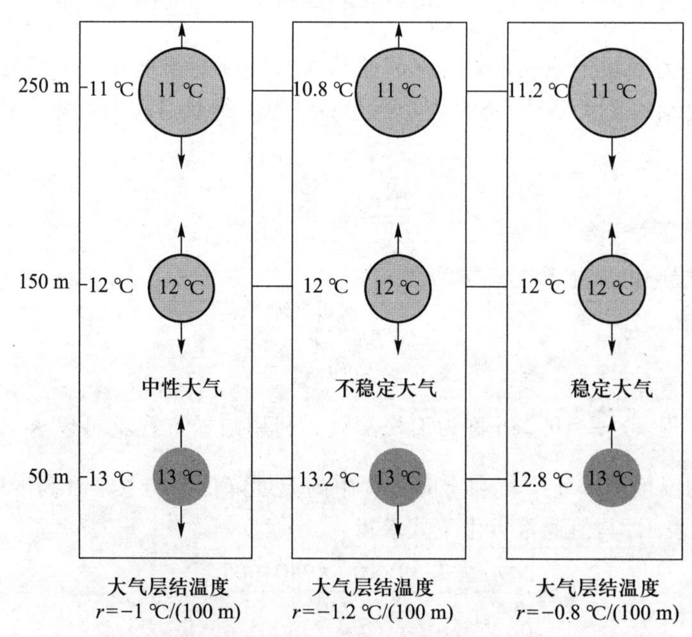

图 3-9　大气稳定性判断过程示意图

在某些特殊天气过程如空气下沉、近地层大气辐射冷却、热平流、暖锋侵袭等作用下，在近地层大气中会出现上层大气温度高于下层大气温度的现象，即逆温现象，出现逆温现象的大气层称为逆温层，如图 3-10 所示。根据成因一般将大气逆温层分为辐射逆温层、下沉逆温层、湍流逆温层、平流逆温层和锋面逆温层等。在大气逆温层中空气密度随高度增加而迅速减小，使整个逆温层大气不能形成垂直对流并处于极为稳定的状态，这时近地层大气中的污染物难以扩散，污染物浓度会显著升高，导致大气质量急剧恶化，严重危害人体健康。

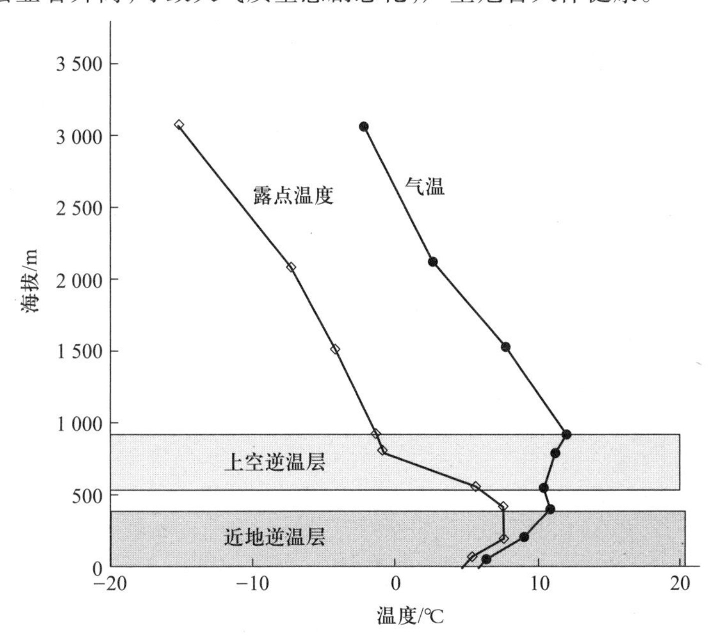

图 3-10 北京秋季早晨出现逆温层的探空观测示意图

2. 风和湍流

风是空气的水平运动，风对大气污染物的作用：一是混合扩散作用；二是输送作用；三是冲淡稀释作用。湍流是空气做不规则运动即风力时大时小的阵性、风向左右无规律摆动。大气运动具有十分明显的湍流特性，湍流运动的结果使气体的各部分得到充分混合。这种因湍流混合而使气体分散稀释的过程称为大气扩散。大气扩散是削弱大气污染程度的主要方式之一，但它并未从本质上消除大气污染的危害。单箱式模型是用来解析风力对一个区域或城市的大气污染状况影响的简单模型。其应用的前提（假设）条件有：① 所研究的区域或城市为一个箱子所笼罩，这个箱子的平面尺寸就是所研究的区域或城市的平面尺寸，箱子的高度是由地面计算的混合层高度；② 箱子内的污染物浓度视作均匀分布；③ 箱子内（研究区域）地面的污染源分布也视为均匀分布。由于有上述的假设条件，其计算的结果是概略的，单箱模型也只较多地应用在高层次的决策分析中。根据整个箱子的输入、输出和图 3-11 可写出质量平衡方程式：

$$\frac{\mathrm{d}c}{\mathrm{d}t}LSH=uSH(c_0-c)+QLS-KcSLH \tag{3-10}$$

式中：L 为箱的长度；S 为箱的宽度；H 为箱的高度；c_0 为箱的初始浓度即箱内污染物的本底浓度；K 为污染物的衰减速率常数；Q 为污染源的源强；u 为平均风速；c 为箱内污染物的浓度，t 为时间。

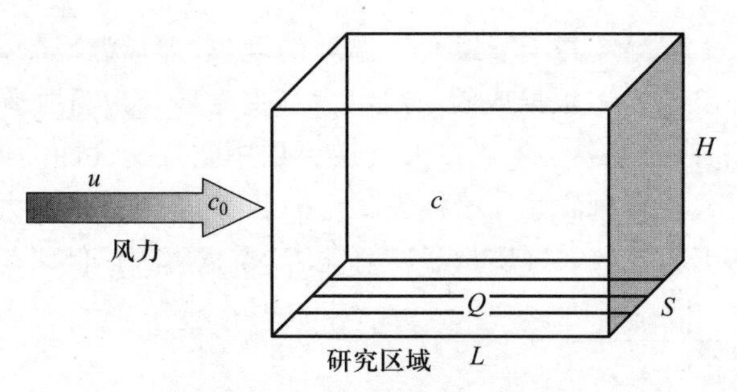

图 3-11　单箱模型示意图

如不考虑箱内污染物的衰减，即 $K=0$，且当污染源稳定排放时，可以得到式(3-10)的解为：

$$c=c_0+\frac{QL}{uH}(1-\mathrm{e}^{-\frac{ut}{L}}) \tag{3-11}$$

当式(3-11)中的 t 很大时，箱内的污染物浓度 c 随时间的变化趋于稳定状态，这时的污染物浓度称为平衡浓度 c_{p}，由式(3-11)可得：

$$c_{\mathrm{p}}=c_0+\frac{QL}{uH} \tag{3-12}$$

如果污染物在箱内的衰减速率常数 $K>0$，式(3-10)的解为：

$$c=c_0+\frac{\frac{Q}{H}-c_0K}{\frac{u}{L}+K}[1-\mathrm{e}^{-(\frac{u}{L}+K)t}] \tag{3-13}$$

这时的平衡浓度为：

$$c_{\mathrm{p}}=c_0+\frac{\frac{Q}{H}-c_0K}{\frac{u}{L}+K} \tag{3-14}$$

3. 地理因素

地理因素也是影响大气污染的重要因素，它主要包括：① 地形与地物；② 山谷风；③ 海陆风及局部地区的水陆风；④ 植物群落类型；⑤ 人工建筑群及城市热岛环流。

3.5.5　城市小气候

1. 人类活动对城市气候的影响

城市小气候是大气圈局部经受人类活动强烈影响之后形成的一种特殊的人工气候。人类活动影响大气圈的主要方式可以归结为：① 改变下垫面的物质组成及其性质，在城市形成过程中，大量的自然地表景观如森林-土壤系统、草地-土壤系统、湿地-土壤系统或农作物-土壤系统被摧毁，取而代之的大片建设用地，形成了以人工建筑物、水泥、沥青路面和少量绿地景观组成的系统，这样就极大地改变了地表的能量传输平衡，人工建筑物改变了近地层大气太阳短波辐射和地-气长波辐射的发射-反射-吸收过程,阻断了地-气之间的物质交换过程。② 改变区域大气化学组成,由于传统城市是国家工商业、交通运输业、人群生产生活活动的中心,从而使城市成为资源消耗、废物排放的中心,加之生产工艺落后和缺乏必要的环境保护基础设施,使各种各样的废物滞留于城市环境之中,并显著地改变了城市大气的化学组成,也极大地增强了城市低层大气对太阳短波辐射的吸收作用。③ 城市是人类活动的中心,同时也是能量消耗的中心,根据能量守恒定律,城市人群消耗的化学能和电能最终以热能形式排放到城市环境之中,改变了城市气候的热状况。上述影响必然对城市气候产生重要的影响。

2. 城市气候的特征

上述人类活动的影响形成了特殊的城市小气候。与城市外围大气候相比较,城市小气候具有“五岛效应”,即“热岛效应”“浑浊岛效应”“干湿岛效应”“静风岛效应”“劣质岛效应”。根据观测资料,1979 年 12 月 13 日 20 时,上海市中心气温为 8.5℃,近郊为 4℃,而远郊仅有 3℃。这种“热岛效应”日益显著和广泛,有多个学者曾观测到的最大“热岛效应”即城市中心气温与同时刻郊区气温之差值,上海市曾经有过 6.8℃,北京市曾经有过 9℃,加拿大温哥华市曾经有过 11℃,德国柏林市曾经有过 13.3℃。在这种“热岛效应”的影响下,城市上空的云、雾会增加,城市的风、降水等也会发生变化,即引起城市出现“雨岛效应”“雾岛效应”“能见度较差的盲岛效应”等。例如,上海市区汛期雨量平均比远郊多 50 mm 以上。城市雾气多由工业、生活排放的各种污染物形成的酸雾、油雾、烟雾、光化学雾等混合而成。有关资料表明,北京市城区雾日每年平均 30 d,近郊区 15 d 左右,远郊区则不足 10 d;重庆市有中国的“雾都”之称,年平均雾日达 101 d,雾日最多的年份可高达 205 d(1950 年)。重庆市区有两个雾季,即晚秋到冬季、夏季,这两个时段雾在郊区却不明显。同时雾还阻滞空气中颗粒物和有害气体的稀释和扩散,减弱太阳辐射,降低城市大气质量,不仅危害动植物和人群健康,还会妨碍城市交通和供电,如图 3-12 所示。因此,城市规划必须注意小气候特点,选择适宜树种,有目的地进行绿化、调节气温、净化空气,以优化城市小气候。

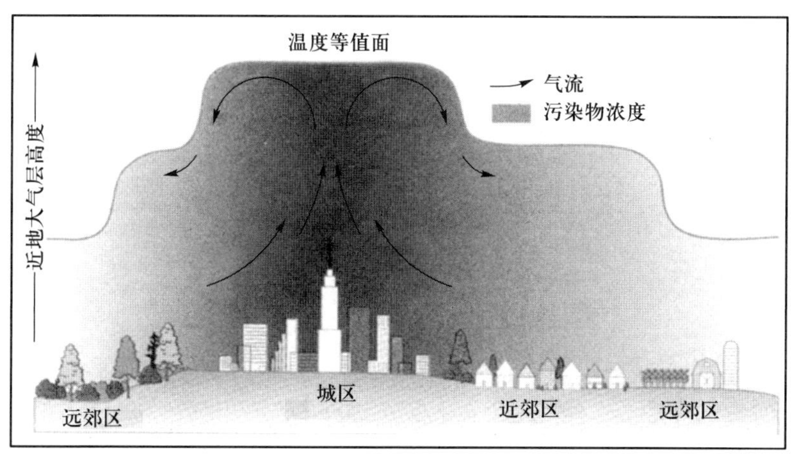

图 3-12 城市“热岛效应”状况示意图

3.6　思考题与个案分析

1. 大气污染源有哪几种？试比较分析乡村与城市主要大气污染物的异同。

2. 在大气污染治理中，在不同的气候类型区对颗粒物的治理方式有哪些？

3. 汽车尾气污染与其他气态污染物有哪些异同？常用的治理方式有哪几种？

4. 全球气候变暖的主要原因是什么？其主要的危害是什么？如何能够有效地解决全球气候变暖问题？

5. 如何认识臭氧在大气层中的作用？臭氧层破坏的主要原因是什么？臭氧层空洞的存在会带来什么后果？

数字课程资源：

第4章
水圈——滋养生命共同体

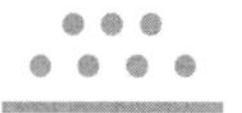

4.1 水圈的物质组成及其演化

4.1.1 水圈的概念

水圈是指地球上除了存在于各种矿物中的化合水、结合水，以及被深层岩石所封存的液态水以外，由海洋、河流、湖泊、沼泽、地下水、冰川和大气水分等共同构成的一个环绕地球表层的不连续的圈层。水圈及其水分三相转化与迁移是环境地球系统的重要特征，水分不仅滋润了地球生命共同体，还为人类社会发展提供丰富的水利资源。中国春秋时期老子在《道德经》中就有“上善若水，水善利万物而不争”的论述。水圈总质量只占地球总质量的0.024%，水圈的水若平均铺在地球表面则是一个很薄的水层，其厚度只有地球平均半径的1/1 630。海洋是水圈中最大的连续水体，平均深度为3 700 m。水圈与地球的大气圈、生物圈、土壤圈和岩石圈相对应，是环境地球系统的基本自然圈层，这些圈层是相互联系、相互制约和相互作用的，大气圈、岩石圈中均包含着水，而生物圈和土壤圈更与水圈分不开。水圈是环境地球系统的重要组成要素之一，也是一切生命体得以生存、繁衍的基本物质之一。

河流和大气中的水是水圈中水分交换最活跃、更新最快的水体。大气圈中水的更新周期约为8 d，河水约为15 d，土壤水约为1 a，沼泽水约为5 a，湖泊水约为17 a，深部地下水约为1 400 a，大洋约为2 500 a，极地冰川为近10 000 a。从整体上看，水圈具有以下特点：① 在环境地球系统中水以液态、固体、气态三相存在，且三相可相互转化，相态转化和运动的原动力是太阳辐射能和重力。② 水是一种可重复利用、可更新的自然资源。③ 水是环境地球系统中物质能量迁移转化的重要介质，它携带着热量和物质不断地迁移、转化以至循环，所以水分与热量是环境地球形成与变化的主导因子。④ 对流层中天气现象的产生皆起因于大气、海洋和陆地上水的存在与变化，水的变化及其运动是地表外营力中的主导因素之一，它对环境地球系统结构和形态的变化起重要的作用。⑤ 水是生物圈中光合作用的基本原料，绿色植物吸收二氧化碳和水，在光能作用下形成糖类并放出氧气。生物界最终全要依赖于光合产物，水是生命形成的基本条件，也是人类生存的基本条件。从人类活动与环境地球相互作用的角度来看，研究水圈的意义有：水是可以再生的自然资源，但也是一种不可替代的自然资源，人类社会经济的发展必须依赖于充足的水资源；水是地球表面分布最广和最重要的物质，是地表物质能量迁移转化的重要介质，水分及其运动变化不仅调节了气候，还净化了环境；地表水分和热量的不同组合，使地球上形成了不同的自然地带，孕育了复杂多样的生存环境。

4.1.2　水圈的组成及其特征

1. 环境地球系统中的水分类型

地球是富水的，其总水量为 1.386×10^{9} km^{3}，其中淡水仅占约 2.53%。水可在太阳能和地球引力作用下形成地表水分循环系统，按水分在循环系统中的部位可分为以下类型，如表 4-1 所示。

表 4-1　地表水分循环系统中的水分类型及其质量构成

水分类型		水储量/km^{3}	占水圈总水量/%	占淡水总储量/%
生物水分		1 120	<0.001	0.003
大气水		12 900	0.001	0.040
陆地水	淡水湖	91 000	0.007	0.260
	咸水湖	85 400	0.006	—
	河川水	2 120	<0.001	0.006
	沼泽水	11 470	0.001	0.030
	土壤水	16 500	0.001	0.050
	地下水	23 400 000	1.688	—
	地下淡水	10 530 000	0.760	30.100
	地下咸水	12 870 000	0.928	—
	冰川和永久积雪固态水	24 064 100	1.736	68.700
	永久冻土的地下水	300 000	0.022	0.860
海洋水		1 338 000 000	96.538	—
水圈总水量		1 386 000 000	100.000	—
其中总淡水储量		35 029 210	2.528	100.000

2. 水的组成

天然水并不是纯水，含有许多溶解性物质和非溶解性物质，所以天然水属于物质组成极其复杂的综合体。这些物质可以是固态的、液态的、气态的，当它们进入水中则呈均匀或者非均匀的混合状态。根据水中物质粒径的大小可分为：若物质粒径 $<10^{-7}$ cm，则该混合体为真溶液（离子-分子）；若物质粒径为 $10^{-7}\sim10^{-5}$ cm，则该混合体为胶体（多离子-多分子）；若物质粒径 $>10^{-5}$ cm，则该混合体为悬浮液（物质颗粒与水呈机械混合）。因此，人们常常利用这些特性，将采集的水样通过孔径为 0.45 μm 的滤膜来获取水溶液样品，测定水溶液中重金属含量作为该物质溶解态的含量，而置于滤膜上的部分则为悬浮态的含量。进入水中的各种溶解态物质会直接影响水的物理、化学性质，即水质的优劣，因此，这些物质是进行水质评价的关键。

水中物质可归纳为：① 微溶气体，天然水中溶解的主要气体有 N_2、O_2、CH_4、CO_2、H_2、H_2S、NH_3 等。② 主要离子，包括 Cl^-、SO_4^{2-}、HCO_3^-、CO_3^{2-}，Na^+、Ca^{2+}、Mg^{2+}、NH_4^+ 和 K^+，这 9 种离子总量可占水中所有溶解物总量的 95%～99%，海水以 Na^+ 和 Cl^- 为主，河水则以 Ca^{2+}、HCO_3^- 占优势。按单位质量天然水中离子总量即矿化度，可将天然水划分为以下 4 个类型，如表 4-2 所示。③ 微量元素，如 F、Br、I、B、Fe、Cu、Ni、Pb、Mn、Zn、Ti 等。④ 生物营养物，如 N、P、S 等。⑤ 胶体，包括有机胶体（腐殖质）和无机胶体（二氧化硅和氧化铝胶体）。⑥ 固体悬浮物和生物体等。

表 4-2 天然水按其矿化度的分类表 单位：g/kg

天然水的类别	阿列金（1970 年）的分类法	美国（1970 年）的分类法
淡水	<1	0～1
微咸水	1～25	1～10
咸水	25～50	10～100
盐水	>50	>100

若按天然水中的优势离子进行分类，最常采用的分类法是阿列金分类法，该分类法的特点是能够充分地反映天然水中溶质组分的生成条件。阿列金分类法首先按优势阴离子将天然水划分为 3 类：重碳酸盐类、硫酸盐类和氯化物类；然后在每一类中再按优势阳离子划分为钙质、镁质和钠质 3 个组；每个组再按离子之间的当量比例关系划分为 4 个水型。Ⅰ型水是弱矿化水，其特点是 HCO_3^- 总量大于 Ca^{2+} 和 Mg^{2+} 的总量，主要形成于含有大量碱金属元素的火成岩地区。在硫酸盐与氯化物盐类的钙组和镁组中无这种类型的水。Ⅱ型水为混合起源的水，其特点是 HCO_3^- 总量大于 Ca^{2+} 和 Mg^{2+} 的总量，其形成既与水分和火成岩的作用有关，又与水分和沉积岩的作用有关。大多数低矿化度和中矿化度的河水、湖水和地下水属于这一类型。Ⅲ型水也是混合起源的水，但具有很高的矿化度。其特点是 SO_4^{2-} 和 HCO_3^- 的总量小于 Ca^{2+} 和 Mg^{2+} 的总量，或 Cl^- 总量大于 Na^+ 总量，如大洋水、海水、海湾水、残留水和许多具有高矿化度的地下水属于这一类型。Ⅳ型水是酸性水分，其特点是缺少 HCO_3^-，这是酸性沼泽水、硫化矿床水和火山岩作用形成的水。在重碳酸盐类水中不包括这种类型的水。

4.1.3 水分循环

1. 水分循环过程及其驱动力

水圈并不是处于静止状态，其中海洋、大气水、陆地水都在时刻不停地运动，进行相变和大规模的交换，这种过程称为水分循环。环境地球系统中水分循环的主要原动力是太阳辐射能和地球引力，这是驱动水分循环的外因所在；地表水分循环的本质则是水分能够在常态的环境地球中进行相态转化，这也是水分循环的内因所在。在太阳辐射的作用下，全球海面和陆面每年约有 4.88×10^5 km^3 水分被蒸散到大气之中。当海洋表面蒸发的水分直接降落至海洋中，就形成了海洋水分的内循环；当海洋表面蒸发的水分，被气流带到陆地上空以雨雪形式降落到地面时，一部分通过蒸发和蒸腾返回大气，一部分渗入地下形成土壤水或潜水，还有一部分形成径流汇入河流，最终仍注入海洋，这就是水分的海陆循环。内流区的水不能通过河流直接流入海洋，它和海洋的水分交换比较少，因此，内流区的水分循环具有某种程度的独立性，但它和地球上总的水分循环仍然有联系。从内流区地表蒸发和蒸腾的水分可被气流携带到海洋或外流区上空降落，来自海洋或外流区的气流也可在内流区形成降水，由此可见，环境地球系统中的水分循环过程包括蒸散、输送、凝结、降水、径流 5 个主要环节，如图 4-1 所示。

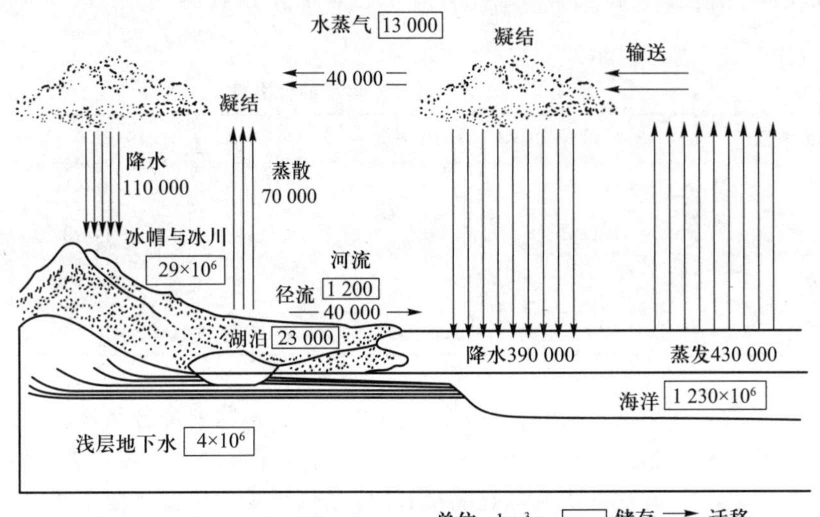

图 4-1　环境地球系统中水分循环过程示意图

2. 水分循环的资源环境意义

水在循环中不断进行着自然更新，同时也驱动着生存环境条件的不断变化。形成水分循环的内因是水在通常环境条件下气态、液态、固态易于转化的特性，外因是太阳辐射和重力作用为水循环提供了水的物理状态变化和运动的能量。地球上的水分布广泛，贮量巨大，是水循环的物质基础。由于地球上太阳辐射的强度不均匀、环境地球系统不同组成要素的差异性，水分循环的通量及其滞留状态也各不相同。

水分循环过程是环境地球系统中物质能量运动的重要形式之一。从环境地学角度来看，地表水分循环具有以下重要意义：① 缓解了地表湿度、温度变化的时空梯度，为生物创造了适宜的生存环境；② 是环境地球系统中营养循环的传送带；③ 为人类社会的生存和发展提供了水资源；④ 是地表环境自净过程的主要机制；⑤ 是自然地理过程的主要组成环节（如岩石风化过程、流水地貌过程、生物过程及成土过程）；⑥ 许多矿产资源的形成也有赖于长期的水分循环，如煤、石油、沙金、建材等。

4.1.4　流域及其水量平衡

1. 流域的概念

流域是指河流或湖泊的集水区域，包括地面集水区和地下集水区。流域的边界称为分水线或分水岭，有地面分水线和地下分水线之分。当流域的地面分水线和地下分水线重合时，该流域被称为闭合流域；反之，被称为非闭合流域。两个相邻的非闭合流域之间会发生水量交换。由于地下分水线在野外调查过程中不易确定，一般以地面分水线作为流域的边界。山地丘陵地区流域的边界比较容易确定，常在大比例尺地形图上连接分水岭上最高点的连线，即为分水线，如图 4-2 所示。在地势起伏平缓的平原或高原地区，需要借助水准测量才能准确地确定分水线的位置及其走向。河流的向源侵蚀或袭夺作用，以及人们开挖新河、运河和进行跨流域引水活动，常常会改变流域的分水线、流域的集水面积及河流的水文特征。

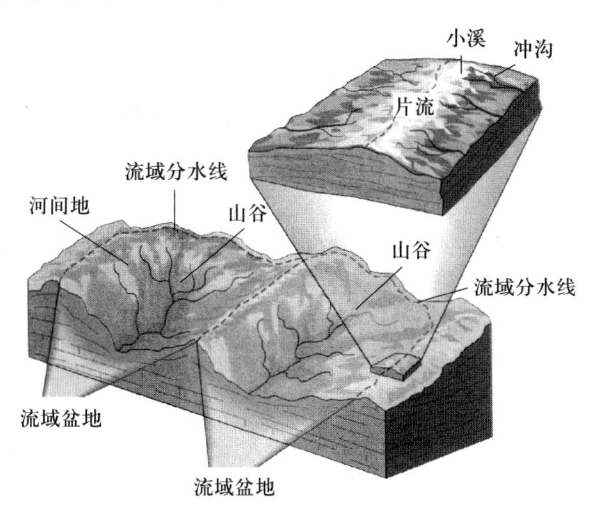

图 4-2 流域概念模型示意图

流域是水资源科学和水环境科学研究的基本空间单元，河流水量大小和流域面积大小有直接关系，除干旱地区以外，一般流域面积越大，河流水量也越大；流域形状对河流水量变化也有明显的影响，圆形或卵形流域的降水极易向干流汇集从而形成巨大的洪峰，而狭长形流域洪水的宣泄过程则比较均匀，因而洪峰也不集中。另外，流域内的自然环境条件对河流水文特征也具有重要的影响。

2. 流域的水量平衡

水量平衡是质量守恒定律在水文学上的具体应用，即任一地区或者流域在给定时段内，总收入水量与总支出水量之间的差额为该地区的蓄水量变化量，以水量平衡方程表示：

$$I-D=Q_1-Q_2=\Delta Q \tag{4-1}$$

式中：I 为研究时段内输入平衡区（研究区或流域）各种水量之和，即总收入水量；D 为研究时段内输出平衡区（研究区或流域）各种水量之和，即总支出水量；Q_1 和 Q_2 分别为平衡区内研究时段始、末的蓄水量；ΔQ 为平衡区内蓄水量变化量，如果总收入水量大于总支出水量则 ΔQ 为正值，此时平衡区内水量增加，反之为负值，平衡区内蓄水量减少。

如果对陆地上某个流域或者行政区域而言，设想沿该区边界做一多边形垂直柱体，地表作为多边形柱体的上界，以地面下某一深度处平面为其下界（以界面上不发生水分交换的深度为准），则可在上述水量平衡表达式的基础上，列出如下方程式：

$$P+E_1+R_{地表}+R_{地下}+S_1=E_2+R'_{地表}+R'_{地下}+Q+S_2 \tag{4-2}$$

式中：P 为研究时段内区域降水总量；E_1、E_2 分别为研究时段内区域水汽凝结量和蒸发量；$R_{地表}$、$R'_{地表}$ 分别为研究时段内区域地表流入水量和流出水量；$R_{地下}$、$R'_{地下}$ 分别为研究时段内区域地下水流入量和流出量；S_1、S_2 分别为研究时段始、末区域蓄水量；Q 为研究时段内区域工农业及生活净用水量。由于式(4-2)中 E_1 为负蒸发量，令 $E=E_2-E_1$，此即为研究时段内区域净蒸发的水量；$\Delta S=S_2-S_1$，此即为研究时段内区域蓄水量变化量，则式(4-2)可改写为：

$$(P+R_{地表}+R_{地下})-(E+R'_{地表}+R'_{地下}+Q)=\Delta S \tag{4-3}$$

此式为通用水量平衡方程式。

4.2　陆地水系统与湿地

根据《关于特别是作为水禽栖息地的国际重要湿地公约》中的定义，湿地系指不问其为天然或人工、长久或暂时性的沼泽地、湿原、泥炭地或水域地带，带有静止或流动、淡水或半咸水及咸水水体者，包括低潮时水深不超过6 m的海域。因此，湿地不仅仅是人们传统认识上的沼泽、泥炭地、滩涂等，还包括河流、湖泊、水库、稻田及退潮时水深不超过6 m的海域，与水文学中的陆地水系统基本相一致。湿地具有多种功能，它不仅为人类提供大量食物、原料和水资源，而且在维持生态平衡、保持生物多样性、蓄洪防旱、降解污染物等方面均起到重要作用。

4.2.1　河流

教学视频

河段水质模型

河流是指陆地表面经常或间歇有水流动的天然水道，是汇集和输送水量及含于水中的泥沙、盐类、有机物进入海洋、湖泊的主要通道。因此，河流是环境地球系统中物质迁移转化的重要途径。河流沿途接纳众多支流，并形成复杂的干支流网络系统，这就是水系。那些以海洋为最后归宿的河流称为外流河；而有一些河流则最后注入内陆湖泊、沼泽或者因渗漏、蒸发而消失于荒漠之中，这些河流被称为内流河。

1. 河流水情要素

河流水情是表达河流水文及其动态变化状况的主要指标，包括水位、流速、流量、洪水和枯水等。

（1）水位：是指河流水体的自由水面高出某一基面以上的高程。高程起算的固定零点称为基面，基面有两种：一是绝对基面，以某河河口平均海平面为零点，如中国统一采用青岛基面，即黄海基面；二是测站基面，指测站最枯水位以下0.5～1.0 m作起算零点的基面，它便于测站日常记录。水位随时间的变化曲线称为水位过程线，它是以时间为横坐标，水位为纵坐标绘制的曲线。影响河流水位高程的因素有流量变化、河道冲淤、风浪、潮汐、冰凌、支流顶托和人类活动等。

（2）流速：是指河流中水质点在单位时间内移动的距离。流速沿河流深度的分布称为垂线流速分布，在正常情况下，最大流速分布在水面以下 0.1～0.3 m深处。平均流速一般相当于

0.6 m 水深处的流速，如果河流河面冻结则最大流速下移。河流横断面上流速分布一般都是由河底向水面、由两岸向河心逐渐增大。水力半径指河道、水渠或管道横断面内，流水断面面积与水体、河床、渠壁或管道接触的长度之比。天然河道中平均流速除了通过实测获得外，还可以利用水力学公式求得：

$$v=C\sqrt{RI} \tag{4-4}$$

式中：v 为河流断面平均流速；R 为水力半径；I 为水面比降；C 为与河道糙率有关的流速系数。河流的比降、流速对水环境自净能力具有重要的影响。一般情况下，对河水中耗氧有机污染物而言，河流比降大、流速急，有利于耗氧有机污染物的分解和水质改善，如图 4-3 所示。

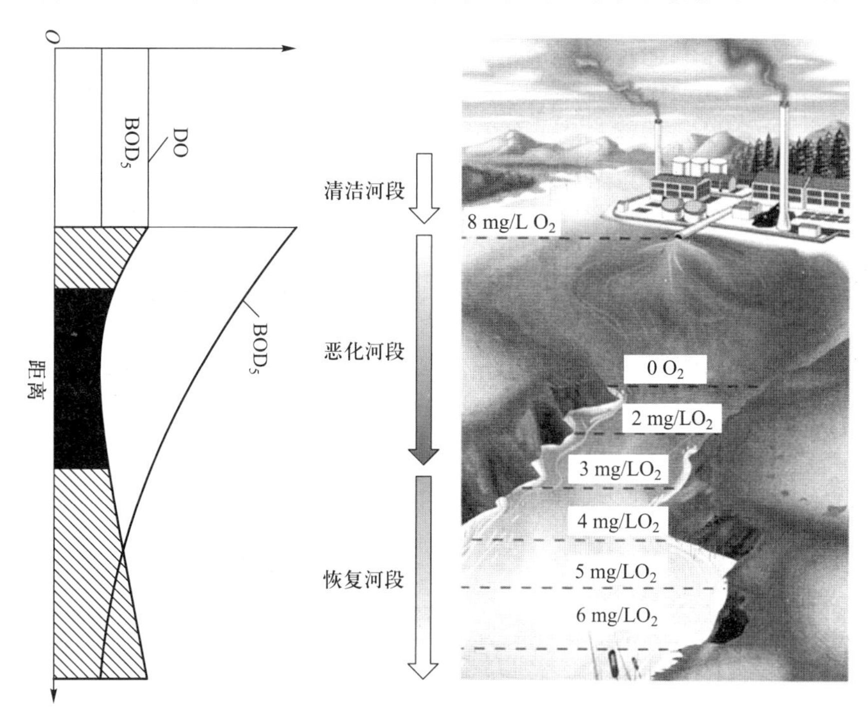

图 4-3 河流对河水中耗氧有机污染物的自净过程示意图

（3）流量：是指单位时间内流经某个过水断面的水量，通常用 Q 表示，单位是 m^3/s。在一个年度内通过河流某个断面的水量，称为该断面以上流域的年径流量。天然河流的水量经常在变化，各年径流量也有大有小，实测各年径流量的平均值，称为多年平均径流量；如果统计实测资料年数增加到足够大时，多年平均径流量将趋于一个稳定的数值，此称为正常年径流量。正常年径流量是年径流量总体的平均值，也是多年平均径流量的代表值，它反映了在自然情况下河流蕴藏的水资源理论数值，代表能开发利用地面水资源的最大限度，年径流量还是水文、水力计算中的一个重要特征值，是进行区域或流域地理综合分析、水环境评价的基本数据。年径流量的变差系数 C_v 值为：

$$C_v=\sqrt{\frac{\sum(K_i-1)^2}{n-1}}$$

式中：n 为观测年数，K_i 为第 i 年的年径流变率，即第 i 年的径流量与正常年径流量的比值，如果

$K_i>1$ 则该年为丰水年，如果 $K_i<1$ 则该年为枯水年，如果$K_i=1$ 则该年为平水年。河流年径流量的 C_v 值反映年径流量总体系列离散程度；C_v 值大，年径流量的年际变化剧烈，这对水资源的利用不利且容易发生洪涝灾害；C_v 值小，则年径流量的年际变化平缓，这有利于流域水资源的开发和利用。影响年径流量 C_v 值的因素主要有年径流量、径流补给来源、流域面积等。中国河流年径流量 C_v 值的分布具有明显的规律性，一般是年径流深度大的地区其河流年径流量的 C_v 值较小，如中国东南部地区河流的 C_v 值为 0.2～0.3；在中西部地区 C_v 值增加到 0.8～1.0。在一般情况下，河流流量与单位长度河段的水环境容量成正比。

（4）洪水和枯水：大量降水或积雪融化水在短时间内汇入河槽，形成特大的径流，称为洪水，这种特大径流往往因河槽不能容纳而泛滥成洪灾。影响洪水的因素主要有降水量、降水强度、暴雨中心移动路线、气温变化等，其他自然地理因素如流域形状、河网密度，以及人类活动都是不可忽视的因素，例如流域内区域城市化、水库等防洪设施建设都可以改变河流的洪水径流过程，如图 4-4 所示。枯水是河流断面上较小流量的总称。枯水经历的时间为枯水期，当月平均水量占全年总水量的比例小于5%时，则属于枯水期。枯水一般发生在地面径流结束、河网中容纳的水量全部消退以后。枯水对区域生产和人民生活具有很大影响，如枯水期河道水浅而影响航运、水位低影响水力发电、流量小限制引水与灌溉从而影响工农业生产和城市人民生活。

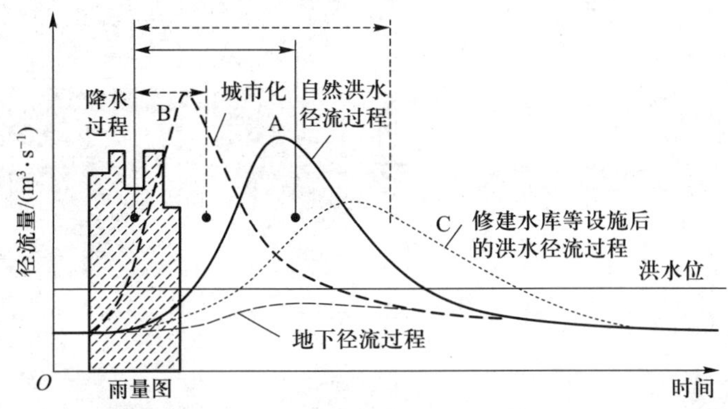

图 4-4　流域内城市化和防洪设施建设对洪水径流过程影响示意图

（资料来源：Chamley H，2003）

2. 河流与流域环境的相互作用

河流是所在流域内自然环境长期发展演化的产物，也是反映流域环境特征的一面镜子。河水是以不同形态和经过不同转化途径的降水为补给来源的，只有进入河床的水量足以保持经常流动，即在足以补偿因蒸发、渗漏、引水等所造成的损耗时，才能形成河流。因此，流域内的气候特征决定着河流的水源补给方式、水位及其变化、流量及其变化等；土壤和植被则通过影响流域内产流过程来对河流水情施加影响；地质地貌条件则通过渗透作用、重力能量的释放及对地面物质的再分配等对河流施加影响，河流是区域地质地貌过程的产物，同时也是区域地貌演化的塑造者。总之，流域自然环境及其变化特征一方面决定着河流水情的基本特征，另一方面决定着河流水质状况的优劣。

当然，河流对流域自然环境也具有显著的影响，河流是塑造流域地貌的重要因素，河流中下游的平原及河口三角洲都是河流长期作用的结果，同时河流中的水流及其挟带物质从上游向下游的流动,促进了流域内物质和能量的再分配,如流入平原地区的河流,不仅给平原地区带来了丰富的水资源,同时还在平原地区堆积了大量富含养分的细粒土,为农业生产提供了良好的条件。但是,如果河流遭受污染,那么也会给(其流域)下游区的生态环境和人群生产生活带来巨大危害。

4.2.2 产流与面源扩散

产流过程是指流域中各种径流成分的形成过程,也是流域下垫面对降水的再分配过程,是流域发生降水后,水在具有不同的阻水、吸水、持水和输水特性的下垫面土层中垂直运动时,供水与下渗相互作用的产物。在大城市和农业生产区,雨水、灌溉水的冲刷与渗透将地表的各种氮、磷、碳、钾等营养物和肥料、农药及生物代谢物汇集到地势较低的河道或湖泊中,或者将溶解性污染物通过渗透输送到地下水中,造成区域水环境的污染。因此,掌握地表降水、渗透与产流的机理对于从源头控制污染物的扩散具有重要的意义。根据其径流产生的机制可以将产流过程划分为四类。

1. 超渗地面径流

超渗地面径流是指供水作用(降水等)与下渗等水分丧失作用在包气带界面上共同作用所导致的产流过程(包气带是指地表以下、地下自由水面以上的地带)。其地面径流形成过程是降水、植物截留、填洼、雨期蒸发和下渗等综合作用的过程,自降水开始至任一时刻(t)的地面产流方程为:

$$R_{st} = \int_0^t I\mathrm{d}t - \int_0^t J\mathrm{d}t - \int_0^t E\mathrm{d}t - \int_0^t S\mathrm{d}t - \int_0^t F\mathrm{d}t \tag{4-5}$$

式中:R_{st}为 t 时刻地面径流深;I 为 t 时刻地面降水强度,J 为 t 时刻地表植物的截留速率;E 为 t 时刻地面蒸发速率;S 为 t 时刻地表水填洼速率;F 为 t 时刻地表水下渗速率。

一般对一个较长期的降水过程而言,J、E、S 均十分有限,而下渗在地面径流的产流过程中具有决定性的作用。超渗地面径流产生的条件是:产流界面是地面即包气带的上界面(前提条件);要有降水供给(必要条件);降水强度要大于下渗速率(充分条件)。上述条件具备才能产生超渗地面径流,如图 4-5 所示。

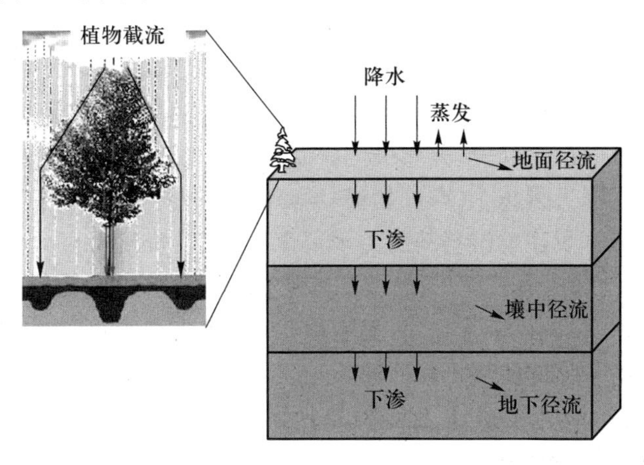

图 4-5 超渗地面产流过程示意图

2. 壤中径流

壤中径流是指发生于非均质或层次性土壤中的透水层与相对不透水层界面之上的径流。它可以发生在饱和水流情况下,也可以发生在非饱和水流情况下。若有两种不同质地的土壤及其母质层,上层为粗质地土壤,下层为细质地土壤黏化层或黏性母质层,则包气带中壤中径流的产流(壤中流)方程式为:

$$W_t = W_0 + \int_0^t F_a \mathrm{d}t - \int_0^t F_b \mathrm{d}t - \int_0^t R_s \mathrm{d}t \tag{4-6}$$

式中:W_t 为粗质地土层中 t 时刻的含水量;W_0 为起始时刻粗质地土层中的含水量;F_a 为粗质地土层的下渗速率;F_b 为细质地土层的下渗速率;R_s 为壤中径流的产流速率。壤中径流的产生条件是:要有供水,即上层有下渗水流(必要条件);要有比上层下渗能力小的界面(前提条件);供水强度要大于下渗速率(充分条件);产生临时饱和带,还要具有产生侧向流动的动力条件,即坡度及水流归槽条件(充分条件)。壤中径流的产生与降水强度没有直接关系,它只取决于上层的下渗速率。当降水强度小于下渗速率时,只要上层下渗速率大于下层下渗速率,并形成了临时饱和带,即可产生壤中径流,且此时只有壤中径流而无地面径流。当降水强度为最大、上层下渗速率次之、下层下渗速率最小时,既有地面径流,又有壤中径流发生。

3. 地下径流

地下径流是指包气带较薄、地下水位较高时的地下水产流。其产流条件与壤中径流相同,只是其界面为包气带的下界面,除了可以发生在非均质或层次性土壤层中外,也可以发生于均质土层中或风化裂隙岩中。取常年稳定的浅层地下水位为基准,雨后由上层补给水量而使水位升高的蓄水部分,就等于地下径流产流量。对于均质土层的水量平衡则有:

$$W_t = W_0 + \int_0^t F_c \mathrm{d}t - \int_0^t R_g \mathrm{d}t \tag{4-7}$$

式中:F_c 为稳定下渗速率;R_g 为地下径流产流速率。在自然条件下,当地下水位较高时,壤中径流与地下径流实际上难以截然分开,故通常将两者合并作为地下径流考虑。

4. 饱和地面径流

饱和地面径流是指表层土壤在具有较强透水性情况下的地面产流机制。即随着壤中径流积水的增加,继续下雨终将达到地面,即包气带全部变成临时饱水带,此时,后继的降水所形成的积水将不再是壤中径流,而是以地面径流的形式出现,这种地面径流称为饱和地面径流。流域上各处产生的各种成分径流,经坡地到溪沟、河系,直到流域出口的过程即为流域汇流过程。

影响流域汇流的因素主要有:① 降水特性,暴雨中心的时空分布及其移动方向对流域汇流有重要影响,不同降水强度及其时空分布决定着流域汇流的不同供水强度。如对相同降水量来说,降水强度越大,降水损失量越小,产流越快,洪峰流量就越大,流量过程线越尖瘦。暴雨中心从上游往下游移动比从下游往上游移动的洪水汇流更快、洪峰流量更大,更容易引起江河中下游地区洪水泛滥。② 流域地形坡度,地形坡度越陡,汇流速度越快,汇流时间越短,地面径流的损失量就越小,流量过程线就越尖瘦。③ 流域形状,在其他条件相同时,不同的流域形状会产生不同的流量过程。狭长形的流域汇流时间较长,径流过程平缓;扁圆形的流域因汇流集中,洪水涨落急剧,洪峰尖瘦。④ 水力条件,在畅流条件下,水位越高、流速越快,汇流历时就越短,洪峰流量越大,因而洪峰形状越尖瘦。

4.2.3 湖泊与沼泽

1. 湖泊

湖泊是陆地表面具有一定规模的天然洼地蓄水体系，是湖盆、湖水及水中物质组成的自然综合体。湖泊也是地表交替周期较长、流动缓慢的滞流水体，因受周围陆地环境和社会经济系统的制约，湖泊与河流、海洋相比，其动力学过程、生物化学过程均具有明显的个性和地区性的特点。全球陆地湖泊的总面积约为 270×10^4 km^2，占全球陆地总面积的 1.8%左右，其水量约为地表河流总水量的 180 倍，是陆地表面仅次于冰川的第二大水体。按其形成的原因可以将湖泊划分为：构造湖、火山口湖、堰塞湖、牛轭湖（河成湖）、风成湖、冰成湖、海成湖、溶蚀湖等。按湖水矿化度又可将湖泊划分为：淡水湖（湖水矿化度小于 1 g/L）、微咸水湖（湖水矿化度为 1～24 g/L）、咸水湖（湖水矿化度为 24～35 g/L）和盐水湖（湖水矿化度大于 35 g/L）。按湖水中营养物质含量还可将湖泊划分为：贫营养湖泊、中营养湖泊和富营养湖泊，在大城市附近及发达农业区的湖泊，一般均演变为富营养湖泊。湖泊作为天然水库：首先，能拦蓄本流域上游来水，减轻下游洪水的压力；其次，可分蓄江河洪水，降低干流河段的洪峰流量，滞缓洪峰发生时间，发挥调蓄作用；最后，湖泊还可以调节或缓解区域自然环境变化幅度，为人类生产生活提供必要的物质资源。

2. 湖泊富营养化及其防治

湖泊演化指湖泊的形成及其消亡过程。湖泊在形成以后，在外部自然因素、人为因素和湖体内部所发生的地理学过程、生物学过程、化学过程等持续作用下，湖盆形态、湖水性质和湖中水生生物群落都在不断地变化，湖岸长期遭受波浪的冲刷与沉积作用，由弯曲逐渐变为平直；湖底因入湖径流挟带泥沙堆积和湖水中水生生物代谢物淤积而不断地被抬高变平，同时湖水由深变浅；湖泊生物群落由深水植物逐渐演变为浅水植物，并向湖心发展，使湖泊渐变为沼泽或陆地；湖泊流域地表的营养物质如氮、磷、碳等必然逐渐地向湖泊之中累积。也就是从水深的、贫营养湖向水浅的、富营养湖演变。不过在自然条件下，湖泊的这种演化过程非常缓慢，往往是以百年至千年的时间尺度来计算，如图 4-6 所示。但是，人类活动一旦影响到湖泊的自然富营养化过程，其变化速度就会急剧加快，特别是有城市生活污水和工农业废水注入湖泊，必将大大地加速湖泊的富营养化过程。因此，许多城市中小型湖泊经过数年后就需要人工清淤一次，以恢复湖泊的正常功能。显然这两个湖泊富营养化过程存在较大的差异，故目前有人把前者称为自然富营养化，后者称为人为富营养化。

3. 沼泽

沼泽是地表有多年薄层积水或土壤层水分过饱和、生长着喜湿和喜水植物的地段。沼泽具有以下 3 个特征：地表经常有薄层积水或土壤层处于水分饱和状态；其上生长湿生植物或沼生植物；地面表层或有泥炭层或无泥炭层，但地表下层均有灰蓝色的潜育层。全球沼泽面积约为 1.122×10^6 km^2，约占陆地面积的 0.8%，蕴藏着丰富的植物、泥炭资源。依据地表沼泽演化及其物质组成可以将沼泽划分为：① 低位沼泽，是沼泽发育的初级阶段，泥炭的灰分含量一般超过 18%，又叫富营养型沼泽；② 中位沼泽，是沼泽发育的过渡阶段，又叫中营养型沼泽；③ 高位沼泽，是沼泽发育的高级阶段，泥炭灰分含量不足 4%，又叫贫营养型沼泽。

图 4-6　自然条件下湖泊演化的一般模式

4.2.4　地下水

地下水是存在于地表以下地层、土壤层空隙中各种不同形式水的统称。地下水主要来源于大气降水和地表水的入渗补给;同时它又以地下渗流的方式补给河流、湖泊和沼泽或直接注入海洋;上部土壤层中的水分则通过地表蒸发和植物蒸腾再散发到大气之中。故地下水也是自然界水分循环系统的重要子系统。地下水以其稳定的供水条件、良好的水质而成为工农业生产、城市生活用水的重要水源。中国约有 2/3 的城市和部分农田以地下水作为主要供水水源和灌溉用水水源。许多地区地下水资源开发利用尚缺乏规划和管理,严重超量开采,使地下水水位持续下降、漏斗面积不断扩大,再加之城市地下水受到普遍污染等,这些已成为影响地下水资源持续利用和保护的重要问题。

(1) 地下水垂向层次结构的基本模式是地下水空间立体性的具体表征:自地表面起至地下某一深度出现不透水岩层为止,可分为包气带和饱水带两大部分。其中包气带又可细分为土壤水带、中间过渡带、毛管水带 3 个亚带;饱水带则可细分为潜水带和承压水带 2 个亚带。从贮水形式来看,与包气带相对应的是结合水(包括吸湿水、薄膜水);与饱水带对应的是重力水。

(2) 地下水硬度的增高:一般把含有一定数量的 Ca、Mg、Al、Fe 和 Mn 等的碳酸盐、重碳酸盐、氯化物、硫酸盐及硝酸盐杂质的水称为硬水。而水的硬度是指水中除 K、Na 之外,溶解的全部金属阳离子浓度的总和,常用德国度表示,即一个德国度相当于 10 mg(CaO)/L。世界卫生组织(WHO)1971 年的国际饮用水标准:饮用水总硬度最适宜量为 2~5.6 德国度,饮用水总硬度最大量为 28 德国度;日本、瑞典规定饮用水总硬度应小于 5.6 德国度;捷克规定为小于 12 德国度;墨西哥规定为小于 16.8 德国度;苏联规定为小于 19.6 德国度;中国规定为小于 25 德国度。其规定的标准与自然环境特征、饮水习惯和人群的适应性有关,表 4-3 是水的硬度划分表,表4-4 是北京城区 20 世纪中后期地下水硬度状况。

表 4-3　水的硬度划分表　　单位:德国度

总硬度	0~4	4~8	8~16	16~25	25~40	40~60	>60
水的性质	很软	软水	中硬	硬水	高硬水	超高硬	特硬

表 4-4 北京城区 20 世纪中后期地下水硬度状况 单位:德国度

地点		总硬度
西北	德外祁家豁子	35.7
	朝阳区甜水井	35.9
	北京针织厂	40.4
	永定门东护城河南	46.7
东南	永内龙潭湖北侧	54.1
郊区对照	温榆河边机场正南	12.4

(3) 促使地下水硬度增高的作用:第一,地表污染物产生的 CO_2 溶解了土壤中的 $CaCO_3$ 和 $MgCO_3$;第二,盐效应使 $CaCO_3$ 和 $MgCO_3$ 的溶解度增大;第三,离子交换使土壤中的盐分进入地下水;第四,氧化还原作用使有机物分解产生了较多的 SO_4^{2-},还可使地下水的 Eh 降低,从而使地下水溶解 Mn 和 Fe 的能力加强。

(4) 地下水中 NO_3^- 的含量增加:地下水中的 NO_3^- 主要来源于农业施用化肥和污水污染。地下水中的 NO_3^- 在一定的条件下可转化为 NO_2^- 从而对饮用者产生危害。

(5) 地下水中其他组分含量的增加:包括 Ag、Cd、Cr、Cu、Hg、Fe、Mn、Zn、As、Se、F、酚和氰。常把酚、氰、Cr、Hg、As 作为主要污染物进行检测。污染物的渗入方式为:除了少数气体、液体污染物可直接通过岩石裂隙进入地下水外,大部分污染物都是随着补给地下水的水流而一起进入地下水中的。因此,地下水的污染途径与地下水的补给来源、区域土地利用、产业结构和基础设施质量等有着密切的联系,如图 4-7 所示。

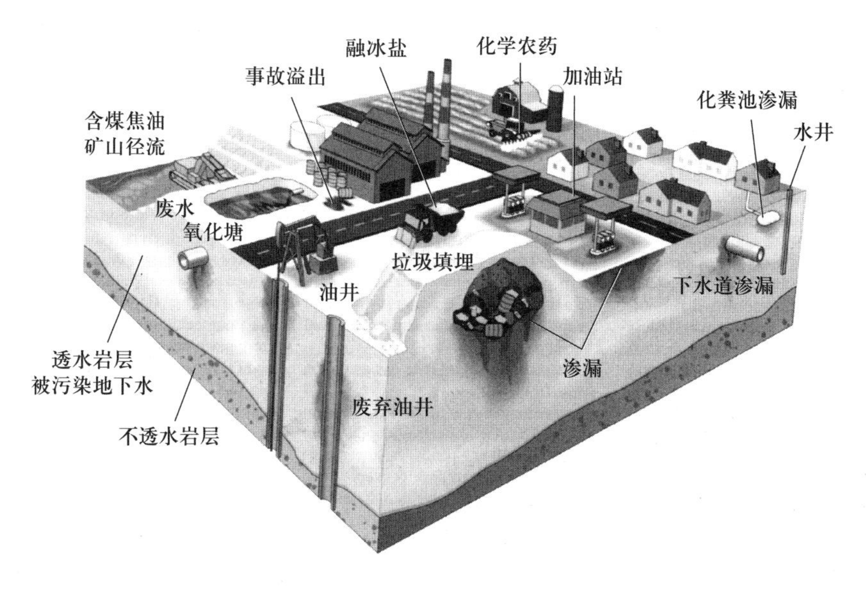

图 4-7 区域地下水受污染途径示意图

4.3　海　　洋

地球表面连续的广阔水体称为世界洋。世界洋分为 4 部分,即太平洋、大西洋、印度洋和北冰洋。太平洋是世界第一大洋,南北最大距离达 17 200 km,其面积占世界洋总面积的一半。太平洋不仅最大,也最深,世界上最深的马里亚纳海沟(11 022 m)即位于太平洋西部。大西洋位于欧、非大陆与南北美洲之间,大致呈 S 形,面积和平均深度均居世界第二。印度洋是第三大洋,大部分位于热带和南温带地区,其东、北、西 3 面分别为大洋洲、亚洲和非洲,南临南极大陆。北冰洋位于欧亚大陆和北美洲之间,大致以北极为中心,是四大洋中面积最小的一个,所以有人把它看作由大西洋向北延伸形成的“地中海”,如表 4-5 所示。从南美洲合恩角沿西经 68°线至南极洲,是太平洋与大西洋的分界线。从马来半岛起通过苏门答腊、爪哇、帝汶等岛,澳大利亚的伦敦德里角,沿塔斯马尼亚岛的东南角至南极洲,是太平洋与印度洋的分界。从非洲好望角起沿东经 20°线至南极洲,是印度洋与大西洋的分界。北冰洋则大致以北极圈为界。

表 4-5　世界四大洋面积和平均深度

大洋	面积/(10^6 km^2)	平均深度/m	最大深度/m
太平洋	179.68	4 300	11 022
大西洋	93.36	3 926	9 218
印度洋	74.91	3 897	7 450
北冰洋	13.10	1 205	5 220

显然,洋的主体应该是指远离大陆、面积广阔、深度大、较少受大陆影响、具有独立的洋流系统和潮汐系统、物理化学性质也比较稳定的水域。因为大洋的边缘接近或伸入陆地而或多或少与大洋主体相分离的部分称为海。海的存在总是与陆地,包括大陆和岛屿对大洋的分隔相联系的。所以,海从属于洋,或者说是洋的组成部分。据国际水道测量局统计,各大洋中共有 54 个海(包括某些海中之海)。海的面积和深度都远小于洋;河水的注入使海的许多重要特征,如海水物理化学性质、生物发育状况等均有别于洋;此外,海基本上没有自己独立的洋流系统和潮汐,也不具有洋那样明显的垂直分层。依据海与大洋分离的情况和其他地理标志,可以把海分为 4 种类型:① 内海或地中海,内海指四周几乎完全被陆地包围,只有一个或多个海峡与洋或邻海相通,它可以位于一个大陆内部,也可以位于两个大陆之间。地中海、红海、黑海、波罗的海、渤海等都是内海。② 边缘海,位于大陆边缘,以半岛或岛屿与大洋或邻海相分隔,但直接受由外海传播来的洋流和潮汐影响。白令海、鄂霍次克海、日本海、黄海、东海和南海等均为边缘海。③ 外海,指虽位于大陆边缘,但与洋有广阔联系的海,如阿拉伯海、巴伦支海等。④ 岛间海,指大洋中由一系列岛屿所环绕形成的水域,如爪哇海、苏拉威西海等。

4.3.1 海水的组成和理化性质

海水是含有多种溶解性盐分、气体和少量悬浮物的混合物,其中水约占 96.5%,其他物质仅占 3.5%。因此化学元素氢和氧是海水中最主要的化学元素,据分析在海水中已经发现有约 80 种化学元素,但它们之间的含量差别很大。通常将海水中含量在 100 mg/L 以上的元素称为常量元素,含量小于100 mg/L的元素称为微量元素。海水中主要化学元素的含量如表 4-6 所示。海水中的溶解气体主要是 O_2 和 CO_2。在海水上层有光亮带,这种气体接近饱和程度。由于海洋表层与深层经常发生混合,深海中也含有一定量的溶解气体,这是底栖生物能够生存的原因之一。

表 4-6 海水中主要化学元素的含量 单位:mg/L

元素	Cl	Na	Mg	S	Ca	K	Br	C	Sr
含量	18 980	10 561	1 272	884	400	380	65	28	8
元素	B	Si	F	Li	I	Mo	U	Ag	Au
含量	4.6	3.0	1.3	0.17	0.06	0.01	0.003	0.000 04	0.000 004

海水的经常性运动使得不同区域海水主要化学组成趋于一致,从而使海水具有相对的稳定性。据此就可以建立海水盐度、氯离子浓度和密度之间的相互关系式,并利用该关系式,通过任何一种主要盐分的含量就可以估算其他所有各种主要成分的含量。海水盐度是指海水中全部的溶解固体与海水质量之比,其单位是 g/kg。由于海水的主要溶解固体含量是稳定的,所以可以利用其中的一种元素作为衡量其他元素和盐度的标准。氯离子在海水的溶解固体总量中约占 55%,不仅含量大,且易于用硝酸银溶液滴定法准确地测定其含量,每千克海水中所含氯离子的克数,称为海水的氯度。实验表明:标准海水的氯度为 19.381 ‰;大洋海水的盐度一般为 33 ‰~37 ‰,平均为 34.6 ‰,故大洋海水的氯度(S_{Cl})与盐度(S_s)具有下列经验公式:

$$S_s = 0.03 + 1.805S_{Cl} \tag{4-8}$$

但是海水中的氯度(S_{Cl})与盐度(S_s)一般均受区域降水量、蒸发量、入海径流的影响而发生变化。在高纬度地区降水量特别充沛且又有大江、大河流入其中,所以,这里海水盐度一般低于 33 ‰;而位于亚热带的红海,其蒸发量巨大,海水盐度可达 40 ‰以上。故根据海区降水量(P)和蒸发量(E)就可以用下列经验公式计算该海区表层海水的盐度(S_s),即:

$$S_s = 34.6 + 0.017\ 5(E - P) \tag{4-9}$$

但是深层海水和底层海水盐度的变幅很小,一般为 34.6 ‰~35.0 ‰。那么区域海水的热平衡和海水温度的时间空间变化,以及海水密度、颜色和透明度,则请同学们自己进行思考。

4.3.2 海水的运动

广阔无垠的海洋是处于不断运动之中的,海水的运动不仅发生在表层,且直到近底层的深处均在运动。引起海水运动的原因很多,主要有天体作用、太阳辐射作用、大气压力梯度等。海水运动形成多种多样的结构形式，主要有规模宏大的洋流运动、周期性涨落和水平运动的潮汐运动、澎湃激荡的波浪运动、永无休止的混合运动。

1. 波浪运动

波浪是海洋、湖泊、水库等宽敞水面上常见的水体运动，其特点是每个水质点做周期性运动，所有的水质点相继振动，便引起水面呈周期性起伏。水在外力（风、地震等）作用下，水质点可以离开原来的位置，但在内力（重力、水压力、表面张力等）作用下，又有使它恢复原来位置的趋势。因此，水质点在其平衡位置附近做近似封闭的圆周运动，便产生了波浪，并引起波形的传播，波峰上水质点运动方向与波浪传播方向一致，而在波谷中水质点运动方向却与波浪传播方向相反。可见波浪的传播并不是水质点向前移动，而仅是波形的传递。

波浪按照其成因可分为：① 风浪，即在风力直接作用下，水面出现的波动；② 涌浪，风浪离开海区传至无风区或风停息后所留下的波浪；③ 内波，即发生在海洋内部，由两种密度不同的海水做相对运动而引起的波动现象；④ 潮汐波，海水在潮汐力作用下产生的波浪；⑤ 海啸，由火山活动、地震或风暴等引起的巨波。

在海洋中风浪的振幅和速度与风力强度、风向和阵发性情况等因素有关。风施加给海面的能量是靠波浪来传递的。故波浪将能量依次向前传递，而水质点本身并不随波浪前进。当波浪传递到浅海区域时，波底最终将和海底接触，这时水质点的垂直运动将受到限制，其运动轨迹变为椭圆形，这时波浪也将部分能量用于与海底摩擦而消耗。由于波浪能量的集中，波高将增大，最后波浪将发生破碎，这样必然引起海底形态和物质的变化。在海岸曲折的地段，折射使突出的海岸（岬）成为波能的辐聚带，这里的波浪特别大，而凹岸成为波浪的疏散带，波浪趋于平缓。

2. 潮汐运动

由于月球和太阳引力作用使海水发生的周期性涨退现象称为潮汐，它包括海平面周期性的垂直涨落和海水的周期性水平运动，一般将前者称为潮汐，后者称为潮流。在潮汐涨落的每一个周期内，当水位上涨到最高位置时，称为高潮；当水位下降到最低位置时，称为低潮。从低潮到高潮称为涨潮；从高潮到低潮称为落潮。相邻的高潮与低潮的水位差称为潮差，如图 4-8 所示。

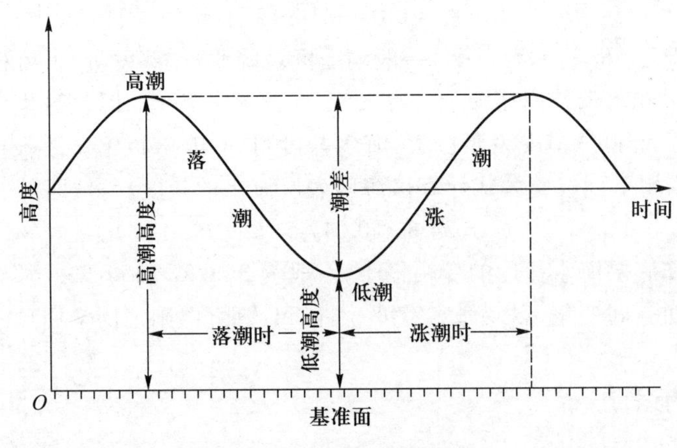

图 4-8　潮汐要素示意图

根据潮汐涨落的周期性可以将潮汐划分为 4 种类型:① 半日潮,在一个太阴日(24 h 50 min)内,有两次高潮和两次低潮,而且两相邻高潮或低潮的潮高几乎相等,涨落潮时也几乎相等,这样的潮汐称为半日潮。② 全日潮,在半个月内,有连续 7 d 以上在一个太阴日内,只有一次高潮和一次低潮,这样的潮汐称为全日潮。③ 不正规半日潮,在一个太阴日内,有两次高潮和两次低潮,但潮差不等,涨潮时和落潮时也不等。④ 不正规全日潮,在半个月内,较多天数为不规则半日潮,但有时一天也发生一次高潮、一次低潮的现象,但全日潮不超过 7 d。海水在天体引潮力作用下所形成的周期性水平运动称为潮流,它和潮汐现象是同时产生的,故有潮汐的海域必然也有潮流,且它们的周期也是相同的。

潮汐及其变化直接影响着人们的生活,港口建设、远洋航海、海上捕鱼、滨海养殖、海洋工程及沿岸各类生产活动都受潮汐的影响。同时,潮汐中还蕴藏着巨大能量,潮汐发电就是靠潮汐的落差来实现的,目前,中国建成了 10 多座潮汐电站,1980 年建成的江厦潮汐电站,每年可发电 1.07×10^{8} kW · h。潮汐电站既不浪费其他能源,也不污染环境,给人们带来巨大便利和利益。

3. 洋流运动

洋流或海流是指海洋中具有相对稳定的流速和流向的海水,从一个海域水平地或垂直地向另一个海域大规模的非周期性运动。洋流具有非常巨大的规模,如北大西洋湾流的流量相当于世界陆地河川总径流量的 20 余倍。可见洋流是促成不同海域之间大规模水量交换的主要因素。伴随大规模的水量交换,还有重要的热量交换、盐分交换和溶解气体交换等。所以洋流对区域气候、海洋生物、海洋沉积、海上交通及海洋环境均有巨大影响。洋流按照其成因可分为:① 风海流,是在风力和科里奥利力作用下形成的;② 密度流,是由于海水密度分布不均匀引起的;③ 补偿流,是由于海水从一个海区大量流出,从另一个海区流入(水平方向或垂直方向)补充而形成的。如果按照洋流本身海水与周围海水的温度差异,又可将洋流划分为暖流和寒流,暖流是指本身海水温度较周围海水温度高的洋流,寒流则相反。

大气与海洋之间处于相互作用、相互影响、相互制约之中,大气从海洋和陆地表面获得能量而产生运动,而大气运动又驱动着海洋表层海水的运动,故海洋表面气压场和大气环流决定着大洋表层环流系统。大洋表层环流模式与盛行风系相适应,所形成的格局具有以下特点:① 以南北回归线高压带为中心形成的反气旋型大洋环流;② 以北半球中高纬海面低压区即阿留申低压区和冰岛低压区为中心形成的气旋型大洋环流;③ 南半球中高纬海区没有气旋型大洋环流,而被西风漂流所代替;④ 在南极大陆外围形成了绕极环流;⑤ 印度洋则因季风作用而形成了季风环流区,全球大洋洋流系统如图 4-9 所示。

4.3.3　厄尔尼诺现象

在南美洲的秘鲁和厄瓜多尔濒临东太平洋的数千千米海域,圣诞节前后会发生一种上层海水异常回暖的现象,当地人们称之为厄尔尼诺流。近代科学观测表明,厄尔尼诺不仅是局部的海洋异常,其影响也不限于热带太平洋的东部,而是波及全球,造成世界性的天气异常。厄尔尼诺现象的特征是:通常在赤道太平洋东部的厄瓜多尔和秘鲁沿岸,由于盛行与海岸平行的偏南风,表层水在风和科里奥利力的作用下产生离岸流动,为了保持水体平衡,深层较冷的海水便涌

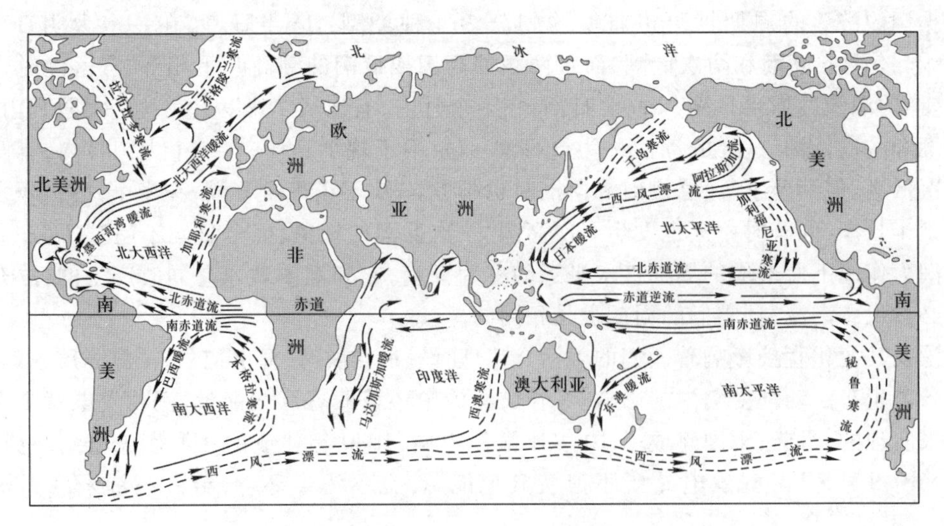

图 4-9　全球大洋洋流系统

升上来补偿。因此，这一带海面温度较低、大气稳定、气候干燥，是著名的赤道干旱带。而在海洋里，由于深层海水富含营养物质，它的涌升为上层鱼类生长提供了极为丰富的营养物质，所以那里鱼类资源十分丰富，形成世界闻名的秘鲁渔场。但是在有些年份的圣诞节期间，中美洲沿岸有一股暖水流沿厄瓜多尔和秘鲁沿岸向南流动，代替了那里原来的冷水，沿岸上升流也随之减弱或消失，从而影响了那里的海洋动物区系和鱼类，使秘鲁渔场大幅度减产，并且通常干旱少雨的南美洲西部地区连降大雨，称为厄尔尼诺现象，如图 4-10 所示。这股向南侵入的暖水流每隔若干年发生一次，向南侵入的范围可达 14°S，且每次持续的时间长短也不一样。每次厄尔尼诺现象的大小是由它的强度、持续时间及造成的后果来确定的。科学观测表明厄尔尼诺现象的出现会对全球性的气候及环境产生重要的影响，如图 4-11 所示。

4.3.4　海洋生物生活环境分区

海洋是生命的发源地，地球上的生命已经具有长达 30 多亿年的发展史，其中 85%以上的时间是完全在海洋中度过的。根据海洋生物生活环境条件的不同，可将海洋划分为海水区和海底区，如图 4-12 所示。

海水区是指海洋的整个水体，为浮游植物和游泳动物活动的场所，可分为近海区和远洋区，前者为大陆架水域，由于潮汐、波浪和海流等的动力作用及热力作用而产生很强的湍流混合，使得底层的营养盐上升，再加上陆地径流带来的营养物质，使这里的水质肥沃，海洋生物丰富，是海洋生态系统中最主要的高生产力区。后者为大陆架外的水域，根据海水深度和水层透光情况又可细分为以下 5 个层次：① 表水层，是从海平面到水深 200 m 左右的水层，其中 0~50 m 为真光层，这里水温和光照的日变化和季节变化都较强，易受风浪的影响，是海洋浮游植物最为丰富的海区；50~200 m 为弱光层，透入到这里的光线甚少或者只有蓝色光，没有足够的光能供植物进行光合作用。② 中水层，是深度一般为200~1 000 m 的无光层，这里有动物长期生活。③ 渐深水层，其深度为 1 000~4 000 m。④ 深水层，其深度为 4 000~6 000 m。⑤ 超深水层，其深度

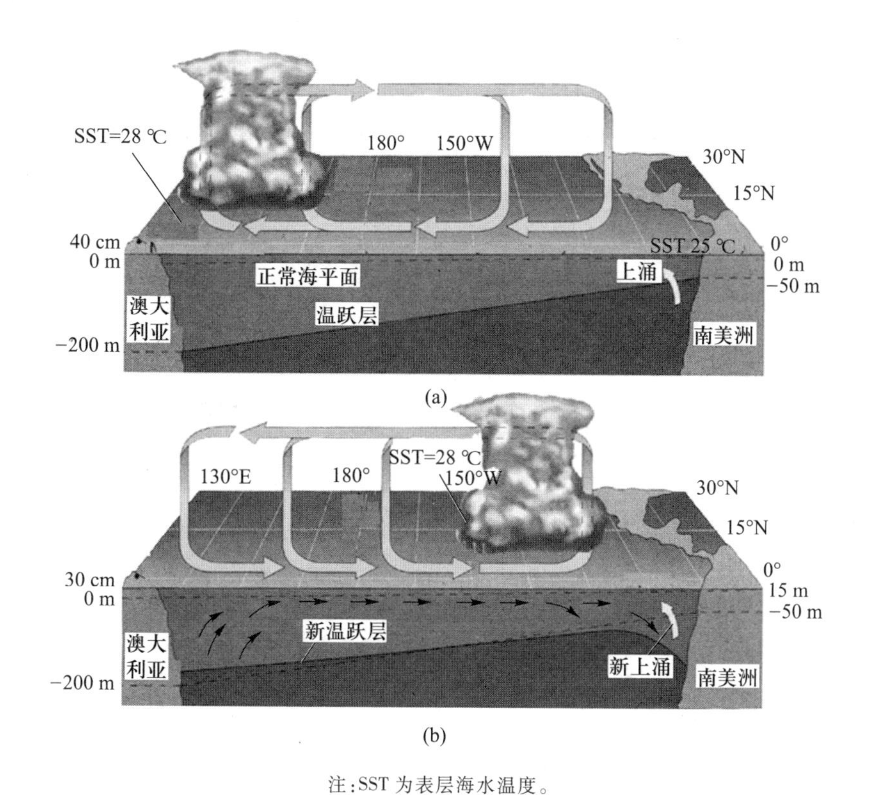

注：SST 为表层海水温度。

图 4-10 厄尔尼诺现象特征比较图

(a) 正常状态；(b) 厄尔尼诺现象潮汐时的状态

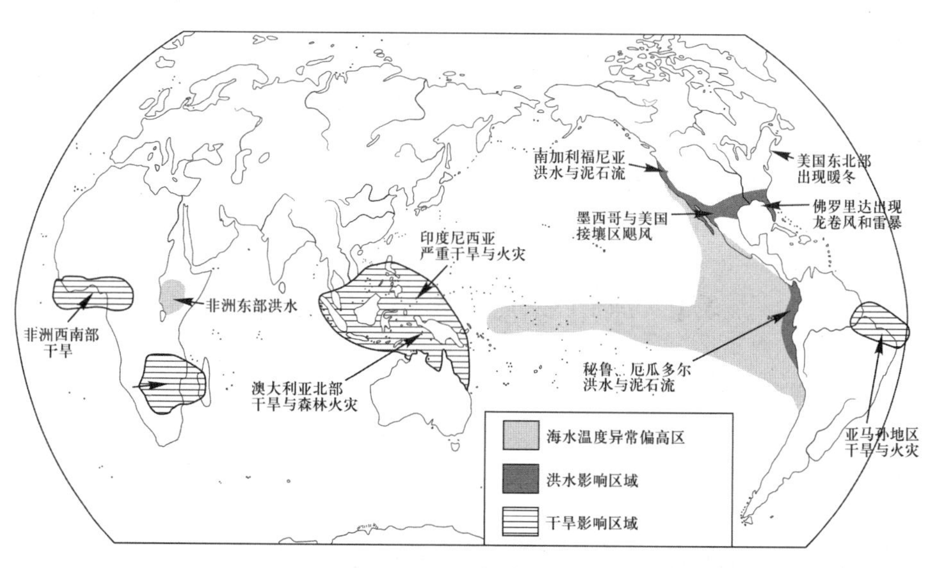

图 4-11 1997—1998 年厄尔尼诺事件对全球气候和环境的影响图

(资料来源：Chamley, 2003)

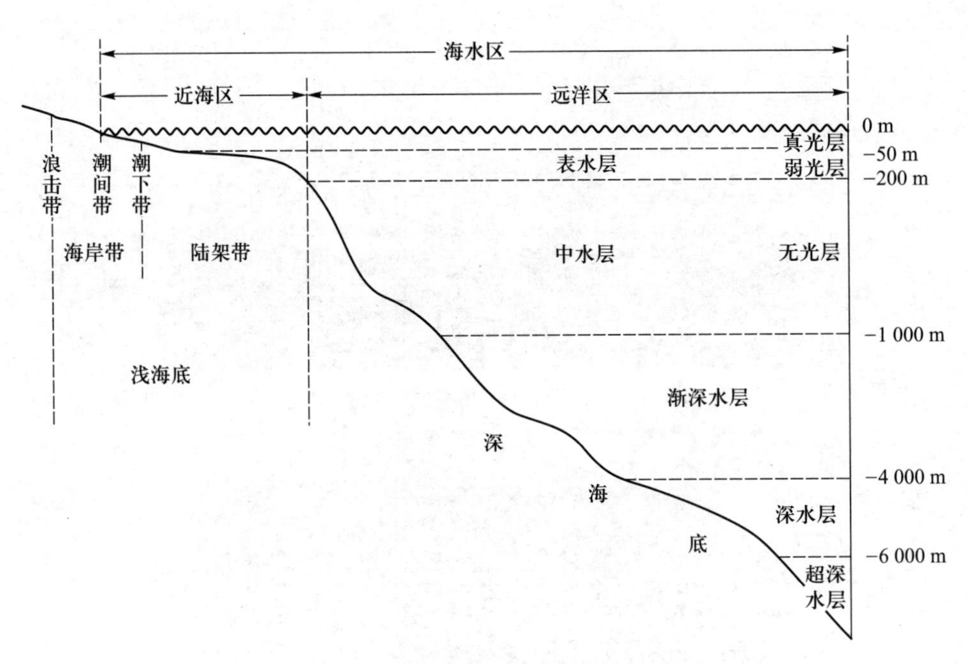

图 4-12　海洋生物生活环境分区示意图

超过 6 000 m。

海底区是指海洋的整个海底,为底栖生物活动的场所,包括浅海底区和深海底区。浅海底区根据性质的不同可细分为两个带:① 海岸带,包括浪击带、潮间带和潮下带。浪击带为平常潮汐所不及,只有高潮溅起的浪花才能达到的滨海区域,有耐盐植物和一些昆虫生活;潮间带即潮汐活动的区域,高潮时被海水淹没,低潮时露出,这里有多种生物生活,其生存环境特殊;潮下带是指潮间带下限至海浪直接作用的海底区域。海岸带受海浪和潮汐影响较大,其生活的生物一般呈现流线型,固着器发达。② 陆架带,是指海岸带以下的陆架海底区,是洄游性底栖鱼类的重要生活区,其水温夏季温暖,冬季较冷,但比浅海底稳定。深海底是指陆架以下的海底区,这里已发现有丰富的底栖生物,但因技术及效益所限,开发利用较少。

4.4　冰川与冻土系统——冰冻圈

4.4.1　冰冻圈的概念

低温环境或称冰冻圈(cryosphere),是指最暖月月平均气温低于 14℃,并且地表有由固态水、多年冻土或苔原植被所组成的区域。它主要包括高纬度地区和高海拔地区,其中高纬度地区的范围大致同全球变化区域研究网络分区(The START regions)中的南极地区(ANT)和北极地区(ART)吻合。南极地区、北极地区及青藏高原(含亚洲内陆高原山地)是冰冻圈的主体部分。目前多年冰雪覆盖地球表面积的18%,多年冻土占据地球陆地面积的24%;季节性积雪在1月份和7月份分别覆盖陆地面积的15%和7%,季节性冻土的分布则更为广泛,如此广阔的低温环境在全球气候变化过程中必然也发生着变化。在中国,高山冰川面积约为5.8×10^4 km^2,多年冻土占国土面积的20%。因此,中国是世界三大寒区国之一。

南北极地区作为地球表层重要的热汇,它们主要通过3种物理过程来影响全球热平衡和全球气候的变化:① 海洋浮冰阻止区域海洋与大气之间的热交换。弗莱彻1965年估算了有冰覆盖和无冰覆盖情况下北冰洋的热效应,结果发现无冰覆盖时北冰洋与大气间的热交换量可达16.744×10^4 J/(cm^2 · a),有冰覆盖时北冰洋与大气间的热交换量仅为4.186×10^4 J/(cm^2 · a),即只有无冰覆盖时的25 %,可见海洋浮冰层有效地阻止了海洋与大气间的热量交换。② 冰面和雪面对太阳辐射的反射作用强烈,实际测量表明低温环境中开阔海洋和无冰雪覆盖的陆地约可吸收到达地面太阳辐射总能量的90%,而地表冰雪则可反射掉到达地表太阳辐射总能量的60%,甚至70%以上。③ 水的液态、气态和固态相互转化过程中蕴涵着巨大的热量吸收与释放,如每蒸发1 g水,约有2.51 kJ的感热转变成为潜热,相反在凝结过程中,会有数量相等的能量被释放变成感热;同理在冻结过程中,每1 g水约释放335 kJ热量,而在融化过程中却吸收数量相等的热量。可见地表水分相态转化可以延缓区域温度变化极值的出现,洋流、海洋浮冰的迁移对于区域热交换也有巨大的影响。基于上述了解,人们已充分认识到:了解极区大气、海洋、陆地和冰雪之间的相互作用,对于掌握南北极地区和全球气候动力学系统是一个关键。例如亚北极冻土层钻孔观测资料显示:在过去100年间,冰冻圈中的冻土温度升高了2~4 ℃。

4.4.2 冰冻圈在全球变化研究中的作用

自20世纪70年代,国际科学联合会理事会(ICSU)和世界气象组织(WMO)开始联合设计并实施了世界气候研究计划(WCRP);与此同时,美国、苏联、法国、英国、澳大利亚等国联合进行了“国际南极冰川计划”。这些宏大的科学研究计划的共同特点是应用遥感技术、定位监测系统、计算机数值模拟等手段,监测南北极热汇及其变化的大尺度性质、大气-冰雪-海洋耦合作用,探讨极地如何影响全球气候过程,以及它们对全球气候变化的响应。

苏联南北极研究所在研究极地水文、气象状况、海冰监测、南极行星尺度大气过程、大气辐射、水热平衡提高区域天气预报准确率,以及解释气候变化的原因等方面取得了进展(陈善敏,1989)。英国、美国的研究重点则在对近期极地气候变化研究方面,英国南极考察年报(1976—1977)发表的研究成果表明:南极洲的观测点在1956—1975年年均温度升高了1℃;1967—1976年南极暖季温度的正距平区不断扩大,同时南印度洋区温度的负距平区也在缩小,其结果显示近25年来南极地区气温的变暖趋势与同时期全球气温变化趋势吻合。

美国联合冰中心(JIC)从1973年起应用卫星遥感技术每周绘制一幅南大洋(即南大西洋、南太平洋和南印度洋)海洋浮冰分布图,实施了区域海洋浮冰范围胀缩与气候异常方面的探索。从1981年开始,美国、英国、德国及苏联联合实施南极威德尔海海冰实验研究(WEPOLEX)、北极Fram海峡边缘海冰带实验(MIZEX)。上述研究在北极海洋浮冰与气候、环南极大陆气旋变化及其与海洋浮冰胀缩的关系、南极气温异常的空间差异及其与南半球大气环流的联系等方面进行了探索。

中国学者侧重高寒区——青藏高原气候过程和气候变化方面的研究。部分学者参加国际合作,在南北极气候系统研究方面也开展了一些工作:符淙斌 1981 年分析了南极地区积雪量与中国长江流域梅雨间的相互关系,认为南极冰雪面积扩大,长江中下游地区偏旱;反之则偏涝。卞林根等 1989 年分析了南极温度的时空特征及其与中国夏季天气的联系,认为中国华北地区夏季温度与前期和同期南极大陆的温度间有显著的相关性。解思梅等 1994 年利用近 15 年的海冰资料(JIC 和 WDC-A 提供的 SIGRID 海冰资料),讨论了南北极海冰间的联系,发现北极大西洋侧区的海冰异常变化造成南极威德尔海区海冰的异常,且在时间上滞后 0.5~2 a。1993 年中国南极长城站、中山站分别装备了气象卫星信息接收系统,中国学者也已开始了南极大区域大气-海洋-浮冰相互作用、大区域气候变化的动态监测与研究工作。

4.5　人类活动对水圈的影响

人类的生存和发展离不开水,水不仅作为维持人类生理需要的基本要素,也是不断丰富人类生活的重要物资,水对人类社会的发展具有重要的作用。在人类社会发展的历程中,人们总是依据自身生存和发展向水圈提出各种各样的要求,并想方设法地改造、调控水圈特别是其中的淡水资源时空分布及其动态过程,以适应人类用水在时间上和空间上的要求;同时为减少洪水带来的灾害威胁,人们不断控制和减少洪水泛滥影响的范围。这些对水圈的人为干扰作用,在初期由于人的能力有限,还是很微弱的,人在和水打交道时仍基本处于被动局面;工业革命以来,随着人类社会的发展和科学技术水平的提高,人类对天然水资源的干扰作用不断增强,当这种干扰达到一定程度时,人、水之间的矛盾开始出现转化,人成为矛盾的主要方面,致使区域经济社会发展的用水需求与水圈的水资源供给矛盾日益突出,许多国家出现了不同程度的水资源短缺。

地球陆面上的淡水虽是可更新资源,但每年通过全球水分循环更新的水量有一定限度。受不同气候类型及地貌条件的影响,年降水量的时空分布极不均匀,在不同地区产生的淡水资源年补给量差异也很大。随着人类社会的不断发展,用水量也不断增加,一些地区水资源供不应求或者出现水荒。由于用水紧张,用水部门间出现争水现象,城市和工业用水挤占农业用水,生产和生活用水挤占生态环境用水;因过量引取河水,使河流水量锐减以至断流,破坏河流功能;超采地下水导致地下水位下降,或疏干地下水含水层,造成地面沉降等环境和生态系统恶化现象。人类活动改造自然环境的作用显而易见,工业革命以来,人类活动已使原始荒野不复存在,现代都市、农村、牧场、工矿、楼宇比比皆是。人类活动对自然环境结构、组成和物质过程的改变,影响了水体的水量、水质、水能和运动规律。20 世纪特别是 20 世纪下半叶以来,这类活动越来越普遍,规模越来越巨大,对水资源水文的影响越来越严重。人类活动改造自然环境对水资源水文的影响可以分为以下几类情况。

4.5.1 对地表水分循环大气条件的影响

由于大量矿物燃料燃烧和人工热排放，大气中 CO_2 浓度从 1860 年的283×10^{-6}增加到目前的约 400×10^{-6}。根据实测和粗略估算，大气中 CO_2 含量每增加 20%，近地面气温可以增高 1~2 ℃。全球气候变暖，大气环流被扰乱，影响着下垫面的热量输送和水分循环。据研究在未来气候变化的情景下（2030 年），高纬度地区气候将转变为温暖湿润，中国海河流域的京津塘地区水资源短缺量将由当前的 $1.6\times10^8\ m^3$ 增加到 $14.3\times10^8\ m^3$；淮河流域的水资源短缺量将由当前的$4.4\times10^8\ m^3$ 增加到$35.4\times10^8\ m^3$；而黄河流域的水资源短缺量将由 $1.9\times10^8\ m^3$增加到 $121.2\times10^8\ m^3$。

4.5.2 对地表水量进行人为再分配

人类自诞生以来，便在一直不断地改变着河流生态系统。20 世纪中期以来，人类活动对河流生态系统的改变更为加剧。诸如水利、农业、城市发展、矿产开发、畜牧、旅游、林业生产等活动，对河流生态系统从结构到功能都不同程度地产生影响，不少影响甚至已经超出了河流生态系统本身的调控能力。在中国的不少流域已经出现了流域性洪涝灾害加剧、水污染加剧、生物多样性丧失等严重局面，为制止或延缓以上不利的生态环境演变趋势，流域生态恢复的重要性和紧迫性与日俱增。大量建造水库、大坝、引水、围垦等水利工程，能使水资源在时间和空间上发生变化以适应人类的用水要求，或削减洪峰流量，起到防洪作用。据统计，目前全世界建成的水库已能调节全球总径流的 1/10。调水工程目的是将某些地区“过剩”的水资源引到另外一些缺水的地方去，调水工程越大，河中水流量减少就越多。例如美国加利福尼亚州的北水南调工程全部竣工后，将使原河流的年径流量减少 90%左右，几乎把原来的河流搬了家。中国 2006 年竣工的长江三峡大坝工程，以及中国已建成和规划中的南水北调东线、中线和西线工程，到 2050 年总计调水规模为 $448\times10^8\ m^3$，其中东线$148\times10^8\ m^3$，中线 $130\times10^8\ m^3$，西线 $170\times10^8\ m^3$。工程实施之后将是世界上调水规模、调水范围最大的调水工程，如图 4-13 所示。上述大型水利工程使库区水深增加、流速减小、固体物质沉积、稀释扩散作用变弱，对于富营养水库，则有可能使水质恶化。

4.5.3 对水体的人为污染

作为人类生存环境的重要组成部分，水不仅是维系人与自然生命共同体的基本物质，还是保障工农业生产和城市发展不可缺少的重要资源。从自然地理的角度看，水体是指地表被水覆盖的自然综合体。当人类生产和生活活动向区域水体中排放的污染物总量及排放速度超过了水体的自净能力时，就会导致水体的物理、化学及生物特性的改变和水质的恶化，从而影响水的有效利用，危害人类健康，这种现象称为水体污染。常见的水体污染物来源主要有：① 固态悬浮物，包括工业固体废渣、生活垃圾、食品加工废液、造纸废液、矿石处理废液、城市粉尘冲洗、水土流失以及农牧业生产过程的各种固体废物等。② 有机物和病原体，这些污染物多附着于食

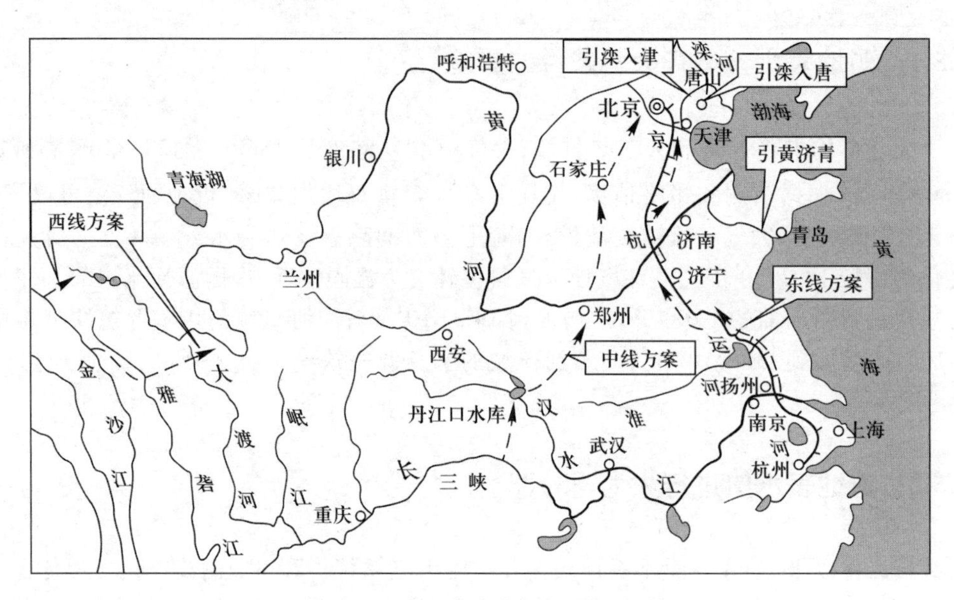

图 4-13　中国南水北调工程概况图

物、植物、粪便、动物尸体及各种生活垃圾表面。③ 耗氧有机物，如生活污水、养殖场污水、食品厂污水、纤维厂污水、造纸厂污水、生活垃圾等。④ 重(类)金属元素，包括 Ag、As、Au、Cd、Cr、Cu、Hg、Ni、Pb、Se、V、Zn 等，这些元素主要来源于采矿、冶炼、电镀、电池、电解、化工、制革、油漆、印染、合金制造、农药、涂料、胶片冲洗、工业和生活垃圾(如废电池和电子产品)等行业。⑤ 持久性有机污染物，如多氯联苯、二噁英、呋喃等，这些污染物主要来源于化工、制药、炼油、焦化、塑料、涂料、化学洗洁剂、化妆品、食品添加剂、芳香剂、染料、激素药物、杀虫剂、除草剂等。⑥ 煤矿、铁矿和其他金属矿(铜矿、铅锌矿等)的矿山废水、酸雨等向水体排放的酸性废水。⑦ 人类以农业生产退水、水产养殖业、城市生活污水形式向水体排放 P、N、S 等生源要素。⑧ 石油工业、机械加工、汽车和飞机保修、涂料油脂加工、煤气、船舶运输、油船泄漏等向水体排放的油类污染物。人类每年有意或无意将许多石油倾注到海洋里，一方面会黏附在海岸，破坏沿海环境，另一方面会形成油膜漂浮在海面上，特别是大面积的油膜，把海水与空气隔开，如同塑料薄膜一样，抑制了膜下海水的蒸发，使“污区”上空空气干燥；同时导致海洋潜热转移量减少，使海水温度及“污区”上空大气年、日差别变大。油膜效应的产生，使海洋失去调节作用，导致“污区”及周围地区降水减少，“污区”及周围地区天气异常。⑨ 废弃热能、放射性核素等，会引起水体的物理性污染。

4.5.4　超采地下水资源

地下水是水资源的一种自然储备形式，一旦超量开采必将造成水位大幅度下降，形成地下漏斗，并易引起地面沉降和塌陷，如图 4-14 和图 4-15 所示。目前我国已形成数十个大型地下漏斗，其总面积达 $9\times10^4\ km^2$。在上海、天津、北京等城市，人为超采地下水引起的沉降速度或幅度是自然背景下的数十倍至数百倍。由于地下水的补给过程十分缓慢，故在社会经济发展尺度上看地下水是一种难以更新的水资源。在一些沿海地区地下水位长期降低还会造成咸淡水界面向陆地一侧移动的现象,从而恶化了地下水水质。

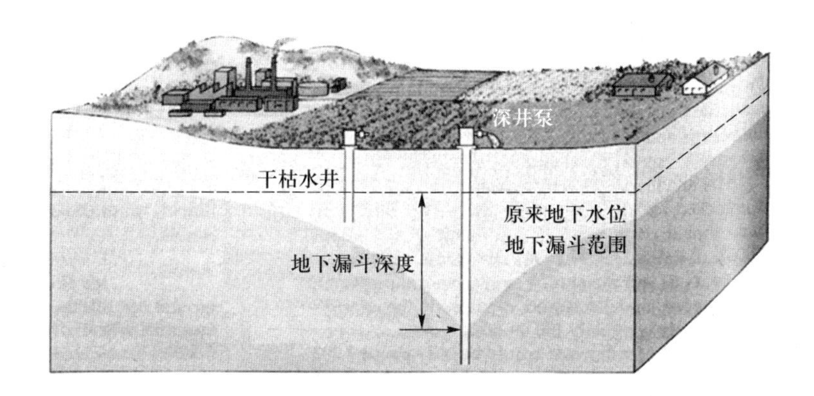

图 4-14　地下水超采所造成的地下漏斗示意图

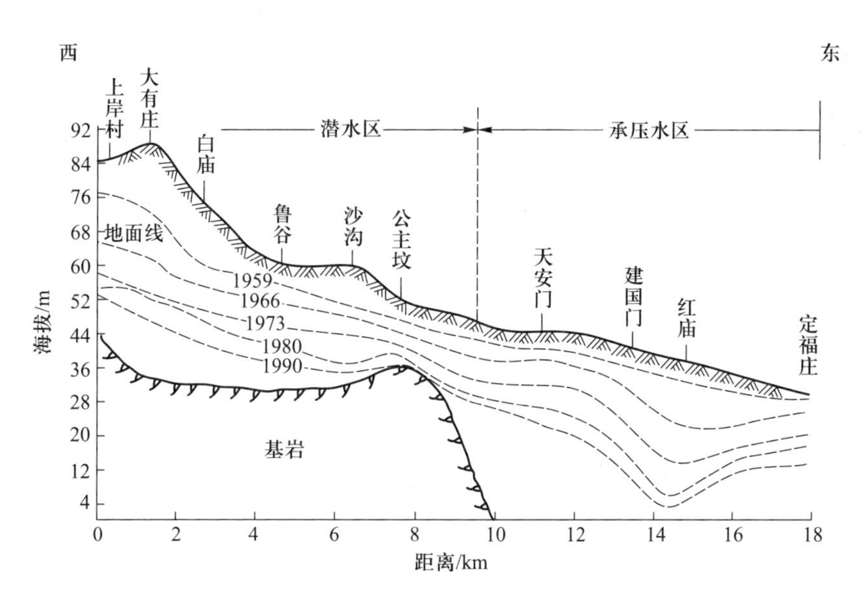

图 4-15　20 世纪中后期北京城区地下水位变化示意图

4.5.5　引起湿地退化

湿地面临的主要威胁有 5 个方面:① 人们对湿地生态价值和社会效益认识不足,加上保护管理能力薄弱,一些地方仍在开垦、围垦和随意侵占湿地,特别是一些地方出现了把湿地转变为建设用地的错误倾向。② 人为过度地开发利用湿地生物资源,导致重要的天然经济鱼类资源受到很大破坏,严重地影响这些湿地的生态平衡,威胁其他水生物种的安全;对热带滨海红树林的围垦和砍伐,就已经造成了红树林湿地大面积消失。③ 不合理地利用湿地水资源,使下游地区湿地因缺乏淡水补给而退化；一些水利工程的修建，挖沟排水，导致湿地水文发生变化，湿地不断萎缩甚至消失。④ 人类大量使用化肥、农药、除草剂，给湿地水体带来了严重污染。⑤ 由于大江、大河上游的森林砍伐影响了流域生态平衡，河流中的泥沙含量增大，造成河床、湖底淤积，使湿地面积不断减小，功能衰退。

随着人类社会的发展，人向自然界的索取不断增加，对自然的干扰也逐步加剧，人与自然的关系出现紧张。水是自然界的重要因素，和人的生存与人类社会的发展关系密切。由于用水量不断增加和用水不当，一些地区出现水资源危机，人在和水旱灾害进行抗争中，也出现了由于措施不当带来的人为加大灾害的问题。因此，人必须在处理好与自然关系的框架中，认真处理好与水的关系，以保障水资源的永续利用和人类社会的可持续发展。

4.5.6 水环境净化与修复技术

水环境净化与修复技术主要是在全面了解特定水环境特征、水环境系统中污染物迁移转化规律的基础上，运用物理化学与生物学原理和工程技术手段净化水环境，修复水体系统的正常结构与生态环境功能的总称。当前国际上已经研发出了较为成熟的河流水体净化技术，其以河流与湖泊水体为主的水环境净化与修复技术可归纳为物理法、化学法和生物/生态技术法，如图4-16 所示。其中物理法包括：① 人工增氧曝气，即河流曝气充氧技术。其作为一种投资少、见效快的河流污染治理技术在很多国家得到了应用，一般采用固定式充氧站和移动式充氧平台两种形式，前者主要有鼓风曝气和机械曝气两种形式，后者如 FOXIN 多功能水质净化船。② 堰塘净化，即在河流、排水渠上筑堰或另建旁路堰塘降低水流速度，由自然沉降去除悬浮物。③ 换水稀释，即用同一水系上游水或相邻流域的外流水冲淡并稀释受污染河水的办法。④ 基质渗滤与微滤，即采用格栅、砾-砂-土壤层的过滤技术或者长毛绒微滤机过滤去除水体中的悬浮物。化学法有强化絮凝法，即在一级处理工艺基础上，通过投加化学絮凝剂等措施去除污水中的各种污染物，它可在短时间内以较少的投资和较低的运行费用大幅度削减污染负荷，缓解河流或湖泊水环境污染问题。此外，还有人工填料和砾石等接触氧化法，薄层流净化法等。生物/生态技术法包括：① 微生物强化（投菌剂技术）：通过投加微生物以加速有机污染物降解，这种技术称为微生物强化技术，该方法适合于河流净化的微生物，主要有硝化细菌、有机污染物高效降解菌和光合细菌（photosynthetic bacteria，PSB）。② 生物控藻技术：即针对已经发生富营养化的水体，采取物理、化学及生物措施去除水体中的藻类微生物，或者抑制藻类的生长发育和繁殖，如机械除藻，高频电磁脉冲或超声波除藻，使用杀藻剂、利用滤食性生物控制藻类生长等。③ 河水植物净化：包括生物浮岛技术。生物浮岛是一种像筏子似的人工生物浮体，在这个漂浮的人工浮体上种植植物。其主要机能：利用植物的生长从污染水体中吸收利用大量污染物（主要是氮、磷等营养元素）；创造生物（鸟类、鱼类）的栖息空间；改善景观；消波效果对岸边构成保护作用。世界上第一个生物浮岛是德国人于 1979 年设计和建造的，随后生物浮岛（包括干式浮岛和湿式浮岛）在河流、湖泊等的生态恢复和水质改善中得到了广泛的应用。

针对目前我国迫切需要解决的水环境污染和水生态退化问题，结合国际水环境修复先进技术，以受损河流、湖泊生态系统为主要研究对象，整合环境科学、环境地学、生态学、水文学、物理

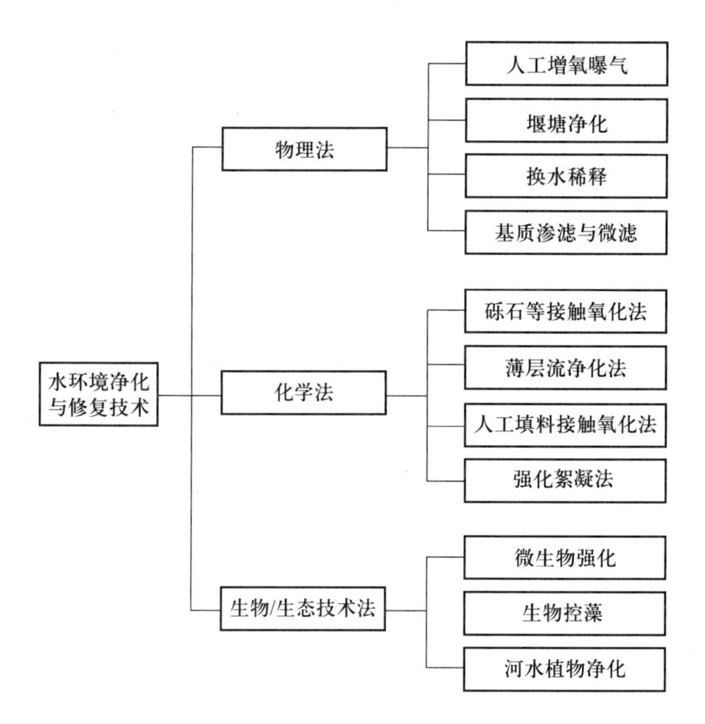

图 4-16 河流水环境净化与修复技术体系示意图

化学等多学科的理论与方法,在揭示水体环境及其污染特征的基础上,研究流域、水系和城市不同尺度下的水环境修复技术与恢复机理,提出和完善水环境修复的理论体系和优化技术,已经成为当前环境科学研究的重要议题,如基于河流景观与水质净化整合的水环境修复技术和通过水量联合调度以恢复水体生态环境功能的集成技术等。

4.6 思考题与个案分析

1. 试述水资源的含义及特性。为什么说地球上的水资源是极其丰富的?

2. 结合水圈的知识和你的实践观察,试述中国水资源的时空变化和主要特征。

3. 什么是水体的正常生物循环? 向水体中排放的污染物过多为什么会破坏水体的正常生物循环?

4. 什么是水体污染过程与自净过程? 为什么说溶解氧是河流自净中主要的生态因素之一? 其变化规律如何? 研究水体自净在水污染控制工程中有何重要意义?

数字课程资源：

04 教学要点

04 电子教案

04 教学视频

04 教学彩图

04 环境个案

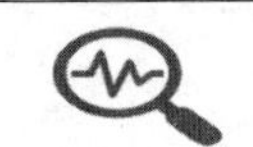
04 拓展与探索

04 思考题

第 5 章
岩石圈——支撑生命共同体

5.1 岩石圈概况

岩石圈(lithosphere)是指上地幔软流圈以上的坚硬岩石部分,包括属于地壳的硅铝层(花岗岩层)、玄武岩层(硅镁层)和属于上地幔最上部的超基性岩层(橄榄岩层)。岩石圈是一个力学性质基本一致的刚性整体,其厚度为 70~150 km。现在所认识到的地质构造现象主要发生于岩石圈。岩石圈不仅是生命共同体活动的平台,还为人类社会发展提供丰富的矿产资源。

5.1.1 大陆漂移学说

德国气象学家魏格纳(Wegener A)于 20 世纪初期先后发表了《大陆的生成》和《海陆的起源》。他认为在距今 3 亿年前的古生代后期,地球上所有大陆和岛屿都连接在一起,构成一个庞大、原始的联合古陆即泛大陆;围绕泛大陆的是一片广阔的海洋即泛海洋。到距今 2.10 亿年前,这个泛大陆逐渐分裂和漂移,至距今 1.55 亿年前裂解为劳亚古陆和冈瓦纳古陆;至距今 0.70 亿年前,劳亚古陆开始裂解为欧亚大陆和北美大陆,冈瓦纳古陆裂解为南美大陆、非洲大陆、印度大陆、大洋洲大陆和南极大陆,并各自漂移到现在的位置,如图 5-1 所示。大西洋、印度洋、北冰洋均是在大陆漂移过程中形成的,太平洋是泛大洋的残余。

大陆漂移学说的主要依据有:① 世界大陆轮廓具有显著的可拼合特征。如果把现在的南北美洲大陆和非洲、欧洲大陆彼此相向移动,可毫无空隙地拼合在一起。② 根据阿基米德定律,薄而轻(密度小)的花岗岩质大陆均衡地漂浮在较重的玄武岩质基底上,由于地球自转离心力、日月对地球引力产生的潮汐作用导致大陆向两个方向漂移,前者使大陆产生从两极向赤道的离极运动,这样大陆挤压形成了东西走向的山脉,如阿尔卑斯山脉、喜马拉雅山脉等;后者使大陆发生向西运动,由于美洲大陆漂移速度快,欧亚大陆和大洋洲大陆漂移速度较慢,这样在美洲大陆、欧亚大陆之间形成了大西洋;由于受太平洋玄武岩基底的阻挡,在美洲大陆西缘挤压褶皱而形成了科迪勒拉山系(包括安第斯山脉)等,大陆整体向西漂移时东部的残碎片黏滞在基底(硅镁层)之上形成与岸平行的岛弧。③ 大西洋两岸大陆的地层、构造、岩相、古生物群系和地球物理等方面具有相似性和连续性。如非洲南部开普山和南美洲的布宜诺斯艾利斯山可以连接起来,视为同一个地质构造的延续。④ 从古气候、古生物的分布来看,南美洲、非洲、印度半岛、澳大利亚等地在古生代和中生代初期都很相近,到中生代以后则有显著的不同,说明这些大陆原来曾经连在一起,后来才逐渐分开。⑤ 许多大地测量的数据证明同一地点的经纬度在发生变化,古地磁学研究的结果也证实大陆漂移确实存在。

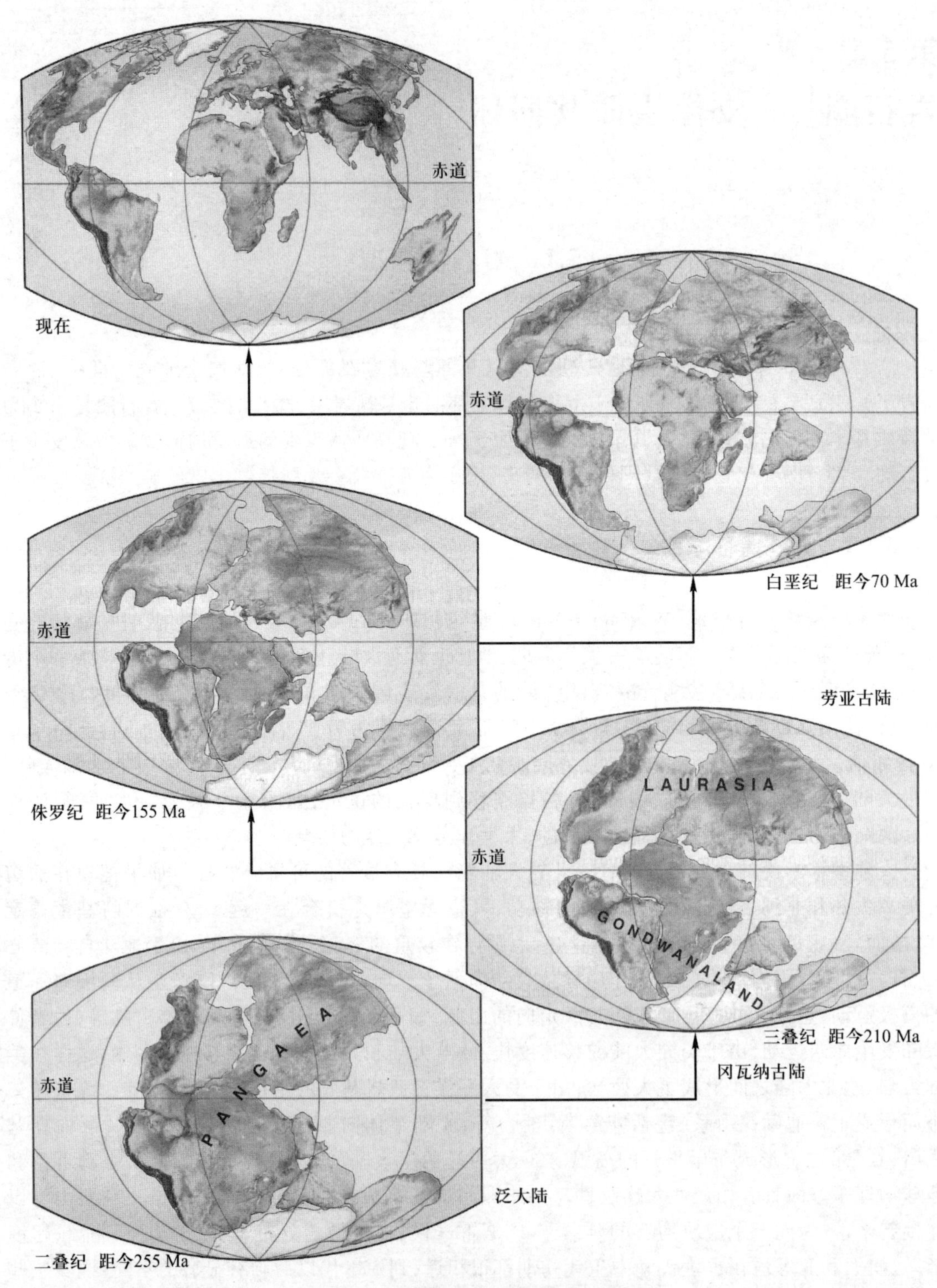

图 5-1　泛大陆分裂及大陆漂移示意图

（资料来源：Fletcher C，2011）

5.1.2 海底扩张学说

海底扩张学说是关于海底地壳生长和运动扩张的一种科学解释，它是大陆漂移学说的进一步发展。从 1956 年起随着海底探测技术的发展，人们对海底岩石的年龄、磁化强度进行了系统测量，其结果表明：海岭两侧海洋沉积物的地质年龄具有规律性的变化，即海岭上的时代最新，离海岭越远其时代越老，在海岭两侧海底岩石的年龄也是对称分布的，此外，还发现海底岩石最古老的为侏罗纪，年龄不超过 2 亿年；海岭两侧岩石的磁性异常带是对称排列的。于是 1960 年美国学者赫斯（Hess H H）设想大洋中海岭（中脊）是新地壳不断产生的地带，海岭高峰被中间谷分成两排峰脊，中间谷是地壳张裂的结果。1963 年英国剑桥大学的马修斯（Matthews D H）和瓦因（Vine F J）在综合观测研究的基础上，将大陆漂移、海底扩张和地磁反向三者结合起来，形成了著名的瓦因-马修斯海底扩张学说。随后的科学观测表明，在太平洋、大西洋、印度洋的地磁异常带都与其中脊平行对称分布，地磁带中的岩石年龄由中脊向两侧增大，但最大年龄不超过 2 亿年。地幔中的物质不断从大洋中脊裂缝溢出形成地壳并将先期形成的地壳从中脊轴依次向两侧推开，如图 5-2 所示。由于这种过程不断地进行，新的洋壳便不断地产生和向外扩张，因此，就产生了地磁异常带在大洋中脊两侧有规律的排列，以及洋壳岩石离海岭越远年龄越大的现象。海底扩张学说认为地壳不仅有垂直运动而且有更大的水平运动，水平运动的位移可达数千千米。有人推测大西洋和印度洋海底扩张速度为 1~2 cm/a，太平洋为 3~6 cm/a。大量的地质、地球物理观测资料证实了海底扩张学说，也证明了海底一边从大洋中脊向外扩张，一边在板块边缘向下俯冲消失，使海洋地壳不断更新。

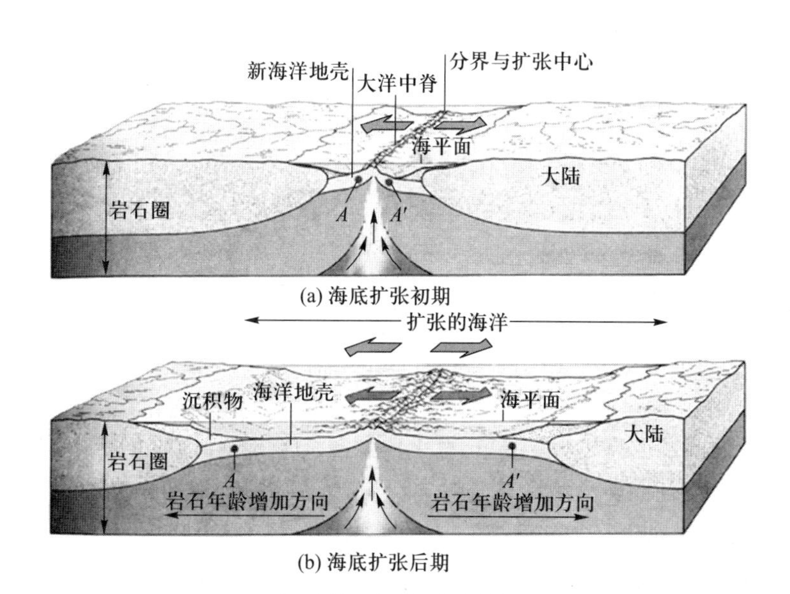

注：A 和 A' 均为参考对照点。

图 5-2 海底扩张过程示意图

（资料来源：Levin H L，1996）

5.1.3　板块构造学说

板块构造学说是在大陆漂移学说、海底扩张学说的基础上，综合各方面的科学研究成果，于20 世纪 60 年代末期初步形成的。板块构造学说认为地球表层是由若干个大小不等的岩石圈板块拼合成的，它们“漂浮”在地幔软流层之上不停地移动着。板块运动的驱动力主要来自地幔对流和海底扩张，板块运动也是形成地球表面各种构造的根本原因。板块是岩石圈被一些活动带分割成的若干不连续的板状块体，其厚度为 70~150 km。在板块的内部一般都是比较稳定的，而在板块与板块交界的地方则是地壳运动比较活跃的地带，这里常有火山、地震及挤压褶皱、断裂、地热增温、岩浆上升和板块俯冲等。1968 年法国学者勒皮雄（Le Pichon）在综合研究的基础上，将地球岩石圈划分为 6 个板块，即太平洋板块、亚欧板块、印度洋板块、非洲板块、美洲板块和南极洲板块。除太平洋板块几乎全部是海洋外，其他 5 个板块则既有大块陆地又包括大片海洋，如图 5-3 所示。

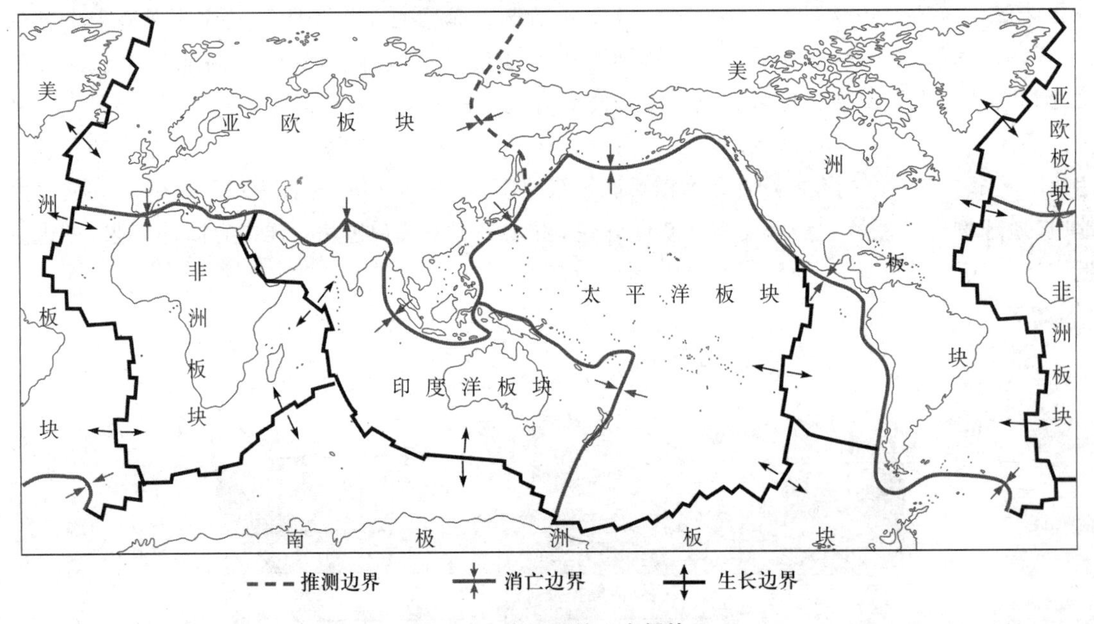

图 5-3　岩石圈的 6 大板块

（资料来源：宋春青，1996）

按照地质活动方式可以将板块边界分为 4 种类型：① 海岭，一般是指大洋底的山岭，在大西洋中间和印度洋中间有地震活动性的海岭（大洋中脊）。中脊由两条平行脊峰和中间峡谷构成，中脊比周围海底高 1 000~3 000 m，宽度多在1 500 km 以上，中间峡谷（裂谷）常深达 1 000~2 000 m，宽度为 10~200 km，两翼对称，呈阶梯状依次下降。② 转换断层，大洋中脊被许多横断层切成无数小段。这些横断层看起来极像一般简单的平推断层。转换断层错动的距离往往达数十至数百千米，有时可达千余千米。③ 俯冲带和深海沟，当洋壳板块向两侧移动遇到大陆板块彼此相碰撞时，因洋壳板块的岩石密度大且位置低，便俯冲到大陆板块之下，这一俯冲部分的板块称俯冲带。俯冲带向下进入地幔被地幔的高温熔融同化,以至完全消失,故又称为板块消亡带。俯冲带附近往往形成一个深海沟,它平行于两个板块的边界。④ 地缝合线,两个大陆板块相碰撞,接触地带挤压变形构成褶皱山脉,使原来分离的两块大陆缝合起来,其接触线出露于地表时就称为地缝合线。如印度洋板块向欧亚板块的南缘俯冲,其挤压褶皱断错重叠,造成了全球最高的喜马拉雅山脉。两个板块缝合起来,沿雅鲁藏布江留下两者之间的地缝合线。人们认识到的地质作用现象多发生于岩石圈,而地壳与人类生产、生活的关系更为密切,故这里主要讨论地壳。

5.1.4 岩石圈上部——地壳

地壳是指地球莫霍面以上的固体硬壳,属于岩石圈的上部。地壳主要由硅酸盐类岩石组成,其质量为 5×10^{19} t,约占地球质量的 0.8%。地壳可以分为大陆型地壳(简称陆壳)和大洋型地壳(简称洋壳)。陆壳的特征是厚度较大,可达30~70 km,具有双层结构,即在玄武岩层之上有花岗岩层(表层的大部分地区有沉积岩);洋壳的特征则是厚度较小,最薄的地方不到 5 km,一般只有单层结构,即玄武岩层,其表层为海洋沉积物所覆盖。

正是由于岩石圈上部地壳的巨大差异,地球表面显著分化为海洋和陆地两大部分。连续的广阔水体称为大洋,它是海洋的主体,被海洋所环绕,但突出于海平面以上的部分则称为陆地,大陆是陆地的主体,岛屿是陆地的组成部分。在整个地球表面海洋面积大于陆地面积,即陆地与海洋的面积比约为 1 : 2.5。地球表面的海洋和陆地分布不均匀,从南北半球来看,陆地的 2/3 集中分布于北半球,占北半球总面积的 39.3%;南半球陆地面积仅占其总面积的 19.1%,特别是在 50°S—60°S,陆地面积与海洋面积之比约为 1 : 127,故这里成为地球上陆地面积最少的纬度地带,如图 5-4 所示。

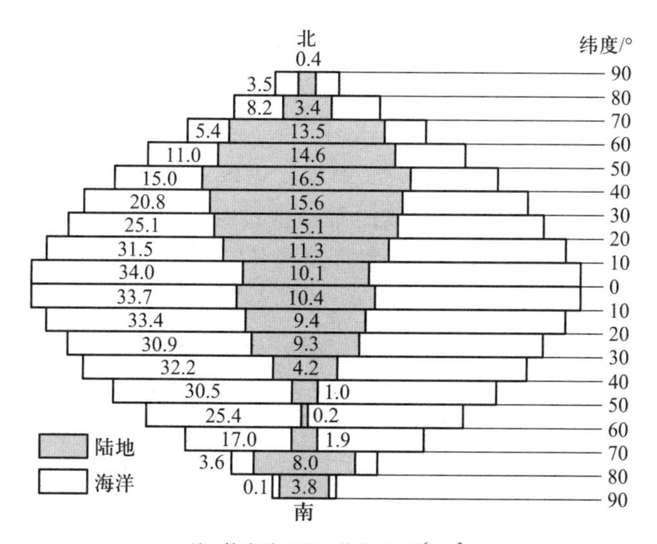

注:数字为面积,单位为 10^6 km^2。

图 5-4 按纬度带所占面积计的地球表面海陆分布

5.2　地壳的组成

5.2.1　主要矿物

矿物是地壳中的化学元素在各种地质作用下所形成的、具有一定化学成分和物理性质的自然均质体。它是组成岩石的基本单位。矿物通常以固态存在于地壳中,只有极少数是液态(如自然汞)和气态的(如天然气、H_2S)。任何矿物只有在一定的地质条件下才是相对稳定的,当外界条件改变至一定程度时,原有的矿物就要发生变化,即生成新矿物。如黄铁矿(FeS_2)在氧化地质条件下就会被氧化而生成褐铁矿($Fe_2O_3 \cdot nH_2O$)。可见自然界的矿物不是静止的和孤立的,而是和一定的自然条件相联系的。一种矿物只是表示组成这种矿物的元素在一定地质条件作用过程中一定阶段的产物。矿物是人类生产资料和生活资料的重要来源,是构成地壳岩石的物质基础。自然界的矿物很多,但最常见的只有 50~60 种,至于构成岩石主要成分的只不过 20~30 种,组成岩石主要成分的矿物称为造岩矿物。各种矿物具有一定的外表特征即形态、物理性质,这是鉴别矿物的主要依据之一。

在现代社会经济系统中,矿物资源按其性质与用途可分为金属矿物和非金属矿物两大类。金属矿物是以提炼各种金属元素为主的矿物,包括黑色金属(如 Fe、Mn、Cr 等)矿物、有色金属(如 Cu、Pb、Zn、Al、Mg 等)矿物、稀有金属(如 V、Ni、Co、W、Mo、Sn、Bi、Sb、Hg 等)矿物、贵金属(如 Au、Ag、Pt 等)矿物、放射性金属(如 Ra、U、Th 等)矿物、稀土及稀有分散金属(如 Ta、Nb、Be、Zr 等)矿物。非金属矿物是指不直接用于提炼各种金属原料的矿物,除少数非金属矿产用来提取某种非金属元素,如 P、S、As、C(如石墨和金刚石)等外,大多数非金属矿产是利用其矿物或矿物集合体(包括岩石)的某些物理、化学性质和工艺特性等,如云母的绝缘性、石棉的耐火、耐酸、绝缘、绝热和纤维特性等。

在通常条件下绝大多数矿物呈固态存在,根据矿物内部构造的特点,可分为晶体和非晶质体。凡是质点(原子、离子或分子)按一定规则重复排列而成的一切固态都称为晶体,晶体也是具有一定空间格子构造的固体,绝大部分矿物都是晶体,晶体往往表现为一定的几何外形。凡是质点(原子、离子或分子)呈不规则排列的,称为非晶质体,如火山玻璃等为非晶质体矿物,这类矿物都没有规则的几何外形。晶体形态很多,但按其空间格子构造类型可划分为 7 个晶系。通常是假想通过晶体中心选择 3 条(或 4 条)直线作为坐标轴,即晶轴,其中前后轴为 X 轴,左右轴为 Y 轴,上下轴为 Z 轴。各晶轴的单位长度分别以 a、b、c 表示,各轴的夹角分别以 α(Y 轴与 Z 轴夹角)、β(X 轴与 Z 轴夹角)、γ(X 轴与 Y 轴夹角)表示。a、b、c、α、β、γ 称为晶体常数。据此就可将 7 个晶系划分出来,其名称和特点如下:① 等轴晶系,3 个轴等长,互相直交,即 $a=b=c$,$\alpha=\beta=\gamma=90°$,如石盐($NaCl$)晶体、磁铁矿(Fe_3O_4)。② 六方晶系,4 个轴,3 个水平轴等长,互以 120°相交,垂直轴与水平轴不等长且和 3 个水平轴直交,即 $a=b\neq c$,$\alpha=\beta=90°$,$\gamma=120°$。其断面呈六边形,如石墨晶体、绿柱石[$Be_3Al_2(Si_6O_{18})$]晶体。③ 正方晶系,2 个水平轴等长,垂直轴与水平轴不等长,3 个轴互相直交,即 $a=b\neq c,\alpha=\beta=\gamma=90°$,断面常呈正方形,如黄铜矿($CuFeS_2$)。④ 三方晶系,4 个轴,3 个水平轴等长,互以 120°相交,垂直轴与水平轴不等长且和 3 个水平轴直交,即 $a=b\neq c,\alpha=\beta=90°,\gamma=120°$。其断面呈三边形,如赤铁矿($Fe_2O_3$)晶体、刚玉($Al_2O_3$)晶体,以及方解石($CaCO_3$)晶体。⑤ 斜方晶系,3 个轴不等长,互相直交,即$a\neq b\neq c,\alpha=\beta=\gamma=90°$,断面常呈斜方形,如红柱石($Al_2O_3\cdot SiO_2$)晶体和橄榄石[$(Mg,Fe)_2(SiO_4)$]晶体。⑥ 单斜晶系,3 个轴不等长,2 个轴直交,1 个轴(前后轴)斜交,即 $a\neq b\neq c,\alpha=\gamma=90°,\beta\neq 90°$,如绿帘石[$Ca_2(Al,Fe)_3(Si_2O_7)(SiO_4)O(OH)$]晶体、正长石[$K(AlSi_3O_8)$]晶体,以及普通辉石晶体[$(Ca,Na)(Mg,Fe,Al)(Si,Al)_2O_6$]。⑦ 三斜晶系:3 个轴不等长,互相斜交,即 $a\neq b\neq c$,$\alpha\neq\beta\neq\gamma\neq 90°$,如斜长石晶体[$Na(AlSi_3O_8)\cdot Ca(Al_2Si_2O_8)$]和硅灰石晶体($CaSiO_3$)。

在自然环境中,组成矿物的晶体常常是两个或两个以上的晶体有规律地连生在一起,称为双晶,最常见的有 3 种类型:① 接触双晶,即由两个相同的晶体,以一个简单平面相接触而成,如石膏的燕尾双晶;② 穿插双晶,即由两个相同的晶体,按一定角度互相穿插而成,如萤石的穿插双晶;③ 聚片双晶,即由两个以上的晶体按同一规律,彼此平行重复连生一起而成,如钠长石的聚片双晶。有些矿物的化学成分是可变的,其主要是由离子交换即类质同象所引起的。类质同象是指化学成分不同但互相类似的两种或两种以上组分,可以在同一结晶构造中以各种比例互相置换,但不破坏其结晶格架。如 Fe^{2+}、Ni^{2+}、Zn^{2+}、Mn^{2+}之间,以及 Fe^{3+}、Cr^{3+}、Al^{3+}之间均可进行等价类质同象代换。再如钠长石($NaAlSi_3O_8$)和钙长石($CaAl_2Si_2O_8$)就是斜长石中 Na^+-Ca^{2+},$Al^{3+}-Si^{4+}$之间异价类质同象代换的结果。同质多象与类质同象相反,同一化学成分的物质,在不同的外界条件(特别是温度)下,可结晶成两种或两种以上不同构造的晶体,构成结晶形态和物理性质不同的矿物,此现象称为同质多象,如碳元素在不同条件下所形成的石墨晶体和金刚石晶体。

矿物对光线的吸收、反射和透射所表现出来的各种性质,如颜色、条痕、光泽、透明度等均是矿物的重要鉴定特征。颜色是一种识别矿物最明显的标志,因矿物本身固有的化学组成中含有某些色素离子而呈现的颜色称为自色。大多数化学元素对光线没有特殊的吸收与反射现象,这些元素称为无色离子,其组成的矿物一般是无色或白色的,如石盐、石英等。而元素周期表中的过渡金属离子对某些波段的光线往往特别敏感,这些离子称为色素离子,如表 5-1 所示,含有色素离子的矿物一般都带有颜色。具有自色的矿物,其颜色大体上固定不变,因此自色是矿物的重要鉴定特征。凡是与矿物本身固有化学成分无关,因混入杂质而染成的颜色称为他色,如无色透明的水晶(SiO_2)因混入其他杂质而呈现多种颜色。由于某些物理化学风化作用而产生的颜色称为假色,如矿物表面氧化膜的颜色就属于矿物的假色。因此观察矿物的颜色必须选择新鲜面的颜色,以免因假色而引起错觉。

表 5-1 色素离子及其颜色

色素离子	颜色	举例	色素离子	颜色	举例
Ti^{4+}	褐红色	石榴子石	Fe^{2+}	绿色	绿泥石、橄榄石
V^{3+}	橄榄绿色	辉石	Fe^{2+}	黑色	磁铁矿
Cr^{3+}	红色	红宝石	Fe^{3+}	樱红色	赤铁矿
Mn^{4+}	黑色	软锰矿	Fe^{3+}	褐色	褐铁矿
Mn^{2+}	紫色	菱锰矿	Cu^+	深红色	赤铜矿
Cu^{2+}	绿色	孔雀石	Cu^{2+}	蓝色	蓝铜矿

条痕是指矿物粉末的颜色，它是不透明矿物鉴定的重要依据。将矿物在一白色无釉的瓷板上擦划，看瓷板上所留下粉末痕迹的颜色。矿物条痕的颜色与矿物颜色可以一致，也可以不一致，如自然金的矿物条痕颜色与矿物颜色两者均是金黄色；黄铁矿的颜色是浅铜黄色，而其条痕则是绿黑色。矿物表面对光线的反射作用便构成了矿物的光泽，光泽的强弱取决于矿物对光线的反射率。反射极强的矿物便有金属光泽，反射较弱的矿物具有半金属光泽，对光线透明或半透明的矿物一般具有非金属光泽。矿物也必须在未经风化的新鲜矿物表面才能观察到应有的光泽。

矿物在外力作用下常常表现出一定的特性，称为矿物的力学性质，其主要有硬度、解理、断口、相对密度和磁性，它们均是矿物自身固有的性质，对鉴定矿物具有重要意义。硬度是指矿物抵抗外力的刻划、压入、研磨的能力。德国科学家摩氏（Mohs F）选择了 10 种硬度不同的矿物作为标准，将硬度分为 10 级，这 10 种矿物组成了摩氏硬度计。摩氏硬度计只代表矿物硬度的相对顺序，而不是绝对硬度的等级。在野外考察过程中，还可利用指甲（其摩氏硬度为 2~2.5）、铜钥匙（3）、小钢刀（5~5.5）等来代替硬度计。在受力作用下，矿物晶体沿一定方向发生破裂并产生光滑平面的性质称为解理，沿一定方向裂开的面叫作解理面。如果矿物受力作用时，不是按一定方向破裂，且破裂面呈各种凹凸不平的形状（如锯齿状、贝壳状），则称为断口，没有解理或解理不清楚的矿物才容易形成断口。如敲击石英，其破裂面都是凹凸不平的，说明石英无解理；而敲击方解石时，就按一定方向破碎形成一个表面光滑的菱面体，说明方解石具有解理。解理是由矿物晶体内部格架构造所决定的。矿物的相对密度是指矿物质量与 4℃ 时同体积水的质量之比。根据矿物的相对密度可以将矿物划分为：① 轻矿物，其相对密度为 1.0~3.5，其中2.5~2.7 的矿物最多，大部分为造岩矿物，如长石、石英等；② 重矿物，其相对密度为 3.6~6.9，主要为金属化合物，如赤铁矿、闪锌矿等；③ 极重矿物，其相对密度大于 7.0，主要为天然重金属 Pt、Au、W、Pb、Hg 的单质或化合物，如方铅矿的相对密度为 7.5 左右，辰砂的相对密度达 8.1~8.2。矿物的磁性是指矿物具有可被磁铁吸引或者本身能够吸引铁屑等物体的性质。这是含 Fe、Co、Ni 等少数矿物所特有的性质，对某些矿物的鉴定有重要意义。

目前已经分析的矿物有 3 000 多种，其中硅酸盐类矿物约占 1/3，其他含氧盐类矿物占 1/3，其余为氧化物、氢氧化物、硫化物及硫酸盐、卤化物和单质类矿物。按地壳质量计，硅酸盐类矿物占地壳总质量的 75%，氧化物类矿物占 17%，其中石英这种矿物就占地壳总质量的12.6%。根据矿物的化学成分类型，可将矿物划分为 5 个大类，各大类再按阴离子或配位阴离子的种类分成若干个类，如表 5-2 所示。根据矿物的成因又可以将其划分为 3 类，即内生矿物——在岩浆作用各阶段形成的矿物；外生矿物——在地表受各种外力作用所形成的矿物；变质矿物——在变质作用条件下形成的矿物。但是有些矿物可兼有几种成因，如黄铁矿在内生、外生和变质条件下都可产生。地壳中常见矿物如图 5-5 和图 5-6 所示。

表 5-2　矿物分类表

类群	类别
单质	1. 金属元素，如自然金（Au） 2. 非金属元素，如石墨（C）和金刚石（C）

续表

类群	类别
硫化物	1. 简单硫化物，如方铅矿（PbS） 2. 复硫化物，如黄铜矿（$CuFeS_2$） 3. 硫盐，如黝铜矿［$Cu_{12}(SbAs)_4S_{13}$］
卤化物	1. 氟化物，如萤石（CaF_2） 2. 氯化物，如食盐（$NaCl$） 3. 溴化物、碘化物，如溴银矿（$AgBr$）
氧化物及氢氧化物	1. 简单氧化物，如赤铁矿（Fe_2O_3） 2. 复氧化物，如磁铁矿（$FeO \cdot Fe_2O_3$） 3. 氢氧化物，如三水铝石［$Al(OH)_3$］
含氧盐类	1. 硅酸盐，如正长石（$KAlSi_3O_8$） 2. 碳酸盐，如方解石（$CaCO_3$） 3. 硫酸盐，如石膏（$CaSO_4 \cdot 2H_2O$） 4. 钨酸盐，如白钨矿（$CaWO_4$） 5. 磷酸盐，如磷灰石［$Ca_5(PO_4)_3(F,Cl,OH)$］ 6. 钼酸盐、砷酸盐、钒酸盐、硝酸盐、硼酸盐等

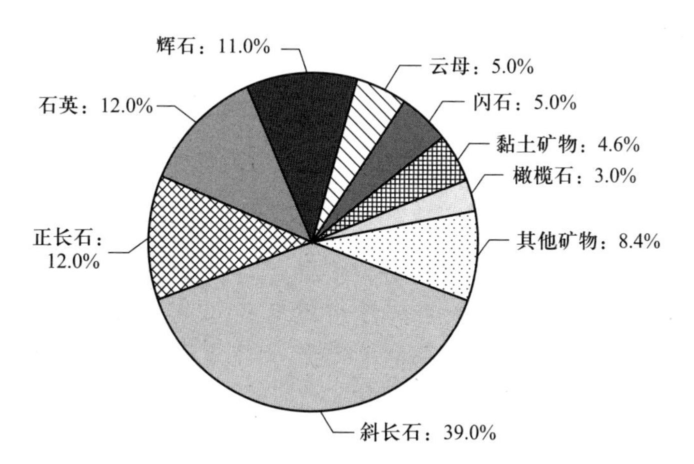

图 5-5 地壳中常见矿物及其组成示意图

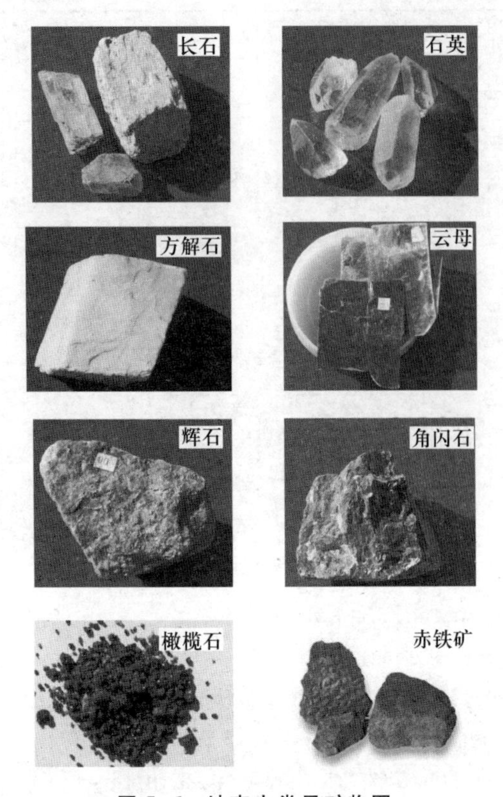

图 5-6　地壳中常见矿物图

5.2.2　主要岩石类型

地壳主要是由硅酸盐类岩石组成的。岩石是指在各种地质作用下所形成的由一种或多种矿物、天然玻璃有规律组合成具有稳定外形的固态集合体。按发生成因可将岩石划分为 3 大类：① 岩浆岩是由高温熔融的岩浆在地表或地下冷凝所形成的岩石，也称为火成岩；喷出地表的岩浆岩称为喷出岩或火山岩，在地下冷凝的则称为侵入岩。② 沉积岩是在地表条件下由风化作用、生物作用和火山作用的产物经水、空气和冰川等外力的搬运、沉积和成岩固结而形成的岩石。③ 变质岩是由先成的岩浆岩、沉积岩或变质岩，由于其所处地质环境的改变经变质作用而形成的岩石。地壳及其表层中 3 大类岩石的组成如图 5-7 所示。

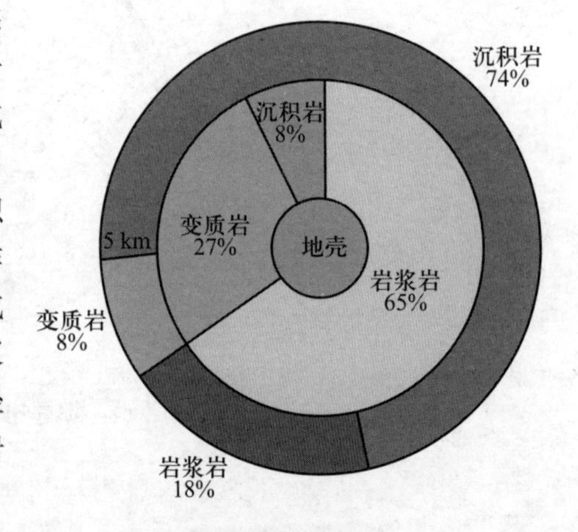

图 5-7　地壳及其表层中 3 大类岩石的组成示意图

研究岩石的意义在于：首先，人类社会所需的各种矿产资源主要产于地壳中的各种岩石，每种矿产都与特定的岩石相联系；其次，岩石是研究各种地质构造和地貌的物质基础；再者，岩石是地壳变化历史的记录体，是探讨地壳发育和恢复古地理环境的客观依据。

1. 岩浆岩

岩浆岩是地下深处的岩浆侵入地壳或喷出地表冷凝而成的岩石，即岩浆活动的产物，它约占地壳总质量的95%。岩浆是一种黏稠的熔浆，其主要组成部分是硅酸盐熔浆和挥发性组分（水汽和其他气体物质）。岩浆的黏度与硅酸含量有密切关系，硅酸含量少者称为基性岩浆，黏度小而易流动；硅酸含量多者称为酸性岩浆，黏度大而不易流动。另外，温度、压力和挥发性组分含量对其黏度也有影响。岩浆的温度很高，可达940～1 200℃，且在地下承受巨大的压力，因而具有极端的物理化学活性，岩浆可以顺着地壳脆弱地带侵入上部或沿构造裂隙喷出地表，这种岩浆向地壳上层压力减小方向上升的活动，称为岩浆活动。其有两种方式：① 岩浆上升到一定位置，由于上覆岩层的外压力大于岩浆内压力，迫使岩浆停留在地壳之中冷凝而结晶，这种岩浆活动称为侵入作用，岩浆在地下深处（3 km以下）冷凝而成的岩石称深成岩；在浅处冷凝而成的岩石称为浅成岩，两者统称为侵入岩。② 岩浆冲破上覆岩层而喷出地表，这种活动称为喷出活动或火山活动。喷出地表的岩浆，其中的挥发性组分大部分逸失，称为熔岩，熔岩在地表冷凝形成的岩石称为喷出岩或火山岩。

岩浆侵入所形成岩浆岩体的大小、形状及其与周围岩石相接触的关系称为岩浆岩的产状。在地表3 km以下的岩浆侵入活动称为深成侵入作用，形成深成岩。深成岩的主要产状是岩基（大规模的深成侵入体，一般面积大于100 km^2）和岩株（小规模的深成侵入体，一般面积小于100 km^2）。大致在地表至地下3 km的岩浆侵入活动属于浅成侵入作用，在此凝固的岩石为浅成岩，浅成岩的产状主要有岩床（流动性较大的岩浆顺着岩层层理侵入形成的板状岩体）、岩盘（黏性较大的岩浆顺着岩层侵入，并将上覆岩层拱起而形成的穹隆状岩体）、岩墙和岩脉（岩浆沿着裂隙侵入并切断岩层所形成的板状岩体）、火山颈（填充于火山通道中的熔岩及火山碎屑物）。岩浆岩的化学成分十分复杂，几乎包括了地壳中所有的元素，其中O、Si、Al、Fe、Ca、Na、K、Mg、Ti等元素的含量最多，占岩浆岩化学元素总量的99%以上，并以SiO_2含量最大。因此，岩浆岩实际上是一种硅酸盐岩石。根据岩浆岩中的SiO_2含量，可将其划分为超基性岩、基性岩、中性岩和酸性岩4大类，如表5-3所示。

表5-3 岩浆岩的特征及其化学分类表

岩石类别	SiO_2含量/%	饱和度	FeO、Fe_2O_3、MgO、CaO含量	Na_2O、K_2O含量	主要矿物	颜色	相对密度
超基性岩类	<45	不饱和	多	少	橄榄石、辉石	深	大
基性岩类	45～52	饱和	↓	↓	斜长石、辉石	↓	↓
中性岩类	52～65	饱和			斜长石、角闪石		
酸性岩类	>65	过饱和	少	多	石英、正/斜长石	浅	小

岩浆岩中最多的是长石、石英、云母、角闪石、辉石、橄榄石，它们占岩浆岩矿物平均总含量的99%，所以称为岩浆岩的造岩矿物，其中长石、石英、白云母富含硅铝，颜色浅，称为浅色矿物或硅铝矿物；而角闪石、辉石、橄榄石、黑云母等富含铁镁，其颜色较深，称为暗色矿物或铁镁矿

物。在岩浆冷却降温的过程中，暗色矿物和浅色矿物分成两个系列并行结晶。纵行表示矿物的结晶顺序：暗色矿物从橄榄石开始逐渐变化到黑云母；浅色矿物则从基性斜长石开始连续演变到酸性斜长石；之后两个系列归结到正长石、白云母，最后结晶的是石英。横轴表示在同一水平位置上的矿物，大体上是同时结晶的，于是按照共生规律组合成一定类型的岩石。

自然界的岩浆岩是多种多样的，它们之间在矿物成分、结构、产状等方面均存在着明显的差异。因此常依据下列原则对其进行分类：① 岩浆岩的化学成分，即如前所述，按其中 SiO_2 含量可将其划分为超基性岩、基性岩、中性岩和酸性岩 4 大类，还有一种碱性岩类，它的 SiO_2 含量与中性岩相似，但这一岩类中 K_2O+Na_2O 的含量较大。② 岩浆岩的矿物成分，即是否含有石英（酸性岩的指示矿物），所含长石的种类（即钾长石和各种斜长石）及其比例，暗色矿物的种类及其含量。据此就可以将岩浆岩细分为橄榄岩、辉岩、辉长岩、闪长岩、花岗闪长岩、花岗岩、正长岩和霞石正长岩等。

2. 沉积岩

沉积岩是在地壳发展演化过程中，在地表或接近地表的常温常压条件下，任何先成的岩石遭受风化剥蚀作用的破坏产物，以及生物作用与火山作用的产物在原地或经过外力搬运所形成的沉积层，又经成岩作用而成的岩石。

组成沉积岩物质的可能来源有：陆源的母岩风化产物；生物源的生物残体和有机物；深源的火山喷发物和热泉喷发物；空源的宇宙尘和其他地外物质。其中母岩风化产物是沉积岩最主要的来源，也是构成沉积岩的基本物质。如母岩风化产物的碎屑物质是构成陆源碎屑岩（砾岩、砂岩、粉砂岩）的主要成分，不溶残积物质是泥质岩的主要成分，溶解物质则是构成化学岩或生物化学岩（碳酸盐岩和蒸发岩等）的主要成分。沉积岩形成的一般过程即成岩过程可分为 4 个互相衔接的阶段，即先成岩的破坏作用、搬运作用、沉积作用和埋藏成岩作用。在沉积岩形成的过程中，成岩物质的物理状态首先发生明显变化（如压实、固结），其次原始物质分解，新生物质形成，最后与之相伴的化学元素发生活化迁移与重组等地球化学变化。

引起先成岩石破坏的过程有风化作用和剥蚀作用。风化作用是指岩石及其组成的矿物在大气圈、水圈和生物圈作用下发生各种复杂量变和质变过程的综合。按照风化过程的性质可将其分为 3 种类型：物理风化作用、化学风化作用和生物风化作用。物理风化作用是指岩石在外力作用下发生机械破碎而没有显著的化学成分变化的过程。自然环境中的温度变化、水分相态变化、干湿变化（所伴随的盐分重结晶作用）、流体作用和生物作用等均能引起岩石的机械破碎。温度的日变化和季节变化：一可以引起岩石不同层面之间膨胀与收缩的时空差异，导致岩石破碎；二可以引起岩石中不同矿物之间的热力学差异，导致不同矿物的彼此脱离而使岩石破碎。化学风化作用是指岩石颗粒在水、O_2、CO_2 等作用下发生的化学分解作用，它包括溶解作用、水化作用、水解作用、碳酸化作用、氧化还原作用。岩石经过化学风化，不仅原有化学成分要发生改变，而且会产生新的矿物。溶解作用是指岩石中的可溶性矿物被水所溶解而流失，岩石中不溶于水的矿物则残留在原地形成残积层，这样便在岩石中形成孔隙或导致岩石彻底破碎分解。水化作用是指水分子与一些不含水的矿物结合，改变原来矿物的分子结构及晶架结构，形成结晶形态和性状不同的新矿物。水解作用是指自然界的水体中部分水分子离解成 H^+ 及 OH^-，水中 H^+ 与矿物表层中的 K^+、Na^+、Ca^{2+}、Mg^{2+} 发生相互代换作用并形成新的矿物及化合物的过程。水溶液作用是指水中所含有的各种酸类（碳酸、硫酸、硝酸、有机酸等）对岩石及其矿物表层的破坏作用。氧化作用是指大气圈、水圈中的游离氧与岩石表层中所有的低价态元素化合物相互作用形成高价态化合物的过程。如橄榄石、辉石、角闪石、黑云母中所含的低价态铁，被氧化成为高价态铁，其颜色由黑色变成红褐色，同时岩石及其矿物就逐渐被分解破坏了。矿物相的转变是指母岩中的一些原生矿物相，尤其是深成母岩中的原生矿物相，在地表条件下往往是不稳定的，在风化过程中常常被分解并向地表条件下稳定的矿物相转变，如辉石相变为蒙脱石、斜长石相变为伊利石等。生物风化作用是指生物的生长发育及其生理代谢过程对岩石及其矿物的破坏作用。它包括生物的物理风化作用和生物的化学风化作用。生物的物理风化：一是植物根系的生长就像楔子一样对岩石挤胀而引起岩石表层的机械破碎；二是动物的挖掘和穿凿活动对岩石的破坏作用。生物的化学风化作用是指生物新陈代谢过程中分泌出的各种化合物对岩石所起的溶解与腐蚀作用。

沉积岩按其成因和组成成分可分为 3 类：① 碎屑岩，即主要由母岩机械破碎的碎屑物质经压紧、胶结而成，部分碎屑岩由火山喷发碎屑物组成。② 黏土岩，即主要由母岩机械破碎和化学分解而成的黏土矿物组成。③ 化学岩和生物化学岩，即由母岩经过化学分解生成的真溶液或胶体经搬运沉积而成，或者由生物化学作用和生物遗体直接堆积而成，如表 5-4 所示。

表 5-4 沉积岩的分类表

岩类		物质来源	沉积作用	结构特征	岩石分类名称
碎屑岩类	沉积碎屑岩亚类	母岩机械破坏碎屑	机械沉积为主	沉积碎屑结构	1. 砾岩及角砾岩 2. 砂岩 3. 粉砂岩
	火山喷发碎屑	火山喷发碎屑		火山碎屑结构	1. 火山集块岩 2. 火山角砾岩 3. 凝灰岩
黏土岩类（泥质岩类）		母岩化学分解过程中形成的新生矿物和次生黏土矿物	机械沉积和胶体沉积	泥质结构	1. 黏土 2. 泥岩 3. 页岩
化学岩和生物化学岩类		母岩化学分解过程中形成的可溶性物质和胶体物质，生物化学作用产物	化学沉积和生物沉积为主	化学结构 生物结构	1. Al、Fe、Mn 质岩 2. Si、P 质岩 3. 碳酸盐岩 4. 蒸发岩如石盐岩、钾镁盐岩等 5. 可燃有机岩

碎屑岩组成颗粒的大小即粒度是碎屑岩进一步分类的根据，也是研究其成因的重要标志。粒度常用的划分方法是根据颗粒大小及水力学性质来进行划分，即称为自然粒级标准。还有一种方法是巫登-温特瓦分级（Udden-Wentworth scale），$\varphi=-\log_2 d$，碎屑颗粒的粒径 $d=2^{-\varphi}$，单位为 mm。当 $\varphi<-8$ 时（$d>256$ mm）为岩块；当 $-8\leqslant\varphi<-6$ 时（64 mm$<d\leqslant$256 mm）为大卵石；当 $-6\leqslant\varphi<-1$ 时（2 mm$<d\leqslant$64 mm）为砾石；当 $-1\leqslant\varphi<8$ 时（0.003 906 25 mm$<d\leqslant$2 mm）为砂粒；当 $8\leqslant\varphi$ 时（$d\leqslant$0.003 906 25 mm）为黏土，如表 5-5 所示。这与土壤科学研究中根据土壤颗粒物

质组成、理化性状的异同划分粒级(国际制土壤粒级划分标准),有极大的相似性。

表 5-5　沉积物粒级分类和碎屑沉积岩

碎屑颗粒直径/mm		沉积物	沉积岩
	漂砾(boulder)		
256		砾石(gravel)	角砾岩(breccia)
	中砾(cobble)		砾岩(conglomerate)
64			
	细砾(pebble)		
2			
	砂(sand)		砂岩(sandstone)
1/16			
	粉砂(silt)		粉砂岩(siltstone)
1/256		泥(mud)	页岩或泥岩(shale or mudstone)
	黏粒(clay)		

资料来源:Plummer C C,1999。

3. 变质岩

地质活动等所造成的物理化学条件的变化,使先成岩石的成分、结构、构造发生一系列改变,这种促使岩石发生改变的过程称为变质作用。由变质作用形成的岩石称为变质岩。地壳运动和岩浆活动可使区域温度、压力发生变化,并使化学性质活泼的气体和溶液出现,从而促使附近岩石发生变质作用。岩石在高温(温度上限为900℃)条件下,可发生重结晶作用或矿物成分之间发生化学反应,如硅质石灰岩在高温条件下可生成硅灰石,其反应方程式如下:

$$CaCO_3\text{(方解石)}+SiO_2\text{(石英)} \longrightarrow CaSiO_3\text{(硅灰石)}+CO_2\uparrow$$

岩石在压力作用下可生成一些体积减小而相对密度增大的新矿物,或者促使岩石发生柔性变形,片状矿物或柱状矿物在垂直于压力的方向上进行定向排列,从而使岩石具有片理构造。根据变质因素和变质方式的不同,变质作用可以分为不同的类型:① 动力变质作用,即由构造运动所产生的局部定向压力,使得位于构造错动带上的岩石受压力而发生变形、破碎及轻微的重结晶现象(动能转变为热能所致),其产生的变质岩主要有碎裂岩和糜棱岩。② 接触变质作用,即围岩受到岩浆高温的影响,或者受到岩浆中分异出来的挥发性组分及热液扩散的影响而发生的变质称为接触变质作用,在接触变质作用下,石灰岩或白云岩经过重结晶变质作用可形成大理岩,石英砂岩受热重结晶可形成石英岩。③ 气-液变质作用,即岩石在热气体和溶液的影响下,由于交代作用而发生变化,也称为交代变质作用。该变质作用可使原岩化学成分和矿物成分发生显著的改变,常见于岩浆岩本身及其接触带,是寻找多种金属矿床的重要标志。④ 区域变质作用,即由区域性构造运动和岩浆活动共同引起的广大地区岩石的变质作用,其影响因素复杂多样。常见的变质岩有:黏土岩、粉砂岩,经轻度区域变质作用可形成板岩;原岩中鳞片状矿物变晶呈定向排列便形成了具有千枚状构造的千枚岩;原岩中浅色的粒状变晶矿物(主要是石英和长石)之间,夹有呈一定方向断续排列的片状和柱状暗色变晶矿物(黑云母、角闪石、辉石)的片麻构造的片麻岩。

5.2.3　岩石风化与岩石循环过程

暴露于地球表层的各类岩石,在普遍性风化过程的作用下将发生不同程度的崩解细碎化。

各类岩石的形成速率差异巨大,从火山岩的快速结晶化到长达数百万年缓慢的岩石变质过程,岩石风化过程则发生于特定的时段,岩石被风化的速率及其持续的时间则取决于岩石的类型、外围环境的水分条件、气候类型、环境介质的 pH 和 *E*h 等,岩石圈中风化过程发生的主要介质是水分,即重力、毛管力、氢键力和化学键力存在于岩石孔隙和裂隙水分中,这些水分通过频繁的液-气-固态转换,以及与岩石表面之间的溶解、水解、水合、离子交换、氧化、还原和碳酸盐化等过程,促使岩石的崩解细碎化。

常见成岩矿物对化学风化的脆弱度由大到小的序列为:方解石(极易被化学风化)、白云石、钙长石、橄榄石、普通辉石、黄铁矿、磁铁矿、角闪石、黑云母、钠长石、斜长石、正长石、微斜长石、绿帘石、白云母、石英。在实验室条件下针对含有代表性组分的水,方解石的被溶解速率高达 1 mm/31 d,而晶状石英被溶解速率只有1 mm/34 Ma。从更为实际的角度看,上述岩石矿物的化学风化脆弱度序列,也可以通过观察已知年代的石质纪念碑表面的凹陷速度给予证实,艺术家通常也了解岩石组成、气候条件对石质艺术品(岩石)表面风化速率有重要影响,在欧洲中部气候(温带海洋性气候)条件下,常见岩石风化的速率为 0.05~50 mm/ka,如表5-6所示。

表 5-6 温带海洋性气候条件下岩石的风化速率

岩石类型	风化速率/($mm \cdot ka^{-1}$)
砂岩(sandstone)	5~50
石灰岩(limestone)	2~20
片岩(schist)	1~10
大理岩(marble)	0.4~5
白云岩(dolomite)	0.3~2.5
蛇纹岩(serpentine)	0.25~2.5
辉绿玢岩(diabase porphyry)	0.2~2
辉长岩(gabbro)	0.1~1.5
闪长岩(diorite)	0.1~1
石英岩(quartzite)	0.1~0.5
花岗岩(granite)	0.05~0.2

地表环境中岩石的风化—搬运—沉积过程和岩石圈中深部岩石的变化过程,可归结为岩石循环过程图,它可直观地展示岩浆岩、变质岩、沉积岩的生成—毁灭—变化—再生成过程,如图 5-8 所示。

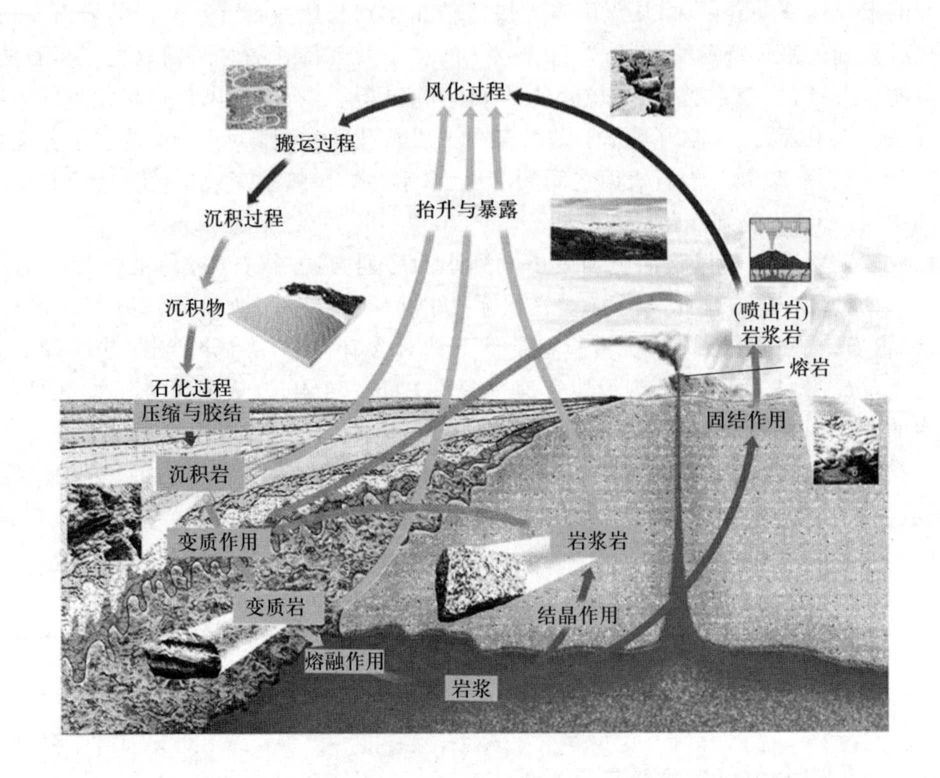

图 5-8　岩石圈内外部相互作用即岩石循环过程示意图

（资料来源：改自 Monroe J S 等，2012）

5.2.4　岩石类型的野外鉴别方法

岩石类型鉴别是野外环境调查与观察（矿产资源开发、流域地貌及其水环境、土壤环境、环境影响评价）的主要内容。在一般情况下，常用简易工具器物（如地质锤、小刀、放大镜、卷尺、盐酸滴管等）目视观察新鲜岩层的外在特征来鉴别岩石类型，其主要步骤包括：① 通过从宏观上观察岩层的产状来辨别岩石大类，如呈现明显层状特征的常为沉积岩；呈现岩基、岩床、岩盘、岩墙、岩株、岩脉特征的常为岩浆岩；呈现带状断裂面、叶理及褶皱、面状、环状或条带状变质现象的常为变质岩。② 由于三大岩类具有不同的构造，观察岩石构造可进一步确定岩石类型，如具有交错层理、斜层理、波状层理、水平或平行层理者则属于沉积岩；具有块状或条带状构造、流动构造、气孔或杏仁构造者则属于岩浆岩；具有千枚状构造、片状或片麻状构造、变余构造或板块构造、斑点或眼球状构造者则为变质岩。③ 根据岩石颜色、矿物结晶程度、矿物类型及其组合、碎屑物粒径等特征进一步判别岩石的类型，如图 5-9 所示。

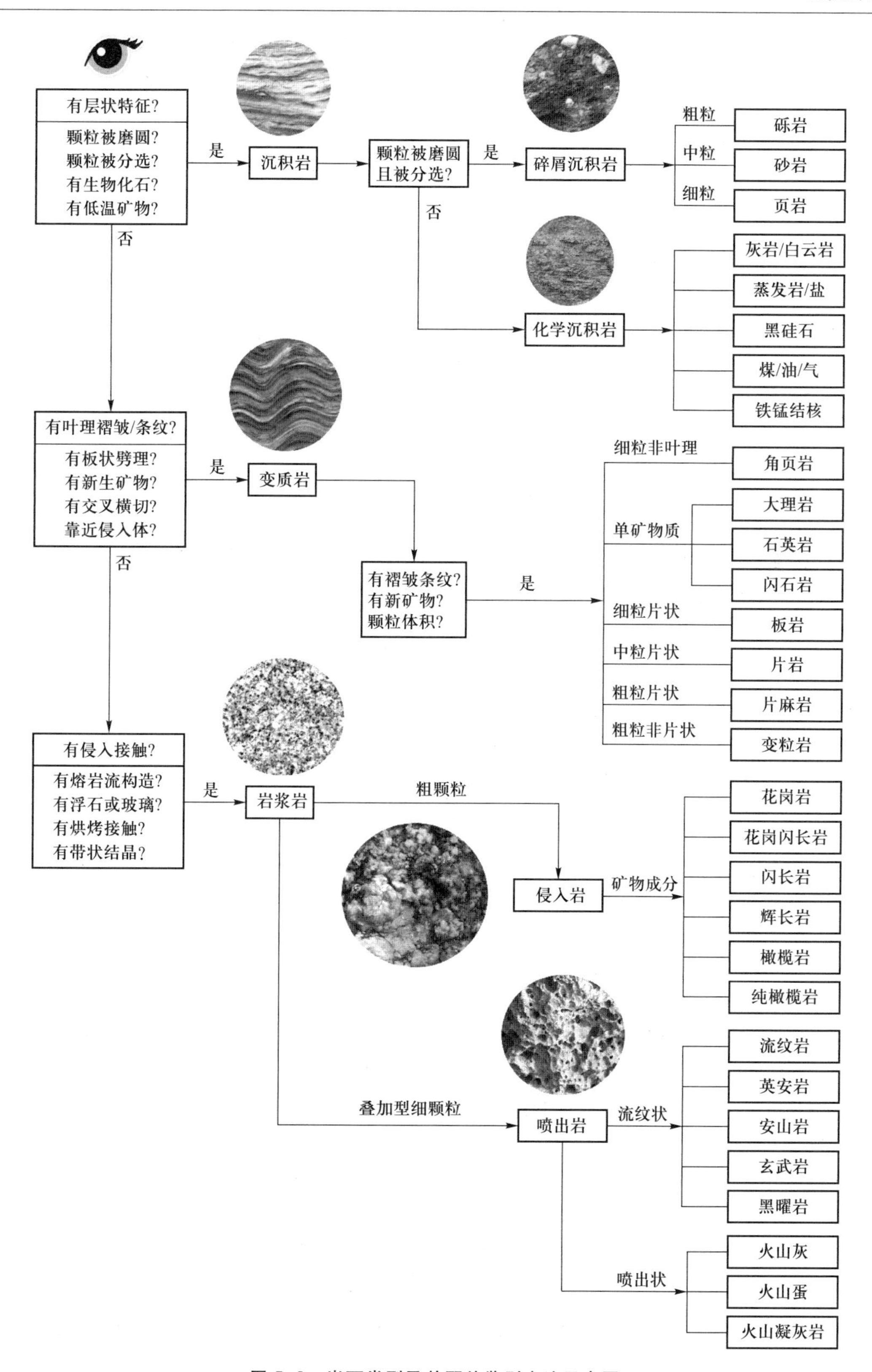

图 5-9 岩石类型及其野外鉴别方法示意图

5.3　岩石圈运动与演化历史

5.3.1　构造运动简介

构造运动(tectonic movement)主要是指地质内营力所引起的岩石圈变形、变位,以及洋底增生和消亡的地质作用。构造运动可使地壳的地质体(岩层、岩体、矿体等)发生变形、变位,并改变地壳各部分之间的空间组合形式,从而形成各式各样的变动形迹。构造运动具有永恒性、普遍性、运动方式和方向的复杂性,表现为急剧运动(地震)和缓慢运动(海陆变迁)两种形式。构造运动的结果是产生了地壳中的各种地质构造(倾斜、褶皱、断裂、不整合构造等),因而又将构造运动称为地壳运动。根据构造运动发生的时间可分为(古)构造运动和新构造运动。发生在晚第三纪(新近纪)末以前各地质时期的构造运动为(古)构造运动,发生在晚第三纪末和第四纪的构造运动为新构造运动(neotectonic movement)。有人类历史以来发生的新构造运动,称为现代构造运动(recent tectonic movement)。

按照岩石运动的方式可以将构造运动划分为水平运动和垂直运动。水平运动(horizontal movement)表现为岩石圈的水平挤压或水平引张,使岩层发生褶皱和断裂,甚至形成巨大的褶皱山系或巨大的地堑和裂谷。相对来说,水平运动难于观察,常用三角测量网来查明,如美国西海岸圣弗朗西斯科(旧金山)附近的安德列斯断层,经三角测量证明,水平错开达 480 km。又如中国东部的郯城—庐江断裂,据地质标志估计,断层的东西两侧平错了 740 km。垂直运动(vertical movement)一般表现为大面积的上升和下降运动,形成大型的隆起和凹陷,引起海侵和海退。一般来说,垂直运动易于识别,但垂直运动比水平运动缓慢。在同一地区的不同时间内,上升运动和下降运动常常交替进行。另外,垂直运动总是此起彼落。在大陆内部,垂直运动可以通过大地水准测量来发现。在海边可以利用各种标志来验证。如意大利那不勒斯湾海岸的三根大理石柱,就因地壳的升降一度没入海中,人们就根据海生动物在柱上的钻孔痕迹来判断地壳升降的幅度。水平运动和垂直运动是岩石圈空间变形的两个分量,它们总是相伴而生。

构造运动有快有慢,但多数是长期缓慢的运动,例如喜马拉雅山,在 4 000 万年前还是一片汪洋,今日却成了世界屋脊。第三纪(古近纪)以来,喜马拉雅山海拔每年平均上升0.05 cm。1862—1932 年的 70 年间,平均每年上升 1.82 cm,近些年来上升速度还在增加。此外像大洋中脊,也以每年 2~4 cm 的速度向两侧移动。构造运动的幅度(指位移量)是随时间和地点而变化的。运动的幅度与运动的方向和速度有关。不论垂直运动还是水平运动,只要运动方向不变,时间越长运动幅度越大,同一时间内,速度越快,运动幅度越大。如喜马拉雅山自开始上升以来,幅度已超过10 000 m。相反,像江汉平原地区,根据那里的上第三纪和第四纪沉积物厚度计算却下降了1 000 m 左右。如果构造运动在一定的时间间隔内,运动方向频繁变化,时而上升、时而下降,或者做往复水平运动,那么地质历史记录反映运动幅度不大。一般来说构造运动的幅度大小,直接反映着一个地区地壳的活动性。

所谓地质证据，就是通过沉积物或沉积岩的厚度、岩相变化、褶皱和断裂及地层的接触关系等来了解构造运动的状况。岩相是指沉积岩生成时的自然环境、物质成分、结构构造及所含生物的特征在岩石上的总体表现。例如，地壳上升，沉积物的粒度变粗，厚度变小，甚至没有沉积物，而使地表遭受风化剥蚀（即海退）；如果地壳下降，沉积物的粒度变细，厚度加大（即海侵）；如果地壳运动频繁，交替出现，自然沉积物的粗细就复杂多变。反之，如果地壳运动相对稳定，沉积物就趋于简单化。沉积岩的岩相变化，就意味着地壳运动的方向、速度变化；沉积岩的厚度变化却反映了升降运动的幅度。如果同一种沉积岩在浅海中沉积，当沉积的厚度超过浅海深度时，若超过越多，说明地壳下降幅度越大。反之，如果同一种沉积岩沉积很薄，甚至产生缺失，这就说明该地区相对上升的幅度很大，也意味着该地区已露出水面。褶皱和断层是构造运动的直接表现。一般升降运动引起的褶皱，从形态上常常是一些大型宽缓的隆起或凹陷。产生的断层也主要是引张引起的正断层或高角度的逆断层。如汾渭地堑、莱茵地堑、东非裂谷和大洋中脊等。由水平运动造成的构造形迹多比较清楚。强烈的挤压总是和紧密的褶皱、逆掩断层及断层面呈波状的辗掩断层相联系。由于褶皱、辗掩而使地壳缩短变形，甚至重复。地层的接触关系很重要，因为它是构造运动的集中表现。常见的地层接触关系有整合、平行不整合和角度不整合 3 种形式：① 整合（conformity），指两套地层时代连续，岩层之间产状一致，互相平行，这说明它们在沉积时，其间没有发生间断现象。尽管有过升降运动的交替，但沉积没有停止过。② 平行不整合，又叫假整合（disconformity）：指两套地层重叠，产状基本一致，但时代不连续，其间缺失某些时代的沉积物（或地层）。这种接触关系说明其间发生过升降运动，而且变为陆地遭受侵蚀，使两套地层之间出现凹凸不平的侵蚀面，这个面叫不整合面。缺失的地层时代，就是地壳上升的时期。③ 角度不整合（unconformity），指两套地层的接触既不相互平行，地层时代又不连续，其间有地层缺失（沉积物存在间断），这说明在第二套地层形成以前，曾发生过水平挤压运动和上升运动，使上下两套地层间成交角接触。

5.3.2 岩层产状、褶皱与断层

岩层是指由两个平行或近于平行的界面所限制的岩性相同或近似的层状岩石。岩层的上下界面叫层面。岩层的顶面和底面的垂直距离称为岩层的厚度。任何岩层的厚度在横向上都有变化，有的厚度比较稳定，在较大范围内变化较小；有的则逐渐变薄以至消失，称为尖灭；有的中间厚、两边薄，并逐渐尖灭，称为透镜体。如果岩性基本均一的岩层，中间夹有其他岩性的岩层，称为夹层，如砂岩含页岩夹层、砂岩夹煤层等；如果岩层由两种以上不同岩性的岩层交互组成则称为互层，如砂岩、页岩互层，页岩、灰岩互层等。夹层和互层反映出构造运动或气候变化所导致的沉积环境的变化。

岩层在地壳中的空间方位称为岩层的产状。由于岩层沉积环境和所受的构造运动不同，可以有不同的产状：① 水平岩层，在广阔的海底、湖盆、盆地中沉积的岩层，其原始产状大都是水平或近于水平的。在水平岩层地区，如果未受侵蚀或侵蚀不深，在地表往往只能见到最上面较新的地层，只有在侵蚀下切割很深的情况下，较老的岩层才能露头。② 倾斜岩层，指岩层层面与水平面有一定交角（0°~90°）的岩层。有些是原始倾斜岩层，例如在沉积盆地边缘形成的岩层，某些在山坡山口形成的残积、洪积层，堆积在火山口周围的熔岩及火山碎屑层等，在原始堆

积过程中就是倾斜的。但在大多数情况下，岩层受到构造运动发生变形变位，使之形成倾斜的产状。在一定范围内岩层的产状大体一致，称为单斜岩层，单斜岩层往往是褶皱构造的一部分。③ 直立岩层，指岩层层面与水平面直交或近于直交的岩层，即直立起来的岩层。在强烈构造运动挤压下，常可形成直立岩层。④ 倒转岩层，指岩层翻转、老岩层在上而新岩层在下的岩层，这种岩层主要是在强烈挤压下岩层褶皱倒转过来形成的。

1. 岩层的产状要素

岩层产状要素包括岩层走向、倾向和倾角，如图 5-10 所示。① 岩层走向，岩层层面与任一假想水平面的交线称走向线，也就是同一层面上等高两点的连线；走向线两端延伸的方向称岩层的走向，岩层的走向也有两个方向，彼此相差 180°。岩层的走向表示岩层在空间的水平延伸方向。② 岩层倾向，层面上与走向线垂直并沿斜面向下所引的直线叫倾斜线，它表示岩层的最大坡度；倾斜线在水平面上投影所指示的方向称岩层的倾向，又叫真倾向，真倾向只有一个，倾向表示岩层向哪个方向倾斜。③ 岩层倾角，层面上的倾斜线和它在水平面上投影的夹角称倾角，倾角的大小表示岩层的倾斜程度。

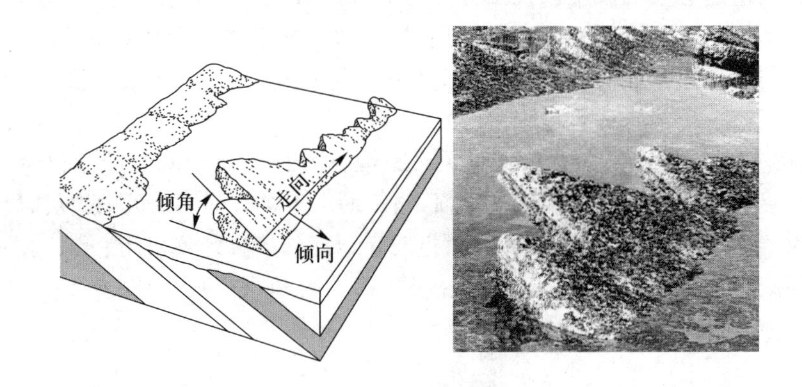

图 5-10　岩层产状要素的图解与实例

（资料来源：Levin H L，1996）

2. 褶皱

岩层在形成时，一般是水平的。岩层在构造运动作用下，因受力而发生弯曲，一个弯曲称一个褶曲，如果发生的是一系列波状的弯曲变形就叫褶皱（fold）。如果组成褶皱的多层间时代顺序清楚，则核心较老的岩层向两侧依次渐新的褶皱称为背斜，核心较新的岩层并向两侧依次渐老的褶皱称为向斜。背斜和向斜是褶皱的两种基本形式。单个褶皱大者可延伸数十千米，小者在显微镜下才能见到。单个褶皱的组成部分称为褶皱要素，包括：① 翼，泛指核部两侧比较平直的部分。② 褶皱轴，同一褶皱面中最大弯曲点（岩层层面拐点）的连线。③ 褶皱轴面，各相邻褶皱面枢纽联成的面，其与地面或其他面的交线称轴迹，如图 5-11 所示。

褶皱构造是地壳中广泛发育的构造形式之一，它对于矿产资源的形成和分布形态等具有一定的控制作用，同时，也是形成地貌、决定地表物质迁移转化的重要条件。

3. 断层

岩块沿着断裂面有明显位移的断裂构造称为断层，是地壳表层中岩层顺断裂面发生明

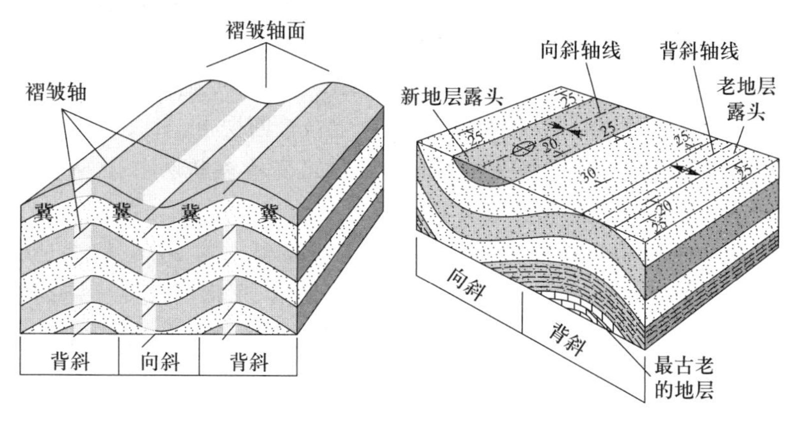

图 5-11　岩层褶皱图解

（资料来源：Levin H L，1996）

显位移的构造。按照断层的滑动方向通常可将断层划分为 3 大类：① 正断层，断层面之上的岩石相对于下面的岩石沿断层面向下运动。② 逆断层，断层面之上的岩石相对于下面的岩石沿断层面向上运动。③ 平移断层，断层面两侧的岩石沿断层面做水平或近水平方向运动。

断层的几何要素是指断层本身的基本组成部分及与阐明断层空间位置和运动性质有关的要素：① 断层面，岩层或岩体断开后，两侧岩体沿着断裂面发生显著位移，这个断裂面称为断层面。断层面可以是平面也可以是波状起伏的曲面；它可以是直立的，但大多是倾斜的。断层面的产状和岩层一样，常用走向、倾向、倾角来表示。同一条断层的产状在不同部位常有很大变化，甚至倾向完全相反。大规模断层不是沿着一个简单的面发生，而往往是沿着一系列密集的破裂面或破碎带发生位移，这称为断层带或断层破碎带，如图 5-12 所示。② 断层线，断层面与地面的交线称为断层线，它表示断层的延伸方向，它可以是一条直线，也可以是一条曲线或波状弯曲的线。断层线的形状取决于断层面的产状和地形起伏条件。当地面平坦时，断层线是直是曲决定于断层面本身的产状；如果地形起伏很大，而断层面是倾斜的，则尽管断层面是平的，断层线的形状也是弯曲的。③ 断盘，断层面两侧发生显著位移的岩块称为断盘。如果断层面是倾斜的，则位于断层面以上的岩块叫上盘，而位于以下的叫下盘。如果断层面是直立的，则可根据断块与断层线的关系命名，如断层线的走向为东西，则可分别称两盘为南盘和北盘。从运动角度看，很难确定断层面两侧岩盘究竟是怎样移动的，也许是一侧上升，另一侧下降；也可能是两侧同向差异上升或两侧同向差异下降。因此，在实际工作中是根据相对位移的关系来判断上升和下降，相对上升的岩块叫上升盘，相对下降的岩块叫下降盘。④ 位移，断层两盘的相对移动统称位移。在实际工作中，经常要推断断层两盘相对位移的方向和测算位移的距离。

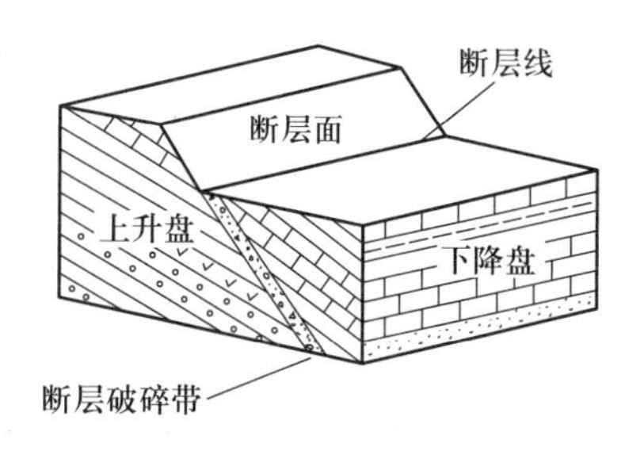

图 5-12　断层要素图解

研究断层,搞清楚断层的存在、性质和产状等,无论在实际应用或理论方面都有重要的意义:① 矿床的形成、矿体产状及其分布等常常受断层构造的控制,只有搞清楚断层的产状、性质和断距才能求出矿层等的去向,然后决定下一步开采步骤和生产施工方案。② 进行工程建筑、水利建设等,必须考虑断层构造。例如水库、水坝不能位于断层带上,以免漏水和引起其他不良后果;大型桥梁、隧道、铁道、大型厂房等如果通过断层或坐落在断层上必须考虑相应的工程措施。③ 断层构造与地下水的运移和储集具有密切关系,特别是在山区的基岩找水工作中,调查是否有断层存在,断层的性质和规模对于开采水资源很重要。④ 断层,特别是活动性断层,是导致地震活动的重要地质背景。例如我国中部的汾渭地堑、东部的郯庐大断裂、美国西部安德列斯大断层等都是地震活动频繁地带。⑤ 断层和地貌发育的关系甚为密切,如块状山地、倾斜地块、断陷盆地、断层谷、飞来峰、大裂谷及某些水文现象(如湖泊的形成、河流的发育、地下水水质等)都与断层有关。

5.3.3　地壳演化简史

地质时代单位是从年代地层单位概括抽象出来的时间概念,即组成地壳的全部地层(从最古老到最新)所代表的时代称为地质时代,不同级别的年代地层单位所代表的时代称为地质时代单位。把形成一个宇的地层所占用的时间称为宙,即将地质历史分为显生宙和隐生宙;把形成一个界的地层所占用的时间称为代,即将地质历史分为显生宙的新生代、中生代、古生代和隐生宙的元古代和太古代;把形成一个系的地层所占用的时间称为纪;把形成一个统的地层所占用的时间称为世;把形成一个阶的地层所占用的时间称为期。即年代地层单位系列由大到小依次是宇、界、系、统、阶;地质时代单位系列由大到小依次是宙、代、纪、世、期。岩性地层单位反映一个地区沉积过程的特殊性,年代地层单位则反映全球时代划分的一致性和等时性,各具有不同的目的和作用。19 世纪以来,人们在长期实践中逐步进行了地层的划分和对比工作,并按时代早晚顺序把地质年代进行编年,列制成表,叫作地质年代表,表 5-7 所示为地质年代与生物演化历史对照表。

地质年代表反映了地壳历史的发展顺序、过程和阶段,包括地壳中无机界(地层)和有机界(动物界和植物界)的发展阶段。因为生物的发展与其生存环境是不可分割的,所以有机界和无机界的发展已经在长期的历史过程中达到了对立统一。地质年代表中各地质时代单位所代表的时间,只能反映早晚顺序和先后阶段,所以称为相对地质年代。地质年代表不是简单的时间序列表,而是对全球地壳历史的自然分期,反映了地壳的发展阶段,如图 5-13 所示。大气化学家诺贝尔奖得主克鲁岑(Crutzen)与生态学家施特默(Stoermer)在 2000 年提出了一个新的地质时间单位——人类世(Anthropocene),它的开始时间应该是 20 世纪中叶,1950 年左右人类进入了核能时代,人口膨胀,工业化与城镇化快速扩展,矿物和能源被大量消耗,即人类活动在地球上留下了一个无处不在的、持久的印记。因此,人类世可以与上一个全新世完全分离,以表示自 20 世纪中期以来人类活动对地球造成的巨大变化。人类世问题已成为环境科学、地球科学、考古学、生物学及其他相关学科领域的研究热点。

表 5-7 地质年代与生物演化历史对照表

距今时间/a	宙	代	纪	世		北美大陆哺乳类动物发育阶段	旧世界文明阶段		北美冰期		关键地质事件及其时间
	显生宙	新生代	第四纪	人类世							
				全新世			新石器时代				
							中石器时代				
10^4											1万年
				更新世	晚	兰乔拉布瑞亚动物群	旧石器时代	马格德林时期	威斯康星冰期	晚	
								梭鲁特时期			
								奥瑞纳时期		中	
								莫斯特时期		早	
10^5										初	12.2万年
									散加芒间冰期		13.2万年
									伊利诺伊冰期		
					中	伊尔文登动物群		阿舍利时期	亚茅间冰期	前伊利诺	
									堪萨斯冰期		
									阿夫顿间冰期		
10^6					早				内布拉斯加冰期		最早的智人
								奥尔得沃时期	前内布拉斯加期		180万年
											最早的人
			新近纪	上新世		布兰卡动物群					最早的南方古猿
											530万年
10^7				中新世		亥姆菲尔动物群					西洼古猿
						克拉里登动物群					肯尼亚古猿
						巴斯图动物群					非洲类人猿
						亥明佛德动物群					
						阿里卡里动物群					3 370万年
			古近纪	渐新世		惠特尼阶；奥勒尔阶；凯洛尼亚阶					
				始新世		杜兴斯阶；犹他阶；布里奇特阶；沃萨奇阶					最早的蝙蝠；哺乳动物迁移
				古新世		克拉克福克阶；蒂芙尼阶；托雷翁尼阶；普埃尔科阶；朱迪斯阶；蓝旗亚阶					5 480万年
10^8		中生代	白垩纪	晚期							6 500万年；恐龙灭绝；最早的蜜蜂；最早的禾本科植物；显花植物扩散
				早期							1.42亿年
			侏罗纪	晚期	中期	早期					最早的鸟类；最早的恐龙；2.06亿年
			三叠纪	晚期	中期	早期					最早的哺乳动物；部分海洋生物灭绝；2.51亿年
		古生代	二叠纪；石炭纪；泥盆纪；志留纪；奥陶纪；寒武纪								最早的爬行动物；最早的两栖动物；最早的树木；最早的昆虫；最早的维管植物；最早的贝壳化石；5.44亿年
10^9	元古宙	震旦									最早的多细胞动物
		里菲									最早的多细胞植物
		休伦									
	太古宙	兰德									25亿年
		斯威士									最早的海洋微生物；最古老的沉积岩
		伊梭恩									40亿年
	冥古宙	冥古代									地球-月球的年龄；46亿年

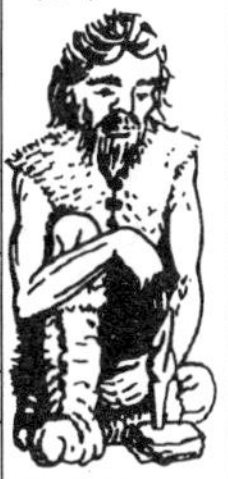

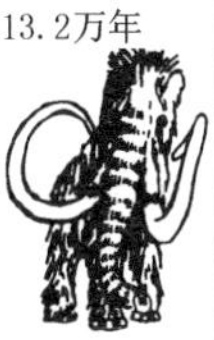

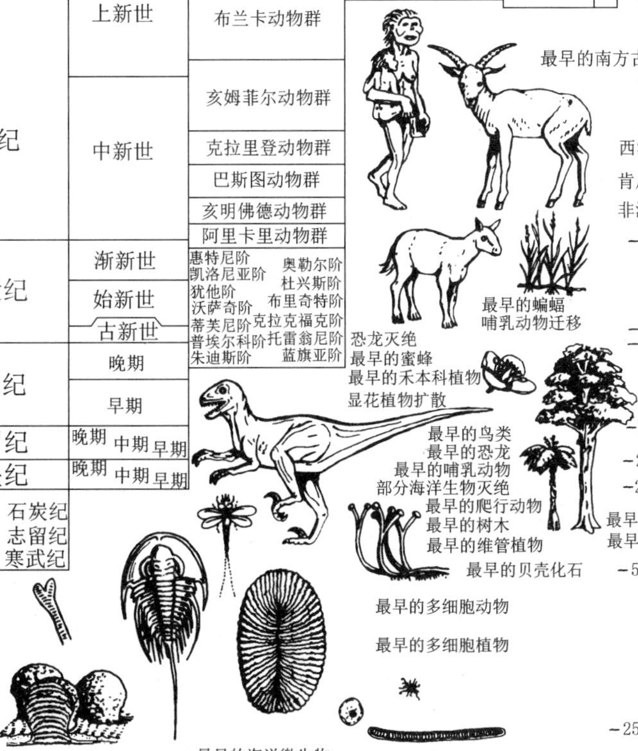

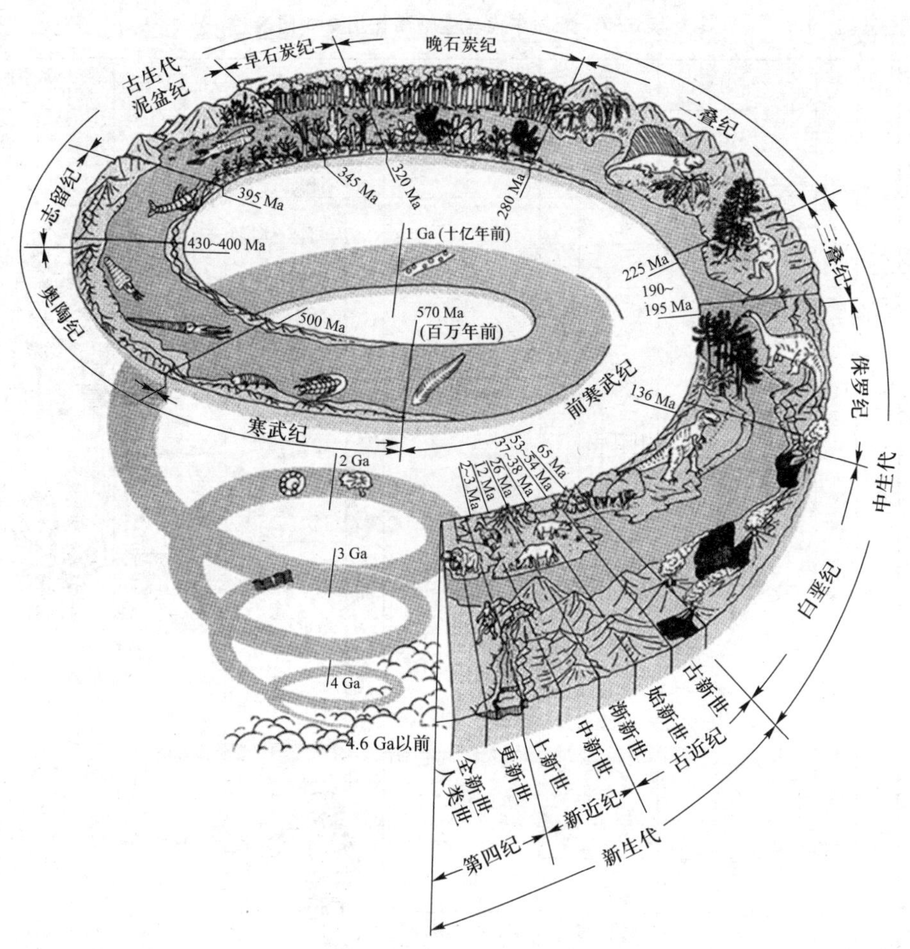

图 5-13　全球地壳历史(地球环境演化)的自然分期示意图

(资料来源:Plumer C C 等,1999)

5.4　岩石圈的形态——构造地貌

地貌与地形在含义上有区别,一般说来,地形指地表形态及地势高低,包括海拔、坡度、坡形等形态特征;地貌指地表形态发生、发展、成因及其演化趋势的综合。地貌是决定地表物质和能量迁移、转化及再分配的重要因素,也是与人类生活和生产关系最为密切的自然因素之一。地表形态由地质内营力和外营力相互作用而成。一般地质内营力形成大的地貌类型并控制着地球表面的基本轮廓;地质外营力则塑造地貌的细节并力图使地表展缓夷平。按形态可将地貌划分为山地、丘陵、高原、平原、盆地等,如表 5-8 所示;按成因可将地貌划分为构造地貌、气候地貌、侵蚀地貌、堆积地貌等;根据形成地貌的主要外营力的差异,也可分为流水地貌、岩溶地貌、冰川地貌、风沙地貌、海岸地貌等。

构造地貌是指在构造运动和地质构造控制下形成的地貌。有巨型的星球构造地貌和大型的大洋和大陆地貌;区域性大地构造所形成的大地构造地貌,如欧亚板块和印度洋板块相碰撞形成的喜马拉雅山高山地貌;由褶皱、断层、火山和地震等形成的中、小地质构造地貌,如背斜山、断块山、火山和断陷盆地等。

表 5-8　中国地貌分类基本指标

名称	绝对高度/m	相对高度/m	地貌特征
极高山	≥5 000	≥1 000	位于现代冰川和雪线以上
高山	3 500~5 000	≥1 000(深切割) 500~1 000(中等切割)	峰尖、坡陡、谷深,常有高山冰雪
中山	1 000~3 500	100~500(浅切割)	有山脉形体,但分割破碎
低山	500~1 000	(无深切割低山)	山体支离破碎,但有规律性
丘陵	≤500	≤200	低岭宽谷,或聚或散
高原	≥1 000	≥500(比临近地貌体高)	大部分地貌面起伏平缓
平原	多数≤200	—	地面平坦,偶有残丘谷孤山
盆地	—	盆底与盆周高差 500 m 以上	内流盆地的地貌面平衡 外流盆地的地貌面有丘陵分布

5.4.1　地壳运动与地貌发育

地壳运动是地质内营力作用所引起的各种地壳变化和活动,它使地壳发生变形和位移,形成各种形迹的地质构造并引起岩浆活动和变质作用。某些地壳运动表现为突发的、急剧的形式,例如地震、火山喷发。而大多数地壳运动进行得非常缓慢和轻微,以至于人类感觉不到其存在,似乎大地是稳定不变的。地壳运动具有普遍性和永恒性,所谓“沧海变桑田”“高岸为谷,深谷为陵”。

地壳运动还可按发生的地质时期分为老构造运动和新构造运动。由于新构造运动发生的时间较近,它所造成的地貌多数能保存至今,所以它对当今地貌形成的影响特别显著。

全球性的板块构造运动对地貌发育的影响更为重要,它是大陆和海洋形成和发展的主要驱动力,也控制着许多大地貌的特征、成因和分布规律。在上升区与下降区之间,地貌表现既有逐渐过渡的形式,例如高大山地逐渐变为低山、丘陵和平原;也有突变的形式,例如山地突然经陡峭山坡直落到坦荡的平原。在地壳强烈下降地区,第四纪期间所接受的松散堆积物厚度可达数百米(如华北平原)至上千米(如渭河地堑)。在地壳运动强烈的地段,可在较短距离内发生显著的差异性升降运动,形成强烈的地貌反差。例如,天山剧烈上升,最高峰已达 7 000 m 以上;而相距不远的吐鲁番盆地却强烈沉降,其地表最低点已降至海平面以下 154 m。在太平洋西岸的一些岛弧外缘,有深达万米以上的菲律宾海沟(10 540 m)和马里亚纳海沟(10 863 m),成为地球上起伏最大的地方,这与太平洋板块的活动有关,因而也成为地震强烈而频繁的地带。区域性的地壳水平运动所产生的平移断层,可造成平行岭谷的水平错动,改变水系的格局,甚至使河流被堵塞形成堰塞湖。

地壳运动形成具有一定产状和结构的岩石,它们是构成地貌的物质基础,又称为基岩,对地貌发育有显著影响。影响地貌发育的主要岩石特性是抗蚀性，即抵抗风化作用和其他外力剥蚀作用的强度。胶结良好的坚硬岩石，通常具有较强的抗蚀性，常构成山岭和崖壁。石英岩、石英砂岩组成的山岭，风化、崩塌作用和流水侵蚀作用主要沿节理进行，常形成山峰尖突、多悬崖陡壁的山丘地貌。抗蚀性差的岩石，如页岩、泥灰岩等，常形成起伏和缓的低丘、岗地。岩石的节理、片理和层理也直接影响地貌发育。例如柱状节理发育的玄武岩，常形成崖壁和石柱等地貌。垂直节理发育的花岗岩体，因受机械风化和流水沿垂直节理的冲刷侵蚀，使花岗岩山体表现为悬崖峭壁、群峰林立，例如中国的黄山、华山就是这样。在片岩分布地区，受片理的影响，常形成鳞片状地貌，如秦岭山地。岩石的可溶性对地貌发育的影响更为明显。石灰岩等可溶性岩石分布地区，尤其在湿热气候条件下可形成典型的喀斯特地貌。地壳运动所形成的地质构造对地貌发育也有很明显的影响，不同地质构造往往造成不同的地表形态，例如褶皱构造会形成背斜山、向斜谷或向斜山、背斜谷等；断裂构造会形成断块山、断陷盆地、断裂谷等；岩浆喷发形成火山，熔岩流形成各种熔岩流地貌。

在重力作用下，岩石和土体沿斜坡向下的运动称为块体运动。块体运动经常发生在山区，大规模块体运动常常摧毁道路、桥梁和其他工程设施，破坏甚至掩埋村庄或农田，造成生命财产的损失。根据运动的速度和性质，可将块体运动分为崩塌、滑坡和土屑蠕动等 3 种主要形式：① 崩塌，斜坡上的岩体、岩屑和土体在重力作用下快速向下坡移动的现象称为崩塌。山岳地区发生的大规模崩塌现象称为山崩，它常堵塞河流、毁坏森林和农田村镇。河岸、湖岸或海岸的陡坡由于水流的淘蚀或地下水的潜蚀及冰冻作用，岸坡上部岩体或土体失去支撑而发生崩塌，称为塌岸。② 滑坡，大规模的岩体或土体在重力作用下沿滑动面整体向下滑动的现象称为滑坡。滑坡的发生常常与地下水和地表水的作用有关。当坡面物质被水浸湿后会软化并增加可塑性，降低黏聚力和摩擦力，同时增加质量，因此滑动力大增，发生滑坡。故在地下水丰富和坡体含水过多的地方，尤其是在连续降水后，容易发生滑坡；坚实完整的岩层发生滑坡的可能性较小；而松软的岩层被水浸湿后极易发生滑坡。若上部为透水层，下部为隔水层，则由于隔水层顶面易于积水，也使上部岩层容易下滑。断层面、节理面和岩层面倾向与坡面一致时，也容易形成滑坡。③ 土屑蠕动，坡面上的岩屑、土体在重力作用下顺坡缓慢向下移动的现象称为土屑蠕动。土屑蠕动的原因主要是土层中冻结与溶解、干与湿、热与冷等的变化导致坡地上的土屑时胀时缩，土屑在胀缩过程中受重力作用而向下逐步移动。土屑蠕动一般出现在 15°~30°的坡地上，坡度过大的坡地难以保存黏土和水分；坡度小于 15°的坡地重力作用微小，也不易发生土屑蠕动。

5.4.2 构造地貌的类型

构造地貌可以由地壳构造运动直接形成，如构造运动隆起形成的山地、台地或构造运动凹陷形成的平原、盆地等，它们的形成和分布同地壳构造运动的作用方向、受力性质有关，称为动态构造地貌。还有一种构造地貌，是指构造运动以后又受外力剥蚀而成的地貌，如背斜山、向斜山、背斜谷和向斜谷等，称为静态构造地貌。构造地貌就其规模大小可分为 3 级：第一级是大陆和海洋两个大的地貌单元；第二级是指大陆上和大洋底的地形起伏，如陆地上的山脉、平原、高原、盆地，洋底的大洋中脊和大洋盆地及海洋中的岛屿等；第三级主要是指地质构造被外力剥蚀后所反映的地貌特征，如单面山、背斜山、向斜谷、火山锥、熔岩台地等。通常把第一级称为全球构造地貌,第二级称为大地构造地貌,第三级称为地质构造地貌。

全球构造地貌是指大陆与洋底。一般来说,海岸线为陆、海的分界线。但从固体地球表面形态起伏和地壳结构来看,陆地与洋底之间的浅海区为一过渡性的大陆边缘地带。因此,全球构造地貌实际上分为大陆、大陆边缘和洋底 3 大部分。全球陆地面积为 $1.49\times10^8\ km^2$,约占地球总面积的 29%,海洋约占71 %。大陆边缘是指陆地周围水深小于 3 000 m 的浅海海底,呈带状围绕在大陆四周,面积约为 $81\times10^6\ km^2$,占地球总面积的 16 %,大陆边缘的地壳具有过渡性质。洋底是指水深超过 3 000 m 的大洋底部,全球洋底平均深度为 3 800 m,面积为 $2.81\times10^8\ km^2$,占地球总面积的 55 %。

大地构造地貌包括大陆内和洋底上的大地貌类型。前者包括山地、岳陵、高原、盆地、平原等;后者包括海岭、深海平原和海沟等。① 构造山系和大陆裂谷,构造山系和大陆裂谷都是大地构造运动形成的大陆上最显著的两个大地貌类型,前者多为高大隆起的山系,后者多为拗陷的断陷谷地。世界上的构造山系主要有两个:一个是环太平洋带,包括北美洲至南美洲的科迪勒拉山系、亚洲和大洋洲太平洋沿岸及边缘海外围岛屿上的山脉;另一个是略呈东西向横贯亚洲、欧洲南部和非洲北部的山脉带,包括爪哇岛和苏门答腊岛上的山脉、喜马拉雅山、阿尔卑斯山、阿特拉斯山。大陆裂谷是由于大地构造运动形成的断陷谷地,其宽度一般为 30~75 km,少数可达几百千米,长度从几十千米到几千千米。东非大裂谷是世界上最长的裂谷。裂谷常可积水成湖,如贝加尔湖。② 高原与平原,地形比较平坦,一般海拔在 200 m 以下的是平原,超过 1 000 m 的是高原。高原是大面积构造隆起抬升过程中因外力侵蚀切割微弱而形成的。而高原边缘地带则在构造抬升过程中受到强烈侵蚀,常表现为深受切割的陡坡。坡麓地带则堆积了来自高原边缘被侵蚀下来的粗碎屑物。在构造抬升过程中,高原内部的构造活动也不一致,致使高原面上地形复杂化,如青藏高原上形成几条近东西走向的山脉和山间盆地。平原的形成与高原相反,它是在构造沉降过程中不断从外围得到大量碎屑物的堆积而形成的。在构造沉降过程中,平原内部还可以有其他形式的构造活动,如中国华北平原在构造沉降过程中明显表现出内部的断块活动。③ 丘陵与盆地,丘陵是地表形态起伏和缓,绝对高度在 500 m 以内,相对高度不超过 200 m,由各种岩石组成的坡面组合体;盆地是低于周围山地的相对负向地形,它和周围山地是同一盆山耦合构造成因的产物。强烈的升降差异运动,使周围山地迅速抬升并同时受到强烈侵蚀,导致盆地内部堆积巨厚的粗粒沉积物;相反,升降差异运动不甚强烈,则盆地内部接受堆积的沉积物较薄、较细。如果一个盆地经过一段堆积期之后发生构造反转,就会上升转变为侵蚀切割地区,从而结束了盆地演化历史。以上四类地貌属于大陆上的构造地貌。海底构造地貌主要可分为大洋中脊、大洋盆地、海沟、海底高原等。

地质构造地貌由构造运动形成,同时又受到外营力作用的侵蚀与破坏,但破坏程度差别甚大,有的直接由构造运动形成,或轻微受外营力的改造;有的则受到外营力的显著破坏,几乎面目全非。常见的地质构造地貌有断裂地貌、褶皱地貌、火山地貌和熔岩地貌。① 断裂地貌,又称断层地貌,这是地壳岩石受力发生破裂产生相对位移所形成的地貌,如断层崖、断层谷、断陷盆地和断块山地等。② 褶皱地貌,这种地貌是岩层受力弯曲变形的结果。由于褶皱的规模大小和岩层弯曲程度的不同,褶皱地貌也表现出明显的差异,有单斜地貌、背斜和向斜地貌。③ 火山地貌,这是由火山作用而成的一种地貌形态,其特征是具有火山口和火山锥。④ 熔岩地貌,熔岩地貌同火山地貌的最大差别在于其形成过程和组成物质不同。

5.5　岩石圈的形态——外营力地貌

5.5.1　地貌外营力

外营力是指由太阳辐射、重力和日月引力等作用通过大气、水体、生物的物理和化学作用而产生的各种营力。外营力的作用使地表地形发生变化，使高处被削平，低处被填充。按作用方式可将外营力作用划分为：风化作用、剥蚀作用、搬运作用、沉积或堆积作用等。按外营力性质可以将其划分为：流水作用、冰川作用、波浪作用、风沙作用、地下水潜蚀作用和寒冻作用等。不同的外营力作用可以形成不同的地貌形态。出露地表的岩石受太阳辐射、温度变化、水和生物等的作用发生崩解破碎，形成大小不等的岩屑和砂粒的过程，称为风化作用，它可以分为物理风化、化学风化和生物风化三种。

风化作用是地貌外营力的起始环节，是外营力地貌发育的前提条件，岩石只有在风化作用下崩解破碎，才能在重力和各种流体作用力——流水、风、冰川、波浪和洋流等作用下发生运动，塑造各种外营力地貌，如图 5-14 所示。

剥蚀作用是指风、水、冰川等地貌外营力将岩石的风化产物剥落、刻蚀带走的过程。风化作用和剥蚀作用都是对岩石圈表壳的破坏。它们之间既有联系，又有区别。风化作用是各种介质（水、大气等）对岩石的原地破坏；剥蚀作用是指岩石表面被地貌外营力剥蚀且其产物被带走的作用。

风化作用和剥蚀作用的产物——碎石、砂、土、溶液，从被地表水、地下水、海流、风、冰川等介质带离其形成地开始，直到在新的条件下停止运动的全过程称为搬运作用。碎屑物质的搬运方式有：冰川的搬运，是固体呈块体的搬动；风和水流本身都是主动搬运碎屑颗粒的活跃介质，称为牵引流（或挟带流）。被搬运的颗粒呈 3 种运动方式：滚动的、跳跃的、悬浮的。重力流是颗粒因受重力作用沿斜坡向下运动，实际上是由颗粒运动带动介质运动。因此存在从塑性流体呈块体搬动（泥石流等）到流体（浊流等）呈紊流方式搬运。溶解物质可以呈溶液、官能团及胶体形式搬运。被冰川、水、风等介质搬运的物质不会永远被搬运，经过一定的距离，由于搬动营力能量的降低，或者遇到适当的物理化学条件，或者在生物的参与下，最终会沉积下来，这种作用过程就叫作沉积作用。

5.5.2　流水作用与流水地貌

坡面流水是雨水或冰雪融水直接在地表形成的薄层片流和细流，出现的时间很短。细流在流动过程中时分时合，没有固定的流路，因而能比较均匀地冲刷地表松散物质，被冲刷下来的物质成为江河中泥沙的主要来源。坡面流水的侵蚀强度主要受降水性质、地形、坡面组成物质和植被等的影响。在一定的地形条件下，如果地表土壤物质疏松、植被稀疏、降水量多且强度大，

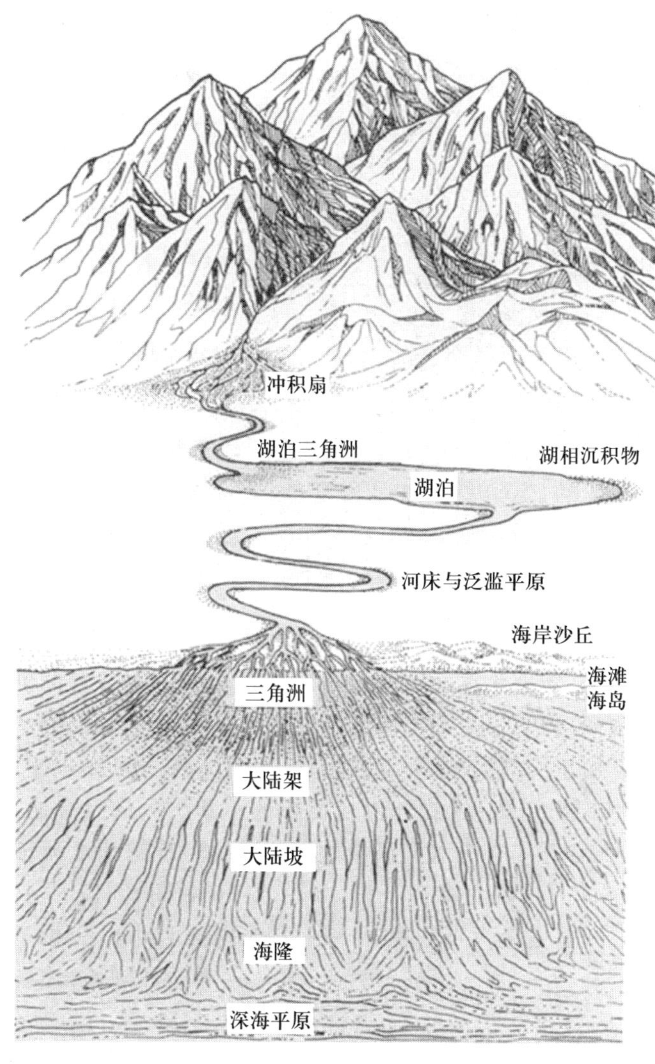

图 5-14　地表形态分异的一般模式图

坡面流水的侵蚀就强烈。雨滴对土壤表面的打击不仅可以直接造成表土流失,还可以增加地表薄层水流的紊动性,加强水流的侵蚀能力,破坏土壤的结构,使表土分散,给水流冲刷创造条件。因此,坡面侵蚀作用与降水量和降水强度密切相关。地形条件对坡面侵蚀的影响也很大,坡面坡度和坡面水层厚度是坡面流水进行冲刷的动力条件。坡面坡度增大,使径流流速加快,流水动能增加,冲刷力加强。但坡度增加到一定限度时,却使径流量减小,因为在降水强度和坡长不变的情况下,随着坡度的加大,实际受雨面积减小。坡长加大,水量增多,流水动能也增加。但随着坡长的增大,水流挟带的泥沙量也随之增多,消耗的能量也多,这样又会减小水流的侵蚀。因此,坡面流水侵蚀能力并不是随着坡长的增加而呈线性关系加大的。坡度、坡长的变化与坡面冲刷之间的关系是很复杂的。坡面流水侵蚀过程如图 5-15 所示。

1. 沟谷流水地貌

坡面细流顺坡而下时,流速、流量加大并转变为线状集流,形成冲刷能力更强的沟谷水流,

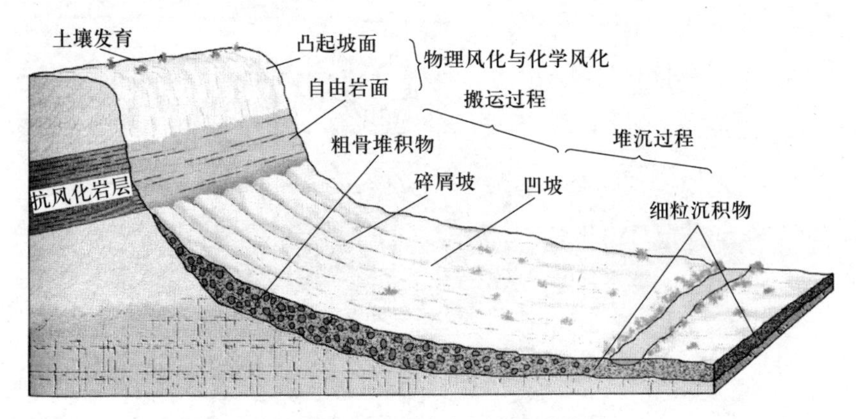

图 5-15　坡面流水侵蚀过程示意图

（资料来源：Christopherson R W，1998）

即沟流。沟流比较集中，有比较固定的流路，其侵蚀能力比坡面流水显著增强，是形成沟谷地貌的主要营力。地表沟谷的形成和发育与土壤、母质、气候、植物等因素有着密切关系。在中国黄土高原地区，因地表植被稀疏、土质松散，再加上降水强度大，沟谷发展很快；在江南红壤丘陵地区，如果地表植被受到破坏，质地黏重的红壤及其红色风化壳上沟谷发育也会很快。沟谷发育的初期，谷底不断下蚀加深，沟头不断溯源侵蚀后退使沟谷伸长。沟谷进一步发展时，在其下段则下蚀减弱，侧蚀加强。由于沟流的不断下蚀和旁蚀，又有沟坡物质的崩塌和滑坡，再加上坡面流水的作用，可使沟谷不断展宽。后来由于流域面积的不断扩大或因有地下水的补给，沟谷就进一步发展为常流水的河谷。沟谷流水可以通过翻滚、滑动、跳越和紊流悬浮将砾石、砂粒、粉粒和黏粒携带下游或者沟口，并依次沉积下来，如图 5-16 和图 5-17 所示。由于那里坡度骤减，流速降低，水流分散，于是发生大量堆积，形成一种半圆锥形的堆积体，称冲出锥，如图 5-18 所示。冲出锥的锥顶与沟口相连的地段坡度较大，锥体逐渐向外倾斜，坡度亦变缓。如果冲出锥是由间歇性洪流携带的物质不断地堆积，这就形成了洪积扇，其特点是分选较差，磨圆度不好，有不规则的层理。冲出锥在干旱或半干旱地区分布很广，其他地区也有发育。在湿润地区由常年流水搬运、堆积而成的冲出锥称为冲积扇。

洪积扇是指暂时性或季节性洪流在山谷出口处形成的扇形堆积地貌，主要发育于干旱或半干旱地区，往往由多次洪流过程形成。洪流流出谷口后因比降显著减小、水流分散、下渗和蒸发，于是流量大减，携带的物质大量堆积下来，形成扇形堆积体。在扇形堆积体边缘常形成沼泽，时常这里还有泉水出露用于灌溉，成为干旱区的绿洲。洪积扇与冲积扇之间，没有明显的界线，有人把上述扇形地均称为冲积扇或冲积-洪积扇。一系列扇形地经不断扩大和相互联结，可形成山前（或山麓）冲积-洪积平原、冲积平原等堆积体。扇形地形成后若地壳上升或气候变化而使河流发生下切，扇形地可被切割成为各种扇形地阶地。中国在很多山麓地带，分布着不同规模的扇形地。在扇形地之间，水源比较丰富，常成为良好的农业生产地区。

2. 滑坡

滑坡是指地表斜坡上的土体或岩体，受河流冲刷、地下水活动、雨水浸泡、地震及人工切坡等因素影响，在重力作用下沿地表下层一定的软弱面或者破碎的软弱带，整体地或者分散地顺

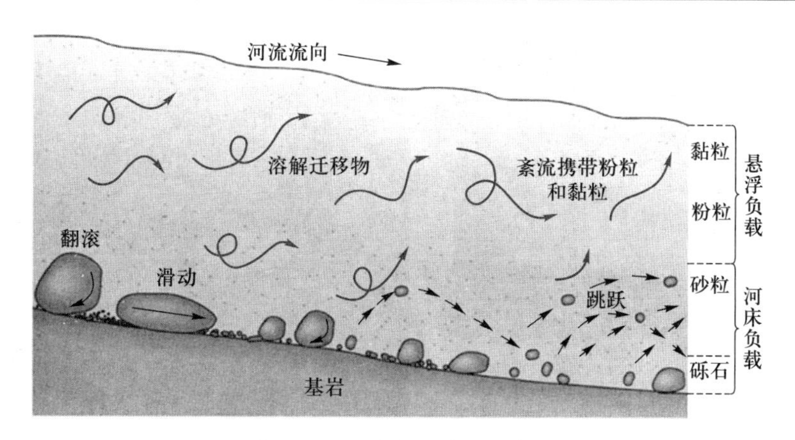

图 5-16　河流搬运过程示意图

（资料来源：Plumer C C 等，1999）

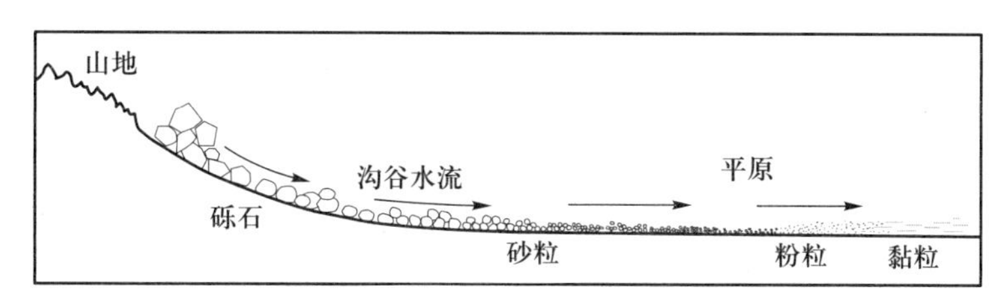

图 5-17　山前沟谷水流搬运与沉积过程示意图

（资料来源：Plumer C C 等，1999）

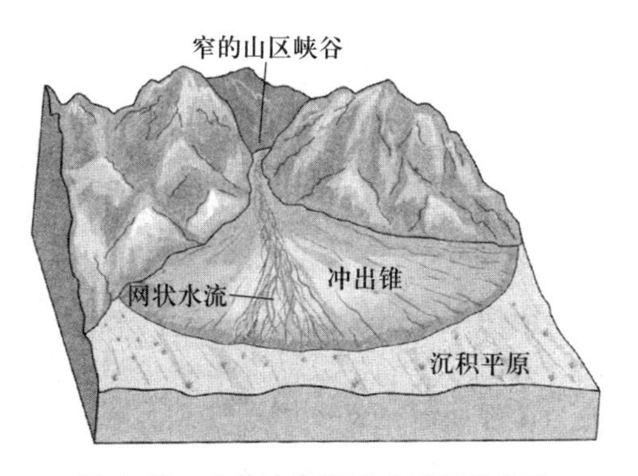

图 5-18　山前冲出锥形成过程示意图

（资料来源：Christopherson R W，1998）

坡向下滑动的自然现象，俗称“走山”“垮山”“地滑”“土溜”等。按照土体或岩体滑动的速度，可以将滑坡划分为：① 蠕动型滑坡，人们凭肉眼难以看见其运动，只能通过仪器观测才能发现；② 慢速滑坡，每天滑动数厘米至数十厘米，人们凭肉眼可直接观察到滑坡活动；③ 中速滑坡，每小时滑动数十厘米至数米；④ 高速滑坡，每秒滑动数米至数十米。如图 5-19 所示。滑坡可以摧毁农田、房舍、伤害人畜、毁坏森林、道路及农田基础设施和水利水电设施等，滑坡体也可阻塞河道形成滑坡堰塞湖，对区域社会经济、人群健康和生态系统造成毁灭性灾害。

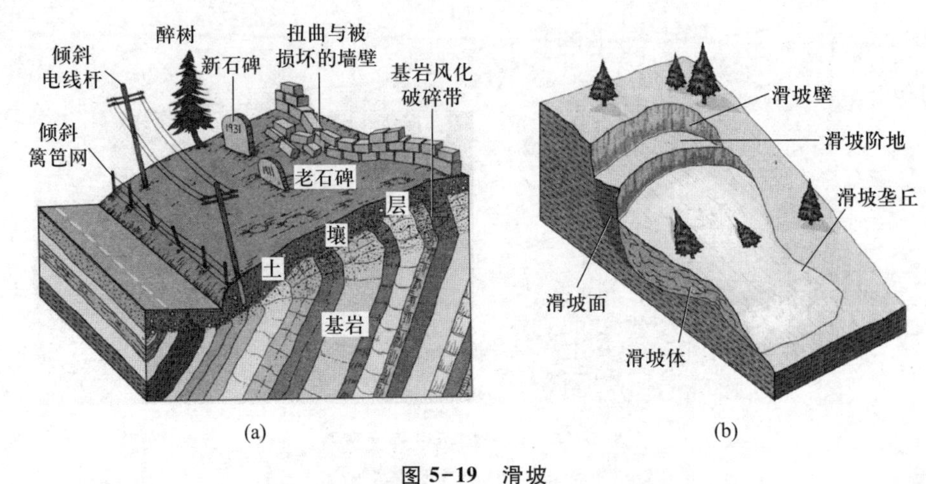

(a)　　　　(b)

图5-19　滑坡

(a) 蠕动型滑坡示意图;(b) 中速滑坡示意图

3. 泥石流

泥石流是在山区突然爆发、历时短暂、含有大量泥沙和石块等固体物质并具有强大破坏力的特殊洪流。有些地方称为“山洪”“龙扒”等。出现泥石流的谷地,从上游到下游一般可分为3个区段:供给区,通常位于上游的汇水区,这里崩塌、滑坡、水土流失严重。通过区,位于中游段,多为峡谷。堆积区,一般位于山口,是泥石流固体物质停积的地段,常形成扇形地,可称为泥石流扇。泥石流主要发生在岩石破碎、暴雨强度大、冰雪融水丰富、地形崎岖的山区。如中国西南、西北等山地,这些地区一般有大量的松散堆积物和暴雨、径流等水源供给,在合适的地形条件下,当其中的土屑物质水分过多并达到流塑状态时即可发生泥石流。按照泥石流的形态特征、运动性质和物质组成,可将泥石流分为黏滞性泥石流和稀释性泥石流两种。前者固体物质(黏土、碎屑物质)的体积含量占40%~60%,最高可达80%,密度大于1.5 t/m^3,最高可达2.3 t/m^3,呈可塑性流动,因而提高了其携带巨大石块的能力。后者固体物质含量较低(占10%~40%),密度一般在1.3~1.5 t/m^3,运行能力较大,具有紊流性质,石块的搬运呈滚动或跃移的形式。在一定条件下,上述两种泥石流也可以转化。例如,在泥石流源地的山坡上,供应的固体物质多,重力作用大,常发育成黏滞性泥石流;当其向下流动过程中,一部分物质停积下来又有相当水量补充时,便可转为稀释性泥石流。泥石流具有很大的危害性,它以巨大的破坏力摧毁途中的建筑物,埋没农田、森林,堵塞江河,冲毁路基、桥梁和城镇、村庄。

5.5.3　河流地貌

河谷是由于河流作用形成的长度远远超过宽度的狭长形凹地。河流在陆地表面分布很广,特别在湿润地区更为普遍,河谷是最常见的地貌形态。河流可分为山区河流和平原河流。通常较大河流的上游都属山区河流,而下游则多为平原河流。山区河流有明显的河谷形态,平原河谷形态则不明显。在河流的上游一般谷地窄深,多急流瀑布;而在河流中、下游则谷底宽展、河漫滩发育;在河口段则多形成三角洲或三角港。河谷包括谷坡与谷底两部分,其中谷坡是河谷两侧的斜坡,谷坡上有时发育河流阶地。谷底通常可分为河床和河漫滩两部分。谷坡的塑造除受河流作用外,还受风化、重力、坡面流水和沟谷流水等作用;而谷底的塑造主要受河流作用的控制。由此可见,河谷是以河流作用为主,并包括坡面流水和沟谷流水等长期作用的产物。在河谷发育的初期,其纵剖面的坡度较大,河流以下蚀为主,谷底深切成 V 形谷或峡谷;在河谷发育过程中,河流下蚀的另一种表现就是溯源侵蚀,它一方面通过源头沟谷向分水岭推进而使河谷伸长,另一方面通过河谷纵剖面上陡坎的后退侵蚀而使河谷加深。河流下蚀深度并不是无止境的,它受到一个水平面的控制,这个水平面就是海平面,称为河流侵蚀基面。大多数河流都注入海洋,所以海平面就成为这些河流共同的基面,称为普遍侵蚀基面。一些湖盆、河流汇口、河流上的坚硬岩坎和堤坝等,对某些河流或河段起着局部地、暂时地控制下蚀的作用,这些地段称为局部侵蚀基面。由于河流总有一定的弯曲,故在下蚀过程中必然会有旁蚀,在凹岸进行冲刷,凸岸发生堆积,这就形成连续的河湾和交错的山嘴。由于水流前进的方向是与河岸斜交的,故河湾不仅向两侧扩展,还向下游移动,终于切平交错山嘴,使谷地变宽;与此同时谷底也发生堆积,形成河漫滩,这时,河谷从峡谷变为宽谷。

在相当长的时期内,如果没有地壳运动的干扰或海平面和气候的变化,河流的长期下蚀,可使河谷纵剖面坡度越来越小,河流由向下侵蚀逐渐转化为旁向侵蚀。河谷发育最终使河流的侵蚀和堆积作用达到相对平衡状态,这便使河谷纵剖面成为一条平缓的凹形曲线,即平衡剖面,这是从宏观方面来看的,实际上河床中有深槽和浅滩相间分布,纵剖面上的形态总是呈一系列波状起伏的。形成平衡剖面的因素不只是流速和坡度,还有其他许多自然因素和人为因素。

1. 河床与河漫滩

河床与河漫滩都位于河谷的谷底,其中河床是指河流平水期河水占据的河槽;而河漫滩是指洪水时期被洪水淹没的河床侧旁的谷底部分,广阔的河漫滩平原是一种冲积平原或泛滥平原。

深槽与浅滩是常见的河床地貌,在平原冲积性河床上,由于河床水流能量的集中与分散是沿河更替进行的,故水流的侵蚀与堆积作用也是交替进行的,这样沿河就交替分布着深槽与浅滩。如在弯曲河床上,深槽位于弯曲河段的凹岸一侧,而浅滩位于过渡段或者弯曲河段的凸岸一侧,如图 5-20 所示。据统计,相邻浅滩的间距为河宽的 5~7 倍。山区河流中深槽与浅滩的分布,还受区域岩性和地质构造的影响,如岩石软弱或破碎处,可发育深槽;反之,可形成浅滩。

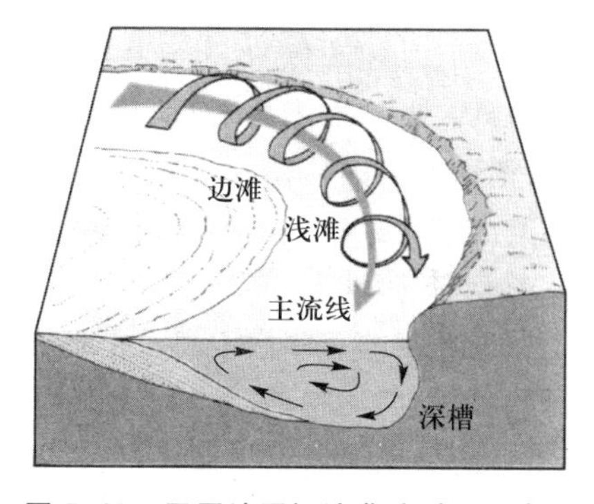

图 5-20　平原地区河流曲流过程示意图

(资料来源:Christopherson R W,1998)

边滩与河漫滩是平原地区常见的河床地貌,边滩多位于弯曲河床的凸岸,在枯水期常露出水面,它是环流作用的产物,边滩也可逐渐发育成为河漫滩。当水流通过弯道时,在惯性离心力的作用下,水流趋向凹岸使凹岸水位抬高,从而产生横比降及横向力。这种横向力从水面到河底是相同的,但由于惯性离心力引起的横向力却向河底递减,这样就产生表流向凹岸和底流向凸岸的横向环流,横向环流在河流总流向的影响下前进,构成弯道中的螺旋流,如图 5-20 所示。在环流作用下,凹岸及岸下的河床受侵蚀,使岸坡发生崩塌而后退,同时形成深槽。被侵蚀的物质及河流携带物质均由底流带到凸岸,一部分堆积下来形成小边滩。

边滩的出现，又促进环流运动使边滩进一步发展。随着旁蚀的不断进行，河谷逐渐增宽，边滩也不断扩大，在过去曾是河床的地方，也为边滩所占，出现了一块由冲积物组成的大边滩。但这时河谷仍较窄，洪水时期水位上升快、流速大，在谷底只能形成推移质泥沙的堆积，而悬移质泥沙则仍被水流带往下游。以后谷底进一步加宽，河床内外的水文条件产生了显著的差异，洪水时期，在河床以外的谷底，水层减薄，流速大大降低，水中大量悬移物质便沉积下来，在大边滩的粗粒推移质冲积物（河床相冲积物）上覆盖了较细的悬移质冲积物（河漫滩相冲积物）。这样边滩也逐渐发育成为河漫滩。随着河谷不断加宽，河漫滩也将不断扩大。这种河漫滩可称为曲流型河漫滩。另外，还有一种是由心滩或江心洲演化而成的河漫滩，称心滩型河漫滩。

河漫滩上的物质结构可以明显地分为上、下两层，即二元结构或双层结构：下层为较粗的河床相冲积物，通常为砾石与砂层，是河床侧向移动过程中堆积下来的；上层是较细的河漫滩相冲积物，通常为粉砂、黏土或亚黏土，是洪水期的泛滥堆积物。在有松散堆积物的平原或河漫滩上，由于河流在凹岸不断侵蚀，凸岸不断堆积，使河流越来越弯曲而形成能自由摆动的河曲（曲流），称为自由河曲。如长江的下荆江段，自由河曲就非常典型。在自由河曲的发展过程中，上下凹岸间的曲流颈逐渐被河流侧向侵蚀（旁蚀）而变窄，曲流颈一旦被洪水冲决，就产生自然的裁弯取直，被裁去的河湾与河流隔绝，形成牛轭湖。

2. 心滩与江心洲

心滩与江心洲是平原地区常见的河床地貌，其中心滩位于河心，心滩的进一步发展便成为江心洲。心滩的形成常与复式环流作用有关。由于河床横剖面形态多不规则，水流往往被河床地貌分离成两股或数股主流线，因而形成复式环流。在河底受两股相向的底流作用的地段，被流水推移的泥沙就在那里堆积下来，逐渐形成心滩。如果心滩继续被堆积淤高，并高出中水位以上，洪水泛滥时，在顶部可盖上悬移质泥沙物质，这就形成了江心洲。江心洲比心滩规模大，经常出露在水面以上。如长江下游河床中有许多巨大的江心洲。河流的边滩与心滩在一定条件下是可以互相转化的，边滩在被水流切割后就形成了心滩；心滩侧向发育并与河岸相连则形成了边滩。由于河流的不断作用，在河床和河流两岸常发生一系列的变化，如岸边的崩塌和堆积，深槽和浅滩的移动，心滩和江心洲的变迁，分汊河床的衰亡和新生，河曲的发育等。这些变化常给沿岸的港口、码头、堤防、耕地和城镇，以及航运等带来一定的影响。

3. 河流阶地

原先河谷的谷底由于河流下切侵蚀而相对抬升到洪水位以上，呈阶梯状顺着河谷分布于河谷两侧，即为河流阶地，简称阶地。阶地由阶地面和阶地坡组成，前者是原先河谷谷底的遗留部分；后者是后期河流下切而成，两者共同反映河流阶地的形成过程。阶地的高度一般指相对高度，即阶地面与河流平水期水面之间的垂直距离。河谷中常有多级阶地，其中高于河漫滩的最低一级阶地，称为第一级阶地或一阶地；向上的另一级阶地称为第二阶地或二阶地；以此类推，如图5-21所示。

河流阶地的类型可以根据不同原则来划分，根据阶地的组成物质和结构，可将河流阶地划分为侵蚀阶地、堆积阶地和基座阶地3个类型。侵蚀阶地多由基岩构成，阶地面上没有或很少有冲积物覆盖，所以又称石质阶地。侵蚀阶地多发育在山区河谷中，由于当地水流流速大、侵蚀力强，所以很少沉积。这种阶地的阶地面是河流长期侵蚀而成的切平构造面。堆积阶地的阶地面上全由河流冲积物所组成，在河流中下游最为常见，它的形成过程，首先是河流侵蚀展宽谷

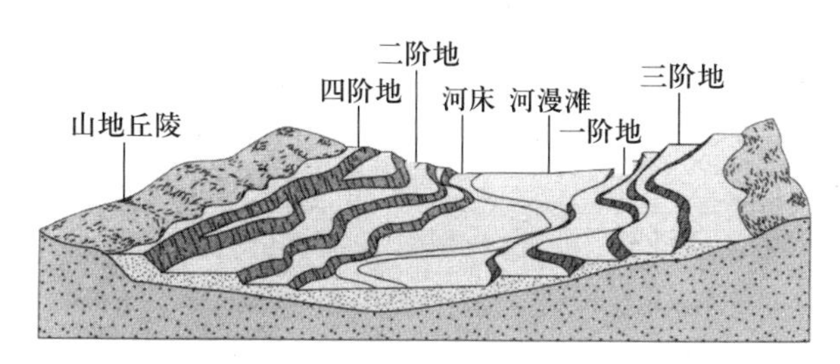

图 5-21　河谷横断面示意图

地，同时发生大量堆积，然后河流下蚀形成阶地，其河流下切深度一般不超过冲积层的厚度。基座阶地面上的剖面上部由冲积物组成，下部为基岩，它主要是由于后期河流下蚀深度超过了原冲积层的厚度，切至基岩内部而形成的。这种阶地分布相当广泛。

4. 三角洲

在河流注入海洋或湖泊处，常形成平面上呈三角形的堆积体，称三角洲。入海河流的河口区是指河流与海洋相汇合的河段。这里受河流和海洋两种力量的相互作用，使水流的流向、流速有着复杂的变化。随着涨潮和落潮的变化，在潮流界（涨潮时溯江流所及之处）以下，水流交替改变着流向。在潮流界以上，涨潮时使水位塞高，水面比降减小，流速减慢，发生堆积；落潮时，水位迅速下降，水面比降增大，流速加快，发生冲刷；通常在潮流影响的范围内，河流因受潮流阻滞，极易形成心滩和江心洲，使河流发生分汊。在河口的口门处，因水流扩散、流速减慢及咸水与淡水相遇时引起的絮凝沉积，泥沙大量沉积，形成沙坝、浅滩等堆积体，称为拦门沙。由于各年之间及年内各季节的来水来沙条件不同，拦门沙的高程和位置也不完全固定。拦门沙的发生和演化，对航运有较大的影响。

河口三角洲是在河流和海洋的共同作用下，以河流挟带的丰富泥沙为主，并在河口地区的陆上和相邻的水下形成的堆积体。快速沉积作用是三角洲沉积的基本特征，三角洲沉积体向海方向延伸，形成三角洲平原。三角洲沉积从平面上和剖面上可以分为 3 个带：由陆向海依次出现三角洲平原带、三角洲前缘带和前三角洲带。其中三角洲平原带为三角洲的陆上沉积部分，由河流沉积物组成。三角洲前缘带多呈现环状分布，由于这里地处海岸带，河流带来的沉积物经过海洋的作用，形成分选好、成分纯净的沙质沉积物集中带，其中可分为两类：一类是分流河口沙坝——河流带来的沙质物质在河口处因流速降低堆积而成；二类是由分选好质较纯，平行层理或大型交错层理形成的储集层。前三角洲带的沉积物为富含有机质的泥质物质，呈暗色，具细纹理，含水量高达 80%，是良好的生油层，它由河流搬运来的黏土悬浮物质和胶体溶液在海底沉积而成，属海相沉积。

5.5.4　风沙作用与风沙地貌

1. 风沙作用

风挟带沙沿地表流动时对地面物质的侵蚀、搬运和堆积等过程称为风沙作用。风沙作用形成的地貌称为风沙地貌或风成地貌。风的作用以干旱地区最为活跃，因此那里的风沙地貌也最普遍。世界上的沙漠主要分布在热带、亚热带干旱区(如北非撒哈拉沙漠)和温带干旱区(如中国西北地区的沙漠)。但是,在非干旱地区,只要有丰富充足的沙源、平坦裸露的地表和一定强度的风力也能形成各种风成地貌,特别是在古河道(如中国豫东平原的黄河古道)和现代沙质海岸,常可见到沙丘分布。

地表特征、风动力状况是风沙作用及形成风沙地貌的基本条件。平坦的地面及开阔的内陆盆地有利于气流的运行;同时往往堆积着比较丰厚的碎屑物质,为沙丘的形成提供了重要物质来源。干旱区降水稀少、蒸发强烈,土质干燥,地表植被稀疏或完全裸露,因此有利于气流对地面的直接作用,从而引起沙的吹扬和沙丘的移动,使地面受到风沙的侵蚀。风沙流的形成主要取决于两点:一是要有丰富的沙源,二是要有强劲的风力。干旱地区风的强度和频度都较大,另外干旱区由于地面裸露,受强烈的日照后地面温度急剧升高,造成强烈的上升气流,故易出现强烈的狂风,这些都为风沙地貌的发育提供了基本的条件。

2. 风沙地貌

(1) 风蚀地貌:垂直裂隙发育的基岩,经长期风蚀,形成一些孤立的石柱,称为风蚀柱。由于近地表的气流中含沙量较多(图5-22),磨蚀较强,再加上岩性的差异,特别是下部岩性软于上部,易形成顶大基小的风蚀蘑菇。风常沿着暴雨冲刷的沟谷吹蚀,使之进一步加深扩大,形成风蚀谷。风蚀谷外形宽窄不一,底部崎岖不平。风蚀谷不断扩展,使谷坡不断缩小而形成岛状高地或孤立小丘,称为风蚀残丘。在水平岩层地区,由风蚀而成的平顶残丘,形态酷似城堡,称为“风城”(风蚀城堡)。由松散物质组成的地表,经长期吹蚀后在局部地方形成的凹地,称为风蚀洼地或风蚀坑。风蚀洼地呈椭圆形或马蹄形,背风坡较陡。干旱地区湖积和冲积平原常因干缩而产生龟裂,主要由定向风沿着裂隙不断吹蚀,使裂隙逐渐扩大而形成沟槽,沟槽之间形成可达5~10 m的垄脊。这种地貌在塔里木盆地的罗布泊地区最为典型,维吾尔语中称为“雅丹”,意即具有陡壁的风蚀垄槽。

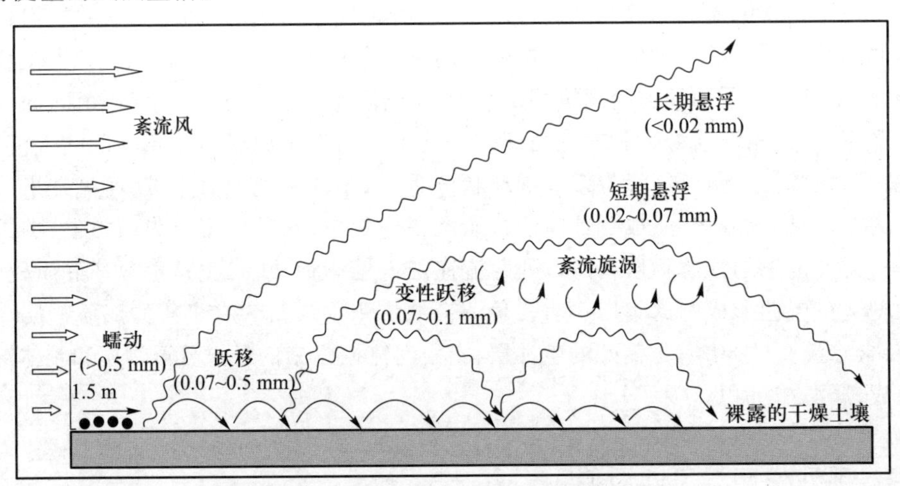

图5-22　土壤风蚀颗粒搬运模式图

(资料来源:Kenneth,1991)

(2) 风积地貌:主要是指各种类型的沙丘。其中新月形沙丘是在风向比较固定的风力作用下形成的堆积地貌,形似新月,其两翼顺着主风向延伸,迎风坡凸而平缓,背风坡位于两翼之间,凹而较陡,沙丘高度一般为数米至30余米。新月形沙丘由沙堆发育而成,又不断扩大或因不同大小沙丘移动速度的差别,使两个以上新月形沙丘连接起来构成新月形沙丘链。规模巨大的沙丘链,在迎风坡上往往叠置着次一级新月形沙丘或沙丘链,因而形成复合新月形沙丘链。它可长达10余千米,高达100 m以上。单个新月形沙丘一般分布在沙漠的边缘地区,新月形沙丘链发育在沙漠腹地或沙源丰富的地区。这类沙丘都属于垂直于风向的横向沙丘。此外,还有金字塔形沙丘、蜂窝状沙丘等,这类沙丘是在多风向且风力又大致相似的情况下形成的。

沙丘移动速度与风速有关,还受植被、沙丘的水分和下伏地面等因素的影响。沙丘上植物的生长会使风速减小,从而使沙丘移动速度减慢;在地面湿润情况下,沙丘移动速度要比干燥时小。风沙流动对于沙漠及其边缘地区的农业、交通与工程建设都有严重的危害。风沙流动包括风沙流和沙丘移动两个方面。风沙流的危害方式主要有吹蚀、沙打和沙埋;沙丘移动的危害主要是造成大规模的沙埋。防治风沙最重要的是制止沙丘移动,故研究风沙地貌类型和风沙移动规律对防治沙害具有重大意义。

5.5.5 黄土地貌

1. 黄土

黄土是第四纪时期形成的土状堆积物,主要是由于风力搬运堆积而成。黄土主要分布在相对干旱的中纬度大陆腹地,全球黄土分布区总面积达1×10^7 km^2。中国是黄土分布最广的国家之一,主要分布在西北和华北等地,以黄土高原最为集中,其厚度一般为50~150 m,最大厚度达200 m。黄土多呈灰黄色、棕黄色和棕红色;以粉砂为主,细砂和黏土的含量都较少;矿物成分以石英、长石和碳酸盐类矿物为主,还有黏土矿物、易溶盐类等,遇水后可发生溶解或分散。黄土缺乏层理,有明显的垂直节理,孔隙率大,工程地质中称它为大孔性土。黄土浸湿后,强度显著降低,体积缩小,裂隙加大,在土体自重或上部承压的情况下造成地面坍陷或沉陷,称为湿陷。黄土的这种湿陷性对工程建设极为不利。黄土中的垂直节理和大孔隙是流水进入地下的通道。随着地下水的渗流,黏粒和易溶物质流失,裂隙和孔隙不断扩大,成为洞穴或陷穴,这一过程称为潜蚀。潜蚀同样对工程建筑等造成不良影响。黄土的抗蚀性弱,特别是植被受到破坏后,地表的水土流失十分严重。

2. 黄土地貌类型

黄土的特性为流水侵蚀创造了有利的条件,流水成为黄土地貌形成和发展的重要营力,此外还有重力剥蚀、潜蚀和风蚀等。由于黄土疏松遇水易散,垂直节理发育,多孔隙,地形起伏大,切割破碎,降水强度大,植物被破坏等,地表侵蚀与剥蚀强烈,水土流失严重,这不仅对黄土高原建设带来危害,而且也给黄河中游和下游地区带来水害。黄土地貌可分为沟谷地貌和沟间地貌两大类。

(1) 黄土沟谷地貌:细沟是由坡面上的一些集中细流冲刷而成,在已开垦的地面最易形成,对耕作不利。随着地面水流汇集成较大的股流,冲刷力增大而成浅沟。浅沟横剖面呈宽浅的V字形,深只有几十厘米,多出现在梁峁坡上。流水进一步集中和侵蚀浅沟就变为切沟,切沟切入黄土可达数米,长可达数十米,切沟纵剖面起伏较大,横剖面呈尖锐的V字形,有明显的沟缘且流水下切非常活跃。切沟进一步发展成为冲沟。冲沟是黄土区沟谷中的重要类型,是流水强烈侵蚀和沟坡块体运动等作用的产物。冲沟纵剖面呈凹形，上陡下缓，起伏不平，横剖面呈 V 字形，向下游逐渐扩宽且有明显的沟缘。流水对沟谷的下切和旁蚀会引起沟坡的崩塌和滑坡，使沟谷不断增宽，可见重力作用也是沟谷发育的重要因素。若冲沟的沟底已停止加深，沟坡受旁蚀、滑坡与坡面流水等作用也逐渐变得平缓稳定时，沟谷就发育成为浅 U 字形的坳谷（坳沟）。河沟是沟谷与河谷的过渡类型，纵剖面较平缓，横剖面略呈梯形，侧向侵蚀（旁蚀）作用较活跃，沟内存常流水，有时发育成曲流和阶地。

（2）黄土沟间地貌：主要包括塬、梁、峁。这些地貌类型分布在冲沟、河沟等大沟谷之间，并由大沟谷分割而成。塬是黄土覆盖范围较广的平坦高地。在塬面上流水主要是片状侵蚀；在塬的周围为沟谷侵蚀，塬的边缘由于受沟谷溯源侵蚀而变得支离破碎。塬受到沟谷长期切割，面积逐渐缩小也可变得比较破碎，成为破碎塬。梁是长条形的黄土丘陵，中国黄土地区当地所指的一种梁，梁顶较狭窄，呈明显的穹形，另一种是顶部较平的平顶梁。梁的形成多与条状古地形有关。峁是穹状的黄土丘陵，峁顶的面积不大，呈明显的穹起，整个外形很像馒头。另外一种是连续黄土平顶峁，峁与顶之间有一个分水鞍地。

5.5.6　海岸地貌

1. 海岸带地貌外营力作用

海岸带是陆地和海洋相互作用的地带。海岸带地貌外营力包括波浪、潮汐、海流等海洋动力作用。波浪是海岸带海水动力作用因素中最为普遍和活跃的一种，波浪通过冲刷、研磨、溶蚀等作用使海岸线逐渐后退的过程称为海蚀作用，海蚀作用形成各种海蚀地貌。波浪在运动过程中搬运海底沙砾物质并在一定条件下堆积起来的过程称为海积作用，海积作用形成各种海积地貌。潮汐周期性地升降从而改变海岸带波浪作用的强度，潮汐也搬运泥沙，这两种作用对海岸带地貌有显著的影响。

2. 海岸地貌类型

（1）海蚀地貌：基岩海岸受海蚀作用形成各种海蚀地貌。岸边激浪的强烈冲刷作用形成高度大致相同的凹槽，称为海蚀穴，它们分布在陡崖的脚部，宽度大于深度。深度比宽度大的称为海蚀洞，在节理发育或者夹有软弱岩脉的基岩中，海蚀洞深可达几十米。冲入洞中的浪流及其对空气的压缩作用可将洞顶击穿，称为海蚀窗。海蚀穴顶的岩石因下部掏空而不断崩塌，这样形成的悬崖称为海蚀崖。上述过程不断进行，海蚀崖不断后退，在陡崖的前方留下一个向海微倾斜的基岩平台，称为海蚀平台。由于岩性和构造的差异，平台表面遍布几十厘米高的岩脊，故又称为岩脊滩。向海突出的岬角同时遭受两个方向的波浪的作用，可使两侧海蚀穴蚀穿而成拱门状，称为海蚀拱桥或海穹。坚硬的岩脉常在平台上残留成突立的岩柱，称为海蚀柱。被侵蚀下来的碎屑物在波浪的搬运下，堆积在海蚀平台前缘以下岸坡深处而形成水下堆积阶地。

（2）海积地貌：当外海的波浪与海岸线呈正交的方向传来时，海岸带的泥沙在波浪底流的作用下垂直海岸运动，这是泥沙的横向运动。以泥沙横向运动为主的作用形成一系列海岸堆积地貌。水下堆积阶地的形成就与泥沙横向运动有关。由碎浪形成、大致与海岸线平行的长条形水下泥沙堆积体称为水下沙坝。不同季节的风浪规模不同，使水下沙坝发生位移。风浪大的季节移向深处，风浪小的季节移向浅处。海面大幅度地迅速下降还可以使水下沙坝转变为露出海面的离岸堤。离岸堤与陆地之间是封闭或半封闭的浅水潟湖。由激浪流形成与陆地相连接的沙砾堆积体是海滩。若在海滩的向陆侧有自由空间,进流可以越过滩顶流向陆坡且退流很弱,形成双坡型海滩,这种海滩在形态上表现为滩脊或沿岸堤。

5.6 人类活动对岩石圈的影响

5.6.1 人类活动驱动岩石圈表面变化

人类正以高度组织性和社会性构成的强大驱动力促进岩石圈和自然环境的变化,从而使岩石圈表面的地貌演化不再是纯自然过程。因此,学术界已经将促使岩石圈表面及其地貌变化的驱动力划归为 3 大类,即自然地貌内动力、自然地貌外动力、人为作用的第三地貌动力。如美国地貌学家索尔(Sauer O C)在 1931 年就指出:“必须把人类活动直接看作一种地貌营力,因为人类活动正在日益增强地改变着地球表面的剥蚀、堆积状况。”人为作用的第三地貌动力与自然地貌动力相比较具有 3 个特征:① 人为作用的第三地貌动力随着社会的发展而急剧增强,其增加的指数与人类人口的增长指数基本一致。② 人类活动与地貌的关系具有以下重要法则,即全球性的、区域性的自然地貌制约人类活动,而人类活动改变或者影响着局地性的、微域性的地貌演化。在诸如矿山、城市、水工设施等小局域内,人类活动可以使地表侵蚀增大 2 000 倍以上。③ 人为作用的第三地貌动力具有显著的时空差异性,通常在空间上呈现不连续的点状、条带状、面片状分布。

人为作用的第三地貌动力按照作用方式,分为 6 种:① 清除森林,每年全世界大约有 1%的森林(约 4.145×10^{8} hm^{2})被砍伐,土壤总侵蚀量为 110×10^{8} ~ $1\ 100\times10^{8}$ t/a。美国喀斯喀特山脉 1961 年修筑公路时,毁坏森林造成 47 起泥石流、滑坡等地貌灾害。② 草场过度放牧,每年约有 $3\ 058\times10^{6}$ hm^{2} 草场被用来放牧,过度放牧导致地表径流加大,表土结构发生变化,从而增加土壤风蚀速率。③ 农业耕作、灌溉,耕作土壤侵蚀与作物种类与面积有关。④ 采矿,包括露天矿、沉积金矿和废物挖捞、地下开采等。采矿常产生地面沉陷、废物堆积及人工坑穴,例如湖北省大冶市自公元 221 年三国时期开始采掘铁矿至今,形成一个深达 408 m,直径 1 000 m 以上的中国乃至世界罕见的椭圆形天坑。⑤ 修筑公路和铁路,新修高速公路每千米侵蚀量为 450 ~ 500 t/a,并引起水土流失、“跌水效应”、块体运动等。⑥ 城市建设,城市是人类活动最频繁、最强烈的地区,自从出现城市以来,旧城改造、新区开发、空间拓展等城市建设活动几乎从未停止过。此外,还有拦河筑坝、修建水库、跨流域调水、围湖垦殖、填海造陆等。20 世纪 70 年代中期,全世界人工地貌活动量为 172×10^{8} t/a,人均地貌活动量为 4.2 t/a。

5.6.2 人为作用驱动力形成的地貌类型

在人类的生存和发展过程中,人们无时无刻不与自然界进行着物质和能量的再交换。而且随着社会经济的发展,人类改造自然环境的能力也在与日俱增。人类在改造自然过程中,改变了某些区域或局部的地表自然形态,展现出以人类的力量为标志的地表特征。如填海造陆、跨流域调水、建设工厂和开采矿产、劈山填谷、构筑道路和建造房舍;坡地改梯地、耕地挖坑以蓄水养鱼;自然堤经人工加固加高同时导致河床抬高;修筑水库大坝,人工水渠(例如中国古代大运河、成都都江堰渠道灌溉网、现代南水北调中线工程),河道蓄水,城镇建设几乎完全改变了自然地表面貌。不过人类在改造自然的活动中,只是在原来自然地貌的基础上叠加人类活动的痕迹,塑造出一种新的地表形体,而未改变基本地表起伏特征。

1. 修建梯田

梯田是构筑在山地、丘陵斜坡上的阶梯状可耕作农用地。在中国黄土高原、四川盆地东部丘陵和山地、云贵高原大面积集中分布,其他地区亦有分布。梯田分为两种:水平梯田和斜梯田。前者梯田面平整,纵横各方向高程基本相同,在中国南方较多,可栽种水稻。后者梯田面呈明显的倾斜,连续延伸为波状起伏。在航空相片上呈明显的条带和独特的图案,在地图上,出现相互平行的一组群集性田(陡)坎符号时,可推断为梯田地貌。梯田面一般宽数米至数十米,梯田陡坡的高度一般不超过 5 m。

2. 建立桑基鱼塘

这是珠江三角洲及某些东南沿海地区分布的一种人工地貌。地表形态特征是由成群的有规律排列分布的狭长形池塘和池塘间高出水面数米的宽窄不等的土堤构成的。人类将河滩用堤坝分割而建造或者挖地为塘以养鱼,塘泥堆成土堤(基)种植桑树养蚕,蚕类代谢物可作为鱼饲料,塘泥又可用来肥地。

3. 黄土淤泥坝

黄土淤泥坝是在黄土高原谷地中尤其是在干沟、冲沟的沟口或其他部位人工建造的一种很特别的地貌,原意是作为水土保持和扩大耕地面积的一项工程。横拦谷地修一道堤坝用以蓄积径流和泥沙。这一方面使谷底淤积了大量泥沙将谷底由低填高,改变了原来狭窄的 V 字形谷地,形成宽平底面的谷地;另一方面由于筑坝拦水,泥沙淤积建造了新的地方性基准面,减缓了坡降,减弱了水土流失和流水对坡面尤其是谷底的侵蚀。

4. 填海(湖)造陆

沿海或沿大湖周围填海造陆,使局部地域自然面貌发生明显的变化,水域面积减小而陆地面积扩大。随着岸线延伸方向及形体的改变,会伴随出现海堤或湖堤,堤的高度一般略高于当地多年一遇的台风、海潮、洪水引发的高水位,以阻挡水的淹漫。堤身可为土质、混凝土质或混合质。例如,中国香港新机场选址大屿山赤角岛,需夷平赤角岛屿和填海而成,面积为 1 248 hm^2。这样就完全改变了该处自然的海岛景观和地貌分布。又如武汉市在 20 世纪 90 年代之前还以“百湖之市”享誉国内外,而今仅仅留存 30 余个湖泊,湖泊的周围被填埋,改变了水体与陆地的空间存在、分布及其平面形体。

5. 兴修水库

人类为了防洪、灌溉、发电、生活等的需要,在河谷宽阔段下游方向的狭窄处建筑拦谷地的蓄水堤坝。坝体一般为圆弧形向上游端凸出,堤坝高度依蓄水位决定,例如长江三峡大坝建成高度为 187 m。大型堤坝还建有溢洪道,这是为了确保堤坝的安全,由于坝址上游蓄水导致主支流部分河段水面抬高、水面扩展,淹藏了原谷地底部及部分谷坡,甚至是山体和洼地,某些个别山体成为孤岛,形成新的人工地貌景观,如北京十三陵水库、浙江千岛湖、安徽太平湖、长江葛洲坝、三峡工程等。其中,三峡水库大坝建设,为了保留长江航运的功能,在名为坛子岭的山体中人工开挖出人工航道——临时船闸和永久船闸,新造了两条人工谷地,极大地改变了当地的自然地貌。

5.6.3 人类活动改变区域地貌发育的方向

岩石圈表层的地貌形态是决定环境地球系统物质迁移转化、能量流过程的重要分配器,陆地岩石圈表层的地貌面也是人类活动的重要平台。因此,人类活动—岩石圈表面形态(地貌)变化—区域环境质量变化之间存在着密切的相互关系。人类对区域地貌发育方向的影响可分为人为滨岸影响、人为土地影响和人为地形影响 3 种类型。

1. 人为滨岸影响

人为滨岸影响是一种全球性的地质现象,如在美国 13.5×10^4 km 长的海岸线上,有 3.3×10^4 km 属于严重侵蚀类型,其中迈阿密海滩在 1844—1944 年的 100 年间,岸线后退了 150 m;日本3 999 km 长的海岸线中有 65.8%的年变化速率超过 1 m。中国北自鸭绿江口,南至北仑河口长度为 1.8×10^4 km 大陆岸线的基岩岸、沙砾岸、淤泥岸、珊瑚礁岸及岛屿海岸皆有海岸侵蚀现象。如在江苏省赣榆县(现赣榆区)北部海岸侵蚀率每年超过 100 m,1930—1955 年总共后退了 3.5 km;渤海南部的北戴河沿岸自 1980 年以来,海滩变窄了 100 m 以上;黄河三角洲北缘区域的废三角洲,在大口河至顺江沟岸段每年蚀退约1 m,顺江沟至神仙沟岸段每年蚀退 100~150 m,其中沟口岸段可达 300 m。人为滨岸影响最直接的危害是加大海侵造成海滩破坏和后退。海侵可吞没海水浴场,山东威海浴场现已报废,荣成大西庄海滩后退百余米,大片松林没入海中,青岛崂山八水河沙滩后退百米,古沙丘被侵蚀殆尽。山东蓬莱西海岸的蚀退使超过40 hm^2 耕地被侵吞,烟潍公路因无法通车的直接经济损失就达数百万元。滨岸侵蚀和超采地下水资源还加剧了中国沿海平原的海水入侵灾害。据估算,由于海水入侵,山东半岛每年损失数亿元。

2. 人为土地影响

城市建设可以给土地造成影响,研究表明城市化能造成土地侵蚀速率的重大变化,最高的侵蚀速率产生在城市建设阶段。中国每年因城市建设造成的土地减少速率十分惊人,1980 年以前每年净减少耕地 5.38×10^5 hm^2,1985 年是减少耕地较多的一年,净减少 1.009×10^6 hm^2。在工程建设时,大量裸露的地面及车辆的运输和开挖引起很大扰动,为建筑物清理地面,一年间产生的土壤侵蚀影响相当于自然情况下甚至农业数十年造成的侵蚀。城市化使大片土地转化为城市用地,植被遭受严重破坏,加上不透水的地基、路基,使流水地貌过程发生了一系列变化。据研究计算,市区土地的不透水程度一般约为 20%,而其中的商业中心区高达 90%,城市化使土地的不透水程度变大,下渗量减少,其径流量便相应增加,使降水转化为河川径流的速度和比例都增加了,由此加剧了水土流失和洪水威胁。如深圳市在城市土地开发与修路过程中,加速土地侵蚀造成大面积城市水土流失,据估算整治费需 7 亿元人民币。滥垦、乱伐、过牧也可对土地造成影响。由于人口增长,平地种粮不能满足社会需要,便开始了陡坡开垦、毁林开垦、毁草开垦,缺乏保护和合理开发利用自然资源意识导致人为影响地貌变化。人口的增长也导致了对木材、燃料、饲料需求的增加。据调查,中国农村缺乏燃料的农户约占 50%,因为砍树、挖草根、铲草皮作为燃料,破坏林草植被,造成地貌发育方向变化。为了满足对木材的需求,大面积砍伐森林,造成森林赤字。长期以来,人类乱伐、滥垦、过牧、筑路、开矿、采石等不合理的人类工程活动,不仅使草原生产能力退化(目前中国草原退化面积已有 87×10^4 km^2),而且也造成新的水土流失,其危害巨大。

3. 人为地形影响

人类对地形的影响范围是相当宽广的,由于人类开采资源和建筑施工,全球每年移动的土石量高达 4 000 km^3,从地下开采出的矿石和建筑材料达 $1\ 000\times10^8$ t 以上,平均每人每年要从地面的土壤、岩石圈中挖出 25 t 各种物质,如开采矿产资源形成矿坑、池塘或形成尾矿堆、坝;农业耕作导致梯形地、田埂坎;发展交通使山坡稳定性降低;战争可以形成弹坑、土墩、壕沟;超采地下水引起地面沉降和地面塌陷。由于过量抽取地下水,中国上海、天津、北京、南通、苏州、无锡、嘉兴、杭州、宁波、温州等城市均已发生地面沉降,其中上海累计沉降已达 2.63 m,天津达 1.28 m。城市建设与发展交通可引起地表斜坡变形,改变地貌发育的方向。中国是个多山的国家,山地和山区面积约占 70%。为了满足城市建设的需要,山区兴建了许多矿山、采石场,大量开采石材,无计划开采盲目弃渣造成边坡变形。交通是国民经济发展的重要环节,交通事业的发展,会遇到许多斜坡,人工削坡、采石筑路、隧道弃渣、高填深挖地段的取弃土,必然会引起地表斜坡变形。

5.6.4　人类活动改变区域地貌发育的速率

人们在各种生产活动过程中,作用于岩石圈表层导致区域地貌发育速率的改变,具体表现为对风化、侵蚀、搬运和堆积过程的影响。人类的经济活动往往能导致地表组成物质风化速率的进一步加剧,而且这种作用的性质包括物理、化学两个方面。如在工程施工、采矿中因爆破所产生的机械崩解、挖掘土石方而引起的卸荷裂隙,城市"热岛"效应造成的热力作用等,所有这些都加剧了地表物质的物理风化过程。而人类对环境的污染则往往导致化学风化的加强。人为侵蚀作用主要体现在两个方面:一方面,人类活动(采矿、战争等)自身作为一种侵蚀营力直接对地表造成侵蚀而改变地表形态。其产生的侵蚀效应同天然外营力引起的作用几乎完全一样,局地强度与速率却往往比天然作用要大得多。另一方面,人类的某些活动(土地利用、破坏植被等)因激发了活动区域内的天然侵蚀能力,使自然过程中的"激励-响应"效果得以放大,而产生了人为加速侵蚀效应。如中国黄土高原地区的水土流失量目前已高达 2.2×10^9 t/a,其中有 30%是人类加速侵蚀的结果。人类在社会经济活动中,每年需移动许多地表物质。这些都是有目的地通过运输工具人工加以搬运。与天然搬运不同的是,人为搬运作用可以把物质从低处运到高处,其物质大小和流向一般随人的意志和需要而变化。而天然营力所搬运物质的大小往往随携带能力的损耗而变化,其物质流向明显受重力制约。目前人类活动在地球上已形成许多人为堆积体,尤其在城市、滨海地区,这种人为堆积体的分布面积、厚度均达到相当规模。如日本东京港地区为扩大陆地面积,人工填地范围近 4 000 hm^2。从现阶段看,人为堆积体的形成主要有两种方式:① 人类作为一种直接的搬运营力,经有目的搬运后重新堆积而成。② 人类通过某些活动改变了自然过程中外营力的作用方向、强度,造成原物质、能量之间的动态平衡关系产生变异而形成。上述两种堆积体在物质组成结构方面具有较大差异,前者多以人类废弃物(工业垃圾、生活垃圾）和人工建造物为主；后者往往为天然堆积物，其物质在堆积过程中仍受自然分异规律的制约。

5.7 思考题与个案分析

1. 简述岩石圈板块构造理论的要点、板块构造体系，地球的内部圈层及特点：大陆地壳与大洋地壳、岩石圈、软流圈。

2. 简述岩石圈的化学元素组成及特点，矿物等概念及常见矿物的识别，三大岩石类型的基本概念（沉积作用与沉积岩，岩浆活动与岩浆岩，变质作用与变质岩），以及常见三大岩石类型的识别。

3. 结合你的野外观察，试简述外力地质作用如风化作用、地面流水作用、地下水的地质作用、冰川的地质作用、风（包括沙漠及黄土）的地质作用、海洋地质作用、湖泊地质作用的过程及作用特点。

4. 试观察并分析建筑行业、冶金工业、交通运输行业所需要的物质资料与岩石圈、生存环境质量的相互联系。

5. 试运用地表生物小循环理论、地质大循环理论，分析人类生存环境中物质生产、产品使用、物品报废即产品生命周期与岩石圈的相互关系。

数字课程资源：

第6章
土壤圈——养育生命共同体

6.1　土壤圈与人类相互作用

土壤是指覆盖于地球陆地表面,具有肥力特征的、能够生长绿色植物的疏松物质层。土壤圈(pedosphere)则是覆盖于地球陆地表面和浅水域底部的土壤所构成的一种连续体或覆盖层,土壤圈犹如地球的地膜,它与其他地球圈层之间具有频繁的物质和能量交换。土壤圈是地球上生命演化的产物,还是生命共同体生长的根基,中国古代就有"万物土中生,有土斯有粮"的名言。土壤圈概念自1938年瑞典学者马特松(Matson S)提出以后,柯夫达于1973年对土壤圈的定义、结构、功能及其在地球系统和全球变化中的作用进行了全面的论述。土壤圈概念的发展旨在从地球系统圈层的角度研究土壤圈的结构、成因和演化规律,以了解土壤圈的内在功能、在环境地球系统中的地位及其对人类与环境的影响。

6.1.1　土壤剖析

自然界的土壤是一个在时间上处于动态、在空间上具有垂直和水平方向变异的三维连续体,因此,认识和研究土壤需要从具体的土壤剖面、单个土体、聚合土体的剖析入手。

1. 土壤剖面

从地面垂直向下至母质的土壤纵断面称为土壤剖面(soil profile)。土壤剖面中与地面大致平行,物质及性状相对均匀的一层土壤称为土壤发生层(soil genetic horizon),简称土层(soil horizon),土壤发生层是土壤剖面的基本组成单元,如图6-1所示。土层是在各种环境因素的综合作用下成土母质的物质组成、颜色、结构、质地、新生体等性状发生分异的结果。

欧洲著名土壤科学奠基人库比纳(Kubiena W L)早在1953年就提出了A、B、Bh、B/C、C和G土壤发生层,根据这些土层的组合将土壤划分为(A)-C、A-C、A-(B)-C、A-B-C、B/A-B-C型5种土壤,后来这一观点得到发展和完善,并构成了土壤形态发生学的基础。在土壤剖面之中,土层的数目、排列组合形式和厚度统称为土壤剖面构造或土体构型(profile construction),它是土壤重要的形态特征。依据土壤剖面中物质迁移转化和累积的特点,一个发育完整的土壤剖面可以划分出3个基本的土壤发生层,即A、B、C层,其中A层(表土层,surface soil layer)是有机质的积聚层和物质淋溶层;B层(心土层,subsoil layer)是由A层向下淋溶的物质所形成的淀积层或聚积层,其淀积物质随气候和地形条件的不同而异,如在热带、亚热带湿润条件下堆积物以氧化铁和氧化铝为主,在温带湿润区以黏粒为主,在温带半干旱区则以碳酸钙、石膏为主,在地下水较浅的区域则以铁锰氧化物为主。A层、B层合称为土体层(solum)。土体层的下部则

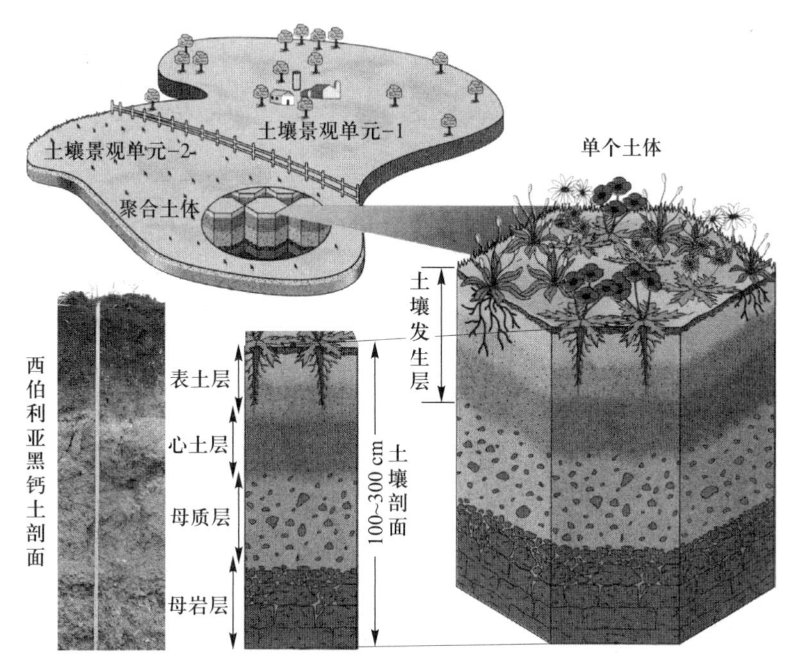

图 6-1　土壤剖面、土壤发生层与单个土体图解

逐渐过渡到轻微风化的地质沉积层或基岩层，土壤学上称为母质层（即 C 层，parent material horizon）或母岩层（D 层，parent rock horizon）。

2. 聚合土体

由于土壤在时间和空间上均是呈连续状态存在的，故研究土壤及土壤环境总是从土壤剖面观察采样及化验分析入手，以了解土壤物质组成、性状及其与成土环境的关系。土壤剖面的立体化构成了单个土体（pedon），如图 6-1 所示。单个土体是土壤的最小体积单位，单个土体的形状大致为六面柱状体或四方柱体，根据土壤剖面的变异程度，单个土体的水平面积一般为 1~10 m^2。在空间上相邻、在物质组成和性状上相近的多个单个土体便组成聚合土体（polypedon），聚合土体相当于土壤系统分类中的基层单元土系或一个具体的土壤景观单元，它常被作为土壤野外调查、观察、制图及研究的重要对象。

3. 土壤系统简析

土壤是一个复杂的物质与能量系统，是由固体（包括矿物质、有机质和活性有机体）、液体（水分和溶液）、气体（空气）等多相物质和多土层结构组成的具有“活性”的物质系统。在土壤系统内部多相物质、各土层之间不断地进行着物质与能量的迁移、转化与交换，这是推动土壤发育与变化的内因和动力；土壤系统是环境地球系统的重要组成部分，土壤系统与大气圈、水圈、岩石圈、生物圈和智慧圈之间不断地进行物质迁移转化与能量交换，这是推动土壤形成和演变的外驱动力；同时土壤系统也是影响环境地球系统变化的重要原因；土壤作为陆地生态系统中最活跃的生命层，土壤物质与能量迁移转化，特别是土壤地球化学过程，在全球物质与能量循环过程中占据着重要的位置。

土壤系统具有高度非线性和可变性特征，土壤是自然界最为复杂的系统之一。它包含着复杂多样的物理、化学和生物过程，这使得土壤系统永远不能处于静止的平衡状态。若要真正了解土壤就必须以非线性理论为指导，从微观（原子、分子）水平上和宏观尺度上去认识和研究土壤。土壤系统界面具有两个特点：① 土壤系统在地表与大气圈、水圈、生物圈之间的界面比较清楚；② 在地表之下，土壤与岩石圈之间的界面是逐渐过渡的。因此在研究土壤系统时，对其界面应给予仔细界定。土壤的本质特性是土壤肥力和土壤自净能力，前者是指土壤为植物正常生长发育提供并协调营养和环境条件的能力。后者则是土壤在保持生态系统中生物的活性、多样性、调节水体和溶质的流动，过滤、缓冲、降解、固定无机物和有机物，调节与控制全球物质能量循环及全球环境变化等方面的性能。

6.1.2　土壤圈在环境地球系统中的作用

土壤圈是环境地球系统的组成部分，它处于大气圈、水圈、生物圈、岩石圈和智慧圈相互作用的交叉带上，是联系有机界与无机界的中心环节，也是联系各环境要素的纽带，如图 6-2 所示。土壤圈与大气圈进行着频繁的水分、热量、气态物质的迁移转化，土壤不仅因其疏松多孔性能接收大气降水、沉降物质以供应植物生长发育之需要，还能向大气圈释放 CO_2、CH_4、N_2O 等气体，参与地表物质循环过程，并对全球环境产生影响。土壤圈与水圈的关系密切，大气降水通过土壤过滤、吸持与渗透进入水圈，故土壤对水体物质组成产生了影响。土壤吸持水分以满足生命体对水分的需要；水分也是土壤圈物质能量迁移转化的重要载体和影响土壤性质的介质。土壤圈与岩石圈具有发生上的密切联系，岩石圈表层风化物是土壤形成的物质基础，是土壤中矿质营养元素的源泉，土壤侵蚀与堆积也是岩石圈中沉积岩形成的重要物源。土壤圈与生物圈的关系更为密切，土壤是陆地生物圈的载体，它支撑绿色植物并供应其适量的水分和养分，同时生物活动又对土壤圈的形成发育有重要影响。

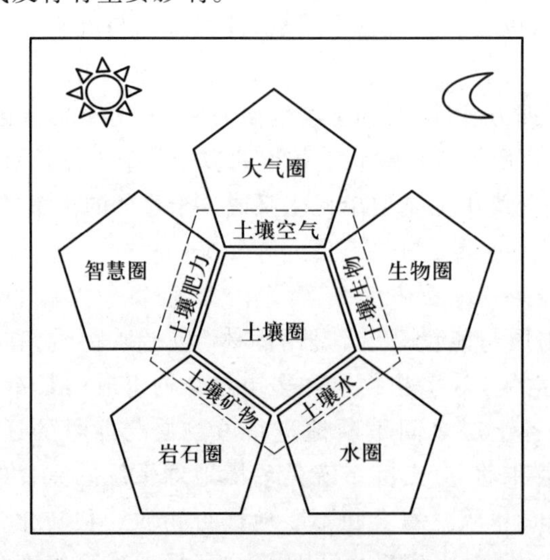

图 6-2　土壤圈在环境地球系统中的作用示意图

6.1.3 土壤圈与人类社会的发展

土壤圈对人类社会发展具有两个主要功能：一是为绿色植物光合作用提供并协调水分、养分、温度、空气等营养条件，向人类和陆生动物提供食物、饲料、纤维、燃料、中草药和原材料，故土壤是人类社会发展的重要自然资源；二是土壤形成发育过程可以分解和净化人类生存环境中的污染物，因而土壤既是陆地生态系统食物链的首端，又是维持生存环境质量的“净化器”。美国土壤学家维尔丁(Wilding L P)在1995年指出，土壤的生态环境功能包括：① 土壤肥力，即土壤有保持生物活性、多样性和生产性方面的功能；② 土壤有调节水体和溶质流动的能力；③ 土壤有过滤、缓冲、降解、固定并解毒无机物和有机物的能力；④ 土壤能够储存并循环生物圈及地表中的养分和其他元素；⑤ 土壤还具有支撑社会经济构架并保护人类文明遗产的能力。土壤圈与人类社会发展关系极为密切，已成为连接人类食物-淡水-能源的枢纽，如图6-3所示。

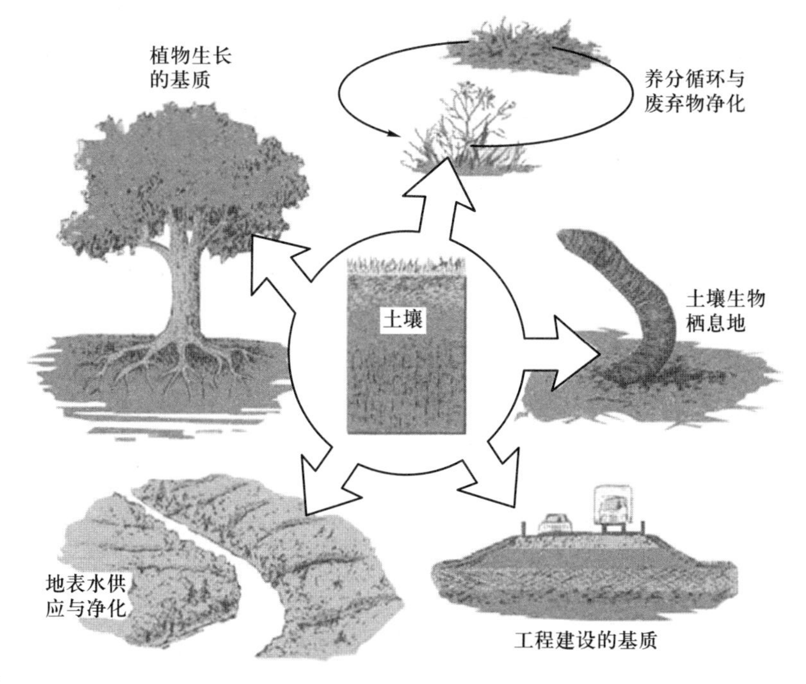

图6-3 土壤在陆地生态系统中的功能示意图

(资料来源：Brady N C，2000)

1. 土壤肥力

土壤肥力(soil fertility)是指土壤为植物生长发育供应、协调营养因素(水分和养分)和协调环境条件(温度和空气)的能力。虽然植物生长所必需的基本因素即光能和热量主要来源于太阳辐射，但空气(主要为O_2和CO_2)取自大气圈，而植物所需的水分和养分，主要通过植物根系从土壤圈吸取。植物之所以能立足于自然界经历风雨而不倾倒，也是由于其根系伸展在土壤圈之中，并从中获得土壤圈机械支持的缘故。土壤肥力及其生产力是农林牧业生产的基本保证，农林牧业生产过程包括植物性生产和动物性生产两个基本部分，其基本功能是为人类社会提供充足的食物和纤维等生活必需品。土壤不仅是植物生产的基本生产资料和基础,也是动物生产的基础,因为绝大部分养殖业以植物作为饲料,动物能够利用植物通过光合作用合成的有机物中的化学能和营养物来维持其生命活动。常言道“万物土中生”,就是这个道理。人们通过改良、合理开发与持续利用土壤资源以提高农林牧业的生产力,如开垦荒原、平整土地、耕作施肥、灌溉排水等。于是作为历史自然体的土壤便在人类活动影响下,逐渐向肥力更高的耕作土壤方向演化,使土壤最终成为人类劳动的产物。一般来说,开垦之前的土壤是在自然因素综合作用下形成的,称为自然土壤;自然土壤在被开垦利用之后,土壤虽仍然受自然因素的作用,但同时也承受人类因素的作用,人类通过有意识地改变土壤及其与成土环境要素之间的物质能量迁移转化过程,直接参与了土壤的发育过程,使自然土壤发育成为耕作土壤。因此,影响土壤圈演化的因素除了自然成土因素之外,人类活动也是其重要因素。人类活动的介入使土壤圈演化进入了新的阶段。当人类开发利用合理时,土壤肥力会不断提高,反之,则会引起土壤退化,如土壤侵蚀、土壤风蚀沙化、土壤次生盐碱化、土壤污染等。

2. 土壤自净能力

土壤自净能力(soil purification)是指土壤对进入土壤中的污染物通过各种物理过程、化学过程及生物化学过程,使污染物的浓度降低、毒性减轻或者消失的性能。土壤自净能力包括:① 物理自净,即通过扩散与稀释、淋洗、挥发、吸附、沉淀等使土壤中污染物浓度或活性降低的过程;② 化学自净,即通过溶解与沉淀、氧化与还原、化合与分解、酸碱反应、配位反应等过程,使土壤中污染物浓度或者活性降低、毒性减小或消失的过程;③ 物理化学自净,即通过土壤胶体的吸附和凝聚等物理化学过程,使土壤中污染物浓度或者活性降低、毒性减小或消失的过程;④ 生物自净,即指通过生物生理代谢,即生物降解与转化作用使土壤中污染物的浓度或者活性降低、毒性减少或者消失的过程。故土壤具有容纳消化污染物的性能(即土壤环境容量)。但土壤自净能力是有限的,如果利用不当就会导致土壤自净能力的衰竭以至丧失。由于现代工业生产排放大量“三废”(废渣、废水和废气),大都市所排放的大量生活污水不断深入土壤;现代农业高强度施用化肥和化学农药,已对区域土壤环境产生了深刻的影响,导致土壤自净能力衰竭以至丧失,形成日益严重的土壤污染。土壤污染不仅直接影响到农副产品的品质,危害人群的健康,还会影响土壤的“净化器”功能,妨碍土壤维护和改善人类生存环境质量的重要作用。因此,预防土壤污染,研发修复被污染土壤的新技术等也成为现代环境地学研究的新课题。

6.2　土壤矿物

土壤圈是具有一定物质组成、结构与空间格局、物质能量过程和功能的复杂系统,可从不同的层次和水平上来分析、认识土壤圈。土壤圈是一个可以从元素、化合物、土壤矿物、土壤有机-无机复合体、土壤结构体、土层、土壤剖面、单个土体、聚合土体、土壤景观、区域土壤等多个层次剖析的物质实体,如图 6-4 所示。当然在土壤矿物之间的空隙之中还存在着土壤空气、土壤溶液和土壤生物,故土壤圈是环境地球系统能够从宏观向微观进行分析、诊断的物质能量系统。土壤矿物主要来自成土母质,它是土壤的主要组成物质。土壤矿物构成了土壤的“骨骼”,它对土壤的矿质元素含量、性质、结构和功能影响甚大。按照发生类型可将土壤矿物划分为原生矿物、次生矿物、可溶性矿物(盐类)3 大类。

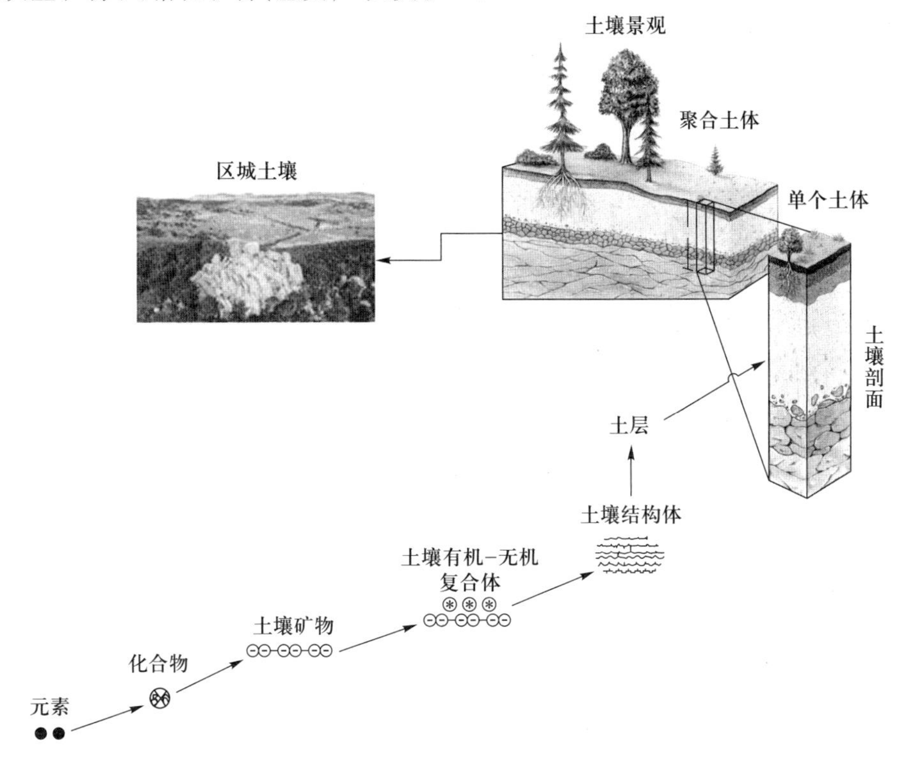

图 6-4　土壤圈组成物质的剖析过程示意图

6.2.1　原生矿物

土壤原生矿物(primary mineral)直接来源于成土母岩,特别是岩浆岩,它只受到不同程度的物理风化作用,其化学成分和结晶构造并未改变。土壤中原生矿物的种类和含量随着成土母岩类型、风化强度和成土过程的不同而异。随着土壤年龄的增长,土壤中原生矿物在成土因素作用下逐渐被分解,仅有微量极稳定矿物会残留于土壤中,使土壤原生矿物含量和种类逐渐减少,如图 6-5 所示。在风化与成土过程中,原生矿物供给土壤水分以可溶性成分,并为植物生长发育提供矿质营养元素如磷、钾、硫、钙、镁和其他微量元素。土壤原生矿物主要包括硅酸盐和铝硅酸盐类、氧化物类、硫化物、磷酸盐类等。

土壤是由成土母岩风化而形成的,所以土壤中原生矿物的数量和种类可用来说明土壤与成土母岩之间发生联系的紧密程度及土壤的发育程度。在成土过程中凡是不稳定的矿物首先被风化,在土壤中消失,而稳定的矿物则保存于土壤中。

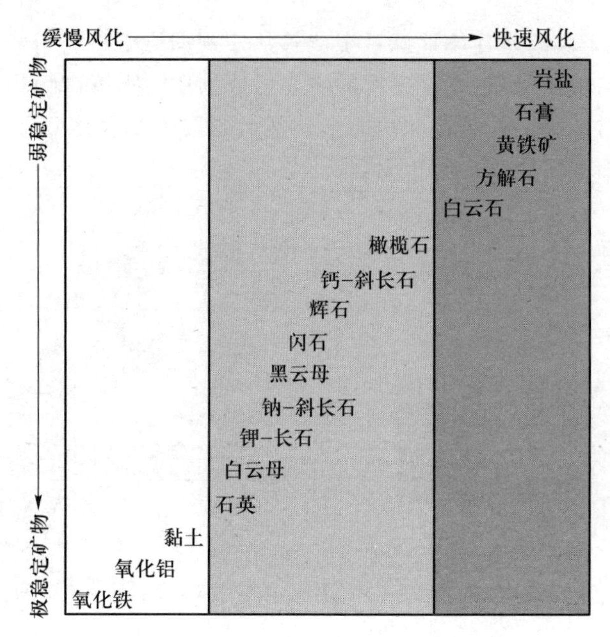

图 6-5　土壤矿物的风化及稳定性序列图

6.2.2　土壤矿物的形成与转化

1. 物理风化

土壤矿物的物理风化(physical weathering)是指矿物发生机械破碎,而没有化学成分及结晶构造变化的作用。矿物发生机械破碎主要是由温度变化及水分冻结与融化等作用所引起的,矿物的机械破碎会增加矿物颗粒的裂隙、孔隙和比表面积,使原不具有通透性的大岩块变为碎屑堆积物,为空气、水分及生物的侵入与蓄存创造了条件,从而加速了化学风化的进程。

2. 化学风化

土壤矿物的化学风化(chemical weathering)是指矿物在 H_2O、O_2、CO_2等作用下发生的化学分解作用。化学风化不仅使矿物的成分、结晶构造、性质等发生改变,还会产生新的矿物。矿物化学风化作用主要是溶解、氧化、水化和水解。矿物溶解作用是指在极性水分子作用下,矿物颗粒表面阴阳离子解离进入水体的过程。如食盐晶体溶解过程的化学反应方程式为:

$$NaCl_{(固)} + H_2O \longrightarrow Na^+ + Cl^- + H_2O$$

土壤矿物溶解程度大小主要与矿物本身组成、结晶构造和水溶液的温度有关。衡量矿物溶解程度的定量指标有溶解度和溶度积。溶解度是指在一定温度下,矿物在 100 g 溶剂中达到饱和状态时所溶解的克数[单位:g/(100 g)],通常在室温(20℃)下溶解度大于 10 g/(100 g)的矿物称为易溶矿物,溶解度为 1~10 g/(100 g)的矿物称为可溶矿物,溶解度为 0.01~1 g/(100 g)的矿物称为微溶矿物,溶解度小于 0.01 g/(100 g)的矿物称为难溶矿物,如表 6-1 所示。

表 6-1 一些土壤矿物的溶解度与溶度积(20 ℃)

矿物名称	分子式	溶解度/[g·(100g)$^{-1}$]	溶度积/K_{sp}
方解石	$CaCO_3$	0.006	3.8×10^{-9}
石膏	$CaSO_4$	0.204	2.4×10^{-5}
辉铜矿	Cu_2S	1.530×10^{-13}	3.0×10^{-48}
方铅矿	PbS	1.309×10^{-10}	3.0×10^{-27}
闪锌矿	ZnS	1.227×10^{-10}	1.6×10^{-24}
辰砂	HgS	1.474×10^{-23}	4.0×10^{-53}
铜蓝	CuS	2.354×10^{-15}	6.0×10^{-36}

溶度积是指在一定条件下饱和溶液中各离子物质的量浓度(或活度)的乘积,用 K_{sp} 表示,其一般通式为:

$$A_nB_{m(固)} \rightleftharpoons nA+mB$$

$$K_{sp}=[A]^n[B]^m$$

水化作用是指矿物晶体表面离子与水化合形成结构不同易碎散的矿物,这一作用有利于矿物的进一步分解。如:

$$2Fe_2O_3(赤铁矿)+3H_2O \longrightarrow 2Fe_2O_3\cdot3H_2O\ (褐铁矿)$$

水解作用是指水解离出的 H^+ 对矿物的分解作用,它是化学分解的主要过程,可使矿物彻底分解。根据矿物在水解过程中的分解顺序可划分为:脱盐基阶段,即 H^+ 交换出矿物中的盐基离子形成可溶盐而被淋溶的过程;脱硅阶段,即矿物中硅以游离硅酸形式被析出并被淋溶的过程;富铝化阶段,即矿物被彻底分解,硅酸继续淋溶而氢氧化铝相对富集的过程。以正长石水解为例。

脱盐基阶段:$K_2Al_2Si_6O_{16}(正长石)+H_2O \longrightarrow KHAl_2Si_6O_{16}(酸性铝硅酸盐)+KOH$

$KHAl_2Si_6O_{16}+H_2O \longrightarrow H_2Al_2Si_6O_{16}(游离铝硅酸盐)+KOH$

脱硅阶段: $H_2Al_2Si_6O_{16}+5H_2O \longrightarrow H_2Al_2Si_2O_8\cdot H_2O(高岭石)+4H_2SiO_3$

富铝化阶段:$H_2Al_2Si_2O_8+4H_2O \longrightarrow 2Al(OH)_3+2H_2SiO_3$

土壤矿物的风化过程不仅在时间上具有明显的阶段性,还在空间上表现出一定的地带性,如极端寒冷干旱的南极大陆寒漠地区土壤矿物风化以物理风化为主,地表以饱和硅铝型风化物为主;在温带、亚热带干旱荒漠地区土壤矿物风化以物理风化、溶解过程为主,地表以碳酸盐、石膏等风化壳为主;在温暖湿润的温带地区土壤矿物风化以水化、脱盐基过程为主,地表以碎屑状硅铝风化壳为主;在湿热的热带、亚热带地区土壤矿物风化以脱硅、富铝化过程为主,地表则以硅铁质、硅铝质风化壳为主。故土壤矿物风化过程在空间和时间上都是相互紧密联系在一起的,如图 6-6 所示。

3. 生物风化

土壤矿物的生物风化(biological weathering)是指生物在生命活动中和生物残体的分解物对矿物的分解作用。如植物根系在生长过程中会对岩石或矿物产生机械压力,促使岩石或矿物破

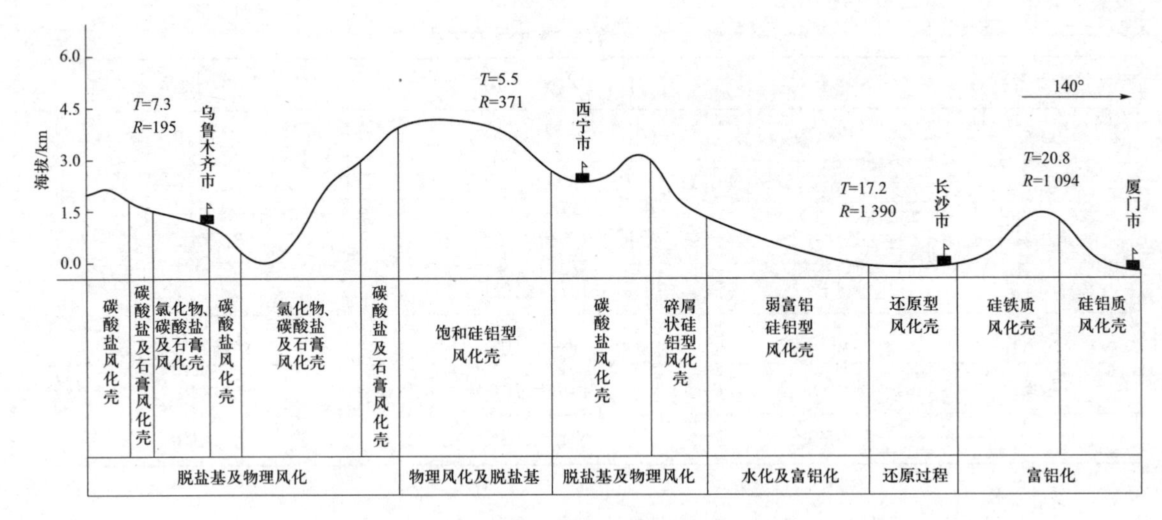

注：T 为年均气温，℃；R 为年均降水量，mm。

图 6-6　中国地表风化壳及其类型分异断面图

（资料来源：改自熊毅等，1990）

碎裂解，再如穴居动物也会对土壤矿物产生各种各样的机械破坏作用。另外生物呼吸作用产生的 CO_2、生物生理代谢过程产生的多种有机酸、生物残体分解产生的多种有机酸均可加速土壤矿物的分解过程。

4. 影响土壤矿物风化的因素

土壤矿物组成、结晶构造及理化性质是影响矿物风化过程和程度的内在因素。一般来说，矿物化学成分复杂（如含盐基离子较多）的矿物，较易于物理风化，化学分解比较复杂，如在岩浆冷却过程中最先结晶的矿物更容易被风化。在环境地球系统中，水分、温度、介质的 pH 和 *E*h 都是影响矿物风化过程的外在因素。一般随着温度、湿度和酸度的增加，矿物化学风化的程度亦随之增强，如在高温高湿、强酸性热带雨林地区的矿物风化过程最为强烈，其表土中原生矿物已被风化殆尽。环境介质 *E*h 主要影响含有变价元素矿物的风化过程，如铁、锰氧化物在 *E*h 较高的氧化条件下呈惰性，在 *E*h 较低的还原条件下则是可溶性化合物，另外生物因素对矿物风化也有极为重要的影响，其对矿物风化的影响方式可归结为：① 植物根系的穿插可加速矿物的机械破碎；② 生物体分泌的有机酸，可极大地促进矿物的溶解、水解过程。

6.2.3　次生矿物

在矿物风化和成土过程中新形成的矿物称为次生矿物（secondary mineral），它包括各种简单盐类、次生氧化物和铝硅酸盐类矿物。次生矿物是土壤矿物中最细小的部分（粒径小于 0.002 mm），与原生矿物不同，次生矿物多具有活动的晶格，呈现高度分散性，并具有强烈的吸附代换性、膨胀性和明显的胶体特性，故又称为黏土矿物。次生矿物影响土壤的许多理化性状，如土壤吸附性、胀缩性、黏着性及土壤结构等，这在土壤环境学研究上具有重要的意义。

1. 次生矿物的形成过程

次生矿物是在原生矿物分解过程中，因晶体结构尚未完全解体而降解形成的新矿物，如正长石吸水脱钾就形成了水化云母，继续脱钾就形成了蒙脱石，继而再脱硅就形成了高岭石，最后彻底分解而形成了含水铁铝氧化物。矿物在不同自然环境中的具体分解过程及其产物是不相同的，如图6-7所示。如富镁铁的黑云母水化脱钾就形成了绿泥石，继续脱钾、镁、铁就形成了水化云母或蛭石。还有一些次生矿物是原生矿物晶体彻底分解后，再由其分解产物重新合成、再结晶形成新的矿物，如硅、铁、铝氧化物凝胶共同沉淀可形成水铝英石或单独结晶为各种次生氧化物。

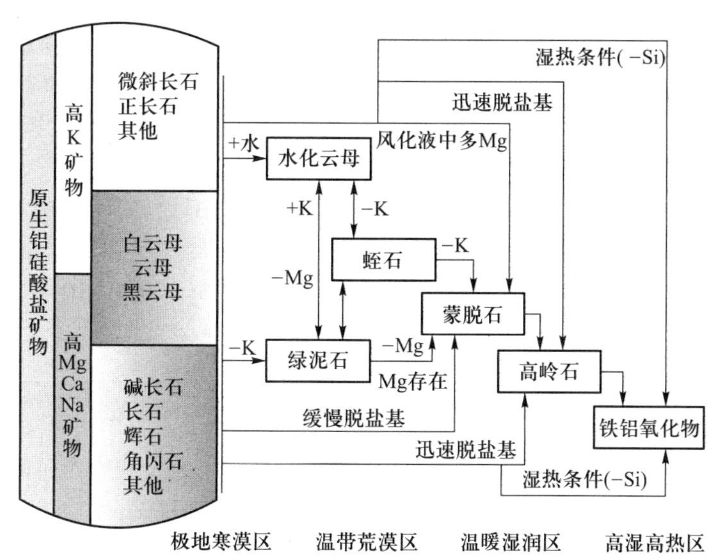

图6-7 不同自然环境中次生矿物形成的一般模式

2. 易溶盐类

易溶盐类矿物是由原生矿物脱盐基或土壤溶液中易溶盐离子析出而形成的，包括碳酸盐（如Na_2CO_3）、重碳酸盐[如$NaHCO_3$、$Ca(HCO_3)_2$]、硫酸盐（如$CaSO_4$、Na_2SO_4、$MgSO_4$）、氯化物（如NaCl）等。它们常见于干旱半干旱地区和半湿润大陆性季风气候区土壤中，在滨海地区的土壤中也会大量出现。土壤中易溶盐过多会引起植物根系的原生质核脱水收缩，危害植物正常生长发育。

3. 次生氧化物类

次生氧化物类主要由原生矿物脱盐基、水解和脱硅后形成，主要包括SiO_2、Al_2O_3、Fe_2O_3和MnO_2等。SiO_2主要由土壤溶液中溶解的SiO_2在酸性介质中发生聚合凝胶而成，以SiO_2凝胶和蛋白石（$SiO_2 \cdot nH_2O$）为主。Al_2O_3是铝硅酸盐在高温高湿条件下高度风化的产物，是土壤中极为稳定的矿物，其主要包括三水铝石（$Al_2O_3 \cdot 3H_2O$）和一水铝石（$Al_2O_3 \cdot H_2O$），多见于热带地区的土壤中。Fe_2O_3是原生矿物在高温高湿条件下高度风化或者在潴水条件下氧化还原过程的产物，这是土壤中重要的染色矿物。其主要包括褐红色的赤铁矿（Fe_2O_3）、黄棕色的针铁矿（$Fe_2O_3 \cdot H_2O$）、棕褐色的褐铁矿（$Fe_2O_3 \cdot H_2O \cdot nH_2O$），即土壤中$Fe_2O_3$不断水化就形成了黄色的水化氧化铁。$MnO_2$是原生矿物在高温高湿条件下高度风化或者在潴水条件下氧化还原过程的产物，也是土壤中重要的染色矿物，其主要是MnO和MnO_2，常以棕色、黑色胶膜或结核状态存在于土壤颗粒表面。

4. 次生铝硅酸盐

次生铝硅酸盐是原生矿物化学风化过程中的重要产物，也是土壤中化学元素组成和结晶构造极为复杂的次生矿物。次生铝硅酸盐类矿物晶体的基本结构单元由若干硅氧四面体连接形成的硅氧片和若干铝氧八面体连接形成的水铝片构成。一系列的硅氧四面体通过共用氧原子连接成平面形成一个片状的四面体层，同样大量的铝氧八面体通过共用氧原子相互连接成八面体层，这两种片层以不同排列和组合形成了铝硅酸盐矿物的基本构造单元，在其晶体内部四面体层与八面体层之间也是通过共用氧原子连接起来的。根据次生铝硅酸盐矿物晶体内所含硅氧四面体层（硅氧片）和铝氧八面体层（水铝片）的数目和排列方式，可以将其划分为1∶1型和2∶1型两大类，其中 1∶1 型矿物主要有高岭石类矿物，2∶1 型矿物主要有蒙脱石类、水云母类和蛭石类矿物。

高岭石类矿物包括高岭石和埃洛石，其典型分子式为 $Al_4(Si_4O_{10})(OH)_8$或$Al_2O_3 \cdot 2SiO_2 \cdot 2H_2O$，可见高岭石类矿物的硅铁铝率为 2，其晶架由一个硅氧四面体层与一个铝氧八面体层重叠而成，属于 1∶1 型矿物。由于该矿物晶体单元一面是氧原子，另一面是 OH 群，因而在相邻两个晶体单元之间就形成了氢键使得晶层之间距离固定不变，遇水不易膨胀，故属于非胀缩性矿物，它们的吸水力、可塑性、黏着性均较弱。

蒙脱石类矿物主要包括蒙脱石、绿脱石、拜来石等，其分子式为$Al_4Si_8O_{20}(OH)_4 \cdot nH_2O$ 或 $Al_2O_3 \cdot 4SiO_2 \cdot H_2O \cdot nH_2O$，它们的硅铁铝率为 4，其构晶架由两个硅氧四面体层与一个铝氧八面体层重叠而成，属于 2∶1 型矿物。由于其晶体单元的两面都是氧，故相邻晶层之间联系力微弱，并且巨大的内表面遇水易膨胀，故它们属于胀缩性矿物。2∶1 型矿物普遍具有同晶替代现象，使得该矿物带有负电荷，因而具有较强的吸附阳离子的能力、可塑性和膨胀收缩性能。蛭石与蒙脱石同属于 2∶1 型矿物，但蛭石晶体八面体中的部分铝被镁所取代，其性质与蒙脱石类似。

水云母类矿物属于2∶1 型矿物，其典型分子式为$[K_y(Al_4Fe_4)Mg_4 \cdot Mg_6(OH)_4](Si_{8-y} \cdot Al_y)O_{20}$，其硅铁铝率也为 4。水云母类矿物结晶构造与蒙脱石类似，只是在相邻晶层之间有 K^+存在，由于 K^+盐桥作用使得晶层间结合紧密，其晶层厚度仅为 1 nm 左右，遇水时膨胀受限制因而胀缩性较小。水云母类矿物也有同晶替代现象并带有负电荷，其吸附阳离子的能力介于高岭石与蒙脱石之间，且主要吸附的是 K^+，故含水云母多的土壤 K 素养分较丰富。

6.3　土壤有机质和土壤生物

土壤有机质是土壤重要的组成成分和土壤肥力的物质基础，也是土壤形成发育的主要标志。土壤有机质可分为两大类：非特异性土壤有机质和土壤腐殖质，前者是有机化学中已知的普通有机化合物，主要来源于动植物和土壤微生物的残体，包括绿色植物根、茎、叶的残体及其分解产物和代谢产物，人类通过施用有机肥也会增加非特异性土壤有机质的数量；后者属于土壤所特有的、结构极为复杂的高分子有机化合物。

6.3.1 土壤有机质的来源与组成

土壤有机质的原始来源是植物组织,在自然条件下,树木、灌丛、草类、苔藓、地衣和藻类(即生产者)的躯体都可为土壤提供大量有机残体。在耕作条件下农作物大部分被人们从耕作土壤上移走,但作物的某些地上部分和根部仍残留于土壤中。土壤动物如蚂蚁、蚯蚓、蜈蚣、鼠类等(消费者)和土壤微生物(分解者)也是土壤有机质的来源,它们分解各种原始植物组织,为土壤提供排泄物和死亡后的尸体。植物残体(鲜)水分含量一般为60%~90%,因植物种类及其生境而异,但绝大多数植物的水分含量约为75%。以质量为基础则干物质中最多的是碳和氧,其次是氢,它们合计占有机干物质总质量的90%以上。其他元素(如N、S、P、K、Ca、Mg、Fe、Si、Na等)虽然含量较少,但它们对于植物、动物和微生物的正常生长发育都起着不可替代的作用。一般来说,从低等植物藻类、地衣到高等植物草本植物、阔叶林和针叶林,植物凋落物灰分含量依次降低,如表6-2所示。但不同地理环境中生长的植物其体内灰分含量差异巨大,在冰沼地生长的植物灰分含量仅1.5%~2.5%,在温带草原区生长的植物灰分含量在2.5%~5.0%,在亚热带荒漠区生长的旱生植物灰分含量可高达10%以上,生长在盐成土及滨海盐土上的盐生植物灰分含量可高达30%以上。

表6-2 各种植物凋落物的灰分和矿质成分含量顺序

植被类型	灰分/($g \cdot kg^{-1}$)	灰分中矿质成分含量顺序
荒漠植被	400~550	$Na_2O>Cl>SO_3>SiO_2>P_2O_5>MgO$
半荒漠植被	200~300	$Na_2O>Cl>SO_3>P_2O_5>MgO$
干草原植被	120~200	$Na_2O \approx Cl \approx K_2O \approx CaO \approx SO_3>P_2O_5>MgO$
草甸草原	20~120	$SiO_2>K_2O>CaO>SO_3>P_2O_5>MgO>Al_2O_3>Fe_2O_3$
冷杉云杉	58	$SiO_2>CaO>Al_2O_3>Fe_2O_3>MgO>K_2O$
常绿阔叶林	55.7	$SiO_2>CaO>MgO>Al_2O_3>K_2O>Fe_2O_3>Na_2O$
针阔混交林	33.0	$CaO>SiO_2>K_2O>MgO>Al_2O_3>Fe_2O_3>Na_2O$
草甸植被	20~40	$CaO>K_2O>SO_3>P_2O_5>MgO>SiO_2>Fe_2O_3$

植物组织中所含的化合物主要有糖类、蛋白质、木质素、脂肪、蜡质、鞣酸、嘧啶、树脂、色素等。其中糖类主要由C、O、H构成,包括单糖、双糖和多糖(如淀粉、纤维素和半纤维素)。它们占土壤有机质的15%~27%,是非特异性有机质的主要组成部分。糖类在土壤中极易被微生物分解,也是土壤微生物活动的主要能源物质。木质素多存在于较老的植物组织中,如茎和其他木质组织,其主要成分也是C、O、H等。木质素是一类极为复杂并带有苯环结构的高分子化合物,故在土壤中很难被分解。蛋白质是植物组织中结构复杂的化合物,其元素组成中有C、O、H、N、S、P等,也是土壤中容易被微生物分解的有机化合物,其分解产物氨基酸类化合物则是土壤腐殖质的重要组成物质。上述植物组织在土壤微生物的作用下也会形成有机酸,再加上植物根系分泌的有机酸,对土壤矿物的风化、养分的释放及土壤理化性质均有重要的影响。

土壤有机质含量取决于土壤有机物的输入量与矿质化消耗量、淋溶流失量的动态平衡,土壤有机物中某个化学元素的周转更新状况通常采用该元素的平均残留时间(mean residence time,MRT)来表示,即在稳定状态下特定的汇中该元素的平均残留时间。土壤有机物转化过程通常被假定遵循一级动力学方程，即土壤有机物被分解的速率与有机质总量成正比。土壤有机物的 MRT 可以运用土壤有机物中 C 和 N 的一级动力学模拟、^{14}C 测年和 ^{13}C 自然丰度测量等多种方法来测定，此外 ^{14}C、^{13}C 和 ^{15}N 示踪技术也可以用来测量进入土壤中的有机物腐解的速率。相对于 P、S 而言，学术界更加关注土壤中的 C、N 动态变化，例如，赵烨等 1999 年运用 ^{14}C 测年法测定亚南极海洋性气候区苔藓泥炭(沼泽土壤)层的堆积速率，揭示了近 4 300 年来南极乔治王岛菲尔德斯半岛的环境变化特征。运用多种方法观测的土壤总有机碳的 MRT 变化范围为 10^1 ~ 10^3 年，MRT 一般随着土壤形成的气候条件、土壤类型和土地利用状况的不同而变化。由于土壤有机物具有非均匀性，这就需要运用不同的汇来描述土壤有机碳的动态状况，即土壤有机物中不同的概念子集具有特定的 MRT。例如，罗桑斯特模型将土壤有机碳划归为 5 个汇：可分解的植物残体(其半衰期为 2 个月)、耐久的植物残体(其半衰期为 2.3 a)、土壤生物质(其半衰期为 1.7 a)、物理固化的有机物(slow C，其半衰期为 50 a)、长期化学固化的有机物(其半衰期约为 2 000 a)。有关这些具有可测量有机质组分的动态汇之间或功能性汇之间的相关性目前还难以建立，有调查研究表明，不同的颗粒状有机物具有截然不同的更新速率，在罗桑斯特模型中一般常用总颗粒状有机物作为耐久的植物残体替代者，然而那些具有惰性的碳汇则是预测土壤碳储量变化的关键因素，目前还没有掌握这些碳汇中可测量组分之间的相关性。

6.3.2　土壤腐殖质

土壤腐殖质(soil humus)是土壤特异有机质，也是土壤有机质的主要组成部分，一般占有机质总量的 50% ~ 65%。腐殖质是一种分子结构复杂、抗分解性强的棕色或暗棕色无定形胶体物，是土壤微生物利用植物残体及其分解产物重新合成的一类有机高分子化合物。根据土壤腐殖质在不同溶剂中的溶解性，可将其分离为胡敏酸、富里酸、棕腐酸和胡敏素，如图 6-8 所示。

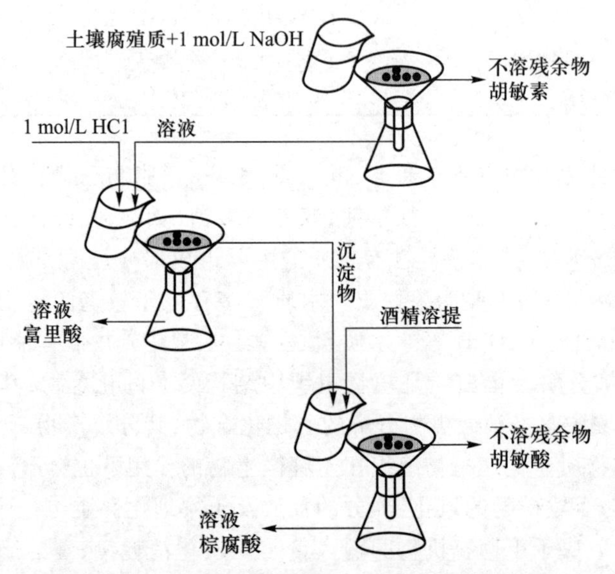

图 6-8　土壤腐殖质的组分及其分离过程示意图

土壤腐殖质主要由C、H、O、N、S、P等营养元素组成。从元素组成来看,胡敏酸含C、N、S较富里酸高,而O含量则较富里酸低,如表6-3所示。在土壤腐殖质中含氮组分的主要形态有蛋白质-N、肽-N、氨基酸-N、氨基糖-N、NH_3-N,以及嘌呤、嘧啶、杂环结构上的N。在不同环境条件下土壤腐殖质含氮组成有明显差异,在热带土壤中有较多的酸性氨基酸,相反在北极土壤中这类氨基酸含量较低,而热带土壤所含碱性氨基酸较少。实验观察表明,自然土壤中氨基酸的组成与细菌产生的氨基酸非常相似。另外土壤腐殖质表面还吸附大量阳离子,如Ca^{2+}、H^+、Mg^{2+}、K^+、Na^+、NH_4^+等。可见土壤腐殖质是土壤中营养元素的重要载体。土壤腐殖质主要由胡敏酸和富里酸组成,而构成胡敏酸和富里酸的结构单元主要有糖类、氨基酸、芳香族化合物及多种官能团如羧基、醇羟基、酚羟基、醌基、酮基和甲氧基等,但这些结构单元在胡敏酸与富里酸中所占比例有明显的差异。

表6-3　胡敏酸(HA)与富里酸(FA)的特性分析

项目	元素含量/%					总酸度	官能团组成/(mg·g^{-1})					
	C	H	N	S	O		羧基	酚羟基	醇羟基	醌基	酮基	甲氧基
HA	56.4	3.7	4.1	1.1	33.9	6.6	4.5	2.1	2.8	2.5	1.9	0.3
FA	50.9	3.2	0.7	0.3	44.8	12.4	9.1	3.3	3.6	0.6	2.5	0.1

资料来源:Schnitzer M, 1991。

土壤腐殖质的分子结构及相对分子质量至今仍在研究之中。近年来借助电子显微镜、核磁共振技术、色谱质谱分析方法进行土壤腐殖质的分析,结果表明在稀溶液中,土壤腐殖质分子的基本组成单元为直径9~12 nm的球体,这些球体又相互聚合形成扁平、伸展、多支的细丝状或线状纤维束的聚合体,其直径为20~100 nm。但土壤腐殖质中的胡敏酸与富里酸在结构、形态、相对分子质量及物理化学性质等方面也有明显差异。胡敏酸是溶解于碱、不溶于酸和酒精的一类高分子有机化合物,具有胶体特性。其分子结构具有明显的芳香化,故芳香结构体是胡敏酸的结构基础,这些芳香结构体的核部具有疏水性,外围则有各种官能团,多数官能团具有亲水性,官能团中羧基、酚羟基可在水溶液中解离出H^+,从而使胡敏酸具有弱酸性、吸附性、弱溶解性和阳离子交换性能。胡敏酸的一价盐均溶于水,而二价盐和三价盐则不溶于水,因此土壤腐殖质中的胡敏酸对土壤结构体、保水保肥性能的形成起着重要的作用。

富里酸是溶解于碱和酸的高分子有机化合物,富里酸分子结构中芳香结构体聚合程度较低,其外围官能团中羧基、醇羟基增多,故富里酸在水溶液中可解离出更多的H^+,表现出较强的酸性。富里酸也具有相对较弱的吸附性和阳离子交换性能,其盐类均溶于水,故对促进矿物风化和养分的释放有重要作用。胡敏酸和富里酸在土壤中可以游离态的腐殖酸或腐殖酸盐形式存在,亦可与铁、铝结合成凝胶状态,它们多数与次生黏土矿物紧密结合形成有机-无机复合体,对土壤肥力形成起着重要的作用。此外,土壤腐殖质还与重(类)金属元素、有毒有机物结合形成非水溶性络合物,使土壤中这些有毒有害物质对生物的危害性降低,从而形成了土壤自净能力的物理化学基础。

6.3.3 土壤生物

土壤生物主要是指土壤中的植物、动物、微生物及地上部分的动植物,它们以最紧密的方式和各种生物的生命活动联系在一起。在陆地生态系统中,土壤生物扮演着消费者与分解者的双重角色,通过食物链将生产者、消费者和分解者联系起来。土壤动物种类数以千计,但按其形态和食性可分为:大型食草动物(如鼠类、弹尾虫、蜈蚣、蚂蚁、甲虫、螨虫等)、大型食肉动物(如鼹鼠、蜘蛛、假蝎、某些昆虫等)、微型动物(个体大小不足 0.2 mm ,如原生动物、线虫等),如图 6-9 所示。土壤动物是有机质的消费者和分解者,在土壤中有搅动、粉碎和吞食有机质的功能,故它们在土壤有机质转化及土壤结构体的形成等方面具有重要的作用。土壤微生物是一群形体微小(微米级)、构造简单的单细胞或多细胞原核生物或真核生物。土壤微生物的特点是繁殖快、具有多种多样的生命活动类型,它们在土壤中的数量巨大,每克土可达 10^6个以上,能扩散到土体中的各个部分,它们对土壤有机质能够进行分解与合成,故在土壤圈物质转化和循环中起着重要的作用。按照土壤微生物有机体的组织及其生理特性可分为细菌、真菌、放线菌和藻类 4 大类。

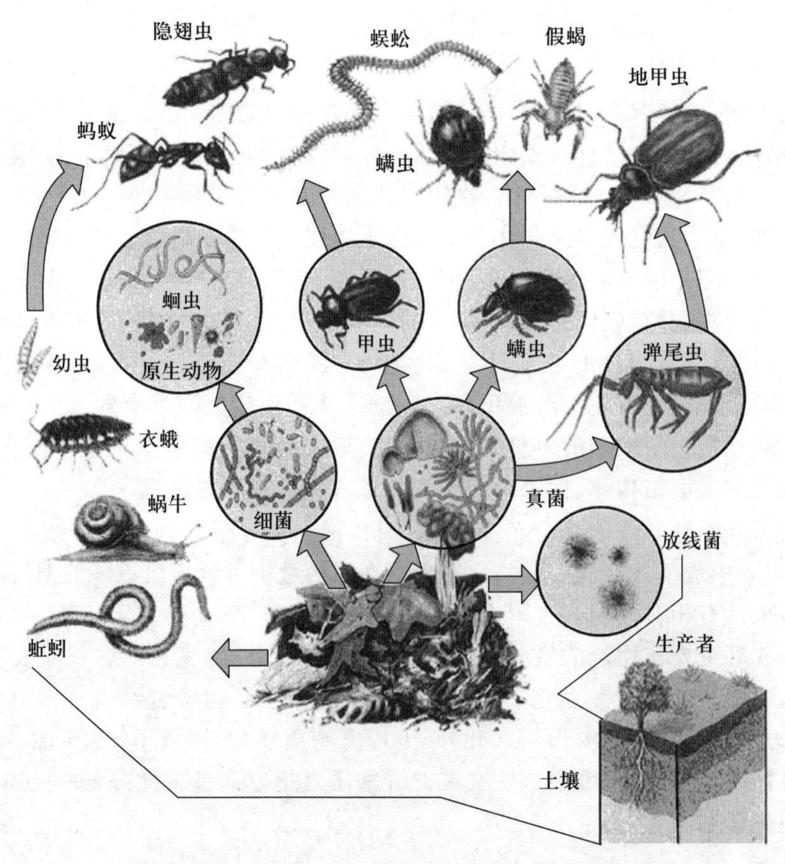

图 6-9　土壤生态系统组分——主要土壤生物图式

(资料来源:Miller G T, 1996)

细菌是单细胞或多细胞的微小原核生物，其大小仅有 0.5～2.0 μm，呈球形、杆形、弧形、螺形或长丝形，它们以两等分分裂繁殖为主。据记载，土壤中细菌有近 50 属 250 种。依据营养生活方式可划分为自养型细菌和异养型细菌。其中自养型细菌可直接吸收 CO_2和水，依靠光能或化学能生活，如光能细菌、化能自养细菌都是原始有机质的创造者；异养型细菌所需养分和能量都是通过分解现成的有机质而获得。土壤中绝大多数细菌属于异养型细菌，它们是土壤有机质转化及养分循环过程中的重要分解者。在土壤学研究中常按异养型细菌生活对氧气的需要程度将细菌划分为好氧细菌、厌氧细菌和兼性细菌。此外，土壤中还有自生固氮细菌及豆科植物根际的共生固氮细菌（根瘤菌）等，它们能直接从大气圈吸收利用氮素，这对增加土壤中氮素含量、促进土壤氮素循环过程均具有重要的作用。

真菌是生活在土壤枯枝落叶层或腐殖质层的单细胞或多细胞异养腐生微生物，其菌体为单细胞或由菌丝组成。土壤中真菌的种类繁多，已鉴别出的有 170 属 690 种，根据其营养体的形态和生殖方式的不同可将它们归结为藻状菌纲、子囊菌纲、担子菌纲和半知菌纲。土壤真菌的繁殖方式主要有营养繁殖、无性繁殖和有性繁殖。其中营养繁殖是指菌丝体的再生力很强，断裂后在适宜条件下就可长成新个体，人们培养真菌时常利用它这一特性来繁殖与扩大菌种；真菌的无性繁殖功能极其发达，并形成各种孢子，不产生孢子的真菌是极少数；真菌的有性繁殖是通过不同性细胞的结合产生一定形态的有性孢子来实现的。真菌属于好氧、耐酸能力强的微生物，是土壤有机质特别是木质素的有效分解者，在酸性森林土壤的有机质转化中起着重要的作用。

放线菌是指具有真的菌丝或分枝丝状体的细菌，在形态上介于细菌与真菌之间，它同真菌的主要区别是原核而不是真核，常从一个中心向周围辐射生长。放线菌是好氧异养微生物，比较耐干旱和高温，对土壤 pH 最适应范围为 6.5～8.0。它能有效地分解纤维素、半纤维素、蛋白质及木质素，在亚热带及温带干旱半干旱地区土壤有机质转化中起着重要作用。

藻类是含有叶绿素和其他辅助色素的低等自养植物，其躯体一般构造简单，单细胞、群体或多细胞无根茎叶的分化。在土壤中常见的藻类有蓝绿藻和绿藻，它们多分布于湿润清洁的表土中，其中水稻土尤多。藻类对于改善水稻土氧的供应状况、氮素固定都具有重要的意义；对于寸草不生的荒漠土、南极裸岩区、浅水区新成土的发育有明显的促进作用，特别是藻类与地衣共生对于南极大陆无冰区原始土壤的有机质积累起着决定性作用。

土壤动植物残体及土壤腐殖质在微生物作用下可分解成简单的有机化合物，直至最终被彻底分解成无机化合物，如 CO_2、CO、H_2O、NO_2、NH_3、N_2、H_2S、CH_4等的过程，称为土壤有机质矿质化过程。由于土壤有机质的种类和组成不同、土壤环境条件及微生物种群的不同，矿质化的速度和产物都有较大的差异。土壤中各种糖类如多糖类在细菌、真菌和放线菌的作用下，首先被分解为单糖，单糖在土壤通气良好的状况下，由好氧微生物进行生物化学氧化，最终分解成为 CO_2和 H_2O，并释放大量热能；在厌氧条件下产生 CO_2、CH_4、H_2O，其中 CO_2是植物光合作用的重要碳源。在排水不良的土壤如沼泽土、水稻土中可看到有 CH_4逸出，故土壤中糖类矿质化对大气圈中温室气体有一定程度的贡献。土壤中含氮有机物主要为蛋白质、腐殖质、生物碱等，它们大多数在土壤中呈非挥发性、水溶性或胶体状态。在测定土壤中不同形态氮素时，一般按 Bremner 法将土壤氮素划分为残渣氮、氨态氮、氨基酸态氮、氨基糖态氮和酸解未鉴定氮等，在各种含氮有机物中，结合态氨基酸、氨基糖是土壤中已知的主要含氮有机物。土壤中含氮有机物转化主要有 3 个过程，即氨化、硝化和反硝化过程。

土壤中含氮有机物通过水解、氧化或还原，都可使氨基酸分解而产生氨，包括好氧和厌氧的多种氨化细菌，都可以在上述转化中起作用。氨又可在土壤中亚硝化细菌和硝化细菌的作用下被氧化成亚硝酸和硝酸，其硝化过程发生的条件是土壤 pH 为 6~9，通气良好且土壤有机质C/N小于 20，在酸性土壤中施用适量石灰有利于硝化作用的进行，其反应式为：

$$2NH_3+3O_2 \xrightarrow{\text{亚硝化细菌}} 2NO_2^-+2H_2O+2H^++661\ kJ$$

$$2NO_2^-+O_2 \xrightarrow{\text{硝化细菌}} 2NO_3^-+176\ kJ$$

当土壤的通气状况不良，如土壤淹水或土体紧实而透气较差时则发生反硝化过程，如果土壤的 pH 较高且 C/N 比值过大也易于进行反硝化过程：

$$C_6H_{12}O_6(\text{单糖})+12NO_3^- \xrightarrow{\text{反硝化细菌}} 6H_2O+6CO_2\uparrow+12NO_2^-$$

$$2NO_2^- \longrightarrow 2NO \longrightarrow N_2O \longrightarrow N_2$$

土壤中动植物残体在微生物作用下进行分解转化的同时，其部分分解产物又在微生物的作用下重新聚合形成腐殖质，腐殖质的形成过程是非常复杂的生物化学过程。

6.4　土壤流体组分与理化性质

土壤流体组分是指存在于土壤孔隙中的土壤空气和土壤溶液，它们都是土壤的重要组成成分，也是构成土壤肥力与土壤自净能力的重要因素。

6.4.1　土壤空气来源和组成

土壤空气来源于近地大气层并经过土壤微生物的改造，即土壤微生物呼吸过程及有机质分解过程均要消耗 O_2 而释放 CO_2，故土壤空气与大气有近似之处，但也存在明显的差异。观测资料表明，土层中土壤空气中的 CO_2 绝对含量一般为0.20%~4.5%，并不很高，但已是近地大气层中 CO_2 含量的 6~300 倍，此外随着土壤深度的增大，土壤空气中 CO_2 含量急剧增加，而 O_2 含量急剧减少，如表6-4所示。土壤空气中水汽经常处于饱和状态，在土壤有机质分解过程中也可产生微量的 CH_4、H_2S、C_2H_5OH、NH_3 等。土壤空气成分取决于土壤有效孔隙度、生物化学反应速率和气体交换速率。

表6-4　不同深度土壤中空气与大气的成分比较

土壤剖面深度/cm	冬季（体积分数/%）		夏季（体积分数/%）	
	CO_2	O_2	CO_2	O_2
30	1.2	19.4	2.0	19.8
61	2.4	11.6	3.1	19.1
91	6.6	3.5	5.2	17.5
122	9.6	0.7	9.1	14.5

续表

土壤剖面深度 /cm	冬季（体积分数/%）		夏季（体积分数/%）	
	CO_2	O_2	CO_2	O_2
152	10.4	2.4	11.7	12.4
近地大气层	0.03	20.97	—	—

资料来源：Scott H D，2000。

土壤空气成分对生物活动具有明显的影响，首先土壤通气状况不良对土壤微生物活动影响强烈，只有厌氧和兼性微生物才能在通气不良的条件下正常地活动。它们能利用化合态的氧，在土壤中产生 Fe^{2+}、Mn^{2+}、H_2S、CH_4等，这些物质对高等植物常常是有毒的；其次土壤通气不良会对高等植物活动带来许多危害，如制约植物特别是植物根系的生长，阻碍植物根系对水分和养分的吸收等。观测研究发现，苹果树根在土壤空气中 O_2含量为 3%以上时才能生存，O_2含量在5%～12%时才可满足其根系生长的需要，且新根的生长至少要求土壤空气中 O_2含量为 12%。另外土壤通气状况及气体组成对土壤中许多污染物的迁移转化具有重要的影响。

土壤中不断进行的动植物呼吸作用和微生物对有机质的生物化学分解作用，使土壤空气中的 O_2不断被消耗和 CO_2不断累积，其结果引起土壤空气中 O_2、CO_2浓度与近地层大气中 O_2、CO_2浓度之间的差异扩大，这样必然促进 O_2、CO_2气体分子扩散。分子扩散是由分子的随机运动（布朗运动）所引起的质点分散现象，气体分子扩散运动过程服从菲克（Fick）第一定律，即分子扩散运动的质量通量与环境介质中扩散物质的浓度梯度成正比，即：

$$I_x = -E_m \frac{dc}{dx} \tag{6-1}$$

式中：I_x为 x 方向上扩散的气体分子迁移质量通量；E_m 为气体分子在环境介质中的扩散系数；c 为气体分子在环境介质中的浓度。分子扩散运动是各向同性的，式中负号表示分子扩散运动方向与浓度梯度方向是相反的。土壤与近地层大气之间的 O_2、CO_2扩散过程也称为土壤呼吸作用。

土壤气体交换速率直接反映土壤通气状况，度量土壤气体交换速率的定量指标是土壤中氧扩散速率。土壤中氧扩散速率（oxygen diffusion rate，ODR）是指每分钟由近地层大气扩散进入单位面积土壤的 O_2质量，其单位是 $\mu g/(cm^2 \cdot min)$。氧扩散速率随着土壤深度的增加而降低，如实际观测表明当表土空气中 O_2 体积含量为 14.8%时，10 cm 深处土层的 ODR 约为0.60 $\mu g/(cm^2 \cdot min)$，50 cm 深处的 ODR 约为 0.40 $\mu g/(cm^2 \cdot min)$，90 cm 深处的 ODR 在 0.20 $\mu g/(cm^2 \cdot min)$以下；当土层 ODR 不足 0.20 $\mu g/(cm^2 \cdot min)$时，该土层中的多数植物根系便会停止生长，当土层的 ODR 为0.30～0.40 $\mu g/(cm^2 \cdot min)$时，该土层中的多数植物根系生长良好。因而对土壤空气调控的基本原则就是设法促进对土壤的 O_2供应量，并排出土层中过多的 CO_2及其他有毒有害气体。

近些年来国际学术界特别重视土壤空气与温室气体的相关研究，以揭示土壤中痕量气体（如 CH_4、N_2O 等）的产生条件、影响因素、释放通量及土壤生物化学过程的规律性，探讨其对大气温室效应的响应、反馈机制及调控对策，从而开辟了环境地学研究的新领域。

土壤气体组成及其存在状态是影响土壤肥力、土壤健康和土壤自净能力的重要因素，土壤中的气体和水分应当处于平衡状态，土壤水的质量分数过高即土壤缺乏通气性，会抑制多数陆地植物和需氧性微生物的生长发育过程。土壤圈在调节全球大气圈成分方面具有重要的作用，据估计土壤圈储存的有机碳总量为 1 480 Pg C①，这表明土壤圈是环境地球系统中仅次于岩石圈、水圈（海洋）的第三重要碳源，并且，土壤圈碳储量比全球植物生物量中碳储量的 3 倍值还高。有机碳在土壤圈中的平均残留时间（MRT）一般较长，其时间范围从枯枝落叶层的数年至土壤中极稳定腐殖质组分的数百、数千年不等。在人类活动的驱动下，土壤-生物系统稳定性的丧失将会导致土壤圈中过去数百年所积聚的腐殖质发生灾难性的快速矿质化，许多耕地土壤中或被开垦沼泽地土壤中的有机碳动态观测也证明了这一点。在全球尺度上，过去 130 年中土壤圈有机碳流失量的估计值约为 40 Pg C，这对同时期大气圈中碳质量分数增长的贡献超过了 25%（Smagin，2000）。当前全球土壤圈年释放 CO_2 总量的估计值为（55 ±14）Pg C，已接近全球总排放量的 30%，是人类智慧圈排放量的 10 倍。

6.4.2　土壤热量状况

1. 土壤热量来源与热平衡

土壤热量状况直接影响土壤水分、空气及近地层大气的运动，影响土壤中的物质迁移转化及土壤生物的生理活动过程。如冷性土壤中物质转化与生物活动过程缓慢，土壤中 N、P、S、Ca、K 等养分的生物有效性降低。故土壤热量状况是影响土壤发生过程与性状的重要因素，合理地调节土壤热量状况也是提高土壤肥力和自净能力的重要手段。野外土壤热量状况取决于以下 4 个因素：① 土壤所吸收的净热量；② 使土壤温度产生一定幅度变化所需的热量；③ 土壤中水分相态转化及扩散过程所需要的热量；④ 伴随土壤物质迁移转化过程所消耗或释放的热量。这些构成了土壤的能量系统。

土壤热量来源于太阳辐射、地热、土壤物质转化过程所释放的化学能及人们在耕作过程中所施加的化学能等。对自然土壤而言，太阳辐射能是土壤热量的主要来源。在土壤热量观测中应该考虑土壤水分含量、颜色及地表坡度的影响。据观测，在太阳直射北回归线时，42°N 地区一个 20°南坡、一个平地、一个 20°北坡，其接受太阳辐射能的比例是 106 ∶ 100 ∶ 81。可见这些因素对土壤热量状况及其温度变化有重要的影响。

2. 土壤热学性质

（1）土壤热容量（soil heat capacity）：包括质量热容量（gravimetric heat capacity）和容积热容量（volumetric heat capacity）。土壤质量热容量是指单位质量的土壤温度每升高或降低 1 K 所吸收或释放的热量，常用 C_g 表示，其国际单位制（SI）的单位是 J/（kg · K）；土壤容积热容量则是指单位体积原状土壤的温度每升高或降低 1 K 所吸收或释放的热量，用 C_v 表示，其（SI）单位是 J/（m^3 · K）。土壤热容量是定量描述土壤温度变化速率及幅度的物理量。土壤质量热容量与土壤容积热容量可以通过土壤体积密度（ρ_b）进行相互换算，其换算关系式为：

$$C_g = C_v \rho_b \tag{6-2}$$

在自然土壤组分中，土壤水的热容量最大，即 $C_g = 4.186 \times 10^3$ J/（kg · K）；土壤腐殖质的热容量较大，其值为 $C_g = 1.667 \times 10^3$ J/（kg · K）；土壤空气的热容量较小，其值为 $C_g = 1.045 \times$

① 1 Pg C = 10^9 t C。

10^3 J/(kg·K);土壤 Fe_2O_3 的热容量最小,其值为 $C_g = 0.628\times10^3$ J/(kg·K)。故土壤水分含量、腐殖质含量是决定土壤热容量的主要因素,观测表明干燥矿质土壤的质量热容量为 0.837×10^3 J/(kg·K);土壤水分含量为 20%的矿质土壤质量热容量为 1.381×10^3 J/(kg·K);当土壤含水量增加到 30%时,该矿质土壤的质量热容量将上升至 1.591×10^3 J/(kg·K)。由此可见,干燥矿质土壤温度变化剧烈,故称为“暖性土”;而水分含量高的泥炭土及黏土温度升降相对缓慢,称为“冷性土”。在农业生产过程中,针对春季过湿的土壤常采用排水、耕作散墒的方法以降低土壤热容量,尽快提高土壤温度。

(2) 土壤热传导率(thermal conductivity):是指在单位截面、垂直截面的单位距离土壤温度相差 1 K、单位时间内所传导的热量,常用 k 表示,其(SI)单位是J/(m·s·K)或 W/(m·K)。它是衡量土壤物质传导热量快慢的物理量,即土壤表层吸收热量而增温后,将热量传导给心土层和底土层的性能。土壤三相组分的热传导率差异巨大,如土壤水的热传导率为 0.586 J/(m·s·K),土壤空气的热传导率仅为 0.021 J/(m·s·K),土壤矿物质的热传导率较高,多为1.674~10.465 J/(m·s·K)。影响土壤热传导率的主要因素有土壤紧实度、孔隙状况和水分含量。土壤越紧实、孔隙度越小、水分含量越高,其热传导率越高。

(3) 土壤热扩散率(thermal diffusivity):是指向给定土壤施加一定的热量,并通过扩散形式传送热量至土壤其他部分所引起的土壤温度随时间的变化速率,常用 α 表示,其(SI)单位是 m^2/s。土壤热扩散率 α 与土壤热传导率 k、土壤容积热容量 C_v 的相互关系式为:

$$\alpha = \frac{k}{C_v} \tag{6-3}$$

土壤三相组分的热扩散率相差亦很大。实际调查发现,对于干燥的土壤,当其水分含量开始增加时,土壤热扩散率因其热传导率增高而变大;当土壤水分含量增加到一定程度后,虽然土壤热传导率可能还在增高,但这时土壤容积热容量亦急剧增大,其结果导致土壤热扩散率降低。故在农业生产过程中应该通过灌溉增加土壤水分含量或者耕作散墒以排出多余的土壤水分,使土壤水分含量适中,这样就有利于土壤温度的提高。

6.4.3 土壤温度状况

土壤热量基本来源于太阳辐射,故随着地表接收太阳辐射量的周期性变化,土壤温度亦具有日变化和季节性变化。当白天表土接受太阳辐射及大气逆辐射的总速率超过表土向大气发送长波辐射速率之后,表土将出现热量的净增加,这样表土层的热量将通过热传导、热扩散等方式向心土层和底土层传送;如黑夜土壤表面接收的大气逆辐射速率小于表土向大气发送长波辐射的速率,表土将出现热亏损,这样心土层和底土层将有热量向表土层输送,这就引起了不同深度层次土壤温度日变化,土壤温度日变化与气温、土壤水分含量、质地、孔隙状况等密切相关,如图 6-10 所示。另外土壤温度日变化的极端值一般滞后于气温日变化的极端值。土壤温度与气温一样也具有明显季节性变化,一般来说,0~15 cm 表土层年均温度高于年均气温值,在一般情况下心土层和底土层温度在秋冬季高于气温而在春夏季低于气温。

土壤温度状况不仅决定着土壤中的物质迁移转化过程、土壤肥力特征,还对区域水分循环和污染物迁移转化过程具有重要的影响。自然界土壤温度状况存在着空间上的差异,即从南北

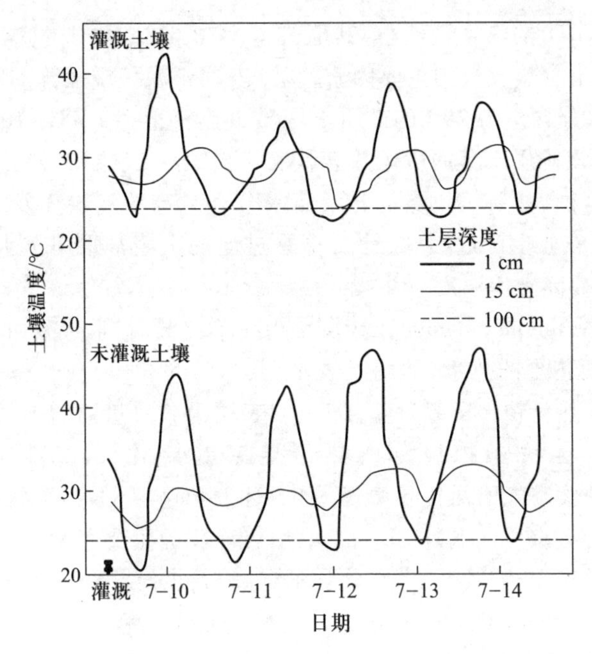

图 6-10　亚热带地区裸露粉壤质土壤温度日变化图

（资料来源：Scott H D，2000）

极地区土壤终年冻结（permafrost），到温带地区土壤季节性冻结与融化并存，再到热带地区裸露土壤表面的温度很少低于 25 ℃。美国土壤系统分类中根据表土下 50 cm 深度处或浅于50 cm的石质或准石质接触面处的土壤温度，并考虑到土壤温度的生物学意义，将全球土壤的温度状况划分为 6 个类型，如表 6-5 所示。这种土壤温度状况划分方案已被世界许多国家的土壤分类与土壤科学研究所采用。

表 6-5　美国土壤系统中土壤温度状况划分标准

土壤温度状况（temperature regime）	年均土壤温度/℃	暖季与冷季平均土壤温度之差/℃
永冻温度状况（pergelic TR）	<0	—
冷冻温度状况（cryic TR）	0~8	—
寒冷温度状况（frigid TR）	<8	>5
中温温度状况（mesic TR）	8~15	>5
高温温度状况（thermic TR）	15~22	>5
超高温温度状况（hyperthermic TR）	>22	>5

资料来源：Soil Survey Staff，USA. Soil Taxonomy，1975，1992。

6.4.4　土壤水分

水分是土壤重要的组成部分，土壤水分含量及其存在形式对土壤形成发育过程及肥力水平高低都有重要的影响。作为土壤组成物质，水分是土壤物质迁移和运动的载体，也是土壤能量转化的重要介质。土壤水分的不断运动决定着土壤物质的迁移方向和强度,使土壤中有机物和无机物在土壤剖面中不断移动,并引起土壤剖面的分异,形成特定的剖面构型。也正是由于土壤水分的存在,营养元素才能在土壤中向植物根际迁移并被植物吸收利用。

1. 土壤水分类型

在土壤学研究、土壤环境调查和农业生产过程中,按水分在土壤中的存在状态,可以将土壤水分划分为土壤气态水、土壤固态水和土壤液态水 3 大类,如表6-6 所示。土壤气态水是指存在于土壤孔隙中的水汽,其移动取决于土壤剖面中的温度梯度和水汽压梯度,这是影响土壤水分状况和植物生长发育的重要因子。土壤固态水包括化学结合水和冰,化学结合水又包括结晶水和组构水。结晶水是指存在于多种土壤矿物之中的水,如 $CaSO_4 \cdot 2H_2O$、$MgCl_2 \cdot 6H_2O$,它们在高温下可释放出来,但并不破坏矿物的晶体构造;组构水是指土壤矿物表面包含的—H_3O 或—OH,而不是以水分子形式存在,当矿物在风化或高温条件下可释放出来。冰多存在于寒冷地区的永冻土及非永冻土的冻土层中。土壤固态水一般不参与土壤中的生物化学过程,故在计算土壤水分含量时是不把它们考虑在内的。

表 6-6 土壤水分类型划分表

<table>
<tr><td rowspan="11">土壤水</td><td rowspan="3">固态水</td><td rowspan="2">化学结合水</td><td colspan="2">组构水</td></tr>
<tr><td colspan="2">结晶水</td></tr>
<tr><td colspan="3">冰</td></tr>
<tr><td rowspan="7">液态水</td><td rowspan="2">束缚水</td><td colspan="2">紧束缚水</td></tr>
<tr><td colspan="2">松束缚水</td></tr>
<tr><td rowspan="5">自由水</td><td rowspan="2">毛管水
(部分自由水)</td><td>悬着毛管水</td></tr>
<tr><td>支持毛管水</td></tr>
<tr><td rowspan="2">重力水</td><td>渗透重力水</td></tr>
<tr><td>停滞重力水</td></tr>
<tr><td colspan="2">地下水</td></tr>
<tr><td>气态水</td><td colspan="3">水汽</td></tr>
</table>

土壤液态水包含束缚水和自由水,土壤水中数量最多的是液态水,它可以细分为束缚水、毛管水和重力水(图 6-11)。

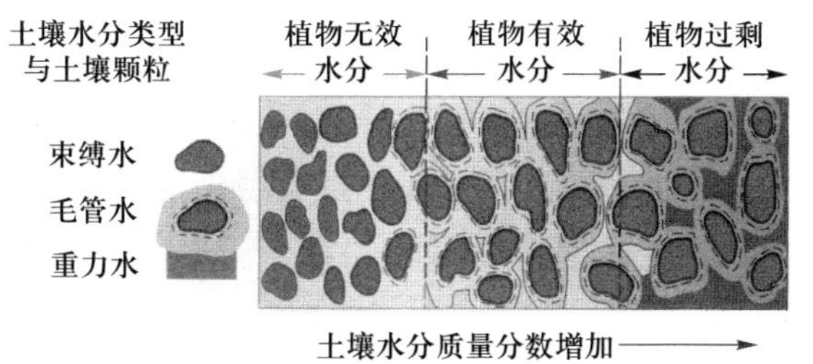

图 6-11 土壤水分类型示意图

(1) 束缚水:是指因土壤颗粒表面各种作用力对水分的吸附而附着在矿物表面的膜状水。由于土壤颗粒和水分子之间存在着强大的表面力,吸湿水没有自由水的性质,故称为束缚水,亦称为吸附水。土壤束缚水的溶解能力很弱、密度较大(大于 1.3 g/cm^3)、介电常数较大、移动速率很小,所以它们只能化为水汽而扩散,不能迁移营养物质和盐类,植物根系一般不能吸收利用,故属于无效水。

(2) 毛管水:是指在土壤毛管力作用下保持和移动的液态水。它是土壤中移动较快且易为植物根系吸收的水分,是输送土壤养分至植物根际的主要载体,土壤中各种理化、生化过程几乎都离不开它。所以在农田土壤水分管理过程中,人们主要通过调控土壤毛管水库容增加毛管水储量,以创造适合于作物生长的土壤环境。在土壤固相、液相和气相的界面上,土壤颗粒-水分子之间及水分子-水分子之间的范德华力、静电引力可以导致水分移动或保持。由于土壤具有毛管体系,故在地下水较深的情况下,降水或灌溉水等进入土壤,借助毛管力可保持在土壤上层的毛管孔隙中,与来自地下水上升的毛管水并不相连,好像悬挂在上层土壤中一样,称为毛管悬着水。毛管悬着水是植物吸收水分的主要来源。

土壤中毛管悬着水的最大含量称为田间持水量。当土壤中水分储量达到田间持水量时,随着土壤表面蒸发和作物蒸腾作用的损失,这时土壤含水量开始下降,当土壤含水量降低到一定程度时,土壤中较粗毛管中悬着水的连续状态就开始出现断裂,但细毛管中仍然充满水,蒸发速率明显降低,此时土壤含水量称为毛管断裂量。借助于毛管力由地下水上升进入土壤的水称为毛管上升水,从地下水面到毛管上升水所能到达的相对高度叫毛管水上升高度。毛管水上升高度与土壤孔径的粗细有关,如果它能达到根系活动层,就对作物利用地下水提供了有利条件。但是如果地下水的矿化度较高,也容易引起土壤的次生盐化,危害作物生长。

(3) 重力水:是指借助重力作用能在土壤的非毛管孔隙中移动或沿坡向侧渗的水。重力水具有很强的淋溶作用,能够以溶液状态使盐分和胶体随之迁移。它的出现标志着土壤孔隙全部被水所充满,土壤通气状况变差属于土壤不良特征。

土壤水分类型不同,其被植物利用的难易程度也不同(图 6-12)。土壤中不能被植物吸收利用的水称为无效水,能被植物吸收利用的水称为有效水。植物发生永久凋萎时的土壤含水量称为凋萎系数(wilting coefficient),这是土壤有效水的下限,低于凋萎系数的水分作物无法吸收利用,属于无效水。凋萎系数因土壤质地、盐分含量、作物和气候等不同而不同。一般土壤质地越黏重,凋萎系数越大。一般把田间持水量视为土壤有效水分的上限,土壤有效含水量一般是指田间持水量与凋萎系数之间的含水量,即田间持水量与凋萎系数之差。土壤有效含水量取决于土壤水吸力和植物根系根吸力的对比。土壤质地、腐殖质含量、盐分含量和土壤结构等则是决定土壤田间持水量和凋萎系数的主要因素。例如,砂质土壤的凋萎系数和田间持水量均较低,土壤有效含水量较低;黏质土壤的田间持水量虽然较大,但其凋萎系数亦较高,其土壤有效含水量不高;唯有壤质土的有效含水量最多。

土壤水分的测定方法可以归结为 3 大类,即质量分析法、核技术法和电磁技术法。质量分析法包括经典烘干法、红外线烘干法、微波炉烘干法及酒精燃烧法等,其优点是操作简便、价格低廉;缺点是难以现场观测,观察精度不高。核技术法包括中子散射法和 γ 射线衰减法,其优点是携带方便,可现场无扰动测量,测量精度较高;缺点是设备昂贵,有时会有放射性污染。电磁技术法是根据土壤电磁特性与土壤水分含量的关系来测量土壤水分含量的,如 20 世纪 80 年代发展起来的时域反射仪(TDR),它类似于一个短波雷达系统。

2. 土壤水分状况

在一年周期内土壤剖面上下土层的含水量情况及其变化过程是土壤水分循环过程的集中体现,它是土壤水量平衡和水文过程共同作用的结果,称为土壤水分状况。土壤水分状况是影

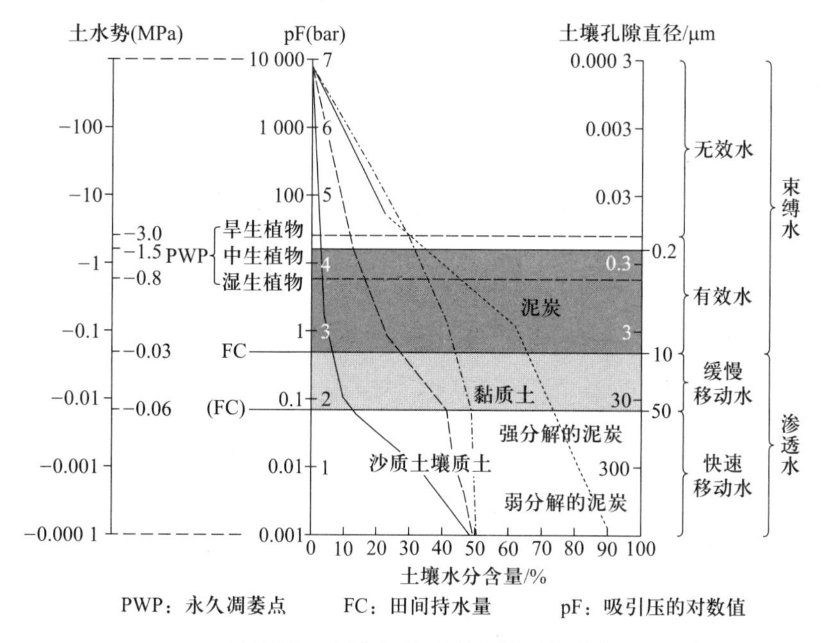

图 6-12　土壤水分有效性综合示意图

响土壤中污染物迁移转化过程的重要因素，土壤水分状况一般可划分为以下 5 种类型：① 淋溶型与周期淋溶型，其土壤水分状况的主要特征是年降水量大于或者接近年蒸发量，在土壤剖面中，水分以下行水流为主，造成土壤水溶性物质的淋失。森林土壤或酸性土壤常具有此水分状况类型。② 非淋溶型，在年降水量小于年蒸发量的地区，大气降水因土壤蒸发和植物蒸腾而大量损耗，降水在土壤剖面中淋溶深度较小，故常有难溶性盐类如石灰、石膏在土壤剖面中下部淀积。干旱半干旱地区的草原土壤和荒漠土壤常具有此水分状况。③ 渗出型，在干旱半干旱地区的地形低洼处，在地下水位较浅的条件下，因强烈的土壤蒸发，地下水便在毛管力的作用下上升到达地表，同时将土体中的盐分和地下水中的盐分积聚于土壤表层，引起土壤盐化。盐化草甸土、盐成土具有此水分状况。④ 停滞型，在气候湿润地区，由于地表排水不良造成水分在土壤中长时间滞留，引起土壤通气状况不良，大量泥炭物质在土壤表层堆积。沼泽土具有此水分状况。⑤ 冻结型，在高纬度和高海拔地区，土壤温度经常低于 0℃，土壤中往往形成多年冻土层。冰沼土具有此水分状况。

6.4.5　土壤理化特性

1. 土壤颗粒密度

土壤颗粒密度是指单位体积土壤固相颗粒的质量（105 ℃烘干），常用 ρ_p 表示，其单位是 g/cm^3。在传统土壤学研究中常采用土壤相对密度来代替土壤颗粒密度。土壤相对密度是指单位体积土壤固相颗粒的风干质量与同体积 4 ℃水的质量之比，土壤相对密度属于量纲为一的物理量，由于4 ℃纯水的密度约为 1.0 g/cm^3，故土壤颗粒密度与土壤相对密度在数值上非常接近。土壤颗粒密度实际上是土壤矿物质密度与土壤有机质密度的质量加权平均值，故土壤颗粒密度主要取决于土壤矿物组成、有机质含量。一般土壤颗粒密度平均为 2.65 g/cm^3，含铁矿物较多的土壤，其颗粒密度可大于 3.0 g/cm^3，而含有机质丰富的土壤，其颗粒密度可小于2.40 g/cm^3。

2. 土壤体积密度

土壤体积密度(土壤学中也称为土壤容重)是指单位原状体积土壤的质量(烘干)，常用 ρ_b 表示，其单位是 g/cm^3。这个单位体积包括土壤固相物质所占据的体积和土壤孔隙所占据的体积。与土壤颗粒密度只考虑固体不同，土壤体积密度由土壤孔隙和土壤固体的数量共同决定。故疏松多孔、富含有机质的土壤体积密度就低，而那些紧实致密、有机质含量少的土壤体积密度就高，如有机质含量很少的砂土其体积密度可达 1.6 g/cm^{3}以上，而普通壤质土壤的体积密度一般为 1.2～1.4 g/cm^3。

3. 土壤孔隙度

土壤孔隙度是指单位原状体积土壤中孔隙体积所占的百分数，常用ϕ(%)表示。土壤孔隙度 ϕ 与土壤颗粒密度 ρ_p、土壤体积密度 ρ_b之间的换算关系式为：

$$\phi=\left[1-\frac{\rho_b}{\rho_p}\right]\times 100\% \tag{6-4}$$

由上式可知，土壤孔隙度的大小与土壤质地、结构和有机质含量密切相关。一般土壤的孔隙度为 40%～60%，随着土壤质地变细，孔隙度也会增加；土壤有机质含量高，土壤孔隙度也高，如泥炭土壤的孔隙度可达 70%以上，而一些砂质土壤心土层或底土层的孔隙度只有 25%～30%。在实际研究与农业生产过程中，将土壤孔径<0.10 mm 的孔隙称为毛管孔隙，土壤毛管孔隙使得土壤具有持水能力；孔径≥0.10 mm 的孔隙称为非毛管孔隙，非毛管孔隙不具有保持水分的能力，但能使土壤具有通气透水性。土壤毛管孔隙主要被土壤水分占据，而非毛管孔隙则主要通气，土壤孔隙度及孔隙组成直接影响土壤的水、热及通气状况，也影响土壤中污染物迁移转化的速率与方向。

4. 土壤结构

土壤固相颗粒很少呈单粒存在，它们经常是相互作用而聚集形成大小不同、形状各异的团聚体(aggregate)，土壤中这些团聚体的组合排列称为土壤结构(soil structure)。土壤结构是成土过程的产物，故不同的土壤及其发生土层都具有一定的土壤结构，如腐殖质含量较高的土壤腐殖层(A 层)往往具有粒状或团粒状结构，在土壤剖面中下部黏粒淀积层及碳酸钙淀积层常常呈块状结构。因此，土壤结构是描述和鉴定土体分异、土壤变化的重要形态指标。根据土壤团聚体(或结构体)的大小及其几何形态，可将土壤结构划分为单粒状、粒状(团粒状)、块状、柱状、片状和大块状等类型，如图 6-13 所示。

5. 土壤矿物颗粒的粒级

土壤矿物质由风化与成土过程中形成的不同大小的矿物颗粒组成。它们的直径相差很大，从 10^{-1} m 至 10^{-9} m 不等，不同大小土粒的化学组成、理化性质也有很大差异。据此可将粒径大小相近、性质相似的土粒归为一类，称为粒级。世界各国对土壤粒级的划分标准有美国制、威廉-卡庆斯基制和国际制。上述颗粒物分级均采用黏粒、粉粒、砂粒、砾石、石块 5 大类别(其中的黏粒、粉粒、砂粒属于土壤颗粒，砾石和石块不属于土壤颗粒)，但每个类别的划分标准不同，如图 6-14 所示。中国 1975 年还拟定了相应的土粒分级标准，20 世纪 70—80 年代中国土壤学文献一般采用此标准。

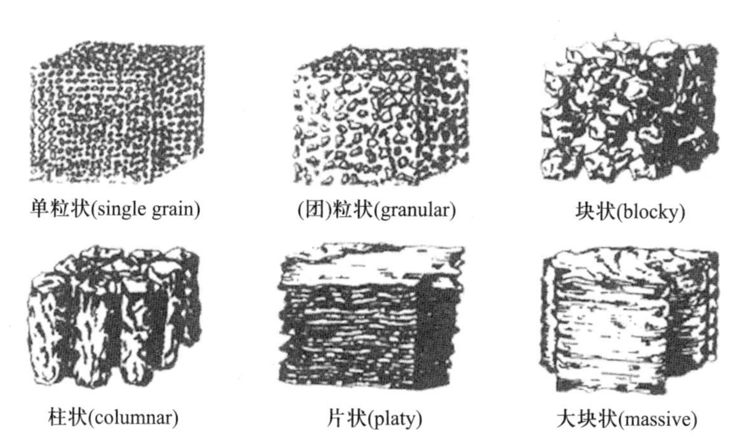

图 6-13 土壤结构类型示意图

(资料来源:Sumner M E, 1999)

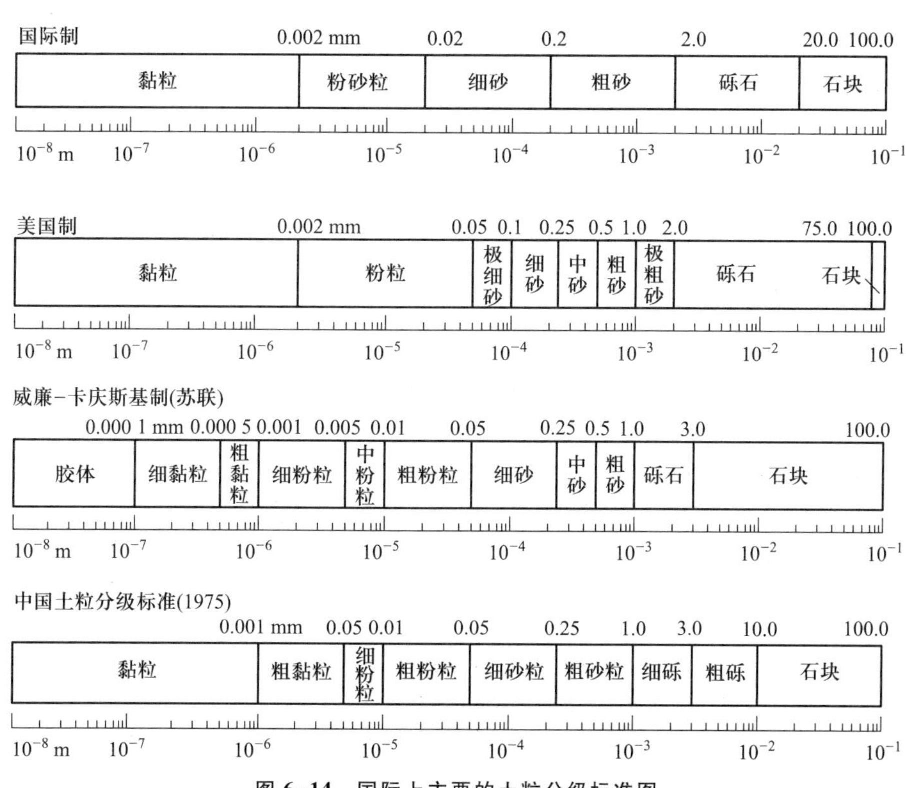

图 6-14 国际上主要的土粒分级标准图

石块、砾石和砂粒几乎全部由原生矿物组成,粉粒的绝大多数也是由抗风化能力较强的石英组成,黏粒主要由次生矿物组成。一般来说,土粒越细,SiO_2 含量越少,而 Al_2O_3、Fe_2O_3、CaO、MgO、P_2O_5、K_2O 等含量越多。如在中国海南岛土壤的砂粒中,SiO_2、Al_2O_3、Fe_2O_3 含量分别为77.73%、6.86%、11.57%;而在其黏粒中,SiO_2、Al_2O_3、Fe_2O_3 含量分别是27.10%、32.38%、22.64%。当然,土壤颗粒的化学组成也会因成土母质及其风化程度而异。土壤颗粒变细和比表面积的增加,不仅改变了土壤颗粒表面吸附、离子交换等物理化学性质,而且也改变了土壤的物理性质。

一般来说，随着粒级的减小，土壤颗粒的孔隙度、吸湿量、持水量、毛管含水量、比表面积、膨胀潜能、吸附性能、塑性和黏结性将增加，而土壤的通气性、透水性、土壤密度将降低。

6. 土壤质地

土壤质地不仅是土壤分类的重要诊断指标，也是土壤水、肥、气、热状况，物质迁移转化及土壤污染物转化的重要影响因素，是土壤环境研究和农业生产相关的土壤改良、土建工程和区域水分循环过程等研究的重要内容。自然土壤的矿物质是由大小不同的土粒组成的，各个粒级在土壤中所占的相对比例或质量分数称为土壤质地，也称为土壤的机械组成。土壤质地的分类和划分标准与土壤粒级标准类似，世界各国很不统一。国际上应用较为广泛且中国亦曾经采用过的有国际制、威廉-卡庆斯基制和美国制。国际制和美国制相似，均按砂粒、粉粒和黏粒所占的质量分数，将土壤划分为砂土、壤土、黏壤土和黏土 4 类 12 级，如图 6-15 所示。威廉-卡庆斯基制则采用双级分类制，即按物理性砂粒（>0.01mm）和物理性黏粒（<0.01mm）的含量划分为砂土、壤土和黏土 3 类 9 级。中国（1978）拟定的土壤质地分类方案是按砂粒、粉粒和黏粒的含量划分出砂土、壤土和黏土 3 类 11 级。目前随着国际学术交流的增多，中国土壤质地分类也采用了国际上普遍采用的美国制土壤质地分类标准。

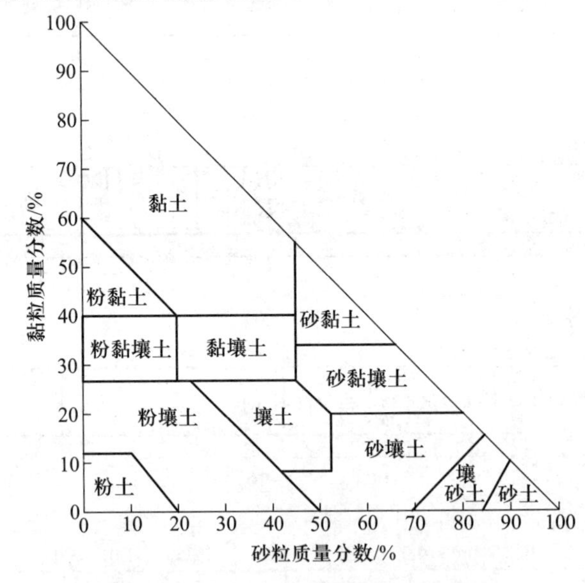

图 6-15　美国制土壤质地分类标准

（资料来源：Sumner M E，2000）

7. 土壤酸碱度

在科学研究中定量反映水溶液酸碱度的化学指标即 pH，来源于法语（pouvoir hydrogene），其含义是指水溶液中 H^+ 活度的负对数，即 $pH=-lg[H^+]$。

纯水电解方程式为：$H_2O \rightleftharpoons H^+ + OH^-$

其电解常数：

$$K_w=\frac{[H^+][OH^-]}{[H_2O]}=10^{-14} \tag{6-5}$$

式中：水的活度 $[H_2O]=1$，故 $[H^+][OH^-]=10^{-14}$；从纯水的电解方程式可以看出，$[H^+]=$

$[OH^-]=10^{-7}$。故纯水属于中性，其 pH 等于 7。

土壤溶液 pH 是反映土壤酸碱性的化学指标，在自然环境中常见土壤的 pH 变化处于 pH = 4（极强酸性）至 pH = 10（极强碱性）之间，在土壤调查研究中常按土壤 pH 高低将土壤划分为极端酸性（pH<4.5）、极强酸性（4.5≤pH<5.0）、强酸性（5.0≤pH<5.5）、中等酸性（5.5≤pH<6.0）、弱酸性（6.0≤pH<6.5）、中性（6.5≤pH<7.5）、弱碱性（7.5≤pH<8.0）、中等碱性（8.0≤pH<8.5）、强碱性（8.5≤pH<9.0）和极强碱性（pH≥9.0）土壤。大多数作物生长发育适宜的土壤 pH 为 5.5～8.5。在强酸性的土壤溶液中可溶性铝和锰的浓度能达到对生物有毒害的程度并导致土壤微生物活动急剧减弱；在强碱性土壤中，除了硼、氯化物和钼之外，其他微量营养元素的活性也会降低，土壤中铁、锌、铜、锰和大量磷的有效性也会降低，许多污染物或有毒化学元素的毒性也随土壤 pH 发生较大的变化。当土壤 pH 大于 9.0 时，除了某些盐生植物之外，多数植物将停止生长以至死亡。

8. 土壤氧化还原电位（*E*h）

在母质风化、土壤形成发育的过程中，进行着多种多样的物理过程、化学过程和生物学过程，其中氧化还原过程占有重要的地位。在矿物风化过程中，参与氧化还原反应的元素主要有 O、S、Fe、Mn、P、Cr、Ni、Cu、Ti 等，在陆地表层的风化过程中它们均趋向氧化态；而在生物参与的成土过程之中，上述元素再加 C、H、N、水及各种有机物的参与，使还原反应得以加强，从而构成在土壤形成发育过程中氧化-还原反应的交替，它们对土壤肥力的形成及物质的迁移转化起着重要的作用。

土壤空气和土壤水中溶解氧、土壤有机质、矿物中可变价态元素，以及植物根系和土壤微生物均是决定土壤中氧化还原反应的重要物质基础，在氧化还原过程中凡失去电子的物质称为还原剂，而得到电子的物质称为氧化剂，其反应模式为：

$$\text{还原剂(Red)} \longrightarrow \text{氧化剂(Ox)} + ne \tag{6-6}$$

氧化还原反应也遵守电量守恒定律，即在同一氧化还原体系中还原剂失去电子的数目等于氧化剂得到电子的数目。在实际科学研究中常用氧化还原电位（*E*h）来表示氧化还原反应的程度，根据能斯特（Nernst）公式：

$$Eh = E_0 + \frac{RT}{nF}\ln\frac{[\mathrm{Ox}]}{[\mathrm{Red}]}$$

简化式为：

$$Eh = E_0 + \frac{0.059\ 2}{n}\lg\frac{[\mathrm{Ox}]}{[\mathrm{Red}]} \tag{6-7}$$

式中：Eh 为氧化还原电位；E_0 为体系的标准电位，即在 25℃，1 个标准大气压条件下，氧化剂和还原剂离子浓度（或活度）均为 1 mol/L 时测得的 Eh；[Ox] 和 [Red] 分别为氧化剂和还原剂的浓度（或活度）；T 为体系的热力学温度；F 为法拉第常数（96 500 C/mol），R 为摩尔气体常数 [8.314 J/(K · mol)]；n 为反应中转移的电子数。

氧化还原体系的标准电位表示氧化剂或还原剂的强弱，E_0（正值）越大，其电对中氧化剂的氧化能力越强；E_0（负值）越小，其电对中还原剂的还原能力越强。影响土壤氧化还原状况的因素主要有：土壤通气状况、土壤有机质状况、土壤中可变价态物质的状况、植物根系和微生物活动状况。土壤通气状况决定着土壤与大气之间的气体交换，在通气良好时土壤空气中氧气分压较大，如一般旱地土壤的 *E*h 多在 300 mV 以上，高者可达 700 mV 以上，此时土壤中的 Fe 和 Mn

多呈高价态，故土壤颜色为红色、黄棕色、褐色等鲜亮的色调；当土壤通气状况不好时，如水稻土土壤的 Eh 多在 200 mV 以下，此时土壤中 Fe 和 Mn 多呈低价态，而土壤呈灰白或灰色，且土壤中大量还原态物质也对作物生长发育有强烈的毒害或抑制作用。

6.5　土壤发生过程与土壤分类

6.5.1　成土因素学说

俄国科学家道库恰耶夫 1881 年指出："土壤总是有它自身的起源，始终是母岩、活的和死的有机体、气候、陆地年龄和地形综合作用的结果。"他创立了 $П=f(К,О,Г,Б)$ 的函数关系式以表示土壤与成土因素之间的发生关系。式中：$П$ 表示土壤，$К$、$О$、$Г$、$Б$ 分别表示气候、生物、母岩和时间。由于道库恰耶夫认为地形因素只对"隐域土"（又称非地带性土壤）有重要意义，而上述关系主要阐述地带性土壤的发生关系，故未将地形因子列入。他明确地提出了土壤是一个独立的自然体，这样土壤终于从岩石圈中分化出来成为现代土壤科学及土壤地理学的独特研究对象。美国著名土壤学家詹尼在广泛学术考察的基础上，对广阔区域土壤与成土因素进行了深入研究，丰富和发展了成土因素学说。詹尼在 1941 年发表了著名论著《土壤形成因素》（*Factors of Soil Formation*），其中提出了与道库恰耶夫相似的函数公式即 $S=f(Cl,O,R,P,T,\cdots)$，简称"clorpt"函数公式，成为土壤形成的通用公式。

成土因素学说认为，所有的成土因素始终同时地、不可分割地影响着土壤的发生和发育，它们同等重要地、不可替代地参与了土壤的形成过程。各个因素的"同等性"绝不意味着每一个因素始终处处都在同样地影响着土壤形成过程；土壤是永远发展变化的，即随着成土因素的变化，土壤也在不断变化，有时进化、有时退化，以至消亡，这取决于成土因素的变化特征。由于时间与空间的不同，成土因素及其组合方式也会有所改变，故土壤也跟着不断地形成和变化，这样就肯定了土壤是一个动态的自然体，是一个有生有灭的自然体。

土壤发生学认为：① 母质是岩石风化的产物，也是土壤形成的物质基础，母质的组成和性状都直接影响土壤发生过程的速率和方向，这种作用越是在土壤发生的初期越明显，并且母质的某些性质往往被土壤继承下来；成土母岩是指决定土壤及其成土母质的物质组成与性状，且保持其原有产状或构造的岩石。② 生物因素包括植物、动物（土壤动物）和土壤微生物，它们将太阳辐射转变为化学能引入土壤发生过程之中，它们是土壤腐殖质的造成者，同时又是土壤有机质的分解者，是促使土壤发生、发展的活跃因素。③ 气候因素是土壤发生和发育的能量源泉，它直接影响着土壤的水热状况，影响着土壤中矿物、有机质的转化过程及其产物的迁移过程，它是决定土壤发生过程方向和强度的基本因素。④ 地形因素与土壤之间并未进行物质和能量的交换，而只通过对地表物质和能量进行再分配来影响土壤发生过程。⑤ 时间因素可以阐明土壤发生发育的动态过程，其他成土因素对土壤发生发育的综合作用是随着时间的增长而加强的。土壤有绝对年龄和相对年龄，从开始形成土壤时起直至现在，这段时间称为土壤的绝对年龄。土壤相对年龄则是指土壤的发育阶段或土壤的发育程度。⑥ 人类活动对土壤发生发育的影响是广泛而深刻的，人们通过两个途径，一是改变成土条件，二是改变土壤组成和性状来影响土壤发生发育过程。

可见土壤以自身物质组成、特性和发生层次组合，形成了一面反映环境景观特征及其发展历史的独特“镜子”，这面“镜子”反映出成土环境条件现代和过去的变化。掌握了土壤与环境间的规律性联系，不仅能够预示特定环境中特定土壤的存在（土壤地理发生学），还能回溯过去的地理环境状态及其演变过程（土壤历史发生学）。土壤地理发生学和土壤历史发生学（土壤发生统一理论）的发展，对全球变化研究和土壤环境变化研究具有重要意义。

6.5.2　土壤形成过程

土壤的本质特征是具有肥力和自净能力。从土壤发生学的理论来看，土壤形成过程实质上是生物积累过程和地球化学过程的对立和统一。母质与生物之间的物质交换，决定和影响着土壤中有机质累积的强度和性质；母质与气候因素（水分、热量）之间的物质能量交换决定了土壤地球化学过程的进程。土壤形成有两个重要标志：① 含腐殖质结构层的出现；② 土体中有机-无机复合体的形成。正是由于这两个特征的出现才决定了土壤具有活力的机能——肥力和自净能力。在土壤形成过程中，由母质与生物之间的物质交换所引起的土壤有机质累积是主导方面。

环境地球系统中的物质永远处于运动状态，地表岩石风化过程和成土过程同属表生作用，这是环境地球系统中主要的物质运动过程之一，它们是岩石圈与大气圈、生物圈、水圈相互之间复杂的物理、化学和生物过程的综合。将与成土过程相关的地表元素迁移转化过程归并为溶解迁移、还原迁移、配合迁移、悬浮迁移和生物迁移 5 种主要形式。岩石风化过程和土壤形成过程在空间和时间上都是相互紧密联系在一起的，如果说在风化过程中起主导作用的是无机因素，其作用是化学元素的释放与分散，那么在土壤形成过程中则主要是生物因素（高等、低等植物和动物有机体），其作用就是富集、保持和活化生物体所必需的化学元素。从风化壳和土壤形成的化学过程来看，地球陆地表层各个自然地带的风化壳和土壤之间的发生过程基本规律是一致的，即都经历了矿物中化学元素的活化及随之进行的物质转化和迁移的过程。

6.5.3　土壤分类简介

土壤分类是在深入研究聚合土体发生发育、土壤系统发育与演替规律的基础上，根据土壤不同发育阶段所形成的性状和特征，对土壤圈中各聚合土体所做的科学区分。土壤是地球陆地表面连续存在的自然体即土壤圈（或土被），土壤圈是由聚合土体（polypedon）组成的，它们是自然界中具有特定位置、大小、坡度、剖面形态、基本属性和其他相貌特征的三维土壤实体，它们是一定成土母质、生物气候、地质水文、人类活动与时间共同作用的产物。土壤分类的对象是聚合土体，因此土壤分类是在认识聚合土体发生、发育规律的基础上，从聚合土体物质组成、形态特征入手，在分析自然界相互联系的多个聚合土体之间相似性和差异性的过程中对其进行归并与区分。

土壤分类是随着社会经济特别是农业实践的需求和发展、土壤知识的积累和认识水平的提高、土壤科学技术进步而不断发展的。从古至今,土壤分类发展大致经历了 3 个重要阶段:① 古代朴素的土壤分类阶段;② 近代土壤发生学分类发展阶段;③ 定量化的土壤系统分类(或诊断分类)阶段。近代土壤分类由 19 世纪末俄国道库恰耶夫创立土壤地理发生分类起,到 20 世纪中叶发展达到顶峰时期,成为以苏联为代表的地理发生学派、西欧为代表的形态发生学派,以及历史发生学派的土壤分类三派鼎立局面。土壤发生学分类是土壤分类史上取得的重大进展,它奠定了现代土壤分类的基础,是影响深远的重要阶段;定量化土壤分类的研究起始于 20 世纪中期,以 1975 年美国发表的《土壤系统分类》(*Soil Taxonomy*)为代表,在全球掀起了一场土壤分类方面的重大变革。定量化的土壤系统分类崛起,其影响迅速扩大,成为国际土壤分类发展的新潮流。当前世界上已有数十个国家直接采用这一分类系统,80 多个国家将美国土壤系统分类作为第一分类或第二分类。目前国际上主要土壤分类体系有:美国土壤系统分类(ST)、联合国世界土壤图图例单元(FAO/UNESCO)、国际土壤分类参比基础(IRB)[到 1991 年发展为世界土壤资源参比基础(WRB)],以及以俄罗斯为代表的土壤地理发生分类等。

1. 中国土壤地理发生分类(1992)

土壤分类的基本原则包括:① 土壤分类发生学原则,土壤是客观存在的历史自然体。土壤分类必须严格贯彻发生学原则,即把成土因素、成土过程和土壤属性(土壤剖面形态和理化性质)三者结合起来考虑。但应以属性作为土壤分类的基础,因为土壤属性是在一定成土条件下一定成土过程的结果,所以在土壤分类工作中,必须重视土壤属性。只有充分掌握土壤属性的变化才有可能进行定量分类。② 土壤分类统一性原则,土壤是一个整体,它既是历史自然体又是人类劳动的产物。自然土壤与耕作土壤有着发生上的联系,耕作土壤是在自然土壤的基础上通过人类耕垦、改良、熟化而形成的,二者的关系既有历史发生上的联系性或统一性,又有发育阶段上的差异性或特殊性。因此,进行土壤分类时,必须贯彻土壤的统一性原则,把耕作土壤和自然土壤作为统一的整体来考虑,分析自然因素和人为因素对土壤的影响,力求揭示自然土壤与耕作土壤的发生学联系与演变规律。中国土壤地理发生分类从上至下共设土纲、亚纲、土类、亚类、土属、土种和变种 7 级分类单元,前 3 级分类单元如表6-7 所示。

表 6-7　中国土壤地理发生分类

土　纲	亚　纲	土　类
铁铝土	湿润铁铝土	砖红壤、赤红壤、红壤
	湿暖铁铝土	黄壤
淋溶土	湿暖淋溶土	黄棕壤、黄褐土
	湿暖温淋溶土	棕壤
	湿温淋溶土	暗棕壤、白浆土
	湿寒温淋溶土	棕色针叶林土、漂灰土、灰化土
半淋溶土	半湿热半淋溶土	燥红土
	半湿暖温半淋溶土	褐土
	半湿润半淋溶土	灰褐土、黑土、灰色森林土

续表

土　纲	亚　纲	土　类
钙层土	半湿暖温钙层土	黑钙土
	半干温钙层土	栗钙土
	半干暖温钙层土	黑垆土
干旱土	干旱温钙层土	棕钙土
	干旱暖钙层土	灰钙土
漠土	干旱温漠土	灰漠土、灰棕漠土
	干旱暖温漠土	棕漠土
初育土	土质初育土	黄绵土、红黏土、龟裂土、风沙土、粗骨土
	石质初育土	石灰土、火山灰土、紫色土、磷质石灰土、石质土
半水成土	暗淡水成土	草甸土
	淡半水成土	潮土、砂浆黑土、林灌草甸土、山地草甸土
水成土	矿质水成土	沼泽土
	有机水成土	泥炭土
盐碱土	盐土	草甸盐土、濒海盐土、酸性硫酸盐土、漠境盐土、寒原盐土
	碱土	碱土
人为土	人为水成土	水稻土
	灌耕土	灌淤土、灌漠土
高山土	湿寒高山土	草毡土(高山草甸土)、黑毡土(亚高山草甸土)
	半湿寒高山土	寒钙土(高山草原土)、冷钙土(亚高山草原土)、冷棕钙土(山地灌丛草原土)
	干寒高山土	寒漠土(高山漠土)、冷漠土(亚高山漠土)
	寒冻高山土	寒冻土(高山寒漠土)

在中国土壤地理发生分类中土纲、亚纲、土类和亚类为高级分类单元；土属为中级分类单元，土种为基层分类单元；以土类、土种最为重要。① 土纲，是对某些有共性土类的归纳与概括，反映了土壤不同发育阶段中，土壤物质迁移、转化与累积过程引起属性的差异。该分类系统将中国土壤划分为铁铝土、淋溶土、半淋溶土、钙层土、干旱土、漠土、初育土、半水成土、水成土、盐碱土、人为土和高山土 12 个土纲。② 亚纲，是在土纲范围内的续分，根据土壤的水热条件、岩性和盐碱属性的差异划分，反映控制现代土壤形成过程方向的成土条件。将 12 个土纲细分为 30 个亚纲。③ 土类，是高级分类的基本单元。即在划分土类时，强调成土条件、成土过程和土壤属性的三者统一和综合。同一土类是在相同生物、气候、母质、水文、耕作制度等条件下形成的，具有独特的形成过程和土体构型，土类与土类之间在性质上有质的差异，将 30 个亚纲细

分为 59 个土类。④ 亚类，是土类的续分。它既有代表土类中心概念的亚类，即在该土类特定的成土条件下和主导成土过程中形成的具有该土类典型特征的典型亚类，也有由一个土类向另一个土类过渡的边界亚类，它根据主导成土过程以外附加或次要的成土过程划分，将 59 个土类细分为 233 个亚类。⑤ 土属，是具有承上启下意义的分类单元。主要根据母质、成因类型、岩性和区域水文等地方性因素来划分。⑥ 土种，是土壤分类的基层单元。根据土体构型和土壤发育程度或熟化程度来划分。⑦ 变种，是土种范围内的变化，一般以表层或耕作层的某些变化来划分。

2. 中国土壤系统分类

中国土壤系统分类也是建立在土壤发生学理论基础上的，它不同于土壤地理发生分类之处主要在于它依据单个土体本身所具有的诊断层和诊断特性进行土壤类别的鉴定，通常称该给定深度范围内的垂直切面为控制层段（control section），目的是给土壤分类系统提供一个相同的基础。矿质土的控制层段一般从矿质土表层到 C 层或ⅡC 层上部界限以下 25 cm（最大到 200 cm）。若从矿质土表层到 C 层或ⅡC 层上界的深度<75 cm，则控制层段就可延伸至 100 cm；若基岩出现深度<100 cm，则控制层段可延伸至石质接触面。有机土的控制层段为自土表向下至 160 cm 或石质接触面。有机控制层段可细分为 3 个层，即表层（从土表向下到 60 cm 或 30 cm），表下层（通常厚 60 cm 或出现石质接触面、水层或永冻层时则止于较浅深度）和底层（厚 40 cm 或出现石质接触面、水层或永冻层时止于较浅深度）。中国土壤系统分类为多级分类制，共 6 级，即土纲、亚纲、土类、亚类、土族和土系，其中土纲、亚纲、土类如表 6-8 所示。前 4 级为较高分类级别，主要供中小尺度比例尺土壤调查与制图确定制图单元用；后两级为基层分类级别，主要供大比例尺土壤图确定制图单元用。

表 6-8　中国土壤系统分类

土纲	亚纲	土类
有机土	永冻有机土	落叶永冻有机土、纤维永冻有机土、半腐永冻有机土
	正常有机土	落叶正常有机土、纤维正常有机土、半腐正常有机土、高腐正常有机土
人为土	水耕人为土	潜育水耕人为土、铁渗水耕人为土、铁聚水耕人为土、简育水耕人为土
	旱耕人为土	肥熟旱耕人为土、灌淤旱耕人为土、泥垫旱耕人为土、土垫旱耕人为土
灰土	腐殖灰土	简育腐殖灰土
	正常灰土	简育正常灰土
火山灰土	寒冻火山灰土	简育寒冻火山灰土
	玻璃火山灰土	干润玻璃火山灰土、湿润玻璃火山灰土
	湿润火山灰土	腐殖湿润火山灰土、简育湿润火山灰土
铁铝土	湿润铁铝土	暗红湿润铁铝土、简育湿润铁铝土
变性土	潮湿变性土	盐积潮湿变性土、钠质潮湿变性土、钙积潮湿变性土、简育潮湿变性土
	干润变性土	腐殖干润变性土、钙质干润变性土、简育干润变性土
	湿润变性土	腐殖湿润变性土、钙积湿润变性土、简育湿润变性土

续表

土纲	亚纲	土类
干旱土	寒性干旱土 正常干旱土	钙积寒性干旱土、石膏寒性干旱土、黏化寒性干旱土、简育寒性干旱土 钙积正常干旱土、石膏正常干旱土、盐积正常干旱土、黏化正常干旱土、简育正常干旱土
盐成土	碱积盐成土 正常盐成土	龟裂碱积盐成土、潮湿碱积盐成土、简育碱积盐成土 干旱正常盐成土、潮湿正常盐成土
潜育土	寒冻潜育土 滞水潜育土 正常潜育土	有机寒冻潜育土、简育寒冻潜育土 有机滞水潜育土、简育滞水潜育土 含硫正常潜育土、有机正常潜育土、表锈正常潜育土、暗沃正常潜育土、简育正常潜育土
均腐土	岩性均腐土 干润均腐土 湿润均腐土	富磷岩性均腐土、黑色岩性均腐土 寒性干润均腐土、黏化干润均腐土、钙积干润均腐土、简育干润均腐土 滞水湿润均腐土、黏化湿润均腐土、简育湿润均腐土
富铁土	干润富铁土 常湿富铁土 湿润富铁土	钙质干润富铁土、黏化干润富铁土、简育干润富铁土 富铝常湿富铁土、黏化常湿富铁土、简育常湿富铁土 钙质湿润富铁土、强育湿润富铁土、富铝湿润富铁土、黏化湿润富铁土、简育湿润富铁土
淋溶土	冷凉淋溶土 干润淋溶土 常湿淋溶土 湿润淋溶土	漂白冷凉淋溶土、暗沃冷凉淋溶土、简育冷凉淋溶土 钙质干润淋溶土、钙积干润淋溶土、铁质干润淋溶土、简育干润淋溶土 钙质常湿淋溶土、铝质常湿淋溶土、铁质常湿淋溶土 漂白湿润淋溶土、钙质湿润淋溶土、黏磐湿润淋溶土、铝质湿润淋溶土、铁质湿润淋溶土、简育湿润淋溶土
雏形土	寒冻雏形土 潮湿雏形土 干润雏形土 常湿雏形土 湿润雏形土	永冻寒冻雏形土、潮湿寒冻雏形土、草毡寒冻雏形土、暗沃寒冻雏形土、暗瘠寒冻雏形土、简育寒冻雏形土 潜育潮湿雏形土、砂姜潮湿雏形土、暗色潮湿雏形土、淡色潮湿雏形土 灌淤干润雏形土、铁质干润雏形土、斑纹干润雏形土、石灰干润雏形土、简育干润雏形土 冷凉常湿雏形土、钙质常湿雏形土、铝质常湿雏形土、酸性常湿雏形土、简育常湿雏形土 钙质湿润雏形土、紫色湿润雏形土、铝质湿润雏形土、铁质湿润雏形土、酸性湿润雏形土、暗沃湿润雏形土、斑纹湿润雏形土、简育湿润雏形土
新成土	人为新成土 砂质新成土 冲积新成土 正常新成土	扰动人为新成土、淤积人为新成土 寒冻砂质新成土、干旱砂质新成土、暖热砂质新成土、干润砂质新成土、湿润砂质新成土 寒冻冲积新成土、干旱冲积新成土、暖热冲积新成土、干旱冲积新成土、湿润冲积新成土 黄土正常新成土、紫色正常新成土、红色正常新成土、寒冻正常新成土、干旱正常新成土、暖热正常新成土、干湿正常新成土、湿润正常新成土

3. 世界土壤资源参比基础单元及其功能

世界土壤资源参比基础(world reference base for soil resources,WRB)基于可观察-可测量的土壤剖面及其诊断土层所呈现的土壤特性划分土壤,对这些诊断层的观察有助于揭示土壤形成过程的本质,这种科学思维范式源于道库恰耶夫土壤地理发生学。WRB 已划分出 32 个土壤参比土类(reference soil group, RSG),其命名法保留了传统的土壤学术语和当今多种语言常用的术语,其低级土壤类型单元的命名则采用了添加与辅助土壤形成过程相关的、有完全定义的前缀或后缀的方式。32 个 RSG 可归并为 8 个土壤类群,如表 6-9 所示。

表 6-9　世界土壤资源参比基础的 8 个土壤类群比较

土壤类群	土类中英文名及代码	主要诊断土层特征
具有强烈有机质积累过程的土壤	有机土/histosols/HS	具有厚的有机质层的土壤
受人类活动强烈影响的土壤	人为土/anthrosols/AT	具有长期人为高强度利用的土壤
	技术土/technosols/TC	富含大量人工制品的土壤
限制植物根系生长的土壤	冻土/cryosols/CR	受多年冻土层影响的土壤
	薄层土/leptosols/LP	薄的或有许多粗糙碎片的土壤
	变性土/vertisols/VR	干湿交替条件下富含胀缩性矿物的土壤
	盐土/solonchaks/SC	易溶盐含量高的土壤
	碱土/solonetz/SN	具有高含量交换性钠的土壤
以铁铝化学特征区分的土壤	潜育土/gleysols/GL	长期受地下水影响或在水下的土壤
	火山灰土/andosols/AN	具有铝英石或铝-腐殖质复合物的土壤
	灰壤/podzols/PZ	亚表层有腐殖质氧化物累积的土壤
	滞水表潜土/stagnosols/ST	有停滞水、结构差异较明显的土壤
	聚铁网纹土 plinthosols/PT	有氧化铁锰转化积累的土壤
	黏绨土/nitisols/NT	含低活性黏粒,磷与铁氧化物固结的土壤
	黏磐土/planosols/PL	有停滞水与黏磐层的土壤
	铁铝土/ferralsols/FR	富含高岭石和氧化铁、铝的土壤
有机质在矿物表土明显积累的土壤	暗色土/umbrisols/UM	有暗色腐殖质层和低盐基饱和度的土壤
	栗钙土/kastanozems/KS	在暗色腐殖质层之下次生碳酸盐淀积的土壤
	黑钙土/chernozems/CH	在深厚极暗色腐殖质层之下次生碳酸盐淀积的土壤
	黑土/phaeozems/PH	在深厚极暗色腐殖质层之下无次生碳酸盐淀积和富含盐基的土壤
由中度可溶盐或非盐物质积累的土壤	硅胶结土/durisols/DU	由次生二氧化硅聚集和胶结的土壤
	石膏土/gypsisols/GY	由次生石膏聚集而成的土壤
	钙积土/calcisols/CL	由次生碳酸钙聚集而成的土壤

续表

土壤类群	土类中英文名及代码	主要诊断土层特征
由黏粒淀积亚表层的土壤	网纹土/retisols/RT	由较浅色与较深色不同粒级交织而成的土壤
	低活性强酸土/acrisols/AC	由低活性黏粒聚集形成低盐基饱和度的土壤
	低活性淋溶土/lixisols/LX	由低活性黏粒聚集形成高盐基饱和度的土壤
	高活性强酸土/alisols/AL	由高活性黏粒聚集形成低盐基饱和度的土壤
	高活性淋溶土/luvisols/LV	由高活性黏粒聚集形成高盐基饱和度的土壤
无或少有剖面分异的土壤	雏形土/cambisols/CM	剖面具有中等发育程度的土壤
	砂性土/arenosols/AR	主要由砂粒构成的土壤
	冲积土/fluvisols/FL	由层状冲积物或海相-湖相沉积物构成的土壤
	疏松岩性土/regosols/RG	未有明显剖面发育的土壤

联合国粮食及农业组织土壤学家于2015年剖析了WRB中主要土壤类型的土壤物质组成与特性，如土壤适宜性、有机碳含量、持水量，以及支持基础设施和储存考古遗迹的能力，综合评价了主要土壤类型的生态系统服务，包括对粮食安全、气候调节、淡水调节和社会文化等规定了贡献值0~5级，结果表明人为土的生态服务价值最高，如表6-10所示。这充分表明拥有数千年持续农业生产的中国，一方面保障了国家的粮食安全，另一方面通过辛勤劳动创造了丰富多样的人为土，这也为全球生态系统服务做出了重要的贡献。

表6-10　世界土壤资源参比基础各土类的生态服务价值

土类	食品	气候	淡水	文化	合计	主要服务功能
有机土	2	5	5	3	15	气候变化
人为土	5	5	5	4	19	粮食安全
技术土	1	3	2	4	10	基础设施
冻土	0	5	2	3	10	气候变化
薄层土	1	1	2	1	5	水分流失
变性土	4	2	3	1	10	粮食安全
盐土	1	1	1	1	4	极少有
碱土	1	1	1	1	4	极少有
潜育土	2	1	3	1	7	粮食安全
火山灰土	4	3	5	1	13	粮食安全
灰壤	1	1	3	1	6	地表生物量
滞水表潜土	2	1	3	1	7	淡水保持
聚铁网纹土	2	1	2	1	6	地表生物量
黏绨土	4	3	4	1	12	粮食安全

续表

土类	食品	气候	淡水	文化	合计	主要服务功能
黏磐土	1	1	1	1	4	极少有
铁铝土	2	4	3	1	10	地表生物量
暗色土	3	3	3	1	10	水分流失
栗钙土	3	4	2	1	10	粮食安全
黑钙土	5	4	4	1	14	粮食安全
黑土	4	4	3	1	12	粮食安全
硅胶结土	1	1	1	1	4	极少有
石膏土	1	1	1	1	4	极少有
钙积土	1	1	2	1	5	极少有
网纹土	2	1	1	1	5	地表生物量
低活性强酸土	2	1	2	1	6	粮食安全
低活性淋溶土	2	1	2	1	6	粮食安全
高活性强酸土	1	1	2	1	5	地表生物量
高活性淋溶土	3	2	2	1	8	粮食安全
雏形土	3	2	3	1	9	粮食安全
砂性土	1	1	1	1	4	地表生物量
冲积土	4	2	4	2	12	粮食安全
疏松岩性土	2	1	1	1	5	地表生物量

6.6　人类活动对土壤圈的影响

6.6.1　人类活动与土壤的相互关系

土壤是人类生存与发展过程中最基本、最广泛、最重要的自然资源之一。从整个陆地生态系统来看，土壤资源是生态系统的重要组成部分，在生态系统的物质迁移转化过程中，土壤不断释放富集矿质养分元素，向植物生长发育不断地提供养分、水分、空气和热量；生物代谢过程的产物在归还土壤之后，这些有机物又在土壤微生物的作用下被分解为简单养分并保持在土壤之中，从而使土壤中的养分处于不断循环的动态平衡状态。

土壤作为一种自然资源，具有质（土壤肥力）和量（面积）两方面的内容，对特定的区域而言，土壤的面积和分布区域是固定的，不能像其他生产资料那样可以根据生产生活的实际需要对之进行空间转移。因此，在土壤利用过程中需要采取不同类别、程度的改良措施；管护土壤资源并对之加以持续性的利用是扩大农林牧业再生产、维护人类生态系统平衡的重要途径。对特定区域而言，其土壤肥力及其面积在允许的可塑范围内能够保持相对稳定，超出可塑范围则表现为不稳定，可能引起土壤肥力的衰竭或者土壤（某个土壤类型）面积的减小。如果土壤资源开发利用得当，土壤中物质的迁移转化就可保持稳定的动态平衡，土壤资源也可不断地更新，从而保证了人类社会发展的需要，这是可再生资源特性的表现；如果开发利用不合理，打破了土壤中物质迁移转化过程的动态平衡，就会导致土壤肥力的衰竭，并引起生态环境的恶化，从而限制区域社会经济的发展。由此可见，从自然地理过程的时间尺度来看，土壤资源属于可再生资源，而从区域社会经济发展的时间尺度来看，土壤资源又具有不可再生的特性。

近200多年来，随着全球人口的不断增长，人类在增加生产能力和提高生活水平的同时，消耗自然资源的数量和对环境影响的程度均在与日俱增。以资源短缺、环境污染和土壤退化为特征的环境退化相互影响、恶性循环，成为人类面临的巨大挑战。土壤退化（soil degradation）则是指因自然环境不利因素和人为利用不当引起的土壤肥力下降、植物生长条件恶化和土壤生产力减退的过程。土壤退化致使土壤生产能力丧失和土壤生态环境功能衰竭。联合国环境规划署等编制的世界土壤退化图显示，全世界因人为活动引起的土壤退化面积约为 $2\ 000 \times 10^4\ km^2$，占总土地面积的15%，如表6-11所示。据全球土壤退化数据库的资料，土壤退化已影响到全球陆地面积30%～50%的土地质量，可见土壤退化日益威胁着人类赖以生存的环境，成为当今世界人类社会发展面临的最大挑战之一。

表6-11　世界各大洲土壤退化状况

单位：$10^4\ km^2$

土壤退化类型	世界	亚洲	非洲	美洲	欧洲	大洋洲
土壤水蚀	1 093	440	227	229	114	83
风蚀沙化	549	222	187	82	42	16
养分下降	134	14	45	72	3	—
盐化	77	53	15	4	4	1
污染	22	2	—	—	19	1
性状恶化	84	14	20	14	34	2
合计	1 959	745	494	401	216	103

资料来源：改自 Oldeman L R，1993。

6.6.2 土壤健康评价

土壤健康（health of soil）或称土壤质量（soil quality），是指土壤具有维持生态系统生产力和动植物健康而不发生土壤退化和其他生态环境问题的能力。土壤健康一般被农学家、生产者及大众媒体所采用，它强调土壤的生产性能，即健康的土壤能够持续生产出品质优良、数量丰富的农产品。2013年第68届联合国大会正式将2015年定为国际土壤年，其核心议题是“健康土壤带来健康生活”（Healthy Soils for a Healthy Life）。土壤健康不仅对农作物生产有影响，而且对水体质量、大气质量、环境质量及人类食品安全均有重要影响，为此环境学家、土壤学家更偏向于运用土壤质量的概念来替代土壤健康，以唤起人们对土壤质量的重视与关注。Doran 等 1994 年指出土壤质量是指土壤在生态系统界面内维持生产、保障环境质量、促进动物和人类健康行为的能力。美国土壤学会 1995 年研究指出，土壤质量是指某种土壤在自然或人工管理条件下，维持生物生产能力，保持与提高水体质量、大气质量，以及维持人群和动物健康生存的能力。近年来赵其国等系统地介绍了国际土壤质量研究文集，即《土壤质量与持续环境》(*Defining Soil Quality for a Sustainable Environment*)，强调土壤肥力、土壤质量演变机理及其对土壤资源持续利用影响的研究，将土壤质量指标体系及其评价方法与农产品的品质联系起来，为中国土壤质量控制理论的研究和耕地土壤质量的护育提供科学基础。

土壤质量概念的提出意味着人类社会开始重视土壤所具有的全部功能：一是土壤的持续性生产能力，即以土壤肥力为标志的土壤生产力功能，这为人们所普遍认识和接受。二是土壤的环境功能，指土壤对各种污染物的净化与缓冲能力，土壤圈作为地球表层系统中的组成部分具有保持和提高大气、水体质量和环境质量的能力，以及对全球变化的控制与调节的能力，如对地球表层系统中水分和热量平衡、温室气体吸收与排放的调节能力，对水圈的全球水分循环及水质的影响，对生物圈中生物地球化学过程的影响。三是土壤的健康，是指影响人类和动物健康的能力。四是土壤的生态功能，即维护生态系统平衡与生物多样性的能力。土壤质量概念的范畴不仅涵盖了土壤肥力和土壤生态环境功能，还关系到土壤圈在陆地生态系统的稳定性、多样性、生产能力及人群健康，它对于保护区域环境质量、维持环境地球系统物质与能量的良性循环均具有重要的作用，如图 6-16 所示。

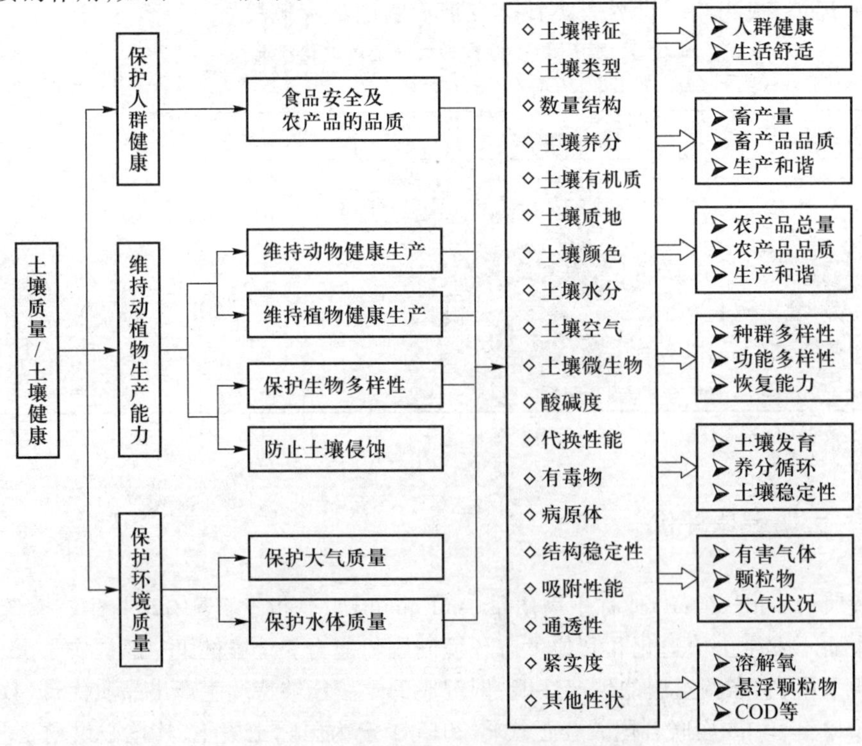

图 6-16　土壤质量及其综合功能示意图

(资料来源：改自 Brady N C 等，1999)

土壤质量是土壤物理性状、化学组成和性质、生物群落组成与结构,以及土壤中物质能量迁移转化特征的综合反映。迄今为止,国际上还没有评价土壤质量的统一指标体系,其中有三个方面的原因:一是由于土壤是依赖许多外部因素的、开放的、复杂的动态系统,如土地利用、土壤管理措施、气候变化等均可驱使土壤变化。二是土壤物质组成和性状在时间和空间上都具有较大的变异性,使得各个土壤性状因子在土壤质量中的重要程度差异较大,而且各种土壤因子之间的相互作用至今还没有得到充分认识。三是不同研究领域的专家关注不同的土壤功能和性状,对同一土壤的质量优劣认识不一。这些原因使得土壤质量难以直接测量与评估,但可以通过测量土壤性状来分析土壤性状对维持生物正常生理代谢、维护与提高生态环境质量的阈值及其适宜范围,构建土壤质量指标体系与土壤功能之间的关系,并在此基础上综合评定土壤质量,如图 6-17 所示。

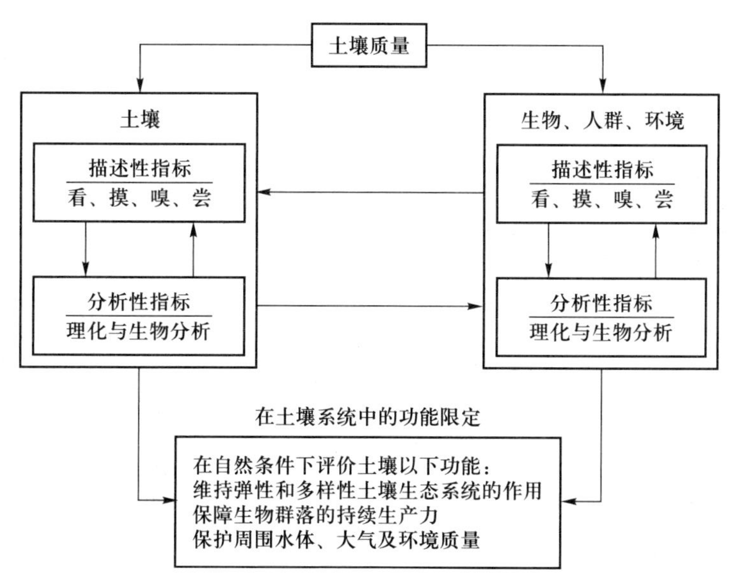

图 6-17　土壤质量指标体系与土壤功能的关系示意图

(资料来源:改自 Doran,1994)

土壤质量评价是规划设计可持续性土壤利用模式与土地管理体制的基础,土壤质量评价必须要确定有效、灵敏、可靠、可重复及可接受的土壤性状指标体系,并建立全面评价土壤质量的框架与方法。目前土壤质量评价方法主要有两类:一类是土壤质量定性评价方法,另一类是土壤质量定量评价方法,但至今尚无国际统一的标准方法。美国农业部土壤保持局(SCS)建议在选取土壤质量评价指标时:首先应该重视在当前经济技术条件下易于测量的土壤性状参数,并建立这些参数的标准,以评价不同时期土壤质量的变化;其次应考虑土地经营管理措施对土壤质量的影响,并用现有知识和数据找出适宜参数和方法。

6.6.3 土壤退化及其防治技术

与土壤形成发育过程相类似,土壤退化过程也是在自然因素和人为因素共同作用下的一个复杂过程,如图 6-18 所示,其中成土因素如气候、母质、地形等的异常是引起土壤退化的基础,人类不合理的土壤利用方式则是加剧土壤退化的根本原因。

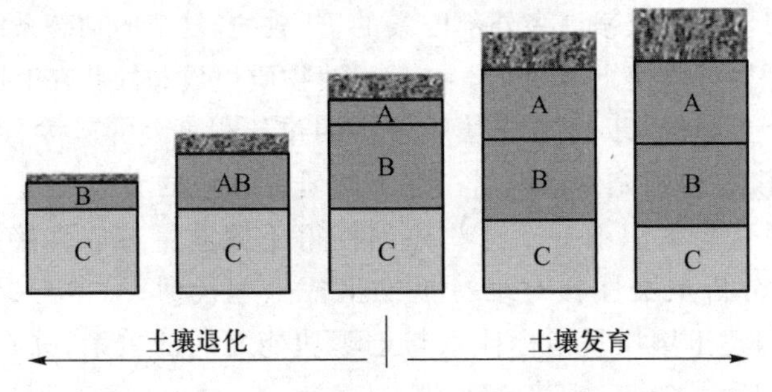

图 6-18　土壤退化与发育的一般示意图

1. 土壤侵蚀

土壤侵蚀一般是指在外营力(水力、风力、重力、冻-融张缩力等)作用下,土壤被剥离、迁移或沉积的过程。在自然状态下,纯粹由自然因素(如气候变化、新构造运动等)所引起的土壤侵蚀过程称为自然侵蚀,其速率非常缓慢,表现很不显著。对固定的土壤而言,自然侵蚀常与自然成土过程处于动态平衡状态,故土壤能保持相对稳定的土壤剖面构型。人类活动对自然生态环境的破坏常导致土壤侵蚀过程急剧发展,称为土壤加速侵蚀,其侵蚀速率是自然侵蚀的数十倍、数百倍,这就是一般所讲的土壤侵蚀。常用土壤侵蚀强度定量表示土壤侵蚀过程的强弱,即侵蚀强度是指单位面积上单位时间内地表物质因外力破坏和移动的土壤物质总量,用质量[单位:$t/(km^2 \cdot a)$]表示。区域土壤侵蚀强度可以采用精密水准测量法、固定标志法、不同时期的大比例尺地形图对比法、稀土元素示踪法、^{137}Cs 示踪法、土壤剖面对比法、相关沉积法、地貌标志法、侵蚀因子综合评判法综合确定。

土壤侵蚀是一个全球范围内严重的生态环境问题,美国世界观察研究所资料显示,目前全世界农耕地上每年平均流失的肥沃土壤高达 264×10^8 t。中国是世界上土壤侵蚀严重的国家,其土壤侵蚀面积达 356×10^4 km^2,占国土面积的 37 %,每年中国流失的土壤达 50×10^8 t 以上,相当于从中国耕地上平均刮去 3 mm 厚的肥沃表土,流失的 N、P、K 养分相当于 4 000×10^4 t 标准化肥。土壤侵蚀危害国民经济建设的很多方面:① 土壤侵蚀导致土壤肥力迅速下降、土壤生态环境功能衰竭。② 随着土壤养分及细粒物质的流失,土壤性状趋于恶化,土壤保水保肥及抗旱能力也显著降低。③ 在土壤侵蚀过程中,土壤表层大量养分、农药残留物等随水流进入地表水系统,导致水体富营养化等水体污染;土壤侵蚀使大量泥沙侵入河川,造成下游水库淤积、河道阻塞甚至泛滥成灾,淹没大面积农田及城镇村落。

2. 土壤风蚀沙化

土壤风蚀沙化是指当风速超过 5 m/s 时,地表疏松干燥的细小土壤颗粒、土壤有机质就会被风吹扬而起,离开原地土壤表层的现象。土壤风蚀沙化主要发生在干旱、半干旱和季风性气候的半湿润地区。土壤风蚀沙化作为一种土壤退化现象,不仅破坏土壤资源、减低土壤生产力,还污染生态环境、影响区域社会经济的发展和人民生活的改善,是当今世界关注的一个全球性生态环境问题。据调查资料,全球受土壤风蚀沙化影响的区域面积约为 3 800×10^4 km^2,其中亚洲占 32.5%，非洲占 27.9%，澳大利亚占 16.5%，北美和中美洲占 11.6%，南美洲占8.9%，欧洲占 2.6%。中国的土壤风蚀沙化面积约为 $190\times10^4\ km^2$，主要分布于内蒙古、新疆、甘肃、宁夏，以及青海、陕西、山西、河北北部和辽宁、吉林西部等地区。

根据土壤颗粒运动特点，可以将土壤风蚀沙化分解为 3 个过程，即吹蚀过程、搬运过程和堆积过程。当风力作用于干燥土壤表面时，破坏土壤结构并使土壤细颗粒、土壤有机质被吹扬的过程便是土壤风蚀沙化的第一阶段。有关土壤颗粒脱离地表运动（启动）的物理机制归结起来有两种理论：一是以 Exner 为代表的沙悬浮理论，认为土壤颗粒启动是近地大气层中气流紊流扩散的结果；二是以 Bagnold 为代表的冲击启动理论，认为土壤颗粒运动主要是气流冲击所致。由于土壤颗粒之间有复杂的相互作用，临界启动风速（v_p）与沙尘颗粒直径（D）的关系并非上述那么简单。Bagnold（1941）的研究表明，临界启动风速（v_p）与沙尘颗粒直径（D）、沙尘颗粒密度 ρ_s 和大气密度 ρ_a 具有以下关系：

$$v_p = K\sqrt{\frac{(\rho_s - \rho_a)gD}{\rho_a}} \tag{6-8}$$

式中：K 为经验常数，一般情况下取 0.1；g 为重力加速度（980 cm/s^2）。根据上式计算结果，当沙尘颗粒直径 $D=80\ \mu m$ 时，临界启动风速（v_p）最小，如图 6-19 所示。这是因为随着沙尘颗粒直径的变小，沙尘表面变成在空气动力学上的“光滑”面，而空气的拖曳作用力不是被少数比较裸露的颗粒所分担，而是大致均匀地分布在整个表面，因而就需要更大的拖曳力来启动沙尘颗粒。

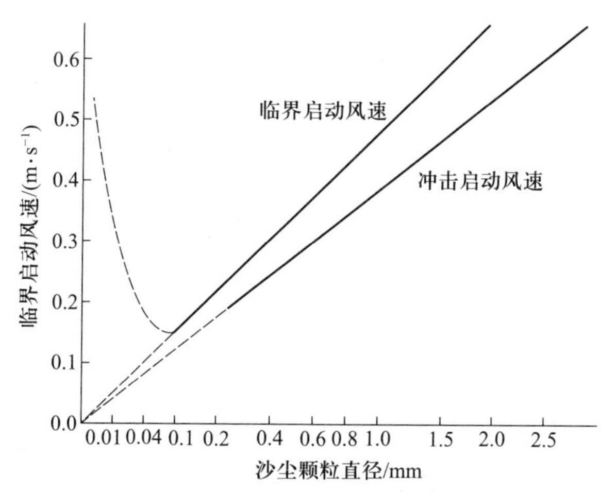

图 6-19 临界启动风速与土壤颗粒直径的关系图

（资料来源：改自 Kenneth，1991）

当沙尘颗粒被逐离土壤表面后，它可借助滑动、滚动、弹跳（跃移）或悬浮而移动，滑动与滚动在一起被称为表面蠕动。土壤颗粒被搬运的方式取决于它的物理特性、风速与近地大气层的紊流结构，在土壤风蚀过程中会出现各种搬运方式。当土壤表面的某个颗粒被风力吹起后，它几乎可以立刻回到地面或者呈悬浮状态。如果土壤颗粒的沉降速度超过风速的垂直分量，颗粒就会在下风向短距离内回到地表面；反之，如果风速的垂直分量超过沉降速度，颗粒则会在近地大气层中处于悬浮状态。据观测，在中等风暴条件下，直径大于 0.02 mm 的土壤颗粒一般通过短时悬浮可被迁移到离源地约30 km之外，而直径小于0.01 mm的土壤颗粒通过长期悬浮可以被搬运至数千千米之外。这样由于风蚀区土壤表面细粒物质不断丧失，表土层粗砂粒的相对富集，就造成了土壤沙化现象。

3. 土壤盐化

土壤盐化是指土壤中可溶性盐分随水向表土层（0～20 cm）运移而累积含量超过0.1%（或富含石膏的土壤为0.2%）的过程。土壤盐化是干旱、半干旱和半湿润平原区的重要土壤退化方式，它对植物正常生长发育有严重的危害。根据表土层盐分含量及其对植物的危害程度，可以将土壤盐化程度划分为轻度、中度、强度、盐土，如表6-12所示。盐化的土壤一般具有地形平坦、土层深厚、地下水相对丰富、有利于机械耕作等特点，因而是发展农牧业与林业生产的潜在土壤资源。

表6-12　土壤盐化分级表

适用地区	土壤表层含盐量/%				盐渍类型
	轻度	中度	强度	盐土	
滨海半湿润、半干旱、干旱区	0.1～0.2	0.2～0.4	0.4～0.6	>0.6	HCO_3^--CO_3^{2-}，Cl^-，Cl^--SO_4^{2-}，SO_4^{2-}-Cl^-
半荒漠及荒漠区	0.2～0.3	0.3～0.5	0.5～1.0	>1.0	SO_4^{2-}，Cl^--SO_4^{2-}，SO_4^{2-}-Cl^-

资料来源：祝寿泉，1996。

按照土壤盐化发生的特点，可以将其划分为原生盐化、次生盐化和潜在盐化3大类。原生盐化是指在自然成土因素（生物气候、地质水文、地形、母质等）的综合作用下，土壤、风化壳及地下水中的盐分向土壤表层汇滞聚积的过程，按其发生的时期，原生盐化又可细分为现代原生盐化和残余原生盐化。次生盐化是指因人为利用不当，使原来非盐化的土壤发生了盐化或增强了原土壤盐化程度的过程，它主要是在农业生产中灌水与排水体系失调下所导致的土壤盐化，也称为灌区土壤次生盐化。土壤次生盐化发生的内在原因是土体或浅层地下水含有相对丰富的盐分，其外因是在气候干旱土壤蒸发强烈的条件下，人为农业灌溉不当，包括：① 农田灌溉采取大水漫灌导致区域地下水位快速上升超过当地临界深度，这样引起土体下层及地下水中的盐分随水通过土壤毛管空隙上升至地表而蒸发，并将盐分聚积于表土层。② 利用地下的矿化水进行农田灌溉而又缺乏调节土壤水盐运动的措施，导致灌溉水中的盐分积累于土壤耕作层，引起土壤盐化。③ 在干旱区的洪积平原或洪积扇中下部开发利用某些心土层具有积盐层土壤的过程中，不合理的灌溉也会增加土壤物理蒸发，可能导致心土层中的盐分在随水上升蒸发的过程中聚积于土壤表层形成土壤盐化。

6.6.4　土地退化中性及其评价

土壤是土地的核心组成要素，防治土壤退化也是防治土地退化的基本内容。区域相对粗放的土地利用方式与片面短视的土地资源管理模式是造成土壤/土地退化的根本原因，构建持续性土地资源管理模式（sustainable land management，SLM），以防治或逆转区域土地退化过程，是当今国际社会关注的重要议题。《联合国防治荒漠化公约》(*United Nations Convention to Combat Desertification*, UNCCD)指出将采取SLM实现土地退化中性(land degradation neutrality, LDN)列为可持续发展目标之一,即联合国倡导在可持续发展的背景下努力实现土地退化中性,并采取必要措施以扭转土地退化。

UNCCD的2015年会议正式明确了土地退化中性的概念,在特定的时间与空间尺度上,以支持生态系统服务功能和提高粮食安全所必需的土地资源数量、质量与生态稳定状态,称为土地退化中性,该概念也源于土地零退化(zero net land degradation)。LDN具有三个相互联系的维度:一是降低非退化土地发生退化的风险;二是采用必要的适当土地整治措施加速退化土地的恢复速率;三是全球土地退化中性并非寻求全球平衡,而是倡导全球各个地区、世界各国实现土地退化中性之综合,针对难以避免的土地退化,则通过恢复等量的已退化土地加以抵消。LDN作为监测与平衡全球、区域、国家、地方等多个空间尺度上土地退化—逆转—土地整治等的政策工具,用以构建一个共同的框架,客观准确地评估土地退化,以优化土地利用模式与土地资源管护措施。

LDN框架依据不同领域专家集成性的调查结果,并通过一个参与性的知识共创过程设计与达成以下共识:① LDN的科学概念框架不仅包括社会经济和生物物理方面,还应该包括概念系统模型,并运用模型来监控LDN及其实施状况;② 运用LDN的理论指导框架的发展与完善;③ 由于实施与管理LDN必须具有某些弹性措施,故LDN科学概念框架也应具有弹性的组件。基于上述认识提出实现LDN的指导性原则:维持或增加陆地自然资本,保护弱势和边际土地使用者的权利,倡导利益相关者特别是土地使用者在设计、监控LDN实施过程中发挥作用,平衡土地自然资本预期损失,采取干预措施以逆转土地退化并实现LDN;依据国情制定与国家土地退化基线相对应的LDN指标,即最低目标与愿景目标,倡导避免土地退化优先于减少土地退化、减少土地退化优先于逆转土地退化的基本思路;将实施LDN纳入土地利用规划之中,坚持规划制定与规划实施同等重要,在相同或相似的土地类型内,兼顾多变量评估进行土地使用决策;基于当地实际寻求从自然环境、社会经济、生活习惯等多途径优化土地利用模式,运用全球性指标即土地覆盖、土地生产力、土壤碳储量及其细化指标监测LDN的实施效果。

UNCCD秘书处建立了监测评价LDN的一套三个全球生物物理指标集:土地覆盖/土地利用变化、土地生产力变化、土壤有机碳含量变化。其中土地覆盖/土地利用是一个"伞状指示器",也是反映区域土地质量损失、土地退化状况的主要指标,通常可在其(类型单元)背景上进行土地生产力、土壤有机碳含量指标的分类分层分解;土地生产力是单位面积土地上每年的净植物初级生产力,它是定量反映土地退化程度、损失或土地退化逆转程度的主要指标;土壤有机碳含量不仅是衡量土地质量的重要指标,还是展示土地及其利用、调节全球气候变化、生态服务功能的重要指示器。

6.6.5 土壤污染及其生物修复技术

土壤污染的发生是与土壤在人类生存环境中的特殊地位和功能相联系的:首先土壤是人类最基本的生产资料和劳动对象;其次土壤又是人类生产和生活的场所。人类活动可使来自外界的大量物质快速集中地投入土壤圈的局部,从而在土壤中累积造成土壤污染。土壤污染目前在学术界还无统一概念，常见观点有：① 美国肯珀（Kemper W D）的广义土壤污染概念，其认为当加入土壤中的物质数量大到足以妨碍土壤的正常功能时，土壤就被污染了，任何能降低作物或土壤养分数量和质量的物质均称为污染物。这里的土壤污染包括次生盐化、沙化、酸化、土壤侵蚀、土壤化学污染和土壤物理性状恶化等。② 日本馆稔（土壤化学学派）的土壤污染概念，其认为土壤污染是由化学物质的侵入而损害了土壤的健全机能，其中的化学物质又十分广泛，但一般认为其污染物是指与人为活动有关的对人体和其他生物有害的物质，如农药、重金属、放射性元素、病原菌、固体废物等。③ 普遍接受的土壤污染概念，一般认为人类活动产生的有害物质进入土壤，其含量超过土壤本身的自净能力而使土壤的成分和性质发生变异，降低农作物的产量和质量并危害人体健康的现象称为土壤污染。在土壤中污染物的累积和净化是同时进行的，这两个相反作用是对立统一的，两者一般处于动态平衡之中。土壤污染物的来源非常广泛，包括点源、线源和面源，如图 6-20 所示。

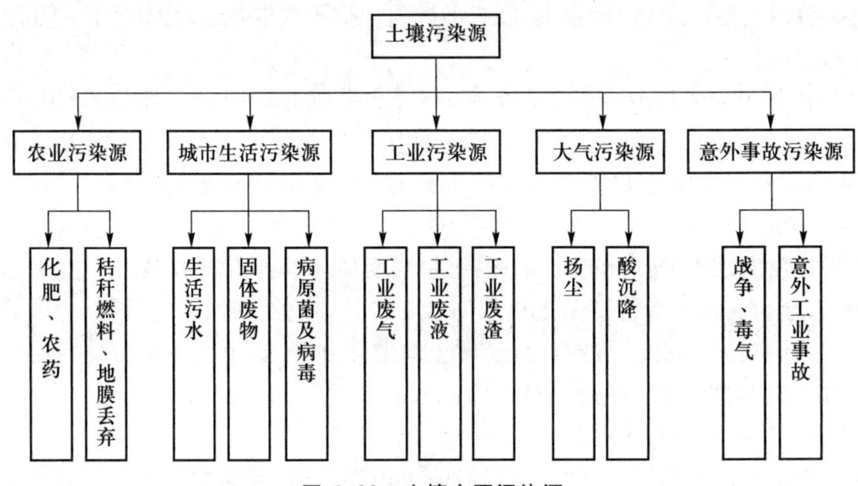

图 6-20　土壤主要污染源

根据进入土壤中的污染物性质，可将土壤污染物归并为无机污染物和有机污染物两大类。无机污染物以重金属、有毒类金属和放射性物质危害最为突出，它们在土壤中一般不易随水移动，也不能被微生物分解，常在土壤中累积甚至有可能转化为毒性更强的污染物，它们还可以通过植物的吸收富集对人类产生危害。它们在土壤中积累的初期，不易被人们觉察和注意，故土壤重（类）金属污染属于潜在危害，一旦毒害作用明显地表现出来就难以彻底消除。土壤有机污染物主要包括人工合成的有机农药、酚类化合物、氰化物、烷烃类化合物、苯类化合物、有机洗涤剂等，其中以有机氯农药、有机磷农药、有机汞农药、有机砷农药、菊酯类农药、多环芳烃类等有剧毒或低毒高稳定性有机物为主，它们在土壤中容易累积造成污染危害。土壤有机污染物的危害包括：① 危害土壤微生物，如硝化细菌、根瘤菌和根际微生物；② 影响土壤动物的数量和种类，如向土壤中施用西玛津约 6.5 kg/hm^2 时，土壤中无脊椎动物数量就减少 40%左右，另外蚯蚓、双翅目及其幼虫的数量和生长状况也受影响；③ 影响作物并通过食物链影响牲畜与人群健康。

土壤作为一个开放系统，是地表各环境要素相互作用的枢纽，故土壤污染物来源也极为广泛，根据土壤污染物的来源可将土壤污染划分为：① 水体污染型，城郊农业普遍利用城市生活污水和工业废水进行农田灌溉，如果利用经过预处理的城市生活污水或某些工业废水进行农田灌溉且使用得当，一般可有明显的增产效果，因为这些污水中含有植物生长所需要的许多营养元素，也节约了灌溉用水并且使城市污水得到了土壤的净化，减少了治理污水的费用；但是由于城市污水和工业废水中含有一些有毒、有害的物质，其成分相当复杂，若这些污水和废水直接输入农田，水中的污染物会在土壤中累积造成严重的土壤污染。② 大气污染型，土壤污染物主要来自被污染的大气。城市、大工业区排放的大气污染物（烟尘、重金属气溶胶、SO_2、NO_2 和酸雨等）在重力的作用下以干沉降、湿沉降等方式渗入城市或工业区周围的土壤中，一般呈现围绕污染源的同心圆状、椭圆状或带状分布，且土壤污染物主要集中于土壤表层（0～5 cm），对耕作土壤多集中于 0～20 cm层次内。主要的污染源有工业或生活用的煤燃烧、汽车尾气、工业废气及其中的飘尘、原子能核电站及核武器试验场等。如美国每年排放 $21\ 400\times10^4$ t 烟尘，其主要污染物有固体颗粒、重金属、SO_2、放射性物质、酸碱等。③ 农业污染型，由于农业生产的需要而不断地施用化肥、农药、城市垃圾堆肥、污泥等，使周围土壤受到污染，尤其是农药污染更为严重。农业污染型的污染程度及主要污染物常常与农药、化肥的施用量密切相关，其污染物主要集中在土壤表层或耕作层。④ 固体废物污染型，固体废物是指被遗弃的固体状物质和泥状物质，包括工业废渣、污泥和城市垃圾等。将人类生活过程产生的垃圾，生产过程产生的废物（工业“三废”）堆置于土壤表层或填埋处理于土壤之中，会直接或间接地改变土壤组成和土壤结构，影响土壤微生物的正常活动、妨碍植物的根系生长。此外，废物中的某些有毒有害物质在植物体内积蓄并危害人类的健康。⑤ 生物污染型，是人类向土壤中排放大量的病原菌、寄生虫、害虫、有害植物等所构成的污染。由于土壤是一个开放系统，所以土壤污染往往是多源性、综合性污染。

采用传统的常规物理或化学方法净化污染土壤，不仅工程量巨大，费用昂贵，难以大规模改良，而且也会导致土壤结构破坏、土壤生物活性下降和土壤肥力退化。近年来国际学术界在污染土壤的生物修复技术研究方面取得了长足的进展，已经形成了土壤污染修复的基本原则：土壤污染修复必须在切断污染源的前提下进行；确保耕地土壤生物多样性及其活性不受损坏；确保耕地土壤正常组分、结构和性状的稳定性；有效控制耕地土壤的重金属元素随地表径流或地下径流进入水环境系统，以防水体污染的发生；对于耕地土壤重金属污染的生物修复必须采用非食源性经济作物（或永不作为食源性物质使用）修复，防止土壤中重金属随修复植物体进入生态系统的食物链并对人群健康构成潜在性危害。修复的机理：一是将局部集中的污染物通过适当的途径扩散到广阔的环境之中（污染物含量均在高端阈值之下）；二是通过各种物理化学手段固化或净化土壤中的污染物，以减轻污染物对生物的危害。土壤污染修复的核心是筛选和培育对重金属元素具有超累积型的非食源性经济作物。

重金属污染土壤的植物修复（phytoremediation）是指利用自然生长植物或遗传工程培育植物修复被重金属污染土壤的技术总称。它是通过植物及其根际微生物群的生理代谢过程来富集、移去、挥发或稳固土壤中可溶态重金属元素，从而使被污染土壤的正常生产性能和生态功能得到恢复的技术。重金属污染土壤的植物修复技术包括 3 个方面：① 植物根系从土壤溶液中萃取重金属元素；② 植物在生理代谢过程中会促进土壤中重金属元素的挥发；③ 植物生理代谢对土壤中重金属元素的固化作用，如图 6-21 所示。植物从土壤中萃取重金属元素，如 Lena 等

(2001)研究发现,一种耐寒、速生的欧洲蕨能在短时间内将土壤中大量砷吸收并积累到其复叶之中,欧洲蕨不仅能去除土壤中不同浓度的砷,还能去除土壤中不同形态的砷,且欧洲蕨体内高达 93%的砷被富集到复叶,使欧洲蕨成为修复砷污染土壤的“救星”。

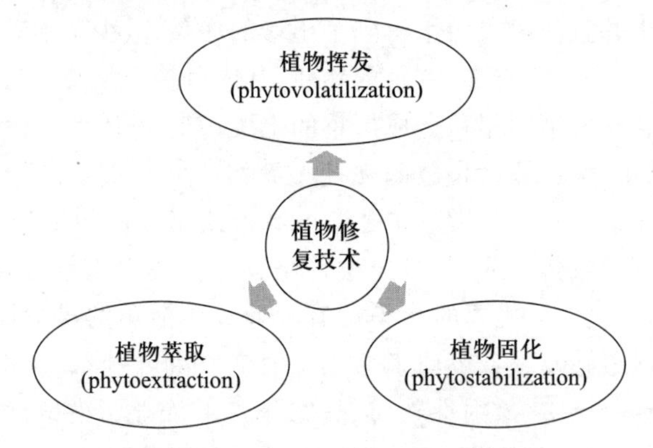

图 6-21　植物修复污染土壤的基本方式

植物固化作用即利用非食源性植物吸收、富集土壤中重金属元素并合成有机物(如木材、纤维、花卉等),然后通过收获将有机物及其所包含的重金属元素从土壤系统中分离出去以降低土壤中污染物的总量,还有效地防止土壤中的重金属元素进入区域地表水系统和生态系统,达到减少土壤污染确保区域生态环境质量、食品安全和人类健康的目的。这种非食源性植物群固化有两个主要功能:一是利用植物的水土保持能力减缓土壤被侵蚀和被淋溶的过程,防止重金属元素对水体的二次污染;二是通过植物根际环境 pH、*E*h 条件的改变(即细菌和真菌的生理代谢过程)促使重金属元素的化学形态发生转换即重金属元素固化,如研究表明植物根系可有效地固定土壤中的铅。植物挥发是利用植物吸收、积累和挥发作用减少土壤污染物的过程。目前的研究多集中在利用植物根际细菌繁殖分泌特殊酶的作用将土壤中的甲基汞、离子态汞转化为毒性较小、可挥发的单质汞,就可以降低土壤中汞毒性,如将汞还原酶基因转导到植物(如烟草)体中,进行汞污染土壤的植物修复,另外许多植物可从污染土壤中吸收硒并将其转化成可挥发状态(二甲基硒和二甲基二硒),从而降低硒对土壤生态系统的毒性。在美国加利福尼亚州的一个人工构建湿地生态系统中,种植不同的湿地植物使土壤中硒从25 mg/kg降低至5 mg/kg。

6.6.6　通过种植非食源性作物萃取土壤中重金属的实践

寻找或培育具有经济价值、无二次污染、可大面积种植、易收割利用、能萃取土壤中重金属元素的植物或经济作物,是实施重金属污染土壤修复的关键所在,其基本原理如图 6-22 所示,这里主要介绍两种切实可行的修复技术。

1. 通过种植棉花萃取土壤中重金属的实践

棉花(*Gossypium* spp.)是离瓣双子叶植物,其具有喜热、好光、耐旱、耐盐等特点,适宜于在疏松深厚土壤上种植,是世界上广泛种植的非食源性经济作物。棉花也是中国境内广泛种植的非食源性经济作物,在中国,棉花主要有陆地棉、海岛棉、亚洲棉和非洲棉 4 个栽培种,其中陆地棉种植面积最大,1987—2010 年中国大陆棉花播种面积在 373 万~684 万 hm^2/a,

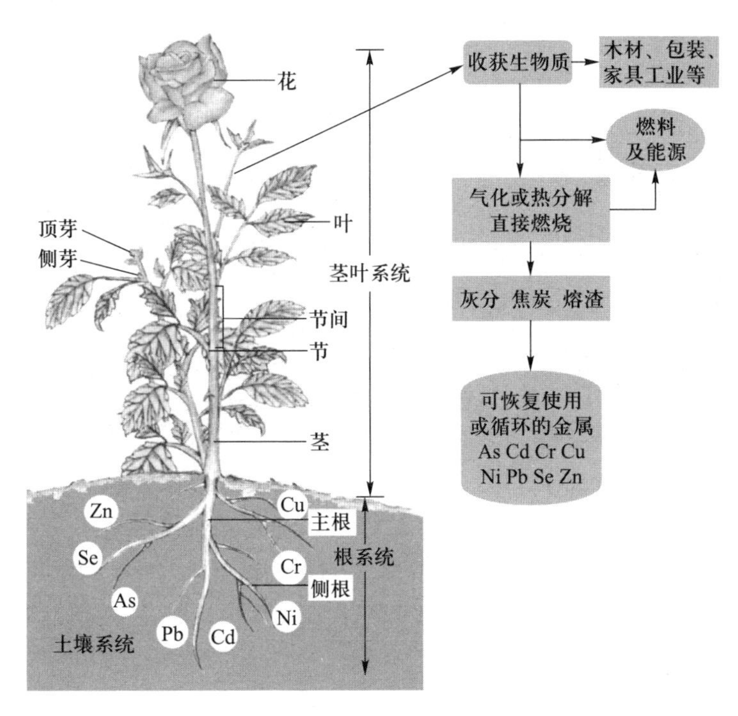

图 6-22 植物萃取修复基本机理示意图

(资料来源:改自 Purakayastha 等,2010)

平均为 506 万 hm^2/a,棉花多被种植于黄河流域、长江流域、西北内陆、华南和东北南部局部地区,这些地区是我国人口相对密集、土壤重金属污染较为严重的区域,因此,具有通过种植棉花修复重金属污染农用地土壤的巨大优势。

棉花是耐盐性较强的农作物之一,土壤含盐量在 0.2%以下时有利于棉花出苗、生长,以及提升产量和品质;调查研究发现,棉花对土壤重金属污染也具有较强的耐性。Angelova 等 2004 年在保加利亚普罗夫迪夫的一个金属冶炼厂外围,对距离金属冶炼厂 500 m 和 15 000 m 等受不同程度重金属污染的土壤及其上生长的棉花进行了比较研究,结果表明在土壤表土层(0~20 cm)中重金属 Cd、Cu、Pb、Zn 含量分别高达 12.2 mg/kg、95.7 mg/kg、200.3 mg/kg、536.1 mg/kg的情况下棉花仍然能够正常生长发育。赵烨等 2009 年在连续对华北平原北部城郊污灌区土壤-棉花系统进行调查观测的同时,进行了棉花盆栽试验,其结果亦表明:当通过添加重金属盐溶液使土壤中 Cd、Cu、Zn、Ag 含量达到 10 mg/kg、400 mg/kg、500 mg/kg、10 mg/kg 且土壤中六六六(HCHs)含量为 10 mg/kg 的复合污染条件下,棉花仍然能够正常生长发育,如图 6-23 所示;只有当土壤中 Cd、Cu、Zn、Ag 含量达到 20 mg/kg、500 mg/kg、600 mg/kg、20 mg/kg且土壤中六六六(HCHs)含量为 20 mg/kg 的复合污染条件下,棉花在发芽及幼苗期生长状况受到抑制,但随后也能够完成其生长发育过程。

植物可通过根系直接吸收土壤溶液中的重金属离子,其吸收的生理过程主要为植物根系表面细胞壁对重金属离子的吸收、植物根际的重金属离子通过渗透进入根系细胞之中。Wierzibika 等 2007 年指出,植物从土壤溶液中吸收的 Pb 首先沉积在根系表面,然后再以非共质体方式进入根冠细胞层中。随着根系对根际外围土壤溶液中重金属离子的吸收,土壤中的重金

图 6-23　土壤-棉花重金属及 HCHs 盆栽试验过程示意图

[土壤中 Cd、Cu、Zn、Ag 和 HCHs 含量(mg/kg)梯度分别为 1-1:未添加(背景值);1-2:0.5、50、200、0.1、0.4;1-3:1.0、100、300、1.0、1.0;1-4:5.0、200、400、5.0、5.0;1-5:10.0、400、500、10.0、10.0;1-6:20.0、500、600、20.0、20.0](共计 6 个系列)

属离子则以两种方式向植物根际迁移:一是质体流作用,即在植物根系吸收水分的过程中,重金属离子随土壤溶液向根际流动;二是扩散作用,即植物根系的吸收使根际溶液中重金属离子浓度降低,这样浓度梯度力可使重金属离子向植物根际迁移。对田间和各盆栽试验中棉花各组织对土壤中 Cd 的富集系数(BCF,Y)与土壤中 Cd 的质量比(X)运用 Origin7.5 软件进行拟合,发现 Y 值随 X 值的增加呈现指数递减,其拟合关系式为:$Y=Y_0+a\mathrm{e}^{-bX}$,如图 6-24 所示。

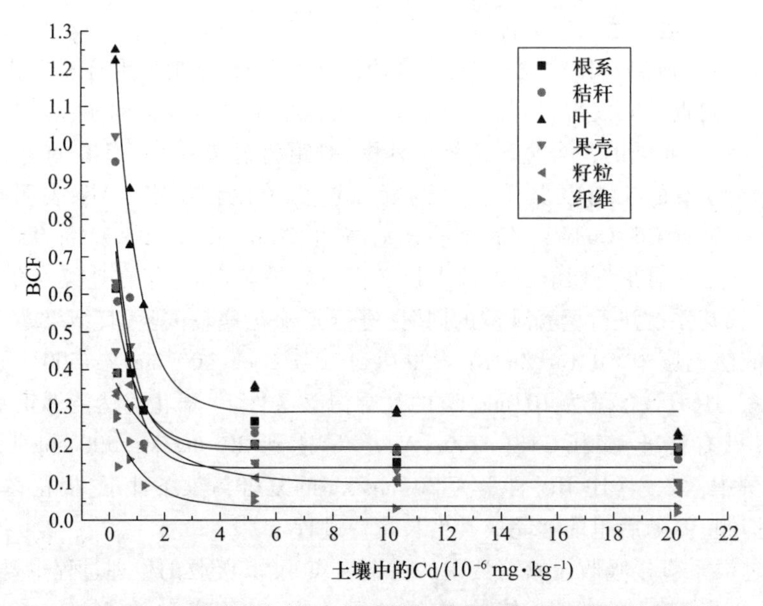

图 6-24　盆栽试验土壤中 Cd 含量与棉花组织 BCF 相关性图式

实地调查发现棉花的年收获生物量(干重)一般为 33 000~38 000 kg/hm^2,平均为 36 000 kg/hm^2,按照棉花纤维、籽粒、果壳、秸秆、根系质量比例 17.5%、10.6%、12.8%、52.6%、6.5%与棉花各组织中平均 Cd 含量进行质量加权平均,得出棉花(可采集)植株体平均 Cd 含量在 148.4 μg/kg,那么每季棉花收割后可以从土壤中萃取 Cd 达 5 342.13 mg/hm^2。按土壤体积密度 1.32 g/cm^{3}和耕作层厚度20 cm计算,可以使土壤耕作层 Cd 含量每季降低 2.02 μg/kg,即提取比例为 0.82%。Felix 等 1997 年研究发现,Cd 富集植物庭荠属植物(*Alyssum murale*)、遏蓝菜(*Thlaspi caerulescens*)、烟草(*Nicotiana tabacum*)、玉蜀黍(*Zea mays*)、芥菜(*Brassica juncea*)、蒿柳(*Salix viminalis*)每季植物 Cd 提取量占土壤中 Cd 的比例分别为 0.14%、0.97%、0.45%、0.41%、0.32%、1.11%,对照发现,棉花作为一种非超富集非食源性植物,有与超富集植物相当的提取比例。可见,棉花虽然 BCF 不高,但它对土壤 Cd 污染的耐性较强,再加棉花属灌木状草本,非食源性作物,适宜性强,生长快,生物量大,从土壤中提取的总 Cd 比例高的特点,棉花在净化土壤 Cd 污染方面具有一定的应用潜力。

棉花作为一种经济作物,各部分的综合利用途径多样。目前,棉絮多为纺织业原料;棉秆除少部分作为农村燃料外,大多被回收用于生产人造纤维、纤维胶合板。棉籽则成为榨油原料,榨油后的棉仁饼早先作为家畜饲料,因所含棉酚的毒性,现多与棉叶作为堆肥返田。从以上使用途径分析,污灌区棉花纤维中 Cd 含量一般为0.021~0.108 μg/kg,平均值为 0.045 μg/kg;Angelova 等 2004 年测定金属矿区土壤 Cd 含量高达(12.20±0.24)mg/kg 的钙质土壤上生长的棉花纤维中 Cd 平均含量也仅为(0.154±0.030)mg/kg,可见棉花纤维中 Cd 含量均低于国家食品中 Cd 的限量标准——大米和大豆的 0.200 mg/kg(GB 2762—2017),也低于欧盟规定大豆中 Cd 含量的最大限量 0.200 mg/kg(EC:No 1881/2006)。目前世界各国也未见有棉花中 Cd 含量的相关标准或者最大限量。因此,棉花纤维中少量 Cd 不会给居民和环境造成危害;秸秆用于制作刨花板或三合板等建材,可使棉花从土壤耕作层中萃取出来的 Cd 被固化在家具及建筑材料中,使 Cd 脱离陆地生态系统食物链,实现净化土壤 Cd 的目的;棉籽中除少量作为堆肥返还的 Cd 外,只要严格执行禁止棉籽油用作食用油的规定,对人类和农田生态系统的影响是有限的。棉花作为世界上广泛种植、生物量巨大的非食源性经济作物,通过种植棉花萃取土壤耕作层中的多种重金属元素,将是一种高效、低耗的绿色修复技术,具有广泛的应用前景。

2. 通过种植柳树萃取土壤中重金属的实践

柳是杨柳科柳属(*Salix*)植物的泛称,属于落叶乔木或灌木,该属种类繁多,可达 300~500 种,广泛分布于热带、亚热带、温带和亚极地带;中国约有 257 种和 120 个变种,各省都有分布。柳属植物具有可无性繁殖、极易存活且生长迅速,性喜湿润,河岸及池塘外围更为适应等特点,已经成为重要的绿化树种。1990 年以来,欧美工业化国家在开展柳树育种与栽培研究的基础上,研发了柳树的短期矮林轮作(short rotation coppice,SRC)种植技术,使柳树能源林和污染土壤修复林得到快速发展(Suer 等,2011)。例如瑞典就有 1.5 万 hm^2 农用地被种植柳树形成所谓的能源森林(energy forest),并且在实施重金属污染土壤修复过程中,还发现柳树对土壤中的 Cd 和 Zn 具有显著的富集能力;德国、比利时、丹麦等地的调查研究亦表明柳树对土壤中的 Cd、Cu、Zn 等重金属元素具有较强的吸收富集能力(Jensen 等,2009)。英国学者的综合研究还表明,运用能源植物——柳树处理垃圾填埋场渗滤液具有显著的经济效益和环境效益(Duggan,2005)。柳树作为中国重要的绿化树种之一,因其具有较高观赏价值,栽培广泛、速生、适应性强,已经成为许多城市绿化、农田防护林网、河渠防护林网的重要树种之一。正是由于柳树所具有的种类多、生长快、易于繁殖、分布广泛、耐盐碱、抗旱、抗寒、耐涝、根系发达、与人群食物链不连接(非食源性)等优点,使其成为适宜进行重金属污染土壤修复的木本植物,可通过超短轮伐期栽培和周期性收获地上柳树枝条逐步降低土壤中重金属含量,达到修复和净化土壤的目的。

许多柳树种对土壤中的重金属都具有较强的耐性。Stoltz 等(2002)调查研究发现在土壤中重金属 Cd、Zn 含量分别为 52.4 mg/kg、14 500 mg/kg 的金属矿区,两种柳树(*Salix phylicifolia* 和 *Salix borealis*)仍然能够正常生长发育;Robinson 等(2000)调查研究发现,当土壤中 Cd 含量达到 60.6 mg/kg 时,柳树(*Salix alba*)的生长量将会降低 50%,即土壤中的 Cd 对柳树的毒害作用已经显现。朱宇恩和赵烨等(2011)的旱柳(*Salix matsudana* Koidz)水培试验表明:在 Cu 胁迫下,根、茎、叶中 Cu 含量随培养液 Cu 浓度的增加而增加,在 450 μmol/L 浓度下根部 Cu 含量可达2 794 mg/kg,不同组织富集能力顺序为根>叶>茎。

柳树具有根系萌发快、须根发达、生长迅速、蒸腾速率高、生产能力和生物量巨大等特点,它对土壤或浅层地下水中的重金属污染物具有较强的吸收和富集能力。Klang-Westin 等(2003)研究表明柳树具有较强的吸收和富集有毒重金属元素(特别是 Cd)的能力,即柳树每年可从土壤中去除 Cd 的量为 5~17 g/hm^2,相当于使耕作层(0~25 cm)土壤中 Cd 含量降低0.001~0.005 mg/kg;Meers 等(2006)综合研究了五种柳树对萃取剂乙二胺二琥珀酸(ethylene diamine disuccinate,EDDS)处理下土壤中重金属 Cd、Cr、Cu、Ni、Pb 和 Zn 的吸收与富集特征,结果表明,柳树对土壤中重金属具有显著的吸收和富集能力,这种富集能力还受柳树品种、土壤类型及萃取剂的影响;在五个柳树品种中,蒿柳、毛枝柳和爆竹柳对土壤 Cd 和 Zn 的吸收富集能力较强,其每年从土壤中可萃取 Zn 量为 5~27 kg/hm^2、Cd 量为 0.25~0.65 kg/hm^2;EDDS 能够促进柳树对土壤中某些重金属如 Cu 的吸收。Wieshammer 等(2007)通过室外盆栽试验,比较研究了在中等污染土壤中山羊柳、爆竹柳、长叶柳和拟南芥对土壤中 Cd 和 Zn 的吸收与富集特征,结果表明长叶柳的叶片中 Cd 积累量为 250 mg/kg,Zn 积累量为 3 300 mg/kg,其叶片的富集系数为 $^{Cd}BCF=27$、$^{Zn}BCF=3$;柳树在 3 个生长阶段之后共计从土壤中移去 20%的 Cd 和 5%的 Zn。

柳树具有适应性强、易于栽植、萌发和生长快、生物量巨大、与人类食物链不连接等优点,属于修复重金属污染土壤的理想植物。目前许多国家已经研发了绿色能源生产与重金属污染土壤修复集成体系——短轮伐期柳树矮林(SRWC),以满足从可再生能源到环境修复的诸多社会需求,即通过 SRWC 把绿色能源生产、区域环境美化和污染土壤修复有机结合起来。SRWC 具有修复污染土壤和地下水的潜力,作为非超量积累植物,柳树也适应于低污染浓度。

6.7　思考题与个案分析

1. 土壤的基本组成是什么？如何看待它们之间的关系？
2. 阐述土壤体积密度、相对密度和孔隙度的概念和意义。
3. 通过实地土壤调查与分析,简述土壤在陆地生态系统中的主要功能。
4. 简述土壤水分类型及其意义。

5. 讨论土壤退化的性质和范围，请列举4个能引起土壤退化的人为过程。

6. 据有关资料：中国政府实施的“三北”防护林体系建设工程累计造林已经超过2 300×10^4 hm^2，2 000×10^4 hm^2 以上的农田实现林网化，500×10^4 hm^2 的“不毛之地”变成了绿色林地，30%的水土流失面积得到初步治理，森林覆被率已由20世纪70年代末的5.05%提高到近10%。试讨论分析“三北”防护林体系在防治土壤退化中的作用。

7. 据2020年国家生态环境状况公报，2020年全国酸雨区面积约为46.6万 km^2，酸雨主要分布在长江以南—云贵高原以东地区，主要包括浙江、上海的大部分地区、福建北部、江西中部、湖南中东部、广东中部、广西南部和重庆南部。试结合专业学习与相关资料，分析 SO_2 和酸沉降对区域土壤—植物—水系统的影响。

数字课程资源：

第7章 生物圈——演化生命共同体

7.1 生物圈的概况

7.1.1 生物圈的概念

生物圈(biosphere)是地表生命有机体(动物、植物和微生物)及其生存环境的总称,生物圈不仅是行星地球上特有的具有生命活力的圈层,还是人类赖以生存的家园;生物圈是人类社会系统中能量流的泵站,在为生命体提供食物、维持生存环境的碳氧良性循环中发挥着决定性作用。著名的地质学家休斯(Suess E)于1875年首先提出了生物圈的概念,并把相应的名词"生物圈"引用到自然科学研究之中。他认为生物圈就是生命物质及其生命活动产物所集中的圈层。从生物活动及其影响范围来看,生物圈包括岩石圈表层(主要为风化层)、土壤圈、水圈和大气圈的对流层,但生物圈的核心部分是它们的接触带,其厚度约为20 km,如图7-1所示。

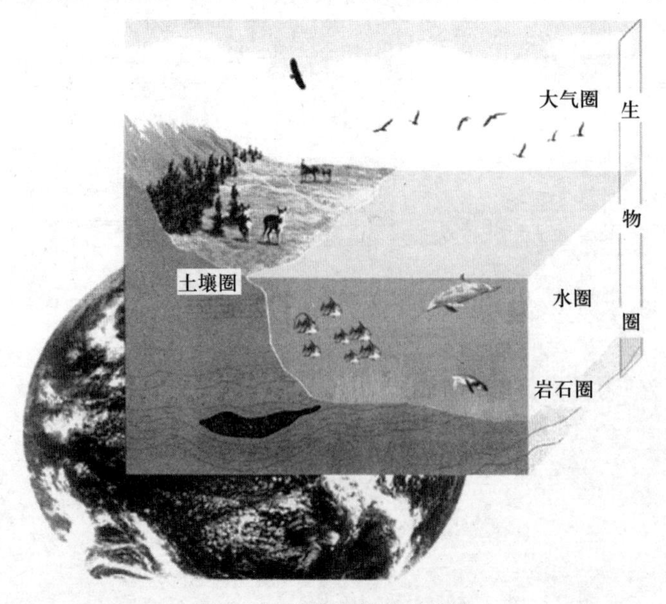

图7-1 生物圈结构示意图

生物圈作为环境地球系统中有生命现象的组成成分,虽然其总质量仅为$3×10^{10}$~$3×10^{11}$ t,还不足地壳质量的0.1%,但它却使环境地球系统发生了极其深刻的变化。生物的大部分个体集中分布于地表上下约 100 m 厚的范围内，形成环绕地球的一个生命膜。正是在这个有着大量生物生存的薄层里，生物有机体及其群落参与了各种自然环境过程的进行和不同环境景观的形成，并且成为区域环境景观最突出的特征。人们在观察任何一个区域环境时，其中的生物总是以最惹人注目的方式给人们指示其环境的特征。生物一方面是人类生活的必需资源和生存的基本环境条件；另一方面还是宇宙中最活跃的物质形式，在自然界的物质循环与能量交换中扮演着十分重要的角色，它的出现使我们居住的这个星球表面变得绚丽多彩，生气勃勃。

7.1.2　生物圈的形成与演化

地球由基本粒子凝聚的原始状态，逐渐吸聚小行星的陨石物质及宇宙尘埃物质，通过地球的自转与公转运动，这些物质长期聚积分化而形成了地核、地幔和地壳圈层结构，随着温度的降低，大约在距今 38 亿年前地球上形成了大气圈和水圈。原始地球大气圈和水圈中的生命组成元素如 C、O、H、N、P、S、Ca 等开始汇集，并进行化合反应进化为有机物——烃类及其简单的衍生物；由相对分子质量较低的有机物进化为相对分子质量较高的有机物——糖、核苷酸、氨基酸和它们的聚合物多糖、核酸和蛋白质等。随着自然环境的变化，这些物质进行复杂的相互作用，最终形成了具有新陈代谢特征，能生长、繁殖、遗传、变异的原始生命物质。可见，生命的形成与演化经历了漫长的元素演化、化学演化和生命演化过程，原始细菌生命才开始出现。采用放射性同位素方法测定地球上最古老的岩石和陨石的年龄，推断地球的年龄不小于 46 亿年。在这 46 亿年中，最早的原始生命出现在太古代早期，迄今发现最早的生物化石存在于 34 亿年前南非的燧石层中，这些最早的软体生物是一种能进行光合作用的蓝细菌。脊椎动物或多细胞动物则出现在距今 5.7 亿年前，而真正的早期人类则出现在距今约 300 万年前的第四纪初期，如图 7-2 所示。

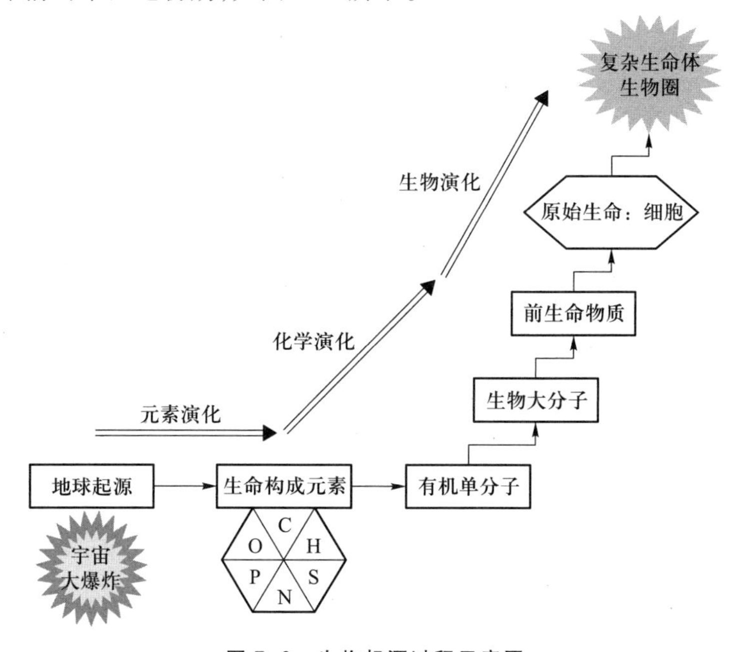

图 7-2　生物起源过程示意图

依据上述生命产生与演化的历程,可以将环境地球演化历史划分为以下几个阶段:地球上无生命的时代(46 亿~38 亿年前)被称为冥古宙;前寒武纪(38 亿~5.75 亿年前)被称为隐生宙;出现脊椎动物后的时代被称为显生宙,如图 7-3 所示。在地球上出现生命的 30 多亿年中,生物赖以生存的地球环境曾发生过多次重大的变化,生命也经历多次大的集群演替和小的更换,老的生命灭绝,新的生命诞生,生生不息,永无止境,由此可见,生命的诞生和进化是一个漫长的历史过程。

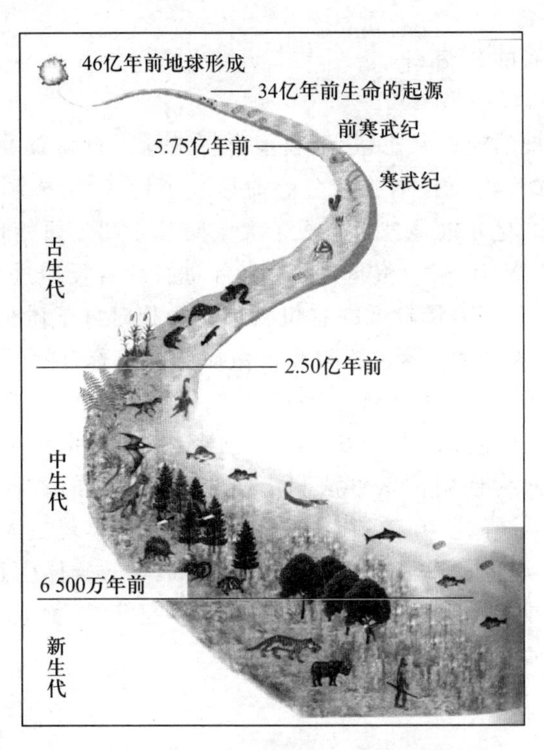

图 7-3　生物圈发展演化过程示意图

(资料来源:改自吴庆余,2002)

生物个体都能进行物质和能量的代谢,使自己得以生长和发育,按照一定的遗传和变异规律进行繁殖,使生物种族得以繁衍和进化。生物在自然选择和本身的遗传与变异共同控制下也在不断地分化与发展,不同种群生物盛衰错综更替,由低级到高级、由简单到复杂、由少到多、由水生到主要为陆生的演化发展,形成了今日地球上繁荣的生物界。地球表面具有生命的物体包括动物、植物和微生物 3 大类,它们形态各异,种类繁多。

7.2 生物圈的组成

7.2.1 生物分类简介

如此繁杂的生物种类是地球上一项极为宝贵的物质财富，人们为了识别它们，以便更好地研究、利用和保护它们，就需要对它们加以分类。历史上曾经有过多种生物分类的体系，把生物分为动物和植物两大界的方法沿用已久，目前仍被广泛应用。植物多是自养的、不运动的或是被动运动的；动物是能够运动的，并以植物或猎物为食物的异养生物。随着对地球上生物的研究越来越多、越来越深入，生物学家发现两界分类系统不能在大类上客观地反映生物的基本差别，如真菌既不像动物那样可以运动，又不像植物那样可以进行光合作用，放入两界分类系统中并不合适。1969 年美国学者惠特克根据生物细胞的结构特征和能量利用方式的基本差别，提出了将地球上的全部生物划分为原核生物界、原生生物界、真菌界、植物界、动物界的五界分类系统，如图 7-4 所示，该分类系统已经被大多数科学家所接受。五界分类系统中各界生物的基本特征、类别、代表生物，以及它们在自然环境和人类生活中的基本作用如表 7-1 所示。

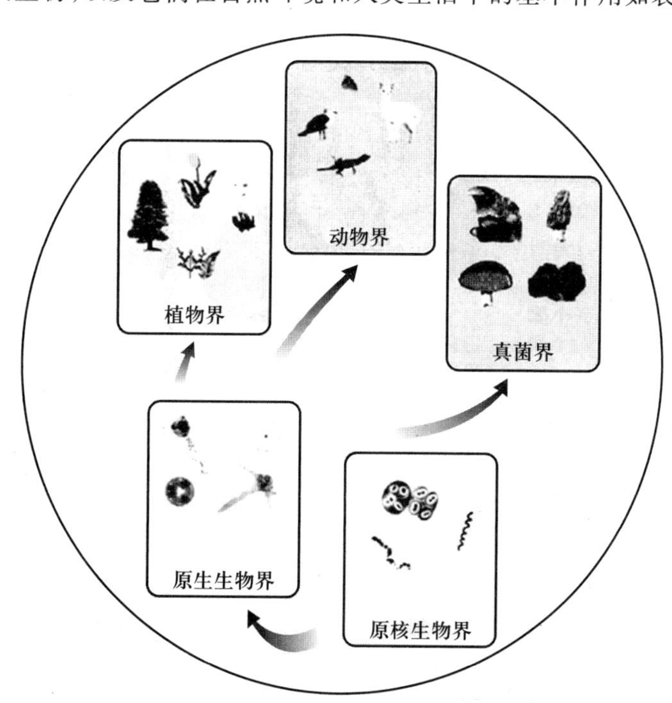

图 7-4 地球生物的五界分类系统

（资料来源：吴庆余，2002）

表 7-1　五界分类系统中各界生物表

五界分类系统	特征	类别	代表生物	作用或用途
原核生物界	无明显的细胞核，无膜包被的细胞器，都是一些微小的单细胞生物	古细菌 细菌 蓝细菌等	大肠杆菌 螺旋藻	有机物的降解，工业发酵，造成水体污染，致病，提供单细胞蛋白及生物工程材料等
原生生物界	为真核细胞，单细胞或多细胞群体，大部分生活在水体环境中	原生动物类 真核藻类 黏菌	草履虫 小球藻	有的可进行光合作用，是水体环境中的初级生产者，有的是地质历史形成化石能源的来源
真菌界	为真核细胞，无叶绿素，不能进行光合作用，腐食营养	霉菌 子囊菌 担子菌	青霉 木耳 猴头菇	降解有机物，致病，作物病害，制药，食品等
植物界	真核、多细胞，多具有根、茎、叶和繁殖器官的分化，光合自养	苔藓植物 蕨类植物 裸子植物 被子植物	各种植物	吸收 CO_2 和 H_2O，合成有机质并放出 O_2，与人类衣、食、住、行联系密切
动物界	真核、多细胞，异养，无细胞壁，大多数组织和器官发达，能运动	海绵动物 腔肠动物 环节动物 软体动物 节肢动物 脊椎动物	各种动物	吸收 O_2，并放出 CO_2，有的为高蛋白食物的主要来源

中国地域辽阔，自然条件极其复杂，为多种野生动植物的生存提供了优越的条件。据统计，中国已知的高等植物约有 32 000 种，并有不少是世界上的稀有珍贵植物，如银杏、水杉、银杉等。中国的野生动物资源也十分丰富，仅兽类就有 420 多种，占全球兽类总数的 11.2%；鸟类有 1 166 种，占全球鸟类总数的 15.3%；爬行类和两栖类共 510 多种，占全球的 8%。这些生物物种不仅是中国人民的宝贵财富，也为地球生物圈增添异彩。

7.2.2　生物与环境

地球上的生命界可以划分成不同的层次或组织水平，从大分子有机物开始直到生物圈复杂程度逐级增加。当从一个层次过渡到另一个较高层次时，生命组织便会出现前一级不曾具有的新性质和特征。从与环境的关系出发，现代生态学以个体至生物圈的各级组织水平为研究对象，宏观方向主要是研究其发展的趋势。

中国宋朝学者陈旉在观察的基础上，提出了土壤学上著名的地力常新壮理论，是中国古代土壤地理学的重要成果。德国有机化学家李比希（Liebig J V）在 1840 年认识到了生态因子对生物生存的限制作用，他分析了土壤表层与作物生长的关系，得出作物的产量与作物从土壤中所获得矿物营养的多少密切相关。这就是说每一种植物都需要一定种类和一定数量的营养物，如果其中有一种必需营养物数量极微,植物的生长就会受到不良影响;如果这种营养物完全缺失,植物就不能生存。这就是李比希的"最小因子定律"(law of the minimum)。最小因子定律适用的两个前提条件是:第一,最小因子定律只能用于稳态条件下,也就是说如果在一个生态系统中,物质和能量的输入、输出不处于平衡状态,那么植物对于各种营养物的需要量就会不断地变化,在这种情况下李比希最小因子定律就不能应用。第二,应用最小因子定律时,还必须考虑各种生态因子之间的相互关系,如生态系统中化学元素之间的协同作用或颉颃作用,这些过程均会影响生物对营养物的利用率。李比希在提出最小因子定律时只研究了营养物对植物生存、生长和繁殖的影响,而进一步的研究成果证实这个定律对于温度、光照、水分等多种生态因子都是适用的。美国生态学家谢尔福德在研究最小因子定律的基础上,提出了"耐受性法则"(law of tolerance)的概念,并试图用这个法则来解释生物的自然分布现象,认为生物不仅受生态因子最低量的限制,还受生态因子最高量的限制,即生物对每个生态因子都有其耐受的上限和下限,上下限之间就是生物对这种生态因子的耐受范围,如图 7-5 所示。

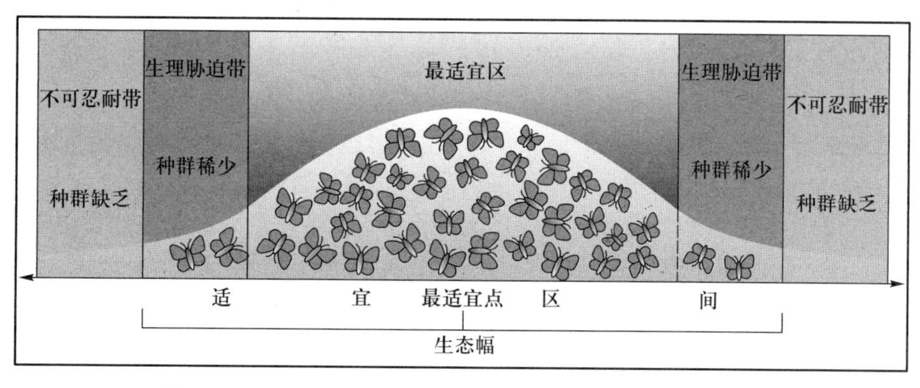

图 7-5 生物对生态因子的耐受曲线及生物的生态幅示意图

(资料来源:Enger E D,2006)

一般来说,如果一种生物对所有生态因子的耐受范围都是广阔的,那么这种生物在自然界的分布也一定很广,反之亦然。各种生物通常在其生殖阶段对生态因子的要求比较严格,此时它们所能耐受生态因子的范围也比较狭窄。例如植物的种子萌发,动物的卵、胚胎,以及正在繁殖期的成年个体所能耐受的环境范围一般比非生殖个体要窄。谢尔福德提出的耐受性法则基本上是正确的,但是大多数生态学家认为只有将这个法则与李比希的最小因子定律结合起来才具有更大的实用意义。将这两个法则结合便形成了"限制因子"(limiting factors)的新概念,其含义是:生物的生存和繁殖依赖于各种生态因子的综合作用,但是其中必有一种或少数几种因子是限制生物生存和繁殖的关键性因子,这些关键性因子就是限制因子。任何一种生态因子只要接近或超过生物的耐受范围,它就会成为这种生物的限制因子。如果一种生物对某个生态因子的耐受范围很广,而且这个生态因子又非常稳定,那么这个生态因子就不太可能成为限制因子;相反,如果一种生物对某个生态因子的耐受范围很窄,而且这个生态因子又易于变化,那么这个生态因子就极有可能成为限制因子。限制因子是探索生物与环境复杂关系的一把钥匙,因为各种生态因子对生物来说并非同等重要,一旦我们找到了这种生物生存发育的限制因子,就意味着找到了影响该生物生存和发展的关键性因子,从而可以集中力量去研究它。

环境对生物具有很大的影响,它控制和塑造着生物的生命进程、形态构造和地理分布。蓖麻(*Ricinus communis*)在中国中原地区为不能越冬的一年生草本植物,株高仅 1~4 m;在长江中下游地区可以宿根多年生;而在广东、台湾部分热带地区则为多年生灌木,高达 4~8 m。在环境对生物发生影响的同时,生物有机体特别是它们的群体也对环境产生相当明显的改造作用。如针叶林下土壤的酸度往往比同一地区阔叶林下的高些。湖泊中浮游生物大量繁殖导致水体透明度下降,从而改变水中的光照条件。从更长远的时间尺度看,生物还参与岩石的风化、地形的改变和土壤的形成,以及某些岩石和非金属矿的建造。此外,水土流失可以用植物来防治,流动的沙丘可以用乔木、灌木和草本植物来固定。可以说,没有一个环境过程不受生物的影响。在环境中对生物的生命活动起直接作用的那些环境要素叫作生态因子,如光、热、水、风、矿物盐类和其他生物等,地形、海拔等则属于间接起作用的因子,它们通过改变气候与土壤等条件对生物产生影响。各个生态因子并不是孤立地、单独地对生物发生作用,而是共同综合在一起对生物产生影响。一个生态因子不管对生物的生存有多么重要,也只能在有其他因子的适当配合下才能发挥其作用。生物或其群体居住地段所有生态因子的总体叫作生境。由于地表各地气候、土壤、岩性和地形等不同,形成了多种多样的生境类型,这正是地球上生物种类、群落复杂多变的主要原因之一。

地球上各种生态因子的变动幅度非常广阔,可是每种生物所能适应的范围却有一定的限度,如果当一个或几个生态因子的量或质低于或高于生物所能忍受的临界限时,不管其他因子是否适合,生物的生长发育和繁殖都会受到影响甚至引起死亡。它是最易阻挠和限制生物生存的因子。限制因子随时间和地点的不同而变化,也因生物种类而异。在干旱地区,水分条件往往是植物生存的限制因子,在严重污染的水域中,有毒污染物常是水生生物生存的限制因子。因此,在研究环境对生物的作用时,既要注意生态因子的综合作用,又要找出在一定条件下影响生物生存的限制因子,从而为采取相应管理措施提供科学依据。

生物在其生存过程中,对生态因子的忍耐不仅有一个生态上限和下限,同时在它的耐性限度内还有一个比较小的生态最适范围,在这里生物生长发育得最好。在自然界中生物种并非经常处于最适生境条件下,因为生物间的相互作用和外界自然条件的变化妨碍生物利用最适宜的环境。最后还应注意的是,不同的生物种对环境的适应能力是有差异的,一般来说,对环境适应能力较强的种类,其分布范围较广。

7.2.3　生态因子对生物的影响

环境是由各种不同的生态因子综合作用于生物的。为了深入地了解不同生态因子对生物的作用,有必要分别进行单因子分析。

1. 光与生物

地球上生命活动所需要的能量主要来自太阳辐射。光能进入生物界的第一步是被绿色植物吸收,通过光合作用把光能转化为化学能贮存在合成的有机物中,除供应本身消耗外,还为地球上其他一切生命提供所需要的能源。各种植物对光的需要量即对光照强度的适应范围是不同的,有些植物喜欢生长在阳光充足的空旷地带或森林中的最上层,而有些植物只有在阴暗处或森林的最下层才能找到,由此可将植物分为阳性植物和阴性植物等类型。草原与荒漠植物多属喜光的阳性植物，而浓密的林下多生长阴性植物，所以在营造人工林时，应注意所选树种的耐阴程度以便适当搭配，获得较好的造林成效。

地球上不同纬度地区，在植物生长季节里每天昼夜长短是不同的，这叫作光周期现象。根据植物对光周期现象反应的不同，可分为长日照植物、短日照植物和中间性植物。长日照植物在生长过程中有一段时间每天需要有 12 h 以上的光照时间才能开花，光照时间越长开花越早；短日照植物，每天光照时间在 12 h 以下才能开花，在一定范围内黑暗期越长，开花越早；中间性植物对光照长短没有严格要求，只要生存条件适宜就可开花结实。因此，在农业生产和园艺植物栽培中，以及花期的控制和引种工作中，研究植物的光周期现象具有重要的意义。

2. 温度与生物

温度直接或间接地影响生物的生长、发育、繁殖、形态结构、行为、数量和地理分布，各种生物对温度都具有一定的适应范围，有的能适应较大的温度变化范围，有的只能适应较为狭窄的变化范围，故有广温性生物与狭温性生物之别，后者又分为喜冷和喜热的狭温性生物，无论哪一类生物，其生命的最适温度范围通常并不在最低和最高温度的正中间，而是在靠近上限耐受温度的一端，但其安全耐受温度幅度在下限一端比在上限一端大。植物一般生活在 0~45℃ 的温度范围内，在这个范围内，随着温度上升，生长加快；温度降低，生长减慢。当温度超过最低和最高限度时就停止生长甚至受到伤害。在一些自然环境严酷的地区，仍然有植物分布，这是因为许多植物在长期演化过程中逐渐形成了一些适应低温或高温防止伤害的特征，例如西伯利亚东部的维尔霍扬斯克极端最低温度达-73 ℃，仍有森林分布，那里共有 200 多种植物。大多数动物生活在-2~50 ℃ 温度范围内，但因种类不同，适应温度范围也有变化。一般来说，比较低等的动物较高等动物对高温和低温具有较大适应能力。但各种动物忍受高温的能力都比忍受低温的能力差得多，其中水生动物又比陆生动物差。

温度对动物生长和形态的影响表现在低温可以延缓恒温动物的生长，由于其性成熟延缓，动物可以活得更久、长得更大些，因此，同类恒温动物在寒冷地区的个体比在温热地区的大，前者有利于保温，后者便于散热（贝格曼定律）。如中国东北虎的躯体比华南虎大，北方野猪比南方大。另外，在寒冷地带的哺乳动物，四肢、尾和耳朵有明显缩短现象（阿伦定律），如北极狐（*Vulpes lagopus*）、赤狐（*Vulpes vulpes*）和非洲大耳狐（*Fennecus zerda*）的耳朵都有明显的大小差别。温度对动物行为的影响是使动物主动选择最适宜的温度环境而避开不良环境，或产生一些适应高、低温的生活方式。在夏季炎热干燥的草原和沙漠地区，鸟类主要于晨、昏较凉爽的时刻活动，日中即隐伏不动。它们的巢窝多筑在植物的东边或东北边以免遭下午太阳西晒。当冬季来临，一些动物以冬眠的方式度过严寒，如旱獭、黄鼠等。

根据动物的热能代谢特点可将其划分为变温动物或冷血动物，以及恒温动物或温血动物两大类。前者几乎完全缺少对体温的调节机制，它们的体温随环境温度的变化而改变，通常与环境温度相差无几，如鱼类、两栖类、爬行类和昆虫等；后者具有比较完善的调节体温机制，使体温相对恒定，一般不受环境温度变化的影响，对环境的适应能力较强，如哺乳类和鸟类。另外温度还是影响动植物地理分布的重要因素。温暖的热带和亚热带有利于生物的生存，其种类较多，寒冷地带和高山地区种类较少。例如，爬行类在欧洲南部有 82 种，中部有 22 种，北部只有 6 种；印度的植物有 20 000 多种，亚洲北极地带只有 200 余种。由于热量在地表分布不均匀，从赤道向两极逐渐降低形成不同的热量气候带，与此相应的植物也有热带植物（如三叶橡胶、剑麻等)、亚热带植物(如柑橘、油茶等)、温带植物(如桃、杏、冬小麦等)和寒带植物(如冷杉等)。在山地还可以观察到与温度变化相适应的植物垂直分布现象。

3. 水与生物

生命起源于水域环境,水是生物有机体的重要组成成分,一般的植物体都有占体重 60%~80%的水分,动物体中含水量更多,如鸟类为 70%,哺乳类约为 75%,鱼类为 80%~85%,蝌蚪为 93%,水母高达 95%。对植物来说,水作为原料直接参加绿色植物的光合作用,氮、磷、钾等无机营养元素也只有溶解于水中才能被植物吸收和利用。对动物来说,食物的消化、营养物在体内的循环、呼吸产物的排出也都在水溶液中进行。任何生物缺少水都不可能生存在活跃状态中。没有水就没有生命,各种生物在对环境的长期适应过程中产生了许多有效吸收水分或防止体内水分丧失的特征。例如,在荒漠地区干河道中的植物根系能深入利用地下水,骆驼刺就是所谓的“潜水植物”,有些植物形成窄叶,叶子全部退化成针状、鳞片状或在干季落叶,防止水分蒸腾。仙人掌类植物具有发达的贮水薄壁组织,可在体内保持大量水分。根据各种植物需水程度不同,可将其分为水生植物、湿生植物、中生植物和旱生植物等生态类型,前两类植物生长在水域环境中,多见于湖泊、沼泽、河流等;旱生植物生长在干燥的陆地上,主要分布于荒漠和草原地区;一般树木与农作物属中生植物。动物对干旱环境适应的方式也是多种多样的。迁移是干旱地区许多鸟类和兽类或某些昆虫在水分缺乏、食物不足时回避不良环境的常见方式。例如,在非洲大草原旱季到来时,大型草食性动物便开始迁徙,蝗虫有趋水喜洼的特性,遇到干旱时,常常暴发性地迁往低洼易涝地区。保持体内水分是另一种适应干旱的方式,如骆驼的血液含有一种特别的蛋白质可以保持血液水分,同时它的肾脏还可以浓缩尿,减少水分丧失,使骆驼可以适应十分干旱的环境。骆驼对脱水还有高度的耐受性,即使 17 天不饮水,身体脱水达体重的 27%仍能照常行走;另外夏眠也是许多沙漠动物在夏季空气湿度急剧下降或水分减少时度过旱季的特殊适应方式。

除了上述自然环境条件对生物的影响外,人为造成环境因素的改变也对生物生存发育具有重要的影响。特别是随着工业的发展,人们排放到各种水体中的废水日渐增多,当其数量超过水体自净能力时即造成污染,使水质变劣,直接影响水生生物的种类、数量、形态、生理和体内有毒物质的含量,并使水体生态平衡失调,水产资源遭受损失。

4. 空气与生物

空气对生物的影响包括空气的化学成分和空气运动。空气中 O_2是动植物呼吸所必需的物质,生物借助于吸收 O_2分解有机物,从中取得所需要的热能。因此,除厌氧或兼性微生物外,如果生物在缺氧情况下,正常的代谢作用受到破坏就会因窒息而死亡。生活在水中的植物常以伸出地面的呼吸根或茎中含有发达的通气组织从空气或水中吸取 O_2,从而加强自身对沼泽及水域环境的适应。CO_2是植物光合作用的原料之一,其浓度高低对光合作用强度产生明显影响,在一定范围内,强光下光合作用强度随 CO_2浓度增加而增加,但当 CO_2浓度继续增加时,便成为限制因子。到了夏季,植物生长处于旺盛期,如果叶层周围出现 CO_2不足现象时,就必须由土壤中有机物的分解来获得补充。

人类活动排放到大气中的有害物质如硫化物、氟化物、氯化物、氮氧化物等,造成了大气污染。当其浓度超过一定限度时就对生物有机体造成危害,使树木、农作物生长发育不良、枯萎以至死亡,或使作物产量下降,品质变劣。植物受大气污染危害程度不仅与污染物的种类、浓度、持续时间有关，而且随植物种类的不同而有所区别。紫花苜蓿对 SO_2 特别敏感，易受害；刺槐、侧柏、国槐则具有较强的抗污能力。氟化氢对唐菖蒲、杏、李、松的危害大，而对紫花苜蓿、玫瑰、棉花、番茄的危害较小。有些植物还具有吸收大气中污染物的能力。如刺槐、白桦可吸收氯气，番茄、扁豆能吸收 HF，可以减轻大气污染程度。在大气污染严重的城市或工矿区，针对污染物的性质、含量，选植抗污性强的树木，成活率高，能起到净化环境的作用。抗污性弱的种类，即对污染物敏感的植物，适当种植一些可对大气污染起指示作用。

风是植物孢子、花粉、种子和果实传播的动力。地球上有10%的显花植物借风力授粉，风力可促使环境中 O_2、CO_2 和水汽均匀分布，并加速其循环，形成有利于植物和动物正常生活的环境，而大气中的污染物也往往由于风力的扩散作用降低对生物的危害程度。风的有害影响主要是使植物变形，特别是在干风的作用下，植物体向风的一侧蒸腾大量水分使体内水分平衡受到破坏，叶片萎蔫，枝条枯死，形成不对称的“旗形树冠”或使树干弯曲，这种现象在海滨、山区森林上限等地方比较常见。强风还能引起树“风倒”和“风折”。中国东南沿海地区每年夏秋季节受强台风袭击，经济植物香蕉、甘蔗、橡胶等受害严重，作物也常因刮风倒伏造成减产。风对动物的直接作用主要是影响动物的行为活动。随风带来的气味常是许多嗅觉灵敏的哺乳动物寻找食物和回避敌害时定位的重要因素，所以食肉兽类在搜索捕获物时，通常是迎风行动。在海洋沿岸、岛屿和高山上风力强劲的地方，有翅昆虫很少而无翅昆虫占绝大多数。

5. 土壤与生物

自然界除了漂浮植物、附生植物和寄生植物外，绝大多数植物都生长在土壤上。土壤是植物生长发育的基地，它具有供给和调节植物生长中所需要的水分、养料、空气和温度等条件的能力，所以土壤的物理性质和化学性质对植物有明显影响。在土壤的机械组成方面，紧实的黏土不利于根系发育，多生长浅根性植物，而沙的结构疏松、通气性良好，但保水能力差，多发育深根系为主的植物。在基质流动性很大的沙地上，一般由于光照强烈、温度变化剧烈、干燥少雨、养分不足等条件限制，只有沙生植物才能够生存。沙生植物有一系列适应沙地环境的特征，如生长不定根、不定芽或叶子退化，根系周围有沙黏结成的“沙套”等。沙生植物是防风固沙的良好材料，中国西北地区已广泛地利用植物固沙并取得了显著成绩。

土壤中必须有水分和空气的适当配合才能保证植物正常生长发育。土壤过分干燥，植物得不到充足的水分和无机养料，就会很快出现萎蔫或死亡；反之水分过多，空气流动不畅，O_2 缺乏或 CO_2 积累过多，也会阻碍种子发芽，影响根系呼吸与生长或发生腐烂甚至窒息死亡。土壤的 pH 直接或间接影响植物种子的萌发和对矿质盐类的吸收。根据植物对土壤 pH 适应范围的不同，可将植物划分为酸性土植物（$pH<6.5$），如泥炭藓、油茶、橡胶等；中性土植物（$pH=6.5\sim7.5$），如大多数栽培的粮食作物、蔬菜和许多落叶阔叶树木等；碱性土植物（$pH>7.5$），如荒漠与草原中的许多植物。土壤中易溶性盐类（如 $NaCl$、Na_2SO_4、$NaHCO_3$ 和 Na_2CO_3）含量过高时，形成盐化。溶液浓度高造成生理性干旱限制了一般植物的生长。只有盐生植物才能以很高的细胞渗透压、泌盐、茎叶肉质化等特征适应这类环境。如红树、盐角草、盐爪爪等。土壤和其他陆地基质还影响动物的生存与特征。在岩石地面和坚硬而开阔的土地上生活的动物，如虎、羚羊、鸵鸟等都具有细长而健壮的足，足趾数目减少，奔跑能力强。在松软的沙地上生活的骆驼，足趾末端有趼状，胼胝增厚，防止蹄足陷入沙中。

土壤空气、水分、温度和化学性质都对动物的种类、数量和生活习性产生影响。如当土壤湿度、温度发生变化时,许多土栖无脊椎动物便在土壤内进行明显的季节性垂直迁移,以获得适宜的生活条件。含丰富腐殖质并呈弱碱性的草原黑钙土中,土壤动物的种类和数量比棕钙土中丰富得多。

6. 生物之间的关系

地球上没有任何一种生物能够单独地生存于非生物环境中,它总是不同程度地受到周围植物、动物和微生物的影响。对某一特定生物来说,周围生物对它产生的影响便成为一个很重要的生态因子。生物间的关系十分复杂,有种内和种间关系,有直接和间接影响,还有有利与不利的作用等,归纳起来主要有下列6种形式(孙儒泳等,1993):

(1) 种间竞争:两种或更多种生物共同利用同一资源而产生的相互竞争作用;

(2) 捕食作用:一种生物摄取另一种生物个体的全部或部分为食的现象;

(3) 食草作用:是广义捕食的一种类型;

(4) 寄生:两种生物在一起生活,一方受益,另一方受害,后者给前者提供营养物和居住场所的关系;

(5) 偏利共生:生物种间相互作用对一方没有影响,而对另一方有益的共生关系;

(6) 互利共生:指两种生物生活在一起,彼此有利,两者分开以后双方的生活都要受到很大影响,甚至不能生活而死亡。

7.2.4 生物的适应性和指示现象

生物对环境的适应性是指生物的形态结构、生理机能、个体发育和行为等与其生存环境条件相互统一、彼此适应的现象。生物与环境之间所表现出的这种协调与合理,在一定程度上保证了生物的生长、发育和传留后代。生物适应环境的方式是多种多样的。高等植物的各种器官都明显地表现出对生活条件的适应,深入土壤的根系、直立于地面上的茎枝和形状扁平、面积广阔、呈现绿色的叶子都是植物加强吸收、固着、输导和进行光合作用的机能,以保证进行正常的营养生活。色彩鲜丽的花冠与芬芳的气味和花蜜是植物借以招蜂引蝶进行传粉,完成繁殖后代的适应特征。仙人掌叶子退化成针刺,为的是减少水分蒸腾,肥厚的肉质茎贮存大量水分,这些旱生化的特征是它们对干热气候条件的适应。动物对环境的适应方式更是形形色色。例如,许多动物借助于保护色、警戒色或拟态躲避捕食者而获得生存的机会;水中的鱼,一般体扁如梭,具鳍无颈,眼睛位于两侧,体色上深下淡,体内有鳃和鳔等,这使鱼适于水中生活。上述事例说明,生物的适应性状具有帮助生物充分有效地利用环境中的能量和营养物质,防御某些不良因素的危害和保证生物正常生活的作用,所以适应是生命自然界的普遍现象,是生物生存和发展的基础条件之一。

生物之所以能够产生某些适应性状而与环境间保持协调关系并不是偶然的,它是生物与生物之间及生物与无机环境之间在长期的生存斗争中通过自然选择逐渐产生与形成的。食虫植物狸藻的瓶状叶、田野中野兔的土黄色、寒带冰雪中熊的白色,都是通过自然选择产生的适应特征。正如达尔文在《物种起源》一书中所说的:“自然选择在世界上每日每时都在精密检查着最微细的变异,把坏的排斥掉,好的保存下来,并把它积累起来;无论什么时候,无论什么地方,只要有机会,它就静静地不知不觉地工作,把各种生物与有机和无机生活条件的关系加以改进。”

生物的适应现象不是固定不变的,有节奏的季节变化和昼夜变化使适应性具有动态特征。在温带地区,许多树木春夏展叶、开花,秋冬落叶、休眠就是植物适应环境变化的现象。生物对环境的适应虽然非常巧妙与合理,保证了生物的生存与发展,然而适应是相对的、暂时的,这是由于环境条件的经常变化与生物遗传上的稳定性发生矛盾,因此,生物的适应性仅在特定的生活环境中具有意义,环境一旦变化,以前的适应性便会失去作用或不甚适应了。雷鸟的毛色变化与自然环境的季节更替严格相符时,它的白色羽毛在一定程度上可以保护它们免遭敌害,但是到一定季节这种动物的毛色已经改变,而天空还没有降雪,这时毛色的更换不但无益反而会成为该种动物致死的原因。此外,当生物的适应性沿着一个不变的方向继续发展,就可能会出现高度特化的现象,使生物绝对依赖于这种适应的环境,结果可能使生物的生态适应范围变得很狭窄而易遭毁灭。

在自然界生物的指示现象也是广泛存在的。根据生物种或它们的群体或生物的某些特征来确定环境中其他成分的现象,叫作生物的指示现象。生物能够指示环境或环境的某些组成成分,是由于环境的全部成分或要素处于紧密的相互依赖和相互联系之中,它们中每一个成分的发展都不是独立地而是共轭地进行的,即一个要素的改变会引起一系列其他要素的改变。由于全部成分在这种发生上有规律的联系,才有可能利用一个成分来认识其他成分,根据自然环境中的一个环节确定其余的环节。然而远不是全部要素都具有同等的指示意义,不同自然环境要素形成历史是不同的。在地球上最初产生地壳,形成岩石圈,然后产生大气圈、水圈,最后出现植被、土壤和动物。越是年轻的成分对其他成分的依赖性就越大。也就是说,独立性最小而依赖性最大的成分具有最大的指示意义。在各种自然要素中,生物,特别是植物及其群体对于其他要素所施加的影响反应最灵敏,并具有最大的表现能力。植物在颇大程度上是地理环境的一面“镜子”,并且是集中而明晰地表现出这种环境的“焦点”。

一般认为,生态幅比较狭窄的生物比生态幅宽广的指示意义大;生物群落的指示性要比一个种或其个体的指示性可靠些。植物对于气候的指示作用早已被人们所悉知。椰子(*Cocos nucifera*)正常开花结果是热带气候的标志;铁芒萁(*Dicranopteris dichotoma*)占优势的群落是中国亚热带气候的指示体;华北地区流行的“枣发芽、种棉花”的谚语是利用植物的物候现象指示暖温带气候区棉花的播种期。应该注意的是,作为指示气候带的植物群落必须是占据着显域生境的地带性植被。此外,还可利用树木的年轮推测过去气候的状况,例如气温和降水量的年际变化等。

生物对水环境的指示现象一直受到重视,特别是利用生物指示水质变化早已为生物学家、防疫工作者所熟悉。例如,在未受有机物污染的水域里,生物种类丰富,每个种的个体数量并不多,每毫升水中细菌常在 1 000 个以下,藻类以硅藻、甲藻为主,蓝藻、绿藻很少,鱼类和其他动物较多;而当水体纳污后,清水型生物就会很快逃离或死亡,污水生物保留下来或迁入,且个体数量很多,每毫升水中细菌达 10^5 个以上,整个生物区系比较贫乏,藻类中以蓝藻和绿藻的污生种类占优势,鱼类极少,而纤毛虫、颤蚓、红色摇蚊幼虫等很多。人们可借此对水质污染程度做出评价。植物和植物群落还能够指示土壤水分和地下潜水状况。

据植物或植被判断土壤类型、土壤酸碱度、土壤质地等是有可能的。铁芒萁是中国热带和亚热带强酸性土壤(pH 一般为 4~5)的指示植物,而蜈蚣草是钙质土的指示体。盐角草、有叶盐爪爪等主要是硫酸盐-氯化物盐土(含盐量 10%以上)的典型标志。内蒙古一带生长的油蒿则是沙性土壤的指示植物。利用植物或植被指示土壤特性在农业生产和造林工作中具有一定的价值。植物还具有指示岩石、矿体和构造线的所谓地质指示现象。土壤及其下垫岩石中某种元素或化合物的过剩对植物有明显的影响,它表现在植物的化学成分或形态和生理特点上,故生长在环绕矿体任何元素或化合物分散晕范围内的植物,常表现出不同的特点,据此可判断土壤中某种元素或化合物的存在,甚至可能找到某种矿床。例如,在中国长江中下游一带分布的海州香薷就是铜矿的指示植物,戟叶堇菜则是铀矿的指示植物,其体内含铀量可达 296×10^{-6} ~ $2\ 909\times10^{-6}$。大气受到有毒气体污染后,生存在这种环境中的某些植物表现出明显的变化,据此可利用植物监测大气污染程度、污染物和其相对浓度。生物虽具有上述各种指示作用,但是其容易受环境的影响而发生变化。故在利用生物作为指示体时,必须结合其他指标全面考虑。

7.3　生物圈的空间结构

7.3.1　生态系统

生态系统(ecosystem)一词是英国植物学家坦斯利(Tansley A G)于 1935 年首先提出来的,后来苏联地植物学家苏卡乔夫(Sucachev V N)又从地植物学的研究出发,提出了生物地理群落(biogeocoenosis)的概念,这两个概念都把生物及其非生物环境看成是互相影响、彼此依存的统一体。生态系统是指在一定地域空间内共同栖居的所有生物(即生物群落)与其环境之间通过物质循环和能量流动互相作用、互相依存而构成的一个生态学功能单位。生态系统具有下面一些共同的特性:一是生态系统由生物群落、环境因素等多种成分组成;二是生态系统的各个成分不是孤立存在的,而是彼此之间通过复杂的物质流、能量流和信息流相互联系、相互作用的;三是生态系统内部具有自我调节的能力。生态系统的结构越复杂,物种的数目越多,自我调节能力也越强,但生态系统的自我调节能力是有限的,超过了这个限度,调节也就失去了作用。可见生态系统一般具有独立的结构和特定的功能。

1. 生态系统的组成和结构

生态系统一般包含以下 4 种主要组成成分:① 非生物环境(abiotic environment),具体包括参与生态系统物质循环的无机元素和化合物(如 C、N、S、P、Ca、Mg、K、CO_2、O_2、H_2O、NH_3 等),联系生物和非生物成分的有机物(如糖类、脂肪类、蛋白质、腐殖质等),影响生物生长发育及其物质循环的环境条件如光照、温度、湿度、压力、风力、电磁场、重力场等,如图 7-6 所示。② 生产者(producer),是指能以简单的无机物制造食物的自养生物(autotroph),具体包括绿色植物、浮游植物、光合细菌和化能细菌,它们将环境中的无机物转化为有机物,把太阳能转化为体内的化学能。③ 消费者(consumer),是指直接或间接地依赖生产者所制造的有机物生存的一类生物群体,属于异养生物(heterotroph)。消费者按其营养方式的不同可以细分为三类,包括直接以植物体为营养的食草动物(herbivore),如食草性昆虫、食草性哺乳动物等,有时也将食草动物称为一级消费者(primary consumer);以食草动物为食的食肉动物(carnivore),也称为二级消费者(secondary consumer);以食肉动物为食的大型食肉动物或顶级食肉动物(top carnivore),也称为三级消费者(tertiary consumer)。④ 分解者(decomposer),是指生态系统中能将生物残体及其复杂有机物分解为生产者能够重新吸收利用的简单化合物并释放能量的生物,属于异养生物。常见的分解者包括细菌、放线菌、真菌、蚯蚓、螨虫、蟹、软体动物、蠕虫等无脊椎动物。分解者在生态系统中的作用极为重要,如果没有它们,动植物尸体将会堆积成灾,营养物得不到循环,生态系统将毁灭。由此可见,非生物环境、生产者、分解者是任何生态系统必不可少的组成成分。

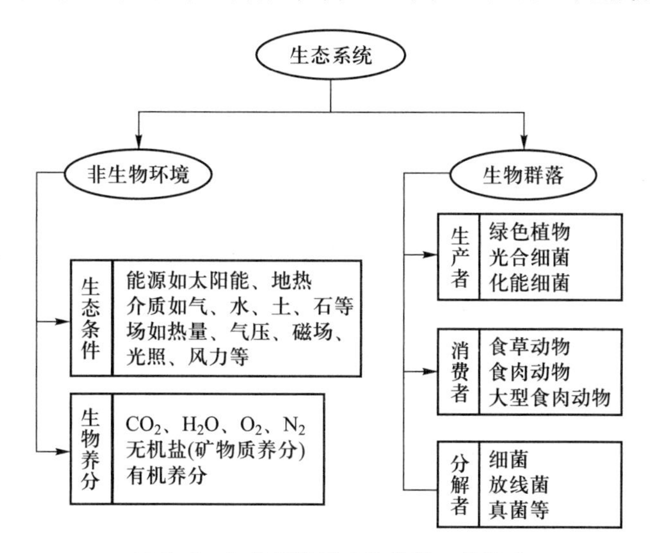

图 7-6 生态系统组成结构的一般模式

2. 食物链与生态金字塔

生态系统中生产者所固定的能量和物质,通过一系列取食和被食的关系而在生态系统中传递,各种生物按其取食和被食的关系而排列的链状顺序称为食物链(food chain)。在水体生态系统中的食物链,如浮游植物→浮游动物→小型鱼类→大型食肉鱼类;在草地生态系统中的食物链则较长,如绿色植物→蝴蝶→蜻蜓→蛙→蛇→鹰。实际生态系统中的食物链彼此交错连接,形成一个网状结构,即食物网(food web)。某些污染物如 DDT、重(类)金属元素、持久性有机污染物进入生态系统之后,一般都具有沿食物链逐级浓缩的现象,这说明研究食物链具有重要的理论意义和实践价值。如有科学研究表明:DDT 在海水中浓度为 5.0×10^{-11} g/g,在海洋浮游植物体内的浓度则为 4.0×10^{-8} g/g,在蛤体内的浓度为 4.2×10^{-7} g/g,到了银鸥体内的浓度就已达 75.5×10^{-7} g/g,扩大了十多万倍,这个作用称为生物放大作用(biological magnification)。

能量流动、物质循环和信息传递是生态系统的 3 大功能,生态系统中的能量流动是单方向的,物质流动是循环式的,信息传递则包括营养信息、化学信息、物理信息和行为信息,构成信息网。通常物种组成的变化、环境因素的改变和信息系统的破坏是导致自我调节失效的 3 个主要原因。生态系统中营养级的数目受限于生产者所固定的最大能量值和这些能量流动过程中的巨大损失,因此生态系统营养级的数目通常不会超过 6 个。生态系统是一个动态系统,要经历一个从简单到复杂、从不成熟到成熟的发育过程,其早期发育阶段和晚期发育阶段具有不同的特性。

3. 生物地球化学循环

生态系统中各种从大气、水体、土壤及其岩石表面进入食物链的物质，又经微生物分解回到环境再次被绿色植物重新吸收利用、进入食物链，如此反复进行物质的循环过程，就是生物地球化学循环，它包括生物循环和地球化学循环。在生物地球化学循环过程中生物与环境之间的物质停留称为库，这是物质迁移转化过程中暂时被吸收、固定和贮存的单位。根据质量守恒定律，各种物质在生态系统中库之间的输出量应该等于输入量。

7.3.2　生态系统类型

地球表层每一个地带或地区因其地理位置、气候、地形、土壤等因素的影响，都有一定的植被（即生态系统的生产者）类型，且任何植物群落都与它们生存的环境条件有密切联系，地球表面各地环境条件的差异是导致生态系统多种多样的重要原因。全球生态系统（即生物圈）类型的划分大多以生态系统中的生产者为主，加上消费者（即动物群落）及其功能作用来划分，这样就使同一个生态系统类型具有相同的生长型、相同的结构与功能、相同的食物链关系，McNaughton S J 于 1973 年对地球表层的生态系统类型划分如表 7-2 所示。

表 7-2　全球生态系统类型的划分表

水生生态系统				陆生生态系统
淡水生态系统		海洋生态系统		
流水（河、溪）	急流	海岸线（岩石岸/泥沙岸）		荒漠（热带荒漠/温带荒漠）
	缓流	浅海		冻原
静水（湖、池）	滨带	上涌带		极地
	表水层	珊瑚礁		高山
	深水层	远洋	远洋上层	草原（湿草原/干草原）
			远洋中层	稀树干草原
			远洋深层	温带针叶林
			极深海沟	热带雨林/季雨林

资料来源：McNaughton S J，1973。

植物群落是地球上生态系统中的主要生产者，而且其在陆地生态系统中的空间分布遵循一定的规律，同时陆地生态系统比水生生态系统更为复杂多样，其成分也十分复杂多变，营养结构更是多因素、多变数的综合体。陆地生态系统一般分为荒漠、冻原、草原、稀树草原、温带森林和热带森林等类型。各种生态系统生产力有巨大的差异，对陆地生态系统而言，其生产力大小决定于水分的可用率，在淡水和咸水水域则决定于营养物的可用性。温度对任何类型生态系统的生产力都有影响。一般情况下，陆地生态系统较海洋生态系统具有更高的生产力，因为陆地具有广泛的生物群落结构来保存营养物和维持叶面积，在生物量、叶绿素、关键营养元素含量，以及由这些因素决定的生产力方面，海洋浮游生物群落就小得多了。生态系统总初级生产力消耗于植物呼吸作用的部分，随温度和群落生物量而异，在热带雨林为 75%，在某些浮游生物群落中则为 20%～30%。全球各类生态系统的净初级生产力及其特征如表 7-3 所示。

表 7-3 全球各类生态系统的净初级生产力及其特征

生态系统类型	面积/($10^6 km^2$)	净初级生产力(干物质)			生物量(干物质)			叶绿素均值/($g·m^{-2}$)	叶面积平均值/($m^2·m^{-2}$)
		正常范围/($g·m^{-2}·a^{-1}$)	平均值/($g·m^{-2}·a^{-1}$)	总计/($10^9 t·a^{-1}$)	正常范围/($kg·m^{-2}$)	平均值/($kg·m^{-2}$)	总计/($10^9 t$)		
热带雨林	17.0	1 000~3 500	2 200	37.4	6.0~80.0	45	765	3.0	8
热带季雨林	7.5	1 000~2 500	1 600	12.0	6.0~60.0	35	260	2.5	5
温带常绿森林	5.0	600~2 500	1 300	6.5	6.0~200.0	35	175	3.5	12
温带落叶森林	7.0	600~2 500	1 200	8.4	6.0~60.0	30	210	2.0	5
泰加林	12.0	400~2 000	800	9.6	6.0~40.0	20	240	3.0	12
森林和灌丛	8.5	250~1 200	700	6.0	2.0~20.0	6	50	1.6	4
热带稀树草原	15.0	200~2 000	900	13.5	0.2~15.0	4	60	1.5	4
温带草原	9.0	200~1 500	600	5.4	0.2~5.0	1.6	14	1.3	3.6
苔原和高山	8.0	10~400	140	1.1	0.1~3.0	0.6	5	0.5	2
荒漠半荒漠灌丛	18.0	10~250	90	1.6	0.1~4.0	0.7	13	0.5	1
极端荒漠砂岩冰等	24.0	0~10	3	0.07	0~0.2	0.02	0.5	<0.1	<0.1
耕地	14.0	100~4 000	650	9.1	0.4~12.0	1	14	1.5	4.0
沼泽与湿地	2.0	800~6 000	3 000	6.0	3.0~50.0	15	30	3.0	7.0
湖泊与河流	2.0	100~1 500	400	0.8	0~0.1	0.02	0.05	0.2	—
陆地总计	149.0	—	782	117.5	—	12.2	1 836.6	1.5	4.3
公海	332.0	2~400	125	41.5	<0.1	0.003	1.0	<0.1	—
上涌带	0.4	400~1 000	500	0.2	<0.1	0.02	<0.1	0.3	—
大陆架	26.6	200~600	360	9.6	<0.1	0.001	0.27	0.2	—
珊瑚礁	0.6	500~4 000	2 500	1.6	0~4.0	2	1.2	2.0	—
海湾	1.4	200~4 000	1 500	2.1	0~4.0	1	1.4	1.0	—
海洋总计	361.0	—	155	55.0	—	45.0	3.9	<0.1	—
全球生物圈	510.0	—	336	172.5	—	3.6	1 840.5	0.5	—

资料来源:Whittaker R H,1973。

7.3.3 生态系统的空间分布规律

全球植物群类的空间分布受地理位置、气候、地貌、土壤、地质水文等因素的影响而表现出地带性或非地带性的分布规律。德国著名植物地理学家洪堡(Humboldt A V,1769—1859)和俄国著名土壤地理学家道库恰耶夫先后阐明了自然地带性原理,并揭示了地带性是自然界各种环境要素相互作用的结果,其中气候条件(如温度、降水量)起着支配作用,如图 7-7 所示。由于生态系统类型的划分是以生产者(即植物群落)为主要依据的,因此全球生态系统也必然呈现出地带性和非地带性的分布规律,其地带性又可细分为水平地带性(纬度地带性、经度地带性)和垂直地带性。

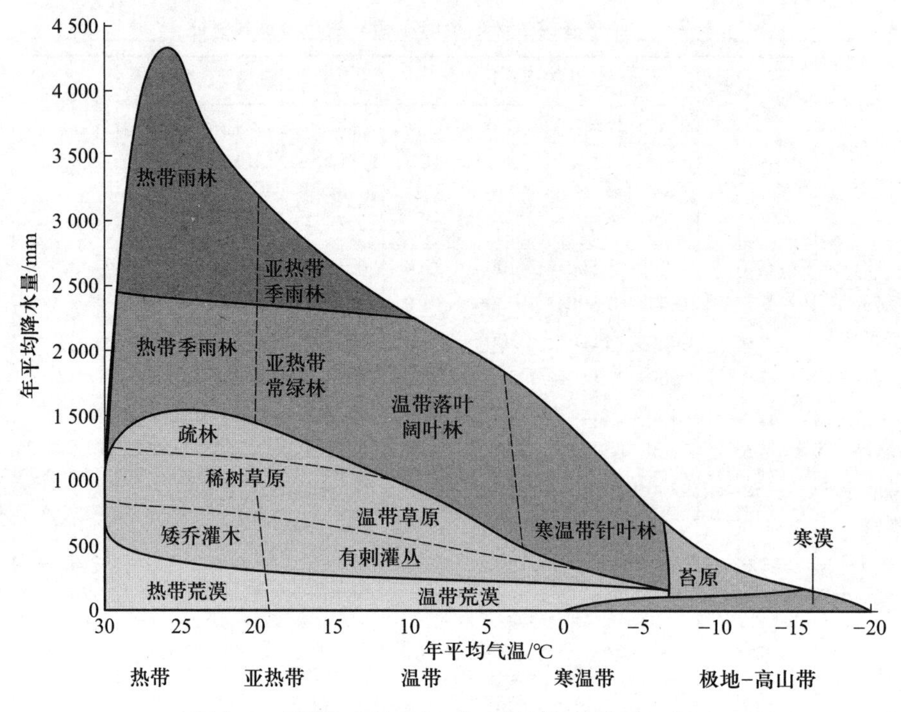

图 7-7 植被与年均气温、降水量的相关模型示意图

1. 纬度地带性

太阳高度角及其季节变化因纬度而异，地表接受的太阳辐射能也随纬度的增高而减少，这样使得从赤道向南北极每移动一个纬度（约 111 km）气温平均降低 0.5～0.7 ℃。在热量及气温随纬度增高而降低的变化规律制约下，地表生态系统类型也呈现出有规律的更替，形成了所谓的纬度地带性。如在欧亚大陆东部太平洋沿岸地区，从赤道向北极依次出现热带雨林、亚热带常绿阔叶林、温带落叶阔叶林、寒温带针叶林、苔原和冰原；在大陆内部，从低纬度地区向高纬度地区依次出现亚热带荒漠、温带荒漠、温带草原、寒温带针叶林、苔原和冰原；在欧亚及非洲大陆西部大西洋沿岸地区，从赤道向北极依次出现热带雨林、稀树草原、热带及亚热带荒漠、常绿硬叶林、温带落叶阔叶林、寒温带针叶林、苔原和冰原。生态系统纬度地带性与垂直地带性的关系如图 7-8 所示。

2. 经度地带性

北美大陆和欧亚大陆中部地区，由于海陆分布格局与大气环流的共同影响，地表水分状况沿纬线自东向西呈现规律性变化，导致生态系统的经向分异，即由沿海湿润区的森林经半湿润区的森林草原、半干旱区草原到干旱区的荒漠构成了生态系统的经度地带性，如图 7-9 所示。

3. 垂直地带性

在地球表层，一般随着海拔的升高，地表气温和土壤温度有逐渐降低的趋势，如地表海拔每升高 100 m，地表气温降低 0.65 ℃左右。在一般条件下，随着地表海拔的升高，地表年均降水量也会增加（年蒸发量则因温度降低也有降低的趋势），达到一定海拔之后，随海拔升高地表年均降水量又开始减少，这样就引起自然生态系统随海拔的变化而有规律地更替，即生态系统的垂直地带性，其一般的更替变化模式如图 7-8 所示。

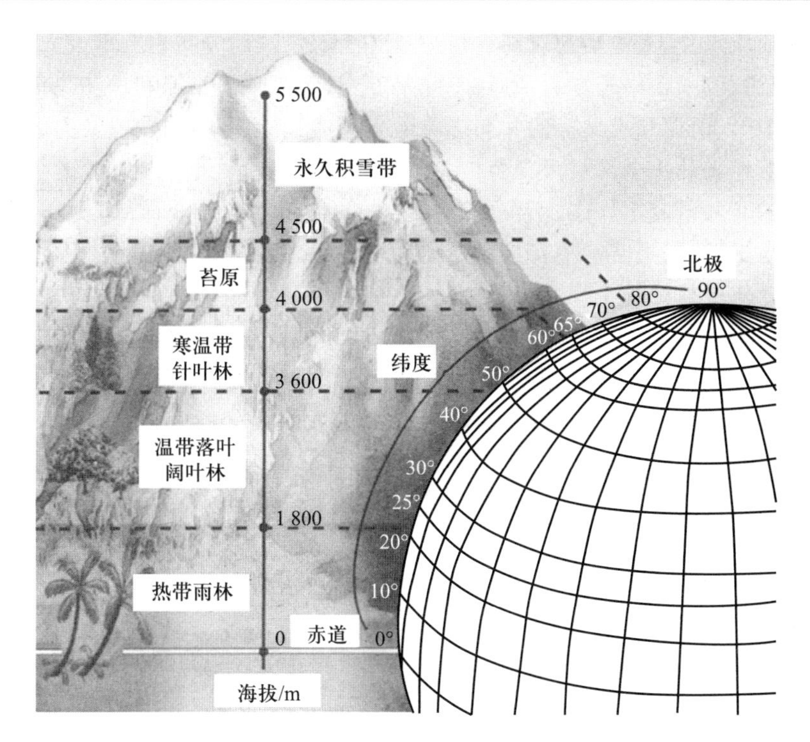

注：实际上受土壤、昼夜温差、辐射、风力、气压等因素的影响，
生态系统垂直地带性也有较大的变化。

图 7-8 生态系统纬度地带性与垂直地带性相关图

（资料来源：改自 Enger E D，2006）

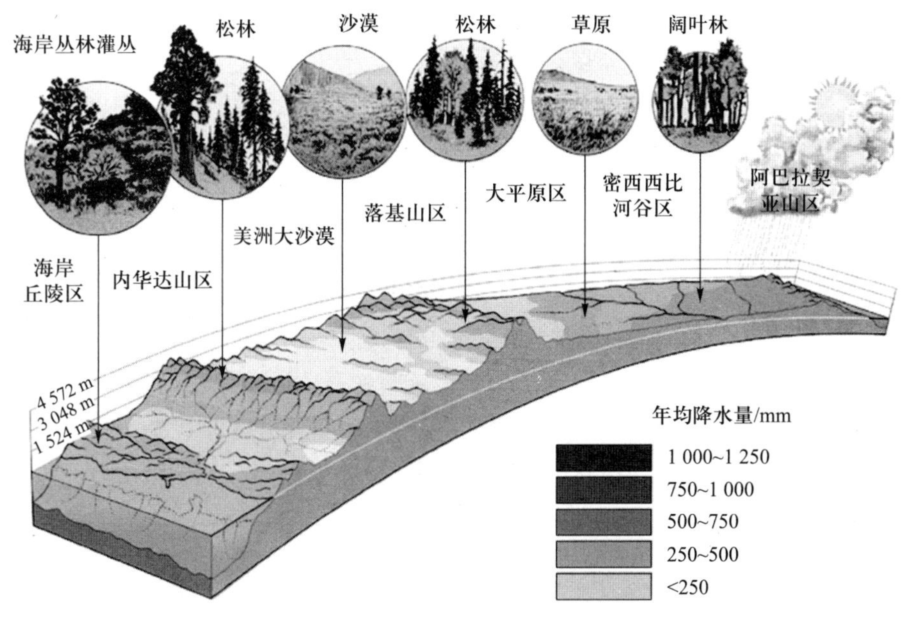

图 7-9 北美大陆生态系统的经度地带性示意图

（资料来源：Miller G T，1996）

此外地形、地质水文、人类活动对地表植被及其生态系统的分布也有重大影响，这就形成了非地带性分布规律，例如在中国华北平原、东北平原、长江中下游平原和珠江三角洲等森林植被带区域，由于受地形、河流和土壤等的共同影响而发育成天然湿地植被；但又因数千年人类开垦建设的影响，区域地表几乎全部被人工植被和城镇用地所覆盖，天然湿地植被已不复存在。因此，在环境地学的实际研究工作中，不仅要遵循宏观的地带性分布规律，还要具体地分析地形、地质水文、岩性与土壤、人类活动等在多时空尺度上对生态系统的影响。

4. 中国植被分布规律简介

中国地域辽阔、自然环境复杂多变，故地表植被类型及生态系统也极为丰富，几乎可见到北半球所有的植被类型。由大兴安岭—阴山—冈底斯山一线可将中国分为两个半部，其中东南部为季风性气候区，发育了各种中生性森林，西北部为大陆性气候区，为旱生性草原和荒漠，如图 7-10 所示。

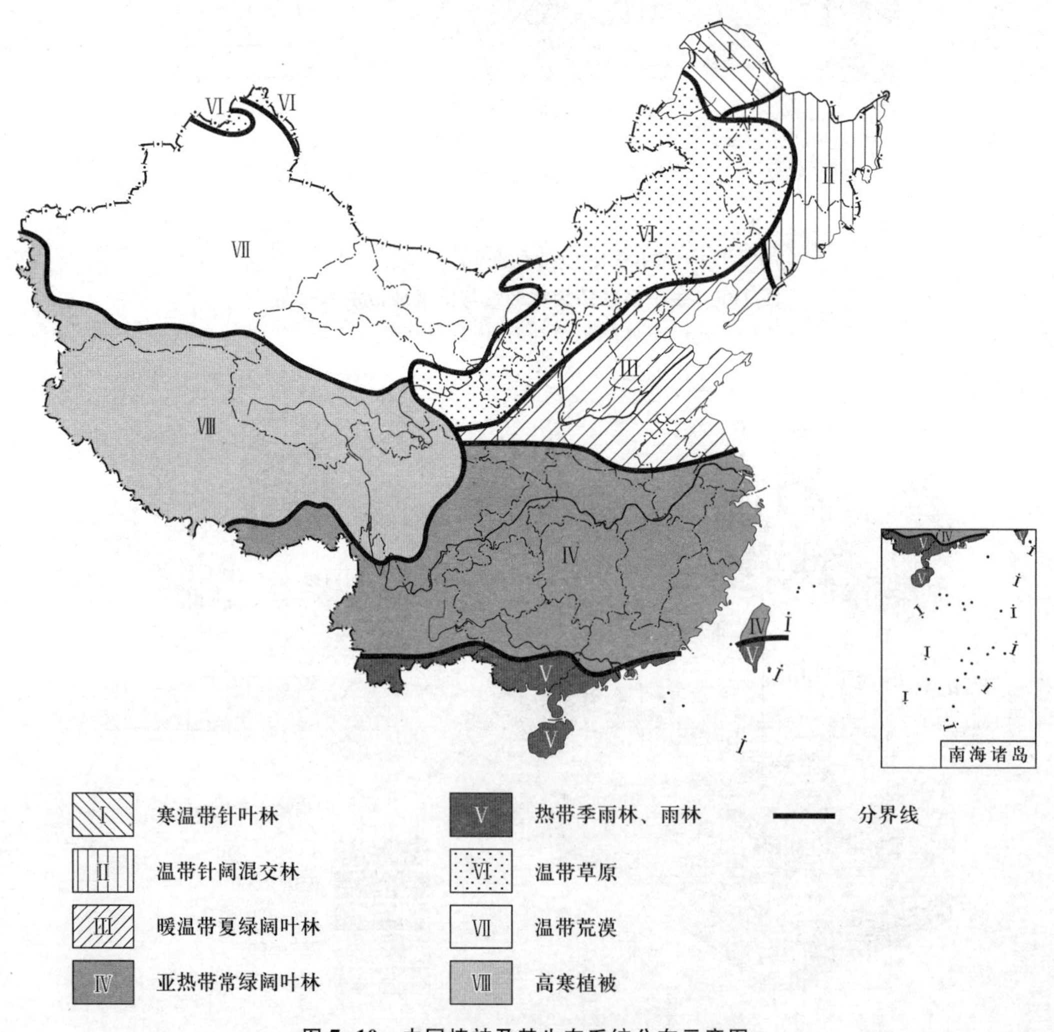

图 7-10　中国植被及其生态系统分布示意图

（资料来源：全国农业区划委员会，1987）

中国东南部植被及生态系统的纬度地带性明显,即从南向北,随着气温的逐渐降低,带状分布的植被及其生态系统可依次划分为:赤道雨林带(如南海岛屿)—热带季雨林带(如台湾岛和海南岛的南部)—亚热带常绿阔叶林带(如江南、华南和西南东部地区)—暖温带夏绿阔叶林带(如华北、山东半岛及辽东半岛)—温带针阔混交林带(如东北大部分)—寒温带针叶林(如东北北端漠河地区)。中国西部植被及其生态系统由于受青藏高原的影响,其水平地带性表现不完整,仅在新疆的温带荒漠地区就有南北分异,如天山南侧塔里木盆地以暖温带荒漠为主,而天山北侧准噶尔盆地为温带荒漠。在中国北方地区受地形和夏季风影响,其植被及其生态系统表现出经度地带性的特征,即在秦岭—淮河一线以北广大地区,从东向西、从东南向西北(即从沿海湿润区到内陆干旱区),依次为夏绿阔叶林(如山东半岛和辽东半岛)、针阔混交林(如大兴安岭)、草原[草甸草原(如内蒙古高原东部)—干草原(如内蒙古高原中部)—荒漠草原(如内蒙古高原西部、宁夏和甘肃部分地区)]、荒漠[草原化荒漠和典型荒漠(如甘肃西部和新疆大部分)]带。

7.4 生物圈中的物质和能量转化

生物圈中的物质和能量转化遵循着不同的规则,两者的性质不同。能量流经生态系统最终以热的形式消散,是单方向的,因此生态系统必须不断地从外界获得能量;而物质的流动是循环式的,各种物质都能以可被植物利用的形式重返环境,能量流动和物质循环都是借助于生物之间的取食过程而进行的,这些过程是密切相关和不可分割的,因为能量储存于有机物的分子键内,当能量通过呼吸过程被释放出来用于做功时,有机物就会被分解为简单物质重新释放到环境中去。

7.4.1 生物圈的化学组成

生命的维持不仅依赖于能量的供应,还依赖于各种营养元素的供应。全球生物圈的物种总数约为 300 万种,这些生物在生长发育与演化的过程中,依据其生理需要从环境中吸取各种营养元素,同时还从环境中被动地吸收其他元素。因此,生物圈的化学元素组成与大气圈、水圈、土壤圈和岩石圈表层的元素组成有着一定发生学上的联系,又各自有显著的独特性。由于生物本身的生长发育特征不同,再加上环境条件的差异,便构成了生物圈复杂的元素丰度特征。维诺格拉多夫于 1954 年在分析 6 000 种动植物化学组成的基础上,计算了生物圈的平均化学组成,如表 7-4 所示。

表 7-4 生物圈物种的主要化学成分平均质量分数 单位:%

元素	O	C	H	Ca	K	Si	Mg	P	S
平均含量	70.0	18.0	10.5	0.5	0.3	0.2	0.04	0.07	0.05

续表

元素	Na	N	Cl	Fe	Al	Ba	Sr	Mn	B
平均含量	0.05	0.03	0.02	0.01	0.005	0.003	0.002	0.001	0.001
元素	Tl	Ti	F	Zn	Rb	Cu	V	Cr	Br
平均含量	$n\times10^{-3}$	8×10^{-4}	5×10^{-4}	5×10^{-4}	5×10^{-4}	2×10^{-4}	$n\times10^{-4}$	$n\times10^{-4}$	1.5×10^{-4}

有些学者认为动物是以植物为生的，设想以海洋植物和陆地植物的平均组成来代替生物圈的化学组成，按照化学元素的生理功能，可将构成生物圈的化学元素划分为必需元素和非必需元素，如表7-5所示。一般认为生物必需元素应该满足以下原则：它存在于一种生物的所有健康活组织之中，并总能在生物体内恒定地被检测到；当它从组织中被消耗掉或被移走时，生物就会出现病状，而重新得到足够的补充时，这些病状就随之消失；这些病状的出现应被证实是分子水平上特殊生物化学损坏的结果。

表7-5　生物体中元素的分类

必需元素			非必需元素		
主要元素	次要元素	微量营养成分	次要元素	微量营养成分	污染成分
O、H、C、N、P	Na、Mg、S、Cl、K、Ca	B、Fe、Si、Mn、Cu、I、Co、Mo、Zn	Ti、V、Br	Li、As、Ba、Be、Rb、Pb、Al、Sr、Ra、Ag、F、Cd、Ni、Sn、Ge、Cs	He、Ar、Se、Au、Hg、Bi、Tl

资料来源：改自Mason和Moore，1982。

按照上述原则进行实验观察发现：生物体一般含有70多种元素，其中有约30种元素是动植物生长、发育、繁殖所必需的营养元素，如O、C、H、N、Ca、Mg、Na、P、K、Cl、S、Si、Fe等是构成生物体的基本元素，它们占生物体总质量的99.95%，其他元素仅占0.05%。生物所需要的糖类虽然可以在光合作用中利用水和大气中的CO_2来制造，但是对于制造一些更加复杂的有机物来说还需要一些其他的元素，如需要大量的N和P，还需要少量的Zn和Mo。前者称为大量元素，后者称为微量元素，通常以生物体内元素的平均含量是否大于0.01%作为划分大量元素和微量元素的标准。微量元素在生物体内含量是微小的，但它们所起的生物学作用却不容忽视，没有微量元素便没有生命，它们参与生物的呼吸作用、光合作用、造血、蛋白质合成、激素合成等许多重要的生理生化过程，在这些过程中，它们起着活化作用和催化作用，随着科学技术的进步，期待将有更多生物必需的微量元素被人们所认识。

必需元素在环境中的含量水平是环境科学、环境地学研究的重要内容，同一元素在环境中含量的不同对人体健康可能起到完全不同的影响。实验观察表明，当生命体缺乏某一微量营养元素时，其生长发育就会停滞、异常或不能完成其生命循环，如人体缺碘就与甲状腺肥大密切相关；人体缺硒、钼与地方性心肌病（即克山病）也有相关性，这类问题便是所谓的第一环境问题。及时、适量地补充微量营养元素对生物体的生长发育及其繁殖非常必要，然而供给生物体的微量营养元素超过了其生理过程正常需要量时,这些微量营养元素又可能起到毒害的作用,这就构成所谓的第二环境问题,即人类活动所引起的环境污染。在生物的生理代谢过程中,生物时刻不断地从环境中吸收各种化学元素,同样在人们的日常生活中,人们通过饮水、呼吸、食物链、表皮组织等途径从环境中选择性吸收、被动地吸收各种化学元素,图 7-11 所示为化学元素由环境沿食物链进入人体的主要通道。这 4 个途径是环境中污染物危害人体健康的重要方式,其中污染物沿食物链危害人群健康具有隐蔽性和滞后性,是环境科学研究的重点。

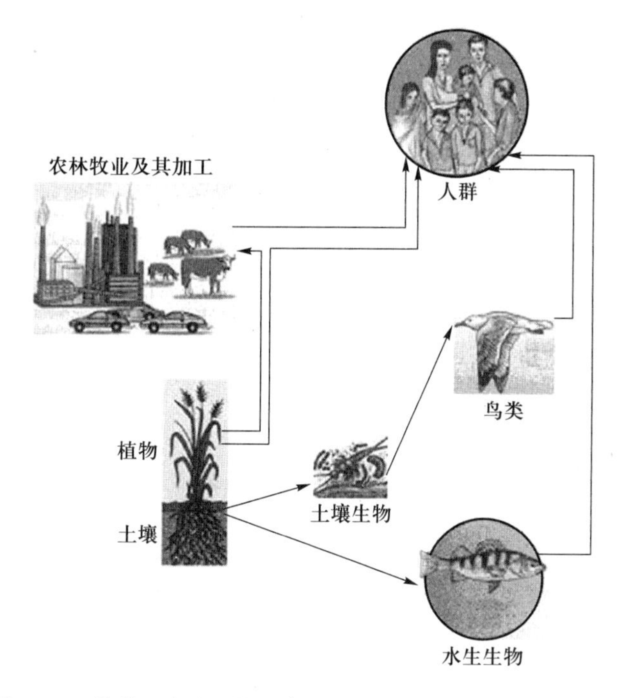

图 7-11 化学元素由环境沿食物链进入人体的主要通道示意图

在环境地球系统中,大气圈、水圈、生物圈、土壤圈和岩石圈之间时刻不停地进行着物质和能量的迁移、转化,从而使整个环境成为一个巨大的化学元素转化迁移的循环系统,生物圈也是环境地球巨大系统长期发展演化的产物。生物圈中的人类及其他动物躯体都是由蛋白质(约 15%)、核酸(约 7%)、脂类(约 2%)、糖类(约 3%)、无机盐(约 1%)和水(约 70%)组成的,可见生物圈中动物之间在化学组成方面具有统一性。科学观察发现环境中许多污染物在人体和其他动物体内部的分布也具有一定的统一性和差异性。汉密尔顿(Hamilton)在 1974 年研究了英国人血液与地壳的化学组成发现:人体血液的化学组成与海水成分相似,除去生物的主要结构元素(H、C、O、N)和地壳物质的主要结构元素(Si、Al)以外,其他元素的丰度分布趋势在它们两者之间也有较大的相关性,如表 7-6 所示。由此可见,生物圈和环境具有统一性,同时生物的化学组成与环境的化学组成也有较大的差异性,这表明生物圈和环境存在着本质的区别。

表 7-6　地壳、土壤、植物、海水和人体血液中化学元素的丰度

单位：10^{-6}

元素	地壳	土壤	植物	海水	人体血液	元素	地壳	土壤	植物	海水	人体血液
O	460 000	490 000	700 000	835 000	610 000	Co	25	8	0.2	1×10^{-4}	0.03
C	2 800	20 000	180 000	28	230 000	V	140	100	1	0.005	0.3
H	1 400	50 000	100 000	108 000	100 000	Zr	130	300	<100	2×10^{-5}	6.7
N	18	1 000	3 000	0.5	26 000	Pb	12	10	500	0.004	1.7
Ca	52 000	13 700	3 000	400	14 000	Nb	19	—	—	1×10^{-5}	1.7
P	1 200	800	700	0.07	11 000	Al	83 000	71 300	200	1.2	0.9
S	400	8 500	500	885	2 000	Cd	0.2	0.5	0.01	3×10^{-5}	0.7
K	17 000	8 300	3 000	380	2 000	Te	6×10^{-4}	—	—	—	0.4
Na	23 000	6 300	200	10 500	1 400	Ti	6 400	4 600	1	0.005	0.4
Cl	280	100	500	19 000	1 200	Sn	1.7	100	—	0.003	0.2
Mg	28 000	6 000	700	1 350	270	Ni	89	40	1.5	0.003	0.1
Si	290 000	320 000	1 500	4	260	Au	4×10^{-3}	—	—	4×10^{-6}	0.04
Fe	58 000	38 000	200	0.003 4	60	Li	21	30	0.1	0.1	0.04
Zn	94	50	3	0.015	33	Sb	0.6	—	—	2×10^{-4}	0.03
Rb	78	60	5	0.12	4.6	Bi	4×10^{-3}	—	—	2×10^{-5}	0.19
Sr	480	300	500	8	4.6	Hg	0.089	0.01	0.5	3×10^{-5}	0.03
F	450	200	0.1	1.3	3.7	Ag	0.08	—	—	1.5×10^{-4}	0.02
Cu	63	20	2	0.01	1.2	Cs	1.4	5	5	0.002	0.01
B	13	10	1	4.6	0.7	U	1.7	1	—	3.3×10^{-3}	0.001
Br	4.4	—	—	65	2.9	Be	1.3	1	—	1×10^{-3}	0.1
I	0.6	5	0.1	0.5	0.2	Ra	1×10^{-6}	1×10^{-8}	1×10^{-8}	—	—
Ba	390	500	—	—	0.3	Tl	0.48	—	—	—	—
Mn	1 300	850	10	0.001	500						
Se	0.08	0.01	<1	0.004	0.2						

7.4.2 生物圈中化学循环的特征

能量流动和物质循环是生态系统的两大基本功能。生态系统的能量主要来源于太阳,而生命必需物质(各种元素)的最初来源是岩石或地壳。生物圈中物质循环具有下面几个特征:

物质循环和能量流动总是相伴发生的,例如光合作用把二氧化碳和水合成为葡萄糖时,同时也就固定了能量,即把光能转化为葡萄糖内储存的化学能;呼吸作用在把葡萄糖分解为二氧化碳和水的同时也释放出化学能。但是,能量流动与物质循环也有一个重要的区别,即生物固定的光能量流过生态系统只有一次,并且逐渐以热的形式耗散,而物质在生态系统的生物成员中却能被反复利用。当同化过程把以无机形式存在的营养元素合成包含能量的有机物,或者异化过程在分解这些包含能量的有机物释放出能量时,被初级生产过程固定的能量就会在通过生态系统的各种生物成员时逐渐减少和以热的形式耗散,而生命元素则可以被生态系统的生物成员反复多次利用。

能量一旦转化为热,它就不能再被有机体用于做功或作为合成生物量的能量了,热耗散到大气中后就不能再循环。地球上生命之所以能够持续地存在,正是由于太阳辐射时时刻刻地提供了新鲜可用的能量。营养物则与太阳辐射的能量不同,其供应是可变的。当营养元素进入活的生物体后,就会降低对于生态系统其余成分的供应,如果固定在植物及其消费者机体内的营养元素没有被最后分解掉,那么生命所必需的营养物供应将会耗尽,因此,分解者系统在营养循环中是起主要作用的。

7.4.3 生物圈中的能量流过程

能量是驱动生态系统物质运动的动力,是一切生命活动的基础。一切生命活动都伴随着能量的变化,没有能量的转化,也就没有生命和生态系统。能量在生态系统内的传递和转化规律服从热力学定律。热力学第一定律即能量守恒定律,可以表述如下:“外界传递给一个物质系统的热量等于系统内能的增量和系统对外所做功的总和。”热力学第二定律是对能量传递和转化的一个重要概括:在封闭系统中,一切过程都伴随着能量的改变,在能量的传递和转化过程中,除了一部分可以继续传递和做功的能量(自由能)外,总有一部分不能继续传递和做功而以热的形式消散,这部分能量使系统熵的无序性增加。对生态系统来说,当能量以食物的形式在生物之间传递时,食物中相当一部分能量被降解为热而散掉,其余则用于合成新的组织作为潜能储存下来。所以动物在利用食物中的潜能时常把大部分转化成热,只把小部分转化为新的潜能。因此能量在生物之间每传递一次,一大部分的能量就被降解为热而损失掉,这也就是为什么食物链的环节和营养级数一般不会多于6个,以及能量金字塔必定呈尖塔形的热力学解释。

生态系统层次上的能量流分析是把每一个物种归属于一个特定的营养级中,然后精确地测定每一个营养级能量的输入值和输出值,就可以计算出生态系统层次上的能量流动。一种类型的生态系统是直接依靠太阳能的输入来维持其功能的,这种自然生态系统的特点是靠绿色植物固定太阳能,称为自养生态系统;另一种类型的生态系统可以不依靠或基本不依靠太阳能的输入而主要依靠其他生态系统所生产的有机物输入来维持自身的生存，称为异养生态系统。在异养生态系统的能量流动过程中，靠光合作用固定的只有一小部分，大部分能量来源于陆地输入的植物残屑。

7.4.4　生物圈的生产量及其空间分布

生态系统中的能量流动开始于绿色植物的光合作用对太阳能的固定，因为这是生态系统中第一次能量固定，所以植物所固定的太阳能或所制造的有机物称为初级生产量或第一性生产量（primary production）。影响生态系统初级生产力的环境因素有光照强度、水分、CO_2浓度、营养物和温度等，如图7-12所示。

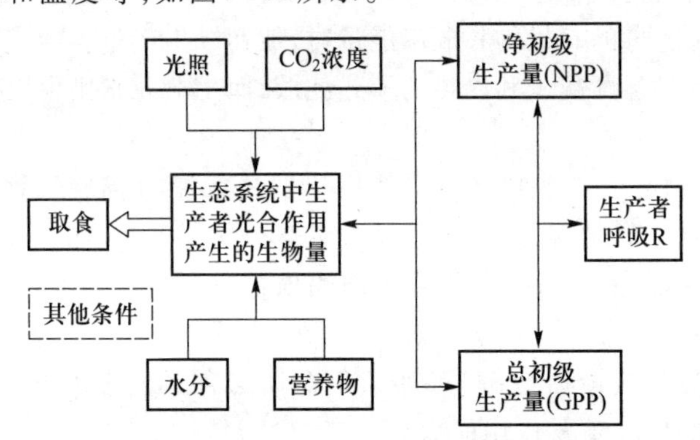

图 7-12　初级生产量的环境限制因子作用图解

（资料来源：McNaughton S J，1973）

环境中 CO_2浓度主要是水生生态系统初级生产量的重要限制因子，当其他因素最适宜时也可能成为陆地生态系统初级生产量的限制因子。水分对水生生态系统来说总是过剩的，但对陆地生态系统的初级生产量却常常是一个重要的限制因子。此外，生态系统初级生产量的大小也受到各种营养物（如 P、S、N 等）供应的影响，例如在海洋生态系统中磷多沉入深水之中，致使大部分海洋表层带因缺乏磷和其他营养物的供应而生产量较低，尽管那里的光照十分充足。可以说生态系统的初级生产量是由光照、水分、CO_2浓度、营养物、温度和 O_2浓度 6 种因素决定的，6 种因素的不同组合都可能产生等值的初级生产量，但是在一定的条件下，单一因素也有可能成为限制这个过程的最重要因素，这个因素的变化对初级生产量的影响程度取决于该因素距离最适宜值的幅度和它同其他限制因子间的平衡关系。如针对一个水生生态系统而言，在矿质营养元素供应充分、高的光照强度、最适宜的 O_2浓度和温度的平衡条件下，限制藻类初级生产量的将是 CO_2从大气进入水体的扩散程度，这时如果往水体中注入 CO_2便能很快地提高该生态系统的初级生产量，但当 CO_2在环境中达到饱和时，其初级生产量提高程度便会逐渐地缓慢下来。总之，如果某个生态系统的全部环境因素都是适宜的，其初级生产量最终将会受到光合作用生物量自身数量的限制。

净初级生产量是生产者及其以上各营养级所需能量的唯一来源。从理论上讲，净初级生产量可以全部被异养生物所利用并转化为次级生产量，但实际上任何一个生态系统中的净初级生产量都可能流失到这个生态系统以外的地方去。此外还有很多植物生长在动物所达不到的地方,因此无法被动物利用。对动物来说,初级生产量因得不到或不可食生物种群密度低等原因,总有相当一部分未被利用。即使是被动物吃进体内的植物,也有一部分通过动物的消化道排出体外。在被同化的能量中,有一部分用于动物的呼吸代谢和生命维持,这部分最终将以热的形式消散掉,剩下的部分才能用于动物各组织器官的生长和繁殖新个体,这就是我们所说的次级生产量。当一个种群的出生率最高和个体生长速率最快时,也就是这个种群次级生产量最高的时候,这时往往也是自然界初级生产量最高的时候,但这种重合并不是碰巧发生的而是自然选择长期作用的结果,因为次级生产量是靠消耗初级生产量而得到的,次级生产量的一般生产过程如图 7-13 所示,应用这个模型可以描述任何一种动物的次级生产过程。

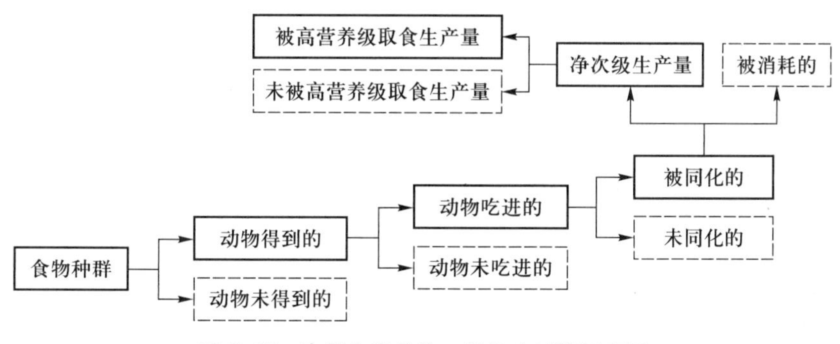

图 7-13 次级生产量的一般生产过程示意图

7.5 人类活动对生物圈的影响

7.5.1 人类与生物圈的相互作用

人类在距今约 300 万年前出现之后就成为地球生物圈的一部分,除受自然规律制约外,人类还因有智慧、会劳动而不同于其他动物。现代人类的生产力已经发展到能对全球的生物及其生存环境施加重大影响的程度,在短时间内可以创造出大量的新物质,改变生物的特性。同时人类也可以毁灭无数有价值的天然物种,还能够改变生物的分布区。人类在长期的劳动实践中逐步地认识和改造着自然有机界。但在不同的社会发展阶段,人类影响生物圈的方式、范围和强度差异巨大。旧石器时代和部分中石器时代,人类主要是靠采集野生植物的果实、种子、块茎和捕猎野生动物来维持生活的,随着生产工具的不断改进,到了新石器时代,采集业逐渐过渡到原始农业,狩猎业也逐步过渡为原始的畜牧业,从那时起一些被采集的野生植物在一定的环境条件下经过多代挑选,最后变成较符合于人类需要的栽培植物。据初步调查,目前可以称为作物的植物约有 2 300 种,其中与人类生活关系密切的栽培植物有五六百种,某些栽培植物种内的品种更是多得惊人,例如菊花有近10 000个品种。据考古学研究,在距今约10 000年前的中石器时代后期和新石器时代,人们熟悉的家畜、家禽和家蚕都已驯养成功并加以利用了。狗和猪可能是最早被驯化的家畜,稍后是羊和牛,再就是马、驴、骆驼和家禽。现在家养动物的种类很多,其中有的动物品种也为数不少,例如中国猪的品种有100多个,金鱼有160多个。在人类将野生生物改变为家养生物的过程中,不仅增加了生物的种类,还改变了它们的性质,即主要是朝向有利于人类需要的方向发展。例如粮食作物的产量及蛋白质、淀粉和糖的含量比其野生祖先大大提高。家猪由生活在山林草莽和沼泽地带"狼奔豕突"的野猪驯化而来,它的头、颈变宽缩短,体态变得肥大,四肢变得短小,它的生理机能也不同于它的祖先。此外,栽培植物和家养动物的竞争能力与适应外界环境的能力一般较其野生祖先弱,而变异性增大。

人类还扩大或缩小了生物原有的分布范围。栽培水稻原产于中国西南和印度等地,而现在却扩大到世界各大洲普遍种植。人类在培育新生物种类的同时,也在有意或无意地消灭和减少了原有的生物种类和生物资源;由于狩猎、乱砍滥伐和环境污染等,地球上生物绝灭的速度大大加快了,据估计人类已经消灭了四五万种动物。最近2 000多年来已有100余种大型兽类灭绝于人手。如欧洲野牛灭绝于400多年前,斑驴灭绝于1864年……还有一些种类除了人类圈养外已无野生种类,如麋鹿等。目前有更多的动物正濒于灭绝,如黑犀牛、老虎、蓝鲸、白鹭、巨鹰等。中国野生动物资源也遭到了严重破坏,据初步调查,已灭绝或基本灭绝的动物有高鼻羚羊、新疆虎、犀牛、白臀叶猴、豚鹿、朱鹭、黄腹角雉等;濒临灭绝的有大熊猫、长臂猿、金丝猴、海南坡鹿、华南虎、东北虎、儒艮、白鳍豚、扬子鳄、穿山甲、原鸡、丹顶鹤等20多个种和亚种。人类开垦土地、砍伐森林,毁灭了大片植被是造成生物灭绝的主要原因。

鉴于上述情况,许多国家的科学家和一些国际组织发出了拯救珍贵稀有生物和濒于绝种生物、保护自然资源的呼声。目前世界上已有约170个国家建立了超过9 000个自然保护区或国家公园,其总面积约占陆地总面积的11.58%。据《2019中国生态环境状况公报》,截至2019年年底,全国共建立以国家公园为主体的各级、各类保护地逾1.18万个,保护面积占全国陆域国土面积的18.0%。中国形成了较完整的以保护中国特有珍贵动植物为对象的自然保护区系统。其中吉林长白山、广东鼎湖山和四川卧龙等多个自然保护区已加入了世界生物圈保护区网。这些保护区中,生态环境复杂多样,生物种类十分丰富,是天然的生物基因库和自然资源库。建立并有效地管护自然保护区对于保存和培育生物物种,研究自然生态系统的物质与能量转换,维护自然界的生态平衡,以及对人类进行生物学、环境地学知识的宣传教育都有着重要意义。

7.5.2　生物多样性变化

生物多样性(biodiversity)反映了地球上包括植物、动物、微生物等在内的一切生命都各有不同的特征及生存环境,它们相互间存在着错综复杂的关系,生物多样性描述了一个真实又精彩的大自然。生物群落制造O_2让我们能够自由呼吸,生产食物让我们的生命得以延续,提供能源(煤炭和石油都来源于古代的生物)和各种资源让我们的生活有了物质资源保障。

生物多样性包括以下3方面内容:一是物种多样性,地球的生命多种多样、丰富多彩,从非常小的病毒到重达150 t的鲸;从"慢性子"的蜗牛到每小时能奔跑90 km的猎豹;从借助于风、水传播的植物到把自己的后代送向远方的动物。大自然中每一个物种都是独特的，从而构成了物种多样性。物种多样性是用一定空间范围内物种数量的分布频率来衡量的，它通常包括整个地球的空间范围。二是遗传多样性，世界上所有的生命都既能保持自身物种的繁衍，又能表现出每个生物体的差别，这主要归功于其体内遗传密码的作用和基因表达的差别。遗传多样性是指同一个物种内基因型的多样性，它是衡量种内变异性的指标。在组成生命的细胞中 DNA 是遗传物质由 4 种碱基在 DNA 长链上不同的排列组合，这 4 种碱基决定了基因及遗传多样性，在人类 DNA 长链上就有约 3 万个基因，它记录了我们祖先的密码，大自然用了几十亿年的时间，建造起如此浩繁、精致和复杂的基因库，任何一个物种的灭绝都会带走它独特的基因，令我们永远遗憾。三是生态系统多样性，地球表面到处都是生机勃勃的生命，为适应在不同环境下生存，各种生物与环境又构成了不同的生态系统，这就是生命的家园。在不同的生态系统中，生命通过复杂的食物网来获取和传递能量，同时完成物质的循环。生态系统的结构、过程、功能、平衡及调节机制千差万别，这是生物多样性的重要内容。然而人类活动的介入使生物多样性发生了变化，甚至使生物多样性遭到威胁和破坏，据调查，数百年来物种、种群及自然生境的丧失过程都明显加速。

生物圈演化的历史表明：物种的不断形成和消亡是自然生物界进化和发展的规律。在地球生物变迁过程中，许多生物因自然环境的变化从地球表层消亡，不过这只是一种缓慢的自然过程。工业革命以来，人类活动对生物多样性造成了严重的损害，这使得持续地保护和利用全球生物多样性资源，促进人类的可持续发展，成为国际社会和学术界关注的焦点之一。当代人类活动对全球生物多样性的影响及其评价指标可以归结为以下几个方面。

（1）大规模农业生产导致了陆地生物资源的单一化：据估计，陆地生物圈中约有 3 000 种植物可被用作食物，而现今世界粮食主要来自 20 多种植物。特别是近 50 年来随着农业科技的发展，许多国家扩大了高产作物品种的栽培，使陆地传统农作物的多样性大幅度减少。人们为了提高农作物的产量，不得不大量地使用杀虫剂、除草剂和化肥，这使得许多动植物和土壤生物遭受灭绝，并造成了严重的生态失衡。为此卡逊（Carson R）于 1962 年在其名著《寂静的春天》一书中给予了精辟的论述，如表 7-7 所示。

表 7-7　当代人类活动对全球生物多样性的影响及其评价指标体系表

影响因素	生物多样性变化方式	主要评价指标
➢过量砍伐森林 ➢过量捕捞 ➢过度放牧 ➢大规模农业生产	◇生物物种的单一化 ◇特别物种的消失	区域土地利用结构 木材生产力与砍伐量 草场生产量与载畜量 农业种植结果与产量
➢城市化与工业化 ➢交通线路建设 ➢大型工矿企业 ➢大型水利设施	◇生物栖息地损失 ◇生物栖息地被阻隔	区域建设用地结构 路网密度及其状况 工矿业用地及其方式 水利设施用地状况

续表

影响因素	生物多样性变化方式	主要评价指标
➢土壤污染 ➢水体污染 ➢大气污染 ➢声光电磁辐射污染 ➢全球变化	◇生物物种减少 ◇生物健康状况恶化 ◇生物生理代谢异常	农药种类及其施用量 化肥种类及其施用量 重金属及持久性污染物 大气环境质量 水体环境质量 环境质量及灾害状况
➢旅游业 ➢交通运输业 ➢贸易方式	◇外来生物入侵 ◇生物疾病扩散	进出境人口总量 货物的种类 贸易物品种类及其总量

资料来源：R. Carson，1962。

（2）人类活动破坏了野生动植物的栖息地，使多种生物种群的生存受到严重威胁：20 世纪中期以来，森林砍伐的数量和速率的快速增长，使全球森林生态系统面积大幅度减少。科学测算表明仅在热带雨林中，目前物种消亡速度是每年 4 000~6 000 种，约为生物自然演化的10 000倍。随着全球范围的城市化、工业化和交通运输业、旅游业的快速发展，以及大型工矿、水利设施的修建，一些生物物种的栖息地（湿地、珊瑚礁）受到人为破坏和阻隔，再加上化学污染物的侵害，使得野生物种特别是鸟类的数量日益减少。

（3）外来物种的入侵加速了生物多样性的减少：近 50 多年来，随着国际贸易、交通运输业、旅游和探险活动的增加，生物物种在世界范围内移动、入侵的机会也大量增加。外来物种在既定的生态系统中建立据点、摆脱其天敌之后开始大量繁衍，从而遏制本土物种的生存和发展，打破当地的生态平衡，导致生物多样性的减少，引起区域生态系统恢复能力和生产力的衰竭。

7.5.3　生物多样性保育

从生命演化的历史和人类社会发展的历史来看，人类是永远无法脱离自然环境及生态系统而生存的，自然环境对人类而言没有替代品，用之不觉，失之难存；生物圈及生物多样性是环境地球系统长期进化的结晶，它一旦遭受破坏就很难恢复，任何一个生物物种的灭绝都会削弱人类适应环境变化的能力，给人类社会发展带来无法弥补的损失。近 300 年来人类层出不穷的科技发明，不仅刷新了人类生存的物质基础——生态系统，也刷新了我们的日常生活，使人类置身于便捷的生存环境之中。然而，也有许多“杰作”破坏了人与环境的平衡，刺激了人类物欲的增长，导致了人际关系和人与生命关系的疏离和淡漠。从空间的整体性、时间的持续性和人类对生物圈影响的角度来看，人类的一些发明无异于是在制造永远的祸端，甚至是在诱使人类跨上失缰的野马奔向不归之途。在近百年来以高投入、高产出为特征的传统经济获得了快速增长，同时导致了日益严重的环境污染与资源枯竭，以致将人类推向了生存危机的边缘。自 1992 年联合国环境发展大会以来，人们已经清醒地认识到，人类活动的强度和范围必须规范在环境地球的承载能力之内，人类的生产和消费活动必须与自然生态系统相协调，人类必须更新发展观念，综合运用文化、经济、管理和技术等措施降低人类活动对环境的影响，保护我们永久赖以生存的生态系统。

当前生物多样性保育的措施主要有就地保护、迁地或移地保护、离体保护 3 种。其中就地保护是指为了保护生物多样性,把包含保护对象(即濒危物种及其栖息地)在内的一定面积的陆地或水体划分出来,进行保护和管理。其保护的对象主要包括有代表性的自然生态系统、珍稀濒危动植物及其天然的集中分布区。其措施是在栖息地及其外围区域,建立野生动植物保护基地、自然保护区、国家公园、森林公园和风景区,尽可能地减少人类活动对濒危物种生长、发育及繁殖的影响,同时对物种的生存状况进行长期原位监测和综合研究,揭示物种生存与演化的规律,以维护和恢复这些濒危物种在其自然环境中的生存能力。迁地或移地保护是指在动物园或繁殖中心开展濒危动物的繁殖保护工作,即为了保护生物多样性,把因生存条件不复存在、数量极少、难以找到配偶、生存和繁衍受到严重威胁的物种迁出原地移入动物园、植物园、水族馆和濒危动物繁育中心进行特殊的保护和管理。移地保护为行将灭绝的生物提供了最后的生存机会。近些年来随着现代生命科学的发展,胚胎移植、冷冻精液和克隆等新的繁殖技术也日趋完善,使动植物的遗传物质可以脱离母体进行独立保存,这就形成了第三种挽救濒危生物物种的方法,即离体保护。

7.5.4 生物入侵及其防治对策

生物入侵是指某种生物从外地自然传入或人为引种后成为野生状态,并对本地生态系统造成一定危害的现象。外来生物在它们的原产地有许多防止其种群恶性膨胀的限制因子,即捕食者和天敌能将这个种群的密度控制在一定数量之下。因此,那些外来种在其原产地通常并不造成较大的危害。一旦它们入侵新的地区,失去了原有天敌的控制,其种群密度则会迅速增长并蔓延成灾。

外来物种入侵的途径主要有无意引入、有意引入和自然入侵 3 种。有些外来生物是伴随着人类活动无意入侵的,其主要是附着在源于国外且未经过检疫消毒处理的树木、花草、新鲜水果、蔬菜、生鲜食品、湿润土壤之中或表面,一起入侵异地。例如,红火蚁原生于南美洲,20 世纪早期随木材贸易入侵北美,随后又入侵大洋洲和中国南方地区。由于红火蚁属于杂食性昆虫,其入侵对当地农作物、人与畜、建筑设施等带来多种危害。有些外来生物是人类有意引进的,人们在未进行深入细致的生物科学、生态学与环境地学研究的情况下,草率引进某些生物种以利用其某种功能,导致了众多危害。

在漫长的生命演化过程中,地球表层的海洋、山脉、河流、沙漠和冰川构成了珍稀物种迁徙、生态系统演变的天然隔离性屏障,然而在现代人类活动的作用下,这些天然屏障对生物迁徙的阻隔甚至失去了作用,那些异地物种远涉重洋到达新的生境和栖息地,对当地生态系统的稳定性造成了严重的危害。我国防止外来入侵的措施主要有:① 建立健全相关法规,提高入境动植物与微生物的检验检疫技术,加强对无意引入和有意引入外来入侵物种的安全管理。② 开展全国范围的外来入侵物种调查,查明外来物种的种类、数量、分布和作用,建立外来物种数据库。③ 在强化国际合作研究的基础上,分析外来物种对中国生态系统和物种的影响,建立对生态系统、环境或物种构成威胁的外来物种风险评价指标体系、风险评价方法和风险管理程序;逐步建立健全精干高效的外来入侵物种监测系统;加强人们对外来入侵物种危害性认识的宣传教育,提高对外来入侵物种的防范意识；加强对外来入侵物种的识别、防治技术、风险评估技术、风险管理措施的培训。

7.6　思考题与个案分析

1. 运用概念图或思维图的方式，表述大气圈中 CO_2 和 O_2 浓度变化与生物圈的关系及其相互间的作用。

2. 什么是垂直地带性？举例说明山地植被垂直带的分布与气候之间的相互关系。

3. 与人们日常生活关系最为密切的生物加起来也不过百种，为什么人们要尽全力保护现存的各种生物？

4. 概括生态系统次级生产过程的一般模式。

5. 通过查阅资料和综合分析，举例说明人类活动对生物圈或者生态系统的影响。

数字课程资源：

07 电子教案

07 教学彩图

07 拓展与探索

第8章
智慧圈——协调生命共同体

8.1 智慧圈及其发展演化

8.1.1 智慧圈的概念

苏联地球化学家维尔纳茨基(Vernadsky V I)在研究人类活动对生物圈影响的基础上,于1942年提出了智慧圈的概念,即人类通过各种技术手段直接或者间接使生物圈受到影响的部分。法国学者德日进在研究地球各个圈层的构成关系及古生物学演化的基础上,于1947年发表了《智慧圈的形成》,提出了一种协调的、会思考的地球观——智慧圈(noosphere),即思维物质构成的地球圈层,它包括生命和生命进化一般进程中所形成的精神、思想、智慧和物质财富。智慧圈不仅是人类文明建设与创造物质成果、精神成果的结晶,还是协调人与人、人与自然环境相互关系的准则集。“智慧圈”被《不列颠百科全书》作为一个重要的科学概念收入其中,并将智慧圈解释为理论生物学名词,即生物圈中受人类智力活动强烈影响的部分。现在人们普遍认为:智慧圈是指包括人类社会系统在内的以及人类改造自然环境所形成的一种物质存在形态,是一个要素众多、结构复杂、时空分异明显的系统,智慧圈又称为人类圈、技术圈。

8.1.2 智慧圈的形成与发展

智慧圈是环境地球系统长期发展演化的产物。地质记录的研究表明,环境地球系统的发展演化大致可划归为3个阶段,即环境地球发展的无生命阶段,生命与环境地球的共同发展阶段,人类与环境地球的共同发展阶段。环境地球演化史上最近的300万年,即以现代猿和现代人诞生为特征的第四纪就是人类与环境地球的共同发展阶段,也是智慧圈的形成与发展阶段。人类是环境地球发展演化的产物,又是环境地球发展变化的塑造者,人类与环境地球的相互作用促进了智慧圈的发展和变化。按照人类数量增长方式的不同可以将智慧圈的发展分为3个阶段:一是高出生率、高死亡率、低增长率阶段,人类约300万年的狩猎和采集生活,就属于该发展阶段;二是高出生率、低死亡率、高增长率阶段,目前世界上多数发展中国家的人口增长属于此阶段;三是低出生率、低死亡率、低增长率或负增长阶段,目前多数发达国家的人口变化属于此阶段。目前全世界人口增长量的绝大多数是在发展中国家,据统计资料,1950年发展中国家总人口只占全世界总人口的66%,1975年占72%,1990年约占75%,2000年达到80%左右,如图8-1所示。据2022年联合国预测,世界人口将在2022年11月15日达到80亿。有人预言

“未来的世界将是一个穷人子孙多,富人金钱多的世界”。在智慧圈的不同发展阶段,由于人口数量、生产方式、生活消费水平的差异,也给环境地球造成了不同的影响,如图 8-2 所示。

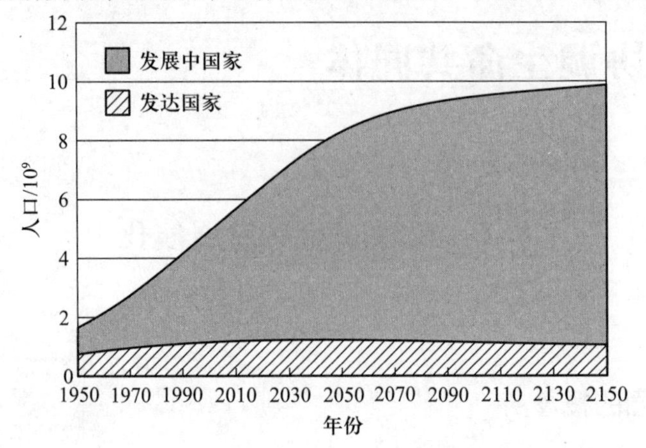

图 8-1　世界总人口构成及其发展趋势示意图

(资料来源:联合国,1998)

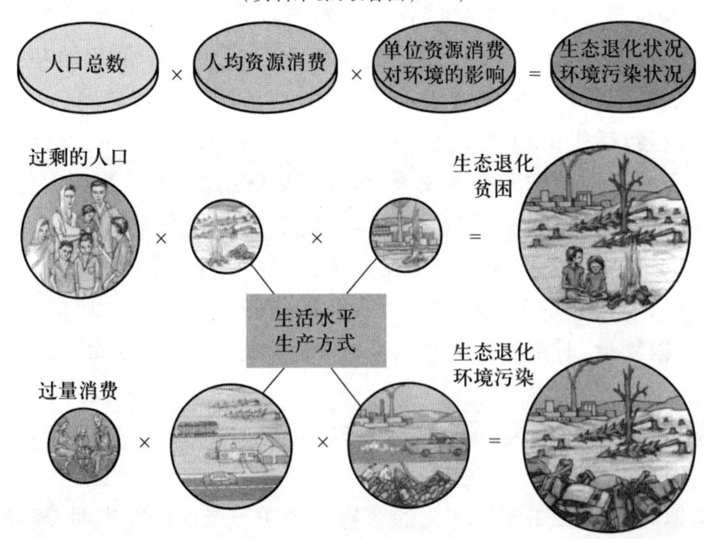

图 8-2　智慧圈发展不同阶段人类对环境地球的负面影响示意图

(资料来源:Miller,1996)

按人类社会发展与环境地球相互作用方式,可将智慧圈划分为 4 个阶段,即前发展阶段、低发展阶段、高发展阶段和持续发展阶段,每个发展阶段的时间尺度、空间尺度、经济水平、生产模式及其对环境地球的影响等如表 8-1 所示。

表 8-1　人类社会发展阶段的分类及其特点系列表

比较项目	前发展阶段	低发展阶段	高发展阶段	持续发展阶段
时间尺度	距今 300 万~1 万年前	工业化前 1 万年	工业化后 300 年	信息化后 40 年
空间尺度	部落范围	区域或国家范围	国家或洲际范围	洲际或全球范围
经济水平	融于天然	初级水平(农业)	工业与服务	优化与管理

续表

比较项目	前发展阶段	低发展阶段	高发展阶段	持续发展阶段
经济特征	采集与渔猎	自给型经济	商品型经济	协调型经济
消费标志	个体的需要	维持生存需要	维持发展	全面发展
生产模式	从手到口(没有使用劳动工具)	工具和技术	技术体系	智能化
能源输入	人力	人及动物动力	非生物能源	清洁可替代能源
环境影响	无污染	环境退化	环境污染	与环境协调

8.1.3 智慧圈的组成

智慧圈处于环境地球系统的核心部位,即地球表层,影响智慧圈发展变化的因素则来自上至电离层(甚至外层空间)、下至莫霍面的垂直厚度达 65 km 的环境地球系统,智慧圈与大气圈、水圈、生物圈、土壤圈、岩石圈相互交叉衔接和叠加在一起。从人类社会与环境地球相互作用(资源开发、转化与利用、分配与消费)来看,现代智慧圈的组成包括以下部分,即以物质生产与消费为特色的第一产业、第二产业、第三产业;以规范和优化人类活动方式为特色的宗教与文化子系统、政治与管理子系统,如图 8-3 所示。

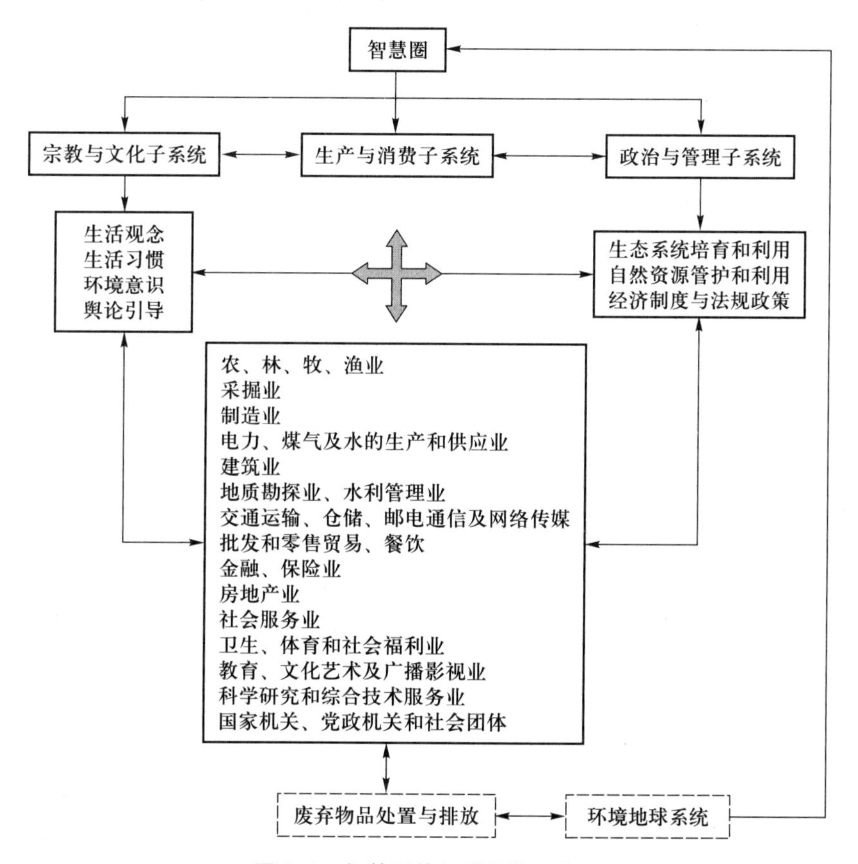

图 8-3 智慧圈的组成结构示意图

由于智慧圈是地球表层的一个组成要素众多、结构复杂、时空分异明显的开放巨系统，其研究涉及自然科学、技术科学和社会科学等诸多学科领域。本章作为环境地学的研究内容，从人类活动与环境地球相互作用的角度，着重讨论智慧圈中的农业、工矿业、交通运输、能源等行业与环境地球系统之间的物质迁移转化过程，以及这些行业对环境地球的影响机理和规律。

8.2　农业生产对环境的影响

8.2.1　农业生产的特征

农业是人类社会最基本的物质生产部门，农业生产贯穿于人类社会发展的始终。农业生产的劳动对象——农业生物，包括农作物、蔬菜、果品、菌类、林产品、鱼虾蟹贝类、禽类、牲畜等，这些生物都有其自身的生长发育条件和繁殖规律。它们在生长发育和繁殖过程中，生物体与周围环境不断进行着物质和能量的交换，生物的生存和延续都离不开环境，如图 8-4 所示。人们通过社会劳动，利用这些生物群体的生命力，把环境地球系统中潜在的物质和能量转化为人们基本的生活资料及原料。在农业生产过程中，人类利用特定地域的农业生物与非生物环境、生物种群之间的相互作用，建立具有合理高效的物质循环和能量转化的生态系统，并调控该系统使其按照人们要求进行自然再生产与经济再生产。农业生产类型包括植物生产（种植业、混农林业、林业）、动物生产（饲养业和渔业）、微生物生产（菌类养殖业）3 大部分，对农畜产品的加工则属于农业生产的延续。

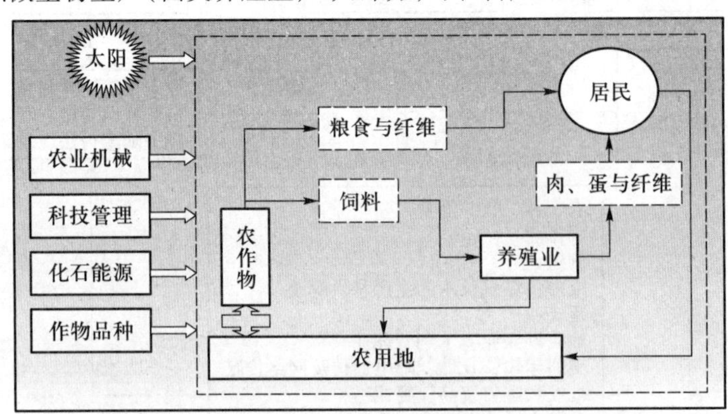

图 8-4　农业生产过程物质循环转化过程示意图

农业生产的重要特征就是生命物质的再生产与经济再生产过程的协调统一，其中自然再生产是指生命有机体通过与环境之间的物质能量交换与转化，不断生长发育和繁殖的过程，这也是环境地球系统中重要的自然物质循环过程。在自然再生产过程中，生产者通过光合作用，将 CO_2、H_2O 和矿质养分转化为有机物，同时将太阳辐射能转化为化学能储存于有机物之中，用于自身生长和繁殖后代，这就构成了自然界中的“初级生产力”。种类繁多的植物性产品为动物提供了它们生长发育和繁殖所必需的营养和能量,由此构成了自然界的“次级生产力”。植物和动物的代谢产物均归还于土壤层中,再被土壤微生物分解并释放出其中的营养元素,供给植物再次吸收和利用,如此循环不已。人类在认识农业生物生长发育和繁殖规律、了解环境条件的基础上,运用社会经济规律,并通过社会劳动对上述自然再生产过程进行干预,以增加农业生产的有效性,这就构成了农业生产中的经济再生产过程。

那些直接影响农业生物生长发育和繁殖的环境因素称为生态因子,如气候因子、土壤因子、地形因子、生物因子、人为因子等。环境地球系统中这些因素的时空变化,不仅影响农业生物的生长状况,还影响农业生产的时空分布。农业生产最主要的能源是太阳辐射能,其数目具有空间分布的地域性和时间变化的季节性、周期性特点,这就决定了农业生产具有以下特征:农业生产的基地——农用地的适宜性、农业生产类型及其过程的地域性、连续性、季节性、周期性。应当指出,人们农耕的目的是提高农作物产量,使农用地(田块)中植物种类减少为一种产量更高、更符合人类需要的作物。正是农作物群落种类的单一化、生长周期的一致性,以及对水分、养分、光照等各种环境条件需求的同步性,加剧了农作物种内部的竞争,导致农业生态系统稳定性差、自我调节能力低,对不良环境因素的影响、病虫害的侵袭特别敏感。

按照人们恢复和增强土壤肥力的方式和生产工具的不同,可以将人类农业发展划分为原始农业、传统农业和现代农业 3 个阶段。在原始农业阶段,古人依靠自然物质循环过程来恢复土壤肥力,使用人力、动物力和简单的农具进行农业生产,古代的农业生产常与自然物质循环过程相统一,故古代农业生产活动对环境影响较小。在传统农业生产阶段,人们依靠牲畜、家禽的粪肥即农家肥来恢复地力,并广泛地使用畜力和农具进行农业生产,传统农业生产活动常常引起大范围的生态退化。在现代农业生产中,人们利用现代工业技术装备、现代生物科技来恢复地力和优化农作物品种,并大量使用石油燃料、肥料、农药、饲料等进行农业生产,建成了工业化的农业生产模式,但是如果现代农业技术利用不当,也会引起大范围的环境污染。

8.2.2 农业生产对农用地环境的影响

现代农业生态系统是一个开放的系统,在农业生产过程中,农用地不断地与外界进行着物质和能量的交换,但是如果物质和能量交换失衡,常可以引起农用地的污染,其污染物及污染方式主要有:① 化学农药的过量使用。农药是防治植物病虫害、消灭杂草和调节植物生长的一类化学药剂,被广泛用于农业生产。化学农药的成分大致包括有机物、有机-无机物、纯矿物质等,个别农药组分中含有汞、锌、铜等重金属元素,其中有机氯农药污染较为突出,这是因为有机氯农药具有化学性质稳定、残留期长、不易分解、水溶性差、脂溶性强等特点,这使得农用地土壤和植物表面的有机氯农药被作物和土壤生物所吸收,沿农业生态系统食物链逐级富集,进入人体并富集于人体脂肪组织中危害人体健康。农药的长期使用还会使害虫的天敌被消灭,并使害虫及病原微生物产生抗药性,加剧病虫的危害。可是就目前形势来看,无论是在中国还是在世界其他国家,无论是现在还是将来,化学农药还将在农业生产中得到广泛使用,所以农用地农药污染研究仍将是一个长期而又紧迫的任务。② 化肥的过量施用。肥料是农业生产的重要生产条件,它可为农作物生长发育提供必需的营养元素,但长期过量施用化肥可造成农用地的污染和土壤性状的恶化。例如化肥的使用会引起土壤中过量的硝酸盐积累,并进入粮食、蔬菜和瓜果等中从而对食用者的健康造成多种危害。③ 污水灌溉农田。在中国北方地区，污水作为水肥资源对农业增产增收发挥了重要作用，它起到了缓解灌溉水源紧缺、减少农田肥料投入、节省污水处理费用等作用。但如果不加节制地使用未经处理的污水进行灌溉，就会造成严重的农用地污染，致使病原菌、病毒、油类、合成洗涤剂、有机物、重金属元素等在农田土壤中聚集，最终危害人群健康。④ 过量施用有机肥也会造成土壤富营养化，传统的有机肥或者农家肥对于培肥土壤、提高农产品的质量和数量具有重要的作用。但是，近些年来随着城郊大型养殖业的快速发展，在养殖业中大量地使用了饲料添加剂或激素类物质，养殖场排出的富含这些添加剂或激素等持久性有机物的动物粪便，也长期集中地施用到城郊农田之中，这些都会造成农田土壤的富营养化，从而影响正常的农业生产。

8.2.3　农业生产对区域环境的影响

传统的农业生产是融自然物质循环与农作物再生产为一体的协调过程，它具有低效益、持续性、农业生产中物质循环空间范围较小、易达到农用地物质平衡等特点，故传统农业一般不会造成环境污染，也少有破坏农业生态的现象发生（不包括盲目过度开垦），中国数千年的传统农耕历史就充分证明了这一点。然而以高投入、高产出为特征的现代农业已演变为一个重要的面状污染源，其对区域环境的影响主要包括：① 对区域大气环境的污染。农业生产过程中施用的过量化学农药、化肥等可以通过扩散、挥发等多种途径污染大气环境；集中连片的单一农作物能同时释放同种花粉或生物代谢物，造成区域大气环境的花粉污染，再有农作物秸秆分解或人为燃烧也能造成大气环境的污染；在温带暖温带大陆性半湿润季风气候区，一熟旱作在秋季收割之后，其干燥、裸露、松散的农田表土成为下风向区域大气颗粒物的重要来源地。② 农田表面径流和农业退水对区域水体的污染。在农业生产活动中，农用地之中的氮素和磷素等营养物及农药和其他有机或无机污染物，通过农田的地表径流、农田渗漏、农业退水等方式形成了对区域水体环境的污染，其污染类型主要包括化肥污染、农药污染、集约化养殖场污染。特别是在季风性气候区的一年两熟或三熟农耕区，在农作物收割与播种交接的时节，农业生产对水体环境的污染最为严重。例如长江中下游平原作为中国重要粮食和蔬菜主产区，由于农业面源污染，该区域内的一些淡水湖泊出现了严重的有机污染和富营养化。根据太湖水质污染调查研究的资料，区域工业污染源、农业面源污染和生活污水对太湖水质污染的贡献各占 1/3，其中农业面源污染对主要指标总氮（TN）、总磷（TP）的贡献率分别是 30% 和 59%。

8.3　工业生产对环境的影响

8.3.1　工业生产的特征

工业是从环境地球系统中取得物质资源，并对原材料进行加工或者提纯、再加工的社会物质生产部门，也是社会分工发展的产物。工业属于第二产业。工业是一个人造的、组成要素众多、纵横交错的复杂系统,在一般情况下,工业生产过程中原材料绝不可能100%被转化为产品,工业生产的众多环节都会有废弃的物质和能量排出,其排放比例与原材料、生产工艺和设备水平等密切相关,如图8-5所示。与工业系统相关联的还有自然环境系统(地貌、土壤、生物、水体和大气等)、社会系统(政治、法律、组织、安全保障等)和技术系统(厂房、动力、机器、工艺、科技开发等)。工业系统的核心是人群,人群是劳动的组织者和实施者。随着科学技术的进步和生产力水平的不断提高,工业生产已由机械化、自动化、电气化、化学化向信息化、智能化的方向快速发展。与农业生产相比较,工业生产具有以下特点:工业生产无明显的季节性和地域性,其生产过程具有可分解性、专业化和协作化的特点。

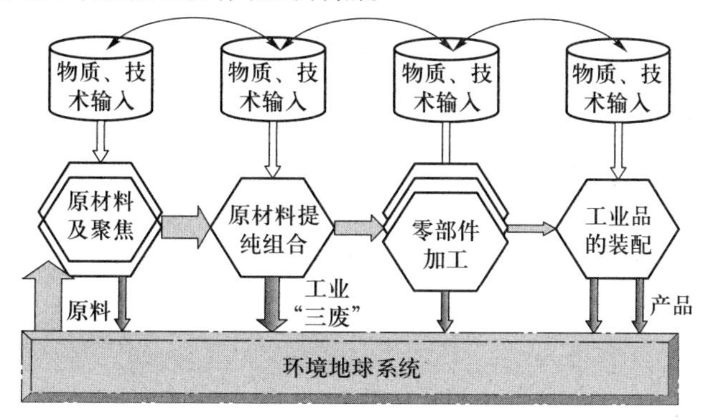

图 8-5 工业生产中物质转化流程示意图

从工业生产与环境的关系角度,可以将工业发展划分为3个阶段:①以资源消耗和环境污染为代价的传统工业。自工业化初期至20世纪中期,在工业生产过程中大量废物不加处理直接排入环境,使环境成为工业生产的“清洁工”。②倡导污染控制的现代工业。在20世纪中期工业化国家出现了一系列严重的环境污染事件,于是各国政府纷纷出台限制工业废物排放的法规——工业企业废物排放标准,建立了污染者付费的环境污染末端治理模式。③清洁生产的工业。这是当前流行全球的最新工业生产模式,它以产品生命周期理论和生态学理论组织工业生产,从改革工艺、提高资源利用率、降低物耗等入手,使工业生产—产品使用—报废的全过程均与环境相协调。

8.3.2 工业生产对环境的影响

根据工业产品的经济用途、使用原材料和工艺性质的异同,可以将工业划分为冶金、电子电器电力、燃料、化工、机械、建材、森林、食品、纺织、皮革、造纸等部门。这些众多的工业部门在原料生产、加工、燃料、加热和冷却、成品整理等过程中,都会或多或少地排出污染物,形成工业污染源。几乎所有的工业都会污染环境,只是不同的工业所产生的废弃物成分和总量不同而已。图8-6为钢铁工业生产的主要环节与物质利用率。除废物堆放场、工业区的地表径流和风力扬尘会造成大范围的面源污染外,多数工业污染物属于点状污染源,它们通过排放废气、废水、废渣、废热、噪声、振动、光照、辐射、电磁等污染其周围环境,这里我们着重介绍工业生产过程中所产生的工业“三废”及其对环境的影响。工业产生的废热、噪声、振动、光照、辐射、电磁等对环境的影响，属于物理性污染，读者可以通过查阅相关资料自学这部分内容。

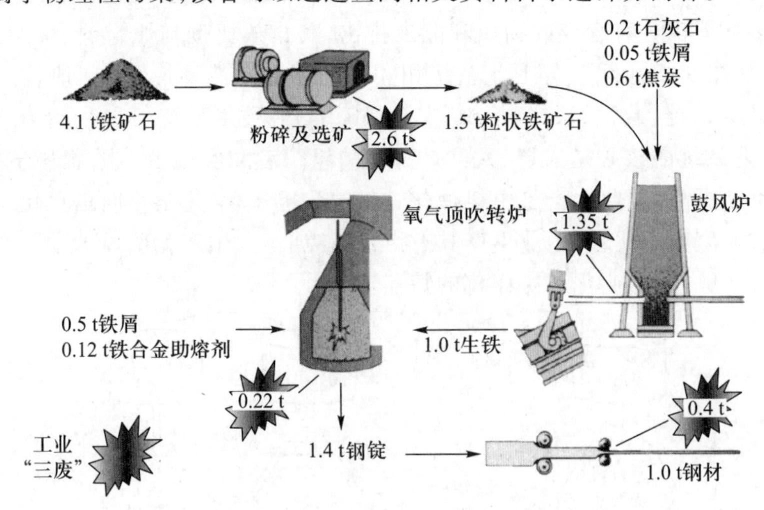

图 8-6　钢铁工业生产的主要环节与物质利用率

1. 工业废气

工业生产中的燃烧过程、加热与冷却、合成反应与分解反应、泄漏事故等均会向周围环境排放出各种废气。据估计全球工业每年排放的废气总量高达 $6\times10^8 \sim 7\times10^8$ t，全球人均每年“分担”100 kg 以上。

2. 工业废水

水在工业生产中作为原料、溶剂、洗涤剂，以及物质反应的介质和能量传递的介质，几乎所有的工业生产过程中都需要水，也就不可避免地要产生并排放废水。工业废水大致可分为两大类：第一类工业废水是指工业生产过程中直接排放的废水，如工艺过程、洗涤过程、冲洗过程和车间地面的废水，这些废水在使用过程中或多或少地与原料、设备、半成品和成品直接接触，其中一般含有大量杂质；第二类工业废水是指来自工业生产中间环节的冷却水，其在使用的过程中未与原材料和产品直接接触，故水质较为洁净，但是水体温度高，水中溶解氧含量低，这类水应尽量循环使用。这两大类工业废水直接排放到环境中，会造成区域水环境污染，危害相关生物的生长发育和人群健康。

3. 工业废渣

工业废渣是指在工业生产过程中产生的，或者生产者在一定时间和地点不再需要而丢弃的固体和泥状物质，这种固体废物实质上只是对某个生产者或某个生产环节而言是无用的废物，但在其他时间和其他地方对别的生产者而言可能就是资源，所以可以说固体废物实质上是指环境中那些在时间上错相、空间上错位的资源。

通常把工业废渣划分为两大类，即常规工业固体废物和有毒有害（危险）工业固体废物。前者一般是指工业排放量大、危害相对较小的矿渣、钢渣、铁渣、煤矸石、粉煤灰等；后者则是那些含有毒性物质如 Cd、Hg、As、Pb 等，传染性物质如病毒和害虫，易燃物，腐蚀性强的物质，易爆物和放射性物质，它们都属于有毒有害的工业固体废物。

工业废渣如果处置不当，就会通过水、大气、土壤、生物及食物链等多种途径污染环境和危害人群健康。这些危害可以归结为:① 侵占土地和污染土壤。工业废渣长期露天堆放或堆埋,侵占大面积土地,同时工业废渣中的某些化学物质与大气、水、微生物相互作用发生活化造成土壤污染(包含土壤固体污染)及农作物污染,最终危害人群健康。② 污染水体。工业废渣一般通过以下环节污染水体:一是废物经过氧化之后,可溶性组分以溶解态和难溶性组分以悬浮态随地表径流污染水体及其生物;二是废渣经过降水淋洗通过入渗或者地下径流方式进入地表水体和地下水体,如图 8-7 所示。③ 污染大气。裸露的工业废渣被风吹扬可以造成区域大气污染,增加大气环境中的总悬浮颗粒物(TSP)含量,同时废渣中某些挥发性成分在受热受压的情况下,还以气体(H_2S、CO、CH_4、NH_3 等)形式污染大气环境,有时某些工业废渣因长时期露天堆放,还会引起大火或者爆炸等次生灾害。因此,许多国家已经把工业固体废物资源化处理作为优选方法,而传统的工业固体废物填埋处理方法已被学者认为是“环境地雷”后移或者“根植环境污染之树”的不负责任做法。

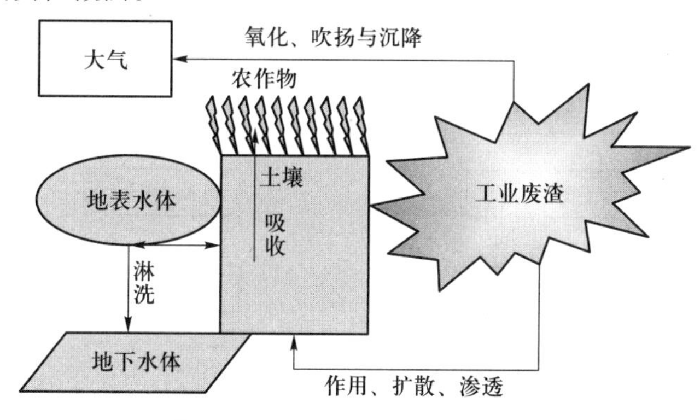

图 8-7　工业废渣污染环境的环节

8.4　采掘业生产对环境的影响

8.4.1　采掘业生产的特征

采掘业是指对固体、液体或气体等自然矿物的采掘活动,采掘业属于第二产业。采掘业的发展为许多生产部门提供了丰富的矿物原料,对国民经济发展起到了支撑作用,也是国民经济的基础性产业。采掘业主要包括煤炭采选业、石油和天然气开采业、黑色金属矿采选业、有色金属矿采选业、非金属矿采选业、其他矿采选业、木材及竹材采选业等。采掘业的生产方式、规模及其空间分布与环境特征(特别是岩石圈的矿床特征)和社会经济条件之间密切相关。

8.4.2　采掘业生产对环境的影响

采掘业生产即矿产资源开发活动对环境的扰动方式、影响强度和范围。一方面取决于矿产种类、采矿方法和采掘机械的选用，另一方面取决于矿山周围的自然环境和社会经济特征等。矿产资源开发对环境扰动形式多样，在开发的各个阶段对水体、土壤、生物、地貌等自然环境因素和农业生产均有显著的影响。著名环境学家刘培桐和王华东早在 20 世纪 70 年代进行江西省永平铜矿区环境状况调查研究和模拟试验的基础上，就揭示了永平铜矿开发对区域土壤-植物系统、地表水系统的影响，他们的研究成果成为采掘业环境影响评价的典范，如图 8-8 所示。

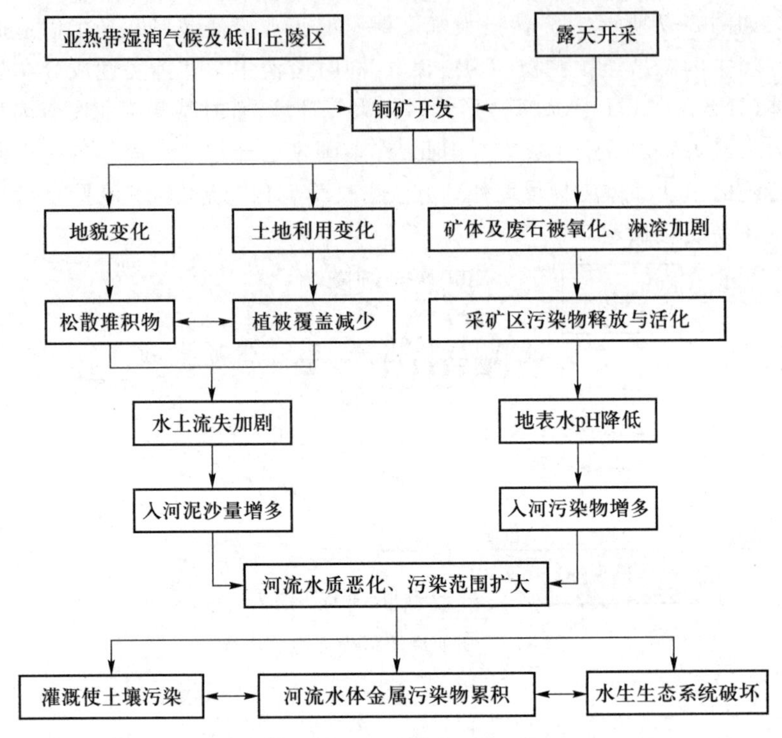

图 8-8　江西省永平铜矿区露天开采的环境影响评价模式

（资料来源：刘培桐，王华东，1986）

由图 8-8 可见，矿产资源开发活动对环境的影响是巨大的，这些影响可以归结为：① 采矿对地貌形态的影响。无论露天开采还是地下开采，采矿活动都要导致矿区周围地貌的变化。由于地貌形态是控制区域环境物质和能量再分配的重要因素，故地貌形态的改变会引起区域环境的显著变化，例如露天开采需要把矿体的上覆地层和表土进行剥离，剥离出的岩石和土体的堆放又要侵占大量土地，所以露天开采常常造成双重的土地破坏。一是矿坑区常形成季节性积水，二是松散的岩石和土体堆放场又会演变为水土流失或土壤风蚀沙化的重要源地。地下开采常常引起地层断裂和塌陷，塌陷面积通常随深度而变化，地表塌陷后一部分会常年积水而变成沼泽，塌陷较浅的常危害耕地、交通设施和建筑物的安全。② 采矿对土壤的影响。采矿对土壤的影响包括土壤侵蚀、土壤污染和土壤酸化等。在自然条件下，地表土壤侵蚀速率非常缓慢，通常与成土速率处于相对平衡状态。采矿活动会加速、扩大土体物质的移动流失，引起土壤破坏。在金属矿区采矿通常导致重金属在土壤中残留和累积。硫化物矿床的开采裸露，矿石会被氧化形成硫酸、亚硫酸及其盐类，常使周围土壤 pH 降低，改变土壤对离子态元素的吸附能力，造成营养成分的流失。土壤酸化还导致某些金属离子活动性增加，使某些重金属的毒害作用增强。

③ 采矿对区域水环境的影响。采矿对水环境的影响主要表现在对地表水和地下水的影响上，地貌形态的变化会对地表水体，如河流、湖泊、沼泽产生影响，也就会对矿区周围的水文状况产生干扰，从而间接影响矿区附近的其他地理要素。采矿过程中将矿井水排入河流，从而加大了河流的流量，增强了河流的侵蚀能力，造成河床拓宽、侵蚀基准面降低，同时也会引起水体化学成分、溶解氧、悬浮物、酸碱度的改变，造成地表水水质的变化。多数矿区排出的酸性水对天然河流、湖泊的水生生物群落都会产生较大的危害。采矿活动可能切断蓄水层，破坏地下水的自然状态及其与周围的分布联系，导致区域水位下降并形成地下漏斗。地下水位的降低常引起深层岩石的干涸，进而造成岩层或地表变形。强烈的排水采矿会导致局部水量疏干，给矿区附近供水造成困难，采矿活动中所产生的污染物还会导致蓄水层的水质恶化。煤矸石的淋溶水和坡面径流水质监测表明，Cr、As、Pb、Cd、Zn、Cu 的浓度大多超过地表水环境质量Ⅲ类标准，给地表水带来污染。④ 采矿对生物群落的影响。矿产资源开发对生态系统破坏严重。“全国矿山开发生态环境破坏与重建调查”结果表明，1994 年全国因矿山开发直接破坏的森林面积超过 $105.9\times10^4\ hm^2$，直接破坏草地面积为 $26.3\times10^4\ hm^2$。生物群落虽具有一定的稳定性，但演替是群落动态的最重要特征。采矿活动对生物群落的影响还表现在引发动植物发生逆向演替。采矿活动除干扰生物群落演替外还会直接影响生物的生存。采矿活动形成的各种污染物还可以通过大气、水、土壤进入生物体内并导致生物病变或死亡。⑤ 采矿对区域景观美学的影响。采矿活动常常改变矿区的地形、土壤、生物、水文和景观结构，使矿区附近的景观美学价值降低，表现在对地形视角、大气视角、水景、生物视角、建筑物视角的影响上，使景观的整体协调性遭受破坏。当然还会造成区域大气污染、噪声、辐射、振动等不利影响。

8.5 能源使用对环境的影响

8.5.1 能源的概念

能源是指可被人类利用并获得能量的资源，所有的能源转化与利用均服从于“能量守恒定律”，即能量既不能消失也不能创造，只能从一种形式转化为另一种形式，能量守恒定律是环境地球系统中最普遍的定律之一。能源在环境地球系统大致具有两方面的作用：一是维持人群和生物群体正常新陈代谢的生理能量，它主要依靠人群和生物食用食物和水来获得；二是维持环境地球系统运动和人类社会活动的能量，它主要包括生物能、化石能、太阳能、风能、水能、核能、地热能、潮汐能等。迄今人类所利用的能源主要有生物能（包括薪材、动物力和曾经作为燃料的动物代谢物）、化石能（主要包括煤炭、石油和天然气等）、水能（即水电站发电）、核能（包括核裂变燃料和核聚变燃料）、地热、风能、潮汐能和太阳能等。按照能源的产生与再生能力，可以将能源划分为再生能源和非再生能源两大类，前者主要包括太阳能、风能、水能、生物能、地热能、潮汐能等，后者则主要包括化石能、核能。按照能源的使用方式，则可以将能源划分为一次能源和二次能源。一次能源是指直接从自然界取得而不改变其原有形态的能源，也称为初级能源,它包括一切直接使用的可再生能源和非再生能源,如煤炭、石油、天然气和生物能等多属于初级能源;二次能源是指一次能源经过加工转换成另一种形态的能源,例如火电、煤气、汽油等,不过有时一次能源与二次能源之间并不能截然分开。

能源是人类赖以生存和社会经济发展的物质基础与重要支柱。人类的生活水平、生产活动方式,一个国家或地区的经济结构、技术水平和社会文明程度无不与能源紧密相关,能源总消费量、能源结构与使用效率和年人均能源消耗量是衡量一个国家或地区社会经济发展水平的重要标志。随着人类社会的不断发展,能源的利用种类越来越多,利用率也越来越高,同时人们对能源的需求也在不断增长,在社会经济快速发展的初级阶段,总的能源消费量和增长速度一般与国民生产总值(GNP)及其增长率成正比。例如现代工业社会年人均能源消耗量为原始社会的100 多倍,如表 8-2 所示。

表 8-2　不同社会发展阶段年人均能源消耗量　　单位:kJ · 人$^{-1}$ · d^{-1}

时间	社会发展阶段	食物	家居	工农业	交通运输	总计
10^6 年前	旧石器时代早期	8 400	—	—	—	8 400
10^5 年前	旧石器时代中期	12 600	8 400	—	—	21 000
10^4 年前	新石器时代早期	16 700	16 700	16 700	—	50 100
公元 1400 年	中世纪农业社会	25 100	50 000	29 300	4 100	108 500
公元 1900 年	工业社会早期	29 300	134 000	100 000	59 000	322 300
公元 1970 年	现代工业社会	42 000	276 000	380 000	264 000	962 000

8.5.2　能源使用及其环境影响

能源是驱动人类社会发展进步的基本原动力,人类在生产和生活过程中必然伴随着对各种能源的消耗,而单位时间和单位空间中能源的消耗量和消耗方式,不但关系到环境地球系统中自然能源总量的减少问题,更会引起对环境的污染和生态的破坏。在人类社会发展的不同阶段,由于生产力和科学技术水平的不同,人类使用能源的结构也有明显的差异,在狩猎社会和农业社会,人们使用的主要能源是生物能,进入工业社会,人们使用的能源已转变为以化石能源为主,随着生产力和科学技术的不断发展,核能和清洁再生能源(水能、风能、太阳能和潮汐能等)的使用量也在逐步增加,如图 8-9 所示。

1. 生物能使用及其环境影响

在人类认识和开采利用能源水平极为低下的数百万年中,生物能一直是人类的重要能源,古人主要以人力和动物力进行生产和生活,以植物或动物粪便作为燃料进行简单的生产和生活,如狩猎、采摘、耕地、运输、取暖、烹调等。在社会经济欠发展的农村,动物力、秸秆、薪材和畜粪仍然是生产生活的重要能源。生物能的使用会带来以下主要环境问题:① 生物能的使用扰乱了区域生态系统中的物质循环过程,具体表现为作物秸秆难以归田、畜粪作为燃料而燃烧,致使区域农田土壤中的养分得不到应有的补偿,加速了农田土壤的退化。② 生物能的过度使用特别是薪材的过度砍伐,导致区域植被覆盖度的降低、生态系统生产能力的衰竭,从而引发严重

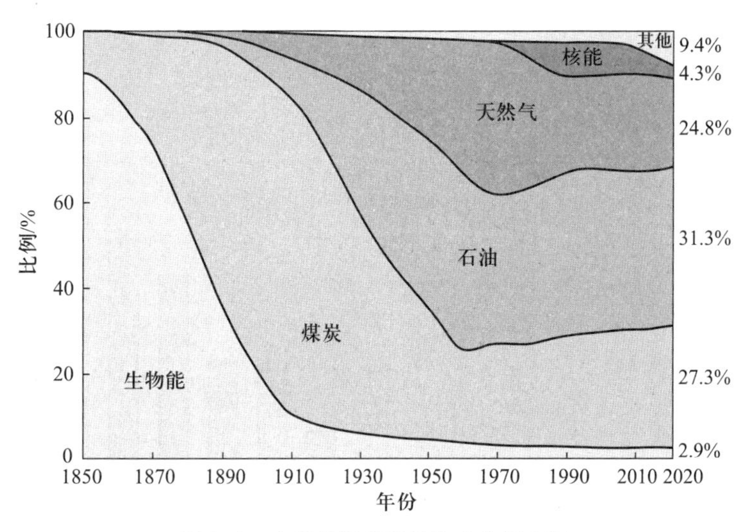

图 8-9　人类能源消费结构变化示意图

的水土流失或者土壤风蚀沙化，也就影响了区域水环境和大气环境质量。③ 生物能的集中使用常会引起严重的区域大气污染，由于生物能属于初级能源，其中含有大量水分和杂质，使得薪材和畜粪难以充分燃烧，这样在生物能被使用的过程中（简陋的燃烧炉灶中），这些水分在受热的情况下会与杂质、草木灰一起挥发、凝结形成大气颗粒物，造成严重的区域大气污染。当然，如果能够将生物能加工为二次能源（即制成沼气或通过发酵过程制成乙醇）就可以极大地缓解生物能使用对环境的影响。

2. 化石能源使用及其环境影响

化石能源包括煤炭、石油、天然气和油页岩等。其中煤炭和石油使用历史较长且对环境影响也较大。煤炭的地下开采可能造成区域地表沉陷，破坏地面设施和农业生产；煤炭的露天开采则大量占用土地和破坏区域生态系统，其环境问题更为突出。在煤炭选洗过程中还排出大量煤矸石侵占土地，煤炭的长时间露天堆放还能引起自燃，污染大气环境；煤炭生产还会产生大量煤尘，严重危害职工健康并造成燃料浪费，同时煤矿废水会污染水体危害水生物，并可能影响地下水质，尤其是某些高硫矿区，废水呈酸性，影响更为突出。煤炭在使用过程中因煤炭品种、使用方式和技术的不同，对环境影响差异巨大，原煤在直接燃烧的过程中一般会释放出大量的颗粒物、SO_2、CO 等大气污染物，这些污染物在静风、低温和高湿度的条件下会形成严重的烟雾型大气污染。

石油和天然气的开采也会导致小范围的环境污染，而石油长距离海运还会引起局部海域水环境的污染。石油、天然气及石油加工产品在使用的过程中，会释放出大量的氮氧化物、烃类、CO 和 SO_2等，这些污染物在静风、高温、低湿度和强光照的条件下，会发生光化学反应形成严重的光化学烟雾型大气污染。同时由于在石油加工过程中，向汽油中添加了四乙基铅作为稳定剂和抗爆剂，所以制成了含铅汽油，而含铅汽油的使用及排放的氧化铅微粒已对全球生态系统造成了明显的影响，并且已经危害到人群的健康。全球因使用含铅汽油导致的铅排放量如图 8-10 所示。为此世界各国从 20 世纪 80 年代开始禁止含铅汽油的生产、销售和使用。

化石能源的大量开采和使用使得岩石圈中大量的碳、硫被氧化进入大气圈，其影响为：

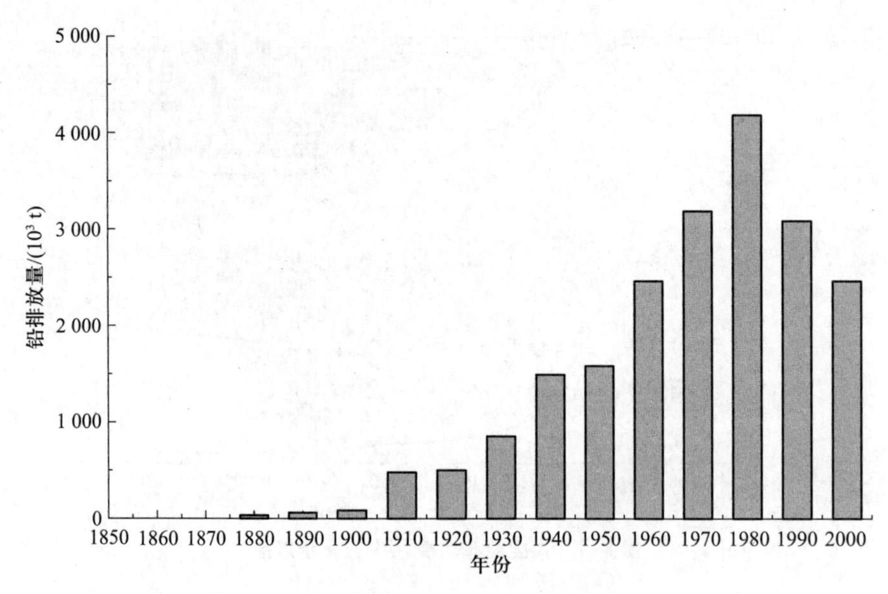

图 8-10　全球因使用含铅汽油导致的铅排放量变化图

① 加速了大气圈中 O_2的消耗速率。② 增加大气圈中的 CO_2浓度，引起了日益严重的"温室效应"，导致全球环境变化的加剧。③ 向大气圈中排放了大量的 SO_2和 NO_2等，导致酸雨在东南亚、北美和西北欧的蔓延，危害区域生态系统和生态环境质量。

3. 核能开发、使用及其环境影响

核能即原子能，它是原子结构发生变化而释放的能量，可用作能源的核反应，目前主要有重元素原子核（^{235}U、^{233}U、^{239}Pu、^{232}Th）的裂变反应和轻元素（氘、氚）原子核的聚变反应两大类。对于核裂变而言，其核燃料是铀、钚等元素，钍本身并非核燃料，但经过核反应可以转化为核燃料。核裂变是 1942 年首次点火实现的，1954 年苏联建成了世界上第一座核电站。核聚变的燃料来自全球海洋中丰富的氘、氚等物质，这些氢的同位素在一定条件下可以聚合成氦（He），同时放出能量。国际学术界正在开展可控核聚变的研究，但至今尚未实现，估计在不久的将来可控核聚变会成为人类可利用的重要能源。通常把核燃料和能够转化为核燃料的物质总称为核能资源，核能具有以下特点：① 核能虽然建设投资较大，但发电运行成本低廉，其经济效益明显。② 核能发电站建设和运行要求的技术水平高、操作管理严格。③ 核能发电站对环境的影响较燃煤、燃油电站小，故核能是一种清洁、高效的能源。④ 考虑到全球化石能源枯竭及其综合利用价值，核能必将成为未来世界重要的能源。例如 20 世纪中期核能发电站建成并投入使用以来，世界各国纷纷开展核能开发技术研究，使得核能在全球能源结构中的比例持续增加。

在核能开发利用过程中，由于技术和管理不善造成的环境核污染也时有发生。环境核污染是指由于各种原因产生核泄漏甚至爆炸而引起的放射性核素扩散，其危害范围大，对周围生物破坏极为严重，持续时期长，事后处理危险、复杂。如 2011 年日本福岛核电站发生核泄漏事故，大量放射性物质进入环境中，造成了严重的核污染，同时对全球核电发展产生不利影响。

综上所述，人类在开发利用能源的过程中引起的环境和生态问题是复杂而多样的，必须采取积极措施来减轻和控制这些不利影响。中国作为世界上的煤炭生产和消费大国，在煤炭生产和消耗过程中已经付出了巨大的环境代价，例如中国未精洗煤占煤炭燃烧总数的 80%，其单位煤炭消费排放的 SO_2和烟尘量较高，今后要根据不同煤炭的精洗比例、含硫量和粉尘量，从销售渠道征收污染环境税来作为地方税种，使地方政府在控制煤炭消费和减缓环境污染、抑制低效煤炭使用方面具有激励机制，对未洗或未精洗的煤代征环境污染税，用以提高煤炭的精洗比例，严禁未精洗煤出口而给其他国家造成新的污染。

8.6 大型跨流域调水工程对环境的影响

8.6.1 世界大型跨流域调水工程简介

环境地球系统中供人类开发利用的淡水资源总量是有限的，且淡水资源的分布又具有巨大的时空差异性，人工兴修大型水库是缓解流域内水资源时间分布不均的有效工程手段，人工修建跨流域调水工程则是缓解水资源空间分布不均、解决水资源短缺与区域经济发展矛盾的有效措施。近百年来世界许多国家都实施了大型跨流域调水工程，美国著名跨流域调水工程有中央河谷工程、加利福尼亚州北水南调工程、向洛杉矶供水的科罗拉多河水道工程、科罗拉多-大汤普森工程、向纽约供水的特拉华调水工程，以及中央亚利桑那调水工程等，年调水总量达 $200\times10^8\ m^3$以上。巴基斯坦的西水东调工程，即印度河干流、杰卢姆河、奇纳布河调水工程，工程于 1960 年开工到 1977 年才基本建成，其包括 2 座大坝、6 座大型拦河闸、1 座倒虹吸、8 条调水连接渠道，它们沟通了东西 6 条大河。澳大利亚于 1947—1972 年建成了著名的雪山水利工程体系，它包括 16 座大坝、80 km 的引水渠、145 km 的山间引水隧道和 7 座水电站。苏联已建成的大型调水工程达 15 处之多，年调水总量达 $480\times10^8\ m^3$以上，调水主要用于农田灌溉、城市供水和水运交通等。秘鲁马赫斯-西瓜斯调水工程，将安第斯山区丰富的冰雪融水和降水引至太平洋沿岸的平原区以发展绿洲农业，并利用巨大的落差实施梯级发电，该引水工程是迄今为止世界上已建成的海拔最高的调水工程，开创了在高山地区兴建大型调水工程之先河。中国在总结国际调水经验与教训，并充分开展跨流域调水工程建设生态环境影响评价的基础上，于 2002 年开始实施南水北调工程，该工程包括长江下、中、上游的东线、中线和西线三条调水线路，规划年调水总量为 $440\times10^8\sim450\times10^8\ m^3$，调水干线总长度为 4 046 km。三条调水线路可将长江、黄河、淮河和海河四大江河连接起来，形成“四横三纵”的河道与引水水道网络，特别是东线和中线在调控东亚季风气候区水资源时间-空间分布方面将发挥巨大的作用。

8.6.2 大型跨流域调水工程的生态环境影响评价

跨流域调水工程的生态环境影响评价要按调出区、调水沿线区和调入区分别进行，采用单因子评价和综合评价方法。其中单因子评价的目标在于揭示调水工程项目每个单因子对生态环境的影响，并对不利影响提出对策措施：如计算投资、效益分析及研究生态环境改变是否有利,能否被接受;综合评价的目的在于提出工程方案对生态环境影响的总定量指标,以便比较筛选方案及评价方案的优劣。综合评价的方法有清单法、矩阵法、网络法、指数法、模拟模型法和系统分析法等。

清单法是生态环境影响评价中最常用的方法之一,清单包括可能受到影响的生态环境因素表,在表的编排中要突出对生态环境因素的影响与受影响人群之间的联系,并根据各项影响在各社会团体之间的不均匀分布而对其进行考虑。如美国国际开发署创建的询问式清单法,使清单成为一连串有联系的因素集,即在描述了单一生态环境因素影响的同时,又描述由此因素的变化而引起的次生影响,如表 8-3 所示。印度学者在水利工程的生态环境影响评价中,创建了权重清单法,即对生态环境因素设立相应的权重(parameter importance unit,PIU),如图8-11 所示。清单法在应用中简单而直观,且不会遗漏实际可能的环境问题,通常在生态环境影响评价初期使用。

表 8-3　调水工程生态环境影响评价的清单表

调出区/调入区/沿线区	生态环境影响									
	无影响	正影响	负影响	有利的	不利的	有问题	短期的	长期的	可预见	不可预见
1	2	3	4	5	6	7	8	9	10	11
野生生物			χ			χ	χ			χ
濒危种群	χ									
自然植被			χ			χ			χ	
外来植物	χ									
坡度			χ			χ		χ		χ
土壤特性			χ			χ			χ	
自然排水	χ									
地下水		χ		χ				χ		
噪声			χ				χ			
地表硬化						χ				
娱乐		χ						χ		χ
大气质量			χ				χ			χ
视觉破坏	χ									
开阔场地			χ		χ			χ		χ
人群安健			χ		χ			χ	χ	
经济价值		χ		χ				χ		

续表

调出区/调入区/沿线区	生态环境影响									
	无影响	正影响	负影响	有利的	不利的	有问题	短期的	长期的	可预见	不可预见
1	2	3	4	5	6	7	8	9	10	11
公共设施		χ				χ	χ	χ		
公共服务		χ		χ				χ		
协调性		χ		χ				χ		

评分法是水利工程生态环境影响评价中常用的方法之一，它包括概率评分法和权重评分法。

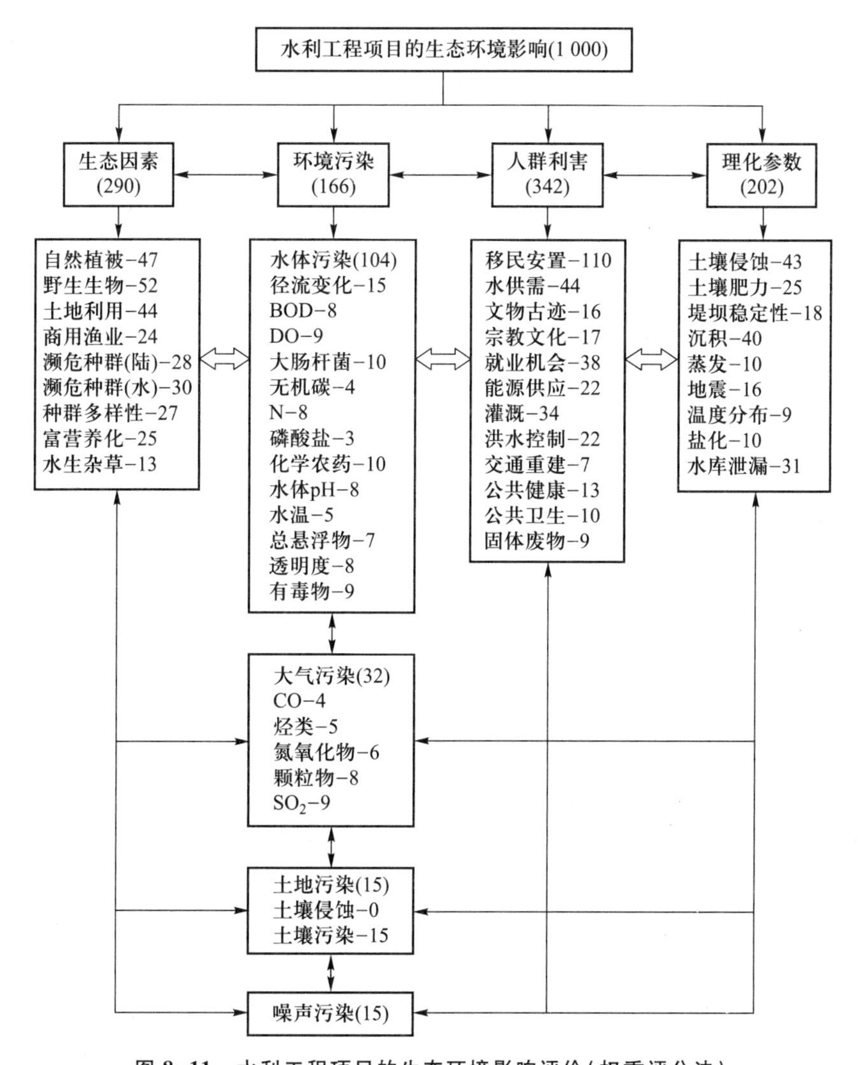

图 8-11　水利工程项目的生态环境影响评价(权重评分法)

概率评分法是英国学者提出的,该方法将受影响的生态环境因素划归为 3 类:有利因素、不利因素、相互矛盾的因素,然后按 100 分制对每项因子的影响程度进行估计,再确定各项因子可能出现的概率。评分指标 Y 按下式计算:

$$Y = \sum E_i G_i \qquad (i = 1, 2, 3, \cdots, n) \tag{8-1}$$

式中:E 为影响度,通常将影响度分成 5 级,影响极大 $E=100$、影响较大 $E=80$、影响一般 $E=60$、影响较小 $E=40$、影响极小 $E=0$,有利与不利影响分别用“+”“-”号表示;G 为可能出现的概率值,即肯定发生 $G=100\%$、很可能发生 $G=80\%$、可能发生 $G=60\%$、可能性较小 $G=40\%$、可能性极小 $G=20\%$、不可能发生 $G=0\%$。各项环境因子的评分和概率主要依靠专家经验来评定,例如,中国学者在九龙滩水电站的生态环境影响评价中就采用了概率评分法。

权重评分法考虑影响因子对生态环境总体影响的大小,即该因子在工程对生态环境影响系统中的地位和作用,其计算公式为:

$$Y = \sum E_i D_i \qquad (i = 1, 2, 3, \cdots, n) \tag{8-2}$$

式中:E 为影响度,可按 100 分制也可按 5 分制评分,无影响为 0,有利与不利影响分别用“+”“-”号表示,共分 11 级;D 为权值,其数值由熟悉工程建设、实践经验丰富的生态环境影响评价专家集体确定。中国嘉陵江水电工程项目的生态环境影响评价就采用了权重评分法。

模拟模型法是指对生态环境系统中各要素之间相互影响的定量或定性描述,在确立调水工程的规模和时空范围之后,借鉴以往类似工程项目生态环境影响的经验,用来建立该调水工程生态环境影响评价的模拟模型。其建模的基本步骤为:① 建立需要识别的生态环境系统变量,并按其共性编排出相关社会经济子系统和生态环境子系统。② 建立各变量相互影响的网络流程图,将各变量变化的因果关系明确地表示出来。③ 鉴别影响生态环境的指示物,其状况的任何变化都是重要的,这些指示物状态的说明能为决策人员和公众提供必要信息,用来判断调水工程实施的价值和必要性。如泰国的南蓬子水坝-水库工程的生态环境影响评价就采用了此方法,建立了相应的南蓬子模型及其指示物,并在联合国亚太经济社会委员会湄公河秘书处指导下,引入了“自适应环境评价与管理”方法,其目的是对水坝-水库实际效应结果和将来可能出现的影响提出一项综合评价。

系统分析法在生态环境影响评价的应用,就是通过模型化、最优化来协调生态环境系统中各要素之间的相互影响。在大型调水工程的生态环境影响评价中,重要的是建立生态环境影响系统模型及系统的最优化模型。依据系统工程理论,调水工程生态环境影响总效益 R 可表达为:

$$R = \sum R_t(S_t, d_t) \qquad (t = 1, 2, 3, \cdots, n) \tag{8-3}$$

式中:$R_t(S_t, d_t)$ 为工程建成后 t 时刻的生态环境效益;S_t 为 t 时刻的生态环境状态(当 $t=0$ 时,为工程实施之前的生态环境状态);d_t 为 t 时刻的计划调水量;R 为总生态环境效益(即目标函数)。上述系统方程的约束条件为:

$$d_t \leqslant D \qquad (t = 1, 2, 3, \cdots, n)$$

上式物理意义是调水工程在任何时段调水量不得超过工程安全调水量 D。

最优生态环境效益的系统模型:调水工程在运行的第 T 年中的 t 时段,向调入区引水水量 d_t 个单位,提供给 N 个用户,每个用户得到的水量分别为 $X_1, X_2, X_3, \cdots, X_k$,每个用户使用单位水量所获得的效益分别为 $R_1, R_2, R_3, \cdots, R_k$,那么该调水工程第 T 年 t 时段的效益方程应为:

$$R_t = R_1X_1 + R_2X_2 + R_3X_3 + \cdots + R_kX_k = \sum R_iX_i \quad (8-4)$$

其约束条件为 $X_1+X_2+X_3+\cdots+X_k \leqslant d_t$，且 $0 \leqslant X_i \leqslant d_t$。

当工程运行在 t 时，决策引水量 d_t 分配给 N 个用户的最佳效益系统方程为：

$$RNd_t = \max(R_1X_1 + R_2X_2 + R_3X_3 + \cdots + R_kX_k) \quad (8-5)$$

由于各个生态环境要素和效益函数 R_t，不仅因调水工程规模、水质及其所处地域，以及工程可引水量和时空分布的不同而千差万别，它们自身还包含各种反馈、自我调节和自组织过程，因此从理论上确定效益函数 R_t 十分困难。国际相关研究表明，就某个确定地域的具体工程而言，由于工程的服务目标具体、明确，具有主次之分，这就为建立效益函数提供了简化的依据。

国际相关研究表明，跨流域调水工程对生态环境的主要影响是易于描述而难以评价的，这是因为调水工程对生态环境的影响有以下特征：① 除了施工期间对生态环境产生各种污染之外，建成后一般不造成生态环境污染，但水资源利用模式的改变会引起生态环境变化则是主要问题，如调水工程会引起调出区、沿线区、调入区的物理、化学、生态环境和社会经济的变化等。② 调水工程的生态环境影响在时空上有延续与累积的特点。③ 调水工程对生态环境的影响一般利大于弊，但某些不利影响却是无法弥补的，对生态环境破坏和造成的损失往往是不可逆转和无法估量的。综上所述，国际调水及其他水利工程生态环境影响评价的步骤可以归结为：

(1) 影响的识别(identification of impacts)

(2) 生态环境背景资料的收集(conduction of baseline system)

(3) 影响的预测、解释与评价(impact prediction, interpretation or evaluation)

(4) 监测设备的鉴定(identification of monitoring requirements)

(5) 缓解措施的鉴定(identification of mitigating measures)

(6) 决策者的协调(communication and impact of information to decision makers)

在进行调水工程生态环境影响评价时，首先在了解区域生态环境现状的基础上，识别需要进行详尽调查的可能影响，因为特殊的工程项目在不同生态环境中其影响不同，应考虑工程对环境的物理要素、化学要素、生态要素和社会经济要素的影响，这些影响通常被分解为 3 个层次：第一是与工程相伴的直接影响(the immediate and simultaneous effects)，如调水工程使得调出水所在流域河川径流量的减少，这种影响在工程施工后随即表现出来；第二是延时性(继发性)影响(the delayed consequence)，调入区与调出区土壤-植物系统及水生生态系统的变化等；第三是长延时与累积性(继发或诱发性)的影响(the further delayed and accumulative effects)，调水工程体系中的水库淤积和水库渠道体系中水生生物种群的变化等。后两种影响在工程建成后的运行期间逐渐表现出来。为此国际调水工程生态环境影响评价过程中常采用列表法，如表 8-4 和表 8-5 所示。

表 8-4　水利工程项目对生态环境可能的积极影响参考列表

时段	社会经济的影响	自然要素的影响	生物要素的影响
建设期间	减轻贫困 基础设施建设 通信条件的改善 劳动就业		补偿性的造林

续表

时段	社会经济的影响	自然要素的影响	生物要素的影响
运行期间	谷物、纤维产量的增加 发电 洪灾缓解 生活与工业用水供应 航运 经济活动多样性增加 健康卫生的改善 娱乐与旅游活动	水资源保护 气候变化的缓解 河川径流的调控 水质的改善 下游河段淤积减缓 地下水位的提高 汇水区条件改善 控制区域的发展	水环境改善和种群增加 候鸟数量的增加 植物多样性的增加

表 8-5　水利工程项目对生态环境可能的消极影响参考列表

时段	社会经济的影响	自然要素的影响	生物要素的影响
建设期间	建设区人口的迁入 历史文化遗迹丢失 建设区域移民的安置	建设区土壤侵蚀的强化 河流及沉积模式的畸变 道路修建所形成的沟壑	工作者的健康受害 动植物遭受破坏 固体废物使水质变差
运行期间	淹没区移民的安置 淹没区经济来源的丧失 公共健康状况的恶化 人口增加 旅游娱乐者疾病的影响	下游区地下水位的下降 河流集水区域的变化 水质及沉积量的变化 调出区湿地沼泽的减少 对海岸带的影响 洪泛区和水库的淤积	(野生)生物生境丧失 自然遗迹、自然保护区丧失 水体中水生杂草的蔓延 因富营养化导致鱼类死亡 化肥和农药的过量使用 疾病的传播

生态环境影响预测的目的就是验明生态环境变化和估计影响发生的概率。影响预测一般由定性开始,到简单定量再到多因素的模型精确定量。常采用的方法有数学模型计算,如预测调出区和调入区水量平衡等,在调查分析的基础上借鉴已有的经验进行预测,如调查调水线路沿途动植物种群组成及分布特征,以预测调水对它们的影响,并用同样方法预测对历史文化遗迹的影响;分析调出流域与调入流域水文变化,预测其对各相关流域下游的洪涝、河道淤积与侵蚀、土壤沼泽化或盐化的影响,以及生境改变后对生物群落的影响。由于生态环境的复杂多样性,难以运用模型定量预测,所以在实际研究中也常常采用与现有工程进行类比或对比的方法,即用已经建成的相似工程进行比较,即被选择的已建成的相似工程应与待评价的工程不仅在工程规模、特点上相似,更要在生态环境方面基本相似。

8.7 人类社会与环境的协调发展

8.7.1 人类社会发展与环境的关系

人类的生存与发展离不开基本的物质资源和生存空间,即人类离不开生存环境,而人类又并不像动物那样单纯地适应环境,人类社会与环境相互依存、相互制约、共同发展,形成了极为密切的关系。人类是在环境中产生和发展的,而人类的产生和发展又给环境以巨大的反馈作用。环境既是人类发生和发展的物质基础,又是人类活动的制约因素;人类既是环境长期发展演化的产物,又是环境的塑造者。它们之间的关系是复杂的,但服从对立统一的基本规律,即人类与环境这对矛盾既是相互对立的,又是相互作用、相互依存、相互制约和相互转化的。

人类与环境在相互作用的过程中共同前进,人类社会是不断发展的,环境也是不断变化的,它们均不会永远停留在一个水平上。人类出现以后,通过生产和消费活动,从自然环境中获取生存资源,然后又将经过改造和使用的自然物和各种废物归还给自然环境,从而参与了环境地球系统中的物质循环和能量流动,并使环境地球系统发生变化。人类在利用和改造环境的过程中,环境地球仍以其固有的规律运动着,并不会因为人类活动的影响而停止运动。因此,常常产生的环境问题,促使人类认识到其对干预环境产生的较近和较远的不良影响,正确地认识自然规律,并利用自然规律更好地改造环境;同时被人类改造过的环境又作用于人类,迫使人类再次提高认识以发现新的自然规律。正是在这样循环往复的过程中,人类与环境共同得到发展,从环境问题到环境保护,再到环境和谐,就是人类与环境相互作用不断发展的结果。

8.7.2 循环经济与清洁生产

1. 循环经济

马克思(1818—1883)运用李比希归还学说,分析了资本主义农业停滞现象,即大土地所有制使农业人口不断减少至最低限度,而在他们的对面,则造成大城人口的不断膨胀。马克思运用物质变换描述人类利用自然的不循环性、不可持续性现象,并提出必须弥补“物质变换裂缝”,即有效地消除物质循环过程中的污染物,化废物为原料,使其重新进入再生产过程。其核心思想是强调对废物进行分解和再利用。地球犹如一个巨大的飞船,只有实现对地球资源的循环利用,建立循环经济模式,地球才能得以长存。

循环经济要求运用生态学规律而不是机械论规律来指导人类社会的经济活动。循环经济与传统经济相比的不同之处在于:传统经济是一种由“资源—产品—污染排放”单向流动的线性经济,其特征是高开采、低利用、高排放。在这种经济中,人们高强度地把地球上的物质和能源提取出来,然后又把污染物和废物大量地排放到水系、空气和土壤中,对资源的利用是粗放的和一次性的,通过把资源持续不断地变成废物来实现经济的数量型增长。与之不同的是,循环经济倡导的是一种与环境和谐的经济发展模式。它要求把经济活动组织成一个“资源—产品—再生资源”的反馈式流程，其特征是低开采、高利用、低排放，所有的物质和能源都要在这个不断进行的经济循环中得到合理和持久的利用，从而使经济活动对自然环境的影响降低到尽可能小的程度。循环经济是一种以资源高效利用和循环利用为核心，以“3R”为原则[即减量化(reduce)、再使用(reuse)、再循环(recycle)]，以低消耗、低排放、高效率为基本特征，以生态产业链为发展载体，以清洁生产为重要手段，从而实现“最优化的生产、最适度的消费、最少量的废弃”，最终目的是促进经济、社会可持续发展的经济模式。

实施循环经济不仅要注意成本和资金要素，还要注意物质循环及其在时间-空间配置上的科学性、合理性、公平性和持续性。在人们的生产与消费过程中，物质的有效利用和循环使用不能脱离时间和空间要素，没有时间和空间的循环过程是难以想象的。由此可见，实施循环经济是以“3R”为基本原则，是在一定条件下，将时间、空间、物质、能量、资金、技术“6 要素”有效整合在一起的经济系统，如图 8-12 所示。

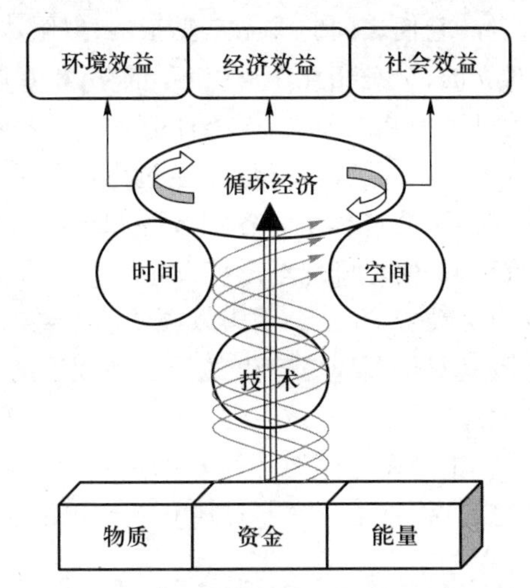

图 8-12　基于“3R”与“6 要素”集成的循环经济实施模式

（资料来源：据殷瑞钰，2006 年资料改编）

循环经济推崇的主要理念是：① 循环经济是由人群、自然资源、科学技术、文化等要素集成的复杂巨系统，它要求人们在生产—消费的全过程中，始终将自己作为这个系统的一部分，来研究符合环境地学和生态学规律的经济原则。要从环境地球系统与社会经济系统协调的角度出发，对原材料—产品—使用—报废的全过程采取战略性、综合性、预防性的措施，降低经济活动对生态系统的过度使用和对区域环境系统的过度扰动，使人类经济社会的物质循环与地球表层生物小循环和地质大循环更好地融合起来，实现区域物质流、能量流、资金流的系统优化配置。② 用环境地学、生态学和经济学规律来指导生产与消费活动，经济活动要在区域环境系统可承受范围内进行，超过资源承载能力的循环是恶性循环，会造成生态系统的退化，只有在资源承载能力之内的良性循环才能使生态系统平衡地发展。③ 自然资源的使用价值与生态系统的服务功能同等重要，必须统筹自然资源开发利用与维持生态系统良性循环的关系，确保人类与环境地球系统的和谐相处。④ 倡导明天与今天、他人与自己同等重要的公平理念，运用清洁生产技术和培养文明消费习惯,用生态链条把工业与农业、生产与消费、城区与郊区、上游与下游、行业与行业有机地结合起来,实现可持续生产和消费,逐步建成循环型和谐社会。⑤ 提倡绿色消费,也就是物质的适度消费,树立一种与自然生态系统相平衡的、节约型的低消耗物质资料、产品、劳务和注重保健、环保的消费模式,尽快构建资源节约型社会。

2. 清洁生产

清洁生产是20世纪末期发展起来的新型生产方式,它采用生产全过程削减废物,达到资源优化利用,实现节能降耗减污的目的。农业清洁生产和工业清洁生产是实现可持续发展的重要途径。在中国数千年的农耕历史中,农业生产长期推行的是“低投入、低污染、低产量、低效益”的传统农耕方式。随着社会经济的发展,农业生产已经开始转向“高物耗、高能耗、高污染、高产出”的粗放式耕作方式。这种粗放的农业生产成为破坏生态系统平衡、污染生存环境、制约农村社会经济发展的重要限制因素。今后发展清洁农业生产将是中国农村脱贫致富的重要途径。根据赵英民2006年的调查研究,在中国实现农业清洁生产要依托农业科技示范园区和生态经济村,坚持“整体、协调、循环、再生”的原则,积极构建生态农业循环体系,逐步实现农业产业结构的合理化、生产技术的生态化、生产过程的清洁化、生产产品的绿色化、生产规模的最优化,其中特别是以沼气工程为纽带,将农业生产和农民生活中排放的有机废物进行资源化处理,即推行草、畜、沼、果、水、路“六位一体”的生态种植养殖业,推广“猪—沼—果”“草—牛—沼”“上果下禽”“稻—猪—沼”“猪—沼—菜”“稻—渔—菜”“上农下渔”“桑基鱼塘”“蔗基鱼塘”等生态农业模式,以达到发展清洁能源、减少废物、改善农村生活环境质量、延长农业生态产业链、促进农村经济发展的“多赢”机制。卞有生等于1982年在北京市大兴区留民营村建立了农林牧复合生态系统,因地制宜地通过食物链加工环和产品加工环来提高物质循环、能量转化效率,以期实现增值增收,并逐步形成物质和能量多层次循环利用的主体网络结构,如图8-13所示。留民营村生态农业模式曾经于1987年被联合国环境规划署评为“世界生态农业新村”500佳之一。

近些年来在一些社会经济较为发达的地区,已经建立了将农业与林业有机集成的土地利用技术体系即混农林业(agro-forestry),从而形成了适应性强、效益好、持续性强的土地利用系统。混农林业的措施主要有建设巷式耕作-林业生产、边缘林网缓冲带、林化牧业等。从环境地学角度来看,混农林业的功能包括:增加地表植被终年覆盖率、减少土壤侵蚀、增进地表水分下渗、改善水质、缓和小气候、加速养分循环、为野生生物提供栖息地;从社会发展角度来看,混农林业的功能包括:增加劳动就业机会、美化环境景观、满足多样化的需求(如提供谷物、水果、牧业产品,改善农业生产条件、发展旅游观光农业)等;从经济效益角度来看,混农林业的功能包括:降低化肥农药施用量、减少水分和能量输入、减少劳动输入,同时也全面增加农化林业的产出。由此可见,混农林业生产模式是农业生产清洁化的重要方式。

根据殷瑞钰2006年的研究成果,工业中特别是流程制造业(包括冶金、化工、建材、石化、造纸、食品加工、纺织业等)生产过程的特点是:输入源头是大宗的自然资源(矿产资源、生物产品、水、空气等),这些资源或能源通过功能不同的工序串联作业、协同(集成)运行,生产出了产品和副产品用作生产资料或生活资料,这当中也产生了大量的废水、废气和废渣,如图8-14所示。因此,减少流程制造业生产过程中的资源消耗和废物排放,已经成为工业清洁生产的重要目标,随着清洁生产理念的确立、科学技术的进步和生产工艺的更新,这些都使得流程制造业具

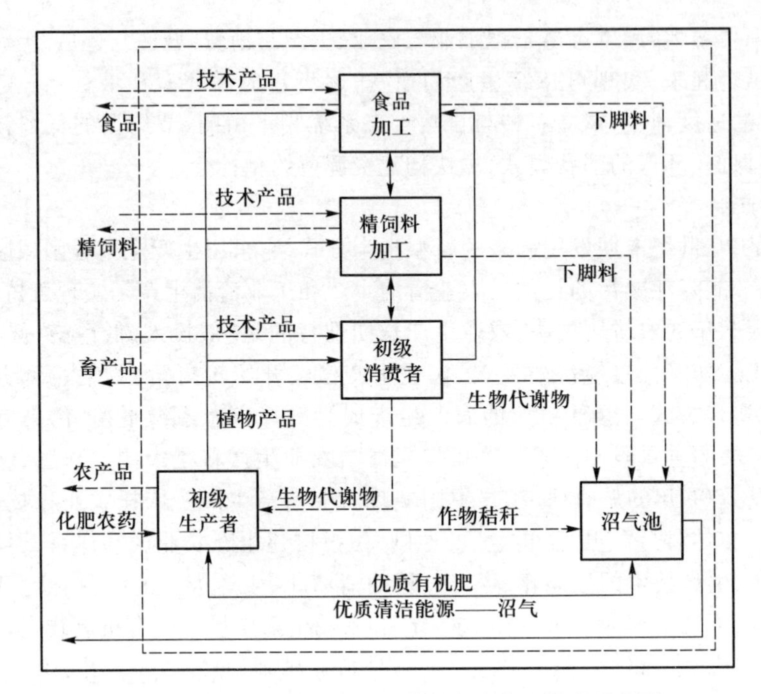

图 8-13　北京市大兴区留民营村生态农业模式示意图

有“3R”的巨大潜力，不同流程制造业之间有时存在着互为依存的产业生态链，也具有消纳和处理社会大宗废物的机会或潜力。在中国推进新兴工业化的进程中，流程制造业既是支柱产业、基础产业，同时也应是实施工业清洁生产的优先切入点。

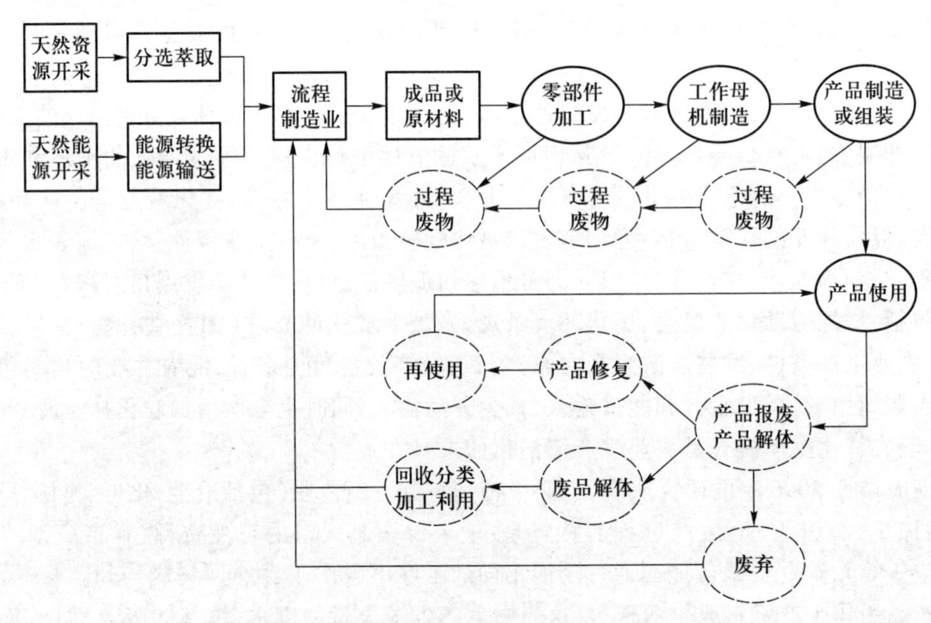

图 8-14　钢铁工业的生态工业链和清洁生产模式

（资料来源：据殷瑞钰，2006 年资料）

8.7.3 人类社会的可持续发展

"可持续发展"这个概念已于20世纪90年代被学术界、科技界和决策界普遍接受。1987年世界环境与发展委员会在《我们共同的未来》的报告中对可持续发展给予了完整的定义:"既满足当代需要,又不损害后代满足其未来需要之能力的发展。"其中包含了三重含义:① 满足需要,尤其是世界上贫困人口的基本需要,这在很大程度上取决于现实全面发展,对于发展中国家来说,持续发展首先要求实现长期稳定的经济增长并改善经济增长的质量;② 限制性,环境中不可更新资源的数量、可更新资源的再生能力和自然环境的容量均是有限的,而人类的社会组织和生产技术水平会延缓或加速这种限制;③ 平等性,可持续发展在很大程度上是资源分配问题,要求在各代人之间(inter-generation)和同代人之间(intra-generation)实现社会公平。国际学术界和决策界也认为可持续发展包含持续生态、持续经济、持续社会3个方面:其中持续生态或生态环境可持续性是指维持健康的自然过程,保护生态系统的正常生产力和服务功能,维护自然资源的基础;持续经济或经济可持续性是指保证稳定的增长,尤其是迅速地提高发展中国家的人均收入,同时用经济手段管理资源和环境;持续社会或社会可持续性是指长期稳定地满足人类社会的基本需要,保证资源和收入的公平分配。持续发展是人类在对全球人口、资源、环境和发展问题有了新的警觉和思考之后做出的全新选择。

在可持续发展所包含的3个方面中,生态环境的持续是基础,经济的持续是重要的保证条件,社会的持续是发展的目的。可持续发展的含义大致包括:① 持续发展实质上鼓励经济增长,它不仅重视增长数量,还要求改善增长方式和增长质量,以提高经济效益、节约能源、减少"三废"排放,改变传统的生产和消费模式,实施清洁生产和文明消费。② 持续发展要以保护自然环境为基础,做到发展与资源环境的承载力相协调,发展的同时必须保护环境即控制环境污染、改善环境质量、保护生命支持系统、保护生物多样性、保护地球生态的完整性、保证以持续的方式使用可再生资源,使人类的发展限度保持在环境地球的承载力之内。③ 持续发展要以改善和提高人类的生活质量为目的,要与社会进步相适应。

人类社会发展与环境的关系是对立统一的,在环境地球中适宜人类生存和发展的资源和空间均是有限的,而且在任何物质生产即(发展)过程中人们不可能不消耗环境中有限的资源,也不可能将原材料100%地转化成产品,这必然会排放出各种污染物,绝大部分产品被人们使用之后会被废弃而成为污染物。所以发展肯定要使环境中有限的资源减少,也肯定要向环境排放污染物,那么持续发展怎么样才能做到呢?我们试从自然环境的特征和人类社会发展的特征两方面分析在理论上实现持续发展的基本途径。

第一,环境具有自净能力和再生产能力。人们在生产和生活过程中要与环境之间的物质循环保持平衡,即排入环境污染物的数量和速度不要超过环境容量和自净能力;人类从环境中获取可再生资源的数量和速度不要超过环境的再生产能力。

第二,进行环境质量评价和环境影响评价。在制定区域发展规划的同时,把经济、环境、社会效益统一起来,使区域社会的发展与区域环境协调起来。

第三,提高科技水平。科学技术是人类开发、利用和改造自然的物质手段、精神手段和信息手段的总和。科学技术的进步增强了人的创造力,产生了开发和利用自然界的新方法,开辟了改造自然和创造巨大物质财富的可能性。这是因为:首先,人类应用科学技术可以促进环境质量的改善,创造人工环境以满足人类生存和发展的需要,科学技术的发展使人类扩大和加深了对资源的利用途径和程度,同时也会发现和开采许多新的资源以缓解资源短缺的矛盾。其次,人类活动所引起的不良后果即环境污染和生态破坏,要依靠科学技术进步加以消除和修复,这是保护环境的最重要途径之一。人类主要通过3个方式来实现科技的这一功能:一是减少环境中的污染物,现代科学技术基本上具备了减少人类生产过程和生活消费过程排放到环境中污染物的技术,如大气污染控制技术、水污染控制技术、固体废物处理技术等;二是改造工艺流程,采用少污染的工艺,通过提高生产工艺水平,对污染严重的产业部门,如钢铁、石油化工、能源、造纸等产业进行以节约资源为中心的技术革新和技术改造,采用少污染的工艺,通过能源和原材料的分层利用、多次或循环利用、减少能源和原材料的消耗,把资源最大限度地转化为产品,减少废物的排放量,实现资源的综合利用;三是开发新资源与合成新材料,例如20世纪后期大洋底锰结核的勘察与开采技术,就可以缓解矿产资源的短缺。总之,科学技术的进步不仅可以发现新的资源,减少资源的消耗,减少污染物的排放量,还可以有效地治理过去被污染了的环境。

第四,提高全民的可持续发展意识和环境意识。这是因为可持续发展本身就是为了实现全人类长期生存与进步的一项战略,其研究的对象和目标均是人类与环境系统,它的实现程度也取决于全民的参与程度。

8.8　思考题与个案分析

1. 比较分析智慧圈与生物圈的异同及其相互联系。

2. 通过实地调查与观察,论述农业生产过程的生态环境功能。农业生产方式不当会造成哪些环境污染?

3. 什么是清洁生产?结合一个你相对熟悉其生产流程的工业生产部门,分析实现清洁生产对于建设资源节约型持续社会的主要作用。

4. 使用清单法列举你一周生活所消耗的资源及排放废物的种类和数量。

5. 莱斯特·布朗说:“由于中国有如此庞大的人口,人类迄今为止走过的所有发展道路对中国都不能适用。要不了多久,中国非得开拓一条全新的航道不可。这个发明了造纸术和火药的民族,现在面临跨越西方发展模式的机会,向世界展示,怎样创造一个环境上可持续的经济。中国若成功了,就能为全世界树立一个光辉的楷模,为人仰慕效法;中国若失败了,所有的人都将为此付出代价。”谈谈你的读后感想。

6. 通过查阅莱斯特·布朗的《B模式——挽救地球延续文明》,了解困扰人类发展的诸多全球性资源环境问题。

数字课程资源：

08 电子教案

08 教学彩图

08 拓展与探索

08 教学要点

08 教学视频

08 环境个案

08 思考题

第9章 环境地球系统中的自然资源与自然灾害

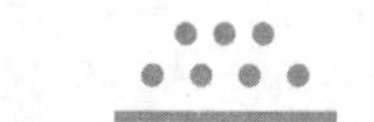

9.1 自然资源类型及特性

9.1.1 自然资源的概念及其分类

环境地球系统是一个非常复杂、多变的巨大系统,它由生态子系统、资源子系统和社会经济子系统所组成。自然资源是指环境地球系统中可被利用来为人类提供福利的自然物质和能量的总称。《辞海》中把自然资源定义为"泛指天然存在的并有利用价值的自然物,如土地、矿藏、气候、水利、生物、森林、海洋、太阳能等资源",它是"生产的原料来源和布局场所"。联合国环境规划署(UNEP)1972年提出"所谓自然资源,是指在一定的时间、地点条件下,能够产生经济价值以提高人类当前和未来福利的自然环境因素和条件"。从广义上说,自然资源包括全球范围内的一切要素,它既包括过去进化阶段中无生命的物理成分,如矿物质,又包括地球演化过程中的产物,如植物、动物、景观、地形、水、空气、土壤和化石资源等。

按自然资源服务的产业部门可将自然资源划分为农业资源、工业资源、能源、旅游资源、医药资源、水产资源等;按自然资源的物理学特性,可将其划分为物质资源和能量资源;按自然资源形成过程的时间尺度,可以将其划分为可再生资源和非再生资源。从自然地理过程来看,土壤资源属于可再生资源;而从人类社会经济发展的时间尺度来看,土壤资源则属于非再生资源。按照自然资源在环境地球系统中的位置及其形成过程的特征,可将其划分为:矿产资源(岩石圈)、气候资源(大气圈)、水利资源(水圈)、土壤资源(土壤圈)、生物资源(生物圈)5大类。随着人类开发利用海洋技术的日益突出,海洋资源也被列为第六类资源。另外还有许多学者根据自然资源本身固有的属性,将自然资源划分为可更新资源、不可更新资源、恒定性资源和易误用的资源,如图9-1所示。

9.1.2 自然资源的特性

环境地球系统中的自然资源类型复杂多样,各有其自身形成演化的历史和存在状态,人类利用自然资源的方式,以及自然资源为人类提供福利的形式均相同,各种自然资源在环境地球系统中相互作用、相互联系,表现出一系列共有的特性。

1. 稀缺性

现代科学研究表明环境地球系统中自然资源的总量、再生资源的再生能力都是有限的。只

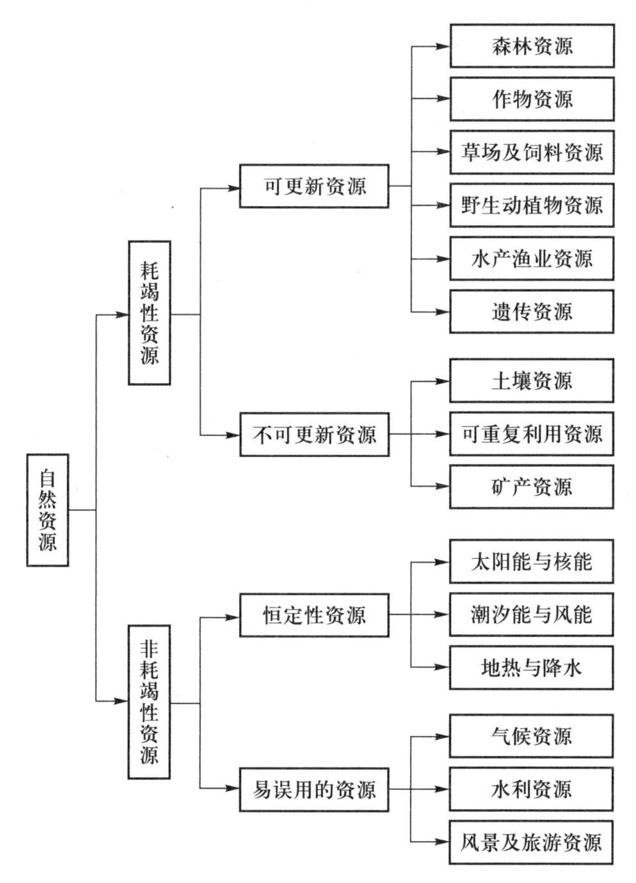

图 9-1 自然资源分类体系示意图

（资料来源：改自郎一环，2000）

要是资源就会被消耗，只要被消耗总会出现稀缺。自然资源的稀缺性是指自然资源数量的有限性、状态的固定性或其再生能力的有限性，不能为人类无限度利用的一种自然属性。罗马俱乐部的专家 1972 年在综合分析人类社会发展、地球面积的有限性、资源的稀缺性、环境自净能力有限性的基础上，出版了《增长的极限》（*The Limits to Growth*），并将最终限制经济增长的极限归纳为“资源稀缺”。由于资源是针对人类的某些需求而言的，故随着社会发展和科学技术的进步，人类一方面可不断地提高自然资源的利用率，另一方面还可发现新的资源或替代品，以达到缓解自然资源稀缺性、促进社会经济发展之目的。

2. 系统性

环境地球系统中各个组成要素之间存在着复杂的物质流和能量流过程，从而使区域内各种自然资源形成一个相互制约、相互联系的动态系统。人类活动对区域任何一种资源的影响，都会引起其他资源的变化，一个资源状态的改变势必引起自然资源系统的涨缩。人们只有在综合研究区域各种自然资源之间的相互依存关系，全面认识自然资源系统状态和动态规律的基础上，才能合理、有效、持续地利用和管护自然资源。

3. 时空差异性

自然资源是一个发展变化的范畴，自然物是否可作为自然资源取决于人类对它的认识和利用。环境地球系统属于开放巨系统,其中的自然资源子系统时刻不停地与生态子系统、社会经济子系统、外层空间进行着物质迁移转化和能量交换,这就使自然资源随时间而变化,一方面某些资源在不断地消失,另一方面新的资源又在不断地形成,同时区域资源的数量、种类及品位也在不断地变化。造成自然资源变化的原因,一是环境地球系统的自然演化节律,二是人类活动的影响。环境地球系统中各种自然资源的空间分布具有明显的地域性,许多可再生自然资源(如森林资源、土壤资源、水利资源、风能、太阳能等)都具有地带性分布规律;许多非再生的自然资源(如矿产资源、地热资源、核能资源等)由于受大的地质构造等因素的影响,所以表现出非地带性分布规律;再者,开发利用自然资源的社会经济条件和技术工艺也具有区域差异性。自然资源的空间分布受太阳辐射、大气环流、水分循环、地质构造和地表形态结构等因素控制,其种类及特性、数量多寡、品位或质量优劣都具有明显的区域差异。在掌握自然资源时空差异性的基础上,人类在开发利用自然资源、改良土壤、建设水利设施、培育品种、驯化引种等方面都应坚持因时适用、因地制宜的原则,充分考虑区域生态子系统和社会经济子系统的特征,在资源开发方式与开发总量上,确保与资源密切相关的生态系统组成、结构和功能不受到损害,确保对(再生)资源的开发速率不超过其再生速率,这样才能使自然资源得到持续的利用并能取得较好的经济效益、环境效益和社会效益。

4. 多用性

自然资源作为人类生活和生产的基本物质原料和能量,在现代社会经济系统的各个环节中,人类不停地直接或间接使用自然资源,从而使自然资源表现出多种有用性,即自然资源的多用性。例如,水资源可用于人们生活用水、发电、航运、灌溉、养殖、娱乐、观赏等多项服务;土地资源既可作为农业生产用地,也可用作城镇建设、工厂、水库、公园等用地;森林资源一是为工农业生产提供原材料,二是通过孕育野生动植物资源、培肥土壤资源、调配水资源以服务于人类社会,三是对保护环境、美化景观也发挥着重要的作用。许多矿物资源本身就是多种矿物的集合体,各种矿物成分均具有各自的用途,煤炭不仅可作为燃料用于发电,还可以作为工业原料,用于炼焦、制成电石等化工产品。因此,从自然资源的多用性方面考虑,人类在开发利用自然资源时必须遵循综合利用、循环使用的原则,充分发挥自然资源的多种使用潜力,地尽其力、物尽其用,为建设资源节约型社会做出贡献。

5. 共轭性

自然资源的共轭性是指各种自然资源在区域中的相互联系性,以及自然资源的开发、利用及其与外围环境的相互影响。环境地球系统中的太阳辐射、地质大循环(含地质构造运动)、生物小循环、大气环流、大洋流水分循环、生物地球化学循环、地表侵蚀与堆积已经将区域内各种自然资源相互联系在一起,并形成了一个自然资源系统。工业革命以来,随着机器的广泛使用和社会生产力的迅速发展,人类已经创造了大量的物质财富和精神财富,同时也改变了全球生态系统的结构,消耗了大量的自然资源,并向环境中排放了各种各样的污染物,从而使互相密切关联的资源短缺、生态破坏和环境污染问题由局地向区域乃至全球扩展。于是在20世纪中期,出现了全球性的资源趋于匮乏甚至耗竭、生态系统失衡和环境污染等问题,这已威胁到人类和其他生物的生存和发展。

随着人类社会的发展和科学技术的进步,人类对自然资源的认识和开发利用也逐渐加深和扩展,对自然资源的依赖性也在日益加强,同时由于自然资源开发利用带来的生态环境问题也日益严重。整个人类社会的发展史实质上就是人类挖掘和利用自然资源、改造自然环境的历史。中国基本国情是人口众多、资源相对不足、环境承载能力较弱、自然环境和社会经济发展空间差异性明显,当前社会经济发展、人民生活质量改善与资源短缺、生态环境建设之间矛盾突出,能源短缺已成为中国经济社会发展的"软肋",淡水和耕地紧缺成为中华民族的"心腹之患"。以下从环境地学的角度着重介绍土地资源、水资源、生物资源、矿产资源、能源、旅游资源的开发利用及其环境影响。

9.2 土地资源利用及其环境影响

9.2.1 土地资源的概念

教学视频
土地资源利用
及其环境影响

土地资源是指所有可以被农林牧副业利用的陆地。土地是地球陆地表层一定区域内所有生物、非生物及人为影响因素相互作用形成的地域综合体,它包括区域之上和其下组成生物圈的气候、土壤、地形、地质、水文、动植物等自然要素,以及人类过去和当前劳动的结果。由此可见,土地是一个历史的自然经济综合体。土地资源是人类社会生存与发展不可替代的基础性资源,它具有社会经济属性、时空差异性、公益性、脆弱性和不可移动性等特点。同时土地是地表自然-经济的综合体,处于地球大气圈、水圈、生物圈、土壤圈和岩石圈相互作用的核心位置,成为联系生态环境要素的纽带。土地综合体包括环境地球系统中全部的土壤圈和智慧圈,部分生物圈、水圈、大气圈和岩石圈,如图 9-2 所示。土地资源的功能表现为两个方面:一是为农业、林业和牧业提供最基本的生产资料;二是为人们生产和生活提供场所。

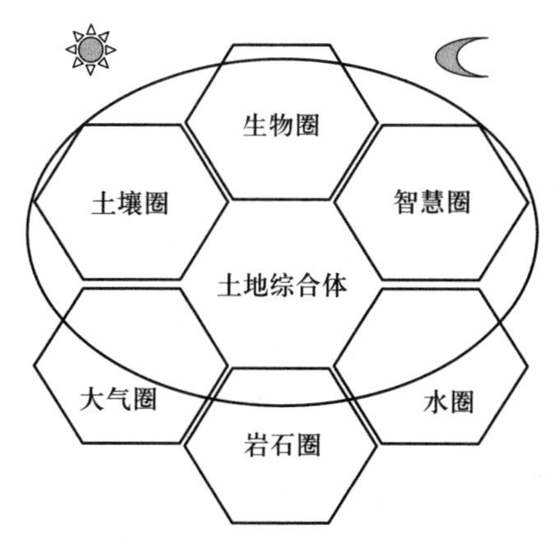

图 9-2 环境地球系统中的土地综合体示意图

一般认为,土地资源定义包含以下 3 个方面:① 土地资源是指地球的陆地表层,一般不包括地壳的深层岩石，它在水平方向上与海洋分界。② 土地有一定分层结构，它是由底层、内层、表层3个层次构成的垂直剖面系统。土地的底层由岩石和风化物构成，其下界应为在当前技术条件下的建筑物和构筑物所能延伸到的地壳深处，是土地的承载层；内层由生物及土壤层所组成，是土地的"心脏"，生产力的"源泉"；表层是指作为土地直接附着物的动物及人类创造的各种建筑物和构筑物，其上界为土地各种附着物向上延伸部分之冠顶。③ 土地在人类出现以前纯属自然物，在人类出现以后，它的某些部分因为凝结了人类劳动而开始具有社会经济属性，但土地的自然属性是永恒的，社会经济属性则是可变的。

9.2.2　土地与环境的相互关系

正是由于土地综合体处于环境地球系统中大气圈、水圈、生物圈、土壤圈、岩石圈和智慧圈相互作用的核心位置，土地成为联系生态环境要素的纽带，是环境地球系统中有机物与无机物相互转化的节点。由此可见，土地是人类劳动的对象，是自然资源的重要载体，是人类开发和利用自然资源的场所，是生态环境的"骨架"，土地利用与生态环境密不可分。联合国粮食及农业组织(FAO)和联合国环境规划署(UNEP)组织的专家组，对以土壤侵蚀、风蚀沙化、土壤盐渍化、面源污染扩散等为主的生态环境退化过程进行调查分析，提出了环境退化是土地利用的产物(environmental degradation: the product of land use)的论断。再如美国国家环境保护局(USEPA)的专家监测了新泽西州一个小流域过去30年生态环境的变化，发现所有生态环境问题事实上都是土地利用与土地规划问题，并研究了土地持续退化的问题，认为缺乏环境成本的土地评价体系和分散式资源管理方式是其主要原因。

在土地利用及其他自然资源开发利用的过程中，所有资源物质只能在环境中不断迁移或转化，而所有物质都不可能从环境中消失，即满足质量守恒定律；能量只能依附环境介质而被传递或转换，其总量将永远守恒，即满足能量守恒定律；在绝大多数物质生产和消费过程中，由于原材料不可能100%转化为产品，必然存在废物的产生和排放，几乎所有的物质产品在被使用的过程中，都有被磨损、消耗以至废弃的过程，由此可见，在土地平台上几乎所有的人类活动都会向外围环境排放废弃的物质和能量，其排放量和排放速率超过了区域环境容量及自净能力，这就导致了环境的退化。区域土地利用强度越大，即包含开发自然资源(生产活动)的总量越大，消耗自然资源(生产和生活活动)的总量越多，那么对区域自然环境的影响就越强；自然资源的开发与消费活动通过改变区域自然环境的结构、组成、状态、物质流和能量流等途径，对自然环境系统施加影响，并促使其功能发生改变。在特定的地域空间和时段内，人们消耗非再生资源的数量越多、利用效率越低，对区域自然环境的影响就越大；反之，人们消耗可再生资源的数量越少、利用效率越低，那么对区域自然环境系统的影响就越小。

9.2.3　土地利用及其环境影响

土地利用是指人类为了一定的社会和经济目的，对土地资源进行开发、使用、改造和保护等长期性或周期性的经营。《中华人民共和国土地管理法》将土地按用途分为农用地、建设用地和未利用地。《土地利用现状分类》(GB/T 21010—2017)将土地利用现状划分为12个一级类和 73 个二级类，其中一级类有耕地、园地、林地、草地、商服用地、工矿仓储用地、住宅用地、公共管理与公共服务用地、特殊用地、交通运输用地、水利及水利设施用地、其他土地。Costanza 等（1997）的研究揭示了主要土地利用类型的生态服务价值及环境影响，这些影响与区域环境特征、土地利用格局、利用强度、经营管理等密切相关，如表 9-1 所示。根据美国著名资源管理学家 2004 年的研究成果和中国的实际情况，可以发现不合理的土地利用活动会引发以下主要的环境和社会问题。

表 9-1　土地利用对生态系统服务功能及环境的影响分析表

土地利用类型		耕地	园地	林地	牧草地	居民点工矿用地	交通用地	水域	未利用地
生态服务类别	调节碳素循环	++	++	+++	+	---	---	++	0
	调节气候变化	++	+++	+++	++	---	---	++	0
	调节水文循环	+	++	+++	++	---	---	++	++
	水分保持储存	+	++	+++	++	---	---	++	++
	防治土壤侵蚀	--	+	+++	++	---	---	++	0
	调节养分循环	+	+	++	++	---	---	++	0
	调节生物种群	---	--	+++	++	---	---	++	0
	维护栖息地	---	--	+++	++	---	---	++	0
	保护基因资源	---	--	+++	++	---	---	++	0
环境影响	污染物扩散	---	--	+++	++	---	---	++	0
	废物净化	++	+	+++	++	---	---	++	++
	环境结构扰动	---	--	+++	++	---	---	++	+
	环境景观扰动	---	--	+++	++	---	---	++	++
生产能力	食物生产	+++	++	+	++	---	---	++	0
	原材料生产	++	++	+++	++	---	---	++	0

注：+表示具有优化功能，-表示有导致退化的功能，0 表示无异常影响。

（1）优质农用地的流转：在局部的、短期的利益驱动下，区域城市化和工业化致使大部分肥沃、优质高产农用地被蚕食和占用。那些地表平坦、土壤肥沃、排水性好、区位条件优越、农业科技和田间管理水平高的农用地，成为城市扩展的首选土地。那些曾经是种植农作物、经济作物的高产稳产基本农田和果品生产基地在城市化的过程中逐渐变成了住宅区、中心商业区、街道广场和停车场。例如美国加利福尼亚州著名的高科技城市圣何塞（San Jose）是在农用地上建成的；在迈阿密、洛杉矶城郊，往日许多优质果品生产基地如今转变为以办公区、商业区、住宅区和交通设施为主的城市景观。中国 1996 年底耕地第一次详查结果为 19.51×10^8 亩①，到 2003 年底统计结果为 18.51×10^8 亩，即 7 年之中全国耕地净减少 1×10^8 亩，占全国耕地总量的 5%以

① 1 亩 ≈ 667 m^2。

上,其中建设占用耕地是其原因之一。据第三次全国国土调查成果,我国耕地面积为19.179亿亩,园地为3亿亩,林地为42.6亿亩,草地为39.67亿亩,湿地为3.5亿亩,建设用地为6.13亿亩;10年间生态功能较强的林地、草地、湿地河流水面、湖泊水面等地类合计增加了2.6亿亩。

(2) 能源的低效使用与交通拥挤问题:不合理的土地利用致使区域生产活动和消费活动及其物流在空间上严重脱节,造成了严重的能源浪费、交通拥挤和环境污染。

(3) 空气污染和水体污染问题:由于区域人口的高度分散,即使建成的高效公共交通网络也难以发挥其应有的作用,于是导致了许多城市严重的空气污染问题。资源的过度集中消费导致污染物的集中排放,再加上地表固化层隔绝了地表水分循环过程,造成雨水对路面的高度冲刷、城市地表径流量的剧烈变化、地表水中污染物浓度的剧烈升高,还会引发城市下游区域水体环境的严重污染。每一个典型商贸中心都应有一个几倍于建筑物面积的铺砌停车场,雨水在冲刷地面的同时也带走了各种污染物,如废油品、冷冻剂及橡胶碎片等,并将其携带到当地河流及池塘里。

(4) 水资源的分配问题:由于流域范围内土地利用顺序和强度的差异,常会出现河流上下游之间水资源分布不均的问题。美国西部的科罗拉多河流域,在20世纪早期区域开发活动过程中就出现了流域内多个州之间的水资源分配问题。其水量分配经过各州政府之间的协调,按用水需要和人口数量确定水资源分配份额。

(5) 开放空间-生态系统失调与环境风险增加的问题:优美的城市景观必须具备的一个重要特征就是具有一定的开放空间。奔跑在广阔的原野上,驻足公园或林荫小道,都会使人们心旷神怡,会感到从拥挤的城市中解脱出来。但是土地开发商往往只考虑其投资的短期回报率,并不考虑土地公益性。例如在临水而建的城市区域,由于河流阶地和漫滩区域地势平坦,适合居住区开发,更适合开发成公众休闲绿地,但开发商们却可能在这里建造房屋发展轻工业,建设居住区发展商业,致使城市外围湿地大面积消失,原来的河流变成细小污流蜿蜒在混凝土砌成的沟渠里,这就增加了城市遭受自然灾害和环境污染的风险。如1993年和2005年美国密西西比河流域和密苏里河流域都暴发了特大洪水和风暴潮,致使新奥尔良市遭受毁灭性的灾难,其经济损失高达数百亿美元。

(6)"三农"问题和城乡二元结构问题:中国现行的农村土地制度是建立在农村土地家庭承包经营方式上的一种土地分配、经营和管理制度,是农村经济转轨时期的一种体制安排,这种土地制度的特征就是模糊了土地的产权定位。这样在缺乏土地利用总体规划的统筹安排与调节控制的情况下,在传统经济体制向市场经济体制转型的过渡时期,再加上农业与二、三产业之间效益的巨大差异,就形成了"多占地、多得益,耕地保护越好,地方越吃亏"的恶性怪圈,其本质是利益分配不合理,由此引发了"三农"问题、"耕地减少"问题和"城乡二元结构"问题。

进入新时代,土地资源已被国土空间所取代,国家在强化了人与自然和谐共生、山水林田湖草是一个生命共同体等理念的同时,已建立了以土地利用为核心的"多规合一"国土空间规划体系,这是从空间整体性、时间持续性、阶层公平性的角度,倡导绿色生产方式和生活方式、推进生态文明进程、建设美丽中国;国土空间规划坚持保护自然生态、实现绿色发展的基本原则,将严守生态保护红线、永久基本农田保护红线和城镇开发边界作为规划的基本任务,优化国土空间保护开发格局,促进美丽中国建设。

9.3 水资源利用及其环境影响

9.3.1 水资源的概念

水资源是指在当前经济技术条件下可为人类利用的地表水、地下水和土壤水。水是环境地球系统中一切生命存在的重要物质基础,也是人类社会赖以生存与发展的重要保证。地球上各种水体及其总储水量巨大,但不是所有的水体都能被人类所利用,因此,在理解水资源的概念时应该注意到:① 水体可利用性与社会经济和科学技术条件密切相关,在不同时期和不同地区水资源的内涵是不同的。② 水资源是具有多种用途的物质资源,不能只把某一个或几个部门所能利用的水作为水资源的全部。③ 水资源的利用不应该引起水量枯竭、水质恶化和水体生态系统退化。由此可见,水资源具有显著的自然属性和社会经济属性。在学术研究和资源管理中水资源有不同的分类标准,可以分别按水资源的存在形式、形成条件、利用方式和利用程度来进行分类,如图 9-3 所示。

水资源具有维持地球生命系统、全球社会经济系统、环境地球系统运行和发展的重要作用,这 3 种作用是其他自然资源无法代替的。尽管水资源是可恢复的资源,全球水资源总量基本稳定,但就某个地区而言在特定时间内能供人们使用的水资源量总是有限的,全球水分循环的驱动使区域水资源表现为动态资源,并且具有以下主要特征:① 循环性与可恢复性。在太阳辐射能和地球引力的共同作用下,环境地球系统中的水分通过蒸散升华、水汽输送、凝结降水、渗透径流等环节形成了周而复始的水分循环过程,并促使区域或流域内水资源消耗与补给之间的平衡,这就构成了水资源的循环性和可恢复性。水资源的循环性是无限的,但在一定的时间、区域或流域范围内,其水循环各个环节的水流通量(水分补给速率)却是有限的,即区域水资源可恢复性是有限的。由此可见,区域或流域内水资源只有在一定数量限度(阈值)内,才是取之不尽、用之不竭的。② 流动性和水力功能。水资源的循环性、可恢复性、系统性、自净性能都是通过水流运动过程维系和实现的,这就决定了区域或流域内水资源的数量、质量都具有动态变化的特征。因此,在进行水资源开发利用的过程中,必须从时间的持续性、空间的公平性上统筹上中下游各区域社会经济发展与生态环境的关系,确保水资源的持续有效利用。同时与水资源流动性密切相关的是水力功能、航运功能,其中水力发电是当今较为便宜的清洁能源,水运也是目前较为廉价和便捷的运输方式。③ 利弊两重性与可调节性。全球水分循环及其各个环节(如蒸发、降水、径流等)均存在显著的时空变化,这就造成了某些区域在某些时段入水量的过多或过少,从而引发洪涝或干旱等自然灾害。同时水资源开发利用不当,也会引起如垮坝泄洪、河流泛滥、河水断流、土壤次生盐化、水体污染、地面沉降、海水入侵等人为水灾害。这是由水资源的利用既有正效益也有负效益的利弊两重性造成的。为了兴利除弊,人们通过监测水情、墒情、天气、水质与水量的变化情况,结合城市、灌区排水/用水需求合理调度并控制闸门泵站等设备,实现水资源联合调度,即通过实施水路改道、排干湿地、修建水库、灌溉建渠、用管道和水渠建立水

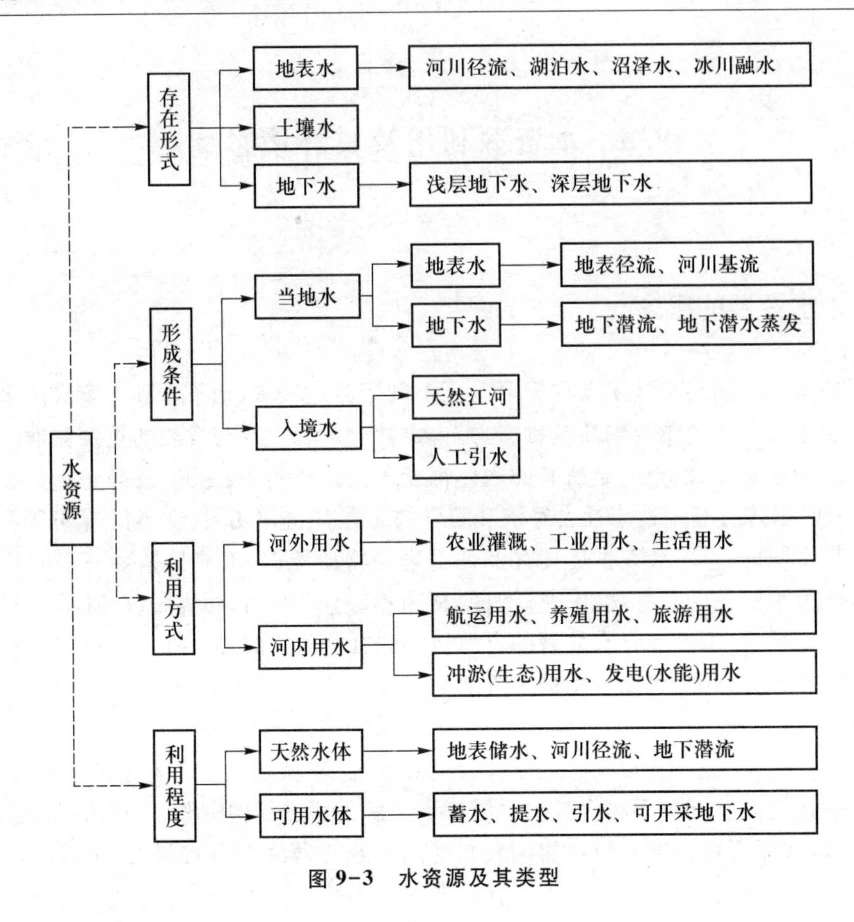

图 9-3　水资源及其类型

域之间的连接等具体措施，达到水资源合理调配和防灾减灾的目的。

9.3.2　全球水资源的基本特点

淡水是一种有限的资源，其可获得性和可利用性是与全球水文循环状况相联系的。全球陆地平均年降水量为800 mm，扣除蒸发量外形成的径流折合成水深为485 mm，其多年平均径流总量为$4.7\times10^4\ km^3$，其中可利用水量只占40%。全球水资源表现出以下3方面的主要特点。

（1）水资源量及其可用性的空间差异巨大：空间分布不均是淡水资源的普遍特征。世界淡水资源空间分布极不均匀，南美洲水资源最为丰沛，南美洲年均径流深为661 mm，北美洲年均径流深为339 mm，亚洲年均径流深为332 mm，欧洲年均径流深为306 mm，非洲年均径流深为131 mm，大洋洲年均径流深仅为45 mm。俄罗斯学者在1999年的研究表明，全球不同纬度带的河川径流量分布差异巨大，而中国大部分地区正处于北半球入海河川径流量较低处，如图9-4所示。

（2）世界各国人均水资源量的巨大差异：世界银行1999年国际人口行动中的《可持续利用水》(*Sustaining Water*)报告提出了衡量区域水资源状况的3个指标，即区域年人均3 000 m^3淡水为缺水上限、年人均1 700 m^3淡水为用水紧张限、年人均少于1 000 m^3淡水为缺水下限。此外，

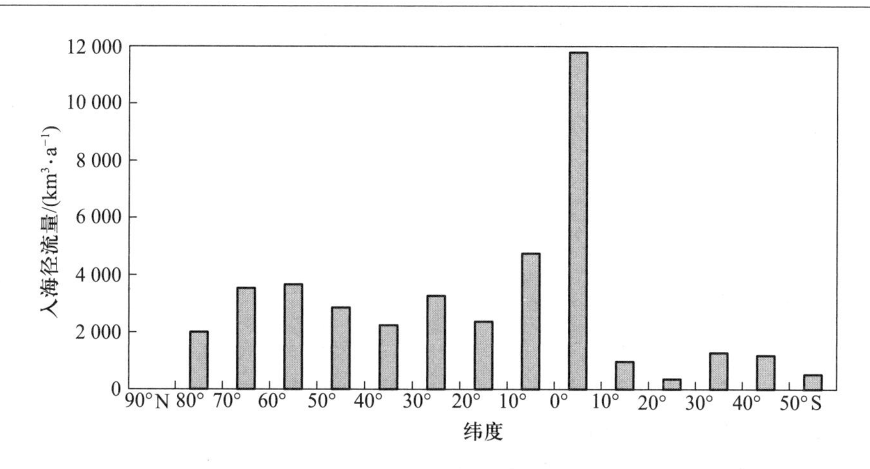

图 9-4 全球陆地纬向入海河川径流量分布图

(资料来源:Shiklomanov,1999)

世界年人均淡水资源为7 342 m^3。但世界各国年人均水资源量差异巨大,如地处美洲大陆的加拿大、巴西、阿根廷、美国的年人均水资源量分别为95 785 m^3、42 459 m^3、27 861 m^3和9 259 m^3;而非洲大陆和西亚地区的利比亚、约旦、以色列、科威特、阿曼和阿尔及利亚的年人均水资源量分别为115 m^3、198 m^3、377 m^3、411 m^3、439 m^3、463 m^3,属于严重缺水国家。中国人均拥有淡水资源量也只有2 260 m^3,属于缺水国。

(3)各地区降水与河川径流的季节差别和年际差别巨大:世界各大洲的可更新淡水资源量均存在着明显的年际变化,即河川径流量的逐年变化存在着明显的平、丰、枯水年交替现象,或连续数年为丰水年,或连续数年为枯水年。如在欧洲、北美洲的温带地区,降水的季节与年际变化一般不大,且径流多受雪水补给相对稳定,径流可控制性强,如表9-2所示;而在东亚、南亚、大洋洲北部、非洲中部等热带、亚热带地区,一年内有干、湿季之分,雨季降水量常占全年降水量的50%~80%,大量径流以洪水形式排向海洋难以得到调节控制,降低了径流可利用性;在干季降水稀少,出现周期性的干旱,形成了洪涝灾害与旱灾交替的现象。

表 9-2 世界各洲河川径流的年内分配　　单位:%

大洲	年均径流量/($km^3 \cdot a^{-1}$)	月份												全年
		1	2	3	4	5	6	7	8	9	10	11	12	
欧洲	2 900	6.2	6.6	6.9	8.9	14.3	13.3	9.2	7.6	7.3	6.9	6.6	6.2	100
亚洲	13 510	5.1	4.1	4.7	5.1	8.8	13.7	14.9	13.8	11.2	7.2	6.8	4.6	100
非洲	4 047	8.4	7.5	7.0	7.1	7.5	6.6	6.1	6.1	8.0	10.6	12.7	12.4	100
北美洲	7 870	4.7	4.9	5.0	7.0	11.6	15.2	12.6	9.9	9.6	8.6	5.9	5.0	100
南美洲	12 030	5.9	7.0	8.1	10.0	11.4	12.1	11.1	9.7	7.6	6.0	5.5	5.6	100
大洋洲	2 400	10.3	13.2	12.4	10.1	7.4	7.1	6.2	6.9	5.4	6.6	7.2	7.2	100
全球	42 757	5.9	6.1	6.5	7.6	10.2	12.5	11.7	10.4	9.0	7.4	6.8	5.9	100

9.4　生物资源利用及其环境影响

9.4.1　生物资源的概念

生物资源是指生物圈中全部的动物、植物和微生物。国际《生物多样性公约》定义的生物资源，是指对人类具有实际或潜在用途、价值的遗传资源、生物体或其部分、生物种群，或生态系统中任何其他生物组成部分。生物资源是有生命、繁殖、遗传、新陈代谢机能的资源，属于可更新资源。生物资源是人类食物的唯一来源，也是环境中污染物侵入人体的重要载体。生物资源通常分为陆地生物资源和海洋生物资源两大类。陆地生物资源包括野生动物资源、野生植物资源、驯化动物资源、栽培植物资源和微生物资源；海洋生物资源包括海洋动物资源、海洋植物资源、海洋养殖生物资源和海洋微生物资源。生物资源具有以下特性。

（1）可更新性和周期性：生物资源的重要特征就是能够通过新陈代谢过程完成遗传、生长、发育、繁殖等生命周期，从而确保了生物资源的可更新性，在一定条件下生物资源可以自然更新、恢复或人为繁殖扩大。但是应该指出区域生物资源的更新速率、恢复快慢、繁殖能力是有条件的，其性能也是有限的，如果开发利用不当或过度，就会导致生物资源的生产能力衰竭以至丧失，生物资源一旦遭到破坏就很难恢复。

（2）地域性和有限性：自然环境条件存在广泛的地域性差异、生物区系演化历史、人类活动的综合影响，使生物资源表现出明显的空间分布地带性和非地带性。例如，热带地区生活的物种占世界全部生物种数的2/3左右，湿润的热带森林区域仅占全球陆地总面积的7%，却集中了生物圈所有物种的50%左右。在特定区域的自然条件下，生物资源的蕴藏量及其再生能力都是有限的，由于客观条件的限制，人类开发利用生物资源的能力也是有限的。

（3）系统性和可解体性：不同生物资源之间存在着相互依存、相互制约的关系，同时生物资源与其他自然资源间也存在着复杂的物质迁移转化和能量转换的密切关系，这就构成了一个完整的生态系统，由于受人为干扰和自然灾害的影响，区域某种生物资源数量减少到一定程度时，该种生物资源就有丧失的危险，从而导致与其关系密切的生物资源种群解体。如果某些生物资源解体、种类灭绝，生物资源就不可能再生。因此，在人类合理开发利用生物资源的过程中，使之不断更新繁衍和增殖是摆在我们面前的一个重要任务。

9.4.2　生物资源对污染物的吸收与积累

在近300年来的人类文明进程中，科学技术发明层出不穷，创造了巨大的物质财富和无数的新材料，使人类置身于一个似乎安全、舒适、便利的世界中。然而，这些众多的成就也彻底地改变了人类从务农定居和游牧狩猎所开始的生存环境，人类挖掘、搬运，造成了众多的环境污染物，如Hg、Cd、Pb、As、F、SO_2、酚、放射性同位素、持久性有机污染物和化学农药等，这些环境污染物一经排放到环境之中,便立刻与生物资源相互作用,参与生态系统中的物质循环,并通过多种途径和方式与生物体接触,并进入生物体中。这些污染物在生物体内转运和转化的全过程包括:吸收、分布、代谢和排泄,其中吸收过程又可分解为生物主动吸收和生物被动吸收两种方式。污染物在生物体内转运和转化使其被生物体所同化或富集,以致危害生物的正常生理代谢过程。

1. 生物主动吸收

生物主动吸收是指生物细胞利用其呼吸作用所产生的能量(细胞液中特殊的溶质势)做功,从低浓度环境介质中选择性吸收单质或化合物并累积到高浓度生物体内的过程,这一过程又称为生物的代谢吸收。生物对物质(单质或化合物)主动吸收的强度与生物特性、被吸收物质性状、环境介质性状密切相关。例如,生物素作为一种水溶性维生素,在动物体内具有重要的生理功能,多数动物体内均存在着对生物素的主动吸收机制,多数水生生物将水体中的污染物吸收并累积到其躯体中,就是依靠主动吸收过程。生物主动吸收具有以下特征:一是植物能够逆浓度梯度摄取和累积化学元素;二是生物摄取元素的速率与细胞内外浓度差之间不呈线性相关;三是许多生物代谢抑制剂能抑制生物主动吸收过程的进行。

2. 生物被动吸收

生物被动吸收是指生物体表面细胞依靠其细胞液(原生质)与环境介质之间的浓度差,通过溶质扩散作用或其他过程而进行的吸收作用。生物被动吸收属于生物非选择性的吸收过程,所以也称为物理吸收和非代谢吸收。在这种情况下溶质(或污染物)分子或离子不需要能量供应,由高浓度的环境介质向浓度较低的细胞内扩散,直到两处浓度达到一致为止。生物的主动吸收与被动吸收均与生物膜或细胞膜性状有关。细胞膜是将细胞及细胞器与其周围环境分隔开来的半透膜,是厚度为 7~8 nm 的复杂体,其基本结构是液态的磷脂双分子层,其中还镶嵌着具有不同生理功能的蛋白质。细胞膜除了作为物理屏障保护细胞及细胞器外,还参与细胞与其环境介质之间的物质吸收过程(主动吸收、物理扩散、易化扩散、膜孔过滤、吞噬、胞饮等)。在环境科学研究中常用生物吸收系数来定量地刻画生物对污染物的吸收作用。生物吸收系数是指某元素在生物体(通常是植物)灰分中的含量与该元素在生长该植物土壤中的含量之比,即:

$$A_X = \frac{P_X}{S_X} \tag{9-1}$$

式中:A_X为植物对元素 X 的吸收系数(量纲为一);P_X为元素 X 在植物灰分中的含量,%;S_X为元素 X 在土壤中的含量,%。在一般情况下,植物对土壤环境中大多数元素的吸收系数 A_X 为 10^{-3}~10^{3}。

根据生物吸收系数的大小可以将化学元素划分为生物堆积元素和生物摄取元素两大类。前者包括极强烈吸收的元素(生物吸收系数大于 10^2),如 P、S、Cl;强烈吸收的元素(生物吸收系数为 10^0~10^2),如 Ca、K、Mg、Na、Sr、B、Zn、As、Mo、F。后者包括中等吸收的元素(生物吸收系数为 10^{-2}~10^{-1}),如 Al、Ti、V、Cr、Pb、Sn、U;极弱吸收的元素(生物吸收系数小于 10^{-2}),如 Sc、Zr、Nb、Ta、Ru、Rh、Pd、Os、Ir、Pt、Hf、W。需要指出的是,在相同的土壤中,不同种类的植物对土壤中同一种化学元素的生物吸收系数是不同的。例如在中亚的盐成土和干旱土(即灰钙土)中化学元素锂的含量很低(不足 0.01%),这些土壤上生长的柽柳、骆驼刺不吸收锂,其植物体内也不含有锂;相反黑果枸杞则吸收较多的锂,其植物体内锂的含量较高(灰分中锂的含量为0.03%~0.40%)。在相同水体中,硅藻大量吸收以硅为主的矿质元素,使硅藻体内灰分含量高达50%左右,这远高于水体中其他浮游藻类(灰分含量约为5%)和所有陆生植物。

3. 元素在生物体内的分布

元素在生物体内的分布一般是指污染物被生物吸收后或其代谢转化物质形成之后,由生物体液转送至机体各组织,或与组织成分结合,或从组织返回体液及再反复等过程的综合。污染物在生物体内的分布过程以被动扩散为主,污染物在生物体的分布是随时间变化的,有时也会出现再分布现象。例如,某些重金属元素 Pb、Hg、Cd 被吸收进入动物血液之中,在血浆与血红细胞之间建立平衡然后随血液部分转移到肝脏、肾脏组织,再随着时间的推移,这些重金属元素又随血液逐步转移至骨骼之中,如图 9-5 所示。污染物在生物体的分布受到许多因素的影响,包括污染物性状、污染物在生物体内的存在状态、透过生物膜的速率、与生物组织器官的亲和力、不同污染物之间的拮抗作用或协同作用等。

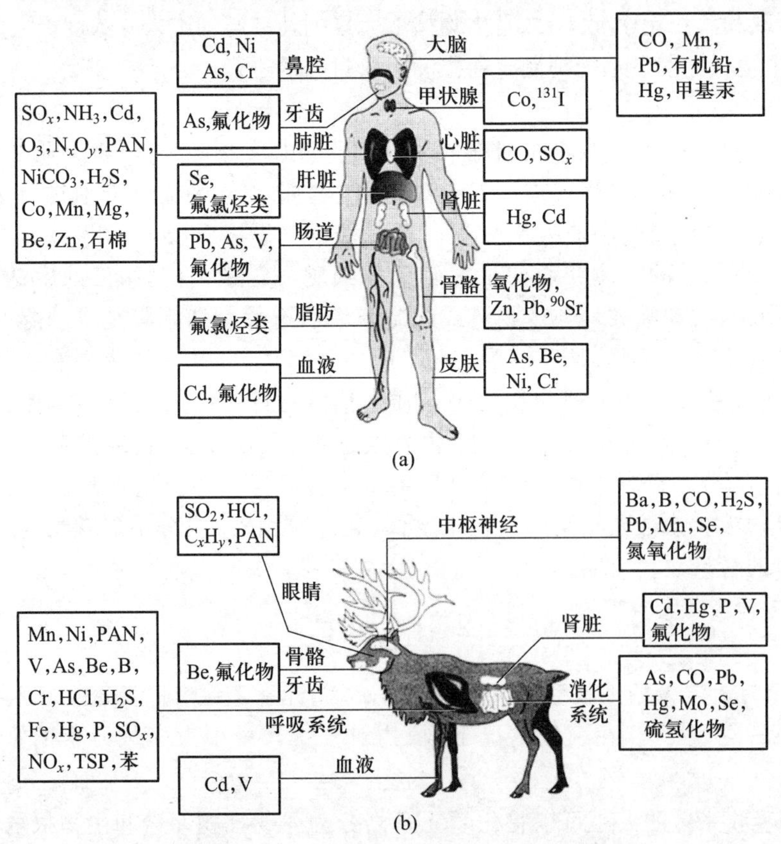

图 9-5 动物与人体中主要环境污染物的分布状况比较示意图

土壤水溶液中的污染物从根毛进入植物体,大部分与植物根系组织中的蛋白质、多糖类、核酸等形成螯合物沉积在植物根部,其他部分则沿导管向上部移动,在移动过程中不断沉积在植物的各个部位。当植物体接触并积累过多的污染物时,植物就开始中毒并出现受害的症状,如果植物根系中有过量的重金属元素镍、钴分布则会严重妨碍植物根系对铁的吸收;如果植物根系中有过量的重金属元素铅分布，则会严重妨碍植物根系对磷的吸收。

4. 生物富集作用

生物富集作用是指生物体从周围环境中吸收某种元素或者持久性污染物，在体内积累并使生物体内该元素或该持久性污染物的浓度超过环境中浓度的作用，又称为生物浓缩作用。生物对污染物的富集作用与污染物的种类、性状、浓度和生物的生理过程密切相关，由于生物对多数有毒污染物具有代谢及排泄障碍，所以常常会造成生物对这些有毒污染物的富集作用。生物排泄是指生物利用其生理代谢过程和能量将污染物及其代谢产物向体外转运的过程。植物没有排泄器官，动物的排泄器官主要有肾、肝脏、肠道、肺、外分泌腺等。动物体内的污染物一是通过肾脏随尿液排出体外，二是通过肝脏系统随胆汁排出体外。值得注意的是有些污染物由胆汁排泄至肠道之后又有被重新吸收（即肠肝循环）的可能；某些有毒污染物在被排出过程中，往往可造成动物排出器官的局部损害，如一些重金属污染物经肾脏排出时可引起肾脏损害，汞经唾液排出可引起口腔炎。动物排遗则是将体内食物中不能被消化的或未被消化的（如纤维素等）残渣，掺以细胞各种分泌物，如酶、胆盐及细菌等排出体外的过程。正是由于生物对污染物的富集作用，使得在生态系统中，生物体内污染物的浓度有随食物链的延长和营养等级的增加而增加的现象，即生物放大。许多污染物（如重金属元素、持久性有机污染物如有机氯农药、多氯联苯等）都具有明显的生物放大现象。食品污染按性质可分为 3 大类：① 生物性污染，食品受到细菌、霉菌和它们所产生的毒素及寄生虫卵的污染，会引起人们食物中毒，患传染病和寄生虫病或者使食品腐败等。② 化学性污染，指食品中含有毒的化学物质，而农药污染是食品化学性污染的一大来源。③ 放射性污染，指食品吸附的人为放射性核素高于自然放射性本底值。食品中的放射性污染物主要是碘和锶。

9.5　矿产资源利用及其环境影响

矿产资源是一种不可更新的自然资源，既是人类生活资料的来源又是极其重要的社会生产资料，人类社会就是在不断发现、挖掘、扩大开发利用矿产资源的过程中发展和进步的。但是，当今我们生存环境中的许多污染物（如有毒重金属、有毒类金属、颗粒物、SO_2、N_xO_y、酚类等）均与矿产资源的过度开发和粗放利用有关。

9.5.1　矿产资源的概念

矿产资源是指经过一定地质过程形成的，赋存于地壳内的固态、液态或气态物质，就其形态和数量而言，在当前或可以预见的将来，它们能成为经济上可以开采、提取和利用的矿产品。矿产资源主要来自大陆地壳，其次来自海水和湖水，极少数来自大洋地壳。矿产资源是在漫长的地质过程中形成的，其形态有固态（多数矿产）、液态（石油、汞矿）和气态（天然气），这就决定了矿产资源的自然属性。矿产资源既包括已经发现的，也包括尚未发现但在可预见的将来可以发现和利用的，随着科学技术和生产的发展，矿产资源的范畴还在日益扩大，这些又决定了矿产资源的社会经济属性。矿产资源一般具有以下 3 方面的特征。

(1) 不可更新性：地壳中化学元素分布具有明显不均匀性，按化学元素的克拉克值（即地壳中的平均含量）顺序排列，丰度最大的 O、Si、Al、Fe、Ca、Na、K、Mg、H、Ti 10 种元素就占地壳总质量的99%以上，其他 90 多种元素在地壳中的含量总计也不超过1%。只有在漫长的地质过程中有用元素发生相对富集，在某些地质体中的含量远远超过了该元素的克拉克值，才能形成具有开采价值的矿床。即矿产资源的形成需要经历几百万年、几千万年甚至上亿年的漫长历程，人类社会活动相对于这样漫长的地质过程，可以说是极为短暂的，因此，矿产资源属于不可更新资源，人们在消耗矿产资源的过程中，不能指望地质过程为我们形成新的矿产资源。

(2) 空间分布的不均匀性：矿产资源的形成受地质条件制约，地壳中各种岩石及矿物聚集体的分布完全决定于各地区的地壳演化历史。根据板块构造理论，全球岩石圈由太平洋板块、欧亚板块、印度洋板块、非洲板块、美洲板块和南极洲板块构成，这使地壳构造及其物质组成在空间上呈现镶嵌状格局，相邻地块（或板块上部）物质组成差异巨大，因而造成了矿产资源空间分布的不均匀性。例如，石油多集中分布在中东地区，在美洲大陆的西部边缘则形成南北延伸上万千米的铜矿、钼矿带。

(3) 共生性：自然界的矿产资源表现在区域分布上，有的是由平均含量相差不大的若干矿种或元素组成，称为共生；更多情况下则是以一种矿为主，另外还有相对含量较少的若干矿种或元素组合在一起，称为伴生。伴生现象在一些有色金属矿床中尤为突出。如铁、钛、钒、锆伴生；铬、镍、钴、铂伴生；铅、锌、银伴生等。有些铁矿伴生有钒、钛，而另一些则伴生有钇、镧、铈等稀土金属。这种多组分的矿产资源随着主成分矿种的开发完毕，其伴生矿产的开发利用也就进入多种生矿产的综合开发阶段。

另外应该指出的是，矿产资源是在一定科学技术和经济条件下可被利用的自然资源，矿产资源的储量和利用水平是随着科学技术、社会经济（需求和价格）的发展而不断变化的。例如，某种矿产资源是否具有经济可采价值，除了取决于技术水平和经济条件之外，还取决于生产决策者的判断和利润要求。

9.5.2　矿产资源的分类

矿产资源的种类繁多、品位各异。随着科学技术水平和社会经济的不断发展，它的外延和内涵在不断扩大，并且其种类也在逐渐增多。例如到目前为止，全世界已经发现的矿物有 3 300 多种，其中有工业开采价值的达 1 000 多种，每年开采的各种矿产在 150×10^8 t 以上，包括废石在内则高达 $1\ 000\times10^8$ t，因此，矿产资源的开采、选矿、冶炼、加工对于社会经济的发展和人们生活水平的提高发挥了巨大的作用。应该指出，低水平不合理地开采利用矿产资源，以及矿产资源行业粗放的经营管理是造成当今环境污染的根本原因。从人类开发利用的角度来看，可以将矿产资源划归为两大类：能源资源和原料物质资源，前者可划分为化石燃料和核燃料；后者划分为黑色金属原料、有色金属原料、建筑矿料、化肥原料、化工原料和其他原料，划分结果如图 9-6 所示。

一个国家或者一个地区的矿产资源状况常用矿产资源种类、品位、储量等指标来表示。品位是指矿石中有用矿物或有用组分的含量，亦称为矿石品位，常用%、g/t、g/m^3 表示，这是衡量

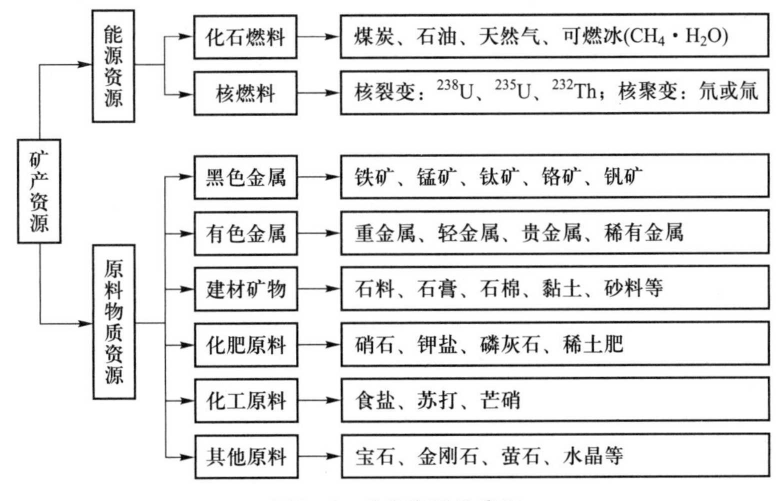

图 9-6　矿产资源分类图

矿石质量的主要指标。在矿产资源管理中一般将矿石品位划分为边界品位、平均品位和工业品位。边界品位是指划分矿产与非矿产(或围岩)界限的最低品位,凡是没有达到边界品位的称为岩石或矿化岩石;平均品位是指矿体、矿段或整个矿区中达到工业储量的矿石,总的平均品位是衡量矿产贫富程度的指标;工业品位是指在当前技术经济条件下能够开采利用的最低品位。储量是指特定区域内矿物含量达到边界品位以上、集中埋藏的矿产数量,分为探明储量和条件储量:前者是指已经查明并已知在当前的需求、价格和技术条件下,具有经济开采价值的矿产资源埋藏量;后者是指已经查明,但在当前价格水平下,运用现有采掘技术和生产技术来开采具有不经济性的那部分矿产资源埋藏量,如图 9-7 所示。

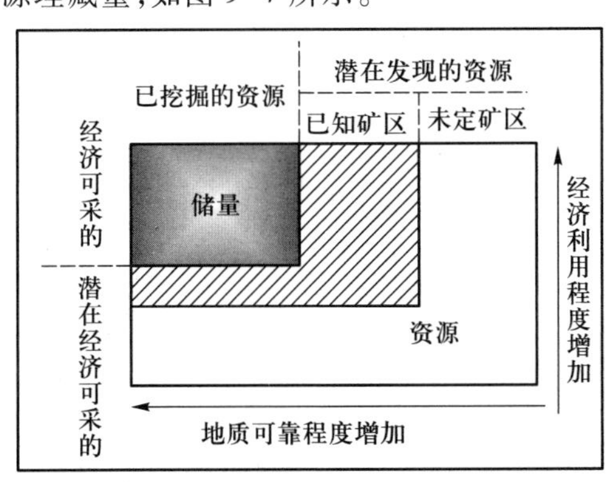

图 9-7　矿产资源及其储量示意图

9.5.3　矿产资源开发利用及其环境污染

地壳中有用元素的富集远远超过其在地壳中的平均含量(克拉克值),由此形成了矿石,虽然绝大多数矿产资源分布在地壳的表面,但是自然环境中的大多数矿产资源及其所包含的化学元素,并没有参与地表生态系统中的物质循环过程,在自然条件下,未被人类开采的矿产资源一般不会造成环境污染。人类社会发展与环境变化的历史研究表明:土地资源、水资源和生物资源的不合理开发和过度利用,以及矿产资源的粗放挖掘是造成生态破坏的根本原因;矿产资源的集中消费与生活资料的集中消耗才是造成环境污染的根本原因。因此,讨论分析矿产资源及其可能排放的环境污染物,对于从源头上消除环境污染有重要的作用。

1. 黑色金属矿产

黑色金属矿产包括铁、锰、铬、镍、钴、钨、钼、钒等矿,它们均是钢铁工业的主要原料和辅料,在现代工业中具有广泛的用途。黑色金属矿床遍及世界各地,空间上主要分布在东欧—苏联、亚太和南美地区。2000年底全球剩余探明铁矿储量(含铁量)为723.5×10^8 t,其中东欧—苏联地区和亚太地区,分别占世界铁矿储量的45.6%和31.2%。南美、北美和西欧分别占世界的8%、5.8%和6.5%,中东地区和非洲地区匮乏。中国铁矿资源丰富,但可供经济开发利用的储量却不足。截至2003年底,中国探明铁矿石资源储量为576.62×10^8 t,基础储量为212.38×10^8 t,储量为115.84×10^8 t。中国铁矿采选业发展迅速,目前已形成具有年产铁矿石近2.7×10^8 t能力的生产体系。近几年来,随着中国汽车业、建筑业的快速发展,钢铁消费量也逐年增加,2004年铁矿石消费量增加到5.19×10^8 t,国内铁矿石不能满足钢铁工业需求,每年需要大量进口。

在黑色金属矿产的消耗与使用过程中一般包括:选矿(重选、磁选、浮选,多在矿山所在地进行)、烧结(烧结和球团)、焦化、炼铁、炼钢(转炉炼钢和电炉炼钢)、连铸、轧钢、在钢铁联合企业使用等环节,这些环节多数是在高温与冷却交替的条件下进行的,这一过程会向环境排放大量工业"三废",其中废气中多含有SO_2、NO_2、CO、挥发酚和含有多种有毒重金属的颗粒物;废水中多含有氰化物、化学需氧量、六价铬、氨氮(NH_4^+-N)、悬浮物、重金属锌、总硝基化合物、废热,以及由铁矿粉和焦炭粉组成的悬浮物,这就使水的循环利用受到限制;废渣中则含有大量铁渣、石灰、氧化铝、硅酸盐类物质、石墨颗粒和其他重金属氧化物颗粒。

2. 有色金属矿产

有色金属矿产包括重金属矿产(即一般密度在4.5 g/cm^{3}以上的金属,如铜、铅、锌等),轻金属矿产(密度为0.53~4.5 g/cm^3,化学性质活泼的金属,如铝、镁等),贵金属矿产(地壳中含量极少、提取困难、价格较高、密度大、化学性质稳定的金属,如金、银、铂等),稀有金属矿产(如钨、钼、锗、锂、镧、铀等)。有色金属矿产是国民经济和科学技术发展必不可少的基础原料。目前具有工业开采价值的有色金属矿产有60多种,其中产量和消费量较大的有色金属矿产有铜矿、铝矿、铅矿、锌矿、钛矿等,它们合计占有色金属矿产产量和消费量的95%以上。全世界铜矿床分布较为普遍,但主要集中在南美和北美的东环太平洋成矿带上,在全世界剩余的3.39×10^8 t铜储量中,南美占37.5%、北美占23.3%,亚太和东欧—苏联地区分别占15.6%和11.5%,其他地区资源储量有限。中国是世界上有色金属矿产资源匮乏的国家,可供开发的有色金属矿产短缺,主要有色金属品种如铜、铝、铅、锌的矿产储量均严重不足。

目前,有色金属工业产生的"三废"大部分是矿石本身带来的,由于有色金属特别是贵金属矿石中有用元素含量较低,故在选矿、烧结、冶炼等过程中不仅会消耗大量的水,还会产生大量的废矿石,向环境排放大量工业"三废",其中废气中多含有SO_2、NO_2、CO、挥发酚和含有多种有毒重金属的颗粒物;废水中含有汞及其无机化合物、镉及其化合物、砷及其无机化合物、六价铬、铅及其无机化合物、铜及其化合物、锌及其化合物、镍及其化合物、铍及其化合物、氟化物等;废渣中富含有砷尾矿、铀尾矿、湿法炼钢浸出渣及砷铁渣、含砷烟尘与砷钙渣、湿法炼锌浸出渣、中和净化渣与砷铁渣、污泥、湿法炼锑浸出渣与碱渣、铍渣、酸泥、废触媒等,这些物质均属于剧毒、易残留、生物易富集的永恒污染物。由此可见,有色金属工业属于高污染行业。中国因有色金属矿产资源缺乏,近些年来有色金属行业利用废旧的有色金属废物冶炼回收有色金属元素,形成了资源循环的技术模式,由于不用或少用有色金属矿石发展有色金属工业,故废水、废气和废渣大大减少。SO_2、砷、氟、汞、镉、铅等有毒物质在“三废”中的排放量也明显下降,其中以固体废物和废水的减量排放作用最为显著。

9.6 自然灾害概述

自然灾害(natural disaster)及减灾对策研究是当今国际政府和学术界共同关注的科学问题之一。运用环境地学基本原理探讨自然灾害形成、演变的自然环境条件和社会经济背景;揭示自然灾害的地域类型和时空分布规律,掌握人类活动与自然灾害相互作用的规律是有效进行防灾、避灾、减灾和救灾的重要措施,也是实现区域可持续发展的重要途径。

9.6.1 自然灾害的概念

《环境科学大辞典》中自然灾害的定义是:“自然环境的某个或多个环境要素发生变化,破坏了自然生态的相对平衡使人群或生物种群受到威胁或损害的现象。”日本学者金子史朗 1981 年指出:“灾害是一种与人类关系密切,常给人类生存带来危害或损害的自然现象。”可见自然灾害是指发生在环境地球系统中,并给人类社会带来重大损失与危害的各种自然过程变异事件,即那些会给人类的生存与发展带来各种灾祸的自然现象的总称。在现代社会中,人们谈“灾”色变,据不完全统计,仅亚太地区,最近 800 年来就发生了约 30 次大地震,造成了近 300 万人死亡,直接经济损失超过1 500亿美元。而 20 世纪下半叶以来,由于地震、海啸、火山喷发、洪水、台风、龙卷风、滑坡、泥石流和森林大火等重大的自然灾害,在世界范围内更是造成了 350 余万人死亡,直接经济损失近1 200 亿美元,这还未包括由此引发的间接危害。

从环境地学的角度来看,自然灾害是由自然环境原因、人为活动原因或两者兼有的原因给人类社会系统带来不利后果的现象,自然灾害并不是单纯的自然现象或社会现象,而是一种自然-社会现象,是自然环境系统与人类社会系统相互作用的产物。就自然灾害的属性而言,任何一种自然灾害都具有两重属性,即自然属性和社会属性。前者是指自然灾害产生于环境地球系统物质运动过程的一种或数种具有破坏性的自然力,这种自然力往往是人类不易抗拒或不可抗拒的,并通过非正常的方式释放而给人类造成危害。后者是指自然灾害对人类社会系统的影响或危害程度,一般称为成灾程度,通常用伤亡人口数、破坏的基础设施情况、损失的价值等指标表示。从人与自然的辩证关系来看,各种自然灾害中既包括“纯自然灾害”,又包括许多“人为自然灾害”,以及由于人为因素与自然因素相互叠加引起的灾害,如人工诱发地震、滑坡及泥石流,砍伐森林所引起的水土流失和荒漠化,人为环境污染所引起的烟雾事件等。可见,“自然灾害”概念既包括全部的“天灾”，也包括了相当一部分的“人祸”，可以认为是一个“天灾”与“人祸”的混合体。

根据自然灾害的特征及自然灾害在环境地球系统中出现的位置，可以将自然灾害划归为以下类型：① 天文灾害，如超新星爆发、陨石冲击、太阳辐射异常、电磁异爆、宇宙射线等。② 地质灾害，如火山爆发、地震、岩崩、雪崩、滑坡、泥石流、地面下沉等。③ 气象水文灾害，如旱灾、水灾、风灾、沙尘暴、雪灾、雹灾、寒潮、霜冻、低温、陆龙卷风及气候异常等。④ 海洋灾害，如台风、海啸、风暴潮、海水倒灌、海岸侵蚀、厄尔尼诺、赤潮等。⑤ 土壤生物灾害，如森林火灾、农业病虫害、沙漠化、盐化、物种灭绝、地方病、外来物种入侵。⑥ 环境灾害，如烟雾事件、雾霾、酸雨、噪声、环境污染等。

另外按照自然灾害发生的速率和持续的时间，也可以将自然灾害划分为突发性灾害和非突发性灾害：前者如地震、山崩、火山爆发、洪灾等；后者如水土流失、土壤风蚀沙化、土壤盐化、旱灾、海岸侵蚀、海水倒灌等，非突发性灾害一般又称为环境灾害或生态灾害。

9.6.2　自然灾害的特征

自然灾害是人类社会生存和发展的大敌，减轻灾害损失、摆脱灾害的威胁是人类社会发展的需要。在洞察各种灾害发生演化时空规律的基础上，进行有效的监测、预测和预防是防灾、减灾、避灾及救灾的重要途径。对大量的自然灾害形成与发生研究表明，自然灾害具有以下特征。

（1）危害性和并发性：危害性是指自然灾害给国家、集体和个人带来的各种难以想象的灾难性后果，这种后果给社会和环境造成重大损害，乃至直接威胁人们的生存。这是自然灾害的主要特征，也正是自然灾害所具有的巨大危害性，才构成了人类社会系统和生存环境系统的危机。并发性是指一种自然灾害的发生常会诱发或导致其他类型灾害的发生。如大地震灾害的发生除了直接造成建筑物和工程设施的毁坏、崩塌和由此引起的大量人员伤亡及经济损失外，还常常会诱发海啸、火灾、滑坡、泥石流等次生灾害，甚至还会酿成瘟疫、社会恐惧等衍生灾害。几种灾害的破坏作用一旦叠加在一起，其危害程度将远远超过单个灾害所造成的危害。如 1854 年日本本州岛南部地区发生的强烈地震，地震又引发了惊人的海啸，海水猛然上升 10 m 致使俄国著名的“季阿娜”号军舰遇难，俄国外交使团全部葬身海底。海啸还摧毁了沿岸 8 300 栋房屋。再如 2004 年发生在印度尼西亚苏门答腊岛附近海域的强烈地震，不仅造成了严重的财产损失和重大人员伤亡，还引发强烈的大海啸，波及印度尼西亚、斯里兰卡、印度和泰国等国，造成数十万人的伤亡或失踪。

（2）意外性和紧急性：意外性是指自然灾害由意外突发事件引起，其发生往往出乎人们的预料、令人猝不及防，即使是全球大气的温室效应、海平面上升、沿海城市的地面下沉等趋势性灾害，其危害也总是通过全球气候异常、沿海大规模海蚀海侵等突发的形式表现出来。自然灾害之所以普遍具有意外性，主要是由于人类对孕育自然灾害的复杂多变的环境地球系统缺乏深入的了解。紧急性是指自然灾害来势迅猛、暴发速度快，允许人们做出反应的时间十分短暂，以致组织和个人难以及时采取应变措施。

（3）区域性和延滞性：区域性是指自然灾害的种类和灾害发生的频率与区域环境特征有密切的相关性，即特定的自然灾害往往发生在特定环境之中，如海啸、台风往往发生在沿海地区；

洪灾往往发生在大江河中下游沿岸地区，如孟加拉国、中国长江中下游地区、黄淮海平原等都是洪灾多发地区。再如在世界两大地质构造断裂带附近的国家和地区（如日本、中国台湾地区、菲律宾、智利等）就常受到地震和火山的袭击；而巴西、蒙古、澳大利亚的地质条件又决定了其少地震和少火山。延滞性是指自然灾害发生所波及的范围广大，上至天空及大气层，下至大地、森林、海洋，并且它所产生的危害不易消失，在空间和时间上还会不断地滞留、扩展，从而使人们长时间处于危害之中。

(4) 周期性和群发性：由于各种自然灾害的成因不同，故各有其自身独特的周期。火山爆发、地震和特大干旱往往以百年为尺度，如中国历史上自明朝末年到晚清时期约 300 年间，曾于公元 1636—1642 年、1720—1723 年和 1875—1878 年出现过 3 次特大旱灾，由此产生的饥荒在严重时达到几十个县境内发生“人相食”的程度。特大洪涝灾害则以几十年为周期，长江流域在 1936 年、1954 年和 1998 年发生了 3 次全流域性特大洪水。重复周期更短的是各种灾害性的气象过程：直到 20 世纪下半叶才为人们所熟知的厄尔尼诺现象，几年发生一次；而肆虐近海地区的台风和风暴潮，一年内就要发生几次至十几次。另外一些相同或不同类型的自然灾害还常常接踵而至或是相伴发生，“祸不单行”就是灾害群发性的写照。如在 17 世纪的 100 年内，中国海河流域竟先后有 70 年暴发了蝗灾，34 年出现瘟疫，83 年发生饥荒；与此同时，中国其他地区还出现了低温灾害、尘暴、地震等一系列重大灾害事件，成为历史上著名的灾害群发期。同样，20 世纪世界范围内各种灾害的发生频度也是居高不下，应视其为一个典型的灾害群发阶段。

(5) 复杂性和多因性：自然灾害的复杂性表现在多个方面，其一，灾害的周期性不仅局限在一种时间尺度上，还可以表现出层层嵌套的特异行为。如近 500 年来，中国地震有两个百年间隔的活跃期，第一次为 1480—1730 年，第二次为 1880 年至今。在气象灾害中，这种多重尺度的周期现象更是明显。其二，某种灾害常常与其他灾害组成灾害链，牵一发而动全身，带动了一系列相关灾害的出现。如 1933 年四川茂县先发生了 7.5 级地震，触发了数百处山崩；崩落的岩块冲入岷江阻断了多处干流和支流，形成了十多处堰塞湖，随后一场连阴雨使堰塞湖急剧涨水，积水最后冲溃石坝，破坝而下的水头竟高达 60 m 以上，洪涛一泻千里，荡涤了所经下游 10 个县城和几乎全部村镇，顷刻之间卷走了 2 万多人，冲毁农田 5 万多亩，形成一次由地震—山崩—滑坡—溃决性洪水连环组成的亘古奇灾。其三，不仅一种自然营力可以引起多种灾害，同一灾害事件也可以由多种不同的原因引起，使人们对灾害的辨别和防范倍感困难。如地震的发生既可以由板块运动、火山喷发、水库蓄水等过程所引发，也可能与太阳活动、行星运转和月球的引潮作用有关。

许多复合系统自发地朝着一种临界状态进化，在这种临界状态下，小事件引起的连锁反应能对系统中任何数目和所有层次的组元产生影响，引起多米诺效应。虽然复合系统发生的小事件比大灾难多，但是遍及所有规模的连锁反应是动态特性的一个必不可少的部分。根据这一理论，同类型小事件与大事件的发生都是起因于同一种机制，复合系统永远不会达到平衡态，而是从一个亚稳态向下一个亚稳态进化，这使灾害事件的发生不仅具有在同一时间尺度上的周期性，还具有不同时间尺度间的自相似性，即所谓的分形标度特征。正是由于系统具有这种特征，才有了灾害事件周期性重现和群发，这些特征的相互交错或同时出现，又成为灾害的复杂性和多因性之源。

随着社会生产力水平的不断提高，人类改造自然环境的深度和广度也在不断增强，这不仅使越来越多的自然灾害发生与人类社会因素密切相关,还会不断地产生许多人工诱发的新灾害。因此,从环境地球系统发展演化的角度来看,进行自然灾害研究必须注重如下方面的问题:在分析环境地球系统时空分异规律的基础上,揭示区域自然资源系统、生态系统结构及其运动变化的客观规律,掌握区域自然资源系统、生态系统的自我调节机制及其极限,如人类对它们的干涉超过了其调节功能或极限就会破坏自然环境原有的秩序,改变它的发展态势,其结果,要么朝着有利于人类生存和发展的顺向演替方向转变,要么朝着不利于人类生存和发展的逆向演替方向转变,两者必居其一。

9.7　地质灾害及其环境影响

地质灾害是指由地质内营力引发的或以地质环境(即岩石圈)变异为主要特征的自然灾害,主要包括火山爆发、地震、崩塌、滑坡、泥石流、地面沉降、地面塌陷、地裂缝等。在地球内动力特别是岩石圈内动力、外动力或人为地质动力的作用下,岩石圈发生异常能量释放、物质运动、岩土体变形位移及环境异常变化等,危害着人类生命财产、生活与经济活动或破坏人类赖以生存与发展的资源环境的现象与过程都是地质灾害的具体表现。

9.7.1　火山灾害

火山灾害是由火山活动造成的自然灾害,属于岩石圈内动力驱动的地质灾害。全世界每年约有50次火山喷发,其中多数都不会形成火山灾害。火山喷发时,喷涌的炽热岩浆会吞噬地面上的一切物品、人群、其他生物、设施,并会引发一系列其他灾害,如海啸、泥石流、洪水、有毒气体扩散、颗粒物扩散等,对人类生命财产、生产生活、建设活动及资源与环境造成多种危害。在全球有3个火山集中分布的强烈火山活动地带:① 环太平洋火山带,从中国台湾地区向北经日本群岛、千岛群岛、堪察加半岛、阿留申群岛到阿拉斯加,转南经北美和南美西岸,到达南极半岛,再折向北经新西兰、新赫布里底群岛,再到所罗门群岛直到菲律宾,即环绕太平洋沿岸及其邻近岛屿,被称为“火环”。② 地中海—印度尼西亚火山带,西起地中海,经高加索、喜马拉雅山到印度尼西亚的东西向火山分布带。③ 洋中脊火山带,即沿太平洋、大西洋、印度洋之洋中脊也是活火山或近期火山较多的地带,如冰岛、亚速尔群岛等地的火山皆位于此带上。另外非洲东部和内陆断裂火山带,也分布着相当一部分火山,如图9-8所示。

根据火山灾害的危害差异,可以将其划分为火山直接灾害、火山(间接)衍生灾害、火山环境灾害。火山喷发的直接致灾方式有火山泥石流、火山碎屑流、火山熔岩流、火山灰云和有毒气体排放等。如火山喷射出大量的气体、液体和火山灰呈蘑菇云状柱体升上天空称为普里宁式喷发柱,其中水汽遇冷凝结,携带着火山灰等物质形成泥雨再降落到地面,可引发火山泥石流;火山口附近被炸碎的岩石和部分射入空中的岩浆冷凝后落下,可形成火山碎屑流;溢出地面的岩浆自火山口顺坡而下,形成炽热的火山熔岩流;大量的火山灰遮云蔽日,随普里宁柱的蘑菇云飘移,形成火山灰云;火山喷发后空中弥漫的有毒气体,可以使人窒息死亡等。暴发事件的水淹火

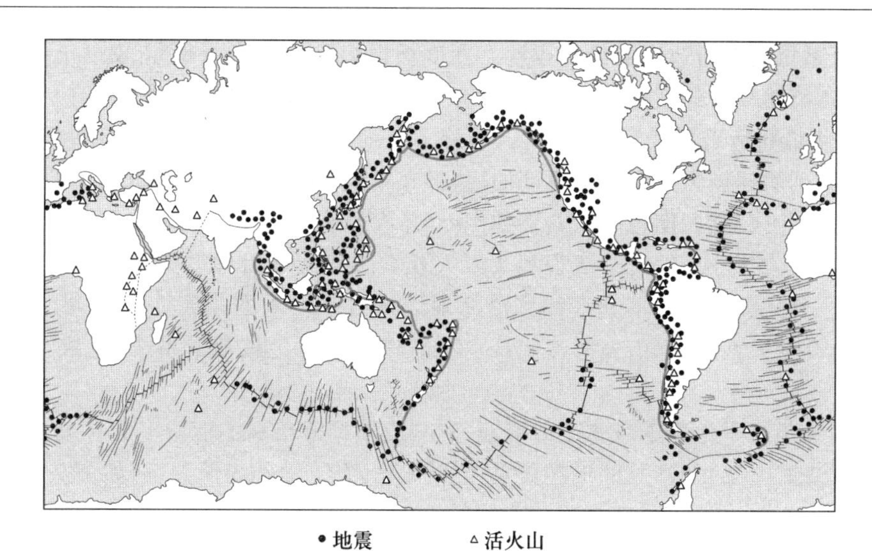

图 9-8 全球活火山及地震分布带示意图

(资料来源:Hamblin W K,1992)

燎,泥裹烟熏,其危害强度足以吞噬所经之处的一切。著名的维苏威火山喷发导致庞培古城彻底毁灭就是典型的实例。除此之外,火山喷发还可诱发地震、海啸、爆炸、火灾、崩塌等灾害,更加剧了对建筑物、道路、桥梁、农田、森林和城市设施的毁坏程度,造成严重的生命伤亡和财产损失。另外,火山喷发还能将大量火山灰和气体物质注入大气对流层上部或平流层对全球环境产生严重的影响。

在火山灾害研究中,一般将火山划分为死火山、休眠火山和活火山。死火山是指保留着火山形态和物质,但在人类历史上至今从未活动过的火山;休眠火山是那些在人类历史上曾经有过活动但现今一直处于“休眠”状态的火山;活火山是现在还在活动或有明显活动迹象的火山。活火山是最危险的火山类型。

9.7.2 地震灾害

地震是指地壳任何部分的快速颤动,是地壳运动的特殊形式。地下发生地震的地方叫震源,震源在地面上的垂直投影叫震中,从震源到震中的距离叫震源深度,常以 h(km)表示。根据震源深度 h 可将地震划分为:浅源地震($h=0\sim70$ km)、中源地震($h=70\sim300$ km)和深源地震($h>300$ km)。地震灾害的危害程度常用地震效应和地震烈度来表示。

地震效应是指地震所产生直接或间接快速颤动的后果,它既反映了地震的强度,也是地震破坏方式的体现。衡量地震效应的指标主要有:由地震引起的地表位移和断裂、地震所造成的建筑物和地面的毁坏(如地面倾斜、不均匀沉降、土壤液化和滑坡等)程度,以及水面的异常波动(如海啸)程度等。在一定范围内地震效应通常与地震实际释放的能量、距震中的距离、当地岩土的性质、建筑物抗震性能等因素有关,因此,地震效应也是地震的破坏力、地质条件和人类活动三者之间相互影响的结果。

地震烈度是指地震所造成的破坏程度。烈度根据多种标志综合确定,如人们的感觉,物体的震动情况,各类建筑物的破坏程度,地面的变形和破坏情况等。中国及世界上多数国家采用 12 级烈度表,将最高地震烈度定为 12 度。尽管一次地震的震级是确定的,但距离震源远近不同的地区,感受到的地震强烈程度是不同的,这样在不同地区的地震烈度也就不同。一般而言,距离震中越远的地区,其烈度也越低。例如 1960 年在智利发生了 9.5 级特大地震,这是有仪器记录以来最大的一次地震,地震造成智利 2 万人死亡。几天之后地震的能量穿过太平洋,在太平洋西岸掀起了海啸,又给日本和菲律宾沿海地区造成了严重的损害。2011 年日本东北部海域发生里氏 9.0 级大地震,并引发海啸使日本福岛核电站发生核泄漏事故,造成重大人员伤亡和财产损失。

地震的震级是表示地震本身大小的等级,它与震源释放出来的能量多少有关。一个地震震级(M,地震面波里氏级)与释放的地震波总能量(E)具有下面的简单关系,如表 9-3 所示。

$$\lg E = 12.24 + 1.44M\text{(适应于 } M>5 \text{ 级的地震)} \tag{9-2}$$

表 9-3　各级地震释放的能量

M(里氏级别)	能量/J	TNT 当量	M(里氏级别)	能量/J	TNT 当量
1.0	2.0×10^{16}	0.17 kg	6.0	6.3×10^{20}	6 270 t
2.0	6.3×10^{16}	5.9 kg	7.0	2.0×10^{22}	1×10^{5} t
3.0	2.0×10^{17}	397 kg	8.0	6.31×10^{23}	6.27×10^{6} t
4.0	6.3×10^{17}	6 t	8.5	3.6×10^{24}	3.16×10^{7} t
5.0	2.0×10^{19}	199 t	9.0	2.0×10^{25}	1.99×10^{8} t

按照引发地震的直接成因可将其划分为如下类型:① 构造地震,由地壳的机械运动使刚性岩块发生突然断裂而引起的地震。产生的背景是岩石圈板块的相对运动,因运动阻抗而使应力集中,当其超过岩石强度时便引起岩石破裂,积聚的应力于瞬间快速释放使断裂的岩层发生弹性回跳,从而发生地震。这是主要的也是危害最大的一类地震。② 火山地震,与火山喷发有明显成因联系的地震。例如印度尼西亚的苏门答腊岛和爪哇岛,历史上曾同是一个岛屿,公元 1115 年在一次剧烈的火山喷发和接踵而至的地震中一分为二形成了两个独立的岛屿。此类地震约占地震总数的 7%,多分布于火山活动地区,范围比较局限。③ 陷落地震,在岩溶发育地区,由于溶洞顶部岩石崩塌而引起的地震。在地势陡峭的山区,由于山崩或大型滑坡的发生,也可以引起规模不大的地震,这些地震统称为陷落地震。陷落地震不仅数量少、范围有限,造成的危害也要远小于其他地震类型。④ 诱发地震,在某种诱发因素的作用下,局部地区的地应力强度达到临界状态,进而造成岩层或土体失稳而导致的地震。如快速减压引起岩体的急剧膨胀,过量荷载触发岩体的突然破裂等。此外,人类活动也加剧了自然界的地层失衡,使人为因素成为此类地震首要的诱发因素。

地震的空间分布与地壳各大板块之间的边界基本一致,集中于以下几个可称为地震带的地区:① 环太平洋地震带,该地震带沿太平洋板块边界上的岛弧—海沟带分布,是全球地震最多的地区。这里集中了全球 80% 的浅源地震、90% 的中源地震和几乎全部的深源地震。② 阿尔卑斯—喜马拉雅—印度尼西亚地震带,该地震带沿欧亚板块、非洲板块和印度洋板块的结合带分布，其地震活动的数量约占全球的15%，除少量中、深源地震外，绝大多数为浅源地震。③ 大洋中脊和大陆裂谷地震带，该地震带多分布在各大洋的洋中脊和各大陆的裂谷带上，其地震数量不多，震级也较小，很少超过里氏6级。④ 大陆板块内部地震带，该地震带简称为板块内部地震带，其地震多集中于板块内部的活动断层带及其附近地区，以浅源地震为主，震级有大有小，是对人类社会危害较大的一个地震活动带，如图9-8所示。

中国是板块内部地震活动最为典型的国家之一，从地震分布来看，中国恰好位于环太平洋与阿尔卑斯—喜马拉雅—印度尼西亚两个全球级地震带交汇的三角区内，地震活动水平一直较高。因以浅源地震为主，地面烈度大，故受灾的程度也高。中国是世界上研究地震最早的国家，自公元前1831年的夏商时期就有了地震记录，到20世纪90年代，记录的仅在里氏6级以上的灾害性强震就超过700余次。公元132年东汉张衡发明了地动仪（如图9-9所示）之后不久，就于公元138年在洛阳监测到了千里之外的陇西大地震。再如1975年中国还准确地预报了辽宁省海城7.3级大地震的发生，更是堪称人类史上最为成功的地震预报之一。

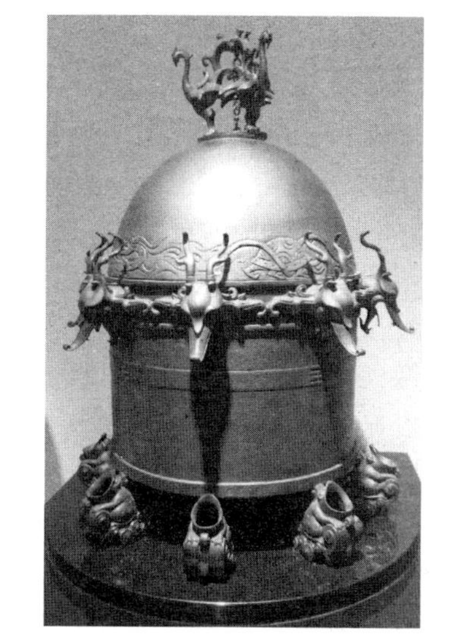

图9-9　张衡发明的地动仪模型图

9.7.3　滑坡和崩塌

滑坡是指浸湿的土体、岩体或碎屑堆积物，在重力作用下沿一定的滑动面做整体下滑的现象，它是山地丘陵区常见的一种地质灾害。按自然类别或与工程的关系，滑坡可以分为自然滑坡、岸坡滑坡、矿山滑坡和路堑滑坡4种。滑坡的孕育和发生与人类活动关系密切，作为一种灾害，滑坡可对人类生命财产造成直接的危害；反过来，人类活动又促成和加剧了滑坡的形成。滑坡发生以后，可以单独成灾而摧毁公路、铁路、村镇、厂房，或堵塞河道、阻断航行。滑坡也可作为其他灾害的次生灾害而加重灾情。在滑坡的发生和发展过程中起决定作用的是坡面上存在着易于滑动的物质即滑坡体，其下部出现易于滑动的不连续面即滑动面，以及前沿发育有允许其向前滑动的有效临空面。此外，滑坡的运动是从剪出口部位开始的，滑动初期的有效临空面也称为剪出临空面。滑动开始以后，临空面将变形破坏而不复存在。滑坡发育的主要条件包括地形地貌条件、地质构造与新构造运动条件、地层岩性及水文地质条件等。在稳定性差、高差大和陡倾斜岩层的斜坡地带，新构造运动活跃的断裂地区，以及岩土体破碎与风化强烈、软硬岩层分层明显、地下水变动幅度较大的地区，都是滑坡发育的有利地区。地表水的冲刷、渗透、浸泡和润滑作用，地震与火山爆发，人工开挖坡脚和在坡面上兴建各种建筑物等，都能促使滑坡失稳滑动。

崩塌是指陡峭斜坡上的岩块、土体在重力作用下发生突然的、快速的下移运动。其形式主要有散落、坠落、翻落等。崩塌与滑坡共同的诱发因素都是重力作用。但两者比较起来，崩塌发育的条件要更加局限一些，只有在大多数的滑坡条件得到满足之后，并且同时还要具备陡峻的坡度、高倾角的裂隙和较大的地形高差才行。

9.7.4　泥石流

泥石流是一种含有大量泥沙石等固体物质，突然爆发、历时短暂、来势凶猛、具有强大破坏力的特殊洪流。泥石流中泥沙石体积一般占总体积的 15%以上，最高可达 80%，其体积密度(容重)一般为 1.3~2.3 t/m^3。泥石流的性质和流态都不稳定，常随固体物质在流体中的相对含量、固体物质的组分和颗粒大小、河床形态和坡度的变化而变化；此外还随运动过程中时间和地点的不同而变化。泥石流的分类相对比较统一，根据固体物质的组分特征，泥石流可划分为稀性泥石流和黏性泥石流两大类，稀性泥石流的体积密度一般为 1.3~1.7 t/m^3；黏性泥石流的体积密度则大于 1.7 t/m^3，在这两者之间还可以细分出一些过渡类型来。

泥石流多发生在新构造运动强烈、地震烈度较大的山区沟谷中。这些地区沟谷多坡度陡峭，流域内崩塌滑坡作用频繁，松散物质丰富，在暴雨季节又有充足水源，使土屑饱和达到流塑状态，导致泥石流的形成。泥石流的发育有 3 个前提：① 顺坡堆积的大量碎屑物质；② 在瞬间集聚的超量水源；③ 山高谷深的地貌条件。泥石流的发生除了与松散固体物质条件和地貌条件有着密切的关系外，水也是泥石流发生的主要条件之一，水作为泥石流的重要组分，还同时起着搬运介质的作用。在不同自然环境条件下，泥石流发生的必要水动力条件有暴雨、冰雪融化和溃决等，其中特大暴雨是泥石流暴发的主要动力条件。泥石流也可因为其他灾害的引发而作为伴生灾害出现。泥石流的成灾主要是由于它的集中冲刷、撞击磨蚀和漫流壅积作用而造成的。泥石流的运动具有阵发性，其固体物质的组成和流体黏度决定了它的流态。稀性泥石流的固体组分多由粗粒物组成，故体积密度和流体黏度皆小，以紊流为主；黏性泥石流含细粒物多，体积密度与黏度均大，搬运能力强，具有整体运动的特点。但无论稀性或黏性泥石流，其运动都具有直进性特征。黏度越大，其直进性越强。遇到急弯沟岸或障碍物就会进行猛烈的冲击，使之被破坏甚至摧毁。此外，泥石流的改道对沟谷有裁弯取直的作用，从而影响地表径流的稳定性。正是由于泥石流这种特殊的运动特征，使其具有很强的危害性。

滑坡、崩塌和泥石流均是斜坡物质的稳定性被外界条件所破坏而发生的灾害。它们在成因、发生时空条件上往往有密切的联系，其共同的诱因都是重力失稳，故在减灾防灾研究中也常将它们作为一个灾害系列来对待。

9.8　气象水文灾害及其环境影响

气象水文灾害是指因大气圈的气象要素、天气过程或水圈的水文要素及水文过程的异常变化给人类生产生活造成危害的自然灾害，它是当今世界发生频率高、影响范围大、对大空间尺度生态环境质量破坏较大的自然灾害之一，其主要类型包括旱灾、水灾、风灾、沙尘暴、雪灾、雹灾、寒潮、霜冻、低温、龙卷风及气候异常等。

9.8.1 旱灾

旱灾是指长时期降水偏少，造成空气干燥、土壤缺水，使农作物体内水分发生亏缺，影响正常生长发育而减产的一种农业气象灾害。在气象学上干旱具有两种含义：一是干旱气候，二是干旱灾害。干旱气候是指年最大可能蒸发量（按彭曼公式的计算值）与年降水量比值（年均干燥度）大于 3.5 的一种气候。在中国干旱气候只限于内蒙古西部、宁夏、甘肃、青海、西藏北部、新疆的塔里木盆地和准噶尔盆地等地区。干旱灾害是指某一具体年、季或月的降水量比多年平均降水量显著偏少而发生的危害，干旱灾害的发生可遍及全国，在干旱、半干旱气候区有发生，在湿润、半湿润气候区也有发生。干旱灾害在中国是影响面最广、最为严重的气象灾害之一。旱灾的发生使地表植被干枯死亡、表土裸露，如遇强风就会引发严重的地表扬尘过程，从而损害区域大气质量。

9.8.2 洪涝灾害

洪涝灾害包括洪水灾害和涝灾。前者是指因大雨、暴雨或大量积雪快速融化而引起的山洪暴发，河水泛滥，淹没农田园林，毁坏农舍、农业设施和交通设施的现象；后者是指由于当年降水量比常年显著偏多，造成农田积水，危害农作物正常生长发育的现象，区域发生涝灾的频繁程度与该地降水量的变率大小密切相关。中国气象局在分析中国东部季风气候区近 500 年来的旱涝变化时，将涝灾定为当年 5—9 月降水量比历年同期平均降水量多 0.33δ（标准差）的一种天气类型。洪涝灾害也是中国农业生产的主要气象灾害之一。据统计，从公元前 206 年至 1949 年的 2 155 年间，中国发生较大的洪涝灾害有 1 029 次，平均两年发生一次，且每次都给人民生产生活带来了严重灾难，同时洪涝流还将大量地表物质带入水体之中造成水体环境的污染。

根据区域水分过多的程度，还可将洪涝灾害细分为洪水、涝害、湿害和城市内涝 4 种：① 洪水，是指大雨、暴雨引起的山洪暴发，河水泛滥，淹没农田与园林，毁坏农舍、农业基础设施、交通及电信设施。另外在沿海地区的某些河流入海口区域，由于海啸、海潮、海水倒灌也会引发洪水灾害。② 涝害，是指雨量过大或过于集中，造成农田积水，使旱田作物受到损害，由于没有大量外来水的注入，农田水的深度较小，不会淹没农作物，故对水田作物影响不大。在冬季积雪较多的地区，春季随着气温升高，地表大量积雪开始融化，而土壤下层还处于冻结状态，这样地表融雪水难以入渗土壤下层，也会发生涝害和土壤侵蚀现象。③ 湿害，是指连阴雨时间过长，雨水过多，或者洪水、涝害之后，因地表排水不畅，使土壤水分长期处于过饱和状态，致使农作物根系因缺氧而受到伤害的现象。④ 城市内涝，是指由于强降水或连续性降水超过城市排水能力致使城市内产生积水灾害的现象，例如 2021 年夏季郑州市遭遇极端强降雨，发生了严重的城市内涝现象，不少路段积水难行、地铁系统进水，给城市运行和市民生产生活造成巨大影响。

洪涝灾害的发生受到多种因素的影响，与季节性区域降水量、流域地理位置、地貌、河道类型、形态、植被分布、水土流失，以及人类活动都有关联。但主要还是受气候异常变化、流域地貌特征和河流水文变迁等因素的制约。气候变化对洪涝形成的影响可以概括为：上游控制与下游控制两种不同的效应。上游控制主要指由于河道上游来流和河水含沙量变化对河流中、下游地区产生的控制作用；下游控制则等同于侵蚀基准面变化的影响。在气候干燥期降水减少，上游来水量及其泥沙含量均同步减少；气候湿润期上游高山区冰雪融化加快，上游来水量及其泥沙含量也随之增加。可见气候干湿变化的影响主要是改变了河流的来水量及其泥沙含量，故可称为上游控制作用。另外在气候寒冷期，地表水结冰率增加使地表水循环过程及其通量减少，侵蚀基准面随之下降，河床比降增大，河流的冲蚀作用将相应增强，结果使河道被顺向加长，河床加深，从而可容纳更大的上游水量；反之在气候温暖期，冰雪融化过程增强，侵蚀基准面被抬高，河床比降减小，河流的冲蚀作用减弱，此时河床因淤积将被进一步抬高，行洪能力也随之下降。可见气候冷暖变化的效果是一种下游控制作用。

在各种因素的综合影响之下，河流演化仍有其自身的水文规律，而非全然被动地适应环境的改变，这表现为河流一般不允许超过自身挟带能力的泥沙停留其中；在一定的水动能条件下会维持河床的天然深度；随着来流来沙情况的变化，也会形成相应的河床断面和河道曲率等。因此，当环境因素发生变化，引起明显的上游或下游控制效应时，河流会自发产生河型变化，以调节和减轻环境的扰动。例如，当来流来沙减少时，河型变化的趋势由曲流型向分汊型转变，分汊型向游荡型转变；当来流来沙增多时，变化趋势就会与之相反，由游荡型向分汊型转变，或由分汊型向曲流型转变。在没有人类活动干涉的情况下，河流正是以这种方式来响应环境的改变，以调节洪水期的流量变化。人类作用对洪涝有重要的影响，如过度砍伐和垦荒造成严重的水土流失，使超量泥沙冲入河流，使河流自身的调节能力减弱甚至丧失，河床被淤高阻塞；如果河流沿岸的蓄洪湖泊被填平造地，也会造成河流正常泄洪能力的萎缩，或上下游行洪能力倒挂，使洪水灾害的发生更为频繁。另外，拦江大坝的建设不仅可以利用水力发电，还在一定程度上起到削峰补平减轻洪水灾害的作用。

9.8.3　沙尘暴

沙尘暴是一种风与沙相互作用的灾害性天气现象，它的形成与地球温室效应、厄尔尼诺现象、森林锐减、植被破坏、草场退化、气候异常等因素有着不可分割的关系。其中，人口膨胀导致的过度开发土地资源、过量砍伐森林、过度放牧是沙尘暴频发的主要原因，裸露而松散的地表土壤物质，很容易被大风卷起悬浮在空中形成沙尘，其高度距地表达 1 000~2 500 m，严重时可达 3 000 m，这是形成沙尘暴甚至强沙尘暴的重要机制，在适宜的大气环流背景下，沙尘气溶胶可以输送到其下风向上千千米以外的人口稠密且经济发达的国家与地区，这种影响不仅仅是单纯的区域环境问题，它已经涉及社会经济的各个领域。

沙尘暴作为一种高强度风沙灾害和沙尘天气过程，主要发生在那些气候干旱（或者季节性干旱）、植被稀疏的地区。沙尘天气划分为浮尘、扬沙、沙尘暴和强沙尘暴 4 种类型。其中浮尘是指在无风或风力较小的情况下，尘土、细沙均匀地浮游在空中，使水平能见度小于 10 km的天气现象；扬沙是指风力将地面尘沙吹起，使空气相当浑浊，水平能见度在 1~10 km 的天气现象；沙尘暴是指强风将地面大量尘沙吹起，使空气十分浑浊，水平能见度小于 1 km 的天气现象；强沙尘暴则是指大风将地面尘沙吹起，使空气极端浑浊，水平能见度小于 500 m 的天气现象。

形成沙尘暴灾害的基本条件有干燥寒冷的大风或强风,同时大风或强风过境区域地表有干燥、松散的土壤物质(即沙尘物质,其颗粒直径为0.002~0.063 mm),区域具有不稳定的大气流场。其中强风是驱动沙尘暴产生的动力,干燥松散的土壤物质是沙尘暴形成的物质基础,而不稳定的热力条件或大气流场是加速沙尘暴形成和传播的重要条件。沙尘暴主要发生在沙漠及其临近的干旱、半干旱及季风性气候的半湿润地区。世界范围内沙尘暴多发区位于中亚、北美、中非和澳大利亚。在中国沙尘暴则主要分布在西北及华北大部分地区,主要位于35°N—45°N,属于中亚沙尘暴区的一部分,是全球现代沙尘暴的频发区之一。

沙尘暴灾害对生态系统的破坏力极强,它能够加速土地荒漠化,造成较为严重的大气污染,威胁人群健康及生命安全,对交通、通信、供电、农业等产业带来多种负面影响。其具体表现为:强风携带大量细沙粉尘摧毁建筑物及公用设施,危害人畜健康与安全;在沙尘暴过境的区域,强大的风沙流可以将农田、渠道、村舍、铁路、草场等掩埋,尤其是对交通运输造成严重威胁;每次沙尘暴的沙尘源和影响区都会受到不同程度的风蚀危害,其土壤被风蚀的深度可达 1~10 cm,造成农田和草场土壤养分的大量流失和土壤性状恶化,使土地生产力降低;同时沙尘暴造成大区域大气严重污染,其主要污染物为总悬浮颗粒物(TSP)。例如在 2003 年 3 月 20 日的沙尘暴及沙尘天气过程中,北京市城区平均降尘量高达29 g/m^2。根据相关研究成果,沙尘暴经常通过以下 3 条途径侵袭北京市,即北路从二连浩特、浑善达克沙地西部开始,经四子王旗、化德、张北、张家口、宣化等地到达北京市;西北路从内蒙古阿拉善的中蒙边境、乌特拉、河西走廊等地区开始,经贺兰山地区、毛乌素沙地或乌兰布和沙漠、呼和浩特、大同、张家口等地到达北京市;西路从新疆哈密或芒崖开始,经河西走廊、银川、大同或太原等地到达北京市及华北南部地区。

9.8.4 雾霾天气

雾霾天气即雾霾,其中雾(fog)是指在接近地球表面大气中悬浮的由小水滴或冰晶组成的水汽凝结物,是一种常见的天气现象;霾(dust-haze,又称为灰霾或烟霞),是指原因不明的因大量烟、尘等微粒悬浮而形成的浑浊现象,霾的核心物质是空气中悬浮的灰尘颗粒,气象学上称为气溶胶颗粒。在工业及交通聚集、人口众多的大都市区,雾与霾常常相伴而生,故常将两者一并称为雾霾天气。2014 年中国国家减灾委员会办公室和民政部已将危害人群健康的雾霾天气纳入自然灾情范畴,雾霾天气的危害主要有:易诱发人群心血管疾病和呼吸道疾病,并导致传染病发生的概率增大;对公路、铁路、航空、航运、供电系统、农作物生长等均有严重的危害和影响;也对区域生态环境景观及地表各类建筑物有不利的影响。由于快速的工业化和城镇化,我国大范围区域出现雾霾天气的天数从 20 世纪中期的每年几天已经增加到目前每年 100~200 天,灰霾已成为我国黄淮海地区、长江河谷、四川盆地和珠江三角洲区域面临的主要大气污染问题。

雾是一种天气现象,是悬浮在贴近地大气中的大量微细水滴或冰晶的可见集合体。霾则主要是人为因素造成的,是空气中的灰尘、硫酸、硝酸、烃类等粒子使大气混浊、视野模糊并导致能见度恶化的现象,如图 9-10 所示。区域大气层结稳定或近地面大气出现逆温层、静风或微风、大气相对湿度较高则是雾和霾形成的重要气象条件,尽管雾和霾具有相同或相近的形成气象条件，但雾和霾还是具有显著的不同，如表 9-4 所示。

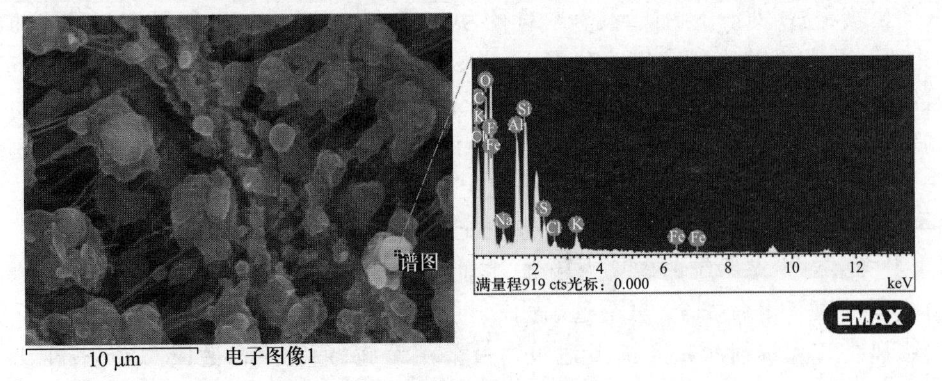

图 9-10　大气中 $PM_{2.5}$ 的扫描电镜照片及微区成分定性分析示意图

表 9-4　大都市区域雾和霾的主要区别

项目	雾	霾
大气能见度	小于 1 000 m	小于 10 000 m
大气相对湿度	大于 90%	小于 80%（相对湿度在 80%~90% 的为雾霾混合物，但以霾为主）
厚度	雾厚度不足 200 m	霾的厚度可达 1 000~3 000 m
边界特征	雾的边界清晰，过了“雾区”可能就是晴空万里	霾与晴空区之间没有明显的边界
日变化特征	雾多出现于午夜至清晨	霾的日变化特征不明显
颗粒物颜色	雾的颜色是乳白或青白色	霾是灰黄色或橙灰色
颗粒物成分	多为水汽、微小水滴或冰晶	尘埃、硫酸、硝酸、有机物等
对人群健康危害	危害较小	对人群健康危害多样且严重

9.9　土壤与生物灾害及其环境影响

土壤与生物灾害是指在自然因素或人为因素的作用下，致使区域生物圈、土壤圈的物质组成与结构发生异常变化给人类生产生活造成危害的自然灾害，主要包括荒漠化、盐化、水土流失、森林火灾、病虫害、物种灭绝等。

9.9.1　土地荒漠化

土地荒漠化是在自然因素和人为活动综合作用下，干旱区、半干旱区、季节性干旱的半湿润区的土地退化现象,包括土壤退化(侵蚀、风蚀沙化、盐碱化、肥力衰竭等)、植被覆盖度降低、生物量减少、生物多样性下降等,即类似荒漠景观的形成与扩展过程。1992 年联合国环境与发展大会指出:"荒漠化是由于气候变化和人类不合理的经济活动等因素,使干旱、半干旱和具有干旱灾害的半湿润地区土地发生了退化。"1996 年《联合国防治荒漠化公约》秘书处指出:当前世界荒漠化现象仍在加剧,全球荒漠化面积已达 35.92×10^{8} hm^{2},占全球陆地面积的 1/4。全球约有 12 亿人受到荒漠化的直接威胁,其中有 1.35 亿人在短期内有失去土地的危险。中国是世界上土地荒漠化严重的国家之一,据统计资料,中国现有荒漠化土地面积已达 262×10^{4} km^{2},其中 98%的荒漠化土地集中在西北、华北北部和东北西部地区,涉及 18 个省和自治区。荒漠化已经不再是一个单纯的环境问题,而已演变为社会经济问题。在人类当今诸多的环境问题中,荒漠化是最为严重的灾难之一。就全世界而言,过度放牧和不适当旱作农耕是干旱和半干旱地区发生荒漠化的主要原因。同样,干旱和半干旱地区用水管理不善引起大面积土地盐化,也是一个十分严重的问题。联合国曾经对 45 个荒漠化地区进行了调查,其结果表明:由于自然因素(如气候变干)引起的荒漠化占 13%,其余 87%均为人为因素所致。中国北方土地荒漠化的成因可归结为:过度的农业开垦、过度放牧和过度樵采,如表 9-5 所示。

表 9-5 中国北方土地荒漠化的人为成因类型

土地荒漠化的成因类型	占荒漠化土地面积的比例/%
过度农垦活动	25.4
过度放牧活动	28.3
过度樵采活动	31.8
水资源利用不当	8.3
工矿城镇交通建设活动等	6.2

资料来源:唐克丽,2004。

土地荒漠化的主要影响:一是导致土地生产力的下降和随之而来的农牧业减产,相应带来巨大的经济损失和一系列社会问题,甚至会造成大量生态难民。二是造成区域生态系统的失衡、区域环境质量的恶化。据 1997 年联合国环境署沙漠化防治会议估算,荒漠化在生产能力方面造成的损失每年接近 200 亿美元,从各大洲损失比较来看,亚洲损失最大,其次是非洲、北美洲、大洋洲、南美洲、欧洲;从土地类型来看,放牧土地退化面积最大,损失也最大,灌溉土地和雨浇地受损失情况大致相同。许多实地调查资料表明,土地荒漠化已经成为区域致贫的主要因素。土地荒漠化还会对区域环境质量,特别是大气环境质量产生严重的影响。荒漠化土地已经成为下风向区域大气颗粒物的重要来源。根据我国生态环境部的研究成果,每年冬春季中国境内大气颗粒物(沙尘)的主要来源有境外源区和境内源区,其中境外源区主要有蒙古国东南部戈壁、哈萨克斯坦东部沙漠及荒漠化区域;中国境内源区主要有内蒙古东部的苏尼特盆地、浑善达克沙地中西部,阿拉善盟中蒙边境地区(巴丹吉林沙漠),新疆南部的塔克拉玛干沙漠、北部的库尔班通古特沙漠及其外围荒漠化土地区域。经过上述区域强大的干燥寒冷气流,会携带大量土壤粉粒、细沙和黏粒物质东移南下,使沿途区域大气中沙尘含量急剧上升,这样就造成了严重的大气颗粒物污染。

9.9.2　森林火灾

森林火灾是指因雷电作用、煤炭自燃及人为原因导致的森林被燃烧,并且在失去人为控制的情况下,火点在森林内自由蔓延或扩展,对森林生态系统和人类带来一定危害和损失的森林着火现象。森林火灾可以产生多种危害:一是造成人类生命财产的损失;二是烧毁林木植被,摧毁森林生态系统,破坏森林结构及其价值,破坏林业资源;三是影响森林区土壤性状,强化土壤侵蚀从而影响相邻区域的环境质量。森林火灾、森林病虫害、乱砍滥伐是危害森林资源安全的大敌。其中森林火灾不可预测性大,来势凶猛,破坏力强,危害更甚。美国加利福尼亚州洛杉矶地区 2009 年夏季多地发生森林火灾,大火从 8 月下旬开始燃烧,至 9 月中旬才被扑灭。此次大火共烧毁约 1.72×10^4 hm^2 森林,导致多人死亡,3 000 多户居民紧急撤离。1997 年印度尼西亚发生特大森林火灾,大火从 7 月一直烧到 10 月,历时 3 个多月,使 200×10^4 hm^2 热带雨林被烧毁,其直接经济损失高达 200 亿美元,同时森林大火释放的烟气、尘埃及由此引起的烟雾和酸雨,殃及周边的泰国、新加坡、马来西亚等国家,给这些国家的航空运输、人民生活造成了巨大的损失。2019 年澳大利亚发生持续 4 个月的森林大火,导致约 30 人死亡,近 30 亿只动物死亡或流离失所。2021 年 8 月 23 日,美国全境内有 93 处大规模山火在燃烧,分布在 13 个州,过火面积超过 10 131 km^2,导致美国多地出现了异常干旱和 46℃ 极端高温。中国也是森林火灾多发的国家之一,如 1955 年 5—6 月,大兴安岭地区发生森林火灾,使 10×10^4 hm^2 的森林被烧毁,直接经济损失超过亿元;1987 年 5 月 6 日—6 月 2 日,大兴安岭地区发生特大森林火灾,大火持续燃烧 28 天,使约 133×10^4 hm^2 森林被烧毁,直接经济损失超过 5 亿元。

森林火灾作为人为干扰性极强的灾害,它具有以下特点:一是绝大部分森林火灾是人为造成的,人为用火不慎占主导因素,人为起火一般又可分为生产性用火(如炼山、烧地埂、烧炭窑、野外烧饭等)和非生产性用火(如儿童玩火、迷信用火和精神病人用火走火等)。二是森林火灾具有显著的季节性,例如在中国北方地区气候极为干燥、气温升温较快的春冬季则是森林火灾发生的高频时段。因为这段时间内降水稀少、林下草木枯黄、又有两节(春节、清明节居民野外用火活动),极易酿成森林火灾。三是空间上蔓延速度快,多头并进是森林火灾的又一特点。森林火灾一旦发生,燃烧速度快,且呈伞状向四周快速推进,如果在火险等级高时,加上山势陡峭(坡度 26°以上)、地表枯枝落叶多,火势更难阻挡,有时火星飞飘,出现跳跃式前进,使人防不胜防。

森林火灾不仅无情地毁灭森林中的各种生物,摧毁森林生态系统和破坏林木资源,还产生大量烟尘和烟气,严重地污染大气环境,直接影响人类生存环境的质量。森林火灾释放出的烟气是森林可燃物因受热分解或燃烧而生成的多种小分子气体,以及其他物质受热产生的挥发性气体及微小颗粒物,目前已知有毒有害气体有 CO、CO_2、N_xO_y、HCl、H_2S、NH_3、HCN、P_2O_5、HF、SO_2、醛类气体等。可燃物燃烧过程中还向大气中排放出大量极小的炭黑粒子、灰分及其他燃烧分解产物的颗粒(悬浮颗粒物),这些大量的悬浮性含碳颗粒被排放到大气中,对人类健康带来多种危害。由于森林着火区域热对流的作用,可以将上述有毒有害气体传输到高空,这些大气污染物在大气中飘浮、扩散和迁移的过程中,会发生各种光化学变化,并形成酸雨,危害森林火灾外围地区的生态系统和人群健康。

9.9.3 农业病虫害

农业病虫害是指对农作物(含蔬菜)、森林、果树的正常生长发育及农产品储存有危害的虫害、草害和病害。其中虫害是指某些昆虫或蜘蛛纲动物引起植物体的破坏或死亡;草害是指由于田间杂草与农作物竞争养分、水分或光照等引起的农作物生长不良的现象;病害是指由细菌、真菌、病毒、藻类在不适宜的气候或土壤条件下引起的植物体发育不良、枯萎或死亡。这里需要指出有害生物的定义包含了人们的主观意识,也体现了人们的认识水平。有害生物类群极为广泛,它们的生活史变化很大,而且针对不同的农作物也会有种类繁多、类别不同的有害生物类群,例如棉花的主要虫害就有棉蚜、棉红蜘蛛、棉蓟马、棉小象鼻虫、棉大灰象甲、棉盲蝽、棉金刚钻、棉叶蝉、棉红铃虫、棉大卷叶螟、地老虎、美洲斑潜蝇、棉粉虱、蜗牛、蝗虫、棉大造桥虫、棉小造桥虫、棉铃虫、玉米螟、银纹夜蛾、斜纹夜蛾、甜菜夜蛾、棉花根结线虫等。在农业生产过程中由于自然环境变化或人为因素的影响,某些有害生物可出现暴发性种群增长,迅速达到引起巨大损失的种群水平。例如蝗虫因其成灾范围大,是农业生产重点防治的病虫害之一。

在 20 世纪中期以前的农业生产中,限制农业生产收成的重要因素就是田间大量繁殖且吞食农作物的昆虫。在总数达 300 多万种的昆虫之中,至少有 300 种是对人类有害的,如蝗虫、蚊、蝇、蟑螂等。1939 年瑞士化学家米勒(Muller P H)首次发现了双对氯苯基三氯乙烷(即 DDT)具有强大的杀虫效力,随后 DDT 被广泛地应用于农业、畜牧业、林业和卫生保健行业,并迅速地在世界各地传播开来。在随后的 30 年中有千百万吨的 DDT 在全世界被使用。科学家调查研究发现:一是有些昆虫对 DDT 产生了抗药性,使得 DDT 的药效开始降低;二是许多鸟类从它们吃下的昆虫体内吸收了 DDT,从而使鸟类的蛋壳变薄易碎,致使幼鸟成活率大大降低,出现了“寂静的春天”的景象;三是 DDT 已经对全球生态系统和人群健康带来了许多危害,从而使 DDT 成为诺贝尔奖的无穷尴尬。

在一般情况下农业病虫害防治的目标是将有害生物的种类和数目降低到某个水平,如果再进一步降低有害生物种群数目或将所有的有害生物彻底消灭,这在经济上是无利可图的,在生态学上也是不正确的。因此,对农业病虫害的防治一般采用综合防治技术,即根据病、虫、草的危害情况,综合地运用物理、化学、生物、农业技术防治病、虫、草害。具体防治技术措施包括:一是农业防治技术,即采取田间混合种植不同品种的作物,优化撒种或收获次数,以及避开相同作物在同一地段的重复种植,进行抗病虫害育种等。二是生物防治措施,主要是利用有害生物的天敌来调节、控制有害生物种群及其数量,如松毛虫是危害松树林生长发育的重要害虫,灰喜鹊则是松毛虫的天敌,据调查每只灰喜鹊每年可以吃掉 15 000 多条松毛虫,其杀伤力强于喷洒的各类农药。三是化学防治措施,使用化学药剂控制有害生物,其特点是简便易操作、见效快、效率高,特别是对于控制大面积、突发性的病虫害具有显著的效果;但是长期大量地使用化学农药还会引发多种环境问题。四是物理防治措施,即使用光照、电磁、黏着、高温、机械粉碎等技术以防治有害生物。五是遗传防治技术,即利用现代先进的生物技术,通过遗传操纵、释放不育性雄性以毁灭有害生物自身的繁殖,或筛选有抗性的植物品种来对抗病虫害。

9.10　海洋灾害及其环境影响

因海水异常运动或海洋环境异常变化引起的自然灾害,主要发生在海洋和沿海地区,其种类繁多,主要包括台风、海啸、赤潮、海雾、厄尔尼诺、海岸侵蚀、海岸崩塌、海底火山喷发、海底滑坡等。

9.10.1　台风灾害

台风是指太平洋西北部的强烈热带气旋。中国中央气象局规定:最大风力达 6 级以上的热带气旋统称为台风,其中最大风力 6~7 级者称为弱台风,其破坏范围宽度约为 25 km;8~11 级者称为台风,其破坏范围宽度一般为 80~160 km;12 级以上者称为强台风,其破坏范围宽度可达 500 km。台风是由于低纬度洋面上局部湿热空气大规模上升释放潜热,低层空气向中心流动,在地球自转偏向力作用下形成的空气旋涡。其直径一般为 200~1 000 km,其中心是直径一般为10~60 km 的台风眼。台风在菲律宾以东的热带洋面形成时,先自东向西或向西北方向以10~20 km 的时速移动。进入中纬度西风带后,迅速折向东或东北方向移动。影响中国沿海的台风,常发生在 5—10 月,尤其以 7—9 月为最多。中国是世界上受台风侵袭较多的国家之一,台风是中国东南沿海地区夏秋季节最主要的灾害性天气之一,其影响范围巨大,有的台风中心可达郑州、长沙、桂林一带或东北三省的东部。

西北太平洋以台风灾害多而驰名。据统计,全球热带海洋上每年大约发生 80 个台风,其中 3/4 左右发生在北半球的海洋上,而靠近中国的西北太平洋则占了全球台风总数的 38%。其中对中国影响严重并经常酿成灾害的每年近 20 个,登陆中国的平均每年 8 个,约为美国的 4 倍、日本的 2 倍、俄罗斯等国的 30 多倍。若登陆台风偏少,则会导致中国东部、南部地区干旱和农作物减产。然而台风偏多或那些从海上摄取了庞大能量的强台风登陆,不仅能引起海上及海岸灾害,登陆后还会酿成暴雨洪水,引发滑坡、泥石流等地质灾害。这就是台风作为一种自然天气过程,对人类社会影响的两面性。

台风带来的主要危害有 4 种:① 风灾,台风带来的狂风可以倾覆海面和江湖面上的船只,危害渔业生产和水上交通,能够摧毁房屋等地面上的建筑设施,还能吹倒大树、毁坏作物。② 雨涝灾,台风引起的暴雨和特大暴雨,其短时间的降水量可达 500~600 mm,甚至超过 1 000 mm,能造成山洪、滑坡、泥石流和内涝,冲垮水库大坝或河湖围堤,中断交通,伤害人畜。③ 台风风暴潮灾,风暴潮一般是指强烈的大气风暴所引起的强风和气压骤变,而导致的海面水位异常涌升现象。台风在广阔海面上所形成的风暴潮能使海水上涨 5 m 以上,台风浪与风暴潮的侵蚀力是非常惊人的,可以在几小时内冲刷掉海滩达 9~15 m 之远,有时台风风暴潮叠加海浪而来的汹涌巨浪能冲垮海堤,使海水倒灌,淹没农田。④ 台风带来的巨大风力、大暴雨或特大暴雨及其形成的巨大洪流,可以摧毁地面基础设施,导致许多环境污染物的泄漏和扩散,也会造成巨大、严重的环境污染。这 4 种台风灾害不仅造成巨大经济损失,也经常造成严重的人员伤亡。

在中国东南沿海地区，这 4 种台风灾害都有可能发生。

9.10.2 海啸与风暴潮灾害

海啸是指由海底地震、海底火山喷发、海底滑坡与塌陷等活动引起的波长可达数百千米、具有强大破坏力的海洋巨浪。海啸这种巨大的海水波浪运动，在广阔大洋传播过程中，其波高很小、波长很长，所以不易被人们觉察；但当海啸波进入陆棚后，海水深度变浅，能量发生集中，使海浪波高突然增大（波高可达数十米），形成了狂涛骇浪，卷起的海水冲上陆地后所向披靡，往往造成对生命和财产的严重摧残。

海啸是一种灾难性的海浪，通常由震源在海底 50 km 以内、里氏 6.5 级以上的海底地震引起。水下或沿岸山崩或火山爆发也可能引起海啸。在一次震动之后，震荡波在海面上以波浪形式不断扩大，传播到很远的距离。海啸波长比海洋的最大深度还要大，轨道运动在海底附近也没受多大阻滞，不管海洋深度如何，波都可以传播过去。2005 年 12 月 26 日发生在印度洋地区的大海啸导致印度尼西亚 400 km^2 以上的居民区被夷为平地，导致印度尼西亚、泰国、印度、斯里兰卡境内约 28 万人遇难或失踪。2011 年日本东北部海域发生特大地震并引发巨大海啸，其最大海啸波高达 10 m 以上，日本东北部沿海地区遭到毁灭性破坏，世界多个国家受此海啸影响。地震及其引发的海啸造成日本 2 万余人死亡或失踪，导致日本福岛核电站发生严重的核泄漏，成为日本继第二次世界大战以后发生的伤亡最惨重的自然灾害。由此可见，地震和海啸给人类带来的灾难是十分巨大的。目前，人类对地震、火山、海啸等突如其来的灾变，只能通过预测、观察来预防或减少它们所造成的损失，但还不能控制它们的发生。

风暴潮是指由于强烈的大气扰动如强风、气压骤变等所引起的海水面异常变化，使沿岸一定范围出现显著的增水或减水，亦称为气象海啸或风暴海啸。在大潮期间如恰遇强烈的风暴潮袭击，会造成大量海水漫溢，席卷码头、仓库、城镇街道和村庄，形成巨大的海洋灾害。风暴潮可分为台风风暴潮（属于台风的次生灾害）和温带风暴潮两大类。例如 1970 年 11 月 12—13 日发生在孟加拉国的强风暴潮，造成 27.5 万人死亡；1991 年 4 月 29 日夜间发生在孟加拉湾的风暴潮巨浪高达 6 m，吉大港淹水深达 2 m，受灾人口达 1 000 万，有 14 万人丧生，经济损失至少有 30 亿美元；1959 年 9 月 26 日日本伊势湾名古屋一带沿海地区发生风暴潮灾害，最大增水3.45 m，造成 4 700 人死亡，401 人失踪，总经济损失有 5 000 亿~6 000 亿日元；2005 年 8 月发生在美国东南部沿海的由飓风“卡特里娜”引发的风暴潮灾害，淹没了新奥尔良市 80%的地区，造成了千余人死亡，其直接经济损失高达数百亿美元，致使新奥尔良市遭受毁灭性的灾难，成为美国历史上罕见的严重自然灾害。

历史上中国由于风暴潮造成的生命财产损失也是触目惊心的。例如 1922 年 8 月 2 日广东省汕头发生一次台风风暴潮灾害，有 7 个县市受灾，死亡 7 万余人。1956 年 8 月 2 日一次严重的台风风暴潮致使浙江省 4 000 人被淹死。2003 年 10 月 11—12 日在河北和山东半岛沿海，受强温带气旋和寒潮冷空气共同影响，发生了强温带风暴潮灾害，使天津塘沽潮位站最大增水 160 cm，超过当地警戒水位 43 cm；河北黄骅港潮位站最大增水 200 cm 以上，超过当地警戒水位 39 cm；山东羊角沟潮位站最大增水 300 cm，其最高潮位 624 cm（为历史第三高潮位），超过当地警戒水位 74 cm。此次温带风暴潮来势猛、强度大、持续时间长，成灾严重。这次潮灾造成河北黄骅港发生严重淤积，航道受阻。天津塘沽港进水，有 22.5×10^4 t 货物被海水浸泡，附近沿海地区渔业、盐业、养殖业等均受到严重损失。

9.10.3　赤潮灾害

赤潮是指在一定的环境条件下，海水中某些浮游植物、原生动物或细菌突发性增殖或聚集，并在单位水体中达到一定的生物量且引起表层海水变色的一种生态异常现象。实际上，赤潮是各种色潮的统称，不仅有赤色，还有白、黄、褐、绿色的潮。赤潮的颜色是由形成赤潮的生物种类和数量决定的。形成赤潮的生物量与赤潮生物体大小密切相关，有调查资料表明，赤潮生物个体小，达到赤潮所要求的生物量大，反之则小，如表 9-6 所示。

赤潮的形成原因十分复杂，但必须具备以下两个基本条件：一是要有赤潮生物的存在；二是要有适宜赤潮生物快速繁殖和聚集的生态环境条件，包括海水中 N、P 等营养盐的富集、海水温度、盐度、微量营养元素及维生素类物质等。此外海水的水动力学特征如海面波浪状况、海流、气象条件对赤潮的形成也具有重要的影响。随着现代化工农业生产的迅猛发展，沿海地区人口的增多，大量的陆源污染物不断向海洋超标排放，使入海河口、内湾和沿岸水域发生富营养化，导致某些浮游植物大量繁殖和聚集，这就形成了赤潮。另外，沿海开发程度的增高和海水养殖业的扩大，也带来了海洋生态环境和养殖业自身污染问题，海运业的发展导致外来有害赤潮种类的引入，全球气候变化等也会导致赤潮的频繁发生。

表 9-6　赤潮生物体长与形成赤潮所需生物密度的比较

赤潮生物体长/μm	形成赤潮所需生物密度/(个·m^{-3})
<10	$>1\times10^7$
10~29	$>1\times10^6$
30~99	$>3\times10^5$
100~299	$>1\times10^5$
300~1 000	$>3\times10^3$

目前，赤潮已成为一种世界性的公害，美国、日本、中国、加拿大、法国、瑞典、挪威、菲律宾、印度、印度尼西亚、马来西亚、韩国等 30 多个国家和地区的沿海区赤潮发生都很频繁。由于海水污染日趋严重，中国海域发生赤潮灾害的次数多且面积大，并有越演越烈的趋势。

赤潮作为近岸海域一种严重的海洋灾害，它不仅破坏海洋的正常生态结构、正常生产过程，给海洋经济造成严重损失，还会威胁污染海洋生态环境。其主要的危害包括：① 破坏了海洋中的饵料基础，在未发生赤潮的海域，海水中的藻类及其他生物生长正常，整个海域生态系统处于良好的动态平衡，这时适量的藻类作为浮游动物的饵料，浮游动物又作为鱼虾的饵料，形成相对稳定的海洋生态系统食物链。但是在赤潮发生的海域，有害的藻类发生暴发性的繁殖，并成为海域中的优势种，这样密集的赤潮生物遮蔽海面，从而作为饵料的有益藻类（如硅藻）因光合作用受阻，其生长也受到了抑制，同时因光合作用受阻还会引起这些藻类的窒息甚至死亡，破坏了原有的生态平衡，进而影响海洋中正常的食物链，造成食物链中断，从而造成鱼虾类减产。

② 危害海洋生物的生存,赤潮生物的大量生长、繁殖,以及剧烈的代谢会释放大量的有机物,这些有机物都会不断地消耗海水中的溶解氧,使海水中的溶解氧急剧下降,导致许多海洋生物因缺氧而死。同时这些有机物碎片还堵塞海洋动物的呼吸器官,使它们窒息死亡,有些赤潮生物分泌黏液状物质或赤潮生物死亡后产生黏液,在海洋动物的吸收和滤食过程中呼吸器官就会被这些带有黏液的赤潮生物堵塞,影响海洋动物的滤食和呼吸而窒息死亡。③ 破坏海域生态环境质量,赤潮发生之后,大量赤潮生物的尸体在分解过程中会产生大量的 H_2S、NH_3 等有害物质,其体内的毒素也随着尸体的分解而全部释入水体,海水不仅变色,还会变臭,严重影响海洋生态环境,使水质败坏、细菌繁殖。在一些封闭性的养殖区内,赤潮消退后水体中有机物质增加,滋生了大量对鱼、虾、贝有害的病原微生物,从而造成鱼虾病害而死亡。有些赤潮生物分泌赤潮毒素,当鱼、贝类处于有毒赤潮区域内,摄食这些有毒生物时,其虽不能被毒死,但生物毒素可在体内积累,其含量大大超过食用时人体可接受的水平。这些鱼虾、贝类如果不慎被人食用,就引起人体中毒,严重时可导致死亡。赤潮的危害性很大,它不仅严重破坏海洋渔业资源和渔业生产,恶化海洋环境,损害海滨旅游业,还通过食用被赤潮生物污染的海产品造成人体中毒,损害人体健康,甚至导致死亡。

9.11 中国自然灾害特征

中国是一个地域辽阔、物产丰富、气候复杂多变、地形起伏巨大、人口众多而基础设施建设相对滞后的农业大国,也是世界上自然灾害多发的国家之一。数千年的悠久历史,既创造了灿烂的华夏文明,留下了众多辉煌的文化遗产,也留下了伤痕累累和相对脆弱的生态环境,留下了无数次重大自然灾害频频肆虐的惨痛记录。中国属于自然灾害种类多、发生频率高、灾情严重的国家。因此,了解并掌握中国自然灾害的特征,有效的减灾、避灾和救灾措施,是实现社会经济与自然环境协调发展的根本所在。

9.11.1 自然灾害对社会危害严重

中国东濒世界最大的太平洋,西倚全球最高的青藏高原,内部跨越 50 多个纬度,天气系统复杂多变。中国又地处世界最强大的环太平洋构造带与特提斯构造带交汇部位,故新构造运动活跃而复杂、自然环境复杂多变,加之又是人口众多的农业大国,抵御自然灾害的能力较低。所有这些因素叠加在一起,使中国成为世界上自然灾害最严重的少数国家之一。例如除了火山喷发、热波之外,世界上主要的自然灾害在中国均有发生。初步统计表明:中国 70%以上的人口,80%以上的工农业,80%以上的城市,受着多种灾害的严重威胁。中华人民共和国成立以来,因灾死亡的人口已超过 50 万,直接经济损失超过 3 万亿元(1990 年价),平均约占 GNP 的 6%,占财政收入的 30%,比美国和日本高数十倍。随着救灾减灾工作的开展,中国因灾死亡人数近年已大幅度减少,但与世界其他国家相比仍较严重,据 1990—1995 年对 109 个国家因自然灾害死亡人口的统计,中国年平均死亡 6 772 人,居世界第 5 位。根据中国各类自然灾害的综合灾情,中国自然灾害的严重性表现为以下 3 个方面。

(1) 自然灾害直接损失严重且在持续增长：中华人民共和国成立以来，虽然中国采取了大量减灾措施，但自然灾害损失仍呈显著的增长趋势，其原因除了承灾体价值增长的因素外，自然灾害也呈现显著增长的趋势，经济开发过程中对自然环境的破坏和对已建防灾工程的维护不利，特别是防灾投入严重不足也是造成灾损急剧增长的重要因素。如旱灾、滑坡、泥石流、洪灾、赤潮、地面沉降、病虫害等灾害都呈现急剧增加之势。

(2) 自然灾害严重威胁中国人口密度大、经济发达的地区：对中国危害最大、最经常性的自然灾害是气象灾害及相关的洪涝、海洋灾害和农作物病虫害，这些灾害主要分布在中国经济发达和人口稠密的东部地区，如黄淮海平原、长江中下游平原、珠江三角洲和东南沿海地区等，全国有 85%以上的人口聚居在这 1/3 的国土上。灾害最严重的地区恰是中国人口最密集、经济最发达的地区，这样使得中国灾害损失惨重。洪涝灾害主要威胁中国东部江河中下游、盆地和平原；旱灾是中国影响面积最大的灾害之一，受灾最严重的地区有华北平原、黄土高原西部、广东和福建的局部、云南和四川南部、吉林、辽宁和黑龙江地区、湖南和江西局部；地震、热带气旋及风暴潮、农作物病虫害等造成损失最严重的地区也主要集中在中国东部地区。

(3) 自然灾害导致生态环境恶化是造成区域贫困的主要因素之一：中国贫困区集中分布在中部地区，这里是旱灾和地质灾害最严重的地带，也是水土流失、土地荒漠化最为严重的地区，由此造成的自然环境恶化和生态脆弱成为贫困的根源。

9.11.2　灾害种类多，各类灾害的危险性均在增长

中国各种自然灾害中，损失最重的是洪涝灾害（简称洪灾）。中国是世界上洪涝灾害最多的国家之一，目前全国 1/10 的国土面积、5 亿人口、0.33×10^8 hm^2耕地、100 余座大中城市、全国 70%的工农业总产值受到洪涝灾害的威胁，除了黄河凌汛灾害外，中国洪灾大都发生在 7、8、9 月，洪灾的范围主要是中国七大江河及其支流的中下游地区，即长江、淮河、珠江、黄河、海河、松花江、辽河流域。人类为了创造更适于自身生存和发展的环境，需要对不利的自然条件进行改造。但是，人类改造自然环境的种种努力并不完全有利于人类社会的发展，自然灾害日趋严重的现实就是明显的例子。与洪灾发生有关的人为因素，如城市建设的空间布局、土地开发和区域人口密度的增加都会改变自然环境，从而加剧洪灾的危害程度。这主要表现在以下几个方面：① 社会发展的空间布局规划与洪涝灾害，在洪泛区或蓄洪区进行基础建设，发展工农业等。② 国土开发失当与洪涝灾害，滥伐森林、坡地开垦等所造成的水土流失对洪涝灾害的影响最为直接。③ 与水争地加重了洪涝灾害，盲目地开发沿河滩地和洼地等洪泛区土地、围湖造田，这种人水争地非但无益还将有害。④ 水利工程的兴建也潜藏着致灾因素，不合理地兴建堤防和大坝，同时也蕴含了某些致灾的因素。⑤ 洪灾损失的增长与水利工程投入不足直接有关，从 1955 年后，国家对水利的投入空前增长，使得在 1972—1974 年，厄尔尼诺峰期，全国许多地区发生洪水，但洪灾的损失却在下降。在 20 世纪 70—80 年代全国没有发生全流域性的大洪水，70 年代全国平均每年受灾面积降低至 660×10^4 hm^2，80 年代却增加到 $1\ 000\times10^4$ hm^2，这与水利基本建设投资下降有重要的关系。

伤亡人口最多、社会恐灾心理最大的是地质灾害。中国是一个多地震国家，也是世界上遭

受地质灾害最严重的国家之一。20 世纪全球共发生面波震级≥7 级的地震 1 200 多次，其中有 1/10 发生在中国境内，特别是对人类社会危害最大的发生在大陆内部的地震，38%发生在中国境内。据新编的第三代《中国地震烈度区划图》（国家地震局，1990），全国地震基本烈度可达到Ⅶ度和Ⅶ度以上地区的面积占全国总面积的 32.5%，位于Ⅶ度和Ⅶ度以上地区的城市占全国总城市数的 46%，其中 100 万人口以上的特大城市占 70%。这样广泛的高烈度区，即潜在的震害区可达中国内地面积的 1/3，这里生活的人口接近 9 亿。地震是一种破坏力很大的自然灾害，除了地震直接引起的山崩、地裂、房屋倒塌等灾害外，还会引起火灾、爆炸、毒气蔓延、水灾、滑坡、泥石流、瘟疫等次生灾害。由于地震所造成的社会秩序混乱、生产停滞、家庭破坏、生活困苦和人们心理的损害，往往会造成比地震直接损失更大的灾难。因此防震减灾是社会可持续发展中的一项重要工作。

灾害损失增长最快的是海洋灾害。中国东临太平洋，海洋灾害十分严重，主要的海洋灾害有：风暴潮、灾害性海浪（浪高在 6 m 以上的）、海冰、海啸和赤潮，另外还有海水倒灌、地面沉降等。据统计，在 20 世纪 50 年代中国因海洋灾害所造成的经济损失每年不足 1 亿元，60 年代为 1 亿~2 亿元，70 年代为 5 亿~6 亿元，80 年代每年 10 多亿元至数十亿元，1992 年为 102 亿元，1994 年为 174 亿元（当年价），可见其增长速度是十分巨大的。其原因一是中国海岸带经济的快速发展，中国沿海省和直辖市总面积占全国总面积的 13%，人口占全国总人口的 40%，而国民生产总值（GNP）却占全国的 58%（1995 年资料，未含我国港澳台地区），使得承灾体本身的价值增高；二是防灾能力没有随着经济的增长而加强，从而使中国海洋灾害损失大幅度增长。

影响面最广的是气象灾害。气象灾害种类多、活动频繁。中国境内发生的主要气象灾害有：① 旱灾，在中国是影响面最广、最为严重的气象灾害，1951—1990 年中国有 4 个明显的旱灾多发中心即华北平原、黄土高原西部、广东与福建南部、云南及四川南部，以及吉林和黑龙江南部、湖南和江西南部。② 热带气旋，其影响范围主要在太行山—武夷山以东，特别是东南沿海地区及海域，据统计每年约有 8 个台风在中国登陆，给中国造成巨大损失。③ 寒潮及冷冻灾害，影响中国的寒源是新地岛附近和西伯利亚北部的北冰洋，分别从西北、北、东北向南汇集到蒙古，然后分 4 路南下，一直可以影响到黄河和长江中下游，甚至两广地区。④ 冰雹，中国是世界上冰雹灾害最严重的国家之一，在中国冰雹灾区主要在云、贵、甘、宁、陕、豫、晋、蒙、苏北等地，冰雹的分布大致是沿山系伸展，最多的地区是青藏高原，其次是大兴安岭、阴山、太行山一带。

人为致灾作用最强的是地质灾害。地质灾害包括滑坡、泥石流、地面沉降、地面塌陷（特别是城区地面塌陷）、岩土膨胀、砂土液化、土地冻融、水土流失、土地沙漠化、沼泽化、土壤盐化等，这些灾害中许多是由于人为致灾作用产生的。人为致灾作用主要有过度开垦山地、过量超采地下水、非科学采矿和地下空间开发等。

对农业发展影响日趋严重的是农业生物灾害。中国农业生物灾害种类繁多。据统计，在中国农业生产上造成过严重危害的病虫草鼠害就有 1 648 种，其中病害 724 种、虫害 838 种、恶性杂草害 64 种、鼠害 22 种。由于各地区的气候条件、生态环境、作物品种及耕作方式的不同，农业有害生物的发生、流行以至成灾在不同的时期和不同的地区都具有很大差异。

对环境影响最深的是森林灾害和洪涝-干旱灾害。森林灾害除了有病虫害外，还有森林火灾。中国森林有害虫 5 020 种，病害 2 918 种，鼠类 60 余种。每年发生森林病虫害的面积在

600×10^4 hm^2以上,减少木材生产量约 $1\,000\times10^4$ m^3,因灾枯死森林面积约 30×10^4 hm^2。单纯从经济损失来看,森林灾害并不太大,但因森林面积减少,往往会引起或诱发一系列次生灾害的发生。中国境内众多的生态环境问题均与水资源短缺、水旱灾害频繁发生密切相关。

综上所述,在各类自然灾害中,我国经济损失最大的是气象灾害和洪灾,占自然灾害总损失的 80%以上;死亡人数最多的是地震,约占因灾死亡总人数的 51%;因人为作用而诱发的自然灾害中以地质灾害最严重,据统计有 50%的地质灾害与人为活动有关。

9.11.3　灾害链发性和群发性强，群灾共聚危害严重

中国境内的许多自然灾害,尤其是等级高、强度大的自然灾害发生以后,往往诱发出一系列的次生灾害,从而形成灾害链。在众多的灾害链中,影响和危害较大的有:① 台风灾害链,台风是能量很大的自然灾害,它可以引起或诱发巨浪、风暴潮、暴雨、滑坡、泥石流、洪灾和水环境污染等一系列灾害,形成台风灾害链。② 寒潮灾害链,一次大的寒潮往往在同一天气过程(5~6 天)中,从北到南、从西到东相继发生多种气象灾害,如暴雨、沙尘暴、大风、冰雹、冻害、龙卷风和大气环境污染等。③ 暴雨灾害链,中国境内的暴雨,一部分与台风有关,另一部分则呈现在副高的边缘冷热空气交互作用的地带。暴雨可以引起洪灾、触发滑坡和泥石流等。④ 干旱灾害链,干旱不仅可以使得农作物减产或绝收,还可以引发明显病虫害,导致人们过量开采地下水,再引起地下水位下降、地面下沉、地裂缝、土地沙漠化、盐化和土壤污染等。⑤ 地震灾害链,大的地震灾害往往会引起一系列的次生灾害,如火灾、滑坡、泥石流、水灾、海啸、瘟疫和多种生态环境问题等,形成地震灾害链。国内外大量观察表明,在浅震 6 级或烈度 7 度以上的强烈地震区,往往会引发成群、成片或成带的滑坡崩塌群。尤其是在高山峡谷区、地形切割强烈的黄土高原地区等更为严重。如果地震期间伴随有连续降雨或暴雨,则极易形成泥石流。多种自然灾害及其链发灾害往往在某些地区集中出现,形成灾害群,灾害群的出现进一步增强了灾害的严重性,这一点是发挥环境地学优势,加强综合减灾规划,制定有效的防灾、避灾、减灾和救灾措施的主要依据。

9.11.4　自然灾害对社会经济的危害程度

1. 自然灾害的危害方式

自然灾害的危害方式和破坏效应主要表现为危害人群生命健康和正常生活,破坏各项产业设施,阻碍经济发展,破坏资源、环境,削弱区域社会持续发展的能力。各种自然灾害对人类社会危害的破坏方式复杂多样,但是概括起来主要表现为以下 3 个方面。

(1) 破坏人群生命健康、危害人们正常生活:人群是自然灾害直接危害的对象,一次严重的灾害事件可以导致千百万人乃至上亿人受灾,并造成巨大的人员伤亡。灾害史上不乏这方面的记录。如 1556 年 1 月 23 日陕西华县、潼关大地震造成 83 万人死亡;1920 年 12 月 16 日宁夏海原大地震造成 23.4 万人死亡;1922 年 8 月 2 日,广东汕头遭受强台风风暴袭击,使 7 万多人丧生;1931 年 7、8 月江淮流域特大洪灾造成 22 万人死亡;1938 年 6 月 9 日,黄河花园口堤防被掘,造成黄河泛滥,89 万人死于水淹和饥饿;1976 年 7 月 28 日河北唐山大地震造成 24.2 万人

死亡、16.8万人重伤、54.1万人轻伤。自然灾害除了直接导致人员伤亡外,还破坏房屋、耕地,造成农作物减产,使人们失去住所和基本口粮,因此会引发饥荒和大量的非正常死亡。

(2)破坏各种财产和生产生活设施,造成严重的损失,危害社会经济系统:自然灾害的发生会对房屋、公路、铁路、桥梁、隧道、水利设施、电力设施、通信设施、城市基础设施、机器设备、产品、材料、家庭物品、农作物和牲畜等各种财产造成广泛破坏,故形成严重的直接经济损失。如20世纪60年代初在中国境内发生的特大自然灾害(特大旱灾、霜冻、洪涝、台风和风雹等),使得中国工农业产值和财政收入出现负增长(1961年和1962年),国民经济发生严重困难。再如1976年唐山大地震使得全国经济发生严重困难,全国各行业生产普遍下降,粮食、棉花、钢铁、发电、运输等主要经济指标均未能完成计划,使国家财政赤字54.6亿元,国民经济濒于崩溃。自然灾害还破坏各种生产活动,造成严重的间接损失,其中以农业、林业、牧业和渔业生产最为突出。中华人民共和国成立以来,虽然农林牧副渔业生产能力不断提高,但基础设施相对落后,使得其生产过程受到自然条件的严重限制,干旱、洪涝、风灾、雪灾、低温冻害、病虫害等多种自然灾害时刻威胁着农林牧副渔业生产,成为制约农业生产发展的重要因素。

(3)破坏资源、环境,威胁人类可持续发展:灾害与环境具有密切的交融与互馈关系。灾害是环境极端恶化的结果或反映,灾害活动又使环境进一步恶化,两者相互作用,同步消长。灾害和环境恶化除了直接影响人群生活和生产活动外,还对人们所必需的水土资源、矿产资源、生物资源、海洋资源等产生重要的影响,要依靠自然过程恢复上述资源,不仅需要诸多条件的保障,且往往需要相当长的时间,因此从更深层次影响人类的生存与发展。

区域可持续发展受到多方面条件的制约,其中自然灾害是最直接的因素之一,它对资源环境的破坏,不仅对当代人类生活、生产和社会经济构成了直接危害,还从经济、社会、资源、环境等方面削弱了人类可持续发展的能力,从而对后代构成潜在威胁。

2. 自然灾害危害程度的评价指标

(1)决定自然灾害危害程度的主要因素:区域社会经济受灾程度是指某一地区在一定时期内人民生活和社会经济受自然灾害危害的轻重程度。其主要决定于自然灾害活动程度和社会经济的发展水平,以及对自然灾害的防御承受能力。

自然灾害活动程度主要包括4方面因素:① 自然灾害种类,危害最严重的自然灾害通常为洪涝、旱灾、地震、台风、风暴潮,其次为风雹、低温冻害、雪灾、沙尘暴、生物病虫害、森林火灾、滑坡、泥石流等,再次为海冰、海浪、赤潮、地面塌陷、地面沉降、地裂缝等。若一个地区多种自然灾害并发,其危害尤其严重。② 自然灾害活动的强度或活动的规模,指的是洪涝灾害的水量和重现期规模、旱灾的持续时间及降水量异常减少的程度、地震震级和烈度、风暴潮的增水值等。自然灾害的活动强度越高、规模越大,其造成的危害也越严重。③ 自然灾害活动的频次,即自然灾害活动的次数和密度。④ 社会经济条件,包括人口密度、城镇密度、财产密度、产值密度和产值构成等要素,还包括防灾工程及其他防灾措施等要素,这些要素汇集在一起综合地反映区域社会经济的发展程度。从一般意义上说,一个地区的社会经济越发达,城市化程度越高,人口密度、财产密度、产值密度越大,自然灾害所造成的受灾人口和财产损失的绝对数量也越大;但是,这些地区由于经济发达、资产雄厚,且防灾水平较高,所以承灾能力比较强,一般自然灾害所造成的损失比较小,且灾后恢复能力较强,因此自然灾害的危害程度比较轻。由于自然条件和社会经济条件在时间-空间上具有复杂的动态变化,区域社会经济系统的受灾程度在时间-空间上具有明显的不均匀性。区域自然灾害发生的时空体系与区域社会经济系统承灾能力时空体系排列组合关系，对自然灾害危害程度具有重要的影响。

(2) 自然灾害危害程度的评价指标：自然灾害对社会经济系统的危害程度是根据受灾人口、损毁房屋、受灾农作物面积和经济损失等进行综合评价的。由于自然灾害对社会经济具有多方面的危害，因此其评价指标是一个具有多层次特点的指标体系。根据自然灾害的主要破坏效应和中国灾情统计现状，选取如下指标来评价社会经济系统受灾程度：① 受灾人口，包括因灾死亡人口、失踪人口、伤残人口、因灾围困和转移人口，以及因房屋遭受破坏、农作物因灾减产或收入因灾减少而发生较严重生活困难的人口。② 损毁房屋，包括因灾倒塌的房屋、被淹房屋、被灌埋的房屋，以及结构、构件、功能遭受破坏的房屋。③ 受灾农作物面积，包括因灾绝收或减产的粮食作物、油料作物及经济作物。④ 经济损失，指因灾造成的以货币形式反映的直接经济损失，主要包括因人口伤亡、死亡牲畜、损毁粮食及各种物资、破坏房屋及各种工程设施、农作物减产等造成的经济损失。

为了反映社会经济受灾程度的时空变化，各项指标分为绝对性指标和相对性指标。前者是指一定区域、一定时间内受灾人口、损毁房屋、受灾农作物面积及经济损失的数量，即损失总量或单位时间、单位面积的平均损失数量。后者则包括3种：① 各类受灾数量与同类受灾体总量的比值；② 不同时段受灾指标的比值，反映受灾程度的时间变化；③ 不同地区之间及各地区与全国平均受灾指标的比值，反映受灾程度的区域变化。

3. 自然灾害对社会经济的危害程度分析

(1) 自然灾害对工农业总产值的影响：中华人民共和国成立以来，随着社会经济的发展，工农业总产值的增长明显，20世纪50年代年平均为2 637.9亿元，60年代年平均为4 486.5亿元，70年代年平均为10 021.9亿元，80年代年平均为22 624.1亿元，90年代前半期年平均为47 904.9亿元，大体每10年翻一番。与此同时灾害损失(仅指旱涝风雹灾害损失，下同)与工农业总产值的比值，50年代年平均为15%，60年代年平均为9.4%，70年代年平均为4.6%，80年代年平均为2.5%，90年代前半期年平均为2.1%，但年度变化是不平衡的。

(2) 自然灾害对财政收入的影响：中华人民共和国成立以来，随着社会经济的发展，财政收入增长很快，20世纪50年代年平均为774.6亿元，60年代年平均为914亿元，70年代年平均为1 853.6亿元，80年代年平均为2 835亿元，90年代前半期年平均为3 802.2亿元。灾害损失与财政收入的比值，在50年代年平均为51.3%，60年代年平均为46.2%，70年代年平均为24.8%，80年代年平均为19.9%，90年代前半期年平均为26.9%，即90年代灾损比值增长，这反映出1990年以来中国自然灾害危害已明显增大。

根据有关资料，结合自然灾害强度和频次的区域分布规律，可以看出：① 中国自然灾害损失率最大的地方为安徽、江西、湖南和广西，其损失率在1.0%以上；其次为河南东部、湖北东部、山东西南部、江苏西部、浙江西部、福建西部、广东北部和云南东部地区，损失率低于0.9%。这些地区损失率高的原因：一是灾害程度大，频次高，即灾害风险性大；二是防灾能力低，灾害损失大；三是社会财富和经济发展程度较低。② 中国自然灾害年均损失模数最大的地区：一是以江苏为核心，包括山东、河南、安徽、浙江及湖北部分地区，这些地区除了安徽外，灾害损失率并不太高，但是损失的绝对值很大，年平均灾害损失达2.0万元/km^2以上，其中江苏达4.0万元/km^2以上。显然，灾害损失绝对值大的原因是社会经济发达和财富密度高。二是广东和湖南南部，年平均灾害损失在2.0万元/km^{2}以上，其中广东灾害损失率不大、灾害损失绝对值巨大的原因，也是社会经济发达，财富密度大。③ 中国自然灾害损失率和年平均损失模数大的地区，均位于中国东部，其中安徽与湖南两省最大，是中国最严重的灾害省。④ 中国西部地区一般灾害损失率与年平均损失模数均为中等或较低，主要原因是经济欠发达，财产密度低。⑤ 中国灾害损失率最低的地区是京津地区、长江三角洲和珠江三角洲地区，这些地区是中国防灾能力最强的地区。

9.12 思考题与个案分析

1. 什么是自然资源？分析不同社会发展阶段自然资源的变化。

2. 什么是自然灾害？简述自然灾害的特性。

3. 查阅相关资料，以小组为单位研讨环境、自然资源、自然灾害的概念、内涵和外延的异同。

4. 有人认为：沙尘暴给人类带来的不都是危害。由于大气沙尘粒子存在，部分抵消了因大气温室效应增强所造成的全球变暖。沙尘中还有大量含钙碱性颗粒，它可中和酸雨。另外，沙尘可大量吸收工业烟囱和汽车尾气中的硫氧化物和氮氧化物，加上沙尘减弱阳光，降低气温，因而城市中出现沙尘天气时是不会出现光化学烟雾的。运用环境地学的原理和时空差异性，分析这种观点的科学性。

数字课程资源：

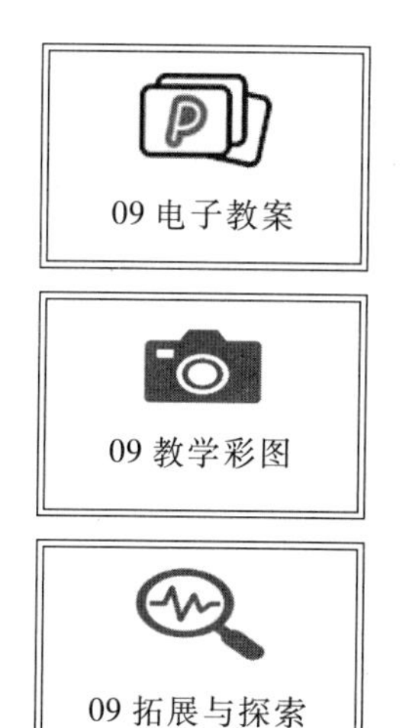

第10章 环境地球系统中的物质循环

10.1 物质循环过程概述

物质循环(matter cycles)是指物质周而复始的运动或变化,环境地球系统中的物质都时刻不停地迁移转化着,这一物质循环过程是当今环境地学的重要研究内容。根据物质状态及其功能的差异可以将环境地球系统中物质迁移转化过程分解为物质循环和能量流动。从物质循环角度来看,环境地球系统属于相对密闭的系统,即环境地球系统与外围宇宙系统没有显著的物质交换过程;从能量流动角度来看,环境地球系统属于开放系统,它时刻不停地与外围宇宙系统进行着能量交换。由于能量是驱动物质(循环)运动的动力,而物质又是能量的载体,所以环境地球系统中的物质循环与能量流动是“肩并肩”地相伴发生的。

10.1.1 物质循环过程的类型

大气圈、水圈、岩石圈、土壤圈、生物圈和智慧圈是一个相互联系、相互作用、相互制约的统一整体,即环境地球系统。其中的各圈层之间虽然没有严格的界限,但每一个圈层又都可被看成是一个相对独立的子系统,每一个子系统的内部都存在着各自的物质循环。例如大气圈中的大气环流、水圈中的水分循环和大洋环流、岩石圈中的地壳运动和岩石循环,以及土壤圈、生物圈与智慧圈之间的地球化学元素循环与污染物循环等。从环境地球形成演化的角度来看,环境地球系统中物质循环可划归为物质的地质循环、物理循环、生物化学循环(生物地球化学循环)3大类型:① 物质的地质循环过程包括地质学中板块构造运动(大陆漂移)、多旋回构造运动、岩石循环、地形侵蚀循环(戴维斯地貌演化循环模型),这些循环过程一般都具有物质运动的时间尺度和空间尺度巨大的特点,它们控制着环境地球的总体格局,也是形成许多矿产资源和土地资源的重要过程。人类造成的重金属污染也只能依靠物质的地质循环过程给予净化,但由于地质循环的时间尺度巨大,故人类不可能利用地质循环过程来净化重金属元素造成的环境污染。② 物质的物理循环包括地球表层中的大气环流、大洋环流和水分循环,在物理循环过程中参与循环的物质运动快(即时间尺度较小),空间尺度巨大(即全球尺度),参与循环的物质化学组成变化较小,而物质的存在状态及物理性状变化显著。地表淡水资源、水利资源和许多能量(风力、潮汐能、洋流能)的形成均有赖于物质的物理循环过程。③ 物质的生物化学循环是指生物从大气圈、水圈、土壤圈和岩石圈获得营养物质,且部分营养物质再通过食物链在生物之间被重复利用,最终通过生物代谢和微生物的分解作用归还于非生物环境的过程,这一过程包括碳循环、氮循环、磷循环、硫循环、微量营养元素循环和污染物循环等。在生物化学循环过程中,物质性状变化的时间尺度和空间尺度都比较小,人类的食物、纤维及许多天然药品的形成均有赖于物质的生物化学循环过程。生物化学循环是消除许多生活废物避免环境污染的重要过程,但由于生物化学循环的方式和通量存在着巨大的时空差异性,所以人们在利用该循环净化环境污染时必须考虑这种差异。

总之,环境地球系统中物质的地质循环、物理循环和生物化学循环三者之间具有密切的相互联系,其中地质循环及其结果在宏观上控制着物理循环和生物化学循环,而物理循环(如水循环、大气环流)与生物化学循环又交织在一起,物理循环是驱动生物化学循环的重要动力之一。

10.1.2 物质循环过程的驱动力

环境地球系统由运动的物质组成,运动既是物质的存在方式又是物质本质的表现。在环境地球系统中物质的运动形式多种多样并在不断地相互转化,驱使着环境地球系统的发展与演化。能量是刻画物质及其运动的物理量,一个系统的能量可以定义为从一个被定义零能量的状态转换为该系统现状所需做功的总和。在环境地球系统中能量的存在形式有动能、势能、热能、辐射能、化学能、原子能、电能和声能等。驱使环境地球系统中物质循环的能量主要有地球的能量(地球物质运动的动能、势能、地热、岩石圈中的原子能等),太阳辐射能,日-月-地系统的势能,如图 10-1 所示。

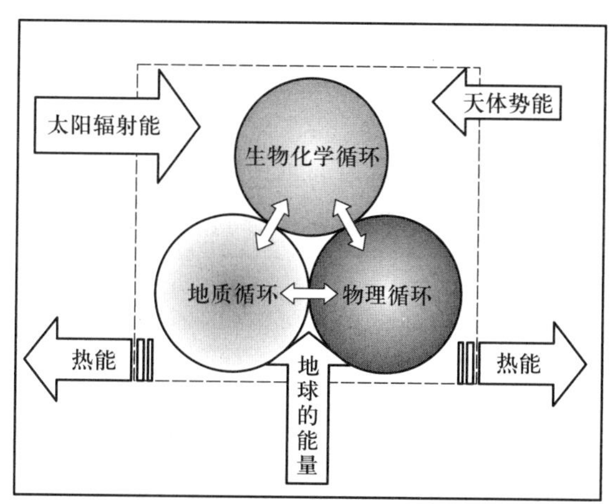

图 10-1 环境地球系统中物质循环及其能量转化过程示意图

尽管环境地球系统中物质运动方式和途径是千变万化的,但这种变化绝不是没有约束的,其基本的约束就是质量守恒定律、能量守恒定律和热力学定律。质量守恒定律:在环境地球系统的物质变化过程中,物质既不能创造,也不能毁灭,只能由一种物质形态转变为另一种物质形态。能量守恒定律:在环境地球系统中,驱动物质变化的能量既不能消灭,也不能创造,但可以从一种能量形式转化为另一种能量形式,也可以从一种物质传递到另一种物质,在转化和传递过程中能量的总值保持不变。热力学第一定律:外界传递给一个物质系统的热量等于系统内能的增量和系统对外所做功的总和。热力学第二定律:不可能制成一种循环动作的热机,只从一个热源吸取热量,使之完全变为有用的功,而其他物体不发生任何变化。基于上述基本定律,每个人都要消费物质资源和能源,同时每个人都要向环境排放废弃的物质和能源。针对每个人而言,这些废物和废弃能量的数量是微小的,其环境影响也是不显著的。但是根据质量守恒定律和能量守恒定律,区域(如特大都市群)众多而密集的人口所排放的废物和废弃能量必然会对环境造成各种各样的影响,这种环境影响一方面伴随着工业化的发展而产生,另一方面它要求每个社会成员在物质与能源消费上都要为全人类的生存与发展而保护环境。企业生产者不仅要优化生产工艺以减少资源消耗和提高能源使用效率,还要承担产品消费及废弃过程中的环境保护义务。

10.1.3 物质循环与循环经济

在工业革命之前(地广人稀的"旧时代"),由于全球人口比较少、生产技术落后且生活水平低下,人类参与物质循环过程的速度、规模及通量都较小,人类生产与生活过程常常与自然物质循环过程融会在一起,人类活动虽然对自然过程有扰动,但对自然物质循环过程的扰动与影响还是在自然过程变化的幅度之内,例如绿色植物(生产者)从环境中吸收营养、通过光合作用将太阳辐射能转化为化学能储存于有机体中,消费者(包括人类)通过食物链获得能量,在这个复杂过程中生产者和消费者都会不断地进行新陈代谢,并向环境排放废物,而环境中的分解者(如微生物)则不断地分解这些废物并获得能量,同时将废物中固化的营养元素释放到环境之中,供生产者再次吸收利用,这就形成了一个良性的循环系统。再如在江河上游的人们利用河水淘米洗菜,河水流到下游人们还可以继续使用,这是因为"水流十步清"的常理;在中国亚热带江河下游平原上零星的农家庄园曾经就是"鱼米之乡"。在那个时代,人们消耗物质资源(主要为可再生资源)和能源的速度低于自然环境的再生能力,人们向区域环境中排放废物的速度和总量远远低于自然环境的自净能力和环境容量,故古人把地球视为"一个无穷大的仓库,有无限的资源,有广阔的生存空间"。

工业革命之后,随着全球人口的快速增长、生产规模的不断扩大、生活水平的持续提高,人们消耗物质资源(含能源)和生活中排放废物的总量都在不断地增加,特别是在传统的粗放发展模式下,物质流动的每个环节都存在着资源的低效利用、环境的严重污染问题,并由此带来了严重的资源短缺问题,从而使支撑人类社会生存和发展的两大物质基础——环境地球系统的资源持续供给能力、持续容纳废物的能力受到威胁。中国古代有许多物质循环思想,如元朝王祯在《农书》中述及:所有之田,岁岁种之,土敝气衰,生物不遂,为农者必储粪朽以粪之,则地力常新壮而收获不减。19 世纪德国学者李比希(Liebig J V,1803—1873)提出了归还学说;马克思(Marx K H,1818—1883)运用物质变换来描述人类利用自然的不循环性、不可持续性的现象,其核心思想是强调对废物进行分解和再利用。随后,1965 年美国经济学家鲍尔丁(Boulding K E)在《地球飞船》(*Earth as a Spaceship*)中指出,不仅要改变人们对地球的看法,还要改变世界现实的社会系统,从现代人类生产生活消费总量来看,地球已经成为一艘没有补给通道,也没有下水道的空间飞船,面对"船载"资源的日益枯竭和"船舱"环境质量的不断恶化,人们必须采用新的技术对废物加以循环利用,维持并不断改善人类生存环境的质量,这应该是循环经济概念的源头。1996 年德国学者又提出了"物质闭路循环与废物管理"(closed substance cycle and waste management)的经济管理思路,这时其他国家也纷纷提出构建以节约资源和废物循环再利用为核心的循环经济(recycling-based economy)模式,该模式倡导在人们的生产和生活全过程中要做到资源消耗的减量与废物排放的减量,以构建"永续低废物的社会系统"(low-waste society)或"永续具有地球智慧的社会系统"(earth-wisdom society),它与传统资源消耗(高消费)型的经济模式具有显著的差异,如图 10-2 所示。

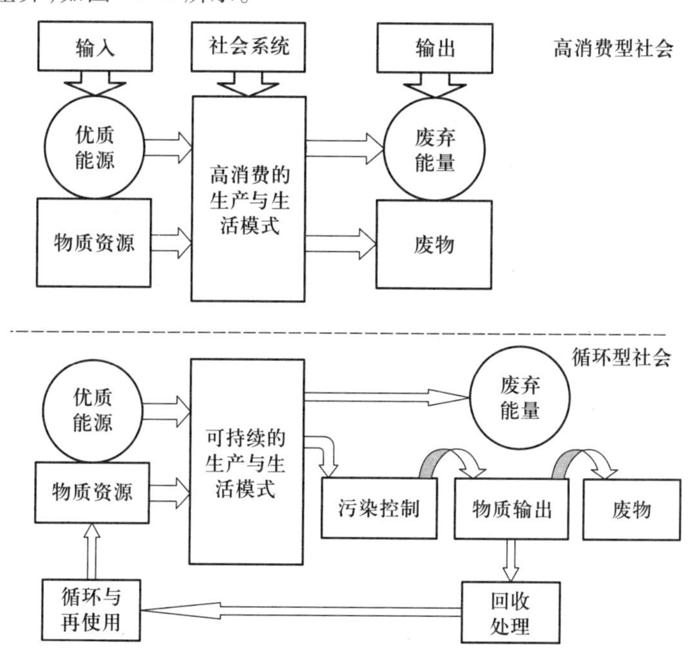

图 10-2　高消费型社会与循环型社会的物质与能源消耗过程比较示意图

基于仿生学原理,环境地球系统特别是生态系统中的物质循环机理与规律是构建循环经济体系的基础。循环经济的宏观表达就是要把自然环境、经济活动、社会系统整合成为一个良性循环的物质系统;循环经济的微观表达则是将传统的企业生产环节—产业链—线性经济模式改革为一种闭路循环的经济模式,从物质生产的源头到产品消费的末端全过程实施资源的减量化—物质循环再利用—废物再循环,即尽量少用物质资源,并对其进行重复利用、多次利用,达到少用物质资源、少排放废物的目的,最终达到资源消耗和废物排放与环境地球系统中的物质循环过程相互协调。例如,许多重金属矿产资源的消费及其引发的环境污染,只能依赖地质循环过程得以净化,但由于地质循环的时间尺度太长,重金属矿产资源属于不可再生资源,表生环境及其生物地球化学循环对其重金属污染物不具有自净能力,故人们必须节约利用重金属矿产资源,对重金属污染物实施严格的零排放政策。由于地质循环和物理循环已在岩石圈、大气圈和水圈中做了介绍,本章就着重从环境地学角度介绍与环境科学研究密切相关的碳循环、磷循环、氮循环、硫循环,如图 10-3 所示。在环境地球系统中,还包括微量营养元素循环和有毒有害物循环过程。

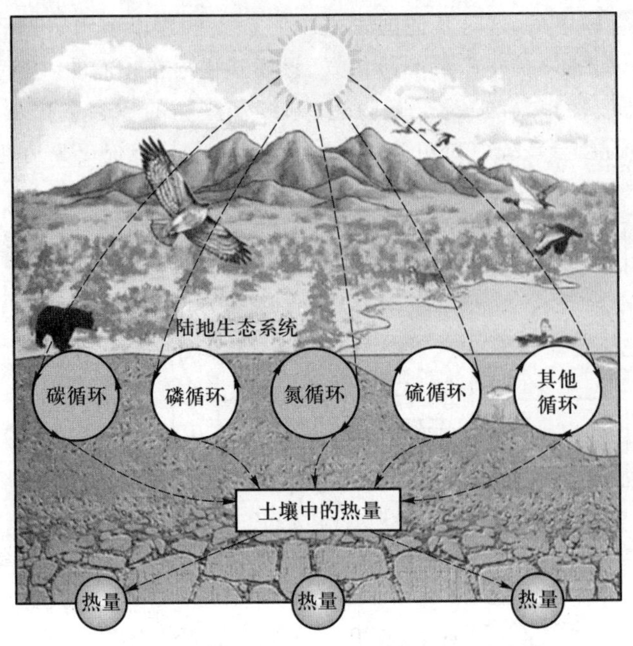

图 10-3　环境地球系统的物质循环过程示意图

（资料来源：Miller G T，1996）

10.2　碳循环及其环境效益

10.2.1　环境地球系统中的碳

碳在地壳中的丰度是 2 000×10^{-6}，从数量上看碳比氧、硅、铝、铁、钙等元素的丰度低得多。在环境地球系统中碳元素能够形成种类繁多的化合物，碳是构成一切生命体的基本成分，在生命过程中占有特殊地位，其重要性仅次于水（H_2O）。碳元素的特性是可以形成一个长长的碳链，为各种复杂的有机物（蛋白质、磷脂、糖类和核酸等）构建一个相对稳定的“骨架”；碳元素也是植物在光合作用中将大量太阳辐射能转化为化学能的重要载体，这些化学能是推动生态系统发展与演化的重要驱动力。

在环境地球系统中碳元素有两种稳定同位素（^{12}C 和 ^{13}C）和一种放射性同位素（^{14}C）。其中两种稳定同位素的相对丰度是 ^{12}C 为 98.89%，^{13}C 为 1.11%，一般认为 $^{12}C/^{13}C$ 比值的变化与碳元素的来源及化合物形成的物理化学条件有关。例如在石油和天然气的形成过程中，同位素分馏的趋势使轻的 ^{12}C 相对比较重的 ^{13}C 集中一些，在金刚石中却有 ^{13}C 集中的现象，在植物体内也有 ^{12}C 集中的趋势。放射性同位素 ^{14}C 的半衰期为 5 730 a，它主要形成于大气圈上部距地面 4 500 m以上的高空，是宇宙射线的热中子对氮元素作用的产物。由 ^{14}C 组成的 CO_2 在大气圈对流层中通过对流与风暴的混合作用很快就可达到地表。大气圈中的 CO_2 大多数都是由稳定同位素^{12}C和^{13}C形成的，已知大气圈中CO_2的$^{14}C/^{12}C$比值为10^{-12}（人类核活动以前即1957年以前的状况）。植物通过光合作用可以从大气圈中吸收少量的^{14}C，动物又以这些植物为食物亦可吸收到^{14}C，溶解在海水中的^{14}C通过与重碳酸盐和碳酸盐的交换作用，使海洋动物的甲壳吸收到^{14}C，这样所有在地表生活的活生命体都会含有一定量的^{14}C。当这些生命体死亡后，它们与大气圈的交换作用也就停止了，由于^{14}C的衰变作用，在死亡生命体中的^{14}C含量将随时间的推移而不断减少。在^{14}C衰变过程中碳原子释放一个电子（β质点）再次转变为稳定的氮，即通过测量^{14}C衰变过程中所释放出的β质点数就可以测算出有机物中^{14}C的活度，从而推算有机物的^{14}C年代。目前利用加速器质谱测年技术能测到的^{14}C年代在距今0.10万~10.0万年。

在环境地球系统中碳元素的存在状态有碳酸盐（如$CaCO_3$、$MgCO_3$、Na_2CO_3、$NaHCO_3$等），CO_2，有机物（如土壤腐殖质、生物躯体、石油、天然气、煤炭和油页岩等），单质碳（如石墨和金刚石）等。大气圈中以CO_2形式存在的碳总量为7.5×10^{17} g，水圈中以碳酸盐和有机碳形式存在的碳总量为3.8×10^{19} g，土壤圈中以有机碳形式存在的碳总量为8.5×10^{17} g，陆地植物的含碳量为5.6×10^{17} g。上述碳库中碳元素的总量处于动态平衡中，例如，大气圈与海洋之间的碳交换量为9.0×10^{16} g/a和9.2×10^{16} g/a，大气圈与陆地植物之间碳交换量为1.2×10^{17} g/a和6.0×10^{16} g/a，故碳元素在大气圈中的平均滞留时间约为5 a。

10.2.2 碳循环过程及其对环境的影响

环境地球系统中的碳循环过程主要包括：生物的同化和异化作用，主要是植物的光合作用和生物的呼吸作用；大气圈与水圈之间的CO_2交换过程；大气圈与土壤圈及陆地生物圈之间的CO_2交换过程；水圈中的碳酸盐沉积过程；人类活动对岩石圈中碳的加速释放和对陆地生物圈碳储量的影响等。碳在各类生物的作用下，在有机态和无机态之间不断发生转化和循环，环境地球系统中的碳循环模式如图10-4所示。

人类应在充分了解全球碳循环过程及区域碳循环主要环节的基础上，尽快实现全球、国家或区域的碳达峰（即尽早实现人类生产生活活动对CO_2的净排放量不再增长）与碳中和（即国家、企业、产品、活动或个人在一定时间内直接或间接产生的CO_2或温室气体排放总量，通过植树造林、节能减排等形式，以抵消自身产生的CO_2或温室气体排放量，实现正负抵消，达到相对“零排放”），以维持全球碳循环的良性平衡和减缓其对全球气候变化的影响。

全球土壤有机质（腐殖质及土壤生物量）所包含的碳多于陆地植物体内所含碳量，干旱和半干旱地区土壤中也储存有无机态的碳（即碳酸盐类矿物），土壤圈中的这些碳都是全球碳循环的重要组成，这些碳在陆地表面易遭侵蚀和分解损失。土壤有机质通过矿化过程会释放出CO_2，据估计每年全球土壤圈中大约有总碳量的5%以CO_2、CH_4等形式进入大气圈，这比人类活动产生的化石燃料燃烧所释放出的CO_2多十余倍。据估算全球陆地每年由植物光合作用产生的有机碳约为6.0×10^{16} g，这些有机碳主要集中在土壤剖面的中上部（即0~50 cm层段），并逐渐被分解成为CO_2和H_2O。由于土壤储存的有机碳总量为8.5×10^{17} g，进而估计土壤与植物之间的周转时间约为13 a，但不同地区、不同土层深度、不同形式有机物的差异是巨大的。

土壤有机质以多种形式存在，包括陆地表面新鲜的没有完全分解的有机质（枯枝落叶或其

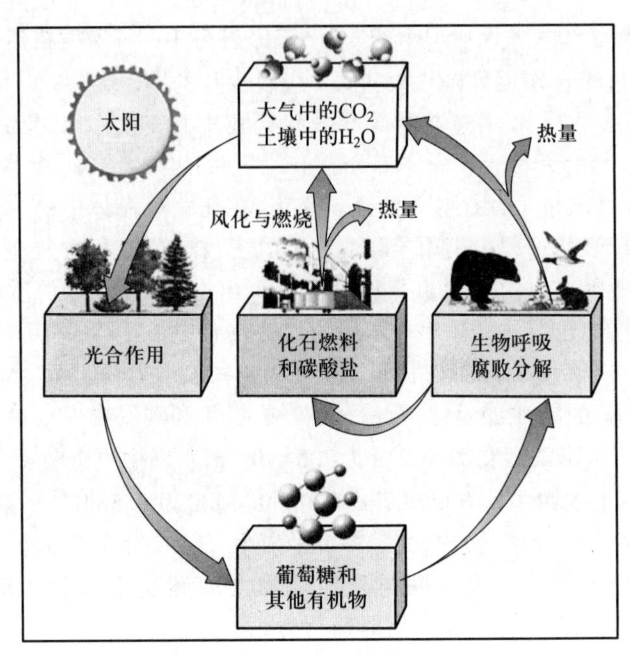

图 10-4　环境地球系统中的碳循环模式示意图

(资料来源:Miller G T,1996)

他残体)和分布在土壤剖面中上部的腐殖质,这些碳极易受人类活动的影响而变化。如在温带地区近 50 a 农业活动已经导致土壤有机质含量降低了20%~40%,这其中的绝大部分以 CO_2形式进入大气圈,也有少部分碳随土壤侵蚀沉积于水圈之中。

人类开采并使用了大量化石能源,促进了岩石圈中固化的碳元素向大气圈的释放,人类大规模开垦沼泽地加速了土壤圈有机碳向大气圈的释放,人类大规模地砍伐森林、破坏植被也导致植物性有机质向土壤圈输入速率的降低。根据相关研究资料,人类化石燃料燃烧及生物质燃烧每年可以向大气圈排放的碳总量一般在 0.62×10^{15} g 以上,相当于 2.27×10^{15} g 的 CO_2。过度农业生产活动在某种程度上破坏了生物圈与土壤圈之间的碳循环过程,据估计每年这种失衡引起全球农田土壤中 CO_2净释放量大约相当于每年石油燃烧释放 CO_2 总量的 20%。据法国科学家 1987 年对南极冰芯的研究和美国国家海洋和大气管理局地球系统研究实验室(2015)的观察计算,工业革命前大气中 CO_2 的体积分数约为 278×10^{-6},至 1860 年升高到约 286×10^{-6},1960 年约为 317×10^{-6},2008 年则上升到约 385×10^{-6},2014 年上升到约 398×10^{-6},其上升速率呈阶段性增加。大气圈中 CO_2浓度的不断增加会导致全球气候变暖,从而可进一步加速寒温带、亚极地带广泛的冰沼土和泥炭土中有机质的矿质化过程,同时向大气圈释放更多的 CO_2,加速全球气候的变化。已有人对全球气候变暖过程中冰原、泥炭生态系统土壤碳的损失进行了模拟观测,即将冰沼土置于温暖条件下,土壤就有碳元素的净损失,另外温暖条件下的水稻土也可以向大气圈释放一定量的 CH_4,大规模养殖反刍类牲畜也会向大气圈释放一定量的 CH_4。当前国际地球科学界和环境科学界共同关注的碳循环热点问题主要有:土壤圈与大气圈之间物质交换过程机理的研究,客观评价土壤圈作为大气中温室气体(CO_2、CH_4、N_2O 和 NO_2)源和汇的作用,人类活动对土壤圈作为大气温室气体源和汇的干扰程度,土壤圈中温室气体产生、排放与吸收的过程及其机制等。

碳达峰(carbon peak)是指全球、国家、城市、企业等某个主体的周年碳排放量由上升转下降达到最高点的过程。碳中和(carbon neutrality)是指在规定时期内,CO_2 的人为移除与人为排放相抵,也就是人为利用化石能源的碳排放量被人为作用和海洋吸收、侵蚀-沉积过程的碳埋藏、碱性土壤的固碳等自然过程所吸收,即净零排放。从环境地学角度来看实现碳减排的技术措施有:① 研发清洁-低碳-零碳能源的开发利用技术;② 优化人类生产生活方式以节约能源消费,提升能源使用效益;③ 研发储热储能的工程技术;④ 研发碳捕集利用与封存的技术,包含土壤-植物系统封存(soil-plant system sequestration)、地质封存(geological storage)和海洋封存(ocean storage)。特别是通过土壤培肥,即将地表各种生物代谢产物制成富含碳的有机肥颗粒,施加到土壤耕作层中下部,加速这些有机肥转化为土壤腐殖质的技术更具有三大优势:首先是将更多的碳固存于土壤层中并增强土壤碳汇功能;其次是提升了土壤的肥力还能促进土壤上绿色植物光合作用并吸收更多的 CO_2;最后是在中国北方许多地区,土壤层中部分有机质被矿质化所产生的 CO_2、水分与土壤中原有 $CaCO_3$ 相互作用形成 $Ca(HCO_3)_2$,随水向土壤层下部迁移并沉淀至土壤底层或土壤母质层中。由此可见,土壤培肥利用不仅能够高效地利用 CO_2,还能加速植物对大气中 CO_2 的吸收利用过程,更能够高效地储存 CO_2。

10.3 微量营养元素循环

10.3.1 微量营养元素循环的特征

在自然因素或人为因素的作用下,环境地球系统中的微量营养元素(如 I、Zn、Mn、Co、Mo、Se)不断地循环和流动,使全球各种生态系统得以生存和发展。土壤圈、水圈、大气圈或岩石圈表层的微量营养元素首先供给初级生产者,而消费者和分解者生长发育所需要的微量营养元素,一是通过食用初级生产者获得,二是通过饮水获得(包括通过啃食泥土获得)。几乎所有生命有机体生理代谢活动的产物最终都流入生物地球化学循环过程之中,生态系统的微量营养元素交换主要是在水圈、大气圈、土壤圈(含岩石圈表层)和生命有机体之间进行。例如森林、灌丛和草原生态系统中微量营养元素,首先被植物吸收利用,然后再输送给动物利用,同时生物又不断地以枯枝落叶、残落根系和动物代谢物的形式归还给土壤,并由分解者释放其中的微量营养元素,供植物再次吸收利用和循环。

生态系统中的微量营养元素循环过程不是封闭式的循环,也常常由系统以外经过雨滴、雪片、大气降尘等形式输入。植物主要通过根系吸收微量营养元素,也可通过叶片吸收少量微量营养元素,一般不超过植物吸收微量营养元素总量的 5%,故叶面施肥已经成为农业生产中的实用技术,对于提高作物产量具有显著的效果。另外植物叶面也可以直接向外界排放一些微量营养元素。

动物在 A 生态系统中取食微量营养元素可以在 B 生态系统里排泄和死亡,并将 A 生态系统中的部分微量营养元素归还给 B 生态系统;树木生长在 A 生态系统中,也可以在 B 生态系统里被使用、废弃或燃烧。例如，A 是一个草原生态系统，B 是一个城市生态系统，B 城市生态系统中众多的人口长期食用来自 A 草原生态系统的植物性食物和动物性食物，B 城市众多人口的代谢物堆积于城市外围并没有归还到 A 草原生态系统中，这种微量营养元素长期大量地单向跨境（跨生态系统）流动，其最终结果必然是 A 草原生态系统因长期微量营养元素亏损而退化（即土地退化、生产能力衰竭），B 城市生态系统则因长期微量营养元素堆积而发生水体富营养化或土壤富营养化。因此，对于一个生态系统物质流动的研究，应该着重分析物质流动的方式、规模和通量，以便从根本上把握区域生态系统中的物质循环过程，确保生态系统微量营养元素输入与输出之间的动态平衡。

生态系统中微量营养元素的循环必须是丰富多样、缺一不可的。例如矿质养分在森林生态系统内一般都是丰富的，在低矿质养分的情况下，森林就会发育不良，森林的结构和生产能力也会退化，植物的种类也会发生改变，只有一些适应于低矿质养分条件的植物才能生长。众多的微量营养元素流经生态系统，它们在食物链和食物网上流动，其循环途径是十分复杂的，一般是采用放射性同位素示踪技术来研究生态系统中错综复杂的食物网。例如，利用磷的同位素（^{32}P）溶液标记在植物叶面上。经过一定的时间后，^{32}P 就会在消费者身上表现出来，根据消费者的不同食性，有的以花为食，有的以蜜为食，有的以叶为食等，这样就可以在各种消费者身上测得 ^{32}P 的分布，于是生态系统中食物网之间的关系和性质就可以通过同位素示踪技术而获得。

区域微量营养元素循环异常会造成环境中某些元素的异常偏少或异常偏高，这必然会对区域生物的正常生长发育带来各种不利的影响。早在 20 世纪 30 年代，苏联科学家维诺格拉多夫就指出，植物和动物对环境中某些化学元素含量的变化具有一定的生物学反应，当环境中某种化学元素含量特别高或特别低时，生物就会产生强烈的生理反应。据此他还提出了著名的“生物地球化学省”学说，所谓生物地球化学省是指由于地球表层不同区域环境中化学元素的不同而引起地方植物和动物群出现不同生物反应的地区。在极端情况下由于某一化学元素或某几个化学元素含量显著不足或过剩，在一定的生物地球化学省境内，就会产生生物地球化学地方病。例如在寒温带泰加林灰化土地带，由于成土过程中各类元素的大量淋失致使该地带内土壤中许多对生命有益的化学元素含量过低，从而引起植物和动物广泛的生物学反应，产生了多种生物地球化学地方病，如地方性甲状腺肿、植物缺钴病、动物的脆骨病及贫血病等。在活火山及温泉集中分布的地区，岩石圈中的氟释放到地表水中常常会引起生物的氟中毒。有学者于 1972 年指出，对于任何一种化学元素，生命有机体的适应范围都是较狭窄的，例如家畜生长所必需的化学元素铁、锌、锰、铜、硒的最小中毒量与需要量之间的比值为 50 左右，摄取过量或不足都会破坏生命体内的生理平衡，从而发生生理异常引起病患。引起植物病害的土壤中微量元素的临界浓度如表 10-1 所示。下面重点介绍中国科学院在区域生物地球化学循环异常与地方病方面的相关研究。

表 10-1　引起植物病害的土壤中微量元素的临界浓度

化学元素	临界下限值/10^{-6}	临界上限值/10^{-6}	正常调节范围/10^{-6}
硼（B）	3~6	30	6~30
铜（Cu）	6~15	60	15~60
钴（Co）	2~7	30	7~30
碘（I）	2~5	40	5~40

续表

化学元素	临界下限值/10^{-6}	临界上限值/10^{-6}	正常调节范围/10^{-6}
锰(Mn)	400	3 000	400~3 000
钼(Mo)	1.5	4	1.5~4
锶(Sr)	—	6~10	0~6
锌(Zn)	30	70	30~70

10.3.2 碘循环异常与地方性甲状腺肿

地方性甲状腺肿是一种世界性的地方病，据世界卫生组织(WHO)统计，全世界此病患者约有2亿。地方性甲状腺肿病患者分布很广，严重的发病地区有：亚洲的喜马拉雅山地区、非洲的刚果河流域、南美洲的安第斯山区、欧洲的阿尔卑斯山区、北美洲的五大湖周围地区，中国不少山区也是较严重的地方性甲状腺肿病区。早在100年前学术界就确立了地方性甲状腺肿的缺碘病因学说，后来1965年科学研究还发现食用高碘食物也能引起高碘性地方性甲状腺肿。

碘是动物和人体的必需微量营养元素，人体中的碘主要集中在甲状腺内。甲状腺的主要生理功能是产生甲状腺激素，甲状腺激素具有促进新陈代谢、神经、骨骼生长发育的功能。作为一种生命元素，碘对人的生理作用服从于伯特兰(Bertrand G)的生物最适浓度定律，即碘具有双侧阈浓度，碘的缺乏或过剩都会导致人体甲状腺代谢功能障碍，发生甲状腺肿。如王明远、章申于1983年收集了中国201个地区(包括碘正常、缺乏和过剩的地区)饮用水中碘的含量，以及各地的地方性甲状腺肿患病率的资料，其结果为抛物线形的相关关系，进一步的研究表明饮用水中碘的最适浓度为10~300 μg/L。

中国地方性甲状腺肿病区分布很广，造成环境中碘循环异常的原因是多种多样的。一般来说，土壤中的碘主要来源于母岩和降水补给，碘在土壤中易被土壤黏粒和有机质所吸附，在泥炭沼泽土中碘被有机质所吸附固定而难以参加生物循环。王明远根据调查资料归纳出中国碘的地理分布和地方性甲状腺肿病分布的一般规律为：从湿润地带到干旱地带、从内陆到沿海、从山岳到平原、从河流上游到下游，地表环境中的碘元素由淋溶到积累使得缺碘性地方性甲状腺肿病的流行强度逐渐递减以至最后消失。相反，在干旱和半干旱气候区的油田区或沿海地区，人们往往由于摄入过量的碘而可能引起高碘性地方性甲状腺肿病。王明远同时将中国的地方性甲状腺肿病区划分为5种地球化学成因类型：①山区碘淋溶类型，这里土层浅薄、淋溶作用较强、土壤保持碘的性能差，故其水土均缺乏碘，而在第三纪红色黏土和第四纪黄土覆盖的山区，由于土层厚且土壤中黏粒含量高，使土壤保持碘的能力增强，通常地方性甲状腺肿病比较轻，甚至为非病区。②砂土碘淋溶类型，砂土的吸附能力微弱，故碘元素易淋失，尤其在土层薄且下伏流沙层或砾石层地区，水、土缺碘尤为严重，如在西北地区山前洪积扇上部和沙漠边缘地区。③沼泽泥炭固碘类型，在大小兴安岭、长白山、东北三江平原、黄河河源地区，因气候寒冷而湿润地表常积水并发育了沼泽泥炭土，这里水土中有机质含量高且分解缓慢，土壤中碘含量虽然高但多被有机质所固定，生物难以利用。④油田区地下水高碘类型，通常油田区地下水是富碘的

（含量为 300～11 000 μg/L），深层地下水碘含量也高于浅层地下水。东北、西北和华北的一些大油田区就是多发水源性高碘地方性甲状腺肿病区，但是只要改饮浅层地下水，该病就会自然消失。⑤ 沿海食源性高碘类型，1965 年日本发现北海道渔民因食用含碘丰富的海藻而引起高碘性地方性甲状腺肿病以来，在中国山东日照、广西北海也发现有此类型的地方性甲状腺肿病患者。研究表明，海产品富含碘，海鱼含碘量为 1～30 mg/kg，海带含碘量为 440～1 080 mg/kg，用海盐腌制的咸菜含碘量为 210～1 380 mg/kg。渔民每天从海产品中摄取的碘量一般为1. 2～2. 0 mg，相当于最适宜摄取量的 7～240 倍。只要节制富碘海产品的食用量，高碘性地方性甲状腺肿病就会自然消失。

10. 3. 3　氟循环异常与地方性氟病

地方性氟病是一种世界性的地方病，在各大洲均有分布。在 20 世纪中期，中国除上海市外，几乎所有省份都已发现这种地方病，初步估计患病人数在 5 000 万左右，表 10-2 显示了中国各典型氟病区饮用水中氟含量与患病情况。地方性氟病是由于长期饮食当地高氟水和食物所引起的一种慢性氟中毒，是全身性疾病。适量的氟有利于骨骼的稳定性和坚固性，但过量氟在人体内会代替骨骼中羟基磷灰石上的羟基，生成氟磷灰石沉积在骨骼及与其相接的软组织内，破坏正常功能。另外过量氟也使人体内钙、磷的代谢平衡被破坏，血液中钙含量下降，使骨溶细胞活性增高促进骨溶作用。氟中毒最明显的早期症状是氟斑牙，这是牙齿吸收过量氟而引起的一种牙齿钙化障碍现象，使牙釉质发育受阻，失去特有的光泽，且容易为色素沉着染色使牙齿质地松脆易发生缺损。儿童一般在 8 岁以后造釉细胞就停止活动，因此在低氟地区成长到牙齿发育完全的人再到高氟区去一般就不会再继续发生氟斑牙。

表 10-2　中国各典型氟病区饮用水中氟含量与患病情况

地　区	饮用水中氟含量/10^{-6}（质量分数）	患病类型及患病情况/%
黑龙江省肇东、安达县	1. 5～16. 0	氟骨病（50）
吉林省农安县	1. 5～9. 3	牙斑齿（74）
内蒙古自治区赤峰市	1. 5～10. 0	氟骨病（43）、牙斑齿（49）
河北省阳原县	1. 5～17. 5	氟骨病（54）、牙斑齿（84）
北京市小汤山镇	0. 2～8. 8	牙斑齿（99）
河南省封丘县	1. 0～15. 0	牙斑齿（33）
山西省东莱庄村	8. 1	黑牙症普遍
山东省昌维地区	4. 0～9. 0	氟骨病、牙斑齿（99）
陕西省大荔、定边县	4. 0～26. 0	氟骨病严重
宁夏回族自治区灵武市	2. 6～21. 8	牙斑齿（100）

人体中氟主要来自饮用水。氟的化学性质活泼，它在自然环境中的迁移转化过程强烈，且

在环境中的分布也很不均匀,这就形成了以氟不足为特征的龋齿高发区和以氟过量为特征的地方性氟病区,故氟具有双侧阈浓度,对人体来说饮用水中氟的适宜浓度一般为 0.5~1.0 mg/L。一般认为当饮用水中氟的含量为 1.0 mg/L 时,具有防龋齿的作用,低氟区饮用水的氟化标准多采用0.5~1.0 mg/L。刘东生院士指出中国地方性氟病大致分布在 4 个较集中的地区:① 从黑龙江的三肇(肇州、肇东、肇源),经吉林白城、内蒙古赤峰、河北阳原、山西大同和山阴、陕西的三边(定边、靖边和安边)、宁夏盐池、灵武等大致自东向西呈一条带状分布。② 北方沿海局部高氟地区如渤海湾(天津附近)、山东沿海及昌维地区。③ 在南方主要分布在四川南部、湖北西北部、贵州北部和云南东北部大致呈东北—西南方向分布。④ 在一些零星的局部高氟区,如与地热和温泉活动有关的地区,还有使用高氟煤的地区。

中国最大的地方性氟病区处于大小兴安岭、燕山、大青山、狼山山脉的南侧。这里在地质历史上火山活动频繁;大小兴安岭区侏罗纪、白垩纪中酸性火山岩及侵入岩十分常见,在燕山地区东部,中酸性岩浆岩及基性火山岩也相当常见。在长期的风化剥蚀过程中,含氟的岩石为其南部平原第四纪沉积物提供了氟的来源,使区内的地下水特别是浅层地下水在一定的条件下富含氟。这一地区干旱、半干旱的气候使这里的地下水以碳酸氢钠型水为主,土壤盐化类型属于苏打盐化类型,碳酸氢钠型水与苏打盐化类型的土壤有利于氟离子在水和土壤中的积累。

10.3.4 硒循环异常与克山病和大骨节病

克山病是一种以心肌坏死为主要症状的地方病,因 1935 年最早在中国黑龙江省克山县发现而得名,患者发病率及死亡率高,是中国重点防治的地方病之一。对其病因有多种假设,如水土病因说或环境地球化学病因说,此学说认为:克山病是由环境中对心肌代谢有重要作用的某种或某些化学元素的缺乏或过量或比例失调所致。环境调查结果表明:克山病区的地质、地貌、土壤、水文和气候条件有一定特点,即病区多分布在山地、丘陵等剥蚀地区,而在盆地和河谷等堆积地区则较少发病,病区化学元素淋溶过程强于非病区。

大骨节病是一种世界性地方病,患者在发病初期不易觉察,后来发现关节疼痛、增粗等症状,晚期发生关节畸形和功能障碍,重患者臂弯腿短、关节粗大、步态蹒跚,不仅丧失劳动能力甚至连生活都不能自理,此病是中国重点防治的地方病之一。大骨节病与克山病在某些地区是相伴随的,有人把大骨节病称为克山病的“姐妹病”,如在东北地区克山病和大骨节病是平行分布的,有些村庄不仅是克山病村,还是大骨节病村,有些人同患两病;在西北地区,大骨节病比较严重,克山病相对较轻;在西南地区,一般只有克山病,而无大骨节病。李日邦等 1995 年研究发现:环境低硒(Se)是克山病和大骨节病的主要致病因素,然而同是环境低硒,致病因子却危害着人体两种不同的部位,一是心脏,二是软骨,由此产生两种不同的地方病——克山病和大骨节病。他们针对此现象选择了两处不同地区,即陕北榆林的一个单纯大骨节病村和云南牟定的一个单纯克山病村进行综合对比研究,其分析结果如表 10-3所示。

表 10-3　克山病区、大骨节病区和非病区生态系统物质含硒量比较　　单位：μg/g

物质种类	云南牟定克山病区	陕西榆林大骨节病区	非病区(云南楚雄)
人发	0.116±0.038	0.111±0.038	0.225±0.047
大米	0.006±0.003	—	0.030±0.017
小麦	0.017±0.014	0.008±0.002	0.023±0.013
土壤	0.107±0.032	0.037±0.012	0.313±0.032

资料来源：李日邦等，1995。

研究结果表明：第一，云南牟定克山病区和陕西榆林大骨节病区的环境中硒含量均低于非病区；第二，大骨节病区的缺硒程度比克山病区更为严重；第三，克山病区的土壤、大米、小麦和人发中砷含量明显高于单纯大骨节病区。考虑到砷和硒具有颉颃作用，可能会降低人体内营养元素硒的有效性，从而导致人体因缺硒而诱发克山病。中国科学院地理研究所环境与地方病研究室 1981 年为查明粮食中硒含量与克山病的关系，曾经对中国 24 个省市区的 202 个县(包括病区和非病区)的 20 多种粮食及油料作物，共计 1 600 份标本的硒含量进行了分析，得出粮食中硒的含量有明显的地域分异规律：① 中国自东北向西南整个克山病带，与此带以西的西北非病带及此带以东的东南非病带相比，粮食中硒含量有显著差异，病带内 3 种主要粮食(小麦、玉米和水稻)中硒的含量大多低于0.025 mg/kg，少有超过0.04 mg/kg，而两侧非病带主要粮食中硒的含量多数高于 0.04 mg/kg，其他粮食和油料作物中硒的含量也有类似的变化规律。② 在病带内，有病区和无病区主要粮食平均硒含量也有差异，但都处于低硒水平，大都在0.025 mg/kg以下，只有水稻接近此值。③ 在此病带西北和东南的两个非病带内部，粮食中硒含量也都表现出地域差异，但都是高含量之间的差异，且总趋势为离病带越远，硒的含量越有增高的趋势，如图 10-5 所示。

全世界报道发现有硒反应症的有 20 多个国家，郑达贤等将硒反应症的概念由动物扩大到人群，把各国报道的硒反应症分布区标在世界自然地带图上，从图上可以看出：① 硒反应症在南北半球大致各呈纬向的分布带，其分布的范围基本上在 30°以上的中高纬度地区；② 在北半球，硒反应症分布基本上与北温带湿润、半湿润森林、森林草原和草甸草原地带及地中海型气候区的硬叶林和灌丛带相一致；在南半球，主要分布在各大陆南端地中海型气候区的硬叶林和灌丛带；③ 这些地带大部分地区的降水量为 400～1 000 mm，主要土壤类型为淋溶土、均腐土等。另外与硒反应症的分布带相适宜，也存在着世界性的植物低硒带，在低硒自然带内的人群和动物也处于低硒营养状态。

总之，地球表层自然环境的化学组成是不均匀的，地域差异就是其表现的主要形式之一。地域差异在某种程度上也势必反映到生命体中，人体也不例外。生命化学元素地域差异研究的主要内容有：① 探测岩石、风化壳、土壤、水体、作物、动物和人体的化学元素地域差异。② 阐明生命化学元素地域分异的原因及其机制。引起生命化学元素地域分异的因素是多种多样的，其过程错综复杂，但归结起来有：一是化学元素本身的性质和内部结构；二是化学元素所在环境的理化特征及其动态过程；三是人类社会生产类型和生活方式与习惯。在上述三类因子中，一、三类因子的影响还是比较容易估定的，而二类因子却彼此牵连、相互交错，评价其影响较为困难。从环境地学的观点出发，可以根据上述因素在地球表层所表现的分布规律，将其划分为地带性和非地带性。③ 应对生命化学元素的地域差异对人群健康的影响做出适当的评价，这不仅需要对地球表层系统进行深入的诊断分析，还需要分析人群健康状况的地域差异，这样才能为从根本上消除危害提供科学依据。

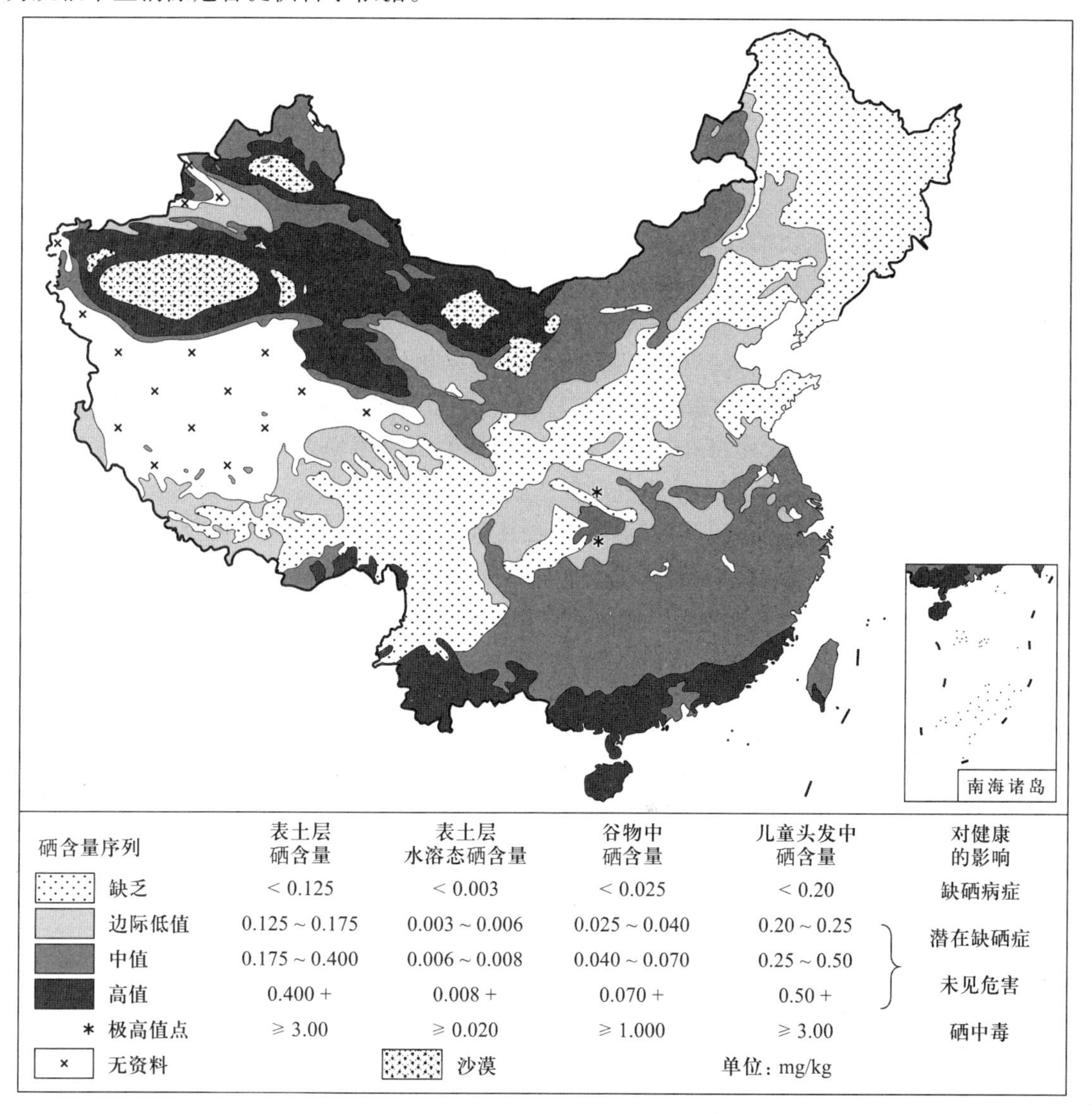

图 10-5 中国部分地区土壤-谷物-人体中硒含量分布示意图

10.4 有毒有害物循环

10.4.1 有毒有害物循环的特点

近 100 年来，人类社会的发展取得了巨大成就，创造了新材料，挖掘出众多的资源和财富。

但毋庸置疑，人类的科技发明和生产生活也部分地干扰了环境地球系统中的物质循环，向其中添加了许多有毒有害物质，如 Hg、As、Cd、Pb、F、放射性核素、酚类、氰化物、化学农药、多氯联苯（PCBs）、二噁英、持久性有机污染物（POPs）等。这些有毒有害物一经排放到环境中便立即参与生态系统的物质循环，它们像其他的物质一样，在营养级上进行循环流动，所不同的是绝大多数有毒有害物在生物体内具有富集现象，在生物的生理代谢过程中它们不能被排除，往往被生物体同化，并长期停留在生物体内造成生命有机体的中毒或死亡。

生态系统中有毒有害物的循环与人类生活关系密切又极为复杂，有关有毒有害物循环的途径，在环境中存在的状态与滞留的时间，在生命有机体内富集的数量和速度，以及作用机制和对生命有机体的影响程度等都是环境科学、环境毒理学与环境地学的重要研究内容。一部分有毒有害物随自然过程进入生态系统，但是大部分有毒有害物则通过人为排放活动而进入生态系统中，如图 10-6 所示。有毒有害物进入环境中，常常被大气、水体稀释到无害的程度以致无法利用仪器进行现场检测，即使这样对食物链上生命有机体的毒害依然存在，因为小剂量毒物在生命有机体内经过长期的慢性积累和浓集也可以达到中毒致死的水平，同时，有毒有害物在循环过程中经过大气、水流的搬运作用及在食物链上的流动，会发生复杂多样的物理、化学与生物学变化，并常常使其毒性增加，进而造成生物中毒过程的复杂化。当然不排除自然过程也有可能使某些有毒有害物的毒性减轻。

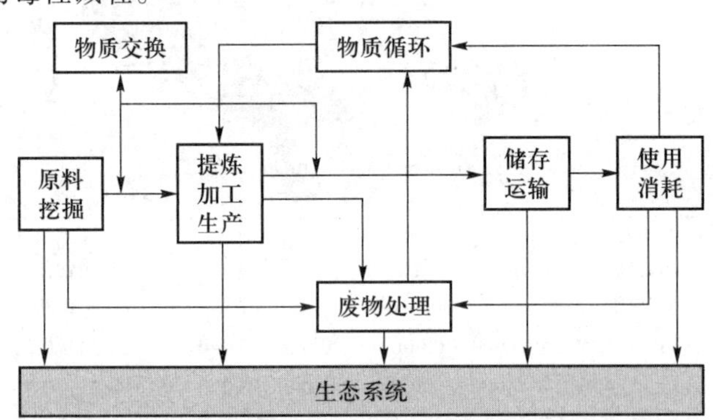

图 10-6　有毒有害物进入生态系统的主要途径

（资料来源：李天杰等，2004）

10.4.2　重（类）金属元素循环

人为排放的重（类）金属元素（Hg、Cd、Pb、Cr、As 等）所造成的环境污染已经成为人类面临的严重环境问题之一，这是因为这些重（类）金属元素具有很大的毒性，它们在水体或土壤中不能被微生物降解，只能发生形态的相互转化和分散、富集过程，并参与生态系统中的物质循环过程。重（类）金属元素造成的环境污染具有以下特征：① 除被悬浮物带走以外，重（类）金属元素会被吸附沉淀而富集于排污口附近的底泥或土壤层中，成为长期的次生污染源。② 水体和土壤溶液中各种无机配位体（氯离子、硫酸根离子、氢氧根离子等）和有机配位体（腐殖质等）都会与其生成络合物或螯合物，导致重（类）金属元素有更大的水溶解度而促使底泥中或土壤层中的重（类）金属元素重新释放出来。③ 重（类）金属元素部分具有可变价态，各种价态的活性与毒性也不同,其价态又随环境介质的 pH 和 *E*h 条件的不同而变化。④ 重(类)金属元素的微量浓度即可产生毒性;它们在微生物的作用下会转化为毒性更大的有机金属化合物如甲基汞;它们可以沿食物链逐级富集并进入人体致使人体中毒或发生病变。许多亲硫重(类)金属元素如 Hg、Cd、Pb、Zn、Cu、Se、As 等与人体组织某些酶上的巯基(—SH)有很大的亲和力,能抑制人体内酶的活性。

重(类)金属元素一般通过两个途径进入表生环境,即生态系统中:一是火山喷发与岩浆活动、岩石特别是火成岩与变质岩的风化过程,这些自然过程可对局部表生环境释放重(类)金属元素;二是人类的矿产资源开发活动和冶金工业、电镀、胶片、农药、硫酸及化工等行业均会向环境中排放一定量的重(类)金属元素,如表 10-4 所示。

表 10-4 环境污染物——重(类)金属元素的来源及其对健康的危害

元素	主要用途和污染源	主要危害的生命体	对人体健康的影响
As	化学农药、饲料添加剂、化石燃料燃烧、矿业、清洁剂	H,A,F,B	累积性中毒、可能致癌
Cd	电镀、塑料与油漆染料、塑料稳定剂、电池、磷肥	H,A,F,B,P	心血管疾病、脆骨病
Cr	不锈钢、镀铬、染料、耐火材料、皮革制品	H,A,F,B	诱导突变,微量养分
Cu	尾矿、尘埃、化肥、含铜颗粒物、水管	F,P	损害肝脏,微量养分
Pb	化石燃料燃烧、钢铁工业、水管焊接	H,A,F,B	脑损伤、痉挛
Hg	化学农药、合成物的催化剂、微型金属薄膜电阻器、温度计	H,A,F,B	神经损伤
Ni	化石燃料燃烧、合金工业	F,P	肺癌
Se	富硒地区、富硒灌溉水	H,A,F,B	脱发,微量养分
Zn	钢铁工业、合金、电池、黄铜、橡胶工业、矿业、废旧轮胎	F,P	少见,微量养分

资料来源:改自 N. C. Brady,1999。

注:H 代表人群,A 代表动物,F 代表鱼类,B 代表鸟类,P 代表植物。

人类工业活动排放的重(类)金属元素进入环境之后,它们的循环途径主要是:大气→土壤→植物→驯服动物→人群;水体→水生植物→水生动物→人群;水体→土壤→鸟类→植物→人畜等,反之动植物的残体及代谢产物、人群代谢产物中的重(类)金属元素又可以重新返回到土壤或水体之中,如图 10-7 所示。

10.4.3 放射性核素循环

放射性核素在生态系统食物链上,一般被植物及动物所同化并储存于身体之中。从 1954 年开始,放射性核素作为新增加的污染物已大量进入环境地球系统,这些天然或者人工放射性核素多处于不稳定的状态,会自发地进行一系列放射性衰变反应,最终衰变成稳定的元素。核素通常通过以下几种方式衰变:① γ 衰变,从原子核内发射出 γ 射线;② α 衰变,从原子核内发

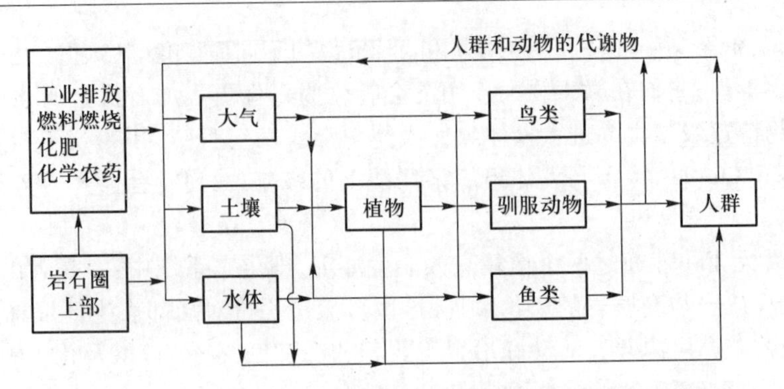

图 10-7　人为活动作用下的环境中重(类)金属元素循环示意图

射出 α 粒子;③ β 衰变,从原子核内发射出电子;④ 电子俘获,质子俘获电子;⑤ 正电子发射,原子核发射正电子。其中许多射线或粒子对人群具有明显的伤害作用。由于 γ 射线穿透能力极强,β 射线穿透能力较强,α 粒子的穿透能力较弱,环境中核素释放出的 γ 射线和 β 射线就会对人体产生危害,而那些释放 α 粒子的核素只有进入人体之后,其衰变释放的 α 粒子才能对人体产生伤害,如图 10-8 所示。

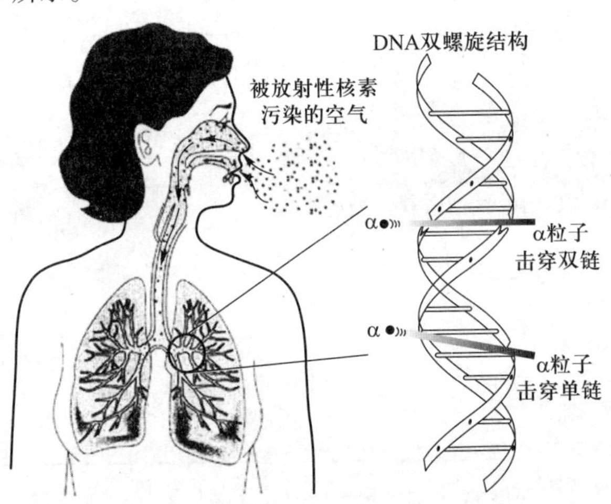

图 10-8　放射性核素污染对人体伤害过程示意图
(资料来源:Botkin D B,1998)

环境中的放射性核素包括宇生放射性核素、原生放射性核素和人工放射性核素 3 种,宇生放射性核素和原生放射性核素均来自天然放射源,人工放射性核素来自人工放射源。天然放射性核素进入表生环境的主要途径有:① 人类对岩石及沉积物的转移(建筑材料的挖掘活动);② 矿产资源的开发活动,使矿石或废渣中的放射性核素进入地表土壤或水体之中。环境中放射性核素或多或少被人类和其他有机物所吸收或富集,但对于一定区域来说,天然放射性强度主要取决于地质状况和宇宙射线强度。

由于战争、工业生产、科学研究和医疗活动,人们在对放射源或放射性物质进行搬运、传输、试验和利用的过程中,向环境中释放一定量的放射性核素,其主要方式是核电站泄漏、大气核试验和科学研究中核废料的丢弃。1945 年美国向日本的广岛和长崎投放了两枚原子弹,造成对地球大气的核污染,此后放射性核素的活度在全球范围内的分布水平显著提高了。Mirsal 于 2004 年研究了 1958—1992 年德国柏林附近土壤中放射性比活度的变化状况,如图10-9 所示。

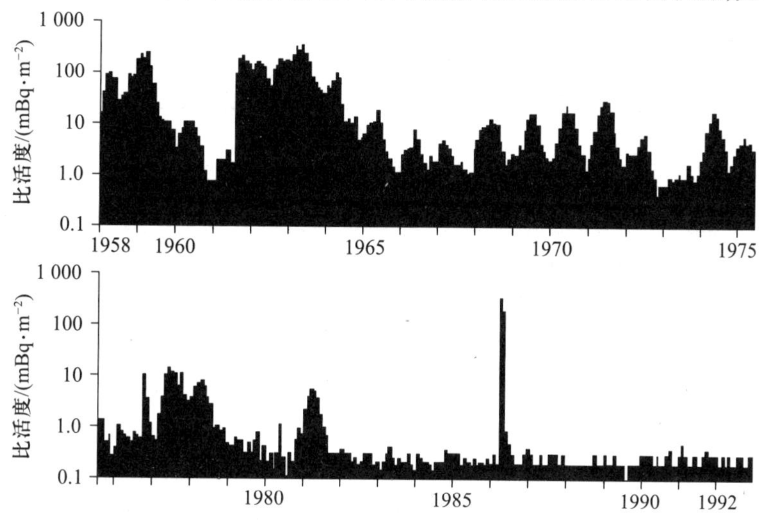

图 10-9 德国柏林 1958—1992 年土壤放射性比活度变化趋势图

(资料来源:Mirsal I A,2004)

放射性核素^{137}Cs是人工核爆炸和核反应堆发生泄漏后的主要释放物之一,其半衰期为 30.17 a,其产生源主要是北半球中高纬度和南半球的澳大利亚中部地区。^{137}Cs可以通过大气环流做长距离扩散,并以湿沉降和干沉降方式降落至地表,然后^{137}Cs又迅速而牢固地被生物、土壤细粒和水体所吸附。长期的核试验和人类核活动的影响导致了全球性人工核素^{137}Cs的地表污染。王沙陵等 2001 年的研究结果表明,中国陆地^{137}Cs的 γ 辐射剂量均值为 $7\times10^{-10}\sim18\times10^{-10}$ Gy/h,一般占陆地总 γ 辐射剂量的 1%~3%,与其他任何一种天然放射性核素的贡献相接近。北京师范大学和中国疾病预防控制中心的专家运用美国 EG&G ORTEC 公司生产的ADCAM100 超低本底 γ 谱仪测定了中国北方地区、中国南极长城站地区壳状地衣体和土壤中的^{137}Cs比活度,其结果如表 10-5 所示。

表 10-5 地衣及土壤样品的位置及样品^{137}Cs比活度

样品编号	地点	地理位置 纬度,经度,海拔	^{137}Cs比活度 Bq/kg
93—1 壳状地衣	南极长城站区	62°13′S,58°57′W,10 m	58.07±14.52
93—2 壳状地衣	南极长城站区	62°13′S,58°57′W,10 m	56.38±14.18
93—3 枝状地衣	南极长城站区	62°13′S,58°57′W,10 m	29.04±8.29
93—4 枝状地衣	南极长城站区	62°13′S,58°57′W,10 m	29.87±8.45
93—5 苔藓(0~5 cm)	南极长城站区	62°13′S,58°56′W,10 m	25.07±2.14
93—6 表土(0~4 cm)	南极长城站区	62°12′S,58°57′W,10 m	14.83±1.56
93—7 表土(0~5 cm)	南极长城站区	62°13′S,58°57′W,10 m	6.14±0.62
94—1 壳状地衣	河北省雾灵山	40°34′N,117°29′E,1 900 m	311.78±25.14
94—3 壳状地衣	河南省渑池县	35°10′N,111°52′E,200 m	294.69±35.81

续表

样品编号	地点	地理位置 纬度,经度,海拔	^{137}Cs 比活度 Bq/kg
02—1 表土(0~5 cm)	河北省丰宁县	41°32′N,116°06′E,1 560 m	17.10±1.61
02—2 表土(0~5 cm)	河北省丰宁县	41°32′N,116°06′E,1 560 m	10.68±1.24

资料来源:赵烨,徐翠华,2004。

注:环境中 ^{137}Cs 比活度为按照 ^{137}Cs 半衰期为 30.2 a 推算至 1994 年的值。

上述结果表明,在远离人类核活动的南极长城站地区,其陆地生态系统(即土壤及植物体)中已经监测到人工放射性核素 ^{137}Cs 的存在,这表明人类核活动的产物已经随着大气环流及平流层扩散过程迁移到南极地区。在远离人类工业活动的河北省雾灵山、丰宁坝上和河南省渑池县境内的陆地生态系统中,其壳状地衣体中 ^{137}Cs 的比活度高达(294.69±35.81) Bq/kg,其土壤表层中 ^{137}Cs 的比活度为 10~17 Bq/kg,表土层的比活度是与土壤性状及地表侵蚀堆积过程相关的。由此可见,壳状地衣体中 ^{137}Cs 的比活度比土壤表层中 ^{137}Cs 的比活度高出一个数量级,壳状地衣体中 ^{137}Cs 的比活度比粮食、蔬菜、水果和蛋奶肉品中 ^{137}Cs 的比活度高出两个数量级以上。中国北方地区壳状地衣体中 ^{137}Cs 的比活度也比南极长城站地区壳状地衣中 ^{137}Cs 的比活度高出一个数量级。由此可见,壳状地衣是监测陆地环境中 ^{137}Cs 比活度水平极为敏感的指示剂,壳状地衣可作为监测环境中 ^{137}Cs 核素远距离传输及比活度水平的敏感指示剂。

10.5　思考题与个案分析

1. 通过学习与观察,举例说明日常生活活动与碳循环的相互关系。

2. 比较分析生态系统中一般营养物质循环与有毒有害物循环的异同。

3. 生态系统有哪些物质循环? 特点如何?

4. 结合课堂教学内容,通过查阅资料构建环境地球系统中化学农药的循环模式。

5. 在人类-环境地球系统中,工业生产过程作为中间环节,联系着自然环境与人类消费过程,形成一个人工与自然相结合的人类生态系统,其中人类的工农业生产活动起着决定性的作用。请选择一个你熟悉的工业生产部门,构建将工业生产过程中物质转化与环境地球系统中该物质循环过程相互融合的新型生产模式。

6. 20 世纪 60 年代末爱尔兰海域有成千上万只海鸟死去,据监测其体内含有高浓度的多氯联苯(PCBs);近年来在南极外围海域生活的企鹅体内也检出了 DDT;在北极附近格陵兰冰芯中铅和汞的含量也不断增加。运用所学知识勾画出海鸟、企鹅和格陵兰冰芯中污染物的来源及传输途径。

数字课程资源：

10 电子教案

10 教学彩图

10 拓展与探索

10 教学要点

10 教学视频

10 环境个案

10 思考题

第11章 人类优化聚落环境的协调理念与实践

人类是自然环境演化的产物，又是环境的塑造者，人类与环境之间的关系是辩证的对立统一。探讨科学发展的一般规律，必须运用发展的观点动态地、历史地对科学整体发展规律进行研究，并把探索科学体系结构模式与揭示科学发展规律密切联系起来，将它们放在一个统一的大系统中进行立体考察和系统思维，才可能建立较为完善的科学发展模式。人与自然生命共同体理论和可持续发展观已经为现代地学的发展提供了新的启示，即地学研究对象已从自然综合体转向人类-环境地球系统，其研究目的由解决经济增长问题转向协调人类社会与自然环境的发展问题。因此，了解古人优化聚落环境的协调理念，从环境地学的空间整体性、时间持续性、阶层的公平性等方面综合分析典型聚落环境修建的经验与方法，有利于在保障人类生存环境质量和保护全球生态安全的前提条件下，满足人类社会不断提高物质生活水平和文化生活水平的需要，促进人类社会与环境协调地向着更高阶段发展。

11.1 聚落环境及其类型

11.1.1 聚落环境

环境科学的开拓者刘培桐于1978年首次提出了聚落环境学(settlement environmental sciences)的概念，并指出聚落是人类聚居的地方，是人类活动的中心，也是与人类的生产和生活关系最密切、最直接的环境。在《汉书·沟洫志》中就有“或久无害，稍筑室宅，遂成聚落”的记载。《环境科学大辞典》中也引用了上述概念，即聚落环境是指人类群居生活的场所。中石器时代以来，人类由筑巢而居、穴居野外、逐水草而居到定居，由散居到聚居，由乡村聚落到城市聚落，这些均反映在漫长的发展演化过程中人类保护自己、适应并改造自然环境的历程。也正是由于人类学会了用火，制造并使用工具修建和改善了聚落环境，人类才将自己的活动领域由热带扩展到温带、寒带以至极地带，并创造出各种形式的聚落环境。由于区域自然环境特征、人类社会发展程度和人类文化生活习惯的差异性，在当今世界各地分布有不同发展阶段、不同等级的多种聚落环境。而聚落环境学研究的基本目标是为人类创造越来越便捷、舒适、安全、健康的工作和生活环境。

在20世纪中期希腊著名规划师道萨迪亚斯(Doxiadis C A)提出了“人类聚居学”的学术思想，将整个人类聚居系统划分成从单个人体开始到整个人类聚居系统以至“普世城”15个聚居单元(包括个人、居室、住宅、住宅组团、小型邻里、邻里、集镇、城市、大城市、大都会、城市组团、大城市群区、城市地区、城市洲、全球城市)；后来又把这 15 个聚居单元归并为从家居、居室、住宅、居住组团、邻里、城市、大都市、城市连绵区、城市洲到“普世城”等 10 个层次。1961 年世界卫生组织(WHO)从满足人类基本生活需求条件出发，提出了居住环境的基本理念，即安全性(safety)、健康性(health)、便利性(convenience)、舒适性(amenity)，并以该理念为基础提出了“在安全中追求享受，在健康中追求舒适，营造高效率的生活”的聚居环境。

在建筑学与城市规划学研究领域，著名学者吴良镛于 2001 年也提出了人居环境的概念，即人居环境是人类聚居生活的地方，是与人类生存活动密切相关的地表空间，它是人类在大自然中赖以生存的基础，是人类利用自然、改造自然的主要场所。人居环境科学的总目标是通过理论研究与建设实践，探索一种以改进、提高人居环境质量为目的的多学科群组，包括自然科学、技术科学、人文科学中与人居环境相关的部分，形成新的学科体系——人居环境科学。吴良镛还特别提出了人居环境科学研究的基本前提：人居环境的核心是人，人居环境研究以满足人类居住需要为目的；大自然是人居环境的基础，人的生产生活及具体的人居环境建设活动都离不开更为广阔的自然背景；人居环境是人类与自然之间发生联系和作用的中介，人居环境建设本身就是人与自然相联系和作用的一种形式，理想的人居环境是人与自然的和谐统一，或如古语所云“天人合一”。由此可见，从环境地学角度揭示自然环境的时空演变规律，在适应自然环境的前提条件下，积极探索改善聚落环境质量，以寻求人类社会与自然环境协调发展的新途径，已成为当今环境科学研究的新趋势。

11.1.2 聚落环境的基本功能

作为人群安身立命之场所，聚落环境应该给人群生存活动提供必要的物质资源和生存条件，如清洁空气、洁净淡水、充足食物、适宜且安全的生存场所、能源与信息网络、必要的代谢场所等，在不同的人类发展阶段和自然环境条件下，自然环境系统、社会经济系统和技术支撑系统为聚落环境中的人群提供上述物质资源和生存条件的比例和状况均是不同的。图 11-1 所示为聚落环境组成情况。

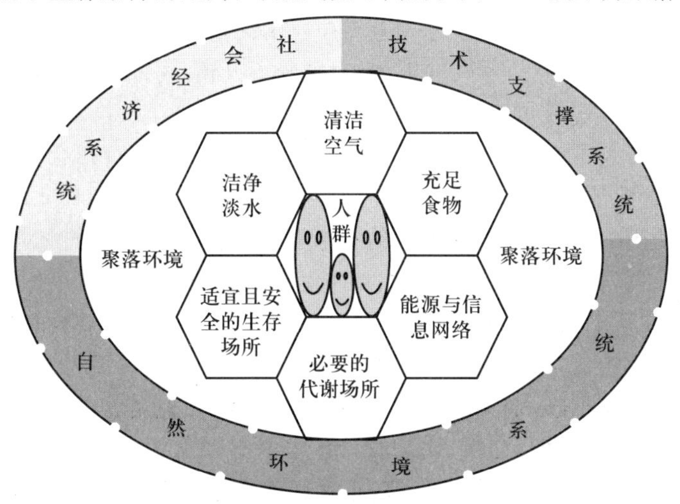

图 11-1 聚落环境组成示意图

早在距今约 6 000 年前的新石器时代，古人营造的典型仰韶文化母系氏族聚落遗址——位于陕西省西安市东郊的半坡遗址，就由上述清洁空气、洁净淡水、充足食物、适宜且安全的生存场所、必要的代谢场所等所组成。在已挖掘约10 000 m^2 的西安半坡遗址中获得了大量珍贵的科学资料，其中发现有 45 座古房屋、2 处围栏、200 多处窖穴、6 座陶窑、250 座各类墓葬遗迹，以及原始的生活用具和生产工具近万件；在遗址的中央为居住区，包括南北两片居住区，每个居住区都有一座供公共活动用的大房屋，还有若干小房子，其间分布着窖穴和牲畜圈栏，居住区有壕沟环绕以保障居住者安全；壕沟的北侧是公共墓地，壕沟的东侧有陶窑场；遗址中发现有粟的遗存、蔬菜籽粒、家畜及野生动物骨骸，这可能是原始人群主要食物的残余物；西安半坡遗址地处浐河东岸的二级阶地上，半坡人生活用水可直接取自浐河河水，同时遗址地处二级阶地面上，也免遭河流洪水的威胁；二级阶地上分布有松散、厚层的壤质次生黄土或潮土，土壤肥沃，适宜生活和开垦，且靠近河床水源和附近山丘上的林木，这也为半坡人制陶提供了便利条件。在半坡遗址的东西两侧分别为灞河、浐河，二者皆源于秦岭北坡山地地带，两条河流流经的山地地段均为太古界、元古界的变质岩及古生界地层，其中夹有岩浆活动形成的岩浆岩；在半坡遗址附近的灞河、浐河河床堆积有磨圆度较好、分选性较差、大小不一、岩性差别显著的各类砾石，这些石料也是半坡人进行加工制造各类工具和器物的原料。可见，原始半坡人已具备适应—利用—改造局地自然环境的初步知识。

四合院是一种合院式的住宅（即家居式聚落环境），合院住宅在中国从西周时期陕西岐山峰雏村遗址到汉朝画像砖，从唐朝的敦煌壁画到宋朝的《清明上河图》都可看到它们的雏形，在元明清时期中国南北方许多地区都有各具特色的合院住宅，与北京四合院共同组成了典型的民居体系，也是中国古代人民在适应与改造自然环境的基础上，营造出的代表性民居聚落环境。北京四合院因规模大小、等级高低的差别形成了多种类型：一进院落（又称基本型）、二进院落、三进院落（又称标准四合院）、四进及四进以上院落（可称为纵向复合型院落）、一主一次并列式院落、两组或多组并列式院落、主院带花园院落等。北京基本型四合院一般位于东西方向的胡同中且坐北朝南，四面由房屋围在一起，形成一个“口”字形的砖木结构建筑群，单进四合院的基本形式是分居四面的北房（正房）、南房（倒座房）和东、西厢房，四周再围以高墙形成四合，开一个门，即出进四合院的大门辟于宅院东南角巽位。房间总数一般是北房 3 正 2 耳共 5 间，东、西房各 3 间，所有用房间的门窗一般开向院内，对院外不开窗，每间房的面积约 12 m^2，四合院全部面积约 200 m^2。北京四合院内家庭老人住正房，中间为大客厅；长子住东厢房，次子住西厢房；女儿住东西耳房；佣人住倒座房；家庭厨房设在东厢房南侧房间；四合院的厕所一般建于院子的西南角，多数四合院的人群则直接利用胡同中的公共厕所，如图 11-2 所示；四合院内人群的生活用水多取自胡同中的井水，生活废水的排泄则使用院内的渗井排入地下。由此可见，北京四合院的建设与使用均体现了与当地自然环境相适应的特征：① 北京四合院多采用坐北朝南的布置方式，这样在严寒的冬季可以更好地获取日照，这样彰显了中国的“面南而居”理论和受自然环境影响所形成的文化模式。② 北京四合院的院落空间属于封闭式四面围合空间，使居民受外部环境的影响较小，内部又有较开敞的顶部空间，从而院落内部的空气通过顶部的开敞空间与较高处的室外空气进行交换；北京城冬春季多有来自西北干旱区的大风且多风沙，四合院封闭的空间也减少了风沙的干扰。③ 在元明清时期北京城还尚未有使用马桶及家庭洗澡设施，故四合院内少量的生活废水多采用渗井排入地下，这也与北京城地处由厚层沙壤质沉积地层和土壤层相适应。④ 北京四合院的建筑材料一般遵循就地取材的原则，多选用木、砖、瓦等当地盛产的建筑材料；百姓都讲究绿化，院内种树种花，确是花木扶疏，幽雅宜人。北京四合院充分体现了传统的环境观，既体现了人、建筑、环境的关系，又体现了古代对聚居环境的认识，以及中国封建社会强烈的等级观念、宗法伦理文化和相对封闭、舒适的庭院生活。人对聚居环境从功能到精神的要求，体现出人对自然环境的认识。更多地从被动的“趋利避害”，到主动的因地制宜，而传统环境型无不贯穿“天人合一”的思想。

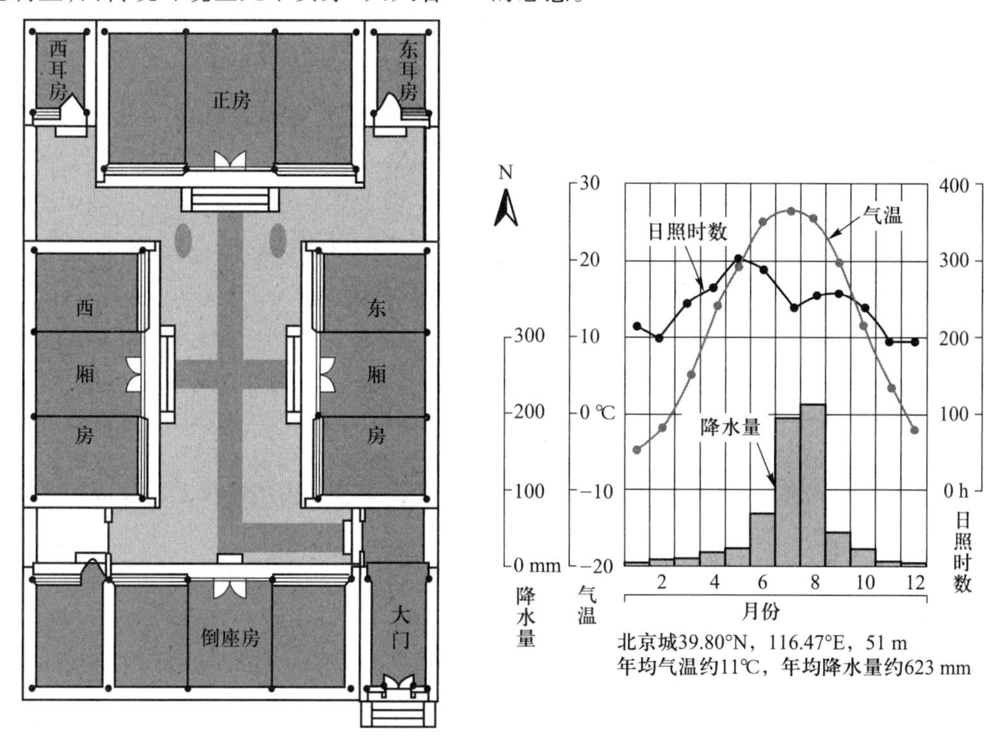

图 11-2 北京四合院与自然环境协调性图解

11.1.3 聚落环境的类型

根据性质、功能和规模可以将聚落环境分为院落环境、村落环境、城市环境三大类。其中院落和村落又通称为乡村居民点，其特征是以从事农业生产和农产品加工业居民的居住场所为主。一般来说，院落环境和村落环境包括的设施主要有农舍、牲畜棚圈、仓库场院、道路、水渠、宅旁绿地，以及特定环境和专业化生产条件下的附属设施，发展程度较高的也可有商店、医疗诊所、电信网络、学校等生活服务和文化设施，院落和村落环境建设一般多与自然环境相适应，对区域自然环境影响强度较少且多为物理性影响；城市环境是从事非农业活动的非农人口集中性聚集场所，是人类从事经济、社会、文化、服务活动的中心。其特征是人口数量大、人口空间密度大、建设密度大、单位面积年均物质能量通量巨大，多数城市环境建设基本改变了区域自然环境的组成结构和物质能量迁移转化过程，对区域自然环境的影响巨大。

美国马里兰大学学者于 1995 年提出了聚落系统的概念，即聚落系统是指在自然环境、社会条件、经济过程及其投资、政策与理念影响下，形成特定地段的立地条件、建筑物和交通体系的整体，影响聚落系统的外部因素还有贸易与交流、宗教团体、个人联系，以及本区域与其外部世界的联系。澳大利亚学者从人群与自然环境相互作用程度与规模的差异性，将聚落分为孤立住所(isolated dwelling)、住宅群丛(cluster of houses)、小村庄(hamlet)、乡村(village)、城镇(town)、城市(city)和都市圈(mertropolis)。传统地理学注重从人类适应自然环境的角度,研究不同自然条件下人类构建聚落环境的特征,分析作为区域人文-自然景观标志之一的地方聚落环境特征。近年来国内外环境地学界十分关注从区域自然过程(物质迁移转化与能量流)角度,将城市聚落环境细分为林地、灌丛及草地、水域、裸露土壤、墙体、建筑物顶面、固化地面、部分固化地面等空间特征单元,综合研究城市聚落环境对区域自然环境的影响,以及被影响区域自然环境对城市人群健康的反馈作用,探索建设区域人与自然和谐的宜居城市新策略。

11.2　人类优化聚落环境的理念

11.2.1　中国古代天人合一理念

相地术即临场校察地理的方法,也称为堪舆术。它实质上就是中国古代人民为选择并建造理想的生活环境(即聚落环境)而形成的一门学问,是中国古代先民布设与建造居住地或陵园实践经验的总结。中国古代科学家经过仰观天文,俯察地理,近取诸身,远取诸物,上下五千年的实践、研究、归纳和感悟,形成了著称于世的中华传统文化的结晶——“天人合一”理念。远在6 000多年前的新石器时代,原始的母系氏族群落由原来动荡不定的游牧—采集—渔猎的生活开始转向相对稳定的农耕生产生活,为了生活和生产劳动的便利,先祖们多在河流两岸的高阶地或黄土台地上营造聚落和村落,据考证西安半坡遗址就位于浐河的二级阶地面上,其南依林木茂密的白鹿原,面临具有清澈河水的浐河,人们在这里劳动生产,安居乐业。秦汉时期,中国古代先民将土地类比于人,形成了地脉观念并发展成为阴阳五行说,如《尚书·禹贡》已大致划定了中国山势,随后汉代学者又在此基础上创立了中国山势的“三条四列说”,即北条:岍—岐(陕西渭河北岸)—荆山—壶口—雷首(陕晋间)—太岳—砥柱—析城—王屋(晋南)—太行—恒山—碣石(河北)入海;中条:西倾—朱圉—鸟鼠—太华(甘陕)—熊耳—外方—桐柏—陪尾(鲁南),其分支有嶓冢(陕南)—荆山—内方—外方—大别(鄂皖);南条:岷山—衡山—敷浅原(庐山)。第一列:岍及岐—碣石(即北列);第二列:西倾—陪尾(即中列主干);第三列:嶓冢—大别(即中列分支);第四列:岷山—敷浅原(即南条)。这些均显示秦汉时期古人已对中国地理及其山势有了更加准确的认识。

由于自然环境的复杂多变性和人类认识的局限性,在古人建设活动即追求“地利、人和诸吉兼备及达到天人合一至善境界”的实践过程中,有时也有人们无法认识、无法解释和不能支配的自然现象。按照一门独立学科必备三个基本要素(即独特的、不可替代的研究对象,严密的逻辑化的知识系统——理论体系,学科知识的生产方式——方法论)的标准,古代堪舆术等均尚未达到科学的境界,它们实质上就是人民选择—布设—营造聚居地经验及其延伸体系的总结,它始终关注人与自然环境的和谐。这些地学知识与天人合一理念应该是数千年来由中国古代先哲实践、思考和感悟而建立的人与自然因地制宜、协调发展的理念。这种天人合一理念与现代社会倡导的生态平衡、人与自然环境协调发展的理念也是一脉相承的。

11.2.2 天人合一理念与环境地学

1. 人与自然环境的关系

天人合一,倡导“天人感应”,其中的天是指自然所生成的事物,人不是孤立于天地之外的生物,把天上地下的一切事物与自然现象给予人世化,主张天、地、人是一体的和全息的。早在两千多年前的《黄帝内经》中就有“人与天地相参也,与日月相应也”的论断。这说明在中国古代人们就已认识到人的身心及其健康状况与自然界息息相关。在秦朝的百科全书式传世巨著《吕氏春秋》中,就有“竭泽而渔,岂不获得,而明年无鱼;焚薮而田,岂不获得,而明年无兽”;还倡导“物动则萌,萌而生,生而长,长而大,大而成,成乃衰,衰乃杀,杀乃藏,圜道也”。北魏时期的著名农学家贾思勰在《齐民要术》中就明确指出“顺天时,量地力,则用力少而成功多;任情返性,劳而无获”。这说明古代劳动人民就已认识到农业生产与自然环境及其变化之间关系密切,并倡导农作物种植必须与当地的土壤、气候等条件相适应。

中国天人合一理念中蕴含从整体性和动态性两方面全息地看待人地关系的思想,已经被证明是正确的。环境地学认为在人类社会生存和发展的过程中,人类无时无刻不在从环境地球系统中采集和利用各种资源,人类始终也不能脱离自然环境,人类也无时无刻不在改造着环境地球系统。人类与自然环境相互作用的方式可归结为:一是人类改变区域环境系统的物质组成及其对人类的影响;二是人类改变区域环境系统的结构及其对人类的影响;三是人类调控区域环境系统中的物质能量过程及其对人类的影响。上述影响有的属于局地的,有的则会导致大区域性甚至全球性的环境变化;人类活动与环境地球系统之间相互影响的方式和强度随着人口的增长、人类社会的发展而不断变化。当今国际社会倡导可持续发展理论,即力求实现人、社会与自然的和谐、协调发展,这是中国传统文化及其天人合一理念的一贯思想。

2. 天人合一理念中整体协调性与因地制宜原则

基于中国传统哲学的阴阳与元气说之上的天人合一理念,将大地看作一个有机体,主张天地的运动直接与人的生长相关,即自然环境作为一个以人群为中心的整体系统,它包括人群及其所在聚落外围的天地万物。整体环境是由相互联系、相互制约、相互依存、相互对立、相互转化的要素构成的。清朝钱泳(1759—1844)撰写的《履园丛话》中就有“人身似一小天地,阴阳五行,四时八节,一身之中皆能运用”的记载。天地是个大宇宙,人身是个小宇宙,人体与宇宙同构;天地分为阴阳,人体亦分阴阳;天地有五星五岳,人体亦有五官五脏;天分成十天干表示地球绕太阳转一圈,人亦对应有十指;地分为十二地支表示一年月亮绕地球十二圈,人体两侧对称的分布有十二经脉,人体的整个经络系统随着时间的先后,年、月、日、时辰,周期性地气血流注,盛衰开合,使人体之气与宇宙之气得以交流。这也体现了天人合一理念中“天地定位,山泽通气,雷风相薄,水火(不)相射”“天地与初并生,万物与我为一”的整体协调性。在对待人与天地自然环境的关系方面,天人合一理念倡导遵从自然秩序、宇宙与人体中气之运动规律,寻求人与天地自然万物的和谐,就可达到趋吉避凶,保障人们有平安与快乐的生活。

中国古代名著《黄帝宅经》倡导“人与住宅的和谐,人与天地的和谐,人与自然的和谐,人与宇宙的和谐”,主张“宅以形势为身体,以泉水为血脉,以土地为皮肉,以草木为毛发,以舍屋为衣服,以门户为冠带。若得如斯,是事俨雅,乃为上吉”。即倡导在居住区(聚落环境)规划与建设中，首先要宏观地把握各子系统之间的关系，优化结构，寻求趣佳组合，以整体原则处理人与环境的关系，使得环境与人和谐共生。唐朝地理学家杨筠松（834—900 年）主张在对宅地择址选形时，应重点分析外围的山脉形状与走向、河流流向、山岭与河流之间的关系，即通过觅龙、察砂、观水、点穴、取向五大步骤以辨方正位。

（1）觅龙：在中国传统文化中将山脉及其延伸的走向形象地比喻为龙脉，将山地表面的土壤喻为龙肉，山地中的岩石喻为龙骨，山地上的林木喻为龙鳞。觅龙就是对山脉走向和高低的观察，选择来龙蜿蜒伸展的山脉并确定太祖山、曾祖山和祖父山及其走向，确定住宅地的阴阳向背。从环境地学角度来看，中国境内高山、中山、低山、丘陵和崎岖不平的高原面积合计占全国土地总面积的 2/3 以上，在大陆性季风气候条件下，山地、河谷及其冲积平原区域多发洪水、滑坡、泥石流、崩塌等多种自然灾害，故觅龙属于古代先民从宏观上选择住宅的具体地址、方位与坐向，确保住宅具有背风向阳，以及取水及交通便捷的优点，并尽可能地避离灾害和山地前沿的断裂地带。

（2）察砂：在传统文化中将住宅地外围的群山称为砂，其理想的住宅格局是有保护性“太师椅”的群山，在坐北朝南的住宅左边（东方）有青龙（山）、右边（西方）有白虎（山），住宅背靠（北方）高大的玄武（山），住宅及其明堂的前面（南方）为朱雀，即由端庄耸拔的山峰所环抱、由活泼秀丽的河水所回旋的地形景观。例如北京明十三陵及其外围景观就很好地展现了察砂的效果，即明十三陵背靠高大的军都山，其大宫门左边（东方）有龙山，右边（西方）有卧虎山，大宫门之前有沙河回旋，远处还有北京西山支脉妙峰山，如图 11-3所示。从环境地学角度来看，在天人合一理念指导下，在山区选择住宅具体地址，也蕴含着使住宅地回避山区岩崩、泥石流、滑坡、山洪等灾害的意图。

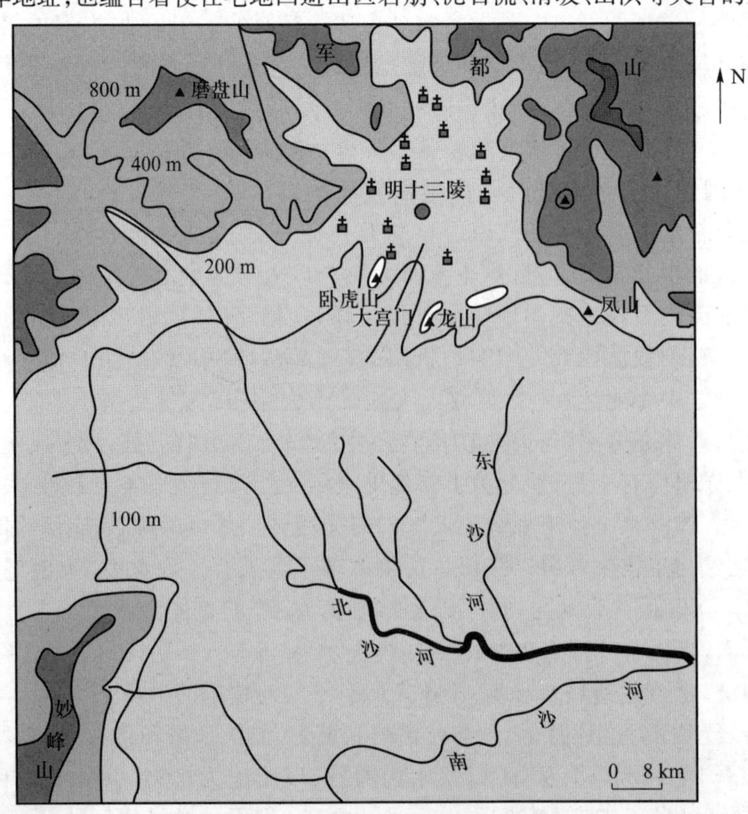

图 11-3　北京明十三陵陵址方位图解

（3）观水：按照天人合一理念，山不能无水，无水则气散且地不能供养万物。观水即相土尝水，就是查看水质是否清明味甘，水流是否顺畅、平稳且缓慢，并要求水道不能过于平直。从环境地学角度来看，观水是考察住宅地外围的水源状况、水利及其交通可用状况，以便避离河流洪水的危害。安徽省西递古村落的建设就充分体现了观水的效果："青山云外深，白屋烟中出。双涧左右环，群木高下密。曲径如弯弓，连墙若比邻。自入桃源来，墟落此第一。"图 11-4 为安徽省西递古村落示意图。

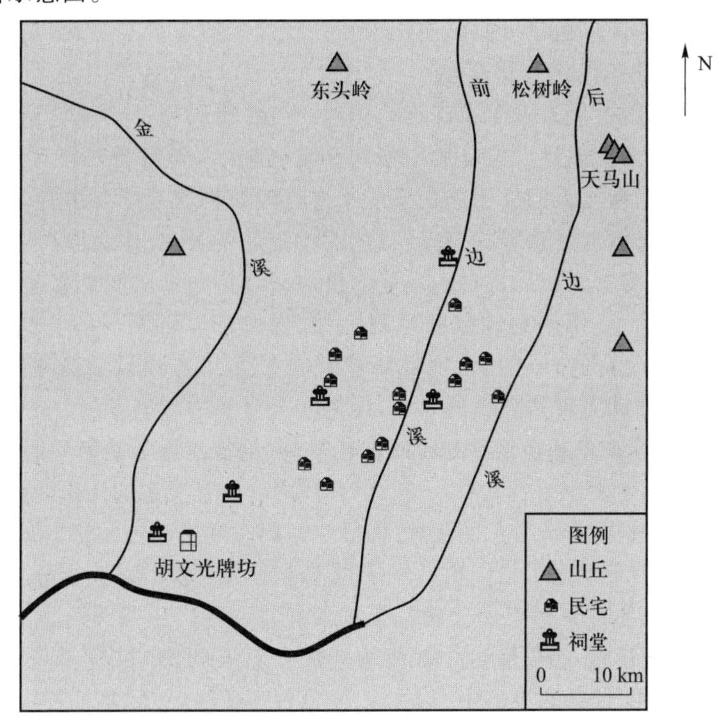

图 11-4　安徽省西递古村落示意图

（4）点穴：是指在觅龙观水掌握区域地势与水文状况的基础上，运用因地制宜的原则确定住宅地的合适位置，这是建设活动的核心内容，例如在《博山篇》中就有"穴位各不同，要因地制宜，高宜避风，低宜避水，大宜阔作，小宜窄作，瘦宜下沉，肥宜上浮"的记载，再如《葬书》中就有"千尺为势，百尺为形"论述，在建设活动中古人十分重视"形"与"势"关系，即"形"概指近观的、小的、个体性的、局部性的、细节性的空间构成及其视觉感受；"势"概指远观的、大的、群体性的、整体性的、轮廓性的空间构成及其视觉感受。从环境地学角度来看，点穴是在了解宏观地势状况的基础上，从中观与微观角度考察具体地段的小气候、地质水文、土壤质地与土层、生物生长状况等，选择背山面水、顺山势、背风向阳、靠近水源且又能够避湿防潮的位置。

（5）取向：是指对住宅具体建设地址的定位与布设，即通过辨方正位确保建筑物具有采光好、能背风、易排水等的坐向方位。考古发现表明，位于浐河右岸二级阶地带上的新石器时代半坡遗址，其中绝大多数房屋都是坐北朝南，以取得冬暖夏凉的效果，这也是后世天人合一理念中倡导的"子午向"原则，即在东、南方向开门为大吉。古代先民对住宿取向：地势要取坡度平坦的河流高阶地，地形要选在河流旁边，土质要干燥，地基要坚实，水源要充足，水质要纯净，交通要方便,四周要有林木,环境要幽雅。中国主体处于北半球中纬度地区,属于温带大陆性季风气候、大陆性气候类型和亚热带季风气候类型,故古代先民对此自然地理特征早有认识和应用,如在《史记·律书》就有“不周风居西北,十月也。广莫风居北方,十一月也。条风居东北,正月也。明庶风居东方,二月也”的记载;再如清末何光廷在《地学指正》中指出:“平阳原不畏风,然有阴阳之别,向东向南所受者温风、暖风,谓之阳风,则无妨。向西向北所受者凉风、寒风,谓之阴风,宜有近案遮拦,否则风吹骨寒。”这些均充分表明中国古代天人合一理念中包含认识和应用地学规律的内容,其中许多地学规律已演化为我们现代人的生活习惯。

3. 天人合一的实质是优化人居环境

天人合一理念是中国古代人民探求建筑物择地、方位、布局与自然环境、人类命运之间协调关系的依据。天人合一理念倡导人与自然环境的和谐,排斥人类行为对自然环境的破坏,注重人类对自然环境的感应,指导人们应用这些感应来进行建筑物的选址与建造。在天人合一理念的指导下,中国古代人民营造了众多的、各具特色的传统名城、传统建筑群及建筑景观。由于人类建筑活动可在一定程度上改变局地自然环境的组成—结构—物质能量流过程,对自然环境影响巨大,故倡导天人合一、坚持因地制宜的原则,也是现代环境科学与环境地学研究的热点领域,当今世界上许多国家都颁布了“建设项目环境影响评价”和“建设项目环境保护管理”等法规,以规范并调控建设活动对自然环境的影响,促进人与自然的和谐发展。

天人合一理念中蕴含许多环境地学方面的古典哲理,例如建设活动倡导的“人法地,地法天,天法道,道法自然”理念,就展现了古人对人与自然环境之间辩证关系的认识。在中国古代天人合一文化中有关于气候、物候及季节变化的记载,如早在西周时期中国古人就已知一年长 365 天,并通过观测北斗斗柄指向变化确立了二至和二分;到了春秋初期,除了春分、秋分、冬至、夏至而外又加了立春、立夏、立秋、立冬四个节气;到了战国末期便有了一年二十四节气。在《逸周书》中已经定出全年二十四节气,五日为一候,每气三候,便有一年七十二候,每候定出时令的物候;到北魏时期七十二候已被载入历书,北魏时期的中国杰出农学家贾思勰在《齐民要术》中就以物候定出掌握农时的指标,并经过不断完善一直应用至今。早在 2 000 多年前先秦著作《尔雅》中描述的“邑外谓之郊,郊外谓之牧,牧外谓之野,野外谓之林”土地利用景观格局,与 19 世纪德国经济地理学家提出的城市周围农业土地利用方式呈同心圆圈层结构——杜能圈如出一辙。名著《相宅经纂》记载的称土法为:“取土一块,四面方一寸称之,重九两以上为吉地,五、七两为中吉,三、四两为凶地;或用斗量土,土击碎,量平斗口,称之,每斗以十斤为上等,八九斤中等,七八斤下等。”这种通过称土法观测土壤体积密度的大小来评价土壤的承载力及其对建造房屋地基适应性的方法,从当今土壤环境科学与工程方面来看也具有重要的科学意义。

11.3　人类优化聚落环境的实例分析

天人合一理念是中国古代独树一帜的传统哲学观念和文化核心,推崇将自然环境(自然山水、景观)与城镇聚落环境、陵园建设融为一体,指导了千百个中国传统城市的选址和建设。在宋朝罗大经(1196—1242)撰写的《鹤林玉露》就有“古人建都邑,立室家,未有不择地者”的记载。天人合一理念以阴阳五行为基础,糅合了地理学、气候学、生态学、心理学及社会伦理道德等方面观念。

11.3.1 北京城演化与环境适应

北京城大致位于北纬 39°56′、东经 116°20′,地处华北大平原的北部,有文字和文物可考北京城从公元前 1046 年建城(蓟城),至今已有逾 3 000 年的建城史:西周初年周王朝在北京平原区建立了蓟国都城——蓟,这是北京建城之始,蓟城大致位于今西城区广安门附近,地跨古口河古道两侧的冲积-洪积平原与堆积台地,其外围地形平坦,有充足的淡水资源(莲花池和玉渊潭),交通便利,且远离永定河洪水的威胁。蓟城经春秋战国、秦、汉、魏、晋、十六国、北朝、隋至唐易名为唐幽州,再经五代、宋至辽建成为辽南京,其城址与规模均无太大变化,如图 11-5 所示。

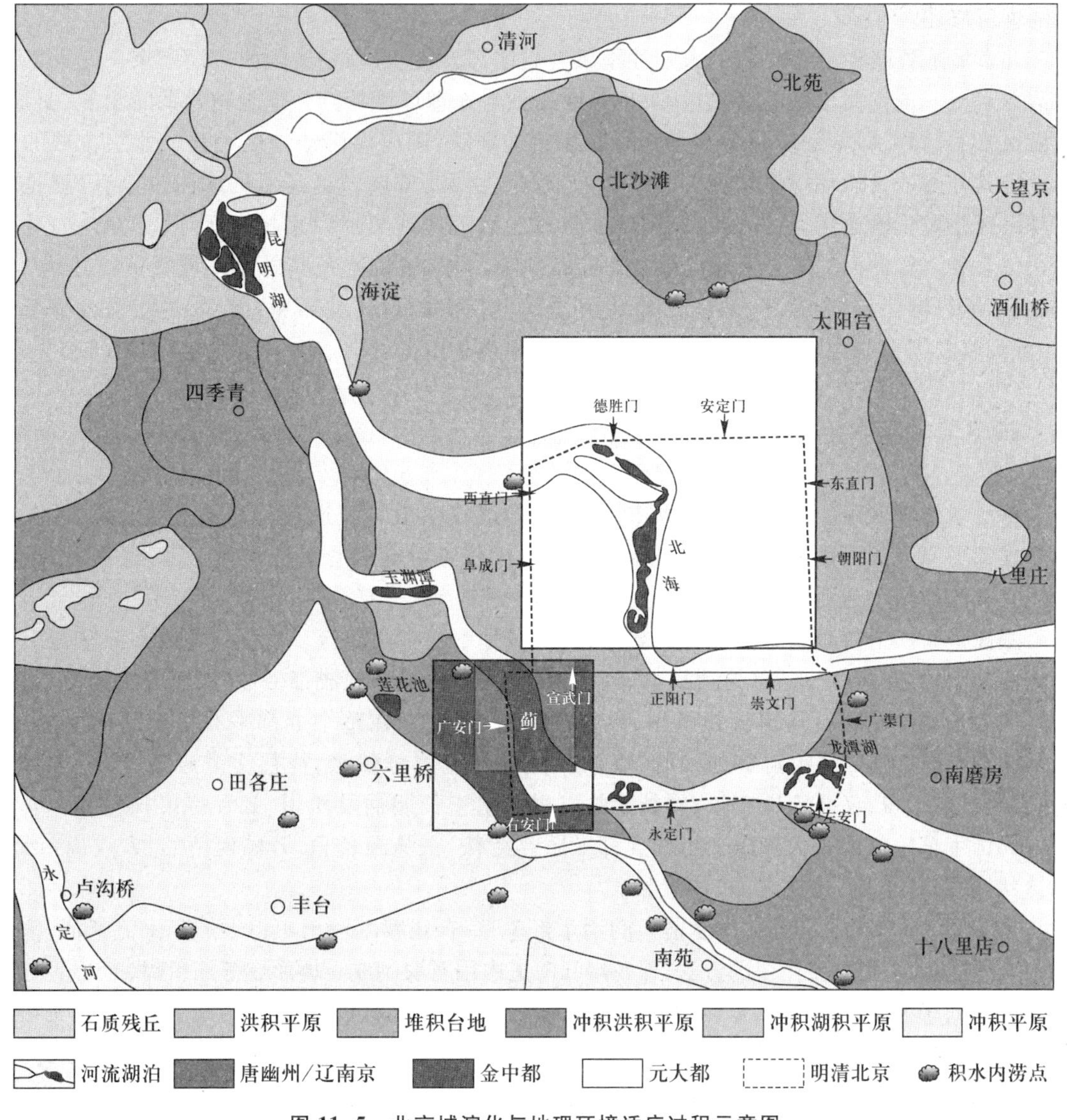

图 11-5 北京城演化与地理环境适应过程示意图

至 1153 年海陵王对辽南京旧城向西、向南、向东进行了拓展，并建成了规模更为宏大的金中都。在《水经注》中就有“清泉（辽以前的永定河）无下尾”；金代以后随着永定河上游人类活动的增强，其流域水土流失逐渐加重，导致河水混浊、淤积泛滥和水患增多，对城市演化产生了重要的影响。1272 年忽必烈在金中都东北方的永定河古冲积扇的轴部（堆积高台地）区，营造新都城——元大都，以古高梁河—太液池（今北海等）水系作为城市的主要水源，并兴修水利设施将西北郊山泉引入太液池。1368 年徐达率明军攻占元大都，将其改名为北平，并大规模地改建元大都：放弃了元大都北部城区，拆除元大都南墙并在其南侧二里处建新的南墙，部分利用其东墙和西墙，并修建了正阳门、崇文门、宣武门等九大城门。1564 年修建了南郊的外城及永定门、左安门、右安门等。清朝定都北京之后，几乎完全沿用明北京城旧制，并进行了修缮或重建。故我们今天的北京古城（二环路之内的城区）主要是明北京城的遗迹，其中许多传统建筑群也大都为清朝所修建。

北京城地处暖温带半湿润的大陆性季风气候区，其城址从蓟—唐幽州—辽南京—元大都—明清北京城—现代北京城的演化过程，也始终受到与地理环境特别是地貌相联系的水源、交通、洪涝灾害的制约，即城址演化中有显著的逐渐趋近水源、避离洪涝洼地之趋势。北京古城的城门也与其外围的自然环境密切相关，如西直门就是由西北郊向城区送水的水门，阜成门则是从西郊山区往城里输送煤炭的大门，朝阳门和东直门因近邻通惠河及京杭大运河，分别是向城里输送粮食和木材的大门等。范镇之在《幽州赋》中对北京城位置及其外围环境特征描述为“虎踞龙盘，形势雄伟；以今考之，是邦之地，左环沧海，右拥太行，北枕居庸，南襟河济，形胜甲于天下，诚天府之国也”，也被当今学术界推崇为北京地理学中的经典。

11.3.2　用水治水的典范——都江堰

都江堰位于四川省成都市都江堰市灌口镇，即岷江由山谷河道进入冲积平原的地方，它灌溉着成都平原上的万顷农田。它是中国建设于古代并使用至今的大型水利工程，被誉为“世界水利文化的鼻祖”，也是“世界文化遗产”。

岷江是长江上游水量最大的一条支流，其流域是中国多雨地区。岷江的主要水源来自山势险峻的山间岭隙，在雨季岷江之水涨落迅猛，水势湍急，河水一到成都平原，水速突然减慢，因而夹带的大量泥沙和砾石随即沉积下来，淤塞了河道，使岷江在整个成都平原呈现为地上悬江。在都江堰修建之前，每年雨季到来时，岷江和其他支流水势骤涨，往往泛滥成灾；当降水不足时，则会造成干旱，又是赤地千里，颗粒无收。岷江水患长期祸及西川，鲸吞良田，侵扰民生，成为古蜀国生存发展的一大障碍。古代成都平原曾经有“蚕丛及鱼凫，开国何茫然，人或成鱼鳖”的惨状，而并非今日“天府之国”的景象。

公元前 256 年蜀郡守李冰继承前人的治水经验，综合观察岷江出山口地形和水流特征，依靠当地人民群众，采用中流作堰的方法，即在岷江河道内用石块砌成石埂形成都江鱼嘴（也称为分水鱼嘴），把岷江水流一分为二：东侧为供灌溉渠引水的内江；西侧边为岷江主河道——外江；又在灌县城附近的岷江南岸筑了离碓（同堆），离碓就是开凿岩石后被隔开的石堆，夹在内外江之间；离碓的东侧是内江的引水口，称为宝瓶口，具有节制水流的功用。夏季岷江水涨，都江鱼嘴被淹没，离碓就成为第二道分水处。内江自宝瓶口以下进入密布于川西平原之上的灌溉系统，“旱则引水浸润，雨则杜塞水门”（《华阳国志·蜀志》），保证了数百万亩良田的灌溉，使成都平原成为旱涝保收的天府之国，如图 11-6 所示。都江堰的规划、设计和施工都具有比较好的科学性和创造性。工程规划相当完善，分水鱼嘴和宝瓶口联合运用，能按照灌溉、防洪的需要，分配洪、枯水流量。

中外许多古老的水利工程早已湮废无闻，而都江堰这种根据自然环境条件营造不同构造型式的无坝引水系统工程，却跨越 2 000 多年的历史长河，实现了人与水和谐的持续发展，已成为世界水利史上的奇迹。已成功运行 2 200 多年的都江堰水利工程，其修建管护之中包含了众多的科学基础：都江堰遵循与自然和谐的治水理念——“乘势利导，因时制宜”的治水原理，即充分利用岷江出山口河段流量大、河床比降大的自然条件，用简易的工程建筑物去分流引水和泄洪排沙，构建了排灌两便的无坝引水枢纽；三大工程保障都江堰工程的持久运行，即调节水流的“鱼嘴”分流工程，控制流量的“宝瓶口”引水工程及泄洪排沙的“飞沙堰”工程；都江堰拥有可持续的管护措施，坚持岁修制度，按照治水“三字经”“六字诀”“八字格言”科学措施来进行维修。

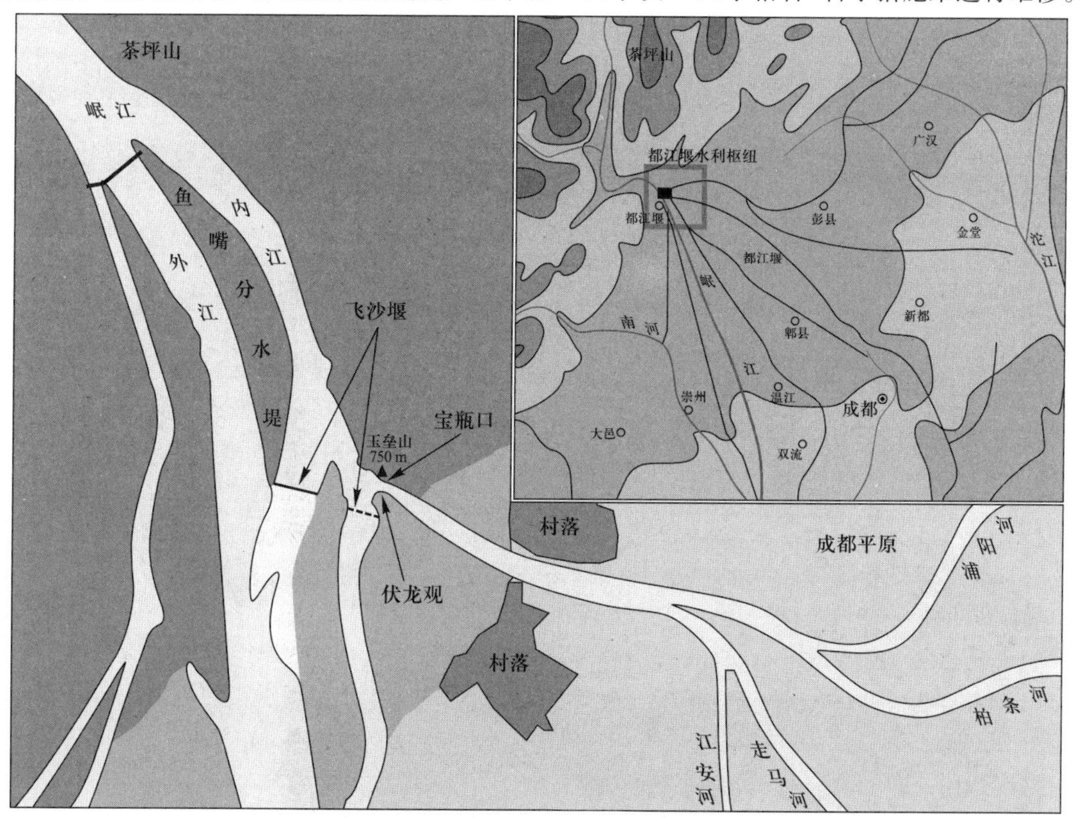

图 11-6 都江堰工程渠首布设示意图

11.3.3 缓解雾霾改善北京城区大气质量的工程探讨

在东亚的许多经济发达区域及其大都市区，雾霾已成为城区近地大气层中一种频发的灾害性天气。雾霾一方面使大气能见度降低，对城市社会经济及人民生产生活产生不利的影响；另一方面使大量颗粒细小的气溶胶聚集造成严重的大气污染，对人群健康造成严重的危害。有关

北京城区大气中 $PM_{2.5}$ 来源的研究表明，北京大气中 $PM_{2.5}$ 有自然源与人为源之分，还有本地源与外来源之分。由于环境污染具有综合性、区域性、累积性和滞后性，我们已实施多年的区域性减排、城郊植树绿化等传统措施，其消减雾霾的效果甚微，如 2010—2012 年北京市雾霾天数呈现直线上升，即 2010 年为 63 天，2011 年为 92 天，2012 年为 124 天，2013 年成为北京近 60 多年来遭遇雾霾天数最多的年份，2013 年北京市大气 $PM_{2.5}$ 的平均浓度为 89.5 $\mu g/m^3$。追究北京城冬春季雾霾天气形成的主因：一是高的自然环境背景；二是高的人为源排放强度；三是巨大的人为源空间规模；四是高湿的静风气象条件。根据观测资料和地形条件编绘的北京市年均大气 $PM_{2.5}$ 浓度分布图，如图 11-7 所示，北京城及其东南下风向区域年均大气 $PM_{2.5}$ 浓度值均超过

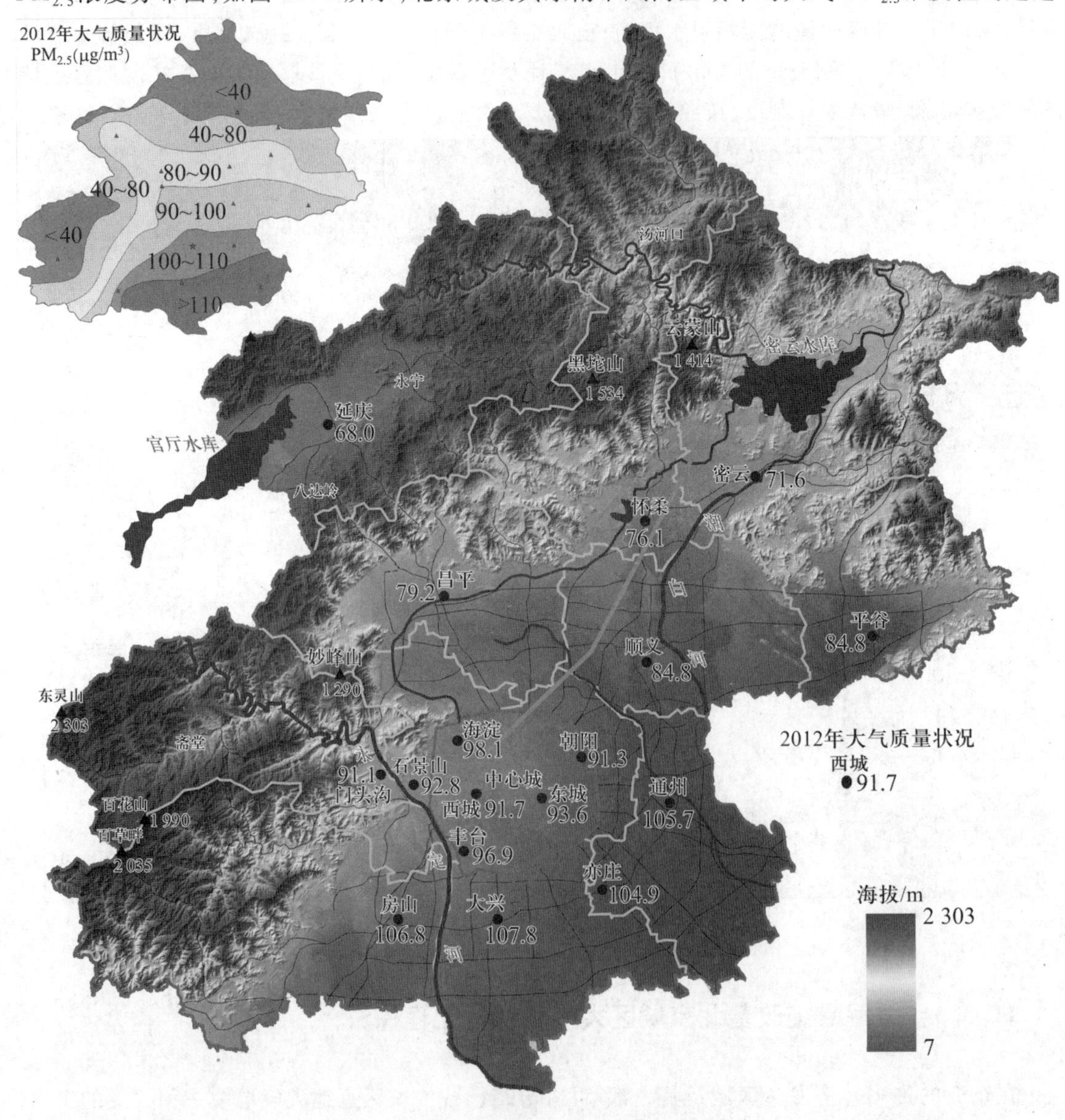

图 11-7 北京市大气中 $PM_{2.5}$ 含量分布图

100 $\mu g/m^3$，而位于北京市东北部密云水库区域，水面面积约为 188 km^2，其年均大气 $PM_{2.5}$浓度值一般只有 40 $\mu g/m^3$，北京城区距离密云的直线距离只有 65 km，或可借用密云清洁空气以削减北京城区雾霾、改善大气质量。

密云区是首都生态涵养发展区，被誉为“北京山水大观，首都郊野公园”，但密云区社会经济发展要素集聚尚不充分，核心产业规模效应尚未显现，生产性服务业发展尚处于起步阶段，高端人才相对缺乏，发展环境有待进一步改善。改善密云区发展环境的关键措施：一是强化水源与生态环境管护力度；二是发展轨道交通体系——市郊铁路 S6 线，强化密云区与北京城区的联系，以吸引优质经济发展要素、高新技术产业和高端创新型人才，并期望实现缓解城市交通拥挤、疏散城区密集的人口、促进北京东北远郊的持续快速发展。北京城区至密云均为第四纪沉积层厚度超过 100 m 的倾斜冲积平原，运用现代盾构机械，可修建直径为 10 m、长为 65 km 直达的地铁涵洞，并赋予“S6 线”两个功能：一是强化密云区与城区的联系；二是由城铁密云线向北京城核心区域输送大量清洁空气，以冲淡稀释、扩散城区大气中的污染物、适时改变城区的静风、逆温层、近地稳态大气的气象条件，缓解雾霾天气的发生。故提议修建从城区直达怀柔东—密云西的地下通道式直达地铁系统，并在密云水库西南侧修建由 45 个高压力风机并串联而成的大型供气箱，借鉴现代高铁运行速度（180~360 km/h），将清洁空气通过地铁涵洞高速输送至北京城区，其输送清洁空气的总量状况如表 11-1 所示。

表 11-1　城市核心区域常压输送清洁空气量（R=5.0 m）

风速/($m\cdot s^{-1}$)	每秒送气量/m^3	1 h 送气量/10^4 m^3	12 h 送气量/10^8 m^3	24 h 送气量/10^8 m^3	启动高压力风机(74.9×10^4 m^3/h)台数/台
50	3 925	1 413	1.69	3.38	21
60	4 710	1 695	2.03	4.06	25
80	6 280	2 260	2.71	5.42	34
100	7 850	2 826	3.39	6.78	42

以北京城旧二环路（44 路公共汽车线路长约 24 km）所围约 35 km^2的核心区为目标，12 h 注入与地下涵洞进行热交换的 $1.69\times10^8\sim3.39\times10^8$ m^3清洁空气，其主要作用有：一是通过冲淡稀释作用降低城区雾霾浓度；二是通过人工风力推移作用驱散城区雾霾；三是可冲散城区空气稳态并增强空气对流，加速雾霾扩散；四是夏秋季可显著地缓解城市热岛效应。由此可见，通过涵洞高速气流吹散北京城区雾霾将是建设投资少、运行成本低、见效显著、无害的可行措施。

森林、草原、荒漠、湿地、水域、冰原、农田、城镇（含矿山场地）等八大景观类型，构成复杂多变的地球表层环境系统。虽然城市环境地域面积仅占全球陆地面积的 3%左右，但城市人群活动已对全球环境产生了显著的影响，如温室效应及全球环境变化、大区域的酸雨、全球性资源枯竭。环境地学及生态文明观认为，新生代第四纪初期人类诞生以来，地球表层系统中自然环境过程、生物过程与人文过程的相互作用日益明显，人类依靠其智力和集体力量与地球环境相互作用，在地球表层形成了诸多自然结构与社会结构相互集成、自然过程与人工过程相互包容的城市环境景观，并使环境地球系统向更有序、更复杂的方向发展。

11.4　城市环境及其特征

11.4.1　城市环境的概念

教学视频

城市环境及其特征

城的原义是指围绕人群聚集地的墙，如在《吴越春秋》中就有“筑城以卫君，造郭以卫民”的记载；市则是进行物品或商品交换的场所，如在中国农村，人们将每周或每月到固定的地点集中购买生活和生产资料称为赶集（市）、赶场、赶墟、赶街等。故一般认为城市是手工业和商业发展的产物，即城市是社会发展到一定阶段的产物，是人类集聚的一个社会经济实体。著名学者刘培桐早在 1978 年提出的聚落环境学中就指出，人类由筑巢而居、穴居野外、逐水草而居到定居，由散居到聚居，由乡村到城市，反映着人类保护自己、征服自然的历程。著名学者吴良镛 2001 年指出人居环境科学是一门以人类聚居（包括乡村、集镇、城市等）为研究对象，着重探讨人与环境之间相互关系的科学；城市作为一种人居环境，已成为世界关注的焦点，城市也是社会全面发展的关键。

城市是指以非农业产业和非农业人口集聚形成的较大居民点（包括按国家行政建制设立的市、镇）。一般按城市聚居人口多少可区分城市规模大小，世界各国的具体分级标准不尽一致。联合国将聚居人口超过 2 万的聚集地定义为城市，超过 10 万的划定为大城市，超过 100 万的划定为特大城市。中国城市规模的分类标准为：市区常住人口 50 万以下的为小城市，50 万～100 万的为中等城市，100 万～300 万的为大城市，300 万～1000 万的为特大城市，1 000 万以上的为巨大型城市。一般按城市的性质和功能可将其划分为以下类型：① 集市型城市，属于周边农民或手工业者商品交换的集聚地，商业主要由交易市场、商店和旅馆、饭店等配套服务设施所构成；② 功能型城市，通过自然资源的开发和优势产业的集中，开始发展其特有的工业产业，从而使城市具有特定的功能；③ 综合型城市，一些地理位置优越和产业优势明显的城市经济功能趋于综合型，金融、贸易、服务、文化、娱乐等功能得到发展，城市的集聚力不断增强，从而使城市的经济能级大大提高，成为区域性、全国性甚至国际性的经济中心和贸易中心（大都市）；④ 城市群（或都市圈），城市的经济功能已不再是在一个孤立的城市体现，而是由以一个中心城市为核心，同与其保持着密切经济联系的一系列中小城市共同组成的城市群来体现了，如美国东北部大西洋沿岸城市群，中国珠江三角洲城市群、长江三角洲城市群、京津冀城市群、长江中游城市群。

城市环境是指人类利用和改造环境而创造出来的高度人工化的生存环境，它是与城市整体互相关联的人文条件和自然条件的总和。城市环境包括社会环境和自然环境。前者由经济、政治、文化、历史、人口、民族、行为、法规，以及密集的人工构筑物等基本要素构成；后者则包括地质、地貌、水文、气候、动植物、土壤等诸要素。持续不断的城市化使世界各国的社会经济得到了快速发展，人们的生活水平得到了显著改善，但与此同时，城市化的高速发展也产生了一系列城市环境问题,给人类的生存环境造成了严重影响,也使得城市环境及其问题成为国际环境科学研究的重要议题。

11.4.2 城市环境的特征

人类活动对城市环境的多种影响,使城市环境表现出以下特征。

(1) 社会性:城市环境是人类社会历史发展过程的产物,是现代社会政治、经济、文化、科学、教育活动的中心。城市又是人类物质文明的标志,城市环境状况与社会各阶层人们的活动密切相关,它在人类社会发展中占有重要地位和作用。目前,世界正在经历一个城市化的过程,城市数量和人口规模仍在迅速地发展,如图 11-8 所示。根据第七次全国人口普查数据,2020 年中国常住人口城镇率已超过 63%;全球总人口及其中的城市人口自 1950 年至 2050 年将持续增长。

(2) 综合性:城市环境是自然与社会交融而成的有机体,其综合性突出表现在:① 人口高度集中,这是城市形成的首要条件,中国城市的主要标志之一就是人口总数的多少和农业人口与非农业人口的比例。目前全世界约有 52%以上的人口集中在城市,预计 2030 年将增至 60%以上,并出现 43 个人口超生 1 000 万的超大城市。土地管理专家王先进认为较为理想的城市环境是城市人均占地 100 m^2,即 1 km^2土地上有 10 000 人生活;② 生产高度集中,全世界城市工业生产的物质财富占总财富的 80%,日本 70%的工业企业集中在城市;德国鲁尔工业区面积不到全国面积的 1.5%,但其曾经集中了德国煤炭、钢铁、陶瓷产量的 50%,化工、机械、电力、水泥产量的 10%~30%;③ 资源与能源消耗高度集中,为了维持城市新陈代谢的功能、维持城市大量人口的生活、生产及进行政治、文化、旅游、商业、科教等活动,目前全世界 90%左右的能源被城市消耗。据世界银行资料,整个 20 世纪的 100 年全人类消耗了 2 650 亿吨煤炭,1 420 亿吨石油,380 亿吨钢,7.6 亿吨铝,4.8 亿吨铜;④ 交通运输高度集中,为输送城市内的各业人口与物流,飞机、汽车、火车、地铁、管道运输系统等大都集中在城市环境之中,轮船也集中在港湾城市。如 2020 年末北京市机动车拥有量达 657 万辆,2019 年北京地铁日均客流量超过 1 240 万人次;⑤ 建筑物高度集中,整个城市被各种类型和各种用途的房屋、道路、广场等所覆盖,从而改变了大气—生物—土壤—岩石的物质循环过程;⑥ 废物排放高度集中,城市是资源、能源集中转化转换的场所,除了少部分的原材料进入产品被人们利用后也变为废物外,一般有 40%~80%的原材料在生产中转化为废物而进入环境之中,由于输入大于自净和输出,大量废物积存于城市之中。如东京每年输入物质 1.3 亿吨,而输出只有 1.1 亿吨,每年有 2000 吨物质残留于城市。

(3) 区域差异性和复杂性:城市地域环境又有巨大的差异性,如各种产业区和社区、各个功能组成部分和各个功能成分之间在时空上的密切程度(称为城市联系性)。

(4) 城市生态系统的特殊性:城市环境中的生态系统是一个规模庞大、结构复杂、功能综合、因素众多,且具有高度自适性和强大组织能力的人工生态系统,它是以人群为中心的自然和社会综合生态系统。在城市生态系统中,人是最重要的组成部分,它不仅数量大,而且是系统的主宰。与自然生态系统相比较,城市生态系统具有以下特性:① 在城市环境中地面绝大部分被

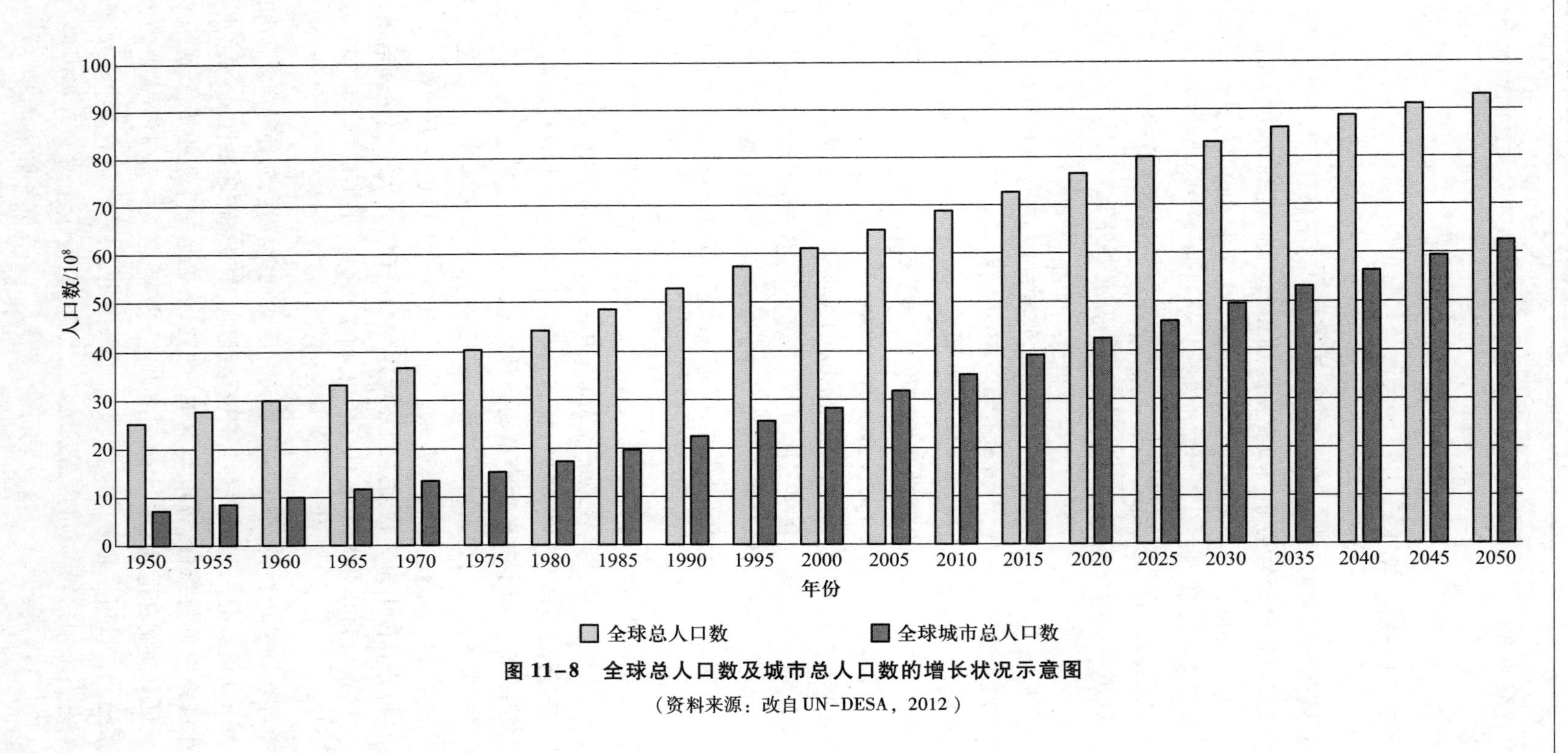

图 11-8　全球总人口数及城市总人口数的增长状况示意图

（资料来源：改自UN-DESA，2012）

住房、工商业、行政办公、文化娱乐等建筑物和道路所占，绿地及疏松土壤面积甚少，以绿色植物为主的生产者种类、数量及其生产量甚少，远远不能满足城市消费者的需要，而必须从外部输入，如各大城市的粮食和副食基本上都依赖外界支援。故城市生态系统中作为生产者的少量植物，不再以向城市居民提供食物为主要任务，它的作用已变为美化景观、消除污染和净化空气等。② 主要的消费者是人。城市的形成过程中伴随着森林和草原的消失及人群的居住，野生动物基本绝迹、鸟类减少，仅有少量家畜、家禽和宠物，它们的生存受人类的支配。故城市生态系统的食物链不但异于自然生态系统，还不同于人工农业生态系统，它是畸形即倒三角形的生物群落。③ 分解者"异地"分解废物。自然生态系统中植物的枯枝落叶和动物代谢产物，一般都就地分解，这样可保持区域生态系统中物质能量的相对平衡与营养物质的有效循环。但城市生态系统则不然，地面几乎被道路和房屋所占用，缺乏适于分解者生存的环境条件；城市生态系统消费者排放的巨量废物不能就地被分解者所分解，而几乎都得输送到污水处理厂、化粪池、垃圾填埋场进行集中处理或输送至农田进行异地分解。但输送过程需要花费大量的人力和物力。④ 特殊的能量流动和物质循环。城市生态系统与自然生态系统不同，供维持城市生态系统中生命体活动的能量，不能全靠太阳能，而必须从外地输入巨量的能量（生物化学能如粮食、肉蛋类、水果与蔬菜等，化石能源如煤、石油和天然气等），以及从事生产、生活和社会活动所需要的各种物资。这样便形成了一个特殊的人造循环系统。⑤ 城市生态系统的自净能力较弱。一是城市生态系统中物质和能量流的速度和强度已大大加强；二是城市生态系统中废物的排放速度和排放量大大地超过了环境自净能力，从而使环境的自净能力不断地衰减；三是人们改变了城市生态系统中大气—生物—土壤的物质循环过程。⑥ 城市生态系统有生活舒适与环境质量较差的矛盾。城市内一般具有完善和便利的商业、交通、服务业和通信等设施，所以城市的生活在目前远比农村方便。但是城市环境污染的加大，使城市环境质量下降。例如，空气污染、噪声危害、热岛效应等使城市的大环境反而变坏，以致对人类生活造成不良的影响。

11.5 城市环境的组成

城市环境是人类利用和改造自然环境而创造出来的高度人工化的生存环境。面对如此复杂多变的城市环境，究竟从何入手研究呢？这里试借鉴道萨迪亚斯（Doxiadis C A）的人类聚居学、吴良镛人居环境科学的观念，将城市地域首先分解为城市人群和城市环境，其中城市人群是城市的核心体，城市环境则包括与城市人群之间具有密切联系的自然、支撑、住房与社会等子系统，如图11-9所示。

11.5.1 城市的核心体——城市人群

人类是环境地球系统中生命有机体发展的最高形式，是在劳动过程中形成的社会化高级动物，既是自然环境的产物和塑造者，又是城市环境的创造者。因此，城市环境质量状况与城市人口总数、人群生产和生活方式密切相关，人群与城市环境之间的相互作用可归

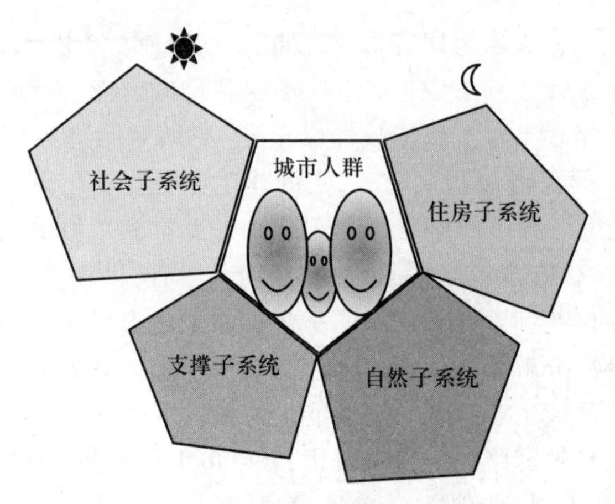

图 11-9　城市环境组成示意图

结为：① 城市人群在生产生活中向城市环境排放各种废物和能量，引起了城市环境质量的恶化；② 城市人群从城市环境索取某些物质能量，以及改变城市环境结构及其物质能量过程，引起了城市环境质量的改变；③ 城市环境质量的改变对城市人群生产生活与健康的影响。

从城市人群与城市环境之间的相互作用来看，了解人们所从事的职业（职业是指人们参与社会分工，用专业的技能和知识创造物质或精神财富、获取合理报酬、丰富社会物质或精神生活的一项工作）有助于更深入地分析人群与城市环境之间的相互作用。国际劳工组织考虑职业的"技能水平"和"技能的专业程度"，建立了新的职业分类体系，即《国际标准职业分类（2008）》（简称 ISCO-08）将职业划归为 10 大类。《中华人民共和国职业分类大典》则将职业归为 8 个大类，如表 11-2 所示。

表 11-2　《国际标准职业分类（2008）》和《中华人民共和国职业分类大典》的比较

《国际标准职业分类（2008）》		《中华人民共和国职业分类大典》	
1	管理者	1	国家机关工作人员、党群组织、企业、事业单位负责人
2	专业人员	2	专业技术人员
3	技术和辅助专业人员	3	办事人员和有关人员
4	办事人员	4	商业、服务业人员
5	服务和销售人员	5	农、林、牧、渔、水利业生产人员
6	农业、林业和渔业技工	6	生产、运输设备操作人员及有关人员
7	工艺与相关行业工	7	军人
8	工厂、机械操作与装配工	8	不便分类的其他从业人员
9	初级职业者		
10	武装军人职业者		

联合国则将人类活动的各种产业划归为：第一产业，包括农业、林业、牧业、副业和渔业；第

二产业,包括制造业、采掘业、建筑业和公共工程、上下水道、煤气、卫生部门;第三产业,包括商业、金融、保险、不动产业、运输、通信业、服务业及其他非物质生产部门。随着社会经济的不断发展,第三产业已成为城市地域内产值及从业人口规模最大、增长最快的产业。一般认为,第一产业(农业)及其从业人员对气候、水土资源的需求显著,对环境影响的深度和广度有限,有利的影响表现为增加农作物覆盖及其生产量,美化了环境并加速了物质的转化,缓解了环境变化幅度;不利的影响表现为易引起水土流失、土壤风蚀沙化、农药化肥污染、植被破坏等问题。第二产业及其从业人员以大量消耗矿产、能源等为特征,因技术和认识水平有限,往往会造成资源的过度消耗,所排放的大量废物更使环境受到严重污染。第三产业及其从业人员对环境资源的依赖很小,但他们所倡导的习惯、观念、政策、法规和研发的各种技术工艺,对于优化人类活动与环境的关系具有全局性的影响。例如北京市产业结构优化与单位产值能耗就具有明显的关系,如表11-3所示。另外许多工业化国家的相关数据表明,在城市化与产业结构优化的过程中,环境污染水平则呈现一条先上升继而下降的"倒 U"形曲线,即环境问题的库兹涅茨曲线,这也证实了不同产业及其从业人员对环境的影响不同。

表 11-3 北京市三大产业产值比例与单位产值能耗的统计表

年份	第一产业产值比例/%	第二产业产值比例/%	第三产业产值比例/%	单位产值能耗/(t·万元$^{-1}$)
1980	4.4	68.9	26.7	13.71
1990	8.8	52.4	38.8	5.41
2000	2.5	32.7	64.8	1.31
2010	0.9	24.1	75.0	0.93
2020	0.4	15.8	83.8	<0.31

11.5.2 城市环境的物质组成

自然子系统是城市环境形成与建设的物质基础,也是人类安身立命之所,其主要是指城市地域环境中的太阳辐射、大气物质组成、气压、大气透明度、小气候(气温、湿度、风、降水等)、动植物(含微生物及病毒)、土壤组成及其性状、地形、母岩与母质、地质构造状况,以及人们对自然环境改造利用的凝结物——土地利用状况等。这些众多的自然环境要素与城市环境、城市生态系统、城市土地利用方式、城市建设状况、城市人群生活状况密切相关,当今人类面临的诸多城市环境问题在很大程度上与城市环境的自然子系统有关,如城市大气污染、水体污染、城市雨洪与内涝、地面塌陷,甚至交通阻塞问题,均是人类活动与自然子系统相互作用的结果。近年来国内外环境地学界十分关注从城市地域内自然过程(物质迁移转化与能量流)角度,将城市环境细分为林地、灌丛及草地、水域、裸露土壤、墙体、建筑物顶面、固化地面、部分固化地面等空间特征单元,如图 11-10 所示,综合研究城市环境对区域自然环境的影响,以及被影响区域自然环境对城市人群健康的反馈作用,探索建设区域人与自然和谐的宜居城市新策略。

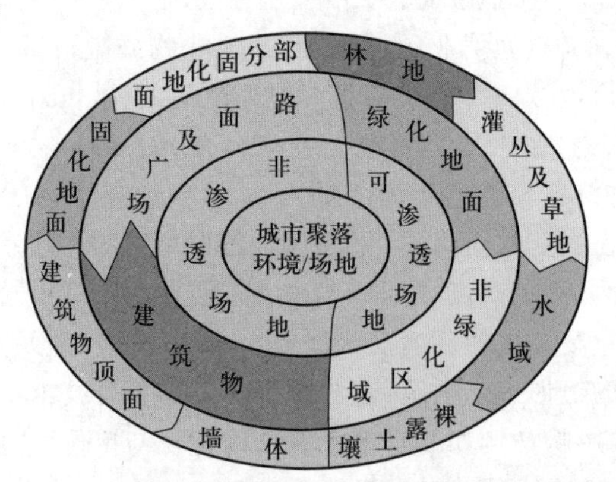

图 11-10　城市聚落环境/场地的空间特征单元划分示意图

支撑子系统是维持城市人群生活和城市环境运转基础设施的总称,包括公共服务设施系统——自来水、能源、电信网络、卫生保洁、污水处理,交通系统——公路、航空、轨道交通等,商业及副食保障系统——商场、饭店、菜市场、各类商城及其配送体系,医疗保障系统——医院、诊所、急救体系、药店等。支撑子系统为城市人群生产生活提供支持,并将城市环境的所有人工和自然的组成部分联结为一个整体,它对城市环境及其层次的影响巨大。

住房子系统是城市地域内的住宅、社区设施、城市中心广场、学校设施及托幼托老设施等。由于城市环境是公民共同生活和进行社会活动的场所,住房子系统的建设维护及其分配,主要取决于如何安排共同空地(即公共空间)和所有其他非建筑物及类似用途的空间。《联合国人类居住区温哥华宣言》(1976)指出,拥有合适的住房及服务设施是一项基本人权,通过指导性的自助方案和社区行动为社会最下层的人们提供直接帮助,使人人有屋可居,是政府的一项义务。

社会子系统是指在城市地域环境人们相互交往和共同活动的过程中形成的相互关系,包括不同地方性和多阶层的公共管理、法规、宗教与习惯、价值与伦理、文化特征、社会分化、社会保障、经济与金融、人口结构及变化趋势、人群健康与福利等。它是规范城市环境及其中人群活动的基本准则,城市环境的社会性决定了城市地域的人群具有不同的生活需要,相互之间需要进行分工协作,从事不同的活动。这也要求合理组织城市环境的各种生活空间,即城市环境在地域结构和空间结构上要适应"人与人"的关系特点,其中包括家庭内部、不同家庭之间、不同年龄人群之间、不同阶层人群之间,直至城市居民与外来者之间的种种关系,最终促进整体社会的和谐幸福。故城市环境管理者应该重视城市建设、经济发展、社区管理、精神文化,以及城郊乡村脱贫与区域可持续发展。

11.5.3　城市环境中的物质流特征

城市环境在一定程度上属于人造环境,城市是人口最集中,社会、经济活动最频繁的地方,也是人类对自然环境干预最强烈的地域,即人为强烈地干预着城市环境的类型结构及其物质流过程。人们不仅彻底改变了城市地域中的土壤—植物—水系—自然景观及其物质流，人类还对区域大气环流、地貌类型及格局、河流水文特征等施加了重要影响，上述诸多人类影响所引起的环境变化通常是不可逆的。城市环境是环境地球系统中人群最为密集的地域类型，在城市人群的生产与生活过程之中始终伴随巨大的物质与能量流过程。城市环境中物质流的变化包括两个方面：城市地域与外围区域之间物质流及其变化；城市环境中地质水文—土壤—植物—人群—大气垂直方向上的物质流及其变化。例如 Botkin 等 2010 年从全球尺度上勾画出了城市环境与其外围自然环境之间的物质流模式，如图 11-11所示。

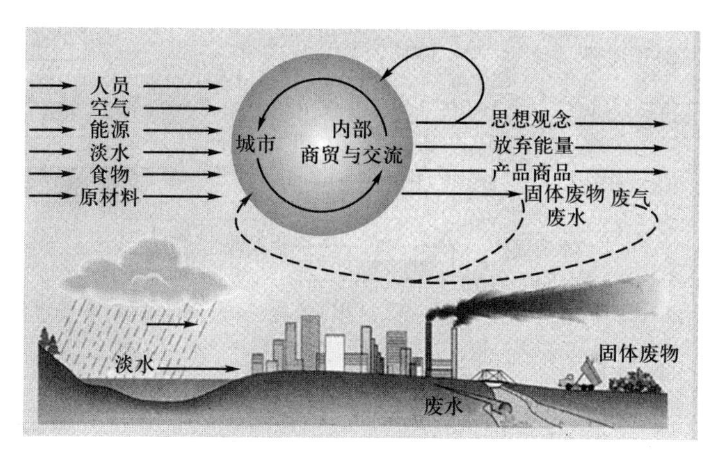

图 11-11　城市环境与自然环境之间的物质流模式图

由于城市地域规模、城市性质和人群生活习惯的不同，不同城市中人均生活性物质消耗量差异巨大，德国学者 Weisz 等 2010 年汇总了不同国家和城市人均年国内物质消耗量，即里斯本为 20.8 t · 人$^{-1}$ · a^{-1}，新加坡为 18.0 t · 人$^{-1}$ · a^{-1}，日内瓦为7.6 t · 人$^{-1}$ · a^{-1}，巴黎为 5.0 t · 人$^{-1}$ · a^{-1}，伦敦为 3.6 t · 人$^{-1}$ · a^{-1}，开普敦为3.3 t · 人$^{-1}$ · a^{-1}。在高度发达的美国，2009 年人均寿命约为 78 岁，而一个美国人维持一生需要消费的矿物、金属和燃料高达 1 305 t，故在人口密集的城市环境具有巨大的物质流，如图 11-12 所示（Wicander 等，2012）。欧盟和英国的整体工业化和城市化水平均较高，其单位面积国内物质开采量（domestic extraction，DE）与国内物质消耗量（domestic material consumption，DMC）均在 1.5×10^6 t/km^{2}以上，其中比利时、卢森堡、德国、荷兰的单位面积 DE 和 DMC 均超过 3.5×10^6 t/km^2，如图 11-13 所示，这也从整体上证实城市环境中的物质流通量是巨大的。中国台湾地区的台北市，其市域东西宽 20.5 km，南北长约28 km，总面积约300 km^2，总人口约 300 万。Shu-Li Huang 等揭示了 20 世纪 90 年代台北市城市建设过程中的物质流：台北市每年城市建设需要超过 10×10^6 t 的资源，同时每年排出未经循环利用的建筑垃圾约 310×10^6 t，这些巨量的建筑垃圾不仅快速地改变了城市及其外围地区的自然景观，还严重地危害了区域的水环境质量。

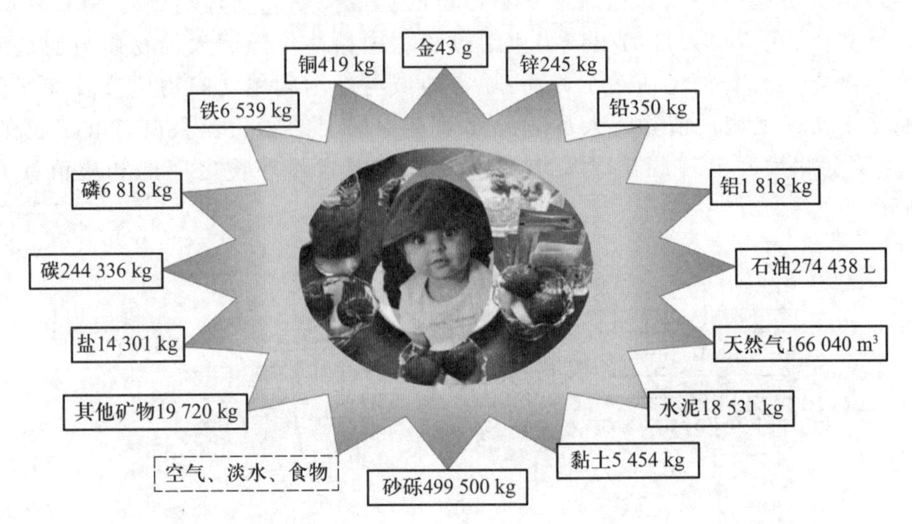

图 11-12　每个美国人平均一生(78 岁)消耗(含过程性消耗)物质状况

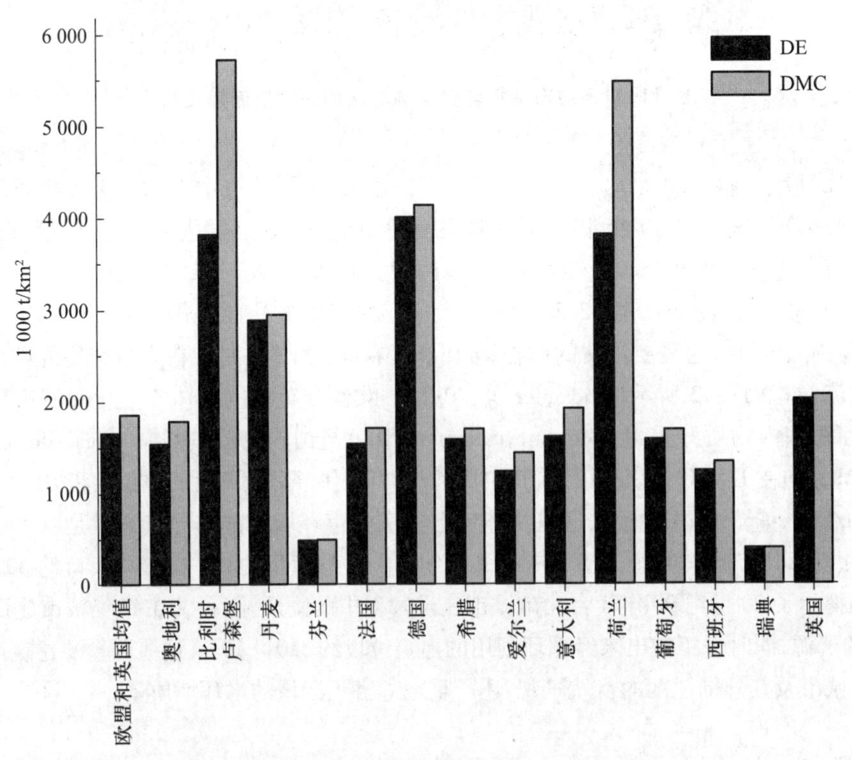

图 11-13　欧盟和英国的 DE 和 DMC 示意图

11.6　北京城市行道树-土壤的环境地学分析

城市道路绿化是城市生态系统的重要组成部分，也是改善城市环境质量、建设环境友好型宜居城市的重要措施。作为城市绿化的重要方式之一，栽植行道树具有美化街道景观、净化城市空气、减少噪声、减少地表扬尘、改善小气候等诸多功能及其经济效益。城市道路植物配置有两种类型，即整齐式园林行道树和自然式园林道路的布置（或林荫路）。本节从环境地学角度调查北京市部分街道行道树的生长状况、根际土壤紧实度、土壤密度及其孔隙度，分析了行道树生长适宜性及其与城市环境的相互影响。

11.6.1　城市行道树的生境特征

北京城市道路绿化的布置形式是多种多样的，其中常见的是“一板二带式”，即在车行道与外侧人行道之间的分隔条带上种植国槐、毛白杨、小叶白蜡、银杏、垂柳、栾树、悬铃木等速生高大乔木。据调查，这些行道树均移栽到狭窄的预留绿化分隔带中，该分隔带外围的地基经过层层碾压夯实，添加黄黏土与石灰混合层、砂石煤碴层、水泥砂浆层处理，沥青铺面或路面固化，等距挖掘长宽深约为 100 cm×100 cm×(80~100) cm 的树坑，再客土栽植行道树，如图11-14所示。对北京市海淀区学院南路行道树树坑的土壤状况进行了观察，发现树根客土外围的填充土壤中含有粒径 10~40 cm 不等的碎石、煤渣、混凝土碎屑和砖块碎屑；在树坑内的客土因为人群踩踏比较紧实，运用土壤紧实度仪（DGSI）、不锈钢环刀、铝盒、土壤剖面刀等器械，测量土壤物理性状如表 11-4 所示。

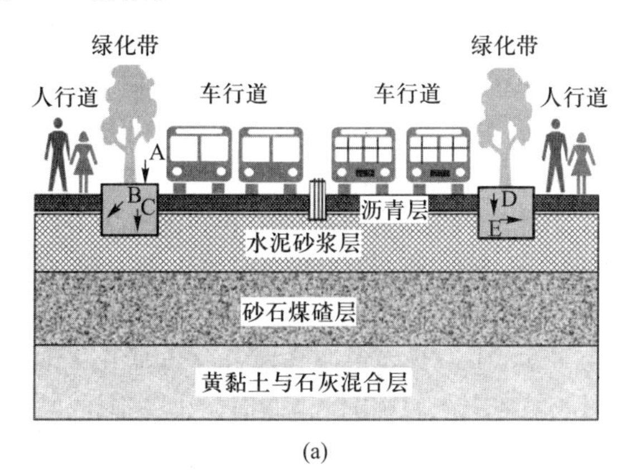

(a)

(b)

图 11-14　行道树生境状况示意图

表 11-4　北京市海淀区学院南路行道树树坑土壤性状

观测点位①	距地表深度/cm	紧实度/($kg \cdot cm^{-2}$)	体积密度/($g \cdot cm^{-3}$)	孔隙度/%	含水量/($g \cdot kg^{-1}$)
A 客土	0~10	3.0±0.5	1.58±0.16	35.21±1.24	71.42±1.45
B 非土状物	50~60	>4.5	2.07±0.31	<10.00	<50
C 非土状物	70~80	>4.5	2.12±0.38	<8.00	<50
D 客土	30~40	2.5±0.5	1.51±0.09	39.24±1.17	76.53±1.52
E 客土	50~60	2.5±0.5	1.54±0.12	37.44±2.06	83.16±1.37

① 观测点位见图 11-14，使用的荷兰 DGSI 土壤紧实度仪最大测量值为 4.5 kg/cm^2。

11.6.2　城市行道树的生长状况

对北京市多个街道行道树生长状况的调查表明，城区的许多行道树如国槐、小叶杨等生长状况良好，其原因一是老城区的大型行道树在生长初期其根际土壤较现代混凝土或沥青道路的路基松软、障碍物少且营养元素丰富，即这些大型行道树已根深叶茂；二是新近栽植的小型行道树根系也能在体积一般为0.8~1.0 m^3并拥有肥沃客土的有限空间短期实现“自由生长和延伸”，但坚实且无水分和养分的路基将是这些行道树根系生长的“紧箍咒”。

（1）行道树根系生长空间有限：根系是树木重要的组成部分，具有养分和水分的吸收、传输和储存，树体的固定与支撑等重要的生理功能。常言道“树有多高，根有多长，根深叶茂”，邓红等 2002 年对农田防护林树木的根系生长状况进行了调查，结果表明，树木根系水平长度与树高之比值接近于 1∶1，即河北毛白杨为 1∶0.86、健杨为 1∶1.02、旱柳为 1∶0.98、国槐为 1∶0.83；也有研究指出树木根系在体积密度超过 1.60 g/cm^3的土壤层中基本不能成活；相关道路标准要求路面及路基的压实度应该大于 93%，即其孔隙度应该小于 7%。观测表明城市行道树根基外围经过碾压夯实固结的黄黏土与石灰混合层、砂石煤碴层和水泥砂浆层的体积密度均超过 2.00 g/cm^3，路基紧实度大于 4.5 kg/cm^2，其孔隙度不足 10%，水分含量不足 50 g/kg，再加富含 $CaCO_3$等，这些均使行道树的根系无法自由生长与伸展，造成城市行道树根系水平长度与树高之比值增加到1∶2.50~1∶5.00，其比例严重失调，影响根系对水分和养分的吸收，以及对树木躯干的固定与支撑作用，最终限制树木的生长发育。

（2）行道树根系的抗争型生长：树木的生长属于离心生长，即根系遵循向地性在土壤中逐年生长、形成各级骨干根和侧生根，并向纵深发展；地上芽则按照背地性在近地大气层中发枝、生长、形成各级骨干枝和侧生枝，并向空中发展；树干部分则沿着径向向外生长加粗。在自然条件下树木的这三种生长过程是相互统一和协调的，人们不可能无限地调控或破坏树木生长的一般规律。面临路基对根系的“紧箍咒”，行道树则以三种方式抗争型生长以致因缺乏水分、养分和必要的空间而干枯。① 面对较松懈的路基“紧箍咒”，行道树根系强行伸展进入路基之中，以获取必要的水分、养分和空间，导致路面凸凹不平并崩裂，如图 11-15 所示。其结果造成街道路面破坏，影响车辆和行人的安全，另外这些崩裂松动的路面颗粒物则被车辆碾压成粉尘状物质，如遇大风则成为大气颗粒物的主要来源。② 面对坚实的路基“紧箍咒”，行道树根系无法突破路基的束缚，行道树根系吸收少量水分和养分，植物根系生长不再遵循向地性原则，而是连同躯干整体向上生长，据测有的行道树主根已经暴露在地表面 42 cm。常言道“根深才能叶茂”，行道树根系背离土壤向上生长是无奈之举，也是暂时的残存。其最终结果不仅是树木因无法吸取足够的水分和养分而干枯死亡；还有树木得不到土壤对其足够的支撑，如遇强风、雨雪而倒伏，并威胁行车和行人的安全，也会引起城市电线短路。③ 面对坚实的路基“紧箍咒”，行道树根系无法突破路基的束缚，行道树根系“蜗居”在狭小的树坑之中。其最终结果不仅是树木地上部分生长对水分和养分的需求无法满足，导致树木生长停滞以至干枯死亡；还有树木根系“蜗居”生长也会对道路绿色设备产生巨大的挤压力，使其崩裂破碎，增加管护成本并危及行人的安全。另外城市行道树还影响城市交通视线，特别是冬季行道树上夜间栖息的众多候鸟排泄的粪便也对行人有不利的影响。

(a) (b) (c) (d)

图 11-15 北京城行道树生长状况及其生境状况示意图

总之，上述国槐根系难以满足国槐生长对水分、养分和被支撑作用的需求，行道树也会过早地死亡，这样的行道树体系也是现代城市中人与自然（行道树）之间极不协调的体现。在美国纽约、澳大利亚悉尼等的繁华街道行道树并不多见，城市的树木多成片集中于城市绿地之中，形成了城市中的小森林，如在纽约曼哈顿岛上面积超过 333 hm^2 的一颗绿色明珠——中央森林公园；再如位于悉尼市中心区的皇家植物园，其面积为 30 hm^2，这些成片的森林不仅是“城市的绿肺”，也是城市亮丽的自然景观。

现代城市道路及其路基的压实度一般均大于 93%，即其路基层的孔隙度不足 7%，其中缺乏树木生长必需的水分、养分和空间，不具备行道树持久健康存活的条件；通过挖掘树坑并填充客土，虽然能够确保国槐、杨树等主要行道树幼苗和小树的存活与生长，但是随着时间的延续，便出现行道树根系强行伸展进入路基之中、行道树根系及其躯干整体向地上生长、行道树根系蜗居在狭小的树坑等畸形生长方式，其最终结果导致行道树因缺乏水分、养分和必要的地下空间而死亡，并对城市交通和行人造成多种潜在性危害；城市道路绿化不能一味照搬“林荫大道”的绿化模式，应该根据预留绿化带路基及土壤性状，采取适当的方式栽植一些抗逆性强、生长缓慢的小乔木或灌木或草本植物，以确保城市生态环境建设、景观美化与绿化植被长期健康生长的协调性。

11.7　城市内涝的环境地学分析

城市内涝是指由于强降水或连续性降水超过城市排水能力，致使城市内局地过量积水的现象。城市内涝作为一种城市灾害，给城市人们的生产和生活带来了巨大的破坏，并威胁人群生命和财产安全。由于城市空间规模的扩大、建设密度的增大和城市排水管网建设滞后等，一旦城市遭遇强暴雨袭击，地表快速汇集的洪水肆意奔流和聚集，使城市局部形成了泽国深潭。从环境地学及其人地关系来看，城市内涝具有以下特点：城市中小地形及设施建设状况是控制城市地表径流的主要因素，这就决定了城市内涝形成的区域性；城市地面的硬化-非渗透性与均质化，使得城市地表径流速度加快，造成城市内涝形成的瞬间性；城市内涝易引发多种次生灾害（如威胁人群生命与财产安全，造成交通中断、电信系统短路、地铁及地下空间进水等）。

中国东中部地区属于季风气候类型，其降水具有时间分配不均且多暴雨等特点，大规模不科学的城市开发建设是内涝灾害频发的重要诱因。城市建设使原本具有自然蓄水调洪错峰功能的林地、草地、洼地、坑塘、湖泊、水库等被人为填埋或占用，使大面积可渗透性场地转变为非渗透性场地，降低了城市地表对阵性强降水的调蓄分流功能；城市空间规模大、地表硬化和建设密度高也使城区地表汇集速度加快，地表径流通量增强，导致城市低洼地方容易积水，再加城市地形与城市排水设施建设被忽视，如图 11-16 所示。

在综合分析并借鉴国际相关经验的基础上，结合中国环境地学特征与城镇化发展的总要求，提出了防治城市内涝的主要方案：①适度增加城市地域可渗透性场地面积的比例，如人行道、自行车道、郊区道路等受压不大的地方采用透水性地砖铺设路面，不仅解决了积水问题，还平衡了城市生态系统，但北方城市需要考虑冬春季冻融作用及其危害；同时在城市规划与建设中优先将公园、停车场、运动场等修建在地势较低的地方，必要时可起到暂时储纳内涝洪水的作用。② 按照城市规模及其建设密度升级改造现有的城市排水系统，由于城市内涝属于偶发灾害，也不能一味扩建城市排水系统，在平原城市可以修建一种“交通与雨洪排水集成的智慧涵洞系统”，如图 11-17 所示，即采用盾构技术在地下修建直径在 10~14 m 近乎水平的涵洞，其底部为能汇聚雨洪和排水的水道；中层为下行快速交通线（平时），在城市出现较大暴雨及内涝期间关闭下行交通用于排涝；上层为上行快速交通线（平时），在城市出现特大暴雨及特大内涝期间关闭上行、下行交通线，整个涵洞用于排出城市巨大的内涝。③ 修建城市新型地下水库。人们通过修建水库来调蓄洪水和积水灌溉的历史悠久，在季风气候区域水库是缓解流域内洪灾、增加水资源的重要途径，故在城市建设过程中可在低洼处修建地下水库：一方面将城市的雨洪

图 11-16 城市内涝形成的主要原因示意图

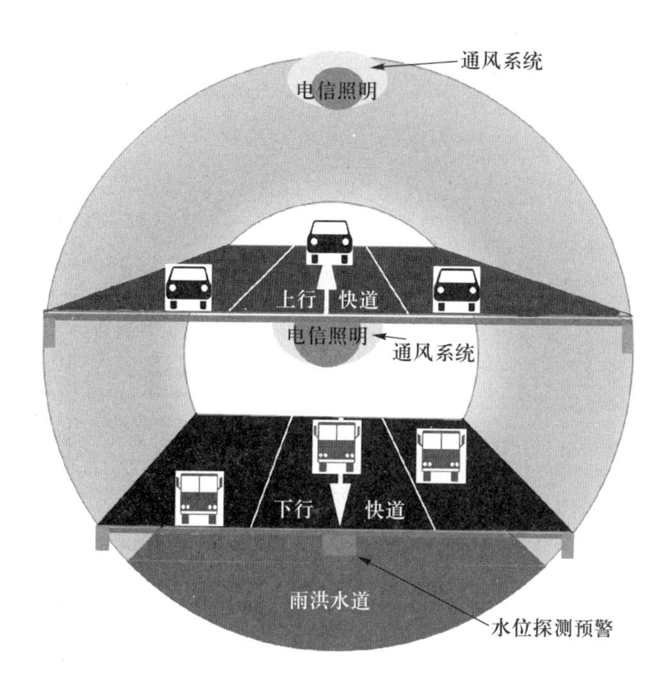

图 11-17 城市地下交通与雨洪排水集成的智慧涵洞系统示意图

径流引入地下水库，缓解城市内涝的发生；另一方面为城市绿化灌溉及生态用水提供了水源保障。按照每公顷城市场地修建一个直径为 10 m、深 6.5 m 相对密闭的地下水库，就可以容纳地表 50 mm 以上的降水径流，可见其缓解城市内涝作用显著。④ 采用膜过滤、反渗透法和紫外线辐射消毒等现代水处理技术，及时处理城市洼地、地下水道、城市地下水库中汇集的雨洪水，将处理达标的水用于城市工业、洗车、清洁喷洒、灌溉绿地等，加速城市水灾害就地向水资源的转化。

11.8　思考题与个案分析

1. 什么是城市环境，简述城市环境的主要特征。

2. 选择你所熟悉的地域，通过观测比较分析该地域内城市环境与乡村(农业)环境的异同。

3. 通过查阅资料和观测分析，简述你所在城市环境的空间分异特征。

4. 通过查阅资料和集体研讨，简述传统农业社会、近代工业社会、现代信息社会中城市环境的特征及其主要环境问题。

5. 运用产品生命周期(product life cycle，PLC)理论方法，简述你所喜爱的物品(图书、衣装、电脑、家具、房屋等)，在其开发、引进、成长、成熟、衰退阶段的物质能量消耗与废物排放，以及对城市环境的影响。

6. 结合图 11-11 城市环境与自然环境之间的物质流模式图，通过查阅你所在城市的统计年鉴和相关资料，勾画你所在城市环境与自然环境之间的物质流模式，并分析其对城市环境质量和城市外围环境质量的潜在性影响。

数字课程资源：

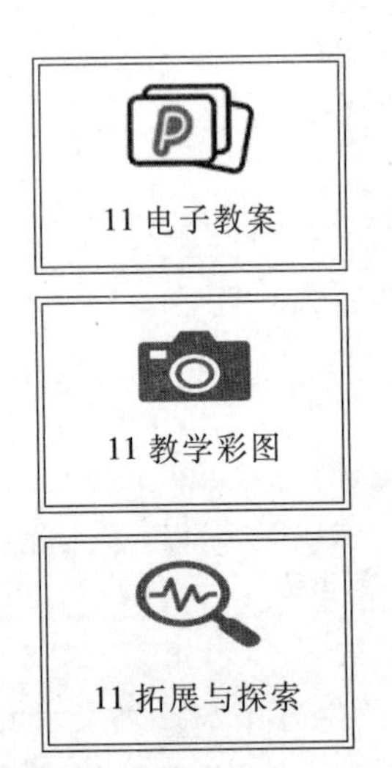

第12章
环境地学调查技术与方法

12.1 环境地学野外调查基础

环境地学调查(environmental geoscience survey)是指对区域人-地系统的自然状况、社会经济结构及特征、人口构成与人群健康状况等方面进行深入细致的调查、观测和资料搜集,综合分析区域人-地系统的组成要素、空间结构与数量结构、物质运动和能量转化过程、生产功能和生态服务价值,并结合区域社会经济特征与人群生活习惯的综合研究,揭示区域人群与环境相互作用的机理与方式,为环境科学研究和环境管理提供基础资料。基于野外调查的现代环境地学研究范式有实地调查、观察、测量、访谈、采样、记录和测绘、样品化验分析、数据汇编、存储管理、分析建模,以增进了解和作出预测,研发新规律—新知识—新技能。

教学视频
环境地学野外调查基础

12.1.1 地形图概况

地形图是按一定的比例尺,用规定的符号表示地物、地貌平面位置和高程的正射投影图。地形图是根据地形测量或航摄资料绘制的,误差和投影变形都极小,它是进行环境地学调查与科学观测研究不可缺少的工具,也是环境制图的基础资料。地形图上任意一条线段的长度与地面上相应线段的实际水平长度之比,称为地形图的比例尺。中国国家基本地形图包括1:5 000、1:10 000、1:25 000、1:50 000、1:100 000、1:250 000、1:500 000、1:1 000 000,共8种比例尺的地形图。为了便于管理和使用地形图,需要将各种比例尺的地形图进行统一的分幅和编号,其方法分为两种:一种是经纬网梯形分幅法或国际分幅法;另一种是坐标格网正方形或矩形分幅法。前者用于国家基本比例尺地形图,后者用于工程建设大比例尺地形图。

1:1 000 000地形图分幅和编号按照国际1:1 000 000地图会议(1913年,巴黎)的规定,即国际标准分幅的经差6°、纬差4°为一幅图。从赤道起向北或向南至纬度88°止,按纬差每4°划作22个横列,依次用A,B,…,V表示,南半球加S,北半球加N,由于我国领土全在北半球,所以N省略;从经度180°起自西向东按经差每6°划作一纵行,全球共划分为60纵行,依次用1,2,…,60表示。例如海南岛某地经度为109°42′20″E,纬度为18°21′25″N,其在1:1 000 000地形图上则处于第5行第49列,其1:1 000 000地形图的编号为E—49;再如北京市某地的经度为118°24′20″E,纬度为39°56′30″N,则其所在1:1 000 000地形图的图号为J—50。由于随纬度的增高地图面积迅速缩小,所以规定在纬度60°— 76°双幅合并,即每幅图经差12°,纬差4°。

在纬度 76°—88°由 4 幅合并，即每幅图经差 24°，纬差 4°。纬度 88°以上单独为 1 幅。中国地处于 4°N—60°N，故没有合幅的问题。

12.1.2　地形图的野外使用

在进行环境地学野外调查之前，应根据调查区域及其研究内容的需要，选择适当比例尺的地形图，一般情况下野外调查工作常用的地形图比例尺为1∶10 000、1∶25 000、1∶50 000 和 1∶100 000，然后在室内读图，获得所需调查区域的基本信息，即了解调查区域的地理位置/所属行政区、范围大小、水系及其水体、地貌轮廓、居民点分布、交通线路、土地利用状况等，再通过综合分析推断所需调查区域的自然环境特征、自然资源状况、人口与社会经济发展状况，以及可能存在的环境问题等，如图 12-1 所示。

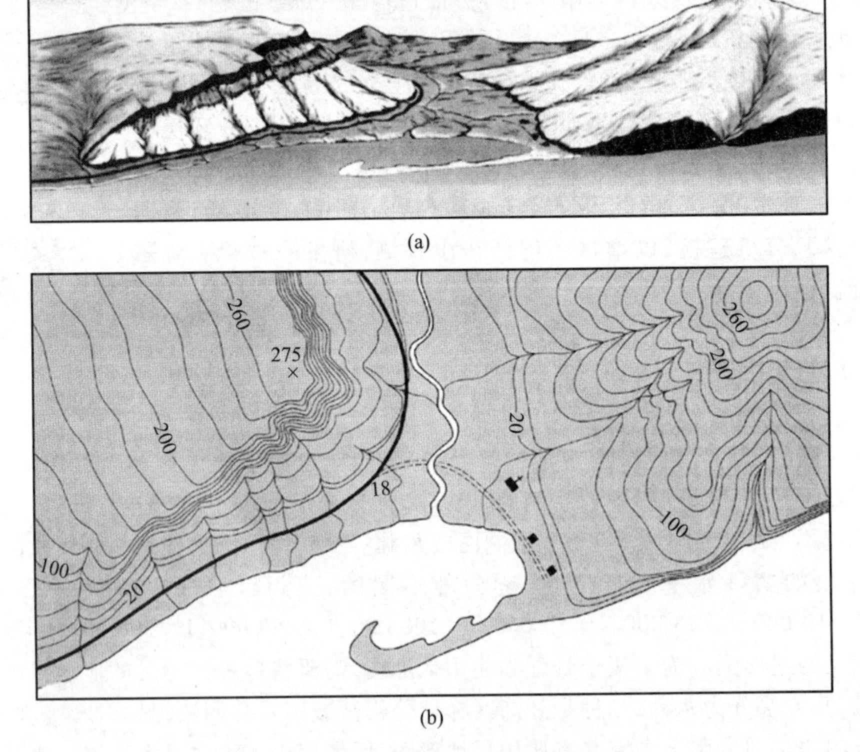

图 12-1　地表景观与地形图表示示意图

(a) 地表景观；(b) 地形图

(资料来源：Christopherson R W，1998)

在野外使用地形图，首先要求使地形图的方向与实地方向保持一致，常用的方法是借助罗盘和地形图上标注的磁子午线来定向，即将地形图放置在水平的平板上，使罗盘的南北线与地形图上的磁子午线重合，并在保持水平的条件下转动地形图，当罗盘磁北针指向北时，即已完成地形图定向。另外根据地物、地形定向也是一种简便迅速的定向方法，即在实地找到与地形图上相对应的具有方位意义的明显地物(如三脚架、突出的山峰等)，然后在站立点水平地转动地形图,当地形图上两个或两个以上的地物与实地对应地物方位完全一致(可借助罗盘测定)时,即完成了概略的定向。

在完成了地形图的定向之后,还需要在地形图上确定自己站立的位置即定点,这是环境地学野外调查与采样的重要前提。最简单的定点方法是根据地形图上与实地明显地物的对应关系,确定站立点,即在地形较开阔、通视良好的野外环境中,在已经定向的地形图上找到与实地相对应的两个方位物(地物 A 与 B),用罗盘测量实地中地物 A 的方位角(假如 A 地物在测量者北偏东 10°),再用罗盘测量实地中地物 B 的方位角(假如 B 地物在测量者北偏东 85°),然后用铅笔在地形图上画一条通过 A 地物的北偏东 10°的线,再画一条通过 B 地物的北偏东 85°的线,两条线的交点就是测量者所站立的点。另外运用高精度的 GPS 仪,直接测量出站立点的经度、纬度和海拔数值,然后借助直尺和地形图经度、纬度和海拔标记也可以直接找到站立点。

12.1.3 环境背景调查与记录

环境背景调查与记录是环境科学和环境地学研究的基础,它是进行区域环境问题诊断与分析、环境质量现状分析、环境影响评价和环境管理的基础资料。环境背景包括自然环境背景和社会经济背景两方面。环境背景调查一般应该坚持以下原则:① 综合性原则,即从区域环境整体性的角度全面地收集、调查有关的环境背景信息,并确保这些环境信息能够客观地反映区域环境的总体特征。② 针对性原则,在全面调查环境信息的基础上,针对区域环境和具体的研究任务要求,收集现有环境资料,在有条件的情况下进行必要的现场调查与观测,为研究项目及时地提供尽可能详尽的区域环境定量参数。

环境背景调查一般遵循以下程序进行,即根据环境背景调查的任务,设计调查方案,筹措调查经费,组建调查队伍及相关环境测试器材;依据区域环境特征及相关研究内容,系统地由点到线再到面地开展环境调查,在进行现场环境观测与采样的过程中,应该按照地形与水文系列,或者土壤-植物系统分异,或者区域人类活动影响强度系列逐点进行,以便获得系统性的环境背景数据;在环境背景的调查与观测过程中,要及时鉴别整理资料,并进行必要的比较分析,确保环境背景调查资料能够为室内综合化验分析、综合研究提供科学依据,同时环境调查者必须亲自整理并核实相关资料,及时撰写环境调查报告,如表 12-1 所示。

环境背景调查的内容主要包括:① 环境概况,包括调查区域环境的经度、纬度和海拔,所属行政区、土地权属,以及与相邻区域在自然与社会经济等方面的相互关系,并附区域环境的专题图件。② 自然环境背景信息,一是气象与气候特征,调查区域的气候类型,多年平均气温,多年平均降水量及降水的季节分配状况,多年平均风速及主导风向,年平均大气湿度及其时间变化,年均日照时数,是否存在山谷风或水陆风,以及经常出现的气象灾害等;二是地质地貌与水文特征,如地层类型、地质构造特点、矿产资源特征、地貌类型及地貌过程的特点,水系及其水文特征,以及可能发生的地质灾害如泥石流、滑坡、崩塌、洪涝等;三是土壤-植物系统特征,调查区域的土壤类型、土层厚度、土壤质地、土壤通透性,植被类型、优势种群、覆盖度与高度、年生长量等。这些环境状况对于区域内自然环境质量空间分异、污染物的迁移转化过程具有重要的影响。③ 社会经济环境背景信息,一是人口状况信息,包括人口总数、人口密度、人口的行业结构

表 12－1　环境地学调查与记录简表

调查样点编码 □ □ □ □

环境概况	权属管理	省市　区县　乡镇　村				调查日期	20□年□月□日，天气□.		
	地理坐标	东经　北纬　海拔　m				调查目的		调查者	
自然环境背景信息	气象与气候	气候类型		年均气温		年均降水量	mm	气象灾害	
	地质地貌水文	地层与岩性		地貌类型		地下水位	m	地质灾害	
	土壤植物系统	植被类型		土壤类型		植被覆盖度	m	土壤侵蚀	
社会经济环境信息	人口状况	人口密度	人/km^2	职业结构		平均寿命	周岁	健康状况	
	土地利用状况	农用地	%	建设用地	%	未来土地	%	水域	%
	产业结构	工业部门 1		生产规模		工艺水平		排放污染物	
		工业部门 2		生产规模		工艺水平		排放污染物	
	生活文化习惯	传统文化		生活习惯		环境意识		环境管理	%
区域环境景观概图	平面图			断面图 1				断面图 2	

与职业结构、人口空间分布、人口素质、人口平均寿命及健康状况等;二是土地利用结构及其空间配置,产业结构,各产业的规模与产值,主要产业生产工艺,产业空间布局等;三是文化与生活习惯方面的信息,区域主要生活习惯、传统文化、民俗氛围、环境意识与环境管理状况等。

总之,环境概况是介绍区域环境特征的前提,也是实施环境管理的基本信息;自然环境背景信息不仅是反映区域环境组成结构、自然过程的重要指标,还是决定区域环境容量及自净能力的重要因素;社会经济背景信息是决定人群对环境的态度及影响状况的主要指标,也是反映环境污染及其危害的重要参数。

12.2 环境监测基础

环境监测是指人们对影响人群和生物生存和发展的环境质量状况进行监视性测定的活动。环境监测的目的是:判断区域环境质量是否符合环境标准;根据污染物及环境质量的分布,追踪污染路线,寻找污染源并确定其所造成的环境影响,揭示污染物在区域环境中的迁移转化和空间分布规律,为创建区域环境中污染物扩散模式,预测环境质量变化及控制环境污染提供科学依据;结合环境背景值与长期监测数据的综合分析,为优化区域发展模式、保障人群健康提供基础数据。环境监测要求技术灵敏度高、准确度高、分辨率高,在野外及环境事故现场测定还必须做到快速简便,这就要求环境监测具有高度的自动化、标准化和信息化。按照环境监测对象的不同,环境监测可分为大气污染监测、水质污染监测、土壤污染监测、生物污染监测、固体废物污染监测,以及环境噪声、电磁辐射、放射性和热污染监测等。

12.2.1 物理与化学监测

物理监测指利用物理学的技术与方法测定环境要素中的噪声、振动、电磁波、热能、放射性水平、能见度、浑浊度等,以及近年来利用遥感技术监测大气中污染物、水体富营养化和生物污染等。化学监测指利用化学的技术和方法测定环境要素(大气、水体、土壤和食物)中各种污染物种类、含量及其存在状态。由于环境属于一个多因素、多变量的复杂开放系统,再加上环境中污染物的种类、存在状态又具有时间与空间的多变性,这就要求环境监测必须遵循严格的质量保障程序,即分析方法的标准化和规范化;环境样品采集、保存和预处理的标准化和规范化;运用标准物质对实验室内和实验室之间进行检验、仪器校准和新方法评价,确保实验室的分析质量达到相应的标准;上述这些质量保障措施还依靠科学水平高、专业技术强的实验研究队伍做保障(其具体要求和技术细节详查国家相关环境标准)。物理与化学监测在发展大型自动化和连续监测系统的同时,小型便携式、简易、快速监测手段也是必不可少的,这对于野外、现场、事故等监测特别有用,如检气管、溶液比色法、试纸比色法等,还有个体测量器和自动记录器都是环境监测的有效手段。

12.2.2　生物监测

生物监测是指测定人类活动引起的生态系统变化，如水土流失、土地荒漠化、生物多样性变化、生物品质变化、生物群落变化状况等。生物监测大气污染状况的途径主要有：利用植物叶面的伤害症状对大气污染做出定性与定量的判断；利用植物体内污染物含量估计大气污染状况，如分析北京城区油松树枝中灰分含量与大气污染指数的相关性，结果表明北京城区油松树枝灰分含量从西北向东南呈逐渐增加趋势，在公园绿地附近一般有所降低；在交通枢纽及工业区附近油松树枝灰分含量最高，可达 1.14%～2.76%，在商业区及居民区油松的灰分含量居中，其值为 0.51%～0.95%；城区北边缘公园区灰分含量最低，其值小于 0.52%。北京城区油松树枝灰分含量与大气污染指数的空间分布有相似性，这表明利用油松树枝灰分含量监测区域大气污染是可行的。另外也可以通过观察生物的生理生化反应，如酶系统的异常变化、发芽率降低等以估计大气污染的长期效应；测定树木年轮的生长量和密度可以估测大气污染的现状和历史变化；利用某些敏感植物，如地衣、苔藓等作为大气污染的植物监测器进行定点持续观测。生物监测水体污染的途径主要有：利用水生生物的生长发育异常监测水体污染状况；利用水生生态系统组成、结构和功能的异常变化，监测水体污染状况；利用水生生物体内污染物含量及其分布，观测水体污染的长期效益。生物监测土壤污染的途径与前两者类似，请读者查阅相关资料进行汇总分析。

与物理监测和化学监测相比较，生物监测具有综合性与广泛性，即生物监测易于被人们所利用，且生物反映了区域环境中各种因素的长期综合特征。总之，污染物在环境中的分布是污染物排放量、时间、空间的函数，并受气象、季节、地形等环境特征因素的影响。因此必须在一个地区内进行多点、同步连续的监测，才能正确地掌握本地区的污染状况，这不仅需要分析测试技术，还需要其他各种新技术的配合，例如依靠计算机、GIS 等建立自动监测系统，用于收集、处理、分析和储存数据，这样既监测了环境质量的现状，还能预测、预报环境质量的变化趋势。

12.2.3　环境样品采集点的设置

环境样品的代表性是决定环境监测结果的重要因素，如果环境样品没有代表性，无论分析测定工作做得多么仔细、认真，也得不到正确的监测结果。而环境样品的代表性主要取决于采样点的布置是否合理。由于环境污染状况或环境质量的时空分布十分复杂多变，不仅受地形、地质水文、气象与气候、土壤与植物的控制，还受产业布局（即污染源分布）、土地利用状况和人口密度的影响。因此，在复杂环境地域范围内的环境调查/监测与采样，需要运用分层抽样或类型抽样法，即将整个研究区按其属性特征（地貌、土地利用类型等）划分为若干个类型区，然后在每个类型区随机抽取样本，确保类型区内变差较小而不同类型区之间变差较大，这样就可以全面地了解研究区的环境质量特征。如图 12-2 所示，首先按照地形与土地利用类型的差异性将研究区分为裸露河漫滩区 Q_1、防护堤及防护林带 Q_2、园地或林地 Q_3、耕地 Q_4 和农村居民点 Q_5；其次在每个类型区范围之内，再按梅花形、蛇形等布点法开展环境质量监测，以准确地获得研究区（Q_1、Q_2、Q_3、Q_4 和 Q_5）的环境质量特征。

在区域环境监测中,就要根据影响污染物或环境质量的这些因素,合理地布置采样点的位置和数目,并坚持以下主要原则:① 采样点的位置应该涵盖整个监测区域的高浓度、中浓度和低浓度3种不同的环境质量等级。② 将污染源比较集中、人口比较集中、污染物有可能富集的区域作为主要监测范围,布设较多的采样点,而在那些污染相对较轻的区域(河水上游或源头、上风向区域)布设较少的采样点作为对照样品。③ 超标地区、人群与生物群落受害明显的地区采样点的布设应该在空间和时间上更为密集,而未超标或未见异常的地区采样点则可少一些。

图 12-2 分层抽样法示意图

1. 大气采样点的布设

在监测高架点源对区域大气环境的影响时,常采用扇形布点法,即以污染点源所在位置为顶点,以烟气流动方向(区域主导风向)为轴线,在烟气下风向大地面上划出一个扇形地区(可45°或60°)作为布点范围,如图12-3所示。在面状污染源区域并且又没有明显的主导风向的大平原区域,常采用发射式或同心圆布点法,即从监测区域中心(可能污染中心)向四周引出若干条放射线,由中心沿这些放射线向外围等距离间隔地采集样品,以监测区域污染状况或环境质量的空间分异规律,如图12-4所示。另外还有网格布点法和按照功能区划分的布点法。在大气样品采集的过程中不能靠近污染源,要远离施工现场和交通要道,采样点要避开障碍物如高墙、高大建筑物或者林地,并严格按照大气环境监测规范进行采样、采样处理与保存。

2. 水体采样点的布设

水体环境样品布点主要考虑以下几个方面:① 在主要居民区和工业区向河流排放大量废水的上游和下游布点;② 在湖泊、水库的主要出水口和入水口布点,以及这些水体的代表性位置布设采样点;③ 在河流水体采样的过程中应该设置对照断面、监测断面和消减断面进行水体样品采集,具体布点如图12-5所示。同时在河流采样断面上采样点的设置,还应该根据河流的宽度和深度而定。一般河水面宽度在50 m以下时只设1条中泓垂线;河水面宽度在50~100 m

时设置左、右两条垂线；河水面宽度在 100～1 000 m 时应该设左、中、右 3 条垂线；河水面宽度大于1 000 m 时应该至少设 5 条等距离的垂线。在每条垂线上，当河水深度小于 5 m 时，只在河水面以下 0.3～0.5 m 深处设 1 个采样点；当河水深度为 5～10 m 时，则分别在河水面以下 0.3～0.5 m深处、河底面上 1 m 处各设 1 个采样点；当河水深度10～50 m 时，则分别在河水面以下 0.3～0.5 m深处、1/2 河水深度处、河底面上1 m处各设 1 个采样点。另外采集的水样现场应该按照相关规范及器械，进行必要的水样过滤、调控 pH 和加化学保存剂等处理后保存。

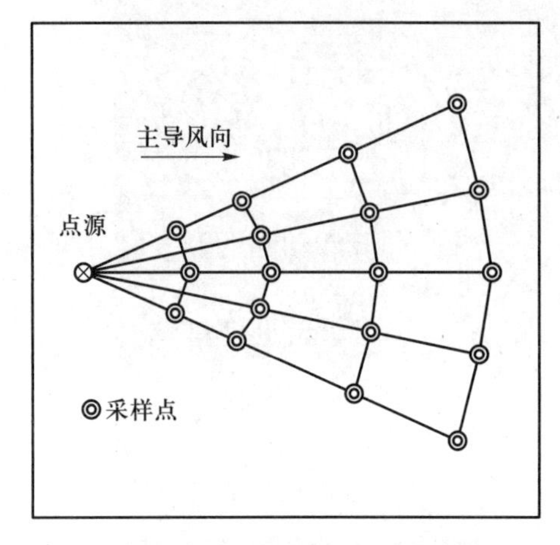

图 12-3　扇形布点法图式

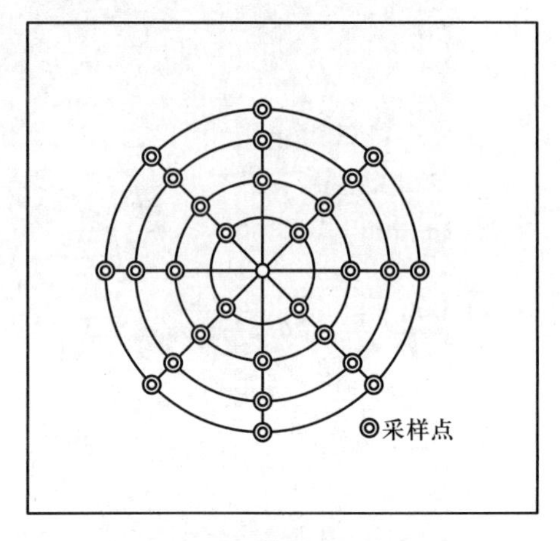

图 12-4　发射式布点法图式

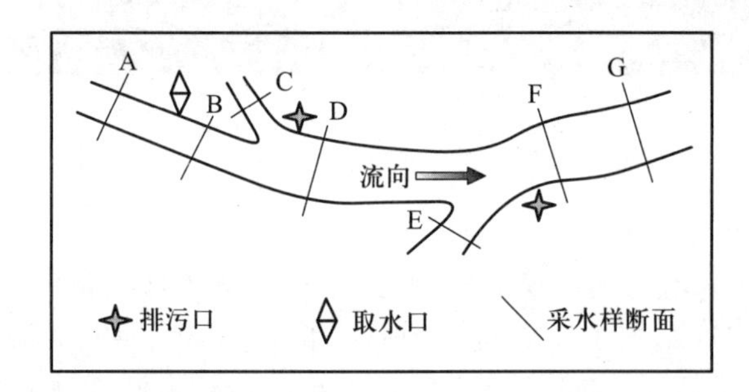

图 12-5　河段采样断面设置示意图

3. 土壤生物采样点的布设

首先，应该在不同土壤类型区或不同作物种植区进行布点，在一定区域面积内（因监测精度而定）要有观察点，确保采集的样品能够代表其所在的整个田块，对非污染区的同类土壤及作物也要布设采样点，作为分析对照样品。其次，由于土壤组成和性状的空间差异性，故应该进行多点采样，使整个样品及其监测结果具有可靠的代表性。每个采样点应该同步采集底土层、心土层、表土层（耕作层）、作物根系、作物植株、果实等整套样品，以全面了解土壤作物受污染的状况。为此，采样点的分布应该尽量照顾土壤与作物的全面情况，其常见的布点法有：① 对角线布点法，多适用于污水灌溉或受污染的水灌溉田块，如图 12-6 所示；② 梅花形布点法，多适用于地形平坦、土壤组成和性状相对均匀、耕作及农作物种植比较单一的较小面积田块；③ 棋盘式布点法，多适用于地形平坦、土壤组成和性状较为均匀、农作物种植比较单一的较大面积田块，采样点应该在 10 个以上，以监测固体废物污染对土壤和作物的影响为主；④ 蛇形布点法，适用于地形有起伏、土壤组成和性状差异相对较大、农作物种植差异较大的大面积田块，采样点应该在 10 个以上。土壤植物样品采集首先是在选定的采样点，按照植物采样的规范和监测的具体要求采集植物根系、植株和果实样品，然后再挖掘土壤剖面进行土壤样品的分层采集。土壤植物样品需要进行及时的处理和保存（防止样品发霉），除测定土壤中游离挥发酚等不稳定污染物需要新鲜土壤样品外，多数监测项目需用风干土壤样品，对风干土壤样品要过筛（筛孔直径为2 mm），以除去砾石和植物根系等。植物也应该及时测定其水分含量并风干，进行必要的标记。

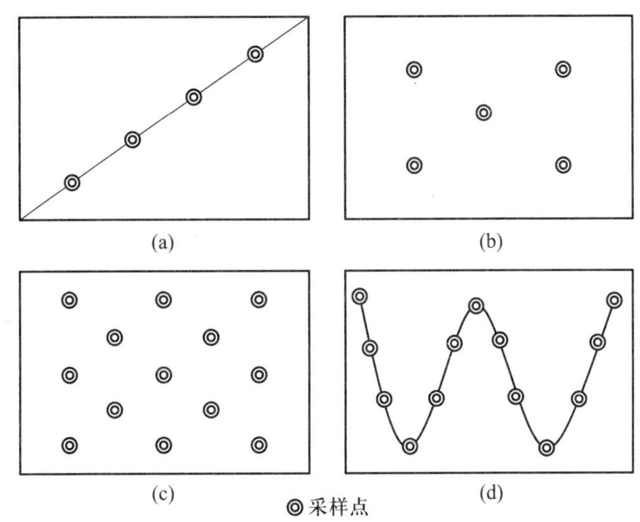

图 12-6 区域土壤采样点设置示意图

（a）对角线布点法；（b）梅花形布点法；（c）棋盘式布点法；（d）蛇形布点法

动物或人群样品的采集，首先要了解动物或人群的活动范围和饮食习惯，并结合环境监测的要求，着重选择不同年龄段的动物或人群进行采样，一般采集尿液、血液、毛发或指甲等。其中尿液是常见的检验对象，这是因为动物体内绝大多数毒物及其代谢产物主要由肾脏排出，故收集尿液比较简便易行，一般情况下动物或人群早晨的尿液浓度较高，可以一次收集。血液可以检测动物受微量重金属（如 Pb、Hg、Cd）和非金属（如 F）的影响状况，一般可用注射器抽取 10 mL 血液注入清洁的试管中备用。毛发和指甲能够长期保留动物体内的某些污染物，而且有些污染物如 As、Hg 等容易富集于毛发和指甲之中，另外毛发和指甲的采集不伤害动物体，其样品还具有容易长期保存等特点。毛发和指甲样品采集之后用中性洗涤剂处理、去离子水冲洗、乙醚或乙醇洗涤，在室温下充分干燥后再装瓶备用。鱼类检测应该在了解鱼类生活习性的基础上进行，采集的鱼类应该洗净后沥去水分，再去鳞、鳃、内脏、皮骨等，取一侧或全部可食部分约 200 g 切细混匀，或用组织捣碎机捣碎成糊状，立即分析或放入试样瓶中置于冰柜保存备用。

12.3　环境制图基础

环境制图是运用地图学原理和 GIS 技术，编制反映区域环境质量、各种污染物空间分布特征的一项新型专题地图，它以地图或数字地图的形式反映区域环境研究成果，具有形象、直观、可测量和可比性的特点，环境制图已经成为环境科学研究和环境管理的重要手段。

12.3.1　环境地图的表示方法

在获得区域环境要素状况资料的基础上，综合分析各环境要素的属性数据及其空间分布特征，并分别针对研究区域内的点状环境信息、线状环境信息和面状环境信息，运用相应的符号来直观表达区域环境特征。符号是一种物质的对象、属性或过程，用它来表示抽象的概念，这种表示是以约定的关系为基础的。

点状符号主要用于表示点状环境信息的空间分布特征，如点状污染源、环境监测点、环境调查及采样点。例如《中华人民共和国土壤环境背景值图集》中的土壤 Cd、Ni、Zn 背景值图都采用 8 级点状符号表示土壤中这些元素的不同浓度。运用点状符号的大小、结构和注记可以直观地反映点状环境信息的空间位置、属性特征、数量大小及其动态变化，如表 12-2 所示。

线状符号主要用于表示线状环境要素的空间分布特征，如交通线沿途排放污染物状况、河流和渠道沿途的水质污染状况，可以利用线型、宽度、颜色等表示线状环境要素的数量、质量和动态变化。在表示环境污染物的线状迁移时，还可以用附加箭头的方法表示污染物迁移的方向，运用箭头的粗细、长短也可以表示污染物迁移的速度和总量等，如表 12-2 所示。

面状符号主要用于表示区域环境的综合特征，常用的面状符号表示方法有质底法（底色法）、范围法（区域法）、点值点状法、等值线法和统计图法，它们单独使用或配合使用可以表示区域环境的质量特征和数量特征，如表12-2所示。例如《中华人民共和国土壤环境背景值图集》中的土壤 Cd、Cu、Pb、Zn 背景值图也采用 8 级面状符号表示区域土壤中这些元素的不同浓度。

表 12-2　环境制图符号举例表

点状符号	线状符号	面状符号
☆　中国首都 ◎　特大城市 ○　一般城市	道路系统与交通污染源	不同污染区

续表

点状符号		线状符号	面状符号
■ ■ ■	不同等级的污染源		
◆ ◆ ◆	不同等级的污染源		
▼ ▼ ▼	不同等级的污染源		
⊕ ⊕ ⊕	不同等级的采样点		
⊗ ⊗ ⊗	不同等级的采样点	河流系统与水质变化	
∅ ∅ ∅	不同等级的采样点		不同环境质量区

12.3.2　环境地图的成图过程

在明确制图区域的范围、编图目标和内容，综合调查研究区域环境特征、环境地图符号、图形和图例设计等工作的基础上，进入环境地图的成图过程，即编图资料的收集和分析—表示方法的选择与符号设计—环境地图的地理底图—环境地图的编绘等过程。

环境调查编图资料是环境地图信息的源泉和制图的基本依据，这些制图资料大致包括 3 大类：① 环境文献资料，包括区域各种环境背景资料、环境调查报告、环境监测数据、环境评价与环境科学研究成果，以及对环境有重要影响的产业状况信息等；② 与环境质量密切相关的图件资料，如污染源分布图、环境质量分布图、工矿业布局图、土地利用现状图、水资源分布图等，这些均与区域环境质量密切相关；③ 遥感资料，遥感影像资料可以快速、直观、动态地反映区域环境整体状况。当前科技界正在努力提高传感器多个谱段信息源的复合，发展图像处理技术和信息提取方法，提高识别污染物的能力。重点发展其在大气污染、温室效应、水质污染、固体废物污染、热污染等监测中的应用。新近研发的成像光谱环境污染监测技术系统和微波辐射计可用来观测海面状态和大气状态，如海面温度、海风、盐度、海冰、水蒸气量、云层含水量、降水强度、大气温度、风、臭氧、气溶胶、氮氧化物等。总之，遥感技术具有高精度、高光谱、高效快速、多手段结合、多角度、多尺度、多频率、全天候的特性，这也是资源环境观测、环境监测等对遥感技术的要求，也是遥感技术的发展方向。

在环境制图过程中不仅要求收集的上述各类资料具有现势性、精确可靠性、使用便捷性和易于定位等，还要求环境调查观测与统计资料具有以下特点：① 环境调查观测与统计资料必须具有明确的地理位置坐标或区域范围，以便环境制图时进行定位，正确地表示环境要素的空间分布。② 编图资料应该具有统一性和规范性，表达环境特征的资料应该运用环境科学的术语，采用国际通用或国家标准规定的符号和计量单位，同时某些环境观测资料数据应该具有相同的时间尺度和统计学标准。③ 环境制图资料应该具有完整性，如果在制图区域内缺少某个分区的资料，则制图区域内就会出现空白区，这是制图工作所不允许的。同样在表示某个类别的有毒污染物时，如果收集的资料中缺少其中某种污染物的资料，则需要了解是该区域内没有这种污染物，还是资料中有遗漏。

根据收集到的上述资料，进行分析、研究并确定资料的使用价值，针对资料的内容评价其资料的现势性，根据环境制图的目的和内容，评价资料对制图区域范围、内容、时间上的完备性，同时要评价资料的可靠性、精确性、科学性和时空尺度的一致性。在此基础上将获取的上图资料转变为统一或可比的表示形式，使编图资料具有统一的量度系统，如长度、面积、质量、浓度、体积和统一的时间等。在资料分析的基础上就需要制图者进行环境制图的综合，即制图者将实地环境信息综合到环境地图的过程，这也是对实地客观环境的认识、抽象和提炼过程和模型化过程，以建立起缩小简化的环境地图图式与复杂环境系统之间的对应关系，其具体步骤就是环境制图信息的符号化，即编图工作者运用符号将区域环境信息正确传输给读者的过程，在编绘环境地图时，需要选择不同类型、色彩、形状的符号以正确地表示环境要素的空间分布规律，以及各环境要素的质量、数量和动态变化的特征，同时还要考虑图面内容的充实和符号的视觉效果。

12.3.3　环境地图的底图与编绘

在环境地图上应该包括两种内容：一种是地理底图内容或者环境背景状况的内容，如城市与居民点、河流、道路、经纬网等；另一种是环境专题内容，即环境地图所表示的主题内容。在编制环境地图的过程中，底图内容的详略取决于环境地图的专题内容、用途、比例尺和区域环境特征。例如在编绘区域污染源分布图时，需要在底图上详细地表示出城市与居民点、工业企业、交通线路，同时还要表示出河流与土地利用特征。在编制地表水质图的过程中，则需要在底图上详细地表示出河流、湖泊、水库、地下水位，以及地形、土地利用、污水处理厂等影响地表水质的主要因素，当然还要表示出与水质密切相关的城市、居民点及生活饮用水厂等，常见的环境制图底图包括以下几种地图（或图层）：地形图、行政区划图、水资源图、湿地分布图、土地利用图、土壤类型图等，这些图件资料的数学基础应该一致，即地图投影、比例尺、中央经纬线相同，然后进行逐个图层的数字化，选取图中已知坐标的明显标识点 3 个以上作为控制点，使各级图层对应在统一的经纬坐标之中。在一般情况下编制环境地图的比例尺越大，底图的内容就越详细。还需要指出的是，环境地图表示方法不同，对底图内容的要求也不同。例如当用定位统计图法表示大气污染时，底图内容可以详细一些；但是当用等值线表示时，则底图内容应该少一些。如果环境制图的底图内容选取较少时，就不能充分表示环境专题要素信息与环境背景状况的相互关系；反之，如果底图内容选取太多，则会干扰环境地图主题内容的突出，影响读图效果。总之，环境制图的底图内容选择既要阐明环境专题产生的环境背景，明确其空间分布位置，又要考虑环境地图的易读性和视觉效果。

环境制图的底图一般是以相同比例尺的普通地图为基本资料编绘的，例如大比例尺环境地图一般以相应比例尺的国家基本比例尺地形图作为基础地图（底图）；如果编制中小比例尺环境地图，则可以根据相应比例尺的普通动态，进行必要的补充或删减制成基础地图（底图）。底图作为环境专题调查信息的载体，其精度保证了环境信息的正确空间位置和环境背景点的相关性，底图准备得及时对于环境地图编制的顺利进行起到保证作用。再由环境专业和制图专业人员经过编制图稿（作者草图）、编绘原图、转绘地图（网格法或转绘仪法）3 个环节制成环境地图，如果具有规范的数字化环境地图，由环境专业和 GIS 专业人员运用 GIS 软件就可以高质量、快速地完成编绘环境地图的工作。由于环境污染没有固定的自然边界，也没有固定行政单元的统计数据，因此，评价单元与制图单元往往采用网格地图的方法编制环境地图。如英国学者运用遥感探测技术和GIS技术编制了伦敦城市热岛图,如图12-7所示。

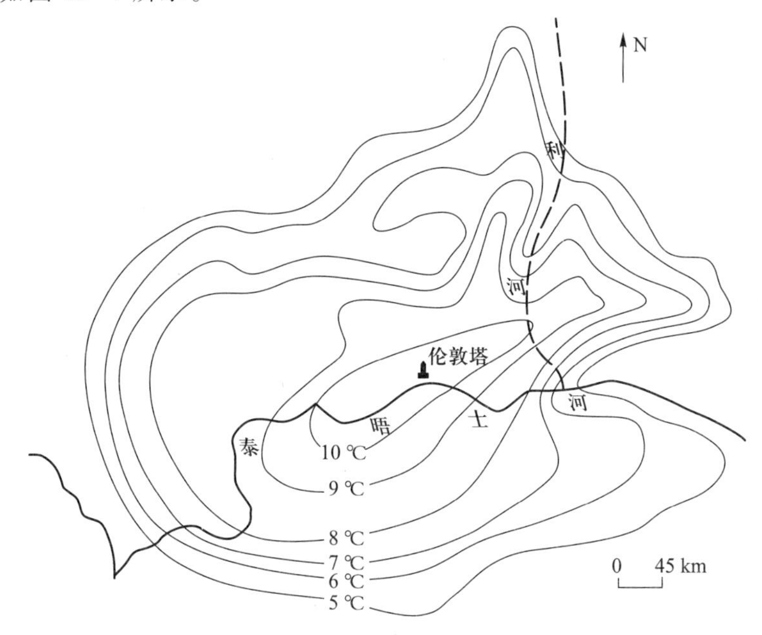

图12-7 伦敦城市下垫面辐射温度均值图

(资料来源:Landsberg H E,1981)

12.3.4 数字环境制图简介

常规环境地图制图的主要工序都依靠制图专业人员的手工操作,其劳动强度大、成本高、制图过程与图件内容更新过程缓慢,地图用户也只能就当前图面获取有限的空间和属性信息,难以对环境地图进行深度的开发与更新。近30年来随着计算机、信息、遥感、GIS及全球卫星导航系统(GNSS)等高新技术的发展,这些技术已经从根本上改变了常规地图编制的工艺流程和技术方法,使地图和环境地图向数字化方向快速发展,并形成了包含机助制图、电子地图、数字地图为主要内容的全新数字制图技术体系,从而实现了运用GIS技术对数字环境底图、各种数字环境专题图(环境污染源、大气质量、水体质量、土壤健康状况等)信息进行分层管理,同时也可根据不同用户的需求提取相关信息生成不同系列的专题图件,如图12-8所示。

数字环境地图的编制方法一般是在运用计算机、扫描仪、数字化仪、绘图仪等硬件设备和通用性GIS和制图工具等软件的基础上,通过一次性标准化和数字化,实现既满足数字制图又满足GIS成图需求的目的。在数字地图化数据组织和处理的过程中,首先是制图信息或数据的标准化,要求制图的坐标体系、定位精度、数据属性等均要达到规范要求;其次是兼顾GIS与数字制图两个方面的不同要求,在编辑、排版、生成电子文件方面均要予以区别。其环境数字制图的一般性技术流程包括:第一,环境信息的数字化过程,数字化是将地图图形转换为数字形式的过程,这是数字地图制作的基础。目前主要的数字化方式是以人机交互方式进行跟踪的矢量化,通过数字化、ASC Ⅱ码转换以及文字录入,原来以纸质形式存在的环境空间信息被转换为计算机能够识别的数据信息。第二,通过对这些环境数据信息的编辑、检校,确认达到技术标准,再进行格式转换,就可以将其读入相关地理信息系统软件,并建成相应的环境数据库、进行图形编辑,以至最终输出环境数字地图的样图,如图 12-9 所示。

随着人类社会科学技术水平和环境管理水平的不断提高,数字环境制图面临着更为广阔的发展空间:注重空间环境信息的传输与表达。地理信息系统以空间信息的处理与分析为主,具有更大的实用价值。数字地图制图与地理信息系统的结合,解决了地理信息系统的空间信息可视化的问题,地理信息系统延伸了数字地图制图的使用,扩大了其应用范围,使其向网络地图、虚拟地图方向发展。数字地图制图为网络地图、虚拟地图提供了发展的基础,网络地图、虚拟地图则延伸了数字地图的应用范围和功能。在全球信息数字化的实施过程中,地球空间信息技术,GIS、RS、GNSS 的集成,使数字地图制图向纵深发展。总之,数字地图制图为地图制图实现信息化和现代化奠定了基础,成为环境地学时空分析、环境地学信息图谱研究、数据挖掘和知识发现的工具。

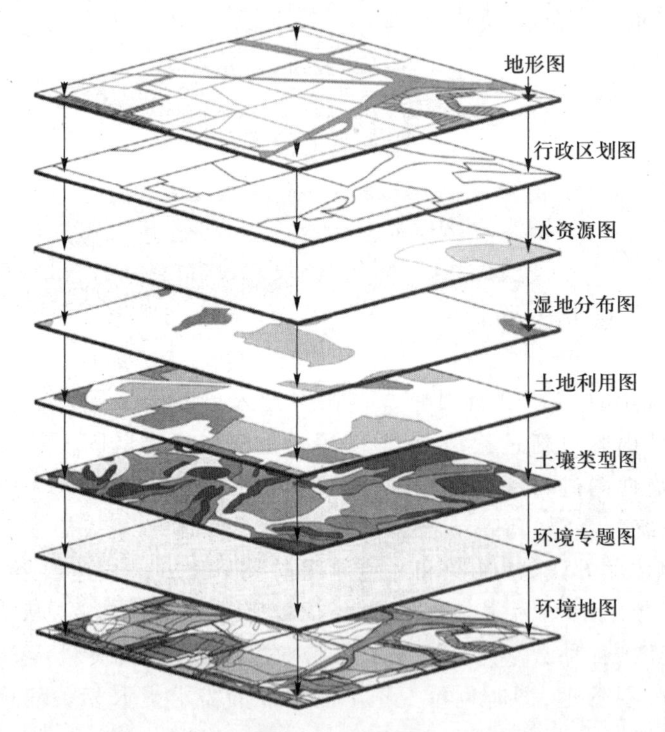

图 12-8　环境制图及其底图整合过程示意图

(资料来源:Christopherson R W,1998)

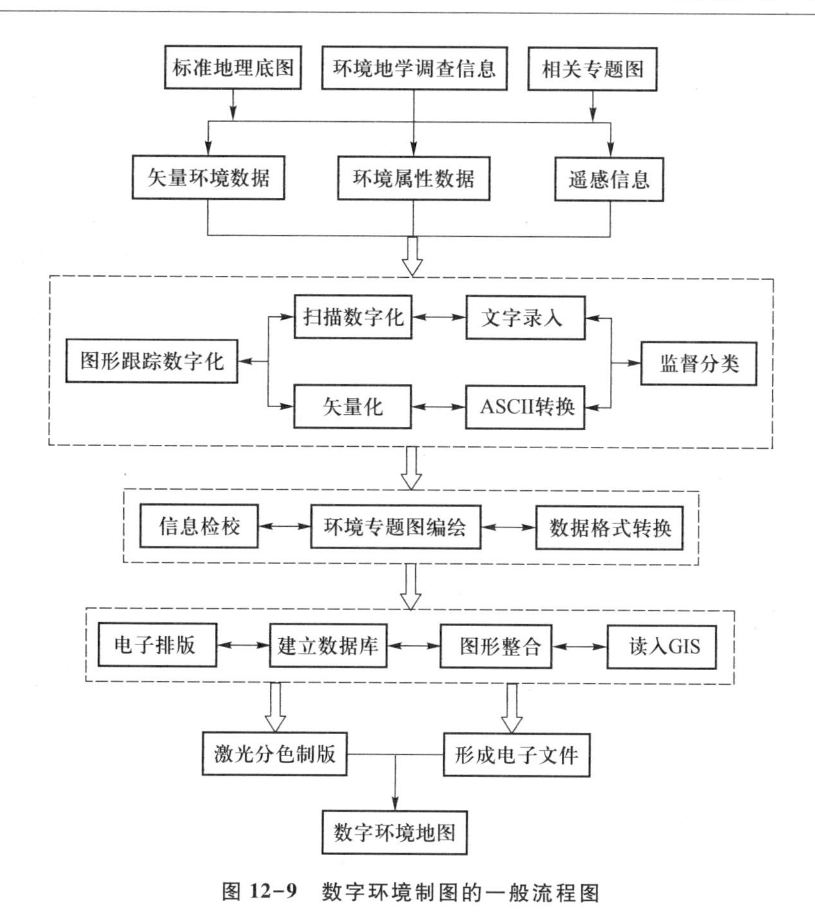

图 12-9 数字环境制图的一般流程图

12.4 遥感技术在环境监测中的应用

12.4.1 环境遥感概况

遥感技术是现代环境地学调查和监测的基本方法，在大面积环境背景调查与制图、区域环境质量变化监测、区域污染源监测与评估等方面具有巨大的应用价值，因此它已成为现代环境地学调查制图与动态监测研究必不可少的手段。环境遥感是指利用星载或机载传感器以摄影或扫描方式获得环境污染遥感图像信息的过程，即利用光学、电磁辐射学原理制成的传感器从高空或远距离接收地球表层被测物体的反射或辐射电磁波信息，经过加工处理成为能够识别的图像或计算机数据，以揭示环境要素如大气、水体、土壤与植被等的形状、物质组成、性质及其变化。自从 1960 年美国发射 TIROS 气象卫星、1972 年发射地球资源技术卫星 ERS－1（即 LANDSAT－1）和 1978 年发射海洋环境卫星以来，卫星遥感技术已在全世界得到广泛的应用，已遍及气象监测、农业估产、矿产资源调查、环境监测、土地资源调查、林业资源监测等多个领域。国外空间遥感技术已可测出水体中叶绿素含量(水体富营养化状况)、泥沙含量、水温、水色;可测定大气气温、湿度和CO、CO_2、CH_4、NO_2、SO_2、颗粒物等主要污染物的浓度分布;可测定固体废物的堆放量和分布及其影响范围等;可对环境污染事故进行跟踪调查,预报事故发生点、污染面积及扩散速度及方向,估算污染造成的损失并提出相应的对策。例如,加拿大空间局(CSA)研制了对流层污染测量仪(measurements of pollution in the troposphere, MOPITT),它通过测量大气柱中的发射与反射辐射,反演对流层中CO和CH_4的总量。国际用于环境监测的主要卫星如表12-3所示。

表12-3 国际用于环境监测的主要卫星

国家	卫星名称	发射时间	轨道特征	主要用途
中国	CBERS-1	1999年	太阳同步	资源与环境监测,陆地特征
中国	FY-1C	1999年	太阳同步极轨	气候与环境监测
中国	GF-6	2018年	太阳同步	资源监测与防灾减灾等
中国	GF-14	2020年	太阳同步	大比例尺数字地图、数字高程模型
印度	IRS-P6	2000年	太阳同步	农业与森林,灾害预警,地球资源与环境监测,海洋生物与海洋颜色
日本	ALOS	2003年	太阳同步	制图与DEM,环境监测,灾害监测
法国	SPOT-5	2002年	太阳同步	制图与DEM,陆地表面,农业和林业,城市规划,环境监测
欧空局	ENVISAT 1	1999年	极轨	海洋学,地表冰雪,大气化学,水能量循环
美国	LANDSAT 7	1999年	太阳同步极轨	陆地表面,城市资源
美国	EOS AM-1	1999年	太阳同步极轨	气象与大气化学,能量循环,陆面特征,CO和CH_4测定
美国	EOS PM-1	2000年	太阳同步极轨	大气动态,大气化学,能量循环,云特性,陆地表面,CO和CH_4测定
美国	EOS AM-1	2004年	太阳同步极轨	大气动态,能量循环,大气化学,云特性,陆地表面,CO和CH_4测定
加拿大	RADARSAT-2	2001年	极轨	环境监测,海洋学,冰雪,陆地表面
美国	QuickBird	2001年	太阳同步	测绘与制图,城市规划,农林业监测,环境监测,目标识别,GIS等

世界各国政府普遍重视中分辨率资源环境卫星遥感的应用。当前全球有十几颗中高空间分辨率的遥感卫星,主要应用于资源调查、环境监测、灾害监测、土地利用动态监测等公益性事业,这些卫星主要为美国LANDSAT卫星、欧空局ERS-1/2及ENVISAT卫星、日本JERS-1卫星、中国CBERS-1卫星、中国GF-14卫星等。高分辨率卫星数据则明显走的是商业化道路,尤其是米级分辨率的卫星。完全商业化的卫星包括:以色列的EROS-1A卫星、美国的IKONOS卫

星和 QuickBird 卫星。印度的 IRS 卫星、加拿大的 RADARSAT-2 卫星、法国的 SPOT-5 卫星也主要由商业公司运作。

随着全球环境资源动态监测对卫星遥感技术需求的不断增长，以及遥感科学技术的快速发展，一系列新的遥感技术系统已经得到快速的发展。近期世界各国计划发射 70 颗对环境地球观测卫星，以达到综合、全面地观测和监测环境地球系统及其变化的目的，自法国 SPOT-5 卫星以 10 m 空间分辨率面世以来，高空间和超高空间分辨率卫星的研制就成了世界上一些国家角逐的一个重要领域。经过 10 年的沉寂后，一些技术问题得到了解决。其中高光谱分辨率、高空间分辨率及雷达遥感将是近期的主要遥感系统。2000 年已经建成的环境监测卫星网络包括了 5 个运行中的近极轨卫星和 5 个运行中的地球同步环境监测卫星，环境监测卫星网络为地球环境监测提供了具有较高时效性和准确性的地球环境信息。

遥感图像所显示的是某一时刻特定区域环境的整体性特征，它是地表环境系统的大气圈、水圈、生物圈、土壤圈、岩石圈和智慧圈的综合反映。任何遥感信息都不是孤立存在的，而是作为区域环境的一个有机组成部分表现在影像上，如图形、纹理、色调等直观信息及各波段发射率的数据信息，不同遥感信息还具有不同的空间分辨率、波段分辨率和时间分辨率。遥感信息并非区域环境的全部信息，而仅仅是区域环境特征在二维平面上表现并能被遥感传感器探测到的那一部分信息，如地表植被覆盖状况、裸露地表的土壤表面特性、水体表层特性、地貌形态、近地层大气质量状况、某些污染源等方面的信息。

遥感得到的图像都是瞬时的二维图像，仅仅从二维遥感图像中所能提取、识别的环境信息以及所能验证的环境信息要满足环境地学研究的需要也是困难的。因此，在遥感环境地学分析中需要根据研究对象和研究内容的特征，选择不同类型的遥感信息并运用不同的方法，从这个“综合信息”中提取所需环境信息，达到从整体上把握环境特征的目的。从区域遥感信息中提取专题环境信息需要将遥感信息、环境地学理论、区域环境信息及其时空分异规律 3 方面有机结合起来，进行实地调查以建立遥感信息-环境地学景观的概念模型，并进行综合分析才能得到有价值的专题环境信息。遥感影像信息的提取方法实质上是综合分析、逻辑推理与验证的过程，在这个过程中不仅包含环境地学和自然地理学理论，区域环境系统的组成、结构及其时空变化规律，也包括一些环境要素的光谱特性分析。环境遥感影像的特征如色调、几何形状、纹理、图形结构等，其实质主要是区域环境组成结构及其景观（二维）的综合反映。在技术领域还没有能够充分反映土壤剖面组成与性状、水体垂直分层及底泥组成与性状的传感器，这决定了解译者掌握环境地学基本规律、主要环境要素的光谱特性，以及图像分析技术才是环境遥感解译的关键所在。遥感影像信息的提取方法主要有目视解译和自动识别两种方法，解译过程如图 12-10 所示。

12.4.2 遥感影像的目视解译方法

环境遥感影像目视解译是指直接利用经过校正的遥感影像所反映的环境景观光谱特性（如色调、几何形状、阴影、纹理和图形结构等），或间接应用环境地学相关分析、信息复合分析等方法对区域环境要素组成及其特性定位、定性与定量的分析和鉴别过程。对于非植被

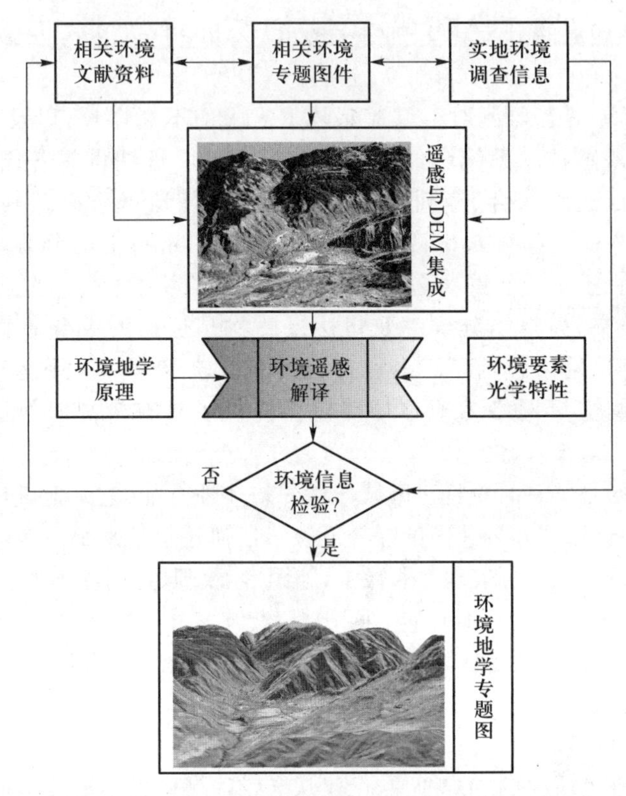

图 12-10　基于环境地学原理的环境遥感解译过程

覆盖的裸露土壤或聚落环境，遥感影像能提供地表起伏特征，裸露土壤表土层水分含量、有机质含量、盐分含量、质地与物质组成，以及聚落环境中各类人工建筑物特征等方面的信息；对于有植被覆盖的区域环境，遥感影像能提供构成环境要素如植被（森林、灌丛、农作物、草地等）、地形、岩石、水文、土地利用等综合景观方面的信息。环境遥感影像目视解译的基础是环境地学理论，该理论认为环境地球系统是一个组成要素众多、结构非常复杂、物质迁移转化和能量交换过程交织多变的巨大系统，组成环境地球巨系统的要素可以分为自然环境要素和社会环境要素，其中自然环境要素包括太阳辐射、大气、水体、岩石、地形、土壤、生物、放射性辐射、气压场、重力场和地磁场等，社会环境要素包括政治与经济、生产与消费、文化与宗教等，这些因素之间存在着复杂的相互作用与相互联系，并在特定的区域环境中形成了一定的空间分布模式和时间演化过程。因此在参阅研究区域环境文献资料、地形图和相关环境专题图的基础上，利用多时相多光谱遥感影像所提供的有关植被、岩石、地形、地质水文、土壤、土地利用等环境综合景观信息，就可以从整体上获取研究区域的环境状况及其空间分布规律。例如在北京西郊的 SPOT（真彩色）影像上通过目视解译，就可以了解水体与水质（水体发绿表明已发生富营养化）、河滩湿地、农田、聚落、交通、防护林，以及道路与房屋建设对植被的破坏等环境景观，如图 12-11 所示。

图 12-11 北京西郊遥感影像图

由此可见,环境遥感影像目视解译一般程序包括如下步骤。

(1) 了解影像的辅助信息:熟悉获取影像的平台、遥感器,成像方式,成像日期、季节,所包括的地区范围,影像的比例尺,空间分辨率,波段分辨率,时间分辨率,彩色合成方案等,了解可解译的程度。

(2) 分析已知环境信息:目视解译的基本方法是从“已知”到“未知”,所谓“已知”就是已有相关资料或解译者已掌握的地面实况或所具有的环境地学知识与经验,将这些地面实况资料与影像对应分析,以确认两者之间的关系。

(3) 建立解译标志:根据影像特征,即形状、大小、阴影、色调、颜色、纹理、图案、位置和布局建立起影像和实地目标物(环境要素)之间的对应关系。

(4) 预解译:运用相关分析方法,根据解译标志对影像进行解译,勾绘环境类型或环境状况差异的界线,标注地物类别,形成预解译图。

(5) 地面实况调查:在室内预解译的图件不可避免地存在错误或者难以确定的类型,就需要野外实地调查与验证。包括实地环境路线勘察,采集样品分析,着重解决未知地区的解译成果是否正确。

(6) 详细解译:根据野外实地环境调查结果,修正预解译图中的错误,确定未知类型,细化预解译图,形成正式的解译环境专题原图。

(7) 类型转绘与制图:将解译原图上的类型界线转绘到地理底图上,根据需要,可以对各种类型着色,进行图面整饰,形成正式的环境专题地图。

12.4.3 环境遥感数据自动识别方法

环境遥感数据自动识别是指以遥感数据为主要依据,借助地理信息系统和计算机技术，采取人机对话方式输入遥感数据与特征地物（环境要素）间的相互关系，然后经计算机按照特定的法则进行自动分类，即依据遥感像元点的数据特征识别其类型，与实地类别（环境要素）联系起来，再对各个像元进行聚类分析，自然制出环境类型或者环境状况空间分布图的过程。

采用现代遥感信息源和计算机自动制图技术识别所有环境要素，如植被、土壤、地温、湿度、水系、地形和母质，以及土地利用方式、产业或者污染源，然后在这些数据的基础上，结合环境要素的光谱特性和环境地学原理就能够预测其环境类型或环境质量状况。建立上述环境状况自动识别与分类的技术体系应该包括：① 建立一组能单独地或组合地用于描绘地表形态几何特征的数量因子；② 建立从数字地形资料计算出这些地形因子所适合的计算技术；③ 确定不同环境类型或环境状况的数量地形因子；④ 建立基于环境状况的数量地形因子和遥感数据集，对环境状况加以识别和分类。

对于遥感影像上的每个像元点，根据其光谱特征来识别其所代表的类别，并建立与地面实际对应的环境类型或环境状况联系的过程，就是遥感数据的分类过程。非监督分类则是在对研究区环境状况没有先验（已知）知识的情况下，直接依据遥感影像像元点光谱特征资料的内在联系进行的分类。在实际环境状况自动解译过程采用像元比较阈值法和集群分类两种方法。像元比较阈值法采用逐行逐个像元的光谱特征值比较，以阈值控制像元分类，如当两个相邻像元数值之差在某个阈值之内时，则归为一类，并形成类中心均值（每个波段有其均值）；否则就形成新的类中心。而后，未知像元与形成的各类中心比较，以小于阈值的那类为未知像元应该归的类。集群分类则根据不同地物（环境要素与环境状况）的概率密度函数，在波段空间中各有一众数区域存在的事实，即在该区域比近域有更多观测向量出现的倾向，探测这种倾向的观测向量集合（或集群）分类就是集群分类。它涉及像元相似性量测和各集群的关系。像元相似性量测方法有欧氏距离、绝对距离、相关系数法，在实际环境遥感解译的非监督分类中常采用欧氏距离、绝对距离作为相似性量测，并以距离大小进行像元的土壤类型归并，并用不同颜色符号标记环境类型或环境状况。

监督分类是一种具有先验类别标准的分类法，对于待研究对象或者区域，先用已知类别或者训练样本建立分类标准，而后对研究区所有像元特征值或样本的观测数据进行分类，它是一种受控（被监督）的遥感信息类别识别过程，如图 12-12 所示。在监督分类中有最小距离法、最大似然法、线性判别法和平行六面体法等，这里简要地介绍前两种。① 最小距离法，是指通过训练样区和统计分析，已知某些环境类型在波段空间中的位置参数后（各波段特征值的均值与标准差），对待分类像元 $i(X_{ij})$ 以其与各环境类别所对应的各波段特征值的均值距离，建立分类判别函数，择距离最小的类为该未知像元的所属类别。运用最小距离法的精度，取决于已知地物类数的多少及训练样区统计的精度。在一般情况下，运用这种方法进行中小区域环境状况调查的效果较好，且计算方法简便，可以对像元按行列序逐点分类。② 最大似然法，是利用环境遥感数据的统计特征，假定各环境类型或环境状况的空间分布函数均为正态，按照正态分布规律用最大似然判别规则（或 Bayes 准则）进行判别，得到正确率较高的分类结果。其主要步骤有：一是确定需要分类的区域环境及遥感影像所使用的波段特征，检查所用波段特征分量的空间位置是否已经配准；二是根据已知的典型环境样区状况，在遥感影像中选择必要的训练样区，并计算所需要的参数和判决函数；三是将环境状况分类训练样区以外的影像像元逐个逐类地计算判决函数，进行分类得出研究区环境类型或环境状况分布图。

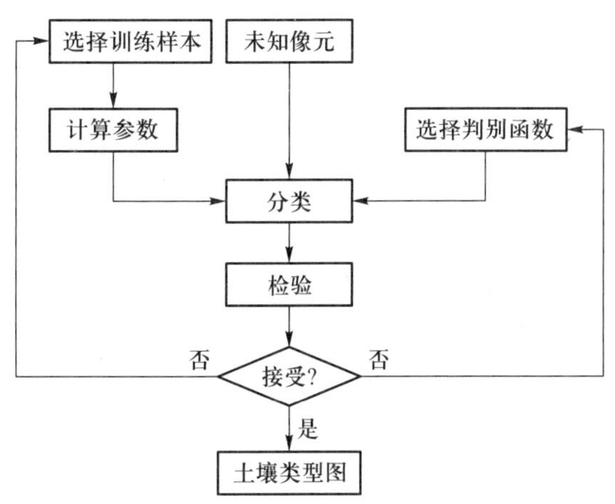

图 12-12 环境遥感影像监督分类过程示意图

近些年来随着遥感技术、地理信息系统技术和计算机技术的快速发展，数学分类方法也在不断发展，形成了非监督分类与监督分类的相互结合、变换原始数据以有效提取环境信息后再分类的方法。其特征是依据多波段遥感影像组合数据，进行计算机自动分类，形成基础影像数据库，然后借助 GIS 技术，利用各种辅助资料如航片、土地利用现状图等，完成区域环境类型或环境状况自动分类数据库的检查、错误类别的纠正、类别归并或类别的细分等，最后形成环境类型图及其附加的环境信息数据库，即形成了遥感地学智能图解（RSIGIM）的技术体系，RSIGIM 是研究如何用计算机系统模拟环境地学专家对遥感影像的综合地学解译和决策分析的过程，包括信息传输及基本处理分析、影像的视觉生理认知理解、逻辑心理认知理解、知识发现、决策分析等多个层次。RSIGIM 的最终目的是对影像中包含的地物目标、环境地学现象和过程等进行描述、识别、分类和解释，对遥感影像中地物和目标的类别、大小、结构、相互关系及其他地学属性等成像机理和内在特征进行提取，对蕴涵在遥感影像中的地学知识进行挖掘和表达，并进一步融合地学模型，进行环境地学现象和过程预测及决策分析。由此可见，影像应用分析与图像处理系统的基本流程包括：一是对原始影像信息进行校正等预处理。二是根据影像特征和解译环境类型或环境状况的目标要求，对影像信息所代表的成土因素进行边缘检测与分割，并通过细化跟踪与性状逼近处理，形成能够表征地表基本景观特征的基元图像，并得到基元的特征描述参数。三是基于地物的先验模型、知识系统，对影像进行解译，进一步产生环境类型结果输出。

大气环境遥感主要监测大气中的 O_3、CO_2、SO_2、CH_4、气溶胶等污染物及其含量的空间分布。由于这些大气污染物具有各自固有的辐射和吸收光谱特征，故借助遥感传感器测量大气散射、吸收及辐射的光谱特征值就可以从中识别出这些污染物。研究表明，在卫星遥感中有两个非常好的大气窗口可以用来探测这些大气污染物，即位于波长在 0.40~0.75 μm 的可见光波段范围和 0.85 μm、1.06 μm、1.22 μm、1.60 μm、2.20 μm 的近红外和中红外的波段。大气环境遥感监测技术按其工作方式可分为被动式遥感监测和主动式遥感监测。被动式遥感监测主要依靠接收大气自身所发射的红外光波或微波等辐射而实现对大气成分的探测；

主动式遥感监测指由遥感探测仪器发出波束、次波束与大气物质相互作用而产生回波，通过检测这种回波而实现对大气成分的探测。由于主动式大气探测仪器既要发射波束，又要接收回波，通常将这种方式称为雷达工作方式。根据遥感平台的不同，大气环境遥感监测又可分为星基（卫星）、机基（飞机或高空气球）和地基（地面台站）遥感探测。目前对沙尘暴的遥感监测主要是利用 GMS 卫星和 NOAA/AVHRR 卫星传感器数据，其监测结果表明 GMS 的红外通道数据有利于确定沙尘暴的位置，同时它所具有的高时间分辨率（1 h），更有利于监测大尺度沙尘天气系统的运动轨迹；NOAA/AVHRR 数据不仅可以监测到沙尘暴反射辐射特性，还可以在较大尺度上监测到沙尘暴的时空分布，因此 GMS 和 NOAA/AVHRR 数据已成为沙尘暴监测和研究的主要遥感信息源。

在水环境遥感监测领域中，地表水体的成分一般分为清洁水、溶解性有机物（黄色物质）、藻类色素（以叶绿素为主）和固体悬浮物。地表水体中这些物质都以不同强度吸收不同波长的入射光，从而引起水体反射率、向上辐射、水色等表观参数的改变。水体各成分含量的变化在遥感数据中体现为一定波长范围内的反射率差异，参考通过地面试验所得到的地物光谱信息，进行各种波段组合与分析，就可以定量测量水体成分的组成和含量。地表水体水质遥感监测中常用的多光谱遥感数据包括美国 AVIRIS 可见红外光谱成像仪数据、加拿大 CASI 机载光谱成像仪数据、芬兰 AISA 高光谱航空遥感成像系统数据及中国 CIS 接触式图像传感器数据等。相比较多光谱遥感数据光谱分辨率较低，水质参数反演算法主要通过经验的方法构造，适用于特定的时间和水域监测。目前以成像光谱仪和非成像光谱仪为代表的高光谱传感器可为每个像元提供数十至数百个窄波段（通常波段宽度<10 nm）光谱信息，能产生一条完整而连续的光谱曲线，通过解译这些光谱曲线就可以获得地表水体中叶绿素浓度、水体浑浊度、悬浮物浓度等方面的信息。运用遥感技术监测地表水体中溶解性有机物（黄色物质）即 BOD、COD 和营养物相对较少，但已有的实践结果表明，水体中有机物浓度的上升会增强水体在可见光波段和近红外波段的吸收性能，遭受有机污染水体的反射率要低于清洁水体，这主要是由于水体反射率受水色影响很大，而有机污染物浓度较高的水体一般颜色较深，呈深蓝或蓝黑色。

土壤植物系统、土地利用状况及环境综合景观的遥感监测一直是遥感应用研究的重点领域。近 30 年来中国学术界在该领域内已经取得了以下重要成果：① 在农业资源调查和监测方面，开展了国家尺度上的土地利用与耕地变化的遥感监测，如中国北方 4 省区 10 年间（1987—1997 年）土地开发利用综合评价、中国土地利用现状概查、中国东北松嫩平原土地利用遥感调查、内蒙古草原资源调查和监测等。② 在农作物估产与陆地植被指数的监测研究，如进行了中国北方 7 省冬小麦遥感估产，黑龙江省大豆及春小麦估产，南方稻区水稻估产、棉花面积监测等项研究，以及中国陆地植被指数及第一性生产力的调查研究。③ 在生态环境变化方面，进行了中国水土流失调查制图、北方地区土地沙漠化监测、中国西部地区生态环境现状遥感调查等。④ 在自然灾害监测方面，开展了北方草原火灾监测、北方冬小麦旱情监测等，如 1998 年中国特大洪灾遥感监测等。区域环境质量动态变化监测已成为环境遥感应用的重要领域，运用多时相、多波段的遥感传感器对同一地区进行监测所获得的周期性环境信息，通过环境遥感解译就能及时、准确、宏观地反映区域环境状况的变化过程及其趋势，为区域环境管理、污染源控制和环境整治提供科学依据。原国家环境保护总局 2002 年综合研究了昆明市 2000 年 1 月与 1988

年 1 月遥感影像，如图 12-13 所示，发现 12 年间昆明滇池沿岸城镇面积迅速扩大，农田大幅度减少，湖滨带破坏显著，使滇池水体富营养化、有机污染和水生生态系统破坏加剧，成为制约昆明市可持续发展的突出因素。

(a)

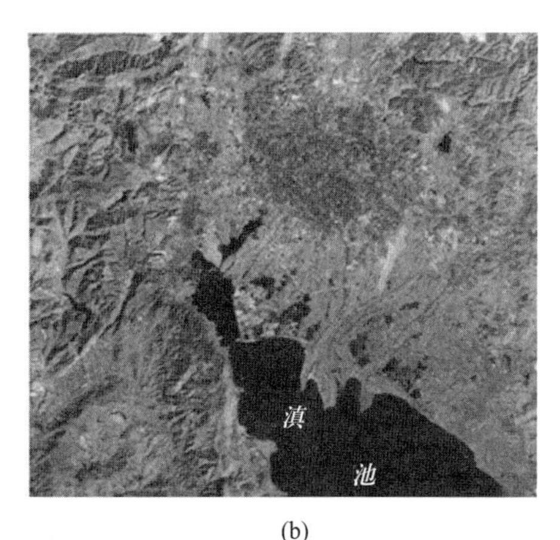

(b)

图 12-13　云南省滇池沿岸遥感影像的比较分析

(a) 1988 年 1 月遥感影像；(b) 2000 年 1 月遥感影像

（资料来源：原国家环境保护总局，2002）

12.5　思考题与个案分析

1. 借阅一幅你较为熟悉地区的地形图(1∶50 000 或 1∶100 000)，通过阅读用铅笔标出河流及其流向、山脊、山谷、鞍部、平原、丘陵等的位置。

2. 比较分析环境监测中的物理化学监测与生物监测的特点。

3. 查阅相关资料说明如何制备土壤环境样品，以及制备样品过程中应该注意哪些问题。

4. 环境地学调查方法通常有资料收集与分析、环境现场调查观测与采样分析、环境遥感调查分析 3 种方法，结合你的学习与观察，举例说明这 3 种方法的特点。

5. 在本章学习的基础上，通过查阅相关资料试绘制你所在校园的综合环境图(比例尺 1∶5 000，包含教学楼与教学区、生活楼与生活区、公共服务区、文体活动区、绿化区、主要道路，以及可能的环境影响)。

数字课程资源：

12 电子教案

12 教学彩图

12 拓展与探索

12 教学要点

12 教学视频

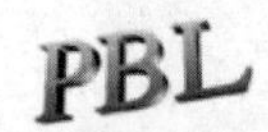

12 环境个案

12 思考题

主要参考文献

[1] Gill J C, Smith M. Geosciences and the sustainable development goals[M]. Cham, Switzerland: Spring Press, 2021.

[2] Himiyama Y, Satake K, Oki T. Human geoscience[M]. Singapore: Spring Press, 2020.

[3] Nicholls R J, Adger W N, Hutton C W. Deltas in the anthropocene[M]. Cham, Switzerland: Palgrave Macmillan, 2020.

[4] Al-Delaimy W K, Ramanathan V, Sánchez Sorondo M. Health of people, health of planet and our responsibility—climate change, air pollution and health[M]. Cham, Switzerland: Spring Press, 2020.

[5] Clara V. Geoscience education[M]. Cham, Switzerland: Spring Press, 2016.

[6] Robert I McDonald. Conservation for cities— how to plan and build natural infrastructure [M]. Washington: Oisland Press, 2015.

[7] NKudeyarov V, Ivanov I V. Evolution of soils and soil cover—theory, diversity of natural evolution and anthropogenic transformations of soils[M]. Moscow: GEOS, 2015.

[8] Krapivin V F, Varotsos C A, Yu V. New ecoinformatics tools in environmental science applications and decision-making[M]. Cham, Switzerland: Spring Press, 2015.

[9] Rozzi R, Stuart Chapin III F, Callicott J B. Earth stewardship—linking ecology and ethics in theory and practice[M]. New York: Spring Press, 2015.

[10] Kirst-Ashman K K. Human behavior in the macro social environment[M]. Belmont: Brooks/Cole Cengage Learning, 2014.

[11] EHartemink A, McSweeney K. Soil carbon[M]. Cham, Switzerland: Spring Press, 2014.

[12] Cresswell T. Geographic thought: a critical introduction[M]. Chichester: Wiley-Blackwell, 2013.

[13] Malloy R. Design with the desert: conservation and sustainable development[M]. Boca Raton: CRC Press, 2013.

[14] Zobeck T M, Schillinger W F. Soil and water conservation advances in the United States [M]. America: soil Science Society of America, 2010.

[15] Yoe C. Introduction to natural resource planning[M]. Boca Raton: CRC Press, 2013.

[16] Frisch W, Meschede M, Blakey R. Plate tectonics-continental drift and mountain building [M]. Berlin: Springer, 2011.

[17] Patwardhan A M. The dynamic earth system[M]. New Delhi: PHI Learning Pvt. Ltd., 2010.

[18] Popović D. Air quality: models and applications[M]. Rijeka, Croatia: InTech, 2011.

[19] Clifford N, French S, Valentine G. Key methods in geography[M]. London: SAGE Publication Ltd. 2010.

[20] Bailey R G. Ecosystem geography from ecoregions to sites[M]. 2nd edition. New York: Springer, 2009.

[21] Byrnes M. Field sampling methods for remedial investigations[M]. Boca Raton: CRC Press, 2009.

[22] Somani L L. Micronutrients for soil and plant health[M]. Udaipur: Agrotech Pub, 2008.

[23] Bhandari A, Surampalli R Y, Champagne P. Remediation technologies for soils and groundwater[M]. Reston: American Society of Civil Engineers, 2007.

[24] Anderson R S, Anderson S P. Geomorphology: the mechanics and chemistry of landscapes [M]. Cambridge: Cambridge University Press, 2010.

[25] Ehlers E, Krafft T. Earth system science in the anthropocene[M]. Bonn: Springer, 2006.

[26] Enger E D, Smith B F, Bockarie A T. Environmental science— a study of interrelationships (tenth edition)[M]. Boston: McGraw Hill Higher Education, 2006.

[27] Marsh W M. Environmental geography: science, land use and earth systems[M]. New York: John Wiley & Sons, Inc. 2005.

[28] Schultz J. The Ecozones of the world— the ecological divisions of the geosphere[M]. Berlin: Springer, 2005.

[29] Jones C, Baker M, Jeremy Carter. Strategic environmental assessment and land use planning [M]. London: Earthscan, 2005.

[30] Ahmad I, Hayat S, Pichtel J. Heavy metal contamination of soil problems and remedies [M]. Enfield (NH): Science Publishers, Inc. 2005.

[31] Khan M, Agarwal S K. Environmental geography[M]. New Delhi: APH Publishing Corp., 2004.

[32] Cunningham W P, Cunningham M A. Principles of environmental science: inquiry and applications[M]. 2nd edition. Boston: McGraw Hill Higher Education, 2004.

[33] Eban G S. Economics and the environment[M]. New York: John Wiley & Sons, Inc. 2002.

[34] Kumar V. Modern methods of teaching environmental education[M]. New Delhi: Sarup & Sons, 2000.

[35] Miller G T. Living in the environment— principles, connections, and solutions[M]. Belmont, USA: Wadsworth Publishing Company, 2004.

[36] Miller G T. Living in the environment[M]. Belmont, USA: Wadsworth Publishing Company, 2004.

[37] Chamley H. Geosciences, environment and man[M]. Amsterdam: Elsevier, 2003.

[38] Botkin D B, Keller E A. Environmental science—earth as a living planet (second edition)[M]. New York: John Wiley & Sons, Inc. 1997.

[39] Hamblin W K, Eric H. Christiansen. Earth's dynamic systems (eighth edition)[M]. New

Jersey:Prentice Hall,1998.

[40] Turk J,Graham R.Thompson.Environmental geosciences[M].Fort Worth: Saunders College Pub.,1995.

[41] Loulou R,Jean-Philippe W,Zaccour G.Energy and environment[M].Boston: Kluwer Academic,2005.

[42] Christopherson R W.Elemental geosystems[M].4th edition.New Jersey: Prentice-Hall, Inc.2004.

[43] Gabbler R E,Sager R J,Daniel L.Wise.Essential of physical geography[M].Fort Worth: Saunders College Pub.,1997.

[44] Strahler A N,Strahler A H.Physical geography,science and system of the human environment[M].New York: John Wiley & Sons,1997.

[45] Holden J. An introduction to physical geography and the environment [M]. London: Prentice-Hall,Inc.2005.

[46] Mirsal I A.Soil pollution— origin,monitoring & remediation[M].Berlin: Springer,2004.

[47] Miller R W,Duane T.Gardiner.Soils in our environment [M].9th edition.New Jersey: Prentice Hall,2001.

[48] Plummer C C,McGeary D,Diane H.Carlson.Physicalgeology[M].Boston: McGraw Hill Higher Education,1999.

[49] Levin H L.The earth through time[M].5th edition.Fort Worth: Saunders College Publishing,1996.

[50] Press F,Siever R.Earth [M].3rd edition.New York: W.H.Freeman And Company,1982.

[51] Brady N C,Weil R R.Elements of the nature and properties of soils[M].New Jersey, USA: Prentice-Hall Inc,2001.

[52] Lal R.Soil quality and soil erosion[M].Boca Raton,USA: CRC Press,1999.

[53] Eswaran H,Rice T,Ahrens R.Soil classification: a global desk reference[M].Boca Raton,USA: CRC Press,2003.

[54] Honachefsky W B.Ecologically-based municipal land use planning[M].New York: New York,CRC Press,2001.

[55] Randolph J.Environmental land use planning & management[M].Washington: Island Press, 2004.

[56] Wiebe K.Land quality,agricultural productivity and food security[M].Northampton: Edward Elgar Publishing,Inc,200.

[57] Scott H D.Soil physics: Agricultural and environmental applications[M].Iowa, USA: Iowa State University Press,2000.

[58] Moran E F.People and nature: an introduction to human ecological relations[M].Moran. Malden,MA: Blackwell,2006.

[59] Pansu M,Gautheyrou J,Jean-Yves L.Soil analysis: sampling,instrumentation and quality control[M].Lisse: A.A.Balkema Publishers,2001.

[60] Pierzynski G M, Thomas J S, George F. Vance. Soils and environmental quality[M]. Boca Raton, USA: Lewis Publishers, 2000.

[61] Rob H G, Jongman, Pungetti G. Ecological networks and greenways, concept, design, implementation[M]. Cambridge: Cambridge University Press, 2004.

[62] Richards K, Arnett R, Ellis S. Geomorphology and soils[M]. London: George Allen & Unwin, 1985.

[63] Thomas D S G. Arid zone geomorphology (process, form and change in drylands)[M]. New York: John Wiley & Sons, 1997.

[64] 刘培桐.环境科学基础[M].北京:化学工业出版社,1987.

[65] 刘培桐,许嘉琳,王华东,等.化学地理学[M].北京:北京师范大学出版社,1993.

[66] 李天杰,宁大同,薛纪瑜,等.环境地学原理[M].北京:化学工业出版社,2004.

[67] 练力华.中国环境地理学[M].北京:中央编译出版社,2014.

[68] 李善同,许新宜.南水北调与中国发展[M].北京:经济科学出版社,2004.

[69] 钱易,唐孝炎.环境保护与可持续发展[M].北京:高等教育出版社,2000.

[70] 郑度.中国自然地理总论[M].北京:科学出版社,2015.

[71] 叶文虎.环境管理学[M].北京:高等教育出版社,2000.

[72] 何强,井文涌,王翊亭.环境学导论[M].3版.北京:清华大学出版社,2004.

[73] 潘岳.绿色中国文集(卷)[M].北京:中国环境科学出版社,2006.

[74] 吴良镛.人居环境科学导论[M].北京:中国建筑工业出版社,2012.

[75] 吴庆余.基础生命科学[M].北京:高等教育出版社,2002.

[76] 李天杰.土壤环境学[M].北京:高等教育出版社,1995.

[77] 李天杰,赵烨,张科利,等.土壤地理学[M].3版.北京:高等教育出版社,2004.

[78] 龚子同,黄荣金,张甘霖.中国土壤地理[M].北京:科学出版社,2014.

[79] 赵烨.耕地质量与土壤健康——诊断与评价[M].北京:科学出版社,2020.

[80] 赵烨.土壤环境科学与工程[M].北京:北京师范大学出版社,2012.

[81] 赵烨,杨燕敏.面向环境友好的土地资源管理模式研究[M].北京:中国环境科学出版社,2006.

[82] 赵烨.南极乔治王岛菲尔德斯半岛土壤与环境[M].北京:海洋出版社,1999.

[83] 朱颜明,何岩.环境地理学[M].北京:科学出版社,2002.

[84] 孙铁珩,周启星,李培军.污染生态学[M].北京:科学出版社,2001.

[85] 孙儒泳,李庆芬,牛翠娟,等.基础生态学[M].北京:高等教育出版社,2005.

[86] 张兰生,方修琦,任国玉.全球变化[M].北京:高等教育出版社,2000.

[87] 赵济,张如一,赵烨.自然地理基本过程和基本规律[M].北京:人民教育出版社,2001.

[88] 封志明.资源科学导论[M].北京:科学出版社,2005.

[89] 中国环境科学学会.论环境友好型社会建设[M].北京:中国环境科学出版社,2006.

[90] 王桥,王文杰.基于遥感的宏观生态监控技术研究[M].北京:中国环境科学出版社,2006.

[91] 周廷儒.古地理学[M].北京:北京师范大学出版社,1982.

[92] 宋春青,张振春.地质学基础[M].3版.北京:高等教育出版社,1996.

[93] 刘东生.黄土与环境[M].北京:科学出版社,1985.

[94] 刘东生.第四纪环境[M].北京:科学出版社,1997.

[95] 夏正楷.第四纪环境学[M].北京:北京大学出版社,1997.

[96] 李容全,郑良美,朱国荣.内蒙古高原湖泊与环境变迁[M].北京:北京师范大学出版社,1990.

[97] 褚广荣.环境制图[M].北京:测绘出版社,1996.

[98] 陈述彭,赵英时.遥感地学分析[M].北京:测绘出版社,1990.

[99] 柯夫达 B A.土壤学原理[M].北京:科学出版社,1983.

[100] 熊毅,李庆逵.中国土壤[M].北京:科学出版社,1990.

[101] 张从,夏立江.污染土壤生物修复技术[M].北京:中国环境科学出版社,2000.

[102] 罗祖德,徐长乐.灾害科学[M].杭州:浙江教育出版社.1998.

[103] 赵大传,陶颖,杨厚苓.工业环境学[M].北京:中国环境科学出版社,2004.

[104] 芮孝芳.水文学原理[M].北京:中国水利水电出版社, 2004.

[105] 马俊杰.环境质量评价原理与方法[M].西安:西安地图出版社,1997.

[106] 刘学富,李志安.太阳系新探[M].北京:地震出版社,1999.

[107] 艾柯尔,马克.人类最糟糕的发明[M].北京:新世界出版社,2003.

[108] 莱斯特 R B.B模式——挽救地球 延续文明[M].林自新,暴永宁,译.北京:东方出版社,2003.